과학과 인문학

옮긴이

김동환은 경북대학교에서 영어학 박사학위를 받았고, 현재 해군사관학교 영어과 교수로 재직 중이며, 한국코퍼스언어학회 부회장직을 맡고 있다. 『개념적 혼성 이론』 『인지언어학과 의미』 『인지언어학과 개념적 혼성 이론』을 저술했으며, 『인지언어학 개론』 『은유와 영상도식』 『은유와 도상성』 『인지언어학 기초』 『은유와 문화의 만남』 『우리는 어떻게 생각하는가: 개념적 혼성과 상상력의 수수께끼』 『은유와 감정』 『언어·마음·문화의 인지언어학적 탐색』 『인지언어학 옥스퍼드 핸드북』 『몸의 의미』 『인지언어학적 어휘의미론』 『인지언어학과 외국어 교수법』 『어휘의미론의 연구 방법』 『영어의 창조적 합성어』 『이야기의 언어』 『은유: 인지언어학적 접근법』 『개념적 환유와 사전학』을 번역하였다.

최영호는 고려대학교에서 국문학 박사학위를 받았고, 해군사관학교 인문학과 교수로 재직한 후 현재 명예교수로 있다. 『세계의문학』에 평론 발표 이후 문학평론가로 활동하며 계간 『문학바다』의 편집위원을 지낸 바 있고, 지금은 한국해양과학기술원 자문위원으로도 활약 중이다. 『해양문학을 찾아서』를 저술했으며, 『자유인을 위한 책읽기』 『20세기 최고의 해저탐험가: 자크이브 쿠스토』 『白夜 이상춘의 西海風波』 『은유와 도상성』 『우리는 어떻게 생각하는가: 개념적 혼성과 상상력의 수수께끼』 『은유와 감정』 『몸의 의미』를 번역하였다. 또한, 최근 융복합적 사유로 해양과학과 해양인문학의 경계를 넘나들며 『상상력의 마술상자, 섬』 『잠수정, 바다 비밀의 문을 열다』를 공동 집필한 바 있고, 한국영상문화학회 부회장으로 활약하는 한편, 2014해양실크로드 글로벌 대장정 기획위원으로 활동하며 『해상실크로드 사전』도 함께 집필했다.

What Science Offers the Humanities:
Integrating Body and Culture

Edward Slingerland

과학과 인문학
— 몸과 문화의 통합

초판 인쇄일 : 2015년 3월 9일
초판 발행일 : 2015년 3월 16일

발행처·지호출판사

과학과 인문학

몸과 문화의 통합

에드워드 슬링거랜드 지음

김동환 · 최영호 옮김

지호

옮긴이의 말

『과학과 인문학: 몸과 문화의 통합』은 에드워드 슬링거랜드Edward Slingerland가 지은 〈*What Science Offers the Humanities: Integrating Body and Culture*〉(Cambridge University Press, 2008)를 우리말로 옮긴 것이다. 슬링거랜드는 스탠포드대학 졸업 후 U.C. 버클리대학에서 석사학위, 스탠포드대학에서 종교학으로 박사학위를 받았다. 지금은 브리티시컬럼비아대학교University of British Columbia 아시아학과의 교수로 재직 중이며, 전국시대(B.C. 5-3세기)의 중국 사상과 종교학뿐 아니라 개념적 혼성과 개념적 은유 이론을 중심으로 인지언어학, 윤리학, 진화심리학, 인문학과 자연과학의 관계에 관심을 두고 연구하고 있다. 주요 저서로는 〈*Confucius Analects: With Selections from Traditional Commentaries*〉(2003)과 〈*Effortless Action: Wu-wei as Conceptual Metaphor and Spiritual Ideal in Early China*〉(2007), 〈*Trying Not to Try: The Art and Science of Spontaneity*〉(2014)가 있으며, 마크 콜라드 박사와 함께 〈*Creating Consilience: Integrating the Sciences and the Humanities*〉(2012)도 편집하여 출간했다.

최근 세계적으로 학문간 융합과 통섭consilience에 대한 논의가 중요한 화두다. 이런 학문간 융합에서 중추적인 역할을 하고 있고, 그와 동시에 최전선에 놓인 분야가 바로 인지과학이다. 왜냐하면 인지과학은 그 자체로 철학, 심리학, 인공지능, 신경과학, 언어학, 인류학, 문학 등을 아우르는 일종의 융합 학문이기 때문이다. 우리가 도전적인 의지로 번역한 슬링거랜드 교수의 이 책은 지금까지의 인지과학 연구 성과들을 토대로 종래의 인문학을 사려 깊게 비판한 책이다. 저자는 이 책을 통해 과학과 인문학 전반에 관해 광범위하고 심층적으로 다루면서 매우 날카로우면서도 설득력 있는 논증을 제시한다.

특히 이 책은 저자가 직접 행한 5, 6년 동안의 인지과학과 자연과학에 대한 집중적인 연구이자 길고도 낯선 지적 여행의 결과물로, 자신의 동료 인문학자들에게 바치는 현장보고서라는 점에서 적지 않은 의미를 지니고 있다. 문화 연구에 있어서 객관주의 접근법과 포스트모더니즘에 대한 일관성 있는 대안이 구체적으로 무엇인지를 약술하는가 하면, 인문학자들이 인지과학과 자연과학의 동료들과 공동으로 연구함으로써 상부상조할 수 있다고도 설득력 있게 주장하고 있다. 나아가 인문학자들이 인지과학과 자연과학 분야에서 얻어진 다른 많은 연구들에 대해서도 많은 주의를 기울일 수 있도록 하겠다는 저자의 학문적 소신도 강하게 밝힌다.

인문학이 인지과학과 자연과학으로부터 배울 것이 많듯이, 인문학이 다양한 과학적 연구에 기여할 점도 적지 않을 것이다. 생물과학과 인지과학에서의 발견이 주목을 끌자 전통적인 학문적 경계가 느슨해졌으며, 이에 따라 관련 분야의 학자들은 자신들의 연구가 핵심 인문학의 연구 주제와 직결된다는 것을 알게 되었다. 그러나 이 분야에 관한 제대로 된 교육이 없다면 어두운 길을 걸을 수밖에 없다. 이때 인문학은 인지과학과 자연과학의 연구에 결정적인 안내자 역할을 할 수 있다. 이 책은 어디쯤에서 인문학자들의 연구와 인지과학이나 생물과학의 연구 사이에서 접점이 이루어질 수 있는지, 신체화된 관점이 어떻게 객관주의적 이원론에 의문을 제기하는지를 보여주려 했다. 또한 인문학과 인지과학/자연과학 사이의 엄격한 구분이 날이 갈수록 문제가 생길 수밖에 없다는 것이 뚜렷해지고 있는 까닭에 앞으로의 연구는 두 진영의 연구자들이 철저히 학제적이어야 한다는 점도 이야기하고 있다. 한 마디로 이 책은 인간 문화에 대한 통합적 접근법의 필요성을 주장하고 있고, 과연 이런 접근법이 구체적으로 어떤 모습일 수 있는지를 제시하기 위한 기획서이다.

저자는 문화 연구의 접근법이 직면하고 있는 심오한 문제들을 다룬다. 그중에서도 포스트모더니즘의 지나친 행위에 집중하는 한편, 포스트모더니즘을 가혹하게 평가하는 비평가들에게도 심각한 문제가 있음을 동시에 지적한다. 이러한 연장선에서 저자는 인문학의 발전을 위해서는 인문학자들 스스로 인지과학, 특히 그중에서도 인간 인지에 관한 연구가 끼친 성과를 진지하게 수용할 것을 주장했다. 인지과학은 마음과 몸의 구분이 온전하게 유지될 수 없다는 것을 구체적인 연구 결과로 입증시켰다. 한편 저자는 인지과학이 도덕, 종교, 예술, 문학에 대해 결정적인 발언을 하지는 않지만, 어떻게 인문학자들이 이런 인지과학의 연구 결과를 활용해서 도움받을 수 있는지에 대한 암시를 하고 있다. 인간 본성에 대한 '빈 서판 이론,' 강한 사회구성주의와 언어결정주의, 비신체화된 이성 같은 매우 고착화되어 있는 독단적 주장을 의심하면서, 인문학과 과학의 구분을 비판적으로 수용하여 보다 통합적인 문화 연구의 접근법으로 대체하기를 원한다.

결국 이 책의 핵심적인 요지는 인문학과 자연과학 간의 분리가 아닌, 인간 문화의 연구에 대한 통합적이고 신체화된 접근법을 주장하고자 함이다. 인문학에서 연구하고 있는 의미의 인간 층위 구조가 자연과학 연구로 고스란히 환원할 수는 없지만, 그렇다고 해서 그것이 자연과학에서 이루어진 연구와 전혀 별개의 것이고 전적으로 특유한 것이라고 말할 수 없다. 만약 인문학이 객관주의의 이원론을 극복한다면, 인문학에서 말하는 의미의 인간 층위 구조는 자연과학의 연구에 기초하지 않을 수 없다. 이렇게 되면 인간 층위는 한낱 단순한 추측에 지나지 않는 것이 아니라 실증적으로 설명 가능한 것일 수 있다. 즉 인문학은 신경과학과 심리학에서 연구된 인간 인지에 대한 연구 결과를 진지하게 수용하지 않을 수 없다.

잘 알려졌다시피 인지과학은 가히 폭발적인 발전으로 이원론을 타파할 수 있는 지적 환경을 만들어냈다. 여기서 말하는 인지과학이란 인간의 인지에 대한 실증적 탐구에 관여하는 인공지능, 의식철학, 그리고 신경과학, 심리학, 언어학 등의 분야를 포괄하는 용어이다. 그리고 저자가 강조하는 마음과 몸의 이원론도 다양한 분야들과 연결된 관계적 이론이다. 직관적으로 볼 때 설령 매력적인 구석이 많다고 하더라도 포스트모더니즘의 토대가 되는 마음과 몸의 이원론 자체가 지각 연구, 인공지능, 심리학, 인지과학, 언어학, 행동신경과학의 최근 흐름상 심각한 문제점을 지니고 있음을 인정하지 않을 수 없다.

문화 연구에 대한 신체화된 접근법에 도달하고 인문학과 인지과학의 통섭, 즉 수직적 통합을 이루려면 무엇보다 객관주의 철학과 포스트모더니즘도 함께 초월해야 한다. 그런데 여기엔 오늘날의 인문학의 연구를 지배하는 지식과 진리에 대한 이원론적 접근법에 물음을 던지지 않을 수 없다는 전제부터 용납해야 한다. 이런 점에서 저자는 제1장에서 제3장까지 객관주의 실재론과 포스트모던 상대주의에 초점을 두면서 일반적인 이원론적 인식론이 갖는 문제들을 찬찬히 짚었다.

이 책은 간단한 사실만 체계적으로 기술한 책과는 전혀 차원을 달리한다. 이것이 이 책의 이해를 어렵게 만드는 요소 중 하나이다. 책의 어느 곳을 펴더라도 복합적으로 서술된다. 여러 시각과 입장이 서로 다른 이해의 지평에서 상호 교차 기술되고 있기 때문에 매우 난해한 책이다. 그러나 난해함이 쉬운 것을 어렵게 설명하는 데서 생기지 않고, 제기한 문제 자체가 이미 난해할 수밖에 없는 요인을 갖고 있다면, 그 난해함이 충분한 이해력을 요구하고 있다고 본다. 그렇지만 번역의 어려움에 직면하여 수도 없는 좌절을 겪은 우리로서는 우리의 시도가 저자의 저술의 뜻을 한참 벗어난 것일지라도, 거칠게나마 독자들의 편의를 돕기 위해 책의 내용을 요약해볼까 한다.

제1장은 이 책의 기본적인 객관주의 입장을 약술했다. 인지과학의 최신 연구를 짚었고, 지난 수십 년 동안 행해진 지각의 신경과학 연구가 왜 낡고 순수한 표상적 모형으로부터 벗어나 신체화된 모형으로 발전했는지를 살폈다. 인간 지각과 인지에 대해 신체화된 접근법을 취하면 어떻게 머릿속에 맴도는 상징들이 바깥의 사물들과 연결될 수 있는지, 우리 인간의 사고와 언어가 어떻게 세계와 결합될 수 있는지에 대한 이해를 반성적으로 훑었다. 인지신경과학과 사

회심리학에서 언급되는 통일적 자아에 대한 객관주의 가정과 통속적인 가정에도 의문을 던지면서, 정신적 영상의 역할과 뇌의 정서 센터에 관한 최신 연구가 어떻게 비신체화된 연산적 합리성에 의해 우리 인간을 객관주의적으로 규정할 수 있는지에 대해서도 물음을 제기했다. 인지과학자들의 갖가지 이론들과 가설들을 다양하게 소개하는 한편, 이런 가설들이 자아의 객관주의 모형 교정에 어떤 역할을 하는지에 대해서도 주목했다.

제2장과 제3장에서는 포스트모더니즘으로 통칭되는 다양한 철학적 사조에 집중하면서, 보다 근본적이며 독단적인 주장을 하고 있는 포스트모더니즘의 영향에 대한 인문학의 입장을 고찰했다. 또한 이런 이론의 수용을 내칠 때 야기되는 강한 이원론적 모형에 관한 인문학의 대안도 살폈다. 특히 제3장에서 비중있게 다룬 것은 철학적 안락사 문제다. 여기서의 철학적 안락사 문제는 포스트모던 인식론과 존재론을 잠재운다는 뜻이었다. 이때 앞서 언급된 지적 독설을 제어하는 데에 다소 도움 될 것이라 기대한 듯하다. 강한 포스트모던 입장의 명확한 내부 문제나 이론적 문제를 검토한 뒤, 언어적 구성주의나 문화적 구성주의가 갖는 오류가 있다고 믿는 인지과학의 실증적 증거들을 들여다본다. 저자는 인지과학에서의 사고는 언어 자체로 보지 않았다. 또한 지각도 그 자체로 그치지 않고 우리 자신과 문화의 가정 외에 다른 세계에 대해 많은 정보를 갖고 있다고 믿는다. 그런 점에서 인간 사고의 기본 구조는 다른 동물들과도 공통된 점이 없지 않다고 말한다. 왜냐하면 인간은 '빈 서판'일 수 없으며 인간의 뇌도 무정형의 다목적 처리기계가 아니기 때문이다. 한마디로 그것은 진화적 조상 환경에서 생존에 요구되는 특정한 목적과 구조를 갖춘 특수한 모듈의 집합체인 것이다. 저자는 이런 인간 뇌의 진화된 구조와 인간의 인지 사이에 어떤 구조와 한계가 있는지, 그와 관련된 다양한 학문적 관계에서 인간의 개념을 어떻게 규정하고 있는지를 짚었다. 이런 차원에서 저자는 우리 인간의 문화적 다양성이 여러 학문 영역의 수직적 통합으로만 이루어지진 않는다는 것을 무척 강조한다.

제4장에서는 이런 다양성이 어떻게 통일성에서 생겨날 수 있는지를 설명한다. 이를 위해 인간의 문화적 진화 과정을 여러 각도에서 살폈고, 사냥 도구에서부터 노트북 컴퓨터에 이르기까지 인간이 창조하는 예술과 새로운 창작물의 문학적 혁신에도 주목한다. 그와 더불어 공감각의 현상에 대해서도 논의한다. 공감각은 둘 또는 그 이상의 감각을 다른 차원으로 혼성하는 것을 뜻한다. 하나의 악보나 숫자에 특별한 색이 더해지면 색다른 결과 특이한 맛이 나오는데, 그것을 체험한 이전과 이후의 감각적 차이도 생각해보게 한다. 이런 차이는 신경학적 교차활성화의 결과로서, 모든 인간이 가질 수 있는 보편적인 경험이기도 하다. 하지만 그것이 어떻게 이루어지는지에 대해서는 거의 알려지지 않았는데, 저자는 바로 이 부분에 대해 뇌의 인지적 유동성과 문화적 진화 과정을 통해 입증한다.

제4장에서는 은유, 유추, 은유적 혼성처럼 자발적·일시적·부분적 공감각에 논의의 초점을 맞추었고, 개념적 은유와 은유적 혼성이 어떻게 인간의 신체화된 경험으로부터 도출되고 있는지, 또 실용적인 인간 문제를 해결할 때 이것이 어떻게 이용되는지를 집중적으로 검토한다. 이때 조지 레이코프와 마크 존슨이 최초로 개발한 개념적 은유 이론의 주장을 원용했는데, 이런 개념적 은유 이론은 널리 확산된 인간 인지의 근본적인 특징인 까닭이다. 사실 인지언어학의 한 층 최신 이론은 질 포코니에와 마크 터너가 공동 개발한 정신공간 이론과 개념적 혼성 이론이다. 하지만 이들의 이론은 개념적 은유 이론을 포함하지만, 거기에 머물지 않고 문자적 사고와 논리적 사고 등 인간의 모든 인지가 정신공간의 창조와 정신공간들 사이의 사상을 필요로 한다는 이론이다. 저자는 문화와 언어가 인간의 마음을 구축하는 일반적 방법임을 주장하기에 이른다. 이를 통해 다양한 문화적 교육, 환경적 다양성, 생산 방식과 사회 조직의 다양성, 고착된 문화적 형태와 은유적 혼성의 효과가 어떻게 기본적이며 보편적인 지각적·개념적 구조를 재조정하거나 바꿀 수 있는지를 암시한 인류학과 비교문화심리학의 연구를 언급했다. 그와 더불어 우리가 만든 문화의 범위가 인간 인지의 선행 구

조에 의해 본질적으로 제한한다는 것도 함께 지적한다.

한편 인문학적 사상에 영향력을 행사하는 자연과학자들의 최근 시도 중 하나는 객관주의와 포스트모더니즘 모두에 반대하는 실증적 주장을 받아들임에 있어 인식론적 규범에 대한 최소한의 신념을 요구한다는 사실이다. 제5장에서는 실증적 탐구의 실용주의적 모형을 형식화하려는 다양한 철학자들과 과학철학자들이 어떤 시도를 하고 있는지를 다뤘다. 이런 모형은 인식 주체가 언제나 사물의 물질계와 접촉하고 있는지의 해답은 이미 거기에 포함되어 있다는 것에 기초한다. 인식 주체는 항상 세속적인 번뇌의 한계 안에서만 허우적거리는 초자연적 유령일 수만은 없기 때문이다. 인간의 진리 주장에 대한 이런 식의 실용주의적 입장은 우리 지식의 한계를 묻게 하는데, 저자는 모든 인간에겐 공통된 인지 구조가 있다는 것을 직시하게 한다. 그리고 객관주의와는 거꾸로 이런 공통성이 진화적·개인적 시간의 흐름과 별개로 존재하지 않고, 언제나 생물학적 체계와 안정된 물질계의 상호작용으로부터 발생한다고 주장한다. 실용주의적이고 신체화된 실재론은 자연과학 주장의 위상에 대해서도 일관성 있게 설명하는 한편, 신체화된 실용주의는 전통적 객관주의와 포스트모던 상대주의 사이에서 중도의 길을 걷고 있다고도 강조한다. 이로써 우리는 실재론과 지식의 표상 모형을 분리하여 후기계몽주의 세계에 전해지고 있는 진리의 개념을 보존할 수 있다고 설명한다.

제6장은 환원주의의 두려움에 대해 기술하고 있다. 수직적 통합을 옹호하는 대부분의 사람들은 이런 문제에 예민하지만, 사람에 대한 이원론적 모형의 핵심적 매력을 반영하는 걱정은 이해와 설명 사이에 구분을 충분히 이해하지 못한 데 따른 것이라고 한다. 우리는 한편으론 우리의 몸이 어떤 층위에서는 결정론적이고 전적으로 물리적인 기제임은 인정하지만, 다른 한편으론 우리 몸엔 물리적인 것 말고도 마음이나 영혼 같은 특이한 힘이 엄존한다고 믿는다. 이것은 비물질적이고 미결정론적이면서도 우리의 자유의지와 인간 위엄의 중심 역할을 하고 있다. 그래서 인간에 대한 이원론적 모형을 포기하도록 하는 저자의

주장은 수직적 통합이 누렸던 매력인 의식, 창조성, 언어-사고 관계, 인간의 행위성에 대한 이해의 근간을 뒤흔든다. 비유컨대 자아에 대한 새로운 신체화된 모형을 받아들이는 것은 코페르니쿠스적 혁명일 수 있다. 이런 맥락에서 저자는 데닛과 그의 동료이자 물리주의자인 리처드 도킨스의 입장에 주목한다. 여기에 대한 보다 자세한 내용은 구체적인 실감이 필요한 터라, 여러분이 직접 확인하는 것이 더 빠를 것이다.

끝으로 저자는 우리에게 학제성에 대한 반성적 이해를 촉구하며, 이 용어의 현학적 이해를 경계시킨다. 널리 장려되고 재정 지원을 받는 학제적 교류가 얼마나 단조롭게 행해지는지에 대해서도 일침을 가한다. 텍스트 연구와 웹 사이트와의 직결은 보기엔 근사하지만, 이는 결코 진정한 학제적 연구일 수 없다는 것이다. 진정한 학제적 연구는 인문학-자연과학의 구분 자체를 깨뜨리기 위한 대체물을 창조해야 하는데, 여기에는 혁신적인 사고와 노력이 필요하다는 것을 거듭 강조한다. 이를 위해 현재 행해지고 있는 서양 대학 전반에 걸친 새로운 프로그램과 기관들에 대해서도 일부 주목하고 있다. 또한 저자는 이 책에서 못다 다룬 얘기들이 너무 많지만, 자신의 책 본문에서 언급된 텍스트 안에서의 인용, 충분히 다루지 못한 부록 부분, 본문에서 언급하지 못한 부분을 위한 참고문헌을 제시함으로써 독자들을 보다 유용한 방향으로 논의를 전개시키길 희망한다. 그래서 문화에 대한 우리의 신체화된 접근법의 약속이 새로운 학제적 논의의 희망으로 번지기를 기대하고 있으며, 이것이 인문학의 위상을 위협하기는커녕 우리가 어떻게 전통적 이원론과 제한된 방법론이란 막다른 길에서 벗어날 수 있는지를 여러 인문학자들과 함께 생각해보자고 권유한다.

앞서 잠시 이야기했지만 이 책은 너무 난해하다. 그래서 우리는 이 책의 난해함과 관련해서 한마디를 하지 않을 수 없다. 그것은 우리가 일반적으로 생각하는 난해함과는 다르다. 사실 쉬운 내용을 일부러 어렵게 설명하면서 불거지는 난해함은 거짓된 난해함이다. 반대로 어려운 내용을 너무 쉽게 설명하는 것도 사정은 마찬가지다. 얽히고설킨 문제의 복잡성을 너무 쉽게 설명해서는 자칫 중요한 내용이 허섭한 것처럼 이해될 수 있다. 물론 어렵다고 해서 모두가 의미 있는 것일 수도 없고, 또 너무 쉽다고 해서 전적으로 좋은 것일 수만은 없다. 하지만 문제가 어려우면 그 접근 방식 또한 어려울 수밖에 없는 것은 자연적인 순리요 이치가 아닌가? 흔히 농담조로 제기하고 답변을 구하는 코끼리를 냉장고에 넣는 방법을 찾아보라는 식의 문제도 알고 보면 퍽 쉬운 문제 같지만, 한 번 더 생각하면 굉장히 어려운 문제일 수 있다. 웃자고 하는 얘기에 죽자고 덤빈다면 그렇다는 것이다. 그런데 당신이 당신 스스로를 사랑하는 방법은 무엇인가라고 진지하게 묻는다면, 이 역시 쉬운 문제로만 볼 수 없다. 적어도 단순한 농담풀이 수준의 질문이 아닌 것만은 알 수 있지만, 어쩌면 그 대답에는 대답하는 사람의 삶 전체가 실려 있을 수도 있다. 아무리 간단한 답변이라 하더라도 이런 답변을 내놓으려면 일단 자신의 지난 삶을 건성으로라도 되짚어봐야 할 것이다. 문제는 여기서 끝나지 않는다. 도대체 왜 자신에게 이런 물음을 하는지 하는 그 질문의 시작부터 철저히 따져봐야 하며, 이런 물음을 통해 상대방이 묻고자 하는 진의가 무엇인지도 고심하지 않을 수 없다. 이것이 과연 쉬운 문제 제기이고 쉬운 답변일까? 난해한 문제는 난해할 수밖에 없는 이유가 있다. 그리고 그 접근 방법도 난해할 수밖에 없는 이유가 없지 않다. 바로 이것이 진정한 난해함이다. 때문에 이런 난해함을 백안시하거나 단순화시키는 것은 올바른 해결법이 아니다. 난해한 문제가 갖고 있는 통합적·포괄적·중층적 내용을 무엇보다 인정하는 것이 그 해답을 찾는 첫걸음일 것이다. 난해하기 그지없는 슬링거랜드 교수의 이 책을 번역하는 우리의 첫걸음은 이런 이해의 지평에서 시작되었다.

출판시장이 갈수록 어렵다고 한다. 미국의 어느 대학에선 종이책 대신 전자책으로 도서관의 모든 책을 바꾸겠다고 했다. 책을 하나의 장식품으로 보지 않고 조선왕조실록 같은 엄청난 자료를 갖고 다닐 수 없는 연구자에겐 무척 반가운 소식일 듯하다. 바닷가로 휴가를 가서도 문득 생각나면 클릭 몇 번만으로도 원하는 자료를 순식간에 찾을 수 있기 때문이다. 하지만 모든 책을 디지털화할 수는 없는 노릇이다. 설령 그렇다 하더라도 전자책은 종이책의 이미지를 크게 벗어날 수 없을 듯하다. 이집트의 파피루스와 중국의 죽간, 우리의 한지와 오늘날의 종이에 적혀져 내려오는 내용을 디지털 형태로 바꾼다 하더라도 그 내용 자체가 바뀌진 않을 것이다. 내용에 대한 접근성과 보관의 부피 차이만 있을 뿐 책의 내용 자체에 대한 변혁은 종이책의 그것과 대동소이할 것이라 믿는다. 전자책이 늘어나고 가독성이 높아질수록 전력 소모 또한 우리가 지급해야 할 또 다른 비용일 것이다. 당장은 눈앞에 보이지 않는 깨끗한 전력이지만, 그것을 얻으려면 얼마나 비싼 값을 치러야 하는지를 우리는 깊이 고심하지 않을 수 없다. 우리 눈엔 깨끗한 전기지만 어딘가에서 발전기가 돌아가지 않으면 얻어질 수 없다. 석유 100퍼센트로 발전기를 돌리면 전기량은 고작 30퍼센트 밖에 안 된다. 전기 에너지가 아주 비싼 에너지란 얘기다. 석유 대신 원자력을 이용하면 싸지 않을까? 당장은 그럴 수 있다. 그러나 원자력은 그 뒷일이 더 걱정이다. 요즘 핵폐기장 건설을 둘러싸고 벌어지는 각종 논란이 이를 증명하지 않는가. 쓰고 남은 방사성폐기물을 어딘가 보관하려면 엄청난 비용이 필요하다. 이것까지 전자책의 비용으로 계산하면 전자책이 갖는 용이한 접근성과 헐값의 비용은 종이책의 그것과는 절대적 비교할 수 없을 것이다. 그리고 디지털은 결코 영원한 것은 아니다. 한 순간에 자료가 날아갈 수도 있고, 재난에 취약한 것도, 기술과 소프트웨어의 변천에 따라 쉽사리 환치되지 않는 것도 큰 문제다.

한 권의 종이책 출판과 출판시장의 현실을 생각하다가 잠시 이야기가 엇나갔다. 그래서 더 감사드릴 분들이 많다. 무엇보다 어려운 여건 속에서도 난해한 책의 출판을 기꺼이 맡아준 지호출판사 장인용 대표에게 감사한다. 그리고 쉽지 않은 번역도 번역이지만, 난해한 문맥의 정확성을 돕기 위해 함께 고생하며 거듭된 교정에도 심혈을 기울여주신 여러 편집위원님들께도 진심으로 감사한다. 한편 한국어판의 출판을 허락해준 케임브리지대학출판부에도 감사하며, 특히 저자인 에드워드 슬링거랜드 교수께는 각별한 감사의 마음과 더불어 탁월한 학문적 열정에 깊이 고개 숙이지 않을 수 없다.

사실 우리는 이 책을 번역하면서 수없이 좌절하지 않을 수 없었다. 그럴 때마다 당장이라도 포기하고 싶은 생각이 한두 번이 아니었다. 책의 심오한 내용과 복합적인 의미의 깊이를 파악하는 데는 여러 해가 걸렸고, 기술된 내용 한 줄 한 줄을 이해하는 데는 다른 많은 책이 필요했다. 우리의 번역 한 줄은 우리의 한숨 한 자락이고, 번역된 표현들은 우리가 나눈 술 한 잔과 새로운 책과 자료로의 건너뜀이었다. 번역 과정에서 우리가 느낀 학문적 부족함과 실망감은 연말 건강검진 진단 결과 밝혀진 올라간 간수치가 말해줬다. 그럼에도 불구하고 우리의 도전적인 번역은 멈출 수 없었다. 이미 우리는 질 포코니에와 마크 존슨의 『우리는 어떻게 생각하는가: 개념적 혼성과 상상력의 수수께끼』(지호, 2009)를 번역하면서 맛본 좌절감이 나중에 어떤 학문적 희망으로 바뀌는지를 접했기 때문이다. 그때 느낀 좌절감과 희망의 근력을 슬링거랜드라는 거대한 학문적 설산 오르기의 밑천으로 삼았다.

이제 우리는 두렵고 떨리는 마음으로 잠시 오른 슬링거랜드의 학문적 설산을 여러분 앞에 내놓는다. 아직은 만족할 만한 수준은 아닐 것이다. 그래서 설산의 모습이 선명하게 와닿지 않을 수도 있을 듯하다. 하지만 우리는 이것을 슬링거랜드의 학문적 설산이 갖는 감추어진 매력이라 본다. 일천한 지식과 깊지 않은 발견의 눈을 가진 탓에 우리로서는 어쩔 수 없이 남겨둘 수밖에 없는 슬링거랜드의 설산을 누군가 다시 오르기 위한 이정표로 삼았으면 한다. 어떤 학문적 장비가 필요하고, 어떤 학문적 텐트가 적절하며, 앞으로의 오름길에 숨겨졌다 다시 드러난 학문적 설산의 크레바스는 없는지도 되살피고 있다. 지금은 1월이니 그 설산에도 거친 눈보라가 몰아치고 있겠지? 그 눈보라도 우리가 새로 왔다고 반길까? 짐작컨대 켜켜이 더 쌓였으면 쌓였지 다시 왔다고 우리를 더 혹독하게 지적 훈련을 시킬 것 같다.

아, 글발에 눈발이 날린다.
마음은 소금밭인데…
몸이 설렌다.

가슴 저 아래로부터
바람이 분다.
이제, 살아야겠다.

2015년 1월 5일
김동환·최영호

한국어판 저자 서문

『과학과 인문학: 몸과 문화의 통합*What Science Offers the Humanities: Integrating Body & Culture*』이 2008년 케임브리지대학출판부에서 출간된 이후로, 과학-인문학 통합과 관련하여 중요한 발전이 있었다.

우선 인간의 지적 탐구의 더 넓은 범위에서 인문학의 자리를 더 잘 설명할 수 있는 '수직적 통합' 또는 과학-인문학 '통섭'을 위한 개념적 체제를 발전시키려는 움직임에 속도가 붙었다. 내가 말하는 통섭의 '두 번째 물결'은 『과학과 인문학: 몸과 문화의 통합』에서는 이따금 배경으로 남겨뒀거나 충분히 강력하게 제기하지 않은 논점을 강조한다. [에드워드 슬링거랜드 & 마크 콜라드Edward Slingerland & Mark Collard의 편집 단행본인 2012년에 뉴욕의 옥스퍼드대학출판부에서 출판된 『통섭 만들기: 과학과 인문학의 통합*Creating Consilience: Integrating the Sciences and the Humanities*』에 수록된 슬링거랜드, 에드워드 & 마크 콜라드Slingerland, Edward and Mark Collard의 "통섭 만들기: 제2의 물결을 향하여Creating Consilience: Toward a Second Wave" 참조.] 설명적 힘은 수직적 통합의 연쇄에서 과학으로부터 인문학으로든, 인문학으로부터 과학으로든 간에 상하 어느 방향으로든 이루어질 수 있다는 사실과, 인간 층위에서 일어나는 갖가지 현상에 대한 과학적 연구가 바로 그 첫 시작 단계에서는 인문학적 전문지식 없이는 아예 출발조차 할 수 없다는 사실이 이런 논점이다.

또 다른 중요한 동향은 인문학자들에게 과학-인문학 통합이라는 개념에 대한 개방성이 늘어났다는 것이다. 나의 주 전공인 종교학을 예로 들자면, 전형적으로 인지종교학Cognitive Science of Religion(CSR)이란 표제 하에 집결된 과학적 접근법들은 종교에 대한 주류의 학술 연구에서 점차 두드러졌다. 나 자신과 앤 테이브즈Ann Taves가 주축이 되어 2007년 미국종교학회American Academy of Religion에서 설립한 인지종교학 그룹Cognitive Science of Religion Group은 현재 이 분야에서 개최되는 주요 학술회의를 위한 영구적인 개최지가 되었으며, 많은 학자들, 특히 이전에 이런 접근법들에 노출되지 않았던 젊은 학자들은 자신들의 연구에서 인지종교학을 지향하는 방법론을 택할 정도로 고무되었다. 『종교, 뇌, 행동*Religion, Brian and Behavior*』과 『인지종교학 저널*Journal for the Cognitive Science of Religion*』이라는 종교의 과학적 연구에 전념하는 새로운 두 저널도 창간되었다. 더욱이 2011년에는 방대하고 국제적인 학제간 팀을 결성하여 종교와 도덕성의 발달을 연구하기 위해 본인이 브리티시컬럼비아대학교University of British Columbia에서 이끌었던 단체는 6년에 걸쳐 수백만 달러의 보조금을 지원받았다. 이것은 캐나다에서 인문학에 지원된 보조금 중 가장 손꼽히는 많은 액수이며, 이것으로 방사석으로 학제적 방식으로 종교와 도덕성의 기원을 탐구하기 위해 진화생물학자, 신경과학자, 인지심리학자, 수학자들과 함께 전통적인 인문학자들을 정기적으로 한데 모으는 연구 네트워크가 구축되었다.

『과학과 인문학: 몸과 문화의 통합』을 비평하는 몇몇 분들은 이 책에 종종 등장하는 과도한 논쟁적 어조에 초점을 맞추었다. 되짚어보니, 그들이 무엇을 말하려 했는지 알 것 같다. 즉 북아메리카와 유럽에서 인문학의 현재 실태에 대해 내가 느낀 좌절감이 때때로 비평가들에게는 과도한 날카로움의 느낌을 갖게 했던 것이다. 2015년의 시점에서 볼 때 나는 이제 진정성 있고 근본적인 과학-인문학 통합의 미래에 훨씬 더 낙관적이고, 지금은 유전자-문화 공진화 이론gene-culture coevolutionary theory, 인지언어학, '많은 데이터' 자동 분석처럼 자연과학으로부터 도출된 방법론들이 역사적 종교 텍스트나 문헌을 분석하는 과제를 안고 있는 학자 누구에게든 큰 논란의 여지가 없는 연장통이 될 시대를 구상할 수 있게 되었다.

모쪼록 이 한국어판 번역서를 읽는 독자들이 이 책이 유익하다고 생각하기를 바라며, 나의 책을 한국어로 번역하는 과정에서 적지 않은 고초를 겪으면서도 공들여 번역해준 김동환·최영호 박사에게 심심한 감사를 표한다.

2015년 1월

브리티시콜롬비아 주 밴쿠버

에드워드 슬링거랜드

일러두기

---

1. 이 책에는 저자가 작성한 상세한 참고문헌이 실려 있으며 본문에 인용되거나 참조한 부분은 영문 이름으로 쉽게 참고문헌에서 어느 책 또는 논문의 부분인지를 확인할 수 있다.
2. 이 책에 외따옴표 또는 진한 글씨체의 강조 부분은 모두 영문판에서 저자 또는 편집자가 표기한 것들이다. 또한 영상도식과 영역횡단 도식 투사는 고딕체로 표기한 것도 영문판을 그대로 따랐다.

차례

제2부 문화의 신체화

제3부 수직적 통합의 옹호

그림목록

■ 서문

자신의 연구 작업에 착수할 때 학자들의 지적 자서전은 일반적으로 보이지 않은 채로 있을 것으로 예상되며, 그들의 연구는 다시 독립적이고 그 가치에 따라 이해되고 판단된다. 다음 페이지에서 '포스트모더니즘postmodernism'이라고 부르는 일련의 느슨한 지적 운동이 지적인 삶에 많이 기여한 것 가운데 하나는 어느 작가의 일대기와 지적으로 무관하지 않다는 주장이다. 여러 포스트모더니즘 주장들처럼, 이런 주장도 흔히 부조리한 한 극단으로 치달았다. 그러나 짐작건대 내가 어떻게 이 연구과제에 참여하게 되었는지를 설명한다면, 이런 논증의 동기와 취지를 명확히 설명할 수 있으리라 본다. 또한 왜 누가 이 책을 읽고 싶어 하는 지도 좀 더 명확히 해줄 것이다.

동료들과 대학원 친구들은 내가 요즈음 읽고 있는 것들을 보자 당황해 하는 표정에서부터 무서워 벌벌 떨기에 이르기까지 실로 반응들이 다양했다. 내가 종교학 연구자나 중국 연구가들에게 '행동신경과학behavioral neuroscience'을 언급했을 때에는 대체로 품위 있게 미소를 지으면서 안전한 출구를 찾아 슬그머니 뒤로 물러섰다. 그들이 인사도 없이 가버릴 때, 이따금 애석한 느낌을 갖지 않을 수 없었다. 그들은 내가 완벽할 정도로 상당한 인문학 교육을 받았음을 알았던 것이다. 도대체 무엇이 잘못된 것일까? 나는 우선 중국 연구가와 초기 중국어 어문의 전문가로 교육받았다.(나는 고대 중국어 연구로 학사와 석사학위를 받았다) 그런 다음 '비교사상comparative thought'에 관심을 가지면서 중국학 박사학위를 받았다. 이때 초기 중국 사상뿐만 아니라 독일의 철학적 해석학과 철학에서의 '덕

德 윤리virtue ethics' 운동 같은, 서양사상과 관련된 분야의 전문성에서 확고한 바탕을 길렀다. 박사논문은 분석철학적 관점에서 시도된 지성사intellectual history에 관한 전통적 연구였다.

어느 학생이 조지 레이코프와 마크 존슨George Lakoff & Mark Johnson의 『몸의 철학*Philosophy in the Flesh*』(1999)이 출간되자마자 내게 추천한 대학원 시절 이후, 첫 직장에서 몇 개월을 보내고 있을 때 상황은 뒤틀리기 시작했다. 이 책을 읽자마자 나는 개념적 은유 이론이 그간 박사학위 과정에서 나를 괴롭혔던 심오한 이론적 문제들을 어떻게 해결할 수 있을지를 명확히 단번에 알아냈다. 더욱이 레이코프와 존슨의 연구는 철학과 동료들의 연구에 영향을 끼친 '전통적 객관주의traditional objectivism'와 대부분의 여러 인문학 분야를 마비시키고 있다고 생각되는 '포스트모던 상대주의postmodern relativism'의 함정을 피해갈 수 있을 듯한 인간 사고와 문화에의 접근로를 열어주었다. 레이코프와 존슨의 책에서 말하는 핵심은 인간의 인지, 즉 의미의 생산·의사소통·처리가 영미 분석철학 전통에서 수용되는 전적으로 자유롭고 자립적인 합리적 능력의 산물이 아니라, 기초가 되는 몸의 기반적 인지 과정에 한층 더 의존하고 있다는 주장이다. 이런 사상mapping에는 몇 가지 형태가 있지만, 가장 극적인 것은 영역횡단 투사cross-domain projection이다. 더 구체적이고 명확히 조직화된 영역(**근원**영역, 가령 어둠darkness)의 구조 가운데 일부가 흔히 더 추상적이고 덜 명확히 구조화된 영역(**목표**영역, 가령 무지ignorance)을 이해하고 이를 이야기하는 데 사용된다는 것이다. 이것은 인지언어학자들이 '은유metaphor'라고 부르는 투사적 사상이다. 이렇게 이해되는 은유는 직유와 유추뿐만 아니라 전통적 의미에서의 은유를 포괄한다. 레이코프와 존슨은 개념적 은유는 우리 자신과 세계, 특히 자아, 도덕성, 시간과 같은 비교적 추상적이고 구조화되지 않은 영역에 대해 추리할 수 있는 주된 도구들 가운데 하나라고 주장했다. 나는 이들의 이론이 춘추전국시대의 중국 사상에 접근할 수 있는 매우 강력한 도구임을 깨달았다. 레이코프와 존슨이 제시한 '신체화된 실재론embodied realism'의 이론적 입장은 비교연구에서의 실질적인 연구를 방해했던 '문화 상대주의cultural relativism'의 수렁으로부터 빠져나올 수 있는 이상적인 경로처럼 보였다.

인생은 여행이다라는 아주 흔한 은유만 환기해 봐도, 개념적 은유 이론과의 첫 만남은 우회로가 아닌, 전혀 새로운 지적 방향으로 가는 첫 단계임이 입증된다. 나는 서던캘리포니아대학에서 학술대회를 개최했고, 레이코프와 존슨도 여기에 참석했다. 또한 정신공간 이론과 개념적 혼성 이론의 개척자인 마크 터너Mark Turner와 질 포코니에Gilles Fauconnier도 알게 되었다. 개념적 혼성 이론은 개념적 은유 이론을 포괄하지만, 그것을 넘어서서, 문자적 사고든 논리적 사고든 **모든** 인간의 인지가 정신공간의 창조와 그것들 간의 사상을 포함한다고 주장한다. 내가 인지언어학 문헌을 폭넓게 탐구했을 때, 이 연구가 사고의 심상적 기초imagistic basis와 추상적인 인간의 인지가 지각과 행동의 반복적인 특성에 근거한다는 사실에 초점을 두는, 풍부하고 성숙한 분야의 일부분만 형성했다는 것을 알 수 있었다. 이로써 나는 지각과 행동의 이런 특성이 다른 생물 형태로부터 서서히 진화한, 몸과 뇌라는 통합적인 물리적 체계에 의해 어떻게 보충되는지를 설명하는 연구에 착수하였다. 이때부터 진화심리학, 행동신경과학, 인간 이외에 동물의 인지, 다양한 심리학 분야에 대한 관심은 촉발되었다. 진화심리학이라는 비교적 새로운 분야는 인간의 뇌와 인간 인지의 작용이 어떻게 인간의 '조상 환경ancestral environment'에서 적응적 압력에 대한 반응으로 간주될 수 있는지를 설명하고자 하며, 인간 이외의 동물 인지의 연구는 인간 인지의 업적을 적절한 계통발생적 문맥에 자리매김하는 데 도움을 준다. 행동신경과학은 무엇보다 인간 뇌의 구조가 어떻게 인간 인지와 인간 지각의 작용과 관련이 있고, 신경에서 일어난 사건이 어떻게 전체 행동과 관련되고, 개념적 은유 같은 아날로그식의 도식적 구조가 어떻게 신경적으로 실례화되는지를 설명하고 있다. 인지심리학과 발달심리학은, 전前언어적 유아와 아동에 대한 문화간 연구로 보편주의적 주장을 강화하면서 인간 뇌의 진화기반 모형이 찾으리라 기대하는 정신적 '기관organ' 또는 모듈의 발생에 대한 증거를 찾으며, 사회심리학의 최근 연구는 인간 행위성의 통속 모형, 그리고 의식적 과정과 그 실제 행동의 관계에 근본적인 물음을 던지고 있다.

이런 분야에 종사하는 학자들과의 만남을 통해 마침내 나는 브리티시컬럼비아대학교의 현 위치까지 오게 되었다. 나는 초기 중국 사상을 연구하는 전통적인 교육을 받은 중국 연구가이자 학자로써, 그리고 인간 문화의 연구에 대한 신체화된 접근법이라는 최근에 만들어진 학제적 분야의 일원으로써 이 대학에 임용되었다. 지금은 사회심리학, 뇌 영상, 비교문화심리학, 발달심리학, 진화심리학, 인간 이외의 동물 인지, 생물인류학, 탈脫합리주의 경제학, 지각의 신경과학을 전공한 동료들에 둘러싸여 지내고 있다. 이들 모두는 훨씬 전통적인 인문학자들과 지식을 공유하고 있으며, 그들과의 공동 연구과제를 통해 더 많은 것을 배우기를 원한다.

이 책은 본래 지난 5, 6년 동안 행한 인지과학과 자연과학으로의 길고 낯선 지적 여행에 관한 것으로써, 나의 동료 인문학자들에게 바치는 현상 보고서이다. 나는 흥미로운 것을 가지고 되돌아왔다고 믿는다. 즉 문화 연구에 있어서 객관적·포스트모던 접근법에 대한 일관성 있고 실증적으로 신뢰할 수 있는 대안이 무엇인가에 대한 약술, 그리고 우리 인문학자들이 인지과학과 자연과학을 연구하는 동료들과 공동 연합을 이룸으로써 어떻게 이익을 획득할 수 있는지에 대한 강한 느낌이 바로 그런 흥미로움일 것이다. 이 연구 이면에 깔린 나의 주된 신념은 인문학자들에게 다른 영역에서 발생하고 있는 것에 더 많은 주의를 기울이도록 하겠다는 것이다. 무작위로 고른 〈사이언스*Science*〉나 〈네이처*Nature*〉와 같은 과학 전문지만 봐도 인문학적으로 중요한 문제를 직접적으로 다룬 논문이 최소한 한 편 정도 수록되어 있고, 〈인지*Cognition*〉나 〈행동과학 뇌과학*Behavioral and Brain Sciences*〉과 같은 인간 층위의 학문 분야의 정기간행물에도 대체로 인문학자들이 전혀 개발하지 않은, 적절한 주제들이 온통 지뢰밭처럼 펼쳐져 있다. 예컨대 인지과학자들과 신경과학자들은 인간의 사고, 언어, 지각 사이의 관계에 관해 비범한 발견을 하고 있다. 이것은 철학에서는 중요하고 유서 깊지만, 지금까지는 주로 이론뿐인 사색에 의해 인문학자들이 탐구해온 논제이다. 이와 유사하게 정서의 역할, 신체적 편견, 인간의 추론 과정에서 '신속하고 간결한' 발견법은 도덕 철학에서 생생한 논쟁과 밀접한 관련이 있으며, 전통적으로 경제학을 지배했던 합리적 행위자 모형을 의문시하고 있다. 실제 세계에 대한 적용과 즉각적이고 직접적으로 관련이 있으며, 무언가 잘못되었다는 것을 즉시 알 수 있고 당연한 것으로 여기는 경제학처럼 인문학의 가장자리에 놓인 분야들은 이런 종류의 연구에 비교적 발 빠르게 반응을 보이고 있지만, 이런 연구는 핵심 인문학 분야에까지는 파고들지 않았다.

우리 인문학자들이 자연과학에서 배울 것이 적지 않다면, 그 거꾸로도 역시 마찬가지이다. 인문학자들은 과학적 연구에 기여할 것이 많다. 생물과학과 인지과학에서의 발견이 전통적인 학문적 경계를 헐겁게 함으로써, 이 분야의 연구가들은 자신들의 연구가 전통적인 핵심 인문학의 영역이었던 고차원적 논제와 접촉하는 것을 발견했고, 그러나 이들이 이 분야에 관해 정규 교육을 받지 않은 탓에 어둠속을 해매고 있으며 처음부터 다시 시작해야만 했다. 바로 이 점에서 인문학적 전문 지식은 과학적 탐구의 결과를 안내하고 해석하는 데 결정적인 역할을 할 수 있으며, 또 그렇게 해야 한다. 이런 일은 인문학-자연과학 경계의 **양측** 학자들이 서로와 기꺼이 이야기를 나누고자할 때만 일어날 수 있다. 이 책은 핵심 인문학 분야를 연구하는 나의 동료들이 그들 자신의 연구와 인지과학과 생물과학에서 나온 연구 간의 접점이 어디에 있고, 사람의 '신체화된' 관점이 대부분의 우리 연구에 영향을 미치는 자아의 이원론적 모형을 근본적으로 어떻게 문제시하는지를 들여다보자는 차원에서 기획되었다. 인문학과 자연과학 사이의 전통적인 엄격한 구분이 더 이상 타당하지 않다는 것이 점차 명확해지고 있는 추세이며, 이는 이전 구분으로 말해 양측의 연구자들이 철저하게 학제적일 것을 요구한다. 이 책은 인간 문화에 대한 통합적 접근법이 **왜** 실제로 필요한지를 주장하기 위해 의도된 것이다. 또한 이런 접근법이 과연 어떤 모습일 수 있는지를 주지시키기 위해 의도된 것이기도 하다.

나는 이 연구과제에 지난 5년간의 학문적 삶을 바쳤다. 이 기간 동안 수많은 사람들과 기관으로부터 도움을 받았다. 이 감사의 글에서 자칫 언급하지 못한 분들에게는 미리 사과를 구한다.

먼저 케임브리지대학출판부의 전문 편집자 앤디 벡Andy Beck에게 감사한다. 몇년 전 다소 불확실한 연구과제에 대한 아이디어를 갖고 찾아 갔을 때 그는 즉각적인 지지를 보내주었을 뿐만 아니라, 이 아이디어가 발전되어 가는 동안에도 다양한 방식으로 꾸준히 논리적으로 타당한 편집상의 충고를 해준 덕분에 이 최종본이 만들어질 수 있었다. 나와 이 연구과제를 믿어준 그에게 진심으로 감사한다.

브리티시컬럼비아대학교의 피터 노스코Peter Nosco, 다린 레만Darrin Lehman, 낸시 갈리니Nancy Gallini에게도 감사한다. 이들은 이 무리한 연구과제를 전혀 만류하지 않았고, 내가 학제적 연구를 진정으로 높이 평가하는 기관을 찾을 수 있도록 해주었다. '학제성interdisciplinarity'은 최근 인기 있는 전분적 유행어가 되었지만, 그중 브리티시컬럼비아대학교는 인문학-자연과학 대화에 관해 진정으로 진지하고 이를 촉진시키는, 내가 아는 몇 안 되는 대학 중 하나이다. 이와 관련해 이 연구과제는 캐나다 연구 회장직Canada Research Chairs 프로그램에도 많은 은혜를 입었다. 내게 주어진 캐나다 연구 회장직은 이 원고를 완성할 수 있는 시간과 재원뿐만 아니라, 다양하고도 유익한 연고와 새로운 연구 공동 기회로 직접적으로 이어졌던, 매우 매력적인 연구 혜택도 많이 제공해주었다. 이것이 중국 연구가에게는 특히 더 중요했다. 왜냐하면 중국 연구, 그 가운데서도 초기 중국 연구는 너무나도 빈번하게 외부 사람들에게는 지나칠 정도로 전문적이며 밀폐된 분야로 간주되고 있기 때문이다.

서던캘리포니아대학교에서의 연구 초창기에 이 대학교에 수여된 과학과 종교학을 위한 템플턴/메타넥서스Templeton/Metanexus 보조금의 도움이 컸다. 이것은 학제적 대화를 위한 훌륭한 장을 제공해주었고, 마이클 루즈Michael Ruse, 오웬 플래나간Owen Flanagan, 마이클 아비브Michael Arbib와 같은 학자들과의 만남을 용이하게 해주었다. 이 대학교에 수여된 종교와 시민문화 연구를 위한 퓨 재단Pew Foundation 보조금도 나의 지적 영웅 중 한 명인 찰스 테일러Charles Taylor와 만나고 그와의 대화를 통해 도움을 얻을 기회를 주었다. 그의 연구는 제6장에서 매우 각별하게 다뤄질 것이다. 이 보조금에 참여하도록 해준 이 대학교의 전 의장인 도널드 밀러Donald Miller에게도 깊이 감사한다.

모하메드 레자 메마르-세디기Mohammad Reza Memar-Sadeghi는 매우 관대하게도 제1장과 제5장을 읽어주었고, 브라이언 보이드Brian Boyd는 과감하게 원고 전체를 공들여 읽은 후, 상세하고도 매우 유익한 의견을 주었다. 물론 여러 이유로 해서 그들의 제안을 모두 받아들여 수정할 수는 없었지만, 특히 과학철학 자료에 대한 나의 논의가 정교함이나 뉘앙스에서 부족한 부분이 발견되면, 그것은 전적으로 나의 탓일 것이다. 요엘 살린Joel Sahleen, 제이슨 슬론Jason Slone, 마크 콜라드Mark Collard, 조 헨리히Joe Henrich, 팀 뢰러Tim Rohrer, 존 고트셸Jon Gottschall, 그리고 케임브리지대학출판부에 넘긴 원고를 검토해준 익명의 교열자도 실질적이고 유익한 의견을 주었다. 또한 샤랄린 오보Sharalyn Orbaugh, 조나단 스쿨러Jonathan Schooler, 오웬 플래나간Owen Flanagan, 아라 노렌자얀Ara Norenzayan, 스티브 하이테Steve Heine, 마크 터너Mark Turner, 레이 코르베이Ray Corbey, 토드 핸디Todd Handy, 랜디 네시Randy Nesse, 콜 트러시Coll Thrush, 사이먼 마틴Simon Martin, 바바라 댄시거Barbara Dancygier, 앤드류 마틴데일Andrew Martindale, 제스 트레이시Jess Tracy, 리즈 던Liz Dunn, 엠마 코헨Emma Cohen, 데이비드 앤더슨David Anderson의 의견으로부터도 적지 않은 도움을 받았다. 성급할지 모를 결론의 장을 매끄럽게 하는 데 도움을 주고, 음악 비평을 해준 이안 맥이완Ian McEwan에게도 감사한다.

모니카 딕스Monika Dix, 더글라스 라남Douglas Lanam, 랑 푸Lang Foo는 이 연구과제의 여러 단계마다 연구지원을 해주었다. 제작편집자 커밀러 냅Camilla T. Knapp과 초기 원고의 거친 표현들을 부드럽게 수정하는, 세심하며 민감한 작업을 해준 교열자 수잔 그린버그Susan Greenberg에게도 감사한다. 저작권 보호를 받고 있는 그림이나 텍스트를 사용하도록 허락해준 마크 존슨Mark Johnson, 스티븐 미슨

Steven Mithen, 마티 스미스Marty Smith, 『인디즈 타임스*In These Times*』, 『디 어니언*The Onion*』에게도 감사한다.

또한 아내 스테파나 버크Stefania Burk에게도 감사한다. 그녀는 내가 이 연구과제에 열정적으로 작업하던 지난 몇 년 동안을 참고 견뎌주었을 뿐만 아니라, 개념적 비평, 문체적·편집적 충고, 순수한 분별의 지속적인 원천이기도 했다. 그녀의 예리한 마음, 특수용어에 대한 불관용, 무엇이 중요하고 무엇이 중요하지 않은지에 대한 확실한 분별력이 없었다면 이 책은 전혀 다른 모습이었을 것이다. 나는 이 책을 아내와 이 책의 마지막 형태가 갖추고 있을 때 태어나서, 기쁨, 경이로움, 심오한 수면부족의 지속적인 원천으로 남아 있는, 딸 소피아 지아나Sofia Gianna에게 바친다.

과학과 인문학

■ 서론

인문학이 위기에 처해 있다거나, 브뤼노 라투르Bruno Latour(2004)의 말을 빌려 인문학이 적어도 "활력을 잃어가고 있다"는 것을 깨닫는 것은 이제 거의 상식이 되었다. 20세기가 끝나가는 수십 년 동안 '이론Theory'은 문학뿐만 아니라 인류학, 사회학, 종교학, 미술사, 미디어와 지역 연구, 고전과 역사학과와 같은 폭넓은 분야를 포함한 인문학의 핵심 학과를 주름잡았다. 이론은 '정교한' 학문의 두드러진 특징이 위대한 공인 이론가들과 상호작용할 수 있는 능력이라는 열렬한 신념과 함께, 그것이 지나간 자리에 진리 주장truth-claim에 대한 전반적인 불신을 남겼다. 이러한 지적 혁명의 무모함이 차차 줄어들면서 지적 부작용이 시작되는 듯하다. 예컨대 분석 대상에 대한 이론의 적용은 어리석을 정도로 판에 박히고 기계적이게 되었는데, 엄밀히 말해 이론이 우리를 해방시켜줄 일종의 엄격함과 권위에 대한 복종을 특징으로 한다는 것이다. 누군가가 데리다Derrida가 처음에 루소Rousseau나 플라톤Plato에 적용한 분석 도구를 가져와서 이를 현대 중국 문헌에 적용했을 때 매우 흥미로웠다.(나는 그것을 기억할 만큼 충분한 나이가 들었다!) 매체 이미지와 포장을 포괄하기 위해 해체를 확장하는 것, 즉 **모든 것**을 텍스트의 세계로 흡수하는 것 역시 그 첫 단계에서는 새롭고 유쾌할 정도의 혁명처럼 느끼게 되었다.

그렇지만 몇 십 년이 지난 지금 사람들이 정말로 데리다의 해체를 대중문화나 전통 규범 가운데서 아직 탐구되지 않은 분야에 한 번 더 적용할 필요가 있는가 하는 질문을 던지는 것은 비합리적인 것일 수는 없다. 더 중요한 것은, 우리가 그것을 필요로 한다면, 그것은 과연 어떤 목적에서인가이다. 이론의 타당성을 부인하는 이론적 유희성의 지적 힘을 유지하고, 언어를 위해 언어에 탐닉하는 것을 초월하는 어떤 것의 존재를 부인하는 풍족하면서도 완고한 산문에 대한 관심을 지속하기란 어렵다. 라투르가 지적했듯이, 급진적인 회의적 비판이 지구온난화의 실재를 부인하거나 참혹한 환경에서 일하는 노동자들이 만든 값싼 운동화를 잘 속아 넘어가는 십대들에게 판매하는 것처럼, 그 자체의 사악한 목적을 위해 '우익Right,' 집단문화, 다른 '나쁜 놈'들의 농간에 너무 쉽게 넘어갈 때, 이는 사람들을 지적으로 당혹하게 만든다. 따라서 주제 자체기 좋아서 문학이나 예술, 언어에 왕왕 매료된 지적인 대학생들이 왜 이 책에서 제공하는 호전적인 이론적 주입을 거부하거나, 또는 그 요지가 무엇인지에 대해 궁금해하게 되는지를 쉽게 알 수 있다. 더욱이 그들은 '진지한' 수준에서 초기 중국 문헌이나 헨리 데이비드 소로Henry David Thoreau를 연구하기 전에 이리가레이Irigaray와 크리스테바Kristeva에 정통하는 편이 좋다는 말을 듣지만, 회계나 생물공학이 영리하고 야심 있는 22세의 젊은이에게 좀 더 매력적일 수 있다는 사실은 그리 놀라운 일이 아니다. 인문학의 수강자 수는 하향 추세이고, 외부 기관의 자금 수준도 떨어졌으며, 인문학자의 연구는 갈수록 편협하고 이해 가능한 평범한 규범과 무관한 것이 되었다.

이론 혁명의 오래된 선도자는 인문학이 현재 직면한 문제를 모르는 것은 아니지만,[1] 모든 분명한 우려에도 불구하고 인문학은 유망한 앞으로의 한 가지 길을 차단하고자 고집스럽게 결단한 것처럼 보이고 있다. 예컨대 브라이언 보이드Brian Boyd(2006)는 유명한 작가 루이스 메넌드Louis Menand의 한 구절을 인용하는데, 이는 혁명의 한 대변인인 현대언어학회Modern Language Association의 〈퍼로페숀 2005*Profession 2005*〉에서 문학 연구의 분야가 정체 단계에 들어갔다고 최근에 불평하기도 했다.

1 *Critical Theory* 30.2(Winter 2004)에서 출판된 "future of criticism"에 헌정된 논문 참조.

직업은 클로닝만큼 많이 재생되지 않고 있다. 이런 일이 발생한다는 한 가지 징후는 지난 10년 동안 박사학위 논문 주제에 변화가 거의 없다는 점이다. 모든 사람들은 같은 박사학위 논문을 쓰고 있는 듯하며, 그것도 약 1990년 이후로 거의 변하지 않은 도구 세트를 이용해 그렇게 했다는 것이다.(메넌드Menand 2005: 13)

메넌드는 포스트모던과 후기구조주의 이론의 정설들이 전 세계의 문학 연구를 지적으로 질식시키고 있고, 문학 분야가 현상을 일대 개혁하고 새로운 이론적 방향을 소개하는 것을 두려워하지 않을 새로운 젊은 무법자를 필요하다는 주장을 설득력 있게 펴고 있다. 고참인 그는 이러한 혁신이 어떤 것일 수 있는지를 위험을 겁내지 않고 예측하고 있지는 않다. 하지만 이런 분명한 지적 겸손에도 보이드는 다음 세대와 직면했을 때 메넌드가 명백히 받아들이려 하지 않는 최소한 한 가지 혁신이 있다고 지적한다. 그것은 과학과 인문학 사이에 '통섭consilience'을 이루려는 시도, 즉 과학과 인문학을 단 하나의 수직적 설명의 연쇄로 통합하려는 시도이다. 메넌드가 광신적으로 주장하듯이 "통섭은 악마와의 거래이다."(14) 보이드가 말하듯이 메넌드와 동료들에게 그의 모든 주장이 틀렸음을 말해줄 사람을 찾기 위해서는, "틀릴 수 **없는** 것이 최소한 한 가지가 있다고 확신한다. 과학, 특히 생명과학은 인간 세계의 연구에서는 들어갈 자리가 없다는 것이다."(보이드Boyd 2006: 19)

두 가지 세계: 유령과 기계

메넌드의 태도는 내가 생각하는 '고귀한 인문학High Humanist' 입장을 대표한다. 이 입장은 인문학이 특수하고 자립적인 연구 분야이며, 인문학 교육을 통해 생긴 특별한 감성에 의해서만 접근할 수 있다고 주장한다. 과학과 인문학 사이의 통섭이라는 생각에 대한 자동적이며 본능적인 경멸은 어디서 유래한 것일까? 우리의 '종 정체성species identity'을 구성하는 '문화적 차원cultural dimension'인 인간 세계에서 무엇이 그토록 특별한 것인가?(메넌드Menand 2005: 14-15) 이런 질문에 답하려면 문화-자연 구분을 인간 존재의 이원론적 모형의 근원까지 명확히 되짚어봐야 한다.

우리도 알다시피 오늘날의 대학은 인문학과 자연과학이라는 두 가지 포괄적인 교학권教學權으로 나누고 있다. 이 둘은 흔히 캠퍼스의 정 반대편에 있고, 서로 다른 재정기관에서 지원을 받고 있으며, 전혀 다른 방법론과 배경이 되는 이론적 가정에 의한 특징으로 대별된다. 세속 시대에서는 거의 분명하게 인정하고 있지는 않지만, 이러한 구분 이면의 근본 원리는 다소 구식이고 분명 형이상학적인 신념이 자리 잡고 있다. 즉 세계에는 마음mind과 물질matter이라는 전혀 다른 두 가지 유형의 실체substance가 있으며, 이 둘은 서로 다른 원리에 따라 작용한다는 것이다. 인문학은 문학, 종교, 예술, 역사처럼 자유롭고 자발적인 영혼이나 마음의 산물을 연구하지만, 자연과학은 말을 하지 못하는 사물의 비활동적 왕국을 지배하는 결정론적 법칙에 관여하고 있다. 형이상학과 제노석 구소간의 관계는 독일어로는 가장 직설적으로 표현하고 있는데, 기계론적 본질의 과학(**자연과학***Naturwissenschaften*)과 파악하기 어려운 인간 **정신***Geist*의 과학(**정신과학** *Geistwissenschaften*)으로 구분한다. '*Geist*'는 영어 'ghost'의 동족어이며, 다르게는 '유령ghost,' '마음mind,' '영혼spirit'으로 번역하기도 한다. 독일어에는 또한 각각의 영역에 적절한 지식의 두 가지 유형을 명확히 구분하기 위해서 현대 인문학적 논쟁의 배경 속 어딘가에 늘 맴도는 전문용어들도 유익하게 제공한다. 자연계는 반드시 환원적인 '**설명***Erklären*,' 즉 'explanation'의 대상으로서, 이것은 복잡한 물리적 현상을 간단한 물리적 현상으로 설명하는 것이다. 하지만 인간 마음의 산물은 하나의 정신이 또 다른 정신의 존재에 개방될 때 발생하는 신비로운 의사소통으로만 파악되고 있다. 이 과정은 '**이해***Verstehen*,' 곧 'understanding'으로 알려져 있으며, 이는 감성, 개방성, 한 정신의 또 다른 정신에 대한 신념을 요구하는 '**사건***event*'으로 간주하고 있다. 이것은 교육받은 인문학자들만이 인문학적 탐구에 진지하게 참여할 수 있다는 고귀한 인문학High Humanist 신념을 유발하는 근본적 직관이다. 또한 이것은 인간 수준의 현상을 기본 원리에 의해 설명하려는 시도는 모두 '환원주의적reductionistic'이라는 일반적인 비난 이면의 체제이기도 하다. 이해하는 정신은 그것을 인식하는 용어로, 이해하는 정신의 산물에 반영되는 것을 볼 수 있어야 한다.

나는 다음에서 마음-몸 이원론이 **호모사피엔스***Homo sapiens*만큼이나 오래된 보편적인 인간 직관이라고 주장할 것이다. 우리가 이를 초월하는 것이 왜 이렇게 어려운지 하는 이유도 이것과 관련되어 있다. '이원적 서양dualist West'이 아마 더욱 전체적인 다른 문화들과 대조될 때, 정말로 돋보이는 것은 마음-몸 이원론이 표현되는 비범한 강렬함, 이 둘의 경계가 통제되었던 근면함,[2] '인문학적 **이해***Verstehen*' 대 '자연주의적 **설명***Erklären*'이라는 세계에 대한 두 가지 유형의 지식이 현대 상아탑 안에서 제도화한 엄밀함으로 이해하는 것이다. 오늘날의 대학에서 이 둘은 적어도 인문학자들에 의해 각자의 일을 엄격하게 고수하도록 요구하고 있다. 인류학처럼 이 둘 사이의 경계가 특별히 문제되는 학문 분야는 그 분야를 간단하게 따로 분리시켰다. 물리인류학자나 생물인류학자는 '뼈와 돌'을 설명하는 데 충실하지만, 문화인류학자는 인간의 사회적 이해와 같은 신비스러운 영역을 탐구한다. 계속 늘어나는 대학들에서 이러한 분업은 실제로 별도의 학과를 만드는 일로 이어졌다. 어떤 대학들에서는 인류학의 두 유형이 부자연스럽게 분리되어 공존하는 경향도 있다.

마음 대 몸의 분리, 즉 이해 대 설명의 분리가 오늘날 대학에 고착된 정도는 인문학에서 '환원주의'라는 것은 즉각적으로 경멸적 폭언으로 인식하는 사실에 반영되고 있다. 이는 이해하는 '**정신***Geist*'이 그 선을 넘었고, '**이해***Verstehen*'에서 '**설명***Erklären*'으로 부적절하게 미끄러졌으며, 그 주제를 사물로 다룬다는 주장이 바로 그것이다. 사람은 사물과는 근본적으로 다르다. 그래서 '이해' 대 '설명'

2 형이상학적 이원론이 인간과 동물, 특히 우리와 가장 가까운 친족인 유인원 간의 위험한 경계에 대한 서양에서의 논의에 어떻게 영향을 미쳤는지에 대한 훌륭한 설명으로는 레이먼드 코로베이Raymond Corbey(2005) 참조.

의 구분은 우리 마음에서 근간을 마련할 수 있다. 하지만 인간은 결코 **설명될** 수 없다는 사실과, 인간 수준의 현상은 결코 하위 층위의 인과적 힘으로 환원될 수 없다는 사실은 이런 직관을 한 단계 더 멀리 나아가게 한다. 그 결과로 인간 탐구의 분야는 간파 불가능한 **이해***Verstehen*의 껍질로 근엄하게 둘러싸였으며, 이 경계를 깨뜨리려는 자연과학의 제반 시도들은 그것에 격렬하게 저항하게 만들었다.

이원론의 초월: 몸에 대한 진지한 수용

나는 뒤에서 매우 엄격한 이원론이 오히려 심각한 오류라는 사실을 주장할 것이다. 존재론적으로 구분된 세계의 경계를 열정적으로 수용하고, 이런 구분에 의문을 제기하는 사람이면 누구든 단호히 반대하고, 종종 그를 악마로 만들어, 인문학자들은 끊임없이 그리고 자위하듯이, 이야기를 상황하게 늘어놓을 운명이었던 것 같다. 깊이 고착되어 있지만 궁극적으로는 지킬 수 있는 형이상학적 이원론이 어떻게 인문학을 방해하는지 알 수 있는 한 가지 관점으로는 수년 동안 연구실 문에 테이프로 붙였던 예리한 만평 몇 개를 살펴보는 것이다. 첫 번째 만평은 제프 라이드Jeff Reid의 시사만화이다.(그림 1)

다른 만평들처럼 이 시사만화 역시 부조리한 생각을 그 부조리함이 더욱 두드러지는 문맥에 놓음으로써 중요한 개념적 주장을 하고 있다. 세상에 '해체된 아침식사 제품Deconstruction Breakfast Food Product'를 먹는 것이 즐겁다거나 '푸코의 프레이크Foucault Flakes'의 텅 빈 그릇이 사람의 공복을 채울 거라고 믿는 사람은 아무도 없다. 왜냐하면 우리는 조각조각 난 마분지보다 콘프레이크에 대한 선호도를 결정하는 데 일정한 역할을 해주는, 인간의 생리기능에 공통된 구조가 있음을 의심하지 않기 때문이다. 그런데 인간의 생리기능에 공통된 구조가 있다면, 마음에는 동일한 것이 적용되지 말라는 법은 없다. 이는 포스트모던 이론

[그림 1] '아침식사 이론' 〈인디즈 타임스〉 1989년 3월 29일자(www.inthesetimes.com)

의 극단적 상대성이 궁극적으로 이 이론을 텅 빈 시리얼 그릇만큼이나 지적으로 공허하게 만드는 것을 의미한다.

다른 하나는 이른바 프랑스 실존주의의 '개인적 구성주의'를 겨냥한 것인데, '장 폴 사르트르의 요리책'이라는 재미난 만평이 이것과 매우 비슷한 주장을 하고 있다. 이 만평은 지난 수년 동안 인터넷을 통해서 다양한 방식으로 반복되었기에 여기서 좀 길지만 그대로 인용하지 않을 수 없다.[3]

---

3 마티 스미스Marty Smith에 의해 〈유튼 리더*Utne Reader*〉의 1993년 11/12월자로 재판된, 〈프리 에이전트*Free Agent*〉라는 포틀랜드의 지역 신문에 처음 발표되었다.

우리는 근래에 분실된 프랑스 철학자 장 폴 사르트르의 일기장 몇 개를 다행히도 사무실에서 우연히 최근에 발견하게 되었다. 이 일기장들은 공허함보다는 음식에 사로잡혀 있는 젊은 사르트르를 드러낸다. 명확히 사르트르는 철학을 발견하기 전에 "맛에 대한 모든 개념을 영영 잠재워 버릴 수 있는 요리책"을 쓰길 바랐다. 당신이 읽을 수 있도록 그 일기를 여기에 인용한다.

10월 3일

내 요리책에 대해서 카뮈와 얘기를 나눴다. 비록 내 요리를 아직 맛보지는 못했지만 그는 많은 격려를 해주었다. 나는 일을 시작하기 위해 그길로 바로 집에 달려갔다. 얼마나 설레는지 모른다! 내 덴버 오믈렛 조리를 시작했다.

10월 6일

나는 전통적인 오믈렛 형태(계란과 치스)는 너무 평범하나는 것을 알았다. 오늘은 오믈렛을 담배, 커피, 그리고 네 개의 작은 돌로 만들어 보았다. 이것을 말로에게 먹이자 그는 토했다. 나는 용기가 생겼다. 하지만 내가 갈 길은 아직 멀었다.

10월 10일

나는 극심하게 느끼는 공허함을 표출하기 위해서 전통 음식을 급진적으로 해석하려는 나 자신을 발견했다. 오늘 나는 이 조리법을 시도해 보았다.

참치 볶음밥

재료: 1개의 큰 볶음밥 요리

복음밥 요리를 찬 오븐에다 놓는다. 오븐을 향해서 의자를 두고 오랜 시간 동안 앉아 있어라. 당신이 얼마나 배고픈지 생각해보라. 밤이 되면 불을 켜지 마라.

이 조리법에 공허함이 표출되어있지만, 나는 이것이 사치스러운 삶에 적용이 될 수 없다는 것에 놀랐다. 어떻게 먹는 사람이 먹지 못한 음식이 다른 음식이 아닌 참치 볶음밥이라는 것을 인식할 수 있는가? 나는 더욱더 좌절하게 되었다.

11월 26일

오늘은 단어 케이크에 대한 정의를 도전하면서 체리 5파운드와 살아있는 비버로 블랙 포레스트 케이크를 만들었다. 나는 매우 만족스러웠다. 말로는 아주 맛있었다고 말했지만 후식을 먹지 않았다.

보기에 따라서는 이 풍자들은 비열한 언동들로 이루어져 있다. 포스트모더니즘과 실존주의 모두 인간의 물리적 공통성을 부인할 까닭이 없다. 하지만 두 학설은 의미 층위에서의 인간 공통성을 부인한다. 활발하지 못한 물리적 사물인 인간의 몸이 공통된 법칙의 대상이지만, 인간적 중요성을 가진 산 세계와는 별로 연관이 없다. 문화적으로 구성된(또는 실존주의자들에게는 개인적 무無에 의해 창조된), 후자의 세계 그리고 동물이 막연하게 마분지보다는 곡물, 돌보다 체리를 더 좋아하지만 문화적으로나 언어적으로 중재되는 경험의 구성된 세계가 우리가 실제로 접촉하는 전부이다.

뒤에서 개관할 증거는 믿을 만하겠지만, 이런 견해는 매우 부정확할 것이다. 자극물과 설탕에 대한 진화적 선호와 보편적으로 인간적인 선호 때문에, 프랑스 실존주의자들은 밤이 이슥한 파리 레스토랑에서 개의 소변이 아닌 설탕이 든 에스프레소를 마셨다. 이러한 물리적 선호는 우리가 어둠보다 빛을 선호하고, 약함보다 강함을 선호하며, 허위보다 진리를 선호하는 것과 다르지 않다. 예컨대 사르트르 풍자의 유머를 만들어내는 긴장은 무의미의 우주에 대한 실존주의적 주장과 일상적 인간생활의 명백한 진리 사이의 충돌에서 발생된다. 어떤 것은 맛이 좋고, 어떤 것은 좋아 보이며, 어떤 행동은 타당하다. 이런 불가피한 중요성의 영역은 많고 많은 블랙커피나 갈루와Galoises의 담배로는 제거될 수 없다. 찰스 타일러Charles Taylor(1992: 39-40)는 '진정성의 윤리ethics of authenticity'에 대한 비판에서 다음과 같이 말했다.

중요하게도 나의 인생은 선택해야 하는 것이기는 하지만, 만약 어떤 선택이 다른 선택보다 더 의미심장하지 않다면, 자체 선택이라는 생각은 시시하고 일관성을 가질 수 없다. 이상으로서의 자체 선택은 단지 어떤 **논제**가 다른 논제보다 더 중요하기 때문에 합당한 것이다. 내가 단순히 점심으로 푸틴보다는 스테이크와 프렌치프라이를 선택하기 때문에, 나는 내가 자체 선택자라고 주장할 수 없으며, 자체 제작의 전체 니체 철학의 어휘를 이용한다고 주장할 수 없다. 어떤 논제가 중요한지를 결정하는 것은 **내**가 아니다. 결정한 것이 나라면, 어떤 논제도 중요하다고 할 수 없다. 자아를 초월해서 나오는 요구를 내동댕이치는 것은 정확히 그 중요성의 조건을 억압하는 것이고 시시함을 자초하는 것이다.[4]

커트 보네거트Kurt Vonnegut Jr.가 "오늘날 삶의 무의미함 때문에 무력화된 사람들이라 하더라도 여전히 때때로 물을 마셔야 한다"(1982: 110)라고 말할 때도 이와 비슷한 주장을 하는 것이다. 테리 이글턴Terry Eagleton도 "누구도 낯모르는 사람에게 목이 쉬도록 말하거나 그들의 다리를 절단하지 않는다"(2003: 15)라는 사실처럼 공통되고 보편적인 인간 규범이 인간 이해 가능성의 불가피한 배경의 일부라고 말할 때도 이와 비슷한 주장을 한 적이 있다.

그렇다고 이것이 실존주의적 입장의 힘과 시를 부인하는 것은 아니다. 이는 『시지프스의 신화*Myth of Sisyphus*』(1942)나 『페스트*The Plague*』(1947)에 묘사된 카뮈Camus의 **부조리한 인간***homme absurde*에 대해서 용감하며 단호히 알기 쉬운 입장에 의해 흔들리지 않기 위해 조용히 죽어야 한다는 것이다. 그런데 작가이자 수사학자로서의 카뮈의 재능은 실제로 그의 기본적인 철학적 논점을 무효화하고 있다. 왜냐하면 "가치관의 척도scale of values"(1947: 86)를 거부한다는 그의 주장에도 불구하고, 그의 이상의 힘은 미리 결정된 보편적인 인간 가치관으로부터 나온 것이기 때문이다. 깨어 있는 것은 자고 있는 것보다 더 좋고, 명확한 것

4 테일러는 "자아를 초월하여 나오는 요구"가 주로 자연적이라기보다 역사적이고 사회적인 것으로 간주하는 경향이 있지만, 개인적 구성주의에 대한 그의 기본적 비판은 다르지 않다.

은 혼란스러운 것보다 더 좋으며, 강하고 용기 있는 것은 약하고 비겁한 것보다 더 좋다. 카뮈의 창조성은 이런 보편적인 규범적 반응을 획득하여 이를 매우 신선하게 사상한 데 있다. 명료함은 아무것도 확실히 모르는 것으로 이루어져 있고, 용기는 한때 불신을 막기 위해 힘을 요구하는 것으로 지각된 초월적 진리를 거부하는 데 있다. 이런 사상mapping은 새롭지만, 그 근원은 아마 호모에렉투스Homo erectus만큼이나 오래된 것이다.[5] 이와 비슷하게, 포스트모던적 가식에도 불구하고, 우정, 지적 호기심, 연합 보충coalition recruitment, (많은 사회적 수다를 포함해) 적합한 정보의 교환, 안전, 명성, 권력, 성적 접근을 달성하려는 전반적인 직접적 또는 간접적 목표처럼, 1년마다 개최되는 현대언어학회Modern Language Association의 모임에서의 동기와 예상 밖의 행위는 약간의 배경 설명만 붙으면 홍적세洪積世의 수집-채집인들까지 완벽히 이해할 수 있을 것이다.[6]

스스로 강한 플라톤 철학이나 데카르트 사상에 피난하지 않으며, 자립적인 '기계 속의 유령Ghost in the Machine'의 존재를 채택하지 않는다면, 마음은 몸**이고**, 몸은 마음**이다**. 카뮈의 고뇌에 찬 주장에도 불구하고, 투명한 확실성에 대한 필요와 의미가 결여된 촘촘한 세계 사이에는 부조리한 공백은 없다. 카뮈가 희망적인 위안으로 올바르게 무시하는 초월적·절대적 의미에서가 아닌, 현저하게 신체화된·인간 중심적 의미에서 세계는 합리적**이다**. 진화의 과정은 우리의 가치관이나 바람과 우리가 발전시킨 세계의 구조가 밀접하게 일치한다는 것을 보장한다. 담배와 돌, 오믈렛이 말로Malraux도 토하게 만들거나, 푸코식 조각의 텅 빈 그릇이 우리를 만족스럽게 하지 않는다는 것을 보증하기 위해서라면 영원한 진

---

5 카뮈 자신은 "우리는 생각의 습관을 갖기 전부터 이미 사는 습관을 갖는다nous prenons l'habitude de vivre avant d'acquérir celle de penser"라는 그의 말에서 이 방향을 지향한 듯하다.

6 이것은 3부작 『장소의 변화*Changing Places*』, 『교수들*Small World*』, 『멋진 일*Nice Work*』(1975, 1984, 1988)과 같은 작품에서 소설가 데이비드 로지David Lodge가 말한 은총, 연민, 유머에 대한 요점이다. 로지의 보다 최근 작품인 『생각들*Thinks*』(2001)는 덤으로 주어진 인간 본성과 성적 관심에 관한 약간의 통찰력을 가지고서, 인지과학, 인문학, 환원주의의 두려움에 관한 논제에 도전한 저술이다.

리에까지 호소할 필요는 없다. 물론 제4장에서 다시 주장하겠지만, 우리에게 즐거움을 주는 것, 추구할 가치가 있다고 생각하는 것, 유의미한 것으로 여기는 것에 실질적인 변화를 주기 위해 인지적 유동성과 문화적 기술을 품고 있다는 점에서 우리 인간은 동물들 가운데 분명 특이한 존재다. 그러나 이 모든 인지적·문화적 혁신은 몸-마음의 구조에 바탕을 두며, 궁극적으로는 그것으로부터 제약을 받고 있다.

몸-마음은 사물 세계의 일부이고, 항상 그러했고, 앞으로도 그러할 것이라는 사실 역시 포스트모던 사상에 퍼진 인식론적 회의주의를 효과적으로 방해한다. 사람에 대한 비非이원론적 접근법은 영원한 객관적 진리에 대한 아무런 특권적인 접근을 약속하지는 않지만, 세계에서 인간 신체화의 공통성이 공통된 지각적 접근에 기초한 증거로(최소한 임시로라도) 입증된, 안정적인 공통된 지식을 초래할 수 있다는 신념에 기초를 두고 있다. 마음-몸 구분을 깨뜨림으로써, 그리고 인간의 마음을 풍부하고 유의미한 사물의 세계와 접촉케 함으로써, 이런 인문학의 접근법은 세계와 항상 접촉하는 신체화된 마음뿐만 아니라, 몸과 물질계를 진지하게 받아들이는 진리나 실증의 실용주의적 모형으로부터 시작한다.

수직적 통합

따라서 빈틈없이 보호되고 있는 인문학과 자연과학 사이에서 분업으로 들어가는 것 대신, 이 책에서는 인간 문화의 연구에 대한 통합적인 '신체화된embodied' 접근법을 주장할 것이다. 인문학은 자연과학에서 연구하는 의미의 하위 층위 구조로 (최소한의 실제로) 환원 불가능한 발현적 구조에 의해 묘사되는 의미의 인간 층위의 구조에 관여하지만, 이는 전적으로 독특한 것은 아니다. 인문학이 이원론적 형이상학을 넘어서고자 한다면, 의미의 인간 층위의 구조는 자연과학에서 연구하는 의미의 하위 층위에서 불가사의하게 배회하기보다는 그것에 바탕을 둔 것이어야 한다. 이렇게 이해하는 인간 층위의 실재는 현저하게 **설명 가능한***explainable* 것일 수 있다. 실용적으로 말하면, 인문학자들이 신경과학자와 심리학자들이 제공하고 있는 인간의 인지에 대한 연구 결과를 진지하게 받아들여야 한다는 것이다. 이러한 발견은 인간 본성의 '빈 서판blank slate' 이론, 강한 사회구성주의와 언어결정주의, 비신체화된 이성의 이념처럼 깊이 고착화된 독단적 주장에 의문을 제기하면서, 인문학 이론을 형성할 때 제약 기능을 할 수 있다. 인문학과 자연과학을 단 하나의 통합적 연쇄로 결합하는 것이 현재 인문학 탐구를 방해하는 표상에 대한 그칠 줄 모르는 우연적 담화와 표상에 퍼져있는 독기를 말끔히 치우는 유일한 방법인 듯하다. 같은 이유로 자연과학자들이 윤리학의 본질, 문학, 의식, 정서, 미학 등 전통적인 인문학 연구 분야에 대해 부질없이 참견하기 시작하면서부터, 그들이 어떤 질문을 하고, 그 질문을 어떻게 구성하며, 데이터를 해석할 때 어떤 이야기를 해야 할지를 효과적으로 결정하려 한다면, 무엇보다 인문학적 전문 지식이 필요할 것이다.

물론 인문학과 자연과학 사이의 장벽을 허물어야 한다는 요청은 이런 구분만큼 오래되었다. 흥분을 자아낸 과학 혁명의 초창기에 데이비드 흄David Hume(1777/1976: 174-175)은 도덕철학과 실증에 근거한 생리학이나 심리학 간의 임박한 통합을 예견한 바 있었다.

> 인간은 자연철학의 가설과 체계에 대한 열정이 가라앉았고, 경험으로부터 얻은 것을 제외하곤 어느 주장에도 귀를 기울이지 않을 것이다. 인간은 모든 도덕적 탐구에서 비슷한 재형식화를 시도해야 하고, 제아무리 미묘하고 독창적이라 해도 사실과 관찰에 입각해서 구축되지 않은 윤리학의 모든 체계를 거부해야 할 때이다.

흄의 예측은 조금 시기상조였다. 아마도 흄이 원한 통합의 주된 장벽 중 하나는 인간이 마치 이원론자로 태어나는 것 같다는 사실이다.(블룸Bloom 2004) 이는 세계를 자유의지를 발휘하는 의식적 행위자와 말을 하지 못하는 비활동적 사물로 나누는 뿌리 깊은 보편적 경향을 지닌 사실을 말한다. 따라서 인문학-자연과학의 구분을 부수려면 매우 강력한 통속적 직관을 극복하거나 최소한 그것을 고려의 대상 밖에 두어야 한다.

프톨레마이오스Ptolemy를 이긴 코페르니쿠스Copernicus의 승리처럼, 역사적 패러다임 전환에 관한 연구에서 증명되듯이, 통속적 직관을 교체하는 것은 압도적인 실증적 증거에 힘입어서 아마도 부분적으로만 간신히 가능할지 모른다. 나 자신은 천동설을 경험하면서 인생 대부분을 허비했다. 통합에 대한 흄의 요청을 보다 실행 가능하게 만들기 위해 지난 수십 년 동안 인지과학은 폭발적으로 발전했다. 인간의 인지에 대한 실증적 탐구에 관여하는 인공지능, 의식철학, 그리고 신경과학, 심리학, 언어학 등의 다양한 분야를 가리키는 포괄적인 용어인 인지과학은, 이원론에 대한 우리 인간의 기질을 고려의 대상 밖에 두는 것이 결국 단순히 관념적인 것이 아니라 **실재하는** 가능성일 수 있는 지적 환경을 만들어냈다.[7] 흄의 시대와 지난 수십 년 동안 인지과학은 극히 초기 단계였다. 때문에 사람에 대한 철저한 물리주의적 입장을 취하는 것은 도스토예프스키Dostoevsky 같은 작가나 윌리엄 제임스William James 같은 개척적인 실증주의자들은 희미하게나마 인식하고 있었겠지만, 대부분의 냉정한 사상가들에게는 명백히 불합리한 순이론적 가능성일 뿐이었다. 대니얼 데닛Daniel Dennett(1995: 26-33)이 지적하듯이, 컴퓨터와 인공지능 시스템이 발명되기 전인 1950년대까지 말을 하지 못하는 물질이 스스로 의식을 발생시킬 수 있다는 생각은 대부분의 철학자들은 상상조차 할 수 없었다. 합당한 이유로 의식적 존재가 진정 특이하게 보여 존재론적으로 독특한 실체에서 그 기원을 찾아야 하는 힘을 갖고 있는 것이었다. IBM 슈퍼컴퓨터 딥 블루Deep Blue나 엘리자Eliza라는 가상 대화자 같은 인공

7 이것은 버나드 윌리엄스Bernard Williams로부터 빌려온 용어이다. 윌리엄스가 설명하듯이, 나에게 실재적 가능성이란 내가 실제로 나의 기본적인 실재의 느낌을 잃지 않고 그것을 포용할 수 있는 것을 말하지만, 중세 사무라이의 생활양식을 이끌고자 결심하는 것 같은 관념적 가능성은 오로지 추상으로서만 상상 가능하다. 윌리엄스Williams(1985: 제9장) 참조.

지능 시스템이 출현하고 나서야, 비로소 이런 명약관화한 사실을 초월하는 데 필요한 '직관 펌프intuition pump'가 생겨났다. 이런 인공지능 시스템은 "근시적인 반지능형의 귀신"의 순수한 물리적·연산적 체계가 마치 의식처럼 보고 행동하는 무언가를 생산할 수 있다는 매우 구체적인 증거를 제공했다.(1995: 200-212, 428-437)

인공지능 혁명에 대한 있을 수 있는 반응 중 하나는 오웬 플래나간Owen Flanagan이 "수수께끼mysterian 입장"이라고 부르는 것으로 물러서는 것이다. 인공지능은 의식의 **환상**을 생산할 수는 있지만, 우리는 그것이 실재하는 의식일 수 없다는 것을 안다. 왜냐하면 우리는 그것을 그냥 **알기** 때문이다.[8] 다른 인문학자들은 존재론적 난관을 견뎌내고, 인지과학의 제안처럼 보이는 것을 진지하게 수용함으로써 생기는 결과를 탐구하려 했다. 의식은 물질과 구분되는 신비의 실체가 아니라, 충분히 복잡한 방식으로 결합한 물질의 발현적 특성이다. 따라서 인문학의 전통적 영역처럼 우리가 의식과 그 산물을 연구하는 방식은 의식이 갖는 기묘하고 멋진 발현적 특성을 시야에서 놓치지 않으면서, 덜 복잡한 (또는 다르게 복잡한) 물질 구조를 탐구하는 방식과의 조화를 이뤄나가야 한다. 다시 말해서 우리는 인간의 마음을 유령과 같은 거주자가 아닌 인간 몸의 **일부**로 간주해야 할 필요가 있다는 것이다. 따라서 이 세상에 돌아다니는 모든 다른 몸-마음 체계처럼, 인간 역시 진화에 의해 만들어진 통합된 마음-몸 체계로 봐야 한다. 이것은 '통섭consilience'(윌슨Wilson 1998)을 주장한 곤충학자 에드워드 윌슨E. O. Wilson, '수직적 통합vertical integration'(투비와 코스미데스Tooby & Cosmides 1992)의 필요성을 주장한 진화심리학자 존 투비John Tooby와 레다 코스미데스Leda Cosmides, '성삼위일체Holy Trinity'(빈 서판Blank Slate, 고상한 야만인Nobel Savage, 기계 속의 유령Ghost in the Machine)(핑커Pinker 2002)라는 인문학의 독단적 주장을 비판

---

8 '낡은 신비주의자'(뻔뻔스러운 이원론자)와 '새로운 신비주의자'라는 플래나간의 구분을 보라. 새로운 신비주의자는 의식을 자연주의적 설명의 영역 바깥에 놓는 전문 자연주의자를 말한다. (1992: 8-11)

한 신경과학자이자 언어학자인 스티븐 핑커Steven Pinker가 최근 획기적으로 제공한 자연과학과 인문과학의 설명적 연속체에 대한 주장 이면에 깔린 정서다. 또한 이것은 앞으로 탐구해야 할 인간 문화의 연구에 대한 '신체화된 인지embodied cognition' 접근법 이면에 있는 지침 원리이기도 하다.[9]

신체화된 인지와 인문학

브리티시컬럼비아대학의 신임직을 수락했을 때, 나는 직함을 창안하는 호사를 누렸다. 나는 캐나다 연구 회장직Canada Research Chairs이었지만, **무슨** 회장직인지는 스스로 결정해야 했다. 내가 최종적으로 결정한 연구회는 "중국 사상과 신체화된 인지Chinese Thought and Embodied Cognition"였다. 이 명칭의 전반부는 아주 명료하다. 나의 전공이 초기 중국 사상 분야였고, 나는 이에 대해 나의 전문 지식을 펼 수 있었다. 그런데 명칭의 후반부에 대해서는 일반적인 설명이 필요하다. 예컨대 내가 도착 직후 가졌던 환영 파티에서 심리학과 소속의 신임 새 동료들 중 한 사람은 나의 새로운 직무에 대한 기술의 후반부가 모순어법이라고 생각하면서 그것을 즐거워했다. 그녀는 "**모든** 인지가 신체화된 것이 아닌가요?"라고 질문했다.

이것은 핵심 인문학 분야가 아닌 다른 연구가라면 누구든 보이는 자연스러운 반응이다. 인간의 인지는 몸과 감각 운동계에 밀접한 토대를 두고 있으며, 이로써 구조화된다는 사실은 인지과학의 다양한 분야에서 논란의 여지가 없는 배경 가정이다. 나의 동료가 인식하지 못한 것은 바로 이것이 인문학에서는 그렇지 않다는 것이었다. 예컨대 북아메리카에서 대부분의 철학과는 몸은 그 자체의 독립적·형식적 구조를 가진 마음을 담고 있으며, 그것을 지탱하는 간단한 그릇이라는 전통적인 합리적 개념의 지배를 받는다. 많은 인공지능 연구가, 형

9 인간의 인지와 문화에 대한 신체화된 인지의 개론을 위해서는 부록을 보라.

식언어학자, 더 전통적인 인지과학자들도 뇌는 추상적 상징 조작을 위한 기계이고, 몸은 간단한 입력-출력 장치로 환원된다는 모형을 고수한다. 이데올로기적 스펙트럼의 다른 쪽 끝에서 대부분의 인문학부를 지배하는 포스트모더니즘의 형태는 요즈음 몸에 대해 많은 이야기를 하지만, 그들에게 몸은 궁극적으로 문화에 의해 '새겨지는' 활동성이 없는 백지 상태이거나 비신체화된 담론에 의해 창조된 권력 구조의 수동적 희생자일 뿐이다.

이 책의 주장 가운데 하나는, 직관상 아무리 매력적일지라도 계몽운동의 최고 이성high-reason 모형과 포스트모더니즘이 바탕을 두고 있는 마음-몸 이원론은 지각 연구, 인공지능, 심리학, 인지과학, 언어학, 행동신경과학의 최근 경향에서는 심각하게 의문이 된다는 것이다. 지각 연구에서 윌리엄 제임스로 거슬러 올라가는 전통은 지각이 개인의 머릿속에 있는 외부 세계의 단순한 수동적 표상이 아니라, 세계에서의 '신체화된 **행동***action*'과 밀접한 관련이 있다고 주장한 연구자들에 의해 다시 부활하였다.[10] 수동적 표상에 의존하는 전통적 로봇을 더 뛰어넘기 위해서 실용적인 신체화된 발견법을 사용하는 로봇을 설계한 인공지능 연구자들은 이런 통찰력에 의존했다.[11] 신경과학과 심리학에서는 전부라고는 할 수 없지만 많은 인간의 개념과 사고가 감각 운동 도식에 바탕을 둔 심상적imagistic 구조이고,[12] 인간의 범주는 원형 심상에 바탕을 둔 방사 구조이며,[13] 마음은 무슨 정보든 흡수할 수 있는 만능 컴퓨터가 아니라, 특정 유형의 정보를 처리하도록 설계된 선천적인 특수한 모듈의 집합이라는[14] 주장을 지지하는

---

10 깁슨Gibson(1979), 나이서Neisser(1976), 노에Noë(2004), 또한 바렐라Varela *et al.*(1991: 9)의 '동작적enacted' 인지의 개념 참조.

11 발라드Ballard(1991, 2002)와 브룩스Brooks (1991)

12 아비브Arbib(1972, 1985), 존슨Johnson(1987), 다마지오Damasio(1989), 트라넬Tranel *et al.*(1997), 바살로우Barsalou(1999a), 깁스Gibbs(2003), 즈완Zwaan(2004), 페처와 즈완Pecher & Zwaan (2005)

13 로쉬Rosch(1973, 1975), 로쉬Rosch *et al.*(1976), 레이코프Lakoff (1987)

14 마음의 모듈 모형에 대한 고전적 주장은 촘스키Chomsky(1965)와 포더Fodor(1983)에서 볼 수 있다. 보다 철저한 모듈 설명은 투비와 코스미데스Tooby & Cosmides(1992, 2005), 허쉬펠드와 겔만Hirschfeld & Gelman(1994), 캐루더스Carruthers *et al.*(2005, 2006) 참조.

증거가 등장하고 있다. 행동신경과학의 분야에서는 정서를 비롯한 다른 '체벽 성향somatic biase'의 구성적 역할을 강력하게 암시하는 인간의 추론과 의사결정의 설명이 등장했으며,[15] 경제학에서는 추상적인 합리적 행위자rational-actor 이론에서, 고유한 인지적 성향과 '신속하고 간결한fast and frugal' 발견법을 통합하는 모형으로의 전환이 있었다.[16] 언어학에서는 추상적인 통사 규칙에만 초점을 맞추는 것에 반대하는 '인지언어학cognitive linguistics'이라는 새로운 운동이 창조되었다. 즉 의미론은 통사론에 긴밀히 영향을 주고, 의미적 형태와 추상적 개념 모두가 대부분 감각 운동 패턴으로부터 도출되는 것으로 볼 수 있다는 것이다.[17] 조금 전에 기술한 지각과 행동의 모든 특징들은 몸-뇌라는 통합된 물리적 체계에 의해 보충할 수 있다. 이런 물리적 체계는 우리가 알고 있기로는 우주선에서 갑자기 뚝 떨어지거나 아테네처럼 갑옷과 투구를 완전히 갖춰 입은 채로 제우스의 머리에서 등장한 것이 아니라, 다른 생물 형태로부터 조금씩 진화한 것이다. 이런 생물 형태 중 일부는 지금은 드문드문 존재하는 화석 기록을 제외하곤 모두 사라지고 없으며, 또 다른 일부는 현재도 건재하면서 활발한 지각과 행동의 형태에 참여하고 있다. 따라서 오늘날 우리 인간이 소유하고 있는 특별한 몸-뇌 체계, 그리고 이런 체계와 우리 주변에 있는 다른 동물들이 소유한 것과의 관계의 기원에 관한 설명은 진화심리학이라는 새로운 운동의 구심점이 되었으며,[18] 이로 인해 인간의 심리학에 종사하는 학자들은 다른 동물 종의 인지 능력에도 관심을 갖게 되었다.[19] 마지막으로 인간이 그 속에서 신체화되는 환경의 큰 부분

15 드 소우사De Sousa(1987), 다마지오Damasio(1994, 2000, 2003), 리둑스LeDoux(1996), 하이트Haidt(2001), 솔로몬Solomon(2003, 2004), 프린즈Prinz.(2006)

16 카너먼Kahneman *et al.*(1982), 기거렌저Gigerenzer(2000), 카너먼과 터버스키Kahneman & Tversky(2000), 기거렌저와 젤텐Gigerenzer & Selten.(2001)

17 인지언어학 입장에 대한 최근의 간결한 주장은 레이코프와 존슨Lakoff & Johnson(1980, 1999), 존슨Johnson(1987), 래내커Langacker(1987, 1991), 스윗처Sweetser(1990), 탈미Talmy(2000) 참조. 갈레세와 레이코프Gallese & Lakoff(2005), 깁스Gibbs(2005), 래내커Langacker(2005), 함페Hampe(2005)에 수록된 여러 논문 참조.

18 이 분야에 관한 방대한 문헌 소개는 특히 바코Barkow *et al.*(1992), 부스Buss(2005) 참조.

이 인간의 창조물이라는 인식은 신체화된 경험에서의 문화적 차이가 사고에 어떤 영향을 미치고,[20] 문화적 형태가 인지적으로 제한된 유기체에 의해 어떻게 창조되고 전달되는지에 초점을 맞추었다.[21]

마거릿 윌슨Margaret Wilson(2002)은 의미 있는 개관 연구에서 인지가 '신체화'되었다는 주장을 납득시킬 여섯 가지 방법을 식별해냈다.

1. 인지는 상황화되어 있다.
2. 인지는 시간 압박적이다.
3. 인지적 일은 환경에 떠맡겨진다.
4. 환경은 인지 체계의 부분이다.
5. 인지는 행동을 위해 설계된다.
6. 오프라인 인지는 몸 기반적이다.

윌슨은 추상적 사고와 상상력도 몸이나 몸과 환경의 상호작용에 의해 구조화된다는 마지막 주장은 충분히 입증되어 있으며, 이것이 가장 중요하다고 역설했다. 나는 앞으로도 종종 이런 모든 주장들을 논의할 테지만, 주된 관심사는 6번 주장이다. 왜냐하면 이는 자아에 대한 전통적인 객관주의적·사회구성주의적 관점에 가장 직접적으로 의문부호를 달기 때문이다.[22] 문화에 대한 신체화

---

19 윌슨은 비교행동학의 개척자 중 한 명이었다.(특히 윌슨Wilson 1975/2000 참조) 또한 프리맥과 프리맥Premack & Premack(1983, 2003), 번과 휘튼Byrne & Whiten 1988, 드 발de Waal(1989, 1996, 2001), 체니와 세이파스Cheney & Seyfarth 1990, 포비넬리Povinelli(2000), 럼바우와 워시번Rumbaugh & Washburn(2003) 참조.

20 깁스Gibbs(1999), 누네즈와 프리먼Núñez & Freeman(1999), 와이스와 하버Weiss & Haber(1999), 신하와 젠스 디 로페즈Sinha & Jensen de Lopez(2000), 보로디츠키Boroditsky.(2001)

21 아트란Atran(1990), 보이어Boyer(1994, 2005), 스퍼버Sperber(1996), 스퍼버와 허쉬펠드Sperber & Hirschfeld.(2004)

22 인지에 관한 '신체화'란 말은 최소한 열 가지 방식으로 사용되지만, 가장 일반적으로는 사고가 신체적 감각, 경험, 원근법과 밀접한 관련이 있다고 주장하는 마음과 언어의 반反데카르트적 설명에 대한 속기로 특징지어진다고 주장하는 팀 뢰러Tim Rohrer(2001: 60-61) 참조.

된 접근법을 취한다는 것이 의미하는 바는 몸이 우리의 뇌를 단순히 운반하거나 문화적 명기의 소재 역할을 하는 것 이상의 역할을 한다고 인식하는 것이다. 마크 존슨Mark Johnson(1987)이 수년 동안 주장했듯이 "몸을 다시 마음에 넣어야 할" 필요가 있고, 우리 신체화의 세부 내용이 유의미한 인간 경험의 가능한 구조를 결정하는 데 상당한 도움을 주고 있다는 것을 인정해야 한다.

신체화의 문제

문화에 대한 신체화된 접근법은 서서히 인문학에 스며들고 있다.[23] 문학 연구에서 소수의 학자들은 인지언어학, 인지과학, 진화 이론이 적절하다고 주장했으며, 미술사와 종교학, 그리고 사면초가에 몰려 있긴 하지만 성장 중인 인류학 공동체의 일부에서도 비슷한 주장이 제기되었다.[24] 전통적 객관주의의 본거지인 철학에서도 이런 움직임의 징후가 있었다. 그 변화의 시작은 1960년대의 콰인W. V. O. Quine과 윌프리드 셀라스Wilfrid Sellars로 거슬러 올라갈 수 있다. 그때는 최소한 전문적인 철학 공동체의 한 특정 하위 집합이 철학적 탐구를 여러 면에서 경험과학empirical science과 연속적인 것으로 볼 때였다.[25] 그리고 이 운동은 마크 존슨Mark Johnson, 폴과 패트리샤 처치랜드Paul & Patricia Churchland, 대니얼 데닛Daniel Dennett, 오웬 플래나간Owen Flanagan, 스티븐 스티치Stephen Stich 같은 철학자들의 연구에서 더 많은 힘을 얻을 수 있었다. 이들의 관점은 다음 장들에서 검토할 것이다.[26] 하지만 대체로 수직적 통합에 대한 이런 요청은 시종일관 소귀에 경 읽기였다. 예컨대 윤리학의 실증에 기반한 접근법에 대한 흄의 요청 이후 거의

23 미학, 문학, 도덕성, 종교학에 대한 신체화된 접근법은 부록 참조.

24 특히 UCLA의 행동, 진화, 문화Behavior, Evolution, and Culture(BEC) 단체와 UC 산타바바라대학교의 진화, 마음, 행동 프로그램Evolution, Mind, Behavior Program에 가입한 연구자들뿐만 아니라 브리티시컬럼비아대학교의 조셉 헨리히Joseph Henrich와 마크 콜라드Mark Collard의 연구를 보라.

25 예컨대 철학에서 '자연주의' 운동에 대한 간단한 논의는 인식론을 "심리학과 자연과학의 한 지부"(1969: 82)로 묘사한 콰인과 패트리샤 처치랜드Patricia Churchland(1986: 2-3) 참조.

26 이런 추세는 결론에서 추가 논의하고 참고문헌은 부록에 제시되어 있다. 이런 추세의 가장 최근의 반복은 존슨Johnson(1987, 1993)과 플래나간Flanagan(1991)에서 시작되었을 수 있다.

250년이 지났는데도, 대다수 학문적 철학은 중요한 복잡한 철학 문제와 긴밀히 연관된 인지과학의 발견을 다행스럽게도 모른 채, 그리고 그런 발견을 적극적으로 염두에 두지 않은 채로 행해지고 있다. 이와 비슷하게 인지적 관점 또는 진화적 관점에서 나온 학문을 미미하게나마 알고 있는 종교학, 고전문학, 문학, 역사, 인류학, 사회학에 종사하는 소수의 학자들까지 통상적으로 노골적인 적대심을 갖고서 이에 반응했다. 도대체 무슨 이유인가?

인문학과 자연과학의 통합에 대한 수많은 저항은 조잡한 환원주의에 대한 걱정과 인간 본성에 대한 본질주의적 주장을 과거 정치적이고 도덕적으로 불미스럽게 이용한 방식에 대한 염려로부터 나왔다. 이것은 중요한 걱정거리이며 차차 이 문제를 다룰 것이다. 하지만 이 저항에 대한 주된 정당성과 지적인 재집결지는 이론적이고, '포스트모더니즘'이라는 여러 이론들에서 발생한다. 물론 '포스트모던적Postmodernist'은 악명 높을 정도로 모호한 형용사로서, 요즈음 후기구조주의 프랑스 문학 이론에서부터 거실 가구의 최신 유행 스타일에 이르기까지 모든 것에 적용되고 있다. 하지만 나는 이것이 기표로서의 유용성까지 완전히 잃지는 않았다고 생각한다. 인간은 근본적으로 언어적-문화적 존재이므로, 세계에 대한 우리의 경험이 언어와 문화에 의해 온통 중재된다고 가정하는 문화 연구의 접근법을 나는 '포스트모더니즘'의 요체로 보고 있다. 즉 우리는 실재에 직접 인지적으로 접근할 수 없고, 세계의 사물은 언어적으로나 문화적으로 중재되는 선先개념작용preconception의 필터를 통해서만 의미를 가질 수 있다. 이런 입장의 당연한 귀결은 강한 언어적-문화적 상대주의, 인식론적 회의론, 인간 본성의 '빈 서판' 관점이다. 우리는 우리가 사회화되는 담론에 의해 새겨질 때까지는 아무것도 아니며, 따라서 우리가 생각하고 행동하는 방법에 있어서 어떤 유의미한 것도 생물학적 재능의 직접적인 결과는 아니다.[27] 앞서 주장했듯

27 인류학과 사회학에서 상대주의에 대한 도널드 브라운Donald Brown(1991: 9-38)의 논의, '표준사회과학 모형Standard Social Science Model'(SSSM)에 대한 존 투비와 레다 코스미데스John Tooby & Leda Cosmides(1992: 24-32)의 묘사, '성삼위일체'(빈 서판, 고상한 야만인, 기계 속의 유령)에 대한

이, 이 접근법은 지난 수십 년 동안 대부분의 인문학 분야에서 배경이 되는 이론적 입장 역할을 해왔다. 미국종교학회American Academy of Religion, 현대언어학회Modern Language Association, 미국인류학학회American Anthropological Association의 연례학술대회 일정만 봐도 그것이 계속해서 이들 분야에서 기본적인 접근법 역할을 한다는 것을 알 수 있다.

포스트모더니즘은 애초에 객관주의 관점으로부터 반발을 초래하곤 했다. 가령 대체로 통념이 경멸적으로 무시되고 있는 상황을 '수용'으로 기술하는 것이 합당하다고 하면, 북미의 철학과에서 후기구조주의 문학 이론의 수용은 언제나 확실하게 냉담했다고 해야 할 것이다. 문학 연구 분야 안에서도 항상 동의하지 않는 사람들은 있었다. 초창기 대학원 시절, 나의 영웅은 테리 이글턴Terry Eagleton이었다. 후기구조주의 문학 이론의 발전에 관한 그의 명료한 설명은 그것의 지적·동기적 기초에 대한 통렬한 비판과 결부되어 있었다.[28] 이 두 가지는 중국과 문학을 다루지 않은 "현대 중국 문학"이란 필수 졸업 세미나에만 갇혀있던 한 풋내기 학자에겐 뜻밖의 행운이었다. 그것은 나에게 고집스럽게 불투명한 프랑스 이론처럼 보였던 것을 쉽게 매우 누그러뜨려주었다. 포스트모던 다발에 행해진 보다 최근의 비판으로는 존 투비와 레다 코스미데스Tooby & Cosmides(1992)와 스티븐 핑커Pinker(2002)뿐만 아니라, '과학학science studies'에서 사회구성주의에 반대하는 객관주의 과학 모형에 대한 옹호자들의 반격도 있다. 이 가운데 '소칼의 날조Sokal hoax'는 가장 악명 높다.[29]

하지만 이러한 반발이 늘 신중하게 목표를 겨냥한 것은 아니었다. 후기구조주의 문학 이론, 또는 과학철학에서 '강한 프로그램strong programme'의 지지자와 반대자 사이의 대화는 왕왕 순조롭지 않았다. 예컨대 엘리자베스 로이드Elisabeth

---

스티빈 핑커Steven Pinker(2002: 5-29)의 논의를 참조해보라.

28 이글턴Eagleton(1983, 2003)을 참조해보라. 물론 이글턴의 비판은 좌경의 인문학자들도 받아들이기 점차 어렵다고 생각하는 공론적 마르크스주의에 연결되어 있다.

29 그로스와 레빗Gross & Levitt(1994), 그로스Gross *et al.*(1996), 소칼과 브리크몽Sokal & Bricmont(1998), 쾨르트거Koertge(1998), 『링구아 프랑카*Lingua Franca*』(2000)의 편집자들을 참조해보라.

Lloyd(1996)는 그로스와 레빗Gross & Levitt이 행한 과학철학에 대한 페미니즘 접근법 비판이 히스테리성의 과잉반응이라고 주장했다. 그녀는 자신의 논지 지지를 위해 샌드라 하딩Sandra Harding과 브뤼노 라투르Bruno Latour의 단조롭기 그지없는 버전을 제시했으나, 이들의 주장에서 종종 '페미니즘 통찰력이란 목욕물을 버릴 때 아기까지 버린다는 것' 같은 주장은 수긍하기 어렵다. 논쟁의 양측 모두 보잘 것 없는 주장을 편애했고, 논쟁의 정치적·사회적 암시가 양측을 격분시키는 효과를 가져온다는 사실은 별로 도움이 되지 않았다.(시거스트레일Segerstråle 2000)

신체화를 위한 길트기

나는 분명 이 논쟁에서 중립적인 입장은 아니다. 내가 보기에 포스트모더니즘은 일관성 있는 방법론적이거나 이론적 관점으로서 그 유용성에 비해 더 오래 존속한 듯하다. 이 책의 전체적인 요점은 문화에 대한 신체화된 접근법이, 우리에게 포스트모더니즘의 모든 유익한 통찰력을 실증적으로 거짓이고 내적 일관성이 없는 인식론과 존재론에 의해 굳이 짜 맞출 필요가 없이, 이러한 유익한 통찰력을 보존할 수 있다고 주장하는 데 있다. 하지만 신체화된 접근법이 인문학자들 사이에서 폭넓게 수용되지 못한 점에 대해서는 수직적 통합의 옹호자들이 조금은 책임을 져야 한다고 생각한다. 왜냐하면 이들 수직적 이론의 옹호자들은 포스트모던의 상대주적의적 관점을 지속적으로 지지하는 학자들을 자극하는 관심사를 전혀 다루지 않았기 때문이다. 나 자신은 인지과학을 정식으로 교육받은 적이 없다. 전문가의 관점에서 집필된 인지과학 분야의 최근 다른 개론서들은 관련 주제를 적절히 다루고 있으며, 신체화된 인지에 관한 상세한 전문적인 내용도 제공하기 때문에, 독자들은 이 책들을 참조하면 된다.[30] 나는 인문학 내부의 사람이기 때문에 내 동료들의 관심사에 맞게 이야기하고 문화에 대한 신체화된 접근법의 수용을 위한 길을 터줄 수 있는 나의 능력이 이 책의

30 특히 클라크Clark(1997), 핑커Pinker(1997), 갤러거Gallagher(2005), 깁스Gibbs(2006), 톰슨Thompson(2007) 참조.

주된 공헌이라고 생각한다. 따라서 앞으로의 나의 핵심 목표는 문화에 대한 신체화된 접근법의 폭넓은 수용을 방해하는 주요한 장애물들을 제거하려 노력하는 것이다. 이런 장애물은 때때로 수직적 통합 또는 통섭consilience의 옹호자들의 눈에는 보이지 않는 듯한 장애물들이다.

객관주의의 문제

전통적 객관주의 실재론과 지식의 표상적 모형에는 실재적인 문제가 있다. 이들 모두는 오늘날 대부분 과학자들의 '통속' 또는 '배경 가설'을 이루고 있으며, 포스트모던 상대주의의 많은 비판 속에 암시되어 있다. 신체화된 인지의 옹호자들은 종종 자연과학의 설명적 우위를 당연하게 여긴다. 에드워드 윌슨E. O. Wilson과 스티븐 핑커Steven Pinker 같은 사람들에게는 분명히 자연과학은 특별한 인식론적 위상을 지니고 있다. 이들이 인문학자들은 자연과학을 더욱 진지하게 받아들여야 한다고 주장할 때, 그들은 결국 개종한 사람들에게 설법하고 개종하지 않은 사람들을 자극하게 되는 것이다. 나의 동료 인문학자들은 자연과학을 세계를 설명하기 위한 기본적 층위로 간주해야 한다고 여기지 않는다. 과학의 주제가 인문학자들 사이에서 등장할 때 자주 듣게 되는 표현인 "쿤 이후After Kuhn" 우리는 '과학'이 많은 것들 중에서 한 가지 담론에 지나지 않는다는 것을 배우지 않았습니까? 파이어아벤트Feyerabend나 브뤼노 라투르Bruno Latour가 이를 입증하지 않았습니까? 자연과학이 단순히 우연적인 사회적 구성물이라는 입장은 수직적 통합에 대한 이야기가 있기 전에 정면으로 맞서야만 했다. 중요한 의미에서 '고등'의 층위보다 더 기본적인 설명의 '하등'의 층위가 있다는 주장을 하지 않는 한, 수직성의 은유는 합당하지 않다. 예컨대 스티븐 핑커는 인문학적 '성삼위일체'의 옹호자들을 자극하는 정치적 감성에 매우 민감하다. 그는 이러한 건전한 가치를 인간 본성에 대한 실증적으로 잘못된 관점에 연결하는 것이 그러한 가치가 결코 실현되지 않는다고 확신하는 가장 좋은 방법이라고 매우 정확하게 지적한다. 그러나 그는 통섭에 대한 저항이 실질적인 인식론적 관심사뿐만 아니라 정치적 관심사로부터 발생한다는 사실은 적절하게 다루지 못했다. '성삼위일체'의 옹호자들은 단지 합리적 사고를 경멸하는 과격 진보주의자가 아니다.

포스트모더니즘이 유일한 문제는 아니다. 나는 정말로 "몸을 마음 안으로"(존슨Johnson 1987) 되돌려 놓으려면 객관주의 실재론은 물론, 포스트모던 상대주의도 함께 초월해야 한다고 느끼는 점에서 마크 존슨을 따르고 있다. 하지만 이렇게 하기에 앞서 오늘날 핵심 인문학과의 연구를 지배하고 있는 지식과 진리에 대한 이원론적 접근법 **모두**를 문제화할 필요가 있다. 왜냐하면 우리가 헌신적인 이원론자라면 수직적 통합은 합당하지 않기 때문이다. 따라서 제1장에서 제3장까지는 객관주의 실재론과 포스트모던 상대주의 모두에 초점을 두면서, 일반적인 이원론적 인식론의 문제를 탐구할 것이다. 여기에 과학철학에 대한 특정한 초점이 수반될 것이다.

제1장에서는 기본적인 객관주의 입장을 약술한 뒤, 이 입장에 의문을 지니고 있는 인지과학의 최신 연구를 탐구할 것이다. 예컨대 지난 수십 년 동안 지각의 신경과학에서 이루어진 연구는 낡고 순수한 표상적 모형으로부터 벗어나 '동작적enacted' 신체화된 모형으로 발전했다. 인간 지각과 인지에 대해 신체화된 접근법을 취하면, 접지 문제grounding problem 또는 '머릿속에 있는' 상징이 어떻게 세계의 사물과 연결될 수 있는지 등의 오래된 객관주의 문제가 해결되고, 사고와 언어가 어떻게 세계와 연결되는지에 대한 쓸모없는 낡은 객관주의 이론을 제거하는 데도 도움이 된다.[31] 인지신경과학과 사회심리학에서 나온 다른 연구는 완전히 의식적인 단일적 '자아'에 대한 객관주의 가정과 통속적인 가정을 문제로 만든다. 이러한 자아는 정보 센터와 행동의 독점적 창시자 역할을 한다. 이와 비슷하게 정신적 영상의 역할과 뇌의 정서 센터에 관한 최신 연구는 비신

31 현대의 지각과학이 어떻게 인식론의 오래된 군살을 즉시 잘라내도록 도움을 주는지에 대한 명료한 설명을 위해서는 힐러리 퍼트남Hilary Putnam(1999), 특히 제2장("The Importance of Being Austin")을 보라.

체화된 연산적 합리성에 의해 (최소한 이상적으로) 유도되는 '미소인간homunculus'에 대한 객관주의적 관점에 의문을 던진다. 인간 사고가 주로 '범양식적인amodal 비신체화된 상징'이라기보다는 가치로 가득 찬 감각 운동 구조에 바탕을 둔 구체적인 영상의 조작으로 구성되어 있다는 증거는 매우 흥미로울 것이다. 로렌스 바살로우Lawrence Barsalou 및 롤프 즈완Rolf Zwaan 같은 인지과학자들이 개발한 '지각적 상징perceptual symbol' 이론과 함께 안토니오 다마지오Antonio Damasio의 '신체 표지somatic marker' 가설은 자아의 객관주의 모형의 중요한 교정책을 대표하는데, 이는 인간 인지가 전적으로 신체화됨을 주지하고 있다.

나는 객관주의 과학의 비판으로 시선을 돌리면서, 내가 애정을 가지고 '좋은' 쿤으로 간주하는 것의 중요한 통찰력과 '나쁜' 쿤의 수사적 과다를 분리하고, 쿤, 파이어아벤트, 라투르 등의 과학철학자들이 전통적인 객관주의 과학 모형에 대해 매우 합당한 교정책을 제공하는 것으로부터, 인간 지식에 대한 전혀 근거 없는 극단적인 상대주의적 주장을 하는 것으로 방향을 바꾸는 바로 그 순간을 정확히 지적하는 데 일정 정도의 시간을 할애할 것이다. 나는 이러한 움직임을 '상대주의로 빠져듦slide into relativism'으로 간주한다. 포스트모던 옹호자들(그리고 그 문제에 대해 강요받을 때 작가 자신들)은 이런 빠져듦 이전의 논평에 초점을 두지만, 그 반대자들은 전체 입장을 의심하기 위해 빠져든 후의 논평을 즐겁게 인용한다. 나는 이런 두 입장의 매듭을 풀어 객관주의 과학의 포스트모던 비판, 그리고 인간 본성에 대한 자연과학에서 나온 '진리 주장truth claim'의 비판에 있어서 무엇이 옳고 무엇이 그른지에 대해서 보다 정확한 그림을 그릴 수 있기를 희망한다.

제2장과 제3장에서는 '포스트모더니즘'이라는 이름으로 총괄되는 다양한 운동에 집중할 것이다. 오늘날 학계에서 가장 흥미롭고 계시적인 포스트모더니즘의 특징 가운데 하나는 사실상 모든 포스트모더니스트들 자신들조차 포스트모더니스트임을 부정하고 있으며, 이런 부정과 함께 인문학에 종사하는 우리들은 포스트모던 이론을 '초월했다'는 확신에 찬 주장이 잇따라 나온다는 사실

이다. 따라서 제2장에서는 '포스트모던'으로 매우 합당하게 기술되는 입장이 살아 있고 건강하기는 하되, 실제로 대부분의 인문학 분야에서 근본적이고 이론적인 독단적 주장의 역할을 한다는 것을 증명하는 데 역점을 두어야 한다고 느꼈다. 또한 '포스트모던'이라는 이름을 거부하면 어떻게 이 입장에 무언가 잘못된 것이 있다는 커져가는 인식이 드러나지만, 인간 자아의 강한 이원론적 모형을 초월하지 못하면 대부분의 인문학자들이 일관성 있는 대안을 형식화하는 것이 어떻게 불가능한지를 논의할 예정이다.

제3장에서는 철학적 안락사의 임무에 주안점을 둘 것이다. 철학적 안락사란 포스트모던 인식론과 존재론을 잠재운다는 것을 말하는데, 여기에는 앞서 이야기했던 지적 독기를 제거하는 데 도움을 줄 것이라는 기대가 자리하고 있다. 강한 포스트모던 입장의 명확한 내부 문제나 이론적 문제 몇 가지를 검토한 뒤, 이 장 대부분에서는 언어적 구성주의나 문화적 구성주의 오류를 암시하는 많은 인지과학의 실증적 증거를 간단히 훑어볼 것이다. 일반적으로 인문학자들은 자연과학에 대해 많이 **알지** 못하기 때문에, 이것이 무엇보다 중요하다. 내가 생각기에 이것이야말로 인문학자들이 인간 본성 및 사고와 언어의 관계에 대한 실증적으로 부조리한 모형을 계속 붙잡고 늘어지는 주된 이유 중 하나이다.[32] 인지과학에서 가장 최신의 것은 유서 깊은 인문학적 유언비어를 대거 손상시키고 있다. 사고는 언어가 아니다. 지각은 우리 자신이나 문화의 가정 외에 세계에 대해 알려준다. 인간 사고의 기본 구조는 독특한 것이 아니라, 인간 이외의 동물들과 중요한 공통점을 공유한다. 인간은 '빈 서판'이 아니고, 인간의 뇌는 무정형의 다목적 처리기가 아닌 진화적 '조상 환경ancestral environment'에서 인간의 생존에 중요했던 특정한 목적과 구조를 가진 특수한 모듈의 집합이다. 이

---

32 자연과학의 양상을 인문학 청중에게 제시하려는 몇몇 최근의 시도가 있었지만(가령 바렐라 Varela *et al.* 1991, 핑커Pinker 1997, 2002, 호건Hogan 2003, 갤러거Gallagher 2005), 나는 인문학에 종사하는 학자들과 관련된 자연과학에서 나온 전체 연구 결과의 이해하기 쉽고 일관성 있는 그림이 존재한다고 느끼지 않는다.

것은 인간 뇌의 진화된 구조가 인간의 인지에 어떤 구조와 한계를 부여하고 있으며, 이것이 실체, 범주, 인과성, 물리학, 심리학, 생물학을 비롯한 다양한 인간 관련 영역에 대한 인간의 개념을 제약한다는 것을 뜻한다. 이런 공통점으로는 지적 이해의 방식뿐만 아니라, 기본적인 규범적 반응도 포함하고 있다. 기본적인 규범적 반응은 우리 인간이 어둠, 병, 약함은 싫어하고 빛, 건강, 강함은 좋아한다는 것이다.

인간의 문화적 다양성에 대한 설명

강한 사회구성주의적 입장에 이론적·실증적 문제가 있음에도 불구하고, 이 입장은 최소한 두 가지 이유로 인해 우리에게 지속적으로 흥미를 불러일으킨다. 첫 번째 이유는 단순히 이원론이 우리와 같은 창조물에게 고유하게 타당하다는 점이다. 이는 제6장에서 직접적으로 다룰 논제이다. 두 번째 이유는 이종 문화 사이의 다양성이라는 분명한 사실 때문이다. 우리가 근거 있는 인간의 인지적 보편소의 존재를 받아들일 수 있다고 느끼고, 이런 보편소에 대한 주장의 기초가 되는 실증적 데이터를 일관성 있게 옹호했다면, 공통된 신체화된 마음이 어떻게 인문학자들에게 가장 현저한 현상인 문화적 다양성을 제시할 수 있는지에 대해 보다 많은 이야기를 해야 한다. 이것은 제4장의 목적이다. 문화는 종종 외부인들에게는 직접적으로 명확하지 않을 정도로 복잡다단하며, 자신들이 해야 할 일인 '탁한thick' 문화적 기술을 정교화 하는 것이 궁극적으로는 사소한 부수적인 현상과 관계가 있다는 사실을 알면, 인문학자들은 도저히 화를 내지 않을 수 없다. 물론 이것이 실제로 투비와 코스미데스나 핑커와 같은 학자들의 입장은 아니지만, 무엇보다 이들의 책을 꼼꼼히 읽지 않는다면, 확실히 많은 인문학자들에게는 그렇게 **들릴 것이다**.

예컨대 핑커는 인간 문화의 연구에 대한 수직적 통합의 입장을 채택하려면, "문화를 인간 욕망의 구현자로 보기보다는 인간 욕망의 결과물"(2002: 69)로 간주하는 한편, 사회구성주의 입장을 뒤집어야 한다고 지적한다. 이것이 어느 정도는 참된 명제이지만, 이런 주장은 시간이 지나면서 문화적 고착화에 의해 조금씩 증가한 인간의 인지적 유동성이 매우 새롭고도 특이한 방식으로 우리 인간의 정서와 욕망을 이룰 수 있다는 인식으로 제한되어야 한다. 인간의 인지적 보편소의 존재를 다룬 주장이면 어느 것이든, 인문학자들이 세계 바깥에서 보는 풍부한 문화적 다양성이 어떻게 공통된 인간 본성 또는 적어도 중요한 내용을 지닌 본성으로부터 발생할 수 있는지에 대한 설명이 그런 주장에 수반되어야 하는 것이다. 혹자는 어떤 인간이든 간에 '나무'와 같은 기본 층위 범주를 공유하고 있으며, 일반적으로 썩은 고기는 먹지 않으려고 한다는 사실을 인정하지만, 여전히 이런 공통성이 세계사를 통틀어 발견되는 예술적·문학적·종교적·음악적·요리 관행의 상당한 다양성과 비교해서는 미약하다고 느낀다. 예컨대 인간 행위성의 기본적인 통속 개념이 문화들 사이에서 공통적인 것이라면, **아나타**_anatta_, 즉 '무아無我no-self'라는 초기 남방불교의 교리나 사회적으로 내포된 자아라는 초기 유교의 개념은 어떻게 생각할 수 있는가? 인지적 보편주의자들이 이런 문화적 변이를 인정한다고 할 때, 그것은 일반적으로 모호하게 인간의 '창조성' 탓으로 돌려지며 그것에 맡겨진다.

제4장에서는 고고학자 스티븐 미슨Steven Mithen(1996)이 "인지적 유동성cognitive fluidity"으로 명명한 것에 초점을 두면서 다양성이 어떻게 통일성으로부터 발생할 수 있는지를 더욱 설득력 있게 이야기해볼 것이다. 인간 진화의 난감한 특징 중 하나는 문화적 대폭발이다. 이것은 최소한 해부학적으로 현대의 인간이 출현한지 4만 년이 지난 후인 3만 년에서 6만 년 전에 발생했으며, 재현 예술의 창조, 복잡한 도구 기술, 장기 무역, 종교의 발생, 지구상의 모든 서식지 대륙에 호모사피엔스의 빠른 확산과 관련 있다. 이런 문화적 진화는 인간 뇌의 크기 증가나 명확한 해부학적 변화는 수반하지 않으나, 인간의 뇌가 기능하는 방식에 급진적인 일이 발생한 듯하다. 미슨이 주장하기로, 이런 문화적 폭발의 기폭제는 이전에는 침투할 수 없었던 인지적 모듈들 간의 벽을 허물었으며, '인지적 유동성'이라는 과정에서 정보가 이러한 모듈들 사이에서 흐르도록 한 것이

다. 인간이 예술과 새로운 인공물을 창조하자마자, 작살과 복잡한 배에서부터 노트북 컴퓨터에 이르기까지 거침없는 연속적인 문화적 혁신의 물결로 가는 수문이 열렸다.

제4장에서는 또한 공감각의 현상을 논의한다. 이는 성당의 방이나 추상적 원으로 매우 도식적으로 묘사한 미슨의 인지적 유동성이 과연 실제로 어떻게 신경학적으로 실례화되는지를 암시해준다. 공감각은 둘 또는 그 이상의 감각을 색다르게 혼성하는 것을 말한다. 특별한 악보나 숫자에 특별한 색깔이 더해지고, 특별한 결이 특정한 맛을 유발하며, 특정한 맛이 결을 유도하는 것으로 경험하는 것이 바로 그런 사례다. 공감각에 관한 최근 연구에 따르면, 공감각은 신경학적 교차활성화cross-activation의 결과로서, 생각만큼 드물지 않고, **모든** 인간은 너무 흔해 두드러지지 않는 공감각적 경험의 형태에 의존한다. 예컨대 누구든 '얼얼한 맛sharp taste'이나 '경쾌한 악보bright musical note'를 경험하는 듯하다. 덜 흔한 공감각의 형태가 뇌 발달 과정에서 신경 연결의 불완전한 절단을 유도하는 유전자 질환의 결과라는 암시가 있다. 이것은 호모사피엔스에게 명확한 해부학적 변화가 없음에도 중기-후기 구석기시대 과도기의 '문화적 폭발'이 어떻게 해서 발생할 수 있었는지를 알게 해준다. 지리학적 분포 구역에서 급작스럽게 증가해서 전 세계로 퍼져 나간 호모사피엔스는 덜 창조적인 사촌과 동일한 뇌를 가졌을 수도 있지만, 이는 하나 또는 여러 돌연변이의 결과로서 지금은 이전에 밀봉된 인지적 모듈의 폭넓은 교차활성화를 할 수 있었던 뇌이다. 이와 같은 '인지적으로 유동적인' 새로운 뇌뿐만 아니라 문화적으로 새로운 이런 유동성의 산물을 전달할 수 있는 능력을 가진 인류의 조상은 뇌 크기의 증가 없이도 초기 현대인을 능가했으리라 예상된다.

제4장 대부분에서는 은유, 유추, 은유적 혼성처럼 자발적·일시적·부분적 공감각에 논의의 주안점을 둘 것이다. 인지언어학이라는 비교적 새로운 분야는 인간의 정신적 삶에 널리 퍼져 있는 의도적 공감각의 과정을 추적하는 데 매우 유익하고 구체적인 방법을 제공한다. 여기서는 개념적 은유와 은유적 혼성이 어

떻게 인간의 신체화된 경험으로부터 도출되며, 실용적인 인간 문제 해결에서 어떻게 이용되는지를 집중적으로 검토할 것이다.

조지 레이코프와 마크 존슨이 처음 개발한 개념적 은유 이론의 주장에 따르면, 몸과 세계와의 신체화된 상호작용으로부터 도출되는 동적인 체성 감각 지도인 아날로그식 영상도식은 우리 자신과 세계, 그 중에서도 특히 비교적 추상적이거나 구조화되지 않은 영역에 대한 추리에 주요한 도구 역할을 한다. '시간'이나 '죽음' 같은 추상적 개념은 개념상 직접적으로 (즉 비非은유적으로) 표상되는 골격 구조를 가질 수 있지만, 대개 이러한 골격 구조는 우리가 유용한 추론을 하는 데 만족할 정도로 풍부하거나 상세하지는 않다. 따라서 추상적이거나 비교적 구조화되지 않은 영역을 개념화하거나 그것에 대해 추론하고자 할 때, 이런 골격 구조는 기본적인 신체적 경험으로부터 도출되는 일차적 은유에 의해 (보통 자동적이거나 무의식적으로) 구체화된다. 흔히 이러한 일차적 은유는 다른 일차적 도식들과 결합되고 환기됨으로써 복합적 은유를 형성한다. 이러한 영역횡단 투사에서, 더 구체적이거나 명확히 조직된 감각 운동영역(**근원**영역)의 구조 중 일부분이 사용되어 더 추상적이거나 덜 명확히 구조화된 또 다른 영역(**목표**영역)을 이해하고 그것에 대해 이야기한다. 근원영역의 은유적 영상도식은 중요한 추론과 규범적 평가를 이끌어내며, 이러한 추론과 평가는 추상적 영역에 적용되고 의사결정을 유도하는 데 사용된다. 여러 분야에서 확인된 많은 증거들에 따르면, 개념적 은유 이론은 지금부터 사반세기 훨씬 이전에 개발된 다음 널리 확산된 근본적인 인간 인지의 특징이다.

인지언어학의 좀 더 최신 이론은 질 포코니에Gilles Fauconnier와 마크 터너Mark Turner가 개발한 정신공간 이론mental space theory과 개념적 혼성 이론conceptual blending theory이다. 정신공간 이론은 개념적 은유 이론을 포함하지만, 그것을 넘어 문자적 사고와 논리적 사고 등 인간의 **모든** 인지가 정신공간의 창조와 정신공간들 사이의 사상을 필요로 한다는 것을 밝혔다. 이렇게 하여 이 이론은 개념적 은유를 범주화나 명명처럼 많은 평범한 과정들 가운데 특별히 극적인 한 가지 인지 과정(단일범위 혼성공간이나 다중범위 혼성공간)으로 식별하는 웅장한 통합적 이론 역할을 수행하고 있다. 이 이론은 언어적 생산을 넘어 새로운 운동 프로그램, 기술적 인터페이스, 사회기관이 창조되는 방식을 기술하기도 한다. 영역횡단 사상의 과정이 둘 또는 그 이상의 영역이 일시적인 '혼성'공간으로 투사되는 것을 수반하는 것으로 여길 수 있는 힘은, 그 과정을 통해 구조가 둘 이상의 입력공간으로부터 와서, 어느 입력공간과도 동일하지 않은 새로운 구조를 발생시키는 상황을 다룰 수 있다는 것이다. 포코니에와 터너의 중요한 통찰력 가운데 하나는 레이코프와 존슨의 개념적 은유와 대등한 '단일범위' 혼성공간처럼 보이는 많은 표현들이 실제로는 이중범위 혼성공간이나 다중범위 혼성공간이라는 것이다. 이러한 혼성에서는 환기된 둘 또는 그 이상의 영역에서 나온 구조가 그 자체의 발현 구조를 가진 혼성공간으로 선택적으로 투사된다. 이는 공통된 신체화된 경험에 바탕을 둔 공통된 영상도식이 전혀 새로운 구조를 발생시키는 방식에 대한 구체적인 모형을 제공한다. 개념적 혼성 이론의 또 다른 강력한 특징은, 단일 은유를 넘어 복잡한 은유적 혼성이 시간이 지남에 따라 어떻게 긴 담화나 논쟁에서 구축되며, 다중범위 혼성공간이 그 혼성의 수령인의 규범적 반응에 영향을 미치기 위해, 신경과학자 안토니오 다마지오Antonio Damasio가 말하는 '신체 표지somatic marker'를 어떻게 이용하는지를 설명한다는 것이다. 혼성 과정의 순환적 본질은 개념적 혁신의 비교적 소수의 실례들이 어떻게 눈덩이처럼 그렇게 빨리 커질 수 있는지를 설명하는 데에도 도움을 준다. 하나의 문화에서 개념적으로 고착된 혼성공간이 전혀 새로운 혼성공간에 대한 입력으로 사용됨으로써, 매우 두드러진 문화적 특이성을 순식간에 유도할 수 있다. 기원전 4세기에 나온 중국 텍스트인 『맹자』에서 나온 담화를 분석하여 행동에서 개념적 혼성의 다양한 유형에 대한 예를 구체적으로 제시할 것이다.

문화 연구에 대한 객관주의 접근법이나 포스트모던 접근법에 대한 일관적이고 실증적으로 신뢰할만한 대안을 제시하기 위해서는, 대부분의 인지과학 분야에서 탐구한 인지적 보편주의와 인지언어학자들이 설명한 창조성의 기제 사이에 다리를 구축해야 한다. 이러한 종합에 대한 막연한 암시는 두 갈래였다. 이를테면 진화심리학자와 인지과학자들은 인지적 유동성과 '영역횡단 사상cross-domain mapping'에 대해 이야기하고, 많은 인지언어학자들은 진화심리학과 행동신경과학의 주장을 진지하게 수용한다. 하지만 내가 알기에는 어느 누구도 아직까지는 이 두 분야가 일치하는 방식을 명확히 설계하지 못했다. 단지 둘 중 어느 한 분야는 다른 분야의 한계를 보충해줄 뿐이다. 예컨대 레이코프와 존슨은 개념적 은유를 논의하면서 유기물이 '본질'을 소유한다는 것 같은 '통속 이론folk theory'에 종종 의지하지만, 이러한 통속 이론이 과연 어디서 출현한 것인지는 설명하지 않으며, 또한 경로나 그릇과 같은 기본 층위 구조가 왜 인지적으로 정상적인 사람들에게 경로나 그릇으로 보여야 하는지에 대한 논제를 완전히 무시한다. 이것들은 인지과학과 진화심리학의 연구 결과로 채울 수 있는 공백이다. 동시에 영역횡단 투사와 개념적 혼성의 현상을 통해 우리는 '인지적 유동성'의 기제에 대해 훨씬 더 명확할 수 있으며, 종 특정적인 인간의 인지적 실재와 구체적 영상으로부터 매우 특이하고도 혁신적인 문화적 인공물로 나아가는 것에 수반되는 단계를 추적할 수 있다.

제4장은 문화와 언어가 인간의 마음을 형성하는 일반적 방법을 논의하면서 마무리된다. 여기서는 다양한 문화적 교육, 환경적 다양성, 생산 방식과 사회 조직의 다양성, 고착된 문화적 형태와 은유적 혼성의 효과가 어떻게 제1장에서 제3장까지 기술할 기본적이며 보편적인 지각적·개념적 구조를 재조정하거나 바꿀 수 있는지를 암시한 인류학과 비교문화심리학의 연구를 지적한다. 하지만 문화의 범위는 인간 인지의 선행 구조에 의해 본질적으로 제한된다. 강한 이원론으로 도피하지 않는다면, 우리는 마음이 몸이고 몸이 곧 마음이라는 인식을 통해, 인간적 견지에서 인식할 수 있는 세계가 범문화적으로 이해되며, 진화 과정이 우리의 가치관 및 바람과 우리가 발전시킨 세계의 구조가 아주 일치한다는 것을 확실히 보장한다. 인간은 우리에게 즐거움을 주는 것, 추구할 가치가 있다고 생각하는 것, 유의미한 것으로 여기는 것에서 급진적인 변화를 야기

하기 위해 인지적 유동성과 문화적 기술을 소유한다는 점에서 다른 여러 동물들과 엄격하게 구분할 수 있다. 하지만 이러한 인지적·문화적 혁신이 궁극적으로는 몸-마음의 구조에 바탕을 두고, 그것으로부터 제약을 받는다는 것을 전제로 해야 한다.

실증적 연구의 위상

인문학적 사상에 영향을 미치려는 자연과학자들의 최근 시도의 또 다른 문제는, 객관주의와 포스트모더니즘 모두에 반대하는 실증적 주장을 받아들임에 있어서 인식론적 규범에 대한 최소한의 신념이 요구된다는 점이다. 예컨대 물리적 증거는 언어적 주장보다 훨씬 더 중시되어야 한다. 제1장에서 탐구한 객관주의의 치명적인 문제점을 생각하면, 무엇보다 실증주의를 일관성 있게 고수해야 한다. 영원한 신적 확실성에 대한 객관주의적 동경으로 거슬러 올라갈 수 없다면, 대화적 주장 외에 다른 무엇이 남겠는가? 이 질문에 답할 수 있는 열쇠는 객관주의와 포스트모더니즘의 기초가 되는 근본적인 이원론적 가정을 초월하여, 인간의 인지와 탐구에 대한 신체화된 실용주의적 모형을 그 자리에 집어넣는 것이다. 제5장에서는 실증적 탐구의 실용주의적 모형을 형식화하려는 다양한 철학자들과 과학철학자들의 시도를 제시할 것이다. 이런 모형은 인식 주체knowing subject가 항상 사물의 물질계와 접촉하고 있으며, 그것에 포함되어 있다는 사실에 바탕을 두고 있다. 왜냐하면 인식 주체는 **또한** 속세의 번뇌의 한계 내에서 버둥거리고 있는 초자연적 유령이 아니라 사물이기 때문이다. 인간의 진리 주장에 대한 이런 식의 실용주의적 입장은 우리 지식의 한계를 묻는 질문에 잠정적인 답변만 한다. 이는 객관주의의 과일보다 그리 향기롭지는 않지만, 그것 때문에 손상되지는 않는다. 우리는 포스트모던 상대주의와는 대조적으로, 문화, 언어, 특정 역사와는 무관하게 모든 인간에게 공통된 인지 구조가 **있다**고 주장할 수 있다. 그리고 객관주의와 반대로, 이러한 공통성이 인간들과 독립적으로 존재하며 있을 법한 모든 이성적 존재에게도 반드시 해당되는 선험적 질서의 반영이 아니라, 진화적·개인적 시간 동안 생물학적 체계와 안정된 물질계의 상호작용으로부터 발생한다고 주장할 수 있다. 이것은 우리 자신 같은 창조물에게 인지 구조의 존재를 필연적이도록 만든다.

실용주의적이고 신체화된 실재론은 자연과학 주장의 위상도 일관성 있게 설명한다. 이언 해킹Ian Hacking, 수잔 해크Susan Haack, 힐러리 퍼트남Hilary Putnam 같은 실용주의 과학철학자들은 과학에 대한 엄격한 구획 기준을 피하면서, 우리가 승인 '과학'으로 보답하는 것이 단순히 '상식적인 실증적 추론commonsense empirical reasoning'의 확장이라고 주장한다. 이것은 변론술, 전통의학, 노동 무역, 역사, (결국 가장 중요한 것인) 문학비평에서 높이 평가되는 것과 같은 추론이다. 나는 이러한 추론 형태를 선험적 형식주의에 바탕을 두기보다는, 인간(그리고 사실상 동물계의 다른 구성원들)이 '실증적 편견empirical prejudice'을 지닌다고 주장함에 있어서 보다 진화적 입장을 취할 것이다. 즉 인간은 무엇보다 먼저 자신들의 신념과 의사결정 과정이 실증적 증거로부터 영향을 받게 하려 한다는 것이다. 왜냐하면 이런 태도는 우리가 세계에서 더 효과적으로 활동하도록 해주기 때문이다. 이러한 편애가 없었던 잠재적 조상들은 우리의 조상이 되지 못했다. 제5장에서 약술할 신체화된 실용주의는 전통적 객관주의와 포스트모던 상대주의 사이의 중도적 입장을 보이고 있다. 이로써 우리는 실재론과 지식의 표상 모형을 분리하여 후기 계몽주의 세계에서 전해 내려온 '진리'의 개념을 보존할 수 있을 것이다.

현대 서양의 자연과학이 특권을 갖고 실재에 접근하지 못하는 한 가지 담론에 지나지 않는다는 포스트모던 주장과는 반대로 '수직적 통합vertical integration'이라는 개념을 지지한다면, 무엇보다 진리의 비非이원론적 모형을 형식화하는 것이 중요하다. 생체분자의 구조에 대한 정확한 설명이 단지 사회적 협상의 산물이고, 도덕적 의사결정에 관한 fMRI 연구의 '실증적'인 결과가 내가 연구실에서 혼자 수행한 기표의 자유놀이free play에 대한 분석처럼 흥미로운 사실을 보여주지 못한다면, 인문학자들이 〈인지*Cognition*〉나 〈인지과학의 경향*Trends in Cognitive*

Science〉에 실린 연구 결과에 주의를 기울일 필요가 없다. 포스트모던 세계에서 문학 분석, 교육 전략, 역사적 계보, 생체분자 분석, 뇌 영상 연구는 모두 기호학적인 회전목마를 타고 있는 서로 분간할 수 없는 동일한 탑승자이다. 인간 탐구의 실용주의 모형은 인과성의 기본 층위를 발견했다는, 즉 **설명***Erklären*이라는 전문적인 의미에서 인간 행동의 특정 양상을 **설명했다는** 자연과학의 주장을 입증할 수 있다. 문화에 대한 통합적 접근법이나 신체화된 접근법에 찬성하는 이전 주장들이 연구 방법으로서의 자연과학의 기본적 위상을 직접적으로 다루지 못했다는 사실은 대다수 인문학 동료들이 이 접근법을 '소박한' 것으로 간주한 이유이기도 하다.

환원주의의 두려움

수직적 통합의 옹호자들 대부분은 그 문제에 전혀 둔감한 것은 아니지만, 사람에 대한 이원론적 모형의 핵심적 매력을 반영하는 환원주의에 대한 인문학사들의 걱정뿐만 아니라 **이해***Verstehen*와 **설명***Erklären* 간의 구분을 또 제대로 다루지 못했다. 현대의 일반 서양인은 대체로 우리의 몸이 자연과학이 기술하는 물리학과 화학의 법칙을 따른다는 것을 자연스럽게 인정하지만, 뇌라는 특정 부위에 관해서는 뒷걸음질을 치고 있다. 우리는 우리의 몸이 어떤 층위에서는 일반적으로 결정론적이고 완전히 물리적인 기제임을 일반적으로 인정하고 있지만, 우리에게는 '단순히' 물리적인 것 외의 '마음'이나 '영혼'이라고 부르는 특별한 내용이나 힘이 있다는 완강한 신념이 남아 있다. 이것은 비물질적이고 미결정론적이며, 자유의지와 인간 위엄의 중심지 역할을 맡고 있다. 이러한 **정신***Geist*이 뇌와 경계를 이루고 있으며, 독수리의 날개, 불가사리, 사람의 비장처럼 뇌도 진화하면서 생성된 결정론적·물리적 기제라는 생각을 사람들은 전혀 인정하려 하지 않는다.

따라서 우리에게 사람에 대한 이원론적 모형을 포기하도록 함에 있어서는, 수직적 통합의 매력이 의식, 창조성, 언어-사고 관계, 인간의 행위성에 대한 근간을 뒤흔들고 있다. 자아에 대한 새로운 '신체화된' 모형을 받아들이는 것은 코페르니쿠스적 혁명에 비유할 정도다. 하지만 그것은 물론 코페르니쿠스적 혁명보다 더 정곡을 찌르는 것이기도 하다. 대니얼 데닛Daniel Dennett은 '다윈의 위험한 생각'(1995)을 논의하면서 이 주제를 가장 설득력 있게 표현했다. 제6장에서는 데닛과 그의 동료인 물리주의자 리처드 도킨스Richard Dwakins의 입장을 상세히 살필 것이다. 하지만 나는 강경한 물리주의자들이 종종 코페르니쿠스적 유추를 너무 문자적으로만 받아들이는 바람에 다윈 생각의 '위험'성을 곡해했다는 주장을 할 것이다.

데닛을 비롯한 다른 학자들의 관점에서 보면, 영혼에 대한 신념은 궁극적으로는 지구 중심의 태양계에 대한 신념과 같은 길을 걷는데, 이는 실재에 대한 더 정확한 모형이 대중적 의식을 간파함에 따라 서서히 사라지는 것이다.[33] 이런 관점에서의 문제는, 코페르니쿠스적 혁명과 다윈의 혁명 사이의 중요한 비유사성을 적절하게 평가하지 못한다는 점이다. 지동설을 수용하려면 우리의 감각에 의한 지각을 극복해야 한다. 확실히 지구는 움직이지 않으며, 우리들 대부분이 태양은 '뜨고' '지는' 것으로 경험하는 것 **같다**. 하지만 우리가 진정으로 태양 중심적 우주에서 **사는** 것처럼 우리의 감각 도식을 재교육하지 못하게 만드는 원칙적인 장벽은 없는 것 같다. 어쩌면 전문 천문학자들은 이미 그렇게 했었다.[34] 다른 한편으로 인간에 대한 물리주의적 입장을 채택하는 것에 관해, 다시 말해서 우리 자신과 다른 사람들을 단순히 물리적 몸속에 거주하는 자립적 영혼이라기보다는 자연 법칙을 완전히 따르는 결정된 물리적 체계로 간주하는 것에 관해, 우리 자신의 내재적인 인지적 기제는 우리에게 반대로 작용하는 것처럼 보인다. 인간의 마음속에는 아주 어릴 때부터 유정물有情物과 무정물無情物

33 데닛Dennett(1995: 19), 폴 처치랜드Paul Churchland(1979)와 오웬 플래나간Owen Flanagan(2002: xiii, 19-20)도 비슷한 주장을 한다.

34 그밖의 태양계와 관련하여 어떻게 지구에 대한 지각을 재교육할 수 있는지에 대해서는 처치랜드Churchland(1979: 25-36)의 기술을 보라.

을 명확히 구분하도록 하는 '마음 이론theory of mind'이 존재한다는 증거가 여럿 있다. 유정물은 의지, 신념, 욕망, 두려움, 이를테면 자유의지와 의식을 가진 것처럼 보이는 데 반해, 무정물은 물리학의 기계론적 인과성의 지배만 받는다. 우리 인간은 이원론자로 태어난 것처럼 보인다.(블룸Bloom 2004) 데닛은 이탈리아 철학자 쥴리오 지오렐로Giulio Giorello로부터 탁월한 견해를 인용한다. "그렇다, 우리에겐 영혼이 있지만, 그것은 수많은 작은 로봇들로 구성되어 있다."(Dennett 2003: 1) 나는 근본적으로는 이 의견에 동의하지만, 우리가 우리 자신과 다른 종을 체질상 로봇으로 **경험할** 수 없도록 설계되었거나, 그 문제에 관해서는 우리가 로봇 세계에 산다고 진짜로 믿도록 설계된 로봇이란 말을 덧붙여야 한다. 왜냐하면 우리의 마음 모듈 이론은 지나치게 활동적인 것처럼 보여서, 우리가 행위성을 통상 세계뿐만 아니라 다른 '행위자'에게도 투사하도록 허용하기 때문이다. 따라서 인간은 영혼을 가진 다른 인간뿐만 아니라 다양한 정도의 의식을 가진 농불, 인간화된 신, 성난 바다, 위협적인 폭풍으로 가득 찬 우주에 거주한다는 것을 믿을 수밖에 없다.

달리 말하면, 우리가 어떤 층위에서는 진화를 믿을 수 없는 방식으로 진화했다는 것이다. 따라서 현대 신경과학에서 거짓으로 증명되었지만, 민속심리학에 근거한 인간 층위의 개념은 우리 생활의 일부분을 이루고 있다. 문화에 대한 신체화된 접근법이 요구하는 인간에 대한 물리주의적 입장의 수용에는 이상한 종류의 이중적 의식을 포함하고 있는데, 이때 과학자-지식인으로서 우리가 주장하는 것은 우리가 인간으로 행동할 수밖에 없는 방식과 지속적이며 불가피한 긴장 속에 있어야 한다. 찰스 테일러Charles Tayler(1989)는 자연주의를 비판하면서 인간 층위의 개념이 자연과학에서 기술하는 실체만큼 '실재한다'라는 탁월한 주장을 했다. 왜냐하면 이러한 인간 층위의 개념은 우리가 누군지, 우리는 무엇을 왜 하는지에 대한 '최고의 설명'으로부터 제거될 수 없기 때문이다. 만약 이런 직관이 인간의 인지로 구축된다면, '자유,' '아름다움,' '용기' 같은 인간 층위의 개념은 뉴런이나 척추만큼 우리 같은 창조물에게도 실재할 것이다. 나는

'사회생물학sociobiology'을 무시하는 점에 대해서는 궁극적으로 테일러의 주장을 지지하지 않지만, 상호 자립적인 설명의 층위들이 공존한다는 그의 설명이 제거적 환원주의에 빠지지 않으면서도, 어떻게 수직적 통합을 이룰 수 있는지를 납득시키는 일에 유익한 체제를 제공한다는 점에 대해서는 동의한다. 테일러의 설명을 통해서 우리는 인간 문화에 대한 철저한 환원주의적 접근법의 한계를 알 수 있으며, 또한 이 설명에서 우리와 같은 창조물에게 무엇이 '사실'로 간주되는지에 대한 우리의 이해를 능숙하게 처리해야 할 필요성을 볼 수 있다. 희망컨대 이것은 자연과학자들이 많은 인문학자의 일자리를 빼앗고자 한다는 마음 한구석에 자리 잡고 있는 불분명한 두려움을 감소시키고, **정신과학***Geisteswissenschaften*을 포기하지 않으면서도 어떻게 특정 층위에서 기계의 **정신***Geist*에 대한 우리의 신념을 포기할 수 있는지를 매우 분명하게 만드는 데 도움을 줄 것이다.

신체화는 왜 중요한가

제5장에서 주장하는 것처럼 진리의 실용주의적 모형을 채택한다면, 그것이 왜 중요한가는 바로 앞에서 약술한 모든 논점에 대해 질문해야 한다. 최소한 예비적으로 이러한 논점들을 '참'으로 받아들이게 되면, 우리 인문학자들이 엘리자베스 시대 풍의 소네트를 분석하거나 중세 일본에서 후원자들과 문학 형태의 상호작용을 설명하는 방식이 어떻게 구체적으로 바뀔 것인가? 인문학에 대한 '새로운' 접근법을 지지하는 사람이면 누구든 유서 깊고 소중한 '그래서 무엇이'라는 질문을 반드시 다루어야 한다. 결론 부분에서는 '신체화된 실재론적' 접근법이 이 책이 겨냥한 독자인 '우리' 일반 인문학자들의 문화 연구와 논의 방식에 어떤 영향을 주는지를 간략히 제안할 것이다. 무엇보다도 인문학을 수직적 통합의 요구에 노출시킴으로써, 인문학 연구에 직접적이고도 전체적으로 영향을 미치는 인간 본성의 '빈 서판' 이론, 강한 사회구성주의와 언어결정주의, 비신체화된 이성의 이념처럼 깊이 고착화된 독단적 주장을 간단히 넘어설 수 있을 것이다.

좀 더 구체적인 적용에 초점을 두면서, 자아의 객관주의적 모형을 넘어선다는 것은 윤리학과 도덕철학에서 중요한 의의를 갖는다. 반면 포스트모던 상대주의의 기본 가정을 폐기하면 타인의 내부를 어떻게 알 수 있는가라는 기본적인 인문학적 문제에 현실적으로 맞설 수 있다. 문화에 대한 신체화된 접근법을 통해, 우리는 모든 종에 걸친 개념적·정서적·미학적 규범에 대해 책임 있게 이야기하고, 그와 동시에 차이에 민감하고 문화적 뉘앙스에 초점을 둘 수 있다. 따라서 수직적 통합은 인문학자들이 객관주의와 포스트모더니즘의 과도함을 피하고, 그것을 인간 층위의 진리에 대한 실용주의적·신체화된 접근법으로 교체할 수 있는 방법을 제공해준다. 관심 있는 독자들의 미래 탐구를 위한 부록에 정선된 도서목록을 통해, 신체화된 접근법이 다양한 인문학 분야에 영향을 미치는 방식 또한 간략히 논의할 것이다.

끝으로 인문학부와 과학부로 명확하게 분리된 현재의 '이중적 대학biversity'으로부터 진성한 대학true university으로 가는 길을 가로 막는 나머지 장벽에 대해 논의할 것이다. 진정한 대학에서는 캠퍼스의 두 진영의 연구자들이 자신들의 전문 지식을 교환하고 공동 연구에 서로 참여하도록 하는 동기를 부여해야 한다. '학제성interdisciplinarity'이라는 새로운 현학적인 전문용어를 매우 열광적으로 받아들이고 있다는 사실을 **모르는** 학교는 거의 없다. 하지만 대개의 경우, 장려되고 재정지원을 받는 학제적 교류는 무척 단조롭다. 텍스트로 연구하는 데 익숙한 영어학과 교수들은 음악학을 하는 사람들과 교류하고, 역사학 교수는 인쇄된 연구논문을 올리기 위해 웹사이트를 만든다. 이러한 문맥에서의 '학제성'은 기껏해야 '멀티미디어' 정도를 의미한다. 물론 인문학과 내에서는 멀티미디어 작업과 학제적 교류는 대단한 것이다. 그러나 그것이 인문학과-자연과학 구분 자체를 깨뜨리기 위한 대체물로 기능하거나, 실증적으로 받아들이기 어려운 뿌리 깊은 이론적 가정을 강화하는 역할을 하는 경우에만 문제가 된다. 부록에서는 독자들에게 제도 변화의 신호를 보낼 것이다. 즉 최소한 몇 군데 고등교육을 실시하는 대학 관리자들이 인문학-과학 구분을 넘어서는 진정한 학제적 연구를 용이하게 하고, 그것에 연구비를 책정하는 것을 값지게 여긴다는 것을 암시하는 그런 변화와, 서양 대학 전역에 흩어진 몇몇 새로운 프로그램과 기관에 초점을 맞출 것이다.

이 책에서 다룰 모든 주제에 대해 더 많은 이야기를 할 수 있으며, 텍스트 내의 인용, 부록, 참고문헌이 독자들을 유용한 방향으로 이끌길 희망한다. 나의 목표는 이 책이 끝날 무렵 문화에 대한 신체화된 접근법의 약속뿐만 아니라, 인문학의 존재를 위협하기는커녕 수직적 통합을 통해 우리가 어떻게 전통적 이원론과 방법론적 막다른 골목에서 벗어날 수 있는지를 동료 인문학자들에게 조금이라도 이해시키는 데 있다.

제1부

기계 속의 유령 내쫓기

제1장

비신체화된 마음: 객관주의의 문제

제5장에서는 담론으로서의 과학에는 특별한 무엇이 있고, 그것이 흰색 실험용 가운을 입은 남녀의 사회적인 명성과는 무관하다는 주장을 할 것이다. 또한 중요한 것으로 말하자면 자연과학에서 제시하는 물리주의적 설명이 인간 층위의 설명보다 훨씬 우선권을 갖는다고 주장할 것이다. 그러나 과학의 전통적 모형의 한계와 과학학 운동에서 나온 일부 주장의 적법성을 인식하는 것이 무엇보다 중요하다. 인문학자들은 이 책의 표적 독자층이기 때문에, 객관주의의 비판은 제2장과 제3장에서 있을 포스트모더니즘의 비판보다는 세세하게 거론하지는 않을 것이다. '쿤 이후post-Kuhnian' 시대에 객관주의의 한계는 자명해졌다. 내가 말하는 '객관주의-합리주의'(줄여서 '객관주의')는 계몽주의 인문학자들 사이에서의 전성기 이후에 절대적 영향력의 범위가 대개 철학과 정도로 축소되는 것을 목격했다. 물론 객관주의는 여전히 역사와 고전에 널리 퍼져 있으며, 통속 실재론의 형태로서 '이론' 지향적이지 않은 인문학자들에게는 기본적 입장으로 그 역할을 수행하고 있다.

이 장의 대부분은 자아의 객관주의 모형, 지식의 표상적 모형, 인간의 의사결정과 행동의 객관주의-합리주의 모형의 이론적·실증적 문제점에 할애하고 있다. 결말부분에서는 1960년대와 1970년대 과학철학에서 등장한 과학의 객관주의 모형을 비판하는 데 집중할 것이다. 이러한 비판은 자연과학 탐구에 있어서는 무엇이 특별한가라는 질문이 중심에 있기 때문이다. 그리고 그것은 지식의 이원론적·표상적 모형과 그것의 기초가 되는 통속적이고 소박한 실재론에 이의를 제기하는 비판이다. 과학철학에 대한 짧은 탐험이 다소 우회하는 것일 수도 있지만, 이는 이 책의 전체적인 주장에서 중요한 단계이다. 인문학자들이 자연과학이 자신들에게 들려줄 말이 있다고 믿는다면, 과학의 전통적 모형의 심오한 개념적 문제를 명시적으로 인정하고 다루어야만 한다. 이것은 '통섭consilience'이나 '수직적 통합vertical integration'을 옹호하는 사람들이 곧잘 간과했던 단계이다.

객관주의의 특징

마크 존슨Mark Johnson(1987: x, xxii-xxxviii)은 객관주의를 구성하는 주장들을 다음과 같이 요약한다.

> 세계는 인간의 이해와 독립된 속성을 지니고 있으며, 또한 다양한 관계를 이루고 있는 대상들로 구성되어 있다. 세계는 인간이 그것에 관해 어떤 신념을 갖는가에 상관없이 그 자체로 존재하며, 또한 세계가 무엇인가에 관한 올바른 '신적 관점God's-Eye-View'이 존재한다. 다시 말해서 특정한 사람들의 신념에 상관없이 실재에 관한 합리적인 구조가 있으며, 올바른 이성은 이 합리적인 구조를 반영한다는 것이다.

우주에 대한 '신적' 설명과 표상적 설명을 지닌다는 관념은 객관주의로부터 거의 자연스럽게 나온 것이다. 힐러리 퍼트남Hilary Putnam이 설명하듯이, 객관주의의 경우는 "(최소한 철학에서 엄격하게 존재한 것으로 생각되는 '사물'이라는 의미에서) 모든 사물의 한정적인 전체성과 제반 '특성'의 한정적 전체성"(1999: 21)이 있다. 이것은 최소한 원칙상 "언어 사용자나 사상가와는 별개로 엄격하게 고정된 모든 가능한 지식 주장knowledge claim의 한정적 전체성"(22)이 있다는 것을 의미한다. 루돌프 카르납Rudolf Carnap과 비엔나학파Vienna Circle의 동료들이 구현한 과학의 객관주의 모형은 자연 언어에 내재한 중의성이 없는 이론적 형식 언어의 창조를 목표로 한 것이었다. 이러한 형식 언어는 궁극적으로 이론상 물리적 실재를 포괄적으로 표상할 수 있다.

존슨이 말하듯이 합리주의와 지식의 '명제적 패러다임sentential paradigm' 역시 객관주의와 자연스럽게 결부된다. 세계는 수없이 많은 고정된 사물들로 구성된 것으로 생각하고 있다. 이러한 사물들은 예측 가능한 방식으로 우리의 감각에 깊게 잔존하고 있으며, 명확히 한정된 범주로 조직되는 확정적인 특성을 지닌다. 우리는 이러한 사물들의 범주를 자의적·범凡양식적 단어 상징으로 우리 스스로에게 표상하며, 이런 단어들이 서로 논리적 관계를 맺도록 함으로써 범주들 간의 고정된 관계가 반영된 문장을 생성시킨다. 따라서 추리는 본래 "상징들을 규칙 지배적으로 연결시키는 조작이다. 그것은 상징들의 결합과 상징들의 규칙 지배적 조합이 다양한 논리적 규칙이나 원리에 따라 이루어지고, 또 경로가 추적되는 일련의 작용들이다."(존슨Johnson 1987: xxiv)[1]

물론 서양 전통에는 아리스토텔레스까지 거슬러 올라가고, 마음이 구체적인 사물의 번잡한 세계와 직접적이고 지속적으로 접촉하고 있는, 훨씬 오래된 합리성의 실용주의적 모형이 존재하고 있다. 구성원 요건에 대한 명확히 한정된 기준으로 상징적 표기가 붙은 범주를 가지고 감각 데이터를 조직하고, 이런 범주들을 연산적으로 조작하여 참인 진술을 생산해내는, 비신체화된 마음의 강한 이원론적 모형은 사실 계몽주의의 서양 사상을 엄격하게 통제하고 있는 것이다. 퍼트남Putnam(1999: 23)이 지적했듯이, 이런 추세의 추진력은 신생 자연과학으로부터 도출된 자연의 새로운 수학화였을 수 있다.

> 처음에 현대적 의미에서 '자연'(**그것의** 의미는 17세기 전에는 거의 존재하지 않았다)은 수학 법칙, **기하학적 방식***more geometrico*에 의해 표현 가능한 관계로 생각되었

---

1 '인지주의cognitivism'에 대한 누네즈와 프리먼Núñez & Freeman(1999)의 특징 묘사 참조. 인지주의란 기본적인 객관주의 체제가 1세대 인지과학에서 상세히 설명된 방식을 말한다.

고, 대수학과 계산법에 의해 표현 가능한 관계의 영역으로 생각될 것이다. 색깔과 따뜻함[과 같은 상호작용적 특성]은 자연의 그러한 개념에서는 존재하지 않는 듯했고, 마음의 주관적 정서의 위상으로 추방되었다.

객관주의-합리주의 모형을 지배적이게 한 추진력이 어떤 것이든 간에, 그 모형은 명확히 학문적 철학의 대부분 분야에서 존재론과 인식론의 유일하고도 타당한 모형으로 고착되었다. 그리고 덜 형식화된 통속적인 버전에서는 대부분의 역사가, 고전학자, 그밖에 다른 분야의 덜 호전적으로 이론적인 인문학자들에게는 기본적인 배경적 가정으로 기능했다. 래리 라우던Larry Laudan(1996)은 과학적 실재론에 대한 실증주의의 옹호자들과 회의적인 반대자들이 서로 유일하게 동의하는 것이 과학철학에서 지식에 대한 객관주의 관점이라고 주장했다.[2] 따라서 다음 절에서 논의할 객관주의 모형의 문제점은 자연과학과 인문학에서 모두 공고한 전통적 가정을 위협한다.

마크 존슨Mark Johnson(1987: xxv)은 객관주의를 서양철학 전통과 동일시하고, "객관주의는 우리의 문화적 유산 속에 깊게 뿌리 박혀 있기" 때문에, 여기서 벗어나기 어렵다고 생각한다. 객관주의에 대한 대부분의 다른 비평가들도 이와 비슷하게 객관주의를 플라톤이나 아리스토텔레스, 또는 유대-기독교도 전통의 유산 탓으로 돌린다. 제3장에서 간략히 논의하겠지만, 이원론의 뿌리처럼 객관주의의 뿌리도 초기 그리스인들보다 훨씬 더 심오했던 것 같다. 사물이 확정적인 특성을 소유하고, 명확한 범주로 분류되며, 단어로 표상된다는 생각이 서양 전통에서는 매우 엄격한 방식으로 설명하고 있었지만, 인간의 지각-인지 체계로부터는 매우 자연스럽게 발생한 것 같고, 플라톤 같은 철학자에게는 토대

2 라우던은 이 모형이 다음과 같이 주장한다고 본다. 즉 용어의 정의는 문맥적이고, 이론 간 선택은 한 이론적 언어에서 다른 이론적 언어로의 번역을 포함하며, "규칙으로 고려할 가치가 있는 유일한 합리적 규칙은 기계론적으로 적용되고 의미가 중의적이지 않으며 반드시 독특한 결과를 생산할 수 있는 연산이고,"(1996: 18) "설명적 내용의 대대적인 보유는 인지적 진보에 선결조건이다."(1-25)

가 되는 보편적인 '통속 인식론'으로 여기고 있다. 고대 중국의 철학적 전통 등과 같은 다른 철학적 전통들은 결국 표상과 연산적 추리를 지식으로 가는 왕도로 집착하는 면에서는 플라톤을 따르지 않고자 했을 수도 있지만, 이런 과정들에 대한 우리의 기본적인 통속적인 이해를 확실히 공유했다.[3] 따라서 (곧 검토할) 객관주의-합리주의의 문제점을 찾아내거나, 명확한 대안의 형식화가 힘들다는 것은 단지 고대 그리스인들의 철학적 후계자가 되는 것보다 훨씬 더 근원적인 일일 수 있다.

객관주의의 문제

인지과학에서 등장하고 있는 인간의 추리와 의사결정에 대한 묘사는 객관주의-합리주의의 기본 가정에 대해서 이의를 제기한다. 순수하면서도 냉혹한 합리성은 일상적인 의사결정에서는 거의 역할을 하지 않는 것 같으며, 실제로 플라톤이나 칸트에게 있어서 이상적인 도덕적 행위자의 특징인 정서의 부재는 분명 우리 인간을 윤리적 무능력자로 바꿔놓는다. 우리는 '우리'가 하고 있는 것을 전혀 의식하거나 통제하지 못한다. 또한 실제로 말을 하지 못하는 동물처럼 비자아非自我(몸, 정서)를 통제하는 통일된 의식적 '나'라는 개념도 착각인 것 같다. 일상 언어 이해와 주위 환경에 대한 기본적인 지각 같은 평범한 성취는 암묵적 노하우와 신속하고 간결한 발견법에 많이 의존하고 있다. 이것들은 우리 환경에 대한 신체화되어 있고 대개 무의식적인 정서적 반응의 안내를 받는다. 지각은 주로 표상이 아닌 행동에 관한 것이며, 세계와의 상호작용으로부터 우

3 이것은 논의의 여지가 있는 논점이며 유럽이 중국과 처음 접촉한 이후로 축적된 많은 문헌과 모순된다. 이러한 문헌들은 서양의 '분석적'(소외적이며 나쁜 것으로 해석됨) 인식 방식과 신비로운 동양의 '전체적'(건전하고 좋은 것으로 해석됨) 방식 간의 명확한 이분법을 약술하는 데 전념했다. 이 주장을 명확히 하는 것은 나의 다음 단행본 연구과제의 과제이지만(독자는 슬링거랜드 Slingerland 200x, 어쩌면 20xx!를 참조하면 된다), 내 생각으로 초기 중국인들은 제3장에서 논의할 모든 기본적인 통속 심리학적·철학적 범주들을 소유했었다.

리가 얻는 개념은 주로 영상적·감각 운동적 도식에 근거한 것 같다. 따라서 개념은 범凡양식적·추상적·명제적인 것이 아니라 지각과 몸에 기반한 것이다. '추상적' 개념이나 복잡한 새로운 상황을 다룰 때도 신체적 지식은 근본적인 역할을 하는 것 같다.[4] 다음에서는 이와 관련된 이론적·실증적 요인을 짚어보면서, 이 각각의 주제를 간단히 언급할 것이다.

완전히 명제적인 것은 아닌 인간 지식: 암묵적 노하우의 중요성

존 썰John Searle(1995: 130-131)은 독자들에게 "샐리는 케이크를 잘랐다Sally cut the cake," "빌은 잔디를 잘랐다Bill cut the grass," "재단사는 천을 잘랐다The tailor cut the cloth" 같은 문장을 생각해보게 했다. 이 가운데 어느 문장도 어휘적 중의성이나 명확한 은유적 용법을 특징으로 하고 있지 않다.

> 하지만 각각의 경우에 동일한 동사는 일반적으로 서로 다른 진리 조건이나 만족 조건을 결정할 것이다. 왜냐하면 자르기로 간주되는 것은 문맥마다 다르기 때문이다. 누군가가 나에게 케이크를 자르도록 했는데 내가 잔디 깎는 기계로 밀고 지나가거나, 잔디를 깎으라고 했는데 칼로 찌른다면, 내가 들은 그대로 하지 않았다는 매우 평범한 느낌이 있다. 하지만 이 문장들의 문자적 의미에서는 어느 것도 잘못된 해석을 막지 못한다.

이런 문장에 대한 잘못된 해석은 존 썰이 말하는 '배경Background'에 호소하면 막을 수 있다. 배경은 세상과 맞서기 위한 암묵적인 사회적·존재론적 가정과 기술의 축적물이다.(129-137) 표현 불가능한 '노하우'가 포함된 이 배경은 한정된 일련의 명시적 문장으로는 번역될 수 없다. 이는 문장에 대한 이해가 단순

4 많은 실험 증거를 가진, 개념에 대한 객관주의 모형과 신체화된 대안에 대한 유익한 최근 논의를 위해서는 깁스Gibbs(2006: 제4장)를 보라.

히 상징 연속체의 연산적 변형으로 환원될 수 없다는 것을 뜻한다.[5]

힐러리 퍼트남도 이와 비슷한 주장을 한다. 그는 "테이블 위에 커피가 많이 있다There is a lot of coffee on the table"라는 문장을 예로 들었다. 이 상징의 연속체는 '문맥적으로 한정된 테이블' 위에 커피 잔이 따로따로 있다는 것(커피 한 잔 드세요help yourself to one), 액체로 된 커피가 테이블에 엎질러져 있다는 것(커피를 닦다wipe it up), 커피 도매업자의 테이블 위에 커피 자루가 있다는 것(커피 자루를 트럭 위에 싣다load it in the truck)을 똑같이 의미할 수 있다.(1999: 87-88) 게다가 그것은 (아직 보이지 않으므로 이론적인) 많은 양의 커피를 상품을 위해 팔려고 내놓았다는 것도 의미할 수도 있다. 이것은 은유적 '거래 테이블'에서만 존재한다.(우리는 이 기회를 빨리 잡을 필요가 있다We need to move fast on this opportunity) 우리가 배경 지식에 쉽게 접근할 수 있기 때문에, 이러한 문장의 잠재적 중의성은 감추어진다. 깊이 생각해보면 특정 단어의 연속체가 특정 문맥에서 무엇을 의미하는지를 이해하려면 '현명한 판단'에 의지할 필요가 있다. 퍼트남이 지적하기로, 문맥적 판단에 대한 이러한 필요성은 문장 처리의 연산적 모형을 약화시킨다. 왜냐하면 "칸트가 일찍이 말했듯이(물론 이런 용어로는 아니다), '현명한 판단'에서는 순환적 규칙이 없기 때문이다."(89) 그는 『이성의 주장*The Claim of Reason*』(1979)에서 스탠리 카벨Stanley Cavell의 주장을 다음과 같이 요약한다. "다른 사람에 대한 우리의 '조율,' 즉 무엇이 단어의 이전 용법이 새로운 문맥으로 이루어지는 자연스러운 투사인지에 대한 우리의 공통된 느낌은 '규칙'의 체계로 포착될 수 있는 것이 아니고, 널리 퍼져 있으며 언어의 가능성에 있어서 근본적인 것이다."(89)[6]

매우 평범한 발화에 대한 이해에서도 많은 암묵적인 비非연산적 지식[7]과 대

---

5 '배경'이라는 설 개념의 한계에 대해, 숀 갤러거Shaun Gallagher는 그것이 '통속의 뇌brain in a vat' 그림과 일치하며, "그것은 신체화될 필요가 없으며, 일반적으로 인간의 몸을 둘러싸고 그것과 상호작용하는 물리적 또는 사회적 환경을 반영할 필요도 없다"(2005: 135)고 말한다.

6 대니얼 대닛Daniel Dennett(1984a)은 인공지능에서 프레임 문제와 관련하여 비슷한 주장을 한다.

7 또는 최소한 **의식적으로** 연산적이지 않은 지식. 데닛이 말했듯이, 자아에 대한 물리주의적 모형이 옳다면(즉 우리가 기계 속의 유령Ghost in the Machine이나 썰의 '최초의 의도성Original Intentionality'

화 환경에 대한 실용주의적 '느낌'에 의존하고 있다. 명제적 패러다임sentential paradigm은 세상사 지식이 어떻게 저장되고, 어떻게 실시간으로 처리되는지를 포착하는 것처럼 보이지는 않는다. 이것은 인간과 같은 창조물에게 지식이 무엇을 **하는지**를 생각하면 그리 놀라운 일이 아니다. 폴 처치랜드Paul Churchland가 말했듯이, 지구에는 인지적으로 활동적인 다양한 종이 있으며, 인간을 포함해 모든 창조물들에게 인지의 기능은 참인 기술적 문장을 생산하는 것이 아니라, "유기물의 **행동**을 더욱 미세하게 조정하여 통제하는 것"(1985: 45)이다. 이러한 미세한 조정은 실재에 대한 반응의 교정을 포함하지만, 그 목적이 완전한 표상적 모형을 구축하는 것이라고는 할 수 없다. 처치랜드는 "문장이나 명제 등이 우리 같은 창조물에게 인지의 기본 요소로 간주된다는 것은 결코 명확하지 않다"고 결론내렸다.(45)[8] 앤디 클라크Andy Clark도 생물학적 마음을 모방하는 것이 목표라면, 명시적인 데이터 저장과 논리적 조작에 근거한 인공지능 시스템, 즉 '서류 캐비닛/논리적 기계filing cabinet/logic machine' 설계가 처음부터 문제가 있었다는 말로 비슷한 주장을 하고 있다. 왜냐하면 생물학적 "지능과 이해는 명시적인 언어 같은 데이터 구조의 존재와 조작이 아니라, 신체화된 유기체가 지각하고 행동하며 생존하도록 하는 실세계에 대한 기본 반응의 조정인 한층 더 현실적인 것에 바탕을 두고 있기 때문이다."(1997: 4) 클라크는 지금까지 개발된 것 중 가장 강력한 논리학을 처리하는 인공지능 시스템은 간단한 바퀴벌레의 실세계 수행 근처에도 가지 못한다고 말한다. 이것은 바퀴벌레의 인지, 더 나아가 일반적인 생물학적 인지가 비신체화된 명시적 데이터 조작 외의 다른 것에 근거해서 작동한

을 환기시키지 않고자 한다면, **모든** 인간의 인지 과정은 연산에 의해 보충되어야 한다.(데닛Dennett 1995: 428-443) 정서, 직관 등의 경우에, 이런 연산은 우리에게 의식적으로 이용 가능하지 않다. 그것은 우리에게 전형적 장면에 대한 준비된 영상을 제공하거나 암시적인 문맥적 질문에 대한 답을 내뱉는 '블랙박스black box'이다. 데닛이 말하듯이, "우리가 '직관'에 의해 문제를 해결했다고 말할 때마다, 그것은 실제로 우리는 그것을 **어떻게** 해결하는지 **모른다**는 것을 의미한다."(442) 즉 연산이 우리에게 현상학적으로 비非가시적이라는 것을 의미한다.

8 포더의 '명제적 패러다임'에 대한 패트리샤 처치랜드의 비판 참조.

다는 점을 암시한다.

길버트 라일Gilbert Ryle과 마이클 폴라니Michael Polanyi 같은 철학자들은 노하우의 기능, 명시적 지식과 암묵적 지식 간의 구분에 관한 이론적 설명을 개발하였으며, 인간 번성을 위한 암시적·신체적 기술의 중요성은 서양에서는 아리스토텔레스까지 거슬러 올라갈 수 있다.[9] 나는 여기서 암묵적·비非명제적 지식의 형태가 일상의 인간 인지에서 중요한 역할을 한다는 것을 강조함으로써 이런 이론적 설명들을 지지하는, 사회심리학과 행동신경과학의 실증적 연구에 주안점을 두고자 한다. 존 바그John Bargh와 타냐 차트란드Tanya Chartrand는 '자동성automaticity'에 관한 사회심리학 문헌을 개관하면서, 행동 방식에 영향을 미치는 점화priming의 힘, 스테레오타입 점화가 사회적 판단에 미치는 영향, 외부 자극으로부터 목표의 무의식적 획득, 행동의 무의식적 모방과 그것이 사회적 판단에 미치는 효과를 보여주는 연구를 논의한다. 일례로 면접자가 다리를 꼬고 머리를 만지작거리는 실험 대상자의 동작을 모방했다. 이때 실험 대상자들은 면접자가 여유롭고 중립적인 자세를 유지하고 있을 때보다 그에게 더 호감이 가고, 인터뷰 과정도 아주 순조롭게 진행된 것으로 평가했다. 바그와 차트란드의 결론은 많은 분야에서 사람들이 "자신의 경험을 좋거나 나쁜 것으로 나누고, 그것도 즉각적이고 비의도적으로 그렇게 한다는 것을 알지 못한 채 그렇게 한다"(1999: 474)는 것이었다.

> 환경에 대한 자동적 평가는 개인의 참여 의사와는 무관하게, 거의 인식하지 못하는 널리 퍼져 있는 지속적 활동이다. 그것은 실재적·기능적 결과를 낳는 듯하고, 긍정적인 물건에는 다가가고 부정적인 물건은 피하는 행동적 신속함을 순식간에 창조한다. 또한 기분에 미치는 효과를 통해, 사람의 현 상황의 전반적인 안전 대 위험에 대한 신호 체계 역할을 한다. 이 모든 효과는 의식적인 자기 조절 능력의

9 라일의 유명한 '실천적 앎knowing how'과 '사실적 앎knowing that' 간의 구분과 폴라니Polanyi(1967)를 보라.

한계를 무시하는 방식으로 우리에게 우리가 살고 있는 세계의 실재와 접촉하도록 해주는 경향이 있다.(475-476)

다시 말해 사회심리학 문헌들은 인간 행동과 태도 형성에 관한 형식화되지 않는 '현명한 판단'의 일반적인 중요성을 증명한다.

암시적 층위와 명시적 층위에서 작용하는 각각의 인간 인지 체계가 있으며, '노하우'는 주로 전자의 층위에서 기능한다. 로버트 자종크Robert Zajonc와 동료들은 자극을 의식적으로 인식하지 않고서도, 그것에 대해 정서적 반응을 가질 수 있음을 증명했다.[10] 안토니오 다마지오Antonio Damasio는 정서가 고조된 자극에 대한 피부 전도도 반응이 정서의 의식적 인식보다 **먼저 일어난다**는 것을 보여주었다. 즉 먼저 정서적 상태가 발생하고, 그 다음으로 의식적 느낌이 온다는 것이다.(2003: 101) 조셉 리둑스Joseph LeDoux는 두 가지 기억 체계가 존재한다고 가정했다. 무의식적이며 암시적인 '정서 기억emotional memory'과 명시적인 '서술 기억declarative memory'이 그것이다. 그는 요즘 같으면 결코 승인받지 못할 임상실험 대상자의 초기 실험 결과를 보고했다. 그것은 에두아르 클라파레드Edouard Claparede라는 프랑스 내과의사가 신경 손상으로 인해 새로운 '외현 기억explicit memory'을 형성하는 능력을 잃은 어느 환자를 대상으로 한 실험이었다. 클라파레드가 방을 나갔다가 몇 분 뒤 돌아와도, 그 환자는 전에 그를 봤던 것을 기억하지 못할 것이다. 어느 날인가 평소처럼 클라파레드는 인사하면서 악수를 했을 때, 손바닥 안에 압정을 숨겨 그 환자가 통증을 느껴서 재빨리 손을 빼도록 했다. 이튿날 그가 그 환자의 방에 들어갔을 때 이유를 말하지 않았지만 그 환자는 악수를 거부하고, 그를 결코 만난 적이 없다고 거듭 주장했다.(리둑스LeDoux 1996:

10 쿤스트-윌슨과 자종크Kunst-Wilson & Zajonc(1980)와 자종크Zajonc(1980)에 수록된 문헌 개관을 보라. 정서적 처리와 자동성의 주제에 관한 매우 유익한 최근 개관 논문을 위해서는 페소아Pessoa(2005)를 보라. 이것은 정서적 과정이 완전한 자동성이 아니라 의식적인 '하향식' 과정으로부터의 자립성의 정도를 즐기는 것처럼 보인다고 결론을 내린다.

181-182)[11] 또한 리둑스는 점화, 손재주, (복잡한 퍼즐을 풀 수 있는 능력과 같은) 인지 능력이 건망증 환자에게 보존된다는 것을 암시하는 연구도 했다. 이는 암묵적 '노하우'가 발생하여 의식적 기억을 보조하는 것과는 전혀 다른 뇌 체계에 저장된다는 것을 암시한다.(195-198)

물론 분명히 추상적 추리와 인지적 통제와 관련된 뇌 체계가 적어도 암시적 편견과 다양한 종류의 정서를 종종 수정하거나 무효화하기 위해서 그것을 의식으로 가져갈 수 있다. 실제로 대뇌의 피질 조절이 정상적인 의식적 경험과 정서의 표현에 필요하다는 증거도 있다. 대뇌피질이 제거된 동물도 정서적 반응을 할 수 있지만, 완전히 정상적인 것은 아니다. 이런 창조물은 쉽게 신경질을 내며 정서적 반응을 전혀 통제하지 못하는 것처럼 보인다. 이것은 대뇌피질 영역이 통상 정서적 반응을 억누르고 통제하고 있다는 것을 암시한다.(리둑스 LeDoux 1996: 80) 하지만 의식적 자기 통제가 제한된 자원을 가진 것이라는 것도 명확하다. 로이 바우마이스터와 동료들(바우마이스터Baumeister *et al.* 1998, 무레이븐 Muraven *et al.* 1998)의 연구에 따르면, 어느 한 영역에서 의식적 통제가 발휘될 때, 그것과 무관한 다른 영역에서 그것을 발휘할 수 있는 개인의 능력은 제거된다. 이것은 의식적 자기 통제가 비교적 드물게 일어난다는 것을 암시한다. 왜냐하면 그것은 가장 좋은 인지적 자원을 요구하는 것 같기 때문이다. 자동 과정에 관여하는 의식적 개입이 비생산적일 수 있다는 증거들도 많다. 바우마이스터의 연구는 사람들이 자동적 행동을 분석하고 분해할 때 그것이 분열된다는 것을 보여주었다.(바우마이스터Baumeister 1984) 이와 비슷하게 티모시 윌슨Timothy Wilson과 조나단 스쿨러Jonathan Schooler의 여러 연구에서도 나타난 것과 같이 많은 영역에서 사람들은 자동적·적응적 평가를 하는데, 사람들에게 그 각각의 평가 느낌에

---

11 건망증 환자 '데이비드'로 행한 트라넬과 다마지오Tranel & Damasio(1993)가 관찰한 비슷한 현상을 참조해보라. 그는 의식적 기억을 형성할 수는 없었지만, 특정 개인에 대한 정서적 선호와 반감을 획득할 수 있는 것처럼 보였다. 또한 턴불과 에반스Turnbull & Evans(2006)가 연구한 건망증 환자에게서 복잡하고 정서에 바탕을 둔 학습의 선택적인 장기적 보존도 참조해보라.

대한 이유를 생각해보게끔 할 때는 이런 평가가 분열될 수 있다. 예컨대 다양한 잼의 맛을 자발적으로 평가하는 정식 교육을 받지 않은 실험 대상자는 입증된 미래 만족과 가장 잘 어울리는 등급뿐만 아니라, 식품 산업의 전문 맛 감정가의 등급을 할당했다. 하지만 그 이유를 분석하여 그들의 등급을 그럴듯하게 설명하도록 했을 때는 등급의 적합성이 현저히 줄어들었다.[12] 요컨대 진화를 통해 우리 일상의 매우 많은 의사결정과 판단이 자동적·무의식적 체계로 떠넘겨지는 것 같다. 그런 체계는 신속하고, 계산상 간결하며 신뢰할만하기 때문이다.

통일적 주체 없음: 객관주의 인식 자아는 자기 집의 주인이 아니다

추리와 합리적 의사결정에 대한 객관주의 모형은 합리성과 의지의 중심지인 일원적·의식적 자아의 존재를 가정한다. 이러한 자아는 유입되는 감각 데이터를 평가·분류하고, 말을 못하는 고집 센 정서나 몸에 적절한 결론과 행동적 결정을 강요한다. 이러한 합리적 자아가 항상 성공적으로 자아의 다른 부분을 통제할 수 있는 것은 아니지만, 자아는 최소한 '그것'이 무엇을 하고 있고, 왜 하고 있는지를 **알고 있는** 것으로 여긴다.

앞서 논의한 자동성의 현상은 이런 가정에 이의를 제기하고, 신경과학 연구에서 나온 인간의 신경 구조에 대한 개요는 실제로 자아가 의식의 중심지라는 생각에 대해서 이의를 제기한다. 안토니오 다마지오가 1994년에 발간된 유명한 『데카르트의 오류*Descartes' Error*』에서 겨냥한 데카르트의 주된 '오류' 가운데 하나가 데카르트의 무대Cartesian theater라는 개념이다. 이것은 세계와 자아를 통일된 방식으로 경험하며, 지식과 의사결정의 핵심으로 기능하는 의식의 중심지라는 것이다. 다마지오가 지적하듯이, 인간의 뇌에는 그러한 중심적 무대로 행동할 장비를 갖춘 부위가 없다. 분화된 감각 운동 부위로부터 유입되는 정보를 조정하는 다양한 중간 층위의 '수렴대convergence zone'가 있기는 하지만, 전체 과정

---

12 윌슨과 스쿨러Wilson & Schooler(1991), 윌슨Wilson *et al.*(1989), 윌슨Wilson(2002) 참조.

을 모두 관찰하는 '지배적인' 수렴대는 없다.(다마지오Damasio 1994: 94-96, 다마지오Damasio 1989 참조) 앤디 클라크Andy Clark(1997: 21)가 말하듯이, 중심 관리자가 없다는 것은 뒤따르는 잠재적인 연산적 어려움에 비추어 보면 충분히 예상되는 결과이다.

> 따라서 훨씬 최근에 개발되고 성공을 거둔 인공지능 시스템은 그 시스템 내의 어느 곳에서도 이용 가능한 모든 정보에 은밀히 관여하며, 특정 목표를 충족시키는 가능한 행동적 결과를 발견하는 데 골몰하는 **중심 감독자***central planner*의 이미지를 거부했다. 이러한 중심 감독자의 문제점은 매우 비실용적이라는 점이다. 그것은 로드니 브룩스Rodney Brooks가 적절히 이름 붙였으며, 빠른 실시간 반응을 차단하는 '표상적 병목representational bottleneck'이라고 부른 것을 도입한다. 그 이유는 중심 감독자가 유입되는 감각 정보를 다룰 수 있도록 하나의 상징적 부호로 전환되어야 하기 때문이다. 중심 감독자의 출력은 타당성 부호로부터 다양한 운동 반응을 통제하기 위해 필요한 다양한 포맷으로 전환되어야 한다. 번역의 단계는 시간이 걸리고 비용도 많이 든다.

따라서 MIT에서 로봇 및 인공지능 실험실을 운영하는 로드니 브룩스 같은 최첨단 로봇 설계자는 실행적 통제를 여러 준독립적 하위 체계들 사이에 분산한 체계를 창조하고 있는 중이다. 이런 하위 체계들은 서로 다른 적응적·행동적 도전에 선택적으로 반응하는 자체 독립적인 감각 운동 고리를 갖고 있다. 사회심리학과 신경과학에서 나온 증거에 따르면, 다른 유기체처럼 우리 인간도 이런 로봇 시스템과 동일한 방식으로 설계된다. 물론 우리는 일상 경험에서 강한 정신적 통합의 감각을 확실히 **느낀다**. 모든 것을 책임지며 그것에 대해 알고 있는 통일적 자아의 직관은 매우 강력하고 보편적이다. 하지만 다마지오가 주장하기로는 이것은 '타이밍의 환각a trick of timing,' 다시 말해 "서로 다른 뇌 부위에서 신경 활동들을 동시에 작동시킴으로써 대대적인 체계의 일치된 행동으로부터 창조되는"(1994: 95, 다마지오와 다마지오Damasio & Damasio 1994 참조) 환상이다. 이러한 '결속binding'이 어떻게 발생하는지는 여전히 정확히 이해하고 있지 않지만, 뇌 속에서 데이터를 수집하고 중심적인 본부를 운영하고 있는 작은 극미인homunculus이 없다는 것은 분명하다.[13] 모두 마음을 구성하는 상호 연결된 다양한 하위 체계들 각각이 해당 과제별로 정보를 부호화하여 처리하며, 처리의 결과를 다른 적절한 하위 체계로 전달하는 것 같다. 이것은 그러한 극미인이 기능하기 위해 필요로 하는 중심적이고 보편적인 표상적 포맷이 없다는 것을 의미한다.(Clark 1997: 136-141)

자아의 분산적 본질에 대한 더욱 극적인 예는 마이클 가자니가Michael Gazzaniga와 동료들이 분할 뇌를 가진 환자에게 행한 실험에서 발견된다. 이 환자들은 일반적으로 좌우의 대뇌반구를 연결하고 있는 뇌량腦梁이 절단되었다.(이것은 최후의 수단이라고 한다면 심각한 간질에는 효과적인 치료로 밝혀졌다) 좌뇌는 언어 능력과 해석적 종합의 위치, 즉 통일적 자아에 대한 감각의 중심지이다. 그리고 가자니가와 동료들은 통제되지 않을 때도 좌반구가 만들어내는 통제 받는 통일적 자아의 환상이 지속된다는 사실을 알아냈다. 예컨대 어떤 실험에서는 각각의 반구에 영상을 선택적으로 제시했다. 좌반구에는 닭 발톱이 제시되었고, 우반구에는 제설삽을 제시했다. 그런 다음 실험 대상자에게 다양한 물건들을 보여주면서, 그들이 본 영상과 '관련된' 물건을 고르도록 했다. 대표적인 반응은 환자가 (우반구에 의해 통제되고 눈 장면에 의해 촉진되면서) 왼손으로는 제설삽을 선택했고, (좌반구에 의해 통제되고 닭 발톱으로 촉진되면서) 오른손으로는 닭을 선택했다는 것이다. 왜 이런 항목을 선택했는가를 질문받자, '그'(즉 그의 좌반구 '여론 조정가spin doctor')는 "그것은 간단합니다. 닭 발톱은 닭과 어울리고, 닭 우리를 치우기 위해서는 삽이 필요합니다"(1998: 25)라고 대답했다. 가자니가와 리둑스는 규범적 판단에서도 이와 비슷한 효과를 발견했다. 'P.S.'라는 한 환자

13 제6장에서 상세히 논의할 의식의 신경과학에 관한 광대한 문헌에서는 통일적 자아의 통속 개념을 해체하는 데도 초점을 둔다. 특히 데닛Dennett(1991)과 플래나간Flanagan(1992) 참조.

에게서 좌반구는 우반구에 제시된 자극의 본질을 의식적으로는 인식하지 못한 채로 그 정서 가치emotional valence('좋은' 또는 '나쁜')를 정확히 식별해냈다.(리둑스LeDoux 1996: 14-15에서 보고함) 다시 말해서 좌반구는 "무엇이 판단되고 있는지를 알지 못한 채로 정서적 판단을 하고"(15) 있었던 것이다.

가자니가Gazzaniga(1998: 25)는 "좌반구는 그 자체와 당신에게 그것이 완전히 통제된다는 것을 설득시키기 위해 이야기를 만들어낸다"고 말한다. 그는 전능한 입법자나 숙련된 계산자 대신, 의식적인 언어적 자아에 대한 보다 적절한 은유는 "어찌할 바를 모르는 놀이터의 감시 장치harried playground monitor일 수 있으며, 그것은 한 번에 사방으로 퍼지는 다양한 뇌 충격파의 추적 책임을 맡은 불행한 실체"(23)라고 주장한다. 또한 그것은 그 자체와 다른 것 모두의 소진에 대한 통일된 통제의 사후 이야기를 조작하는 책임도 갖고 있다. 자유의지의 개념이 "L'effect c'est moi"[14]라는 환상을 좋아하면서, "의지를 발휘하며, 명령하고 동시에 자신과 명령 실행자를 동일시하는 사람의 복잡한 기쁨의 상태에 대한 표현"이라는 니체의 주장을 상기시킨다.(니체Nietzsche 1886/1966: 26)

이런 자기 통제의 환상이 결코 뇌량의 절단 같은 심한 외상을 가진 사람들에게 국한되는 것은 아니다. 많은 심리적 실험 증거들은 신경적으로 정상적인 개인들 가운데도 다소 미혹된 여론 조정가가 있을 수 있다는 사실을 증명하고 있다. 리처드 니스벳과 티모시 윌슨(니스벳과 윌슨Nisbett & Wilson 1977, 윌슨과 니스벳Wilson & Nisbett 1978)은 이 분야의 고전적인 연구자들이다. 이들은 몇 차례의 실험에서 사람들이 종종 그들이 가질 수 없었던 생각이나 바람을 가진다고 말하고, 자극이 실험에서 그들의 판단과 행동에 미치는 영향에 관해 실험 대상자들이 제시한 언어적 보고가 종종 매우 부정확하다는 사실을 입증했다. 지금은 고전이 된 한 실험에서 니스벳과 윌슨은 쇼핑센터의 손님들에게 왼쪽에서 오른

14 "나는 결과의 〔원인〕이다." 이것은 "나는 국가이다L'État c'est moi"라는 루이 14세의 유명한 선언에 대한 말장난이다. 니체의 말장난은 또한 자아가 통일된 단일 실체라기보다는 독립된 행위자들의 집합이라는 그의 모형을 가리키기도 한다.

쪽으로 진열된 똑같은 나일론 스타킹 진열품을 보여주었다. 그들은 사람들이 동일한 품목을 수평으로 제시할 때는 오른쪽에 있는 품목을 선호한다는 잘 입증된 현상을 관찰했다. 이 실험에서 가장 오른쪽에 있는 스타킹은 가장 왼쪽에 있는 것보다 거의 4대 1로 선호하는 경향을 보였다. 하지만 그들이 가장 흥미롭다고 생각한 것은 실험 대상자들이 자신의 선택을 정당화하기 위해 만든 이야기의 이론적 근거였다. 예컨대 그들은 자신들이 선호하는 스타킹이 왼쪽에 있는 스타킹보다 질이 확실히 더 좋았다고 말했다. 실험 대상자들 중 누구도 그 품목의 위치는 이야기하지 않았다. 연구자들이 품목의 위치가 어쩌면 판단에 영향을 미친다는 것에 대해서 직접적인 질문을 했을 때, 실질적으로 모든 실험 대상자들은 "질문을 잘못 이해했다거나 미친 사람 취급을 받는다고 암시하는 면접자를 걱정스럽게 보면서,"(1977: 244) 그런 효과를 전적으로 부인했다.

'최면 후 암시'를 받은 실험 대상자에 관한 연구도 비슷한 효과를 보여준다. 예컨대 필립 짐바르도Philip Zimbardo *et al.*(1993)는 최면 각성과 건망증이 생긴 실험 대상자들이 실험의 실제 문제와는 무관한 그들의 정신 상태에 대해서 타당한 설명을 내놓았다는 사실을 발견했다. 또한 폴 로진과 캐롤 네메로프Paul Rozin & Carol Nemeroff(1990)는 실험 대상자들이 조사한 결과 실제 행동을 불충분하게 암시하는 것으로 입증된 합리화로 혐오에 기반을 둔 태도를 정당화한다는 것을 발견했다. 조나단 하이트Jonathan Haidt와 그의 동료들은 도덕적 판단에 관하여 비슷한 효과를 보여주는 것을 찾아냈다. 실험 대상자들은 정서적 반응이나 최면 후 암시로부터 발생하는 판단에 대해서 항상 사후적인 것이고, 완전히 허울만 좋은 합리적 정당화를 제시했다.[15] 스테레오 타입, 기분, 정서적 점화의 무의식적 효과에 관한 광대한 문헌과 더불어,[16] 이런 결과들은 객관주의적 자아가 사실상 자신의 집, 심지어는 '그 자체'의 주인이 아니라는 것을 암시한다.

---

15 특히 하이트Haidt *et al.*(1993), 하이트Haidt(2001), 휘틀리와 하이트Wheatley & Haidt(2005) 참조.

16 '적응 무의식adaptive unconscious'의 역할과 힘에 관한 최근 문헌 개관과 설명을 위해서는 윌슨Wilson(2003) 참조.

인간 인지에서 신체화된 정서: '신속하고 간결한' 발견법의 역할

게르트 기거렌저와 라인하르트 젤텐Gerd Gigerenzer & Reinhard Selten(2001)이 '제한된 합리성bounded rationality'이라는 개념에 관한 개괄적인 논문에서 설명하고 있듯이, 경제학자들과 심리학자들은 1950년대 이후 인간을 최적의 계산을 하는 사람이라고 가정한 행동의 모형에서 벗어나, 대부분 상황에서 영역마다의 고유한 '신속하고 간결한' 발견법에 의존한다고 가정하는 모형으로 치닫고 있었다.[17] 이런 발견법은 일반적으로 합리적인 최적의 결과를 초래하는 것이 아니라, 종종 부분적 지식과 계산적 한계의 특정 상황에서 다목적이고 시간이 많이 걸리며 '정보를 갈망하는information-greedy' 최적화 전략을 능가한다. 대표적인 사례가 '인식 발견법recognition heuristic'으로서(기거렌저와 골드스타인Gigerenzer & Goldstein 1996, 골드스타인과 기거렌저Goldstein & Gigerenzer 2002), 이것은 유기체에게 두 잠재적 식품처럼 두 가지 가운데 하나를 선택하도록 한다면 모르는 것보다는 이전에 접했던 것을 선호한다는 것이다. 베넷 갤레프Bennett Galef(1987)가 보여주었듯이, 시궁쥐는 진화하여 모르는 식료품보다는 (개인적 경험이나 다른 쥐의 입에서 나는 냄새를 탐지하여) 전에 접했던 식료품을 선택하는데, 먹기 결정에 있어 이러한 발견법을 사용한다. 이 전략이 어떻게 적합한지 상상하는 것은 어렵지 않다. 당신이나 동족이 예전에 먹었던 음식은 처해진 환경에서 임의로 선택한 것보다 먹기에 훨씬 적합할 것이며, 양질의 새로운 음식을 발견할 때 그 식품의 잠재적 장점보다 이것이 더 중요할 수 있다. 이러한 조잡한 발견법이 주식시장 투자처럼 매우 복잡하고, 진화적으로 새로운 상황에서, 어떻게 해서 더 '합리적인' 전략을 능가할 수 있는지는 아마도 직관으로는 명확하지 않을 것이다.(보르헤스Borges *et al.* 1999)

이러한 발견법과 편견은 종종 암묵적 기술, 형식화할 수 없는 육감, 이 절의 초점인 정서적 반응의 모습으로 나타난다. 지난 10년 동안 행동신경과학, 인지

---

17 '제한된 합리성'이라는 용어는 1965년에 허버트 사이먼Herbert Simon이 만들었다. 그 주제에 관해서는 사이먼Simon(1956)과 기거렌저Gigerenzer *et al.*(1999)에 수록된 논문, 기거렌저와 젤텐Gigerenzer & Selten(2001), 기거렌저Gigerenzer(2000) 참조.

과학, 경제학, 사회심리학, 철학 등의 여러 분야에서 인간의 추론에 있어 정서의 역할에 관한 문헌이 급격히 증가했다.[18] 나는 지면 관계상 여기서는 이 분야의 뛰어난 개척자인 안토니오 다마지오의 연구와 그의 '신체 표시somatic marking' 이론에 초점을 맞출 것이다. 다마지오는 '몸의 기질을 가진 뇌body-minded brain'에 대한 논의에서 마음이 전체 마음-몸 단위의 생존을 보장하기 위해 진화했다고 지적하고, **그것이 고유한 몸에 유발하는 수정에 의해 외부 세계를 표상함으로써**, 즉 유기체와 환경 간의 상호작용이 발생할 때마다 고유한 몸의 처음 생긴 표상을 수정하여 환경을 표상함으로써"(1994: 230) 이것을 가장 잘 할 수 있다고 주장했다. 그 결과가 '육체적 운동 지도somato-motor map'로, 이는 "신체 도식body schema과 몸 경계에서 고정되는 전체 유기체의 동적인 지도"(1994: 231)를 제공한다. 따라서 우리가 상황을 제시받을 때, 다시 말해 상황(신경생리적으로 그렇게 다르지 않은 과정)을 상상하도록 요청받을 때, 우리는 이를 이해하기 위해 지식의 전체 저장소로 간주되는 "기질적 표상dispositional representation"(1994: 104-105)에 의존하고, 이러한 기질적 표상에는 반드시 정서 정보가 포함된다. 다마지오가 말하듯이, "우리는 사물을 회상할 때, 감각적 데이터뿐만 아니라 그에 수반되는 운동 및 정서 데이터도 회수한다. 우리는 실제 사물의 감각적 특징은 물론 유기체의 그 사물에 대한 지나간 반응도 회상한다."(2000: 161) 이를테면 우리 개념의 기초를 형성하는 영상은 '좋음'이나 '나쁨' 또는 긴급함이나 긴급함의 결핍이라는 본능적이며 종종 무의식적 느낌으로 육체적으로 '표시하며,' 이러한 느낌은 일상의 '합리적' 의사결정에 결정적인 역할을 한다.[19]

다마지오는 『데카르트의 오류』(1994)에서 뇌에서 정서 처리의 중심지인 전전

18 표본을 위해서는 로티Rorty(1980), 드 소우사de Sousa(1987), 오토니Ortony *et al.*(1990), 투비와 코스미데스Tooby & Cosmides(1990), 다마지오Damasio(1994, 2000, 2003), 에크만과 데이비슨Ekman & Davidson(1994), 리둑스LeDoux(1996), 누스바움Nussbaum(2001), 솔로몬Solomon(2003, 2004) 참조.

19 '가치-기억value-memory'이라는 제럴드 에델만Gerald Edelman의 개념 참조. 여기서 장면의 실시간 구성을 통해 "현재의 가치 중립적 지각적 범주화는 가치 지배적 기억과 상호작용한다."(1992: 121)

두엽 피질이 손상된 환자에 대한 연구를 기술한다. 그 손상을 유발한 사고나 뇌졸중은 환자들의 '고등' 인지 능력은 손상시키지 않았다. 즉 그들의 단기 기억과 장기 기억, 추상적 추론 기술, 수학적 소질, 표준 IQ 테스트의 성적은 전혀 손상되지 않았다. 이 환자들은 또한 육체적으로 완전히 건강했으며, 눈에 보이는 운동이나 감각 장애는 없었다. 그렇지만 이 환자들이 외과의사인 다마지오의 주의를 끌었다. 왜냐하면 물리적 손상이나 인지적 손상이 없음에도, 더 이상 정상적인 사회구성원은 아니었기 때문이다. 실생활 의사결정 문맥에서 그들은 고질적으로 무능했다. 대안적 행동 방침 중 어느 하나도 효과적인 선택을 하지 못했거나, 자신들의 행동에 대한 미래의 결과를 고려하지 못했거나, 잠재적 행동 방침들의 상대적 중요성에 대해 정확히 우선순위를 매기지도 못했다.

대표적인 예는 다마지오가 '엘리어트'라고 부르는 환자이다. 성공한 사업가이자 존경받는 남편이자 아버지였던 엘리어트의 인생은 전전두엽 피질의 부분을 제거하는 뇌종양 수술을 받은 뒤로 흐트러지기 시작했다. 다마지오가 기술하는 것처럼 "엘리어트의 명민함과, 생활하면서 언어를 사용할 수 있는 능력은 손상되지 않았다. 하지만 여러 면에서, 엘리어트는 더 이상 엘리어트가 아니었다."(36) 엘리어트는 아침에 일어나서 출근할 준비를 하도록 가르쳐야만 했다. 어떤 때는 자기 시간을 제대로 관리하거나, 효과적으로 주의를 집중하지도 못하고, 판에 박힌 간단한 일도 못하는 것 같았다.

> 고객의 문서를 읽고 분류하는 일을 생각해보라. 엘리어트는 문서를 읽고 그 중요성을 바르게 이해하고, 확실히 내용의 유사성과 차이에 따라 분류하는 방법도 알았다. 문제는 그가 느닷없이 분류 작업에서 문서들 중 하나를 신중하고도 지적으로 읽으면서 온종일을 보내는 것으로 바뀌었다는 점이다. 물론 어떤 범주화 원리를 적용할지 곰곰이 생각하면서 오후를 보냈을 수도 있다. 과연 그것은 날짜인가, 문서의 크기인가, 아니면 사건과의 적절성인가? 일의 흐름이 정지되었다.(36)

두말할 나위도 없이 엘리어트는 곧바로 직장에서 해고되었다. 그는 실직한 삶을 성공적으로 극복하지 못했다. 그에겐 이상한 수집벽이 생겼으며, 당황스러울 정도로 다양한 연구과제에 착수했으며(종종 선택하자마자 거의 곧바로 포기하였다), 평판이 나쁜 사람들과 의심스러운 금융 사업에 손을 대면서 평생 벌은 모든 돈을 잃고 이혼했으며, 친구나 친척들이 반대하는 여자와 재혼했다가 다시 이혼했으며, 결국 빈털터리가 되어 부득불 어떤 생계유지 수단도 없이 사회보장 장애자 지원 연금에 의존해서 생활하게 되었다.[20] 엘리어트 행동의 일면은 전전두엽 피질이 손상된 사람의 특징이다. 다마지오는 다른 전전두엽 손상 환자와 약속 시간을 잡는 일화에서, 환자가 행동을 의미의 큰 체제 내에서 문맥화하지 못하는 것과 같은 무능력을 기술한다. 그는 자기 다이어리를 꺼내서, 미리 한 약속과 가능한 기상 조건 등 결정에 영향을 미칠 수 있는 요인을 열거하고, 두 날짜 중 선택의 이유를 늘어놓는 데만 대략 30분을 보내며 어떤 것이 좋을까 하는 분석을 시작했다. 그러자 참다못한 다마지오가 개입하여 대신 결단을 내려버렸다.(194-195)

다마지오나 그의 동료들 관점에서 보면 엘리어트 같은 전전두엽 피질 손상 환자의 문제는 그들에게는 '신체 표지'가 결여되어 있다는 것이다. 그것은 대개 세계에 대한 우리의 표상을 수반하는 무의식적이고 본능적인 규범적 가중치이다. 때문에 이런 환자들은 서로 다른 선택 항목에다 서로 다른 가치를 무의식적으로 할당하지 못하기 때문에 "의사결정 풍경이 절망적으로 단조롭게" 된 것이다.(1994: 51) 특정 상황에서 이론적으로 가능한 행동 방침의 수는 실제상 무궁무진하며, 인간의 마음은 이 모두를 단번에 동시에 분석할 수 없다. 따라서 몸은 시작하기 전에 종종 무의식적으로 신체 표지로 추론 과정을 한쪽으로 치우

20 실제로 엘리어트는 의학적으로 잘못된 것이 없다는 근거로 처음에 장애를 거부당했다. 정부의 주장에 따르면, 무모하고, 어리석고, 책임감이 없다는 것은 인정된 '장애'가 아니었다. 그래서 다마지오가 소환되어 엘리어트의 경우를 조사하고, 그의 가장 최근 행동 패턴이 실제로 신경학적 손상의 결과라는 것을 입증했다.

치게 하여, 결론을 내리는 데 기여를 한다. 엘리어트 같은 환자는 추상적인 도덕적 추론과 실용적인 계산 작업은 잘 수행한다. 왜냐하면 그러한 추상적 분석은 인위적으로 단순화되기 때문이다. 하지만 실생활 상황으로 던져지지만 신체 표지의 편견 기능이 박탈되기 때문에, 그 환자들은 자신들에게 이론적으로 개방된 **모든** 선택 항목을 냉정하게 고찰하고 있는 듯이 보인다. 이때 결과적으로 그들은 망설임으로 마비되거나, 외부 관찰자들의 눈에는 충분히 생각하지 못했거나 변덕스럽게 선택한 방책에 몰두하는 것으로 보인다.[21]

실험실에서 현실적인 의사결정을 연구하기란 쉽지 않다. 실생활에서 사람들은 일반적으로 매우 제한된 정보나 부정확한 정보를 종종 얻는다. 그리고 이따금 명확히 한정된 의사결정의 매개변수도 없이, 시간적인 제한의 압력 하에서 행동한다. 현실적인 의사결정을 어느 정도 시뮬레이션하여 행동에서 신체 표지를 볼 수 있는 기회를 갖고자, 다마지오와 동료들은 '아이오와 도박과제Iowa Gambling Task'로 알려진 게임을 개발해냈다.[22] 실험 대상자들에게 장난감 돈이 든 단지를 나눠주고, 게임의 목표가 이 단지를 최대한 채우는 것이라고 말해주지만, 게임을 얼마나 오래 하는지는 알려주지 않는다. 실험 대상자들에게 네 개의 카드 패를 제시하고, 이 카드 패에는 다양한 양의 벌금이나 수익이 있다고 말해주고, 그들이 원하는 더미에서 카드 패를 택하도록 한다. 실험자는 실험 대상자들이 모르는 게임을 별도로 계획했다. A형과 B형 카드 패는 '위험한' 카드 패이지만(수익은 많지만 벌금도 많다), C형과 D형 카드 패는 '안전한' 카드패이다.(수익과 벌금이 적당하다) 게다가 이 게임은 안전한 카드 패가 전체적으로 가장 많은 수익을 올리도록 고안되어 있다. 위험한 카드 패에서는 벌금이 이익보다 더 많지만, 안전한 카드 패는 전체적으로 확실한 지불금이 나온다. 실험 대상자들은 20회를 한 뒤 중지하고(그 뒤에는 매 10회마다), 이 게임을 얼마나 알고 있는지 질

---

21 정서를 "탐색을 위한 효과적인 정지 규칙과 탐색 공간을 제한하기 위한 수단"으로 특징짓는 기거렌저와 젤텐Gigerenzer & Selten 참조.

22 특히 베카라Bechara *et al.*(1994, 1997, 2000) 참조.

문을 받았다. 이 게임은 100회를 넘어 절반가량 더 행해졌다. 이 실험 중 어떤 경우에는 정서적 반응을 측정하기 위해 실험 대상자의 피부 전도도 반응을 모니터링했다.

다마지오와 동료들은 정상적인 대조군 실험 대상자와 전전두엽 피질이 손상된 실험 대상자를 구분하여 이 게임을 진행했고, 결과는 늘 똑같았다. 두 집단은 모든 카드 패에서 임의로 카드를 뽑는 데서부터 시작한다. 10회까지는 '시험' 기간에 해당한다. 시험 기간 후 정상적인 대조군 실험 대상자는 A형과 B형 카드 패에서 선택하기 전에 높은 정서적 반응인 '예기적인 피부 전도도 반응'을 보였으며, 안전한 카드 패로 선회함에 따라 그 반응은 낮아지기 시작한다. 그들은 20회 후 정지하게 되고 질문을 받을 때도 자신들이 그렇게 하고 있다는 것을 의식적으로 알지 못한다. 다마지오와 동료들은 이것을 '육감 전pre-hunch' 단계라고 부른다. 이 단계에서 정상적인 사람들은 의식적인 계획, 선택, 감시 등의 '실행적' 통제 없이 무의식적인 신체 표시에 의해서만 안내되는 것처럼 보인다.[23] 대략 50회 정도에 모든 정상적인 대조군은 A형과 B형 카드 패가 다소 '불리하거나' '위험하다'는 의식적인 '육감'을 표현하기 시작하면서, 이 카드 패로부터 선택하는 것을 심사숙고할 때 모두 피부 전도도 반응을 생성한다. 약 80회 정도('개념적' 단계)에 대부분의 대조군 실험 대상자들은 A형과 B형 카드 패가 왜 불리하며 C형과 D형 카드 패가 왜 유리한지를 논리적으로 설명할 수 있었지만, 개념적 단계에 도달하지 못한 대조군 실험 대상자들도 계속해서 유리한 선택을 한다.

전전두엽 피질 손상 환자는 전혀 다르게 행동한다. A형과 B형 카드 패에 대해서는 엄한 벌금이 있지만, 그들은 게임 내내 그 카드 패에서 선택을 하고, '불

---

23 턴불Turnbull *et al.*(2005)의 최근 연구에서는 전통적인 관리 과제에 의한 난수 생성loading이 정상적인 대조군에 의한 아이오와 도박 과제의 학습을 방해하지 않는다는 것을 발견했다. 이것은 신체 표지에 의존하는 정서에 근거한 학습 기술이 합리적 능력과 중복되지 않는다는 것을 암시한다. 턴불과 에반스Turnbull & Evans(2006)가 연구한 건망증 환자에게서 아이오와 도박 과제 학습의 선택적 보존 참조.

리한' 카드 패를 선택하기 전에 예기적인 피부 전도도 반응을 보여주지 못하고 있으며, 반드시 많은 돈을 잃고, 이따금 게임을 계속하려면 실험자에게서 '추가로' 돈을 '빌려야' 한다. 흥미롭게도 어떤 전전두엽 피질 손상 환자는 개념적 단계에 그럭저럭 도달해서, 무엇이 유리한 카드 패이고 무엇이 불리한 카드 패이며, 왜 그런지는 정확히 기술할 수는 있지만, 불리한 카드 패를 계속 선택하여 돈을 모두 잃는다! 적절한 신체 표지가 없을 때는 해롭다는 개념적 지식만으로는 꼭 그런 해로운 것을 실제로 피하는 일이 충분하지 않다는 점에서, 일부 연구자들은 그 상황을 알코올 중독자 및 도박 중독자의 상황에 비유했다. 따라서 충동적 행동의 문제는 너무 과분한 정서가 아니라, 오히려 **충분한** 정서가 아닐 수 있다.

물론 신체 표지가 평범한 의사결정에 결정적임에도 불구하고, 육감과 노하우로만 세상을 헤쳐 가는 것이 반드시 유리한 결과를 가져오는 것은 아니다. 짜증날 정도로 다음 약속 날짜를 잡지 못하는 다마지오의 환자는 같은 날 일찍부터 천천히 차를 몰아 빙판 길을 침착하게 운전해 갔다. 이렇게 하여 그는 지각된 위험에 대한 즉각적인 정서적 반응(급브레이크를 밟음)이 전형적으로 도움이 안 되는 행동을 유발하는 시나리오를 벗어나 사고의 위험을 피했다. 조상 대대로의 환경과는 별개로 현대 산업 사회에서 행동할 때는 보다 일반적으로 인간은 매우 **나쁜**, 다시 말해 합리적으로 이상적일 수 없는 의사결정자임이 분명하다. 경제학 분야에서 대니얼 카너먼Daniel Kahneman과 아모스 트버스키Amos Tversky는 합리적인 선택 이론에서부터 일상의 의사결정을 야기하는 비합리적 발견법과 편견의 역할을 고려하는, 심리적으로 실재하는 모형으로의 전향을 옹호한 것으로 가장 널리 알려져 있다.[24] 침착하게 계산해보면 복권을 사는 데 매

---

24 이 운동의 고전적 근거 구절은 터버스키와 카너먼Tversky & Kahneman(1974)이다. 특히 카너먼Kahneman *et al.*(1982)과 카너먼과 터버스키Kahneman & Tversky(2000)에 수록된 논문을 보라. 카너먼과 트버스키는 일상적 의사결정의 차선적 본질을 강조하는 경향이 있다. 이와 대조적으로, 앞서 논의한 '제한된 합리성' 운동의 주장에 따르면, 생태학적으로 실재하는 상황에서 정보 수집과 처리의 비용인 상실한 기회 때문에 합리적으로 최적의 결정('올바른' 결정에 대한 경

주 20달러를 사용하는 것보다 안정형 적금에 매주 20달러를 투자하면 훨씬 더 많은 수익을 올릴 것 같지만, 많은 사람들의 추론 과정은 월등하게 긍정적인 신체 표지가 천만 달러의 수익이란 이미지에 편승함으로 급격하게 (이 경우에 부정확하게) 한쪽으로 기울어진다. 이와 비슷한 것으로 제트기가 하늘에서 불길에 휩싸여 떨어지는 강한 부정적인 이미지 때문에, 많은 사람들은 민간 항공기 여행이 자동차 여행보다 훨씬 더 안전하지만 자동차를 모는 것과 비행기를 타는 것 사이에서 '합리적'인 결정을 내리지 못한다. 조지 뢰벤슈타인George Loewenstein과 동료들은 다마지오의 신체 표지 이론과 매우 비슷한 '느낌으로서의 위험risks as feelings' 가설을 형식화하면서, 가상 시나리오에 대한 인간의 위험 평가가 그런 시나리오의 실제 발생 가능성이 아닌, 거의 시나리오의 생생함에 의해 유도된다는 사실을 발견했다. 어떤 연구(뢰벤슈타인Loewenstein *et al.* 2001)에서는 사람들이 '모든 가능한 원인'으로 인한 사망을 보장해주는 보험보다는, '테러 행위'로 인한 사망을 보장해주는 항공 여행 보험에 기꺼이 더 많은 돈을 지불한나는 사실도 발견해냈다! 어떤 극단의 경우에는 사람들은 홍수와 같이 정서상 '흐릿한' 위험에 대비해서는 충분한 보험을 들지 않으려는 경향이 있다. 또 다른 연구에서는 사람들이 통계로 표시된 경고보다는 개인이나 일화와 관련된 경고에 더 많은 반응을 보인다는 것을 찾아냈다.

따라서 강력한 추론-편견적 신체 표지에 의한 진행이 분산된 사냥꾼-채집가의 '진화적 적응의 환경environment of evolutionary adaptation'에서 적합했음이 틀림없지만, 그것은 때로는 우리에게 무엇보다 현대 기술이 복합적으로 고려할 때 정착된 농경 사회의 복잡한 세계에서는 오판을 유도한다. 더 일반적으로 신체 표지가 중요하다는 것을 아무리 인정한다고 해도 좋은 오래된 '오프라인'의 냉철한 합리적 계산과 연산적 추론의 결정적 중요성을 무시해도 괜찮다는 것은 결코 아니다. 실제로 사람들이 그러한 추론 형태를 **할 수 있다**는 사실은 진화적

제학자의 평범한 기준)이 반드시 가장 좋거나 가장 적합한 것은 아니다.

시간 동안 그들의 가치를 증명했음을 암시한다. 다마지오와 동료들의 연구는 후기 계몽주의에서 이성의 집착에 대한 개선책으로, 그리고 전통적으로 형식화된 객관주의-합리주의 모형에 심각하고 근본적인 결함이 있음을 암시하는 것이다.

몸-뇌의 목적은 정확한 표상이 아니라 '동작적 지각'이다

우리의 감각이 주관적으로 세계에 대한 창구 같다는 사실과, 우리가 깨어 있을 때 세계에 대한 정확한 인상이 자발적으로 무지막지하게 들어오는 것 같다는 사실은 지식의 객관주의적·표상적 모형의 통속적 매력의 근간이다. 하지만 이것은 우리의 지각계를 교묘하게 다뤄서 만들어진 환상에 지나지 않는다. 시각이라는 지배적인 감각을 예로 들자면, 우리의 현상학적 경험은 눈을 뜰 때 '있는 그대로의' 세상의 정확한 그림이 단지 밀려들어온 것뿐이다. 이런 인상이 어떻게 잘못되었는지를 현명하게 알아내려면 사진을 고려해볼 수 있다. 요즈음 아무리 평범한 아마추어 사진작가라고 할지라도 내가 어렸을 때의 아마추어 사진작가보다 더 세심하며, 오늘날의 카메라는 사람들의 평범한 실수를 자동으로 훨씬 잘 고쳐주지만, 사진 자체는 여전히 우리 시각에 대한 현상학적 감각이 왜 잘못되었는지를 가르쳐주는 유익한 도구이다. 내가 어렸을 때 아마추어가 찍는 칼라 사진은 비교적 새로운 것이었고, 물론 디지털 카메라는 그때 있지도 않았다. 당신은 카메라를 앞으로 들고 버튼을 누른 다음에 사진이 현상소에서 나오는 1주일 정도까지 무엇을 찍었는지를 몰랐다. 나는 부모님이 그 당시 대부분의 아마추어 사진작가들보다 훨씬 서툴렀다고는 생각하지 않지만, 많은 사진들을 보고서는 무척 실망했던 적이 있다. 전체 필름 한 통 가운데 보통 운이 좋으면 대여섯 장 정도만 잘 나왔고, 나머지는 그냥 버려야 했다. 그림자 속의 사람은 보이지 않았으며, 태양을 향해 찍은 사진은 모든 것을 가려서 색깔이 이상했다. 그러한 사진은 예상한 장면을 제대로 포착하지 못했다. 카메라의 기능은 본질적으로 시각이 무엇을 포함하는지에 대한 통념을 모형화한다. 빛이 렌즈를 통해 들어와서 수동적으로 기록된다는 것이 바로 그런 통념이다. 잘못 찍힌 칼라 사진이나 캠코더의 테이프에서 보이는 세계와 우리가 실제로 보는데 익숙한 것과의 차이를 통해, 우리의 망막이 수집하는 정보를 여과하고 재처리하고 편집할 때 뇌가 얼마나 많은 일을 하는지 알 수 있다. 나는 지난 10년 동안 대부분을 영화산업의 두 중심 도시인 로스앤젤레스와 밴쿠버에서 보냈다. 그런 가운데 뇌가 얼마나 많을 일을 하는지를 알 수 있는 또 다른 방법이 있었다. 그것은 평범한 영화 세트를 관찰하면서 눈을 뜨고 주위를 둘러보기만 해도 항상 공짜로 얻는 것을 영화로 재현하는 데 얼마나 많은 비싼 장비가 필요하고, 또 그 일을 위해 얼마나 많은 전문가들이 필요한지도 인식하는 것이다.

사실 우리는 시각장에서의 중심에서만 예리한 시각을 즐긴다. 망막의 중심 부위인 중심와中心窩는 주변 부위보다 수용기가 더 촘촘하다. 의심스럽다면 속히 실증적 테스트를 한번 해보자. 이 문장에서 단어 '테스트'에 집중하다가 무언가를 20센티미터만 옆으로 비추어보고 그것을 식별해보도록 하자. 당신은 모양과 색깔로 이루어진 모호한 인상은 받겠지만, 시각 초점의 중심에서 몇몇 단어의 이미지에 대한 예리함과 같은 것은 없을 것이다. 우리의 전체 시각장에서 한결같고 예리한 시각에 대한 우리의 인상은, 빠르고 일정한 단속적 운동에 의해서 만들어지는 것이다. 이것은 우리의 관심을 주목시키는 것을 받아들이기 위해 중심와의 스포트라이트를 재빨리 주위로 이동시키는 작은 눈 동작이다.(블랙모어Blackmore *et al.* 1995) 우리의 주변적인 시각적 예리함과 색깔 지각은 사실 매우 불충분하다. 그것은 동작을 가장 잘 탐지하고 중심와의 초점의 방향을 가장 잘 잡아낸다. 이런 동작 탐지기도 잠재적인 전체 잔상 가운데 매우 협소한 범위에서만 반응하여, 가능한 동물 운동에 대응하는 척도에만 반응한다. 그래서 우리는 풀밭을 걸을 때 자라나는 풀의 운동에 지속적으로 눈길을 돌리기보다, 즉각적으로 토끼가 숨어 있다가 밖으로 돌진하는 장면에 주목하게 되는 것이다.

물론 여기엔 우리 시각의 진화적 기능이 반영되어 있다. 즉 잠재적 약탈자나 먹이, 짝 등의 생존과 생식에 직결된 환경 속의 사물을 추적하는 것이다. 패트리샤 처치랜드Patricia Churchland *et al.*(1994: 25)가 지적했듯이, 우리의 시각계는 세계를 정확하고 객관적으로 복사하기 위해서가 아니라, 과제에 적절한 지금의 정보를 제공하기 위해 설계된 것 같다.

> 우리는 어떤 특정 순간에 시각적 장면에 대한 부분적으로 정교한 표상을 본다. 즉 각적으로 적절한 정보만 명시적으로 표상되는 것이다. 우리 눈은 한 구역을 스캔하면서 매 0.2초에서 0.3초마다 움직인다. 얼마나 많은 시각장과 그 안에서 얼마나 많은 방사된 부위가 상세히 표상되는지는 여러 요인들에 달려 있다. 동물의 관심사(음식, 짝, 진기함 등), 동물의 장·단기 목표, 자극이 재방사되는지의 여부, 자극이 간단한지 또는 복잡한지, 친숙한지 또는 생소한지, 예상 가능한지 또는 예상 불가능한지 등이 그런 요인들이다.

이런 사실과 관련해 가장 인상적인 사례는 '변화맹change blindness'이나 '주의맹inattention blindness' 현상이다. 이것은 어떤 장면에서 매우 현저한 자질을 포함하지 않는 과제에 주목할 때, 그 장면에서의 변화나 매우 현저한 것을 무시할 수 있는 능력을 말한다. 내가 개인적으로 가장 선호하는 실험은 대니얼 사이먼스와 크리스토퍼 차브리스Daniel Simons & Christoper Chabris(1999, 〈중간에 끼어든 고릴라Gorillas in Our Midst〉)에서 이루어진 실험이다. 이들은 실험 대상자들에게 농구 시합 비디오를 보면서 어느 팀이 공을 얼마나 점유했는지를 세도록 주문했다. 그들이 발견한 바에 따르면, 실험 대상자들은 정신없이 숫자를 세느라고, 고릴라 복장을 한 공모자가 화면 중간에 어슬렁거리며 들어와서 뛰어 다니다가 다시 밖으로 나가는 것을 알아차리지 못하는 경향이 있었다.[25] 실제로 세계에서의 기본적인 기능은 감각계가 세계에 대한 정확한 그림 말고 다른 것을 제공할 것을 요구하는 것 같다. 이것은 감각 '적응adaptation,' 즉 지속적 자극에 대한 축소된 민감성이라는 현상으로 예증된다. 마크 로젠츠바이크Mark Rosenzweig *et al.*(2005:

---

25 또한 렌싱크Rensink *et al.*(1997)와 사이먼스와 레빈Simons & Levin(1997) 참조.

225)는 다음과 같이 말한다.

적응은 신경 활동에서 지속적인 물리적 사건에 대한 **정확한 묘사로부터의** 점진적 전이가 있음을 의미한다. 따라서 자극이 지속될 때도 신경계는 신경 활동을 기록하지 못하는 수도 있다. 이런 두드러진 차이는 우연이 아니다. 변화는 생존을 위해 더 중요할 것 같기 때문에, 감각계는 자극의 **변화**를 강조한다. 감각 적응은 신경계가 세계에 대해 사소한 '뉴스'를 제공하는 자극에 압도되는 것을 막는 정보 억압의 한 형태이다.

성장하는 풀처럼 감지할 수 없을 정도로 느린 움직임이나, 빛의 적외선 또는 자외선 파장이 무시된 다음에도, 우리의 망막세포에 기록되는 감각 데이터도 광대한 데이터 압축의 결과 때문에 한층 더 여과된다. 이런 압축은 망막에서 뇌의 시각 처리의 조기 단계와 마지막으로 미리 주어진 시각적 '도식'과 일치하는 명시적·암시적인 시각적 인식의 층위에서 이루어진다. 울릭 나이서Ulric Neisser(1976: 54)는 이를 다음과 같이 설명한다.

도식은 지각자에게 내적이고, 경험에 의해 수정되며, 지각 중인 것에 다소 특정적인 완전한 지각적 순환의 부분이다. 도식은 감각적 표면에서 이용 가능한 정보를 받아들이며, 그 정보에 의해 수정된다. 즉 도식은 더 많은 정보를 이용 가능하게 하는 운동과 탐색 행동을 안내하며, 그것에 의해 도식은 한층 더 수정된다.

하위 층위 도식의 예는 인간의 망막 속의 짧은 빈도, 중간 빈도, 긴 빈도의 색깔을 처리하는 원추세포의 체계로서, 이런 원추세포는 그 분포나 상대적 민감성, 입력이 초기 시각피질에서 처리되는 방식의 결과로 우리에게 나타나는 독특한 색채를 창조한다. 대대적인 도식의 예는 미쇼트Michotte '발사 환각launching illusion'을 발생시키는 특별한 물리적 인과성 도식이다. 이 환각에 의해 스크린에서 움직이는 한 점이 다른 점과 '접촉'하고, 그 다른 점이 다시 움직이기 시작하는 것은 성인과 유아 모두에게 힘의 물리적 전달을 암시하는 것처럼 보인다.[26] 지각이 존재하기 위해서는 도식이 필요하다. 즉 세계에서 가능한 감각 데이터의 범람 가운데 지각을 창조하는 것은 폭포로부터 물을 마시려는 것에 비유할 수 있다. 하지만 도식은 반드시 "지각자가 특정 지식을 받아들이도록 준비시켜, 시각 활동을 통제한다."(나이서Neisser 1976: 54) 패트리샤 처치랜드Patricia Churchland(1986: 43-47)는 사람들의 세상사에 관한 지식이 이 정보를 다루는 수용기 신경과 뇌 과정으로 중재되기 때문에, 이것이 우리의 가능한 인식 방법이 생리적으로 제약되고 종 특정적이라는 것을 의미한다고 말하면서 이 주제를 확장시킨다.

> 수용기는 세계와 뇌 간의 접점이며, 우주가 무엇과 같고, 우주에 대해 무엇을 진리로 간주할지에 대한 우리의 개념은 반드시 주변부에 있는 세포의 반응 특성들과 관련이 있다……. 인간이 지각하는 세계는 특정한 유기체가 지각하는 세계가 아니다. 오히려 우리의 특수 수용기는 세계 진화의 협소한 차원으로 인해 탐지하게 되었다.

또한 인간 인지의 목적이 세계를 정확히 표상한다는 것에 의문을 제기하는 다양한 이론적 근거가 있다. 예컨대 진화적 관점에서 폴 처치랜드Paul Churchland(1985: 36)는 다음과 같이 말했다.

> 인간의 이성은 정보를 찾고 인식하고 저장하고 이용하기 위한 발견법의 위계이다. 하지만 이러한 발견법은 임의로 발명되었으며, 우주론적으로 말해 매우 좁은 진화적 환경 내에서 선택되었다. 인간의 이성에 잘못된 전략이나 기본적인 인지적 한

26 처음의 실험을 위해서는 미쇼트와 신네스Michotte & Thinès(1963)를 보고, 유아들에 대한 증거의 개관을 위해서는 레슬리Leslie(1988)를 보라.

계가 전혀 없다면 이것이야말로 **기적**이며, 우리가 받아들이는 이론이 이런 결합을 반영하지 못하다면 이는 곱절의 기적적인 것이다.

거짓 신념을 가진 유기체는 생존하지 못하기 때문에, 인간은 여하튼 진화하여 세계에 대한 '진리'라는 신념을 갖고 있다는 제리 포더Jerry Fodor나 콰인W. V. O. Quine 같은 철학자들의 주장에 관해, 스티븐 스티치Stephen Stich도 이와 비슷한 주장을 한다. 그는 전형적으로는 확실한 위험 탐지 전략이 없다고 지적하는데, 약탈자와 병원균은 항상 희생자에게 발각되지 않도록 하는 새로운 방안을 찾아내기 때문이다. 이것은 "전체적 신뢰도와 가장 중요할 때의 신뢰도 간의 균형이 종종 생생한 선택이라는 것"(1990: 62-63)을 의미한다. 따라서 세계와의 수많은 상호작용 양상에 관해서 양성 오류false positive의 대가가 음성 오류false negative의 대가만큼 크지 않을 때, 이를테면 독이나 약탈자의 탐지에 관한 것일 때, 진화는 (부정확하지는 않지만) 지나치게 민감한 기제를 선호할 수 있다. 스티지Stich(1990: 62)는 "자연선택은 진리에는 관심이 없다. 그것은 생식의 성공 여부에만 관심이 있다. 나중에 후회하는 것보다 조심하는 (그릇된) 것이 이따금 낫다"고 결론내렸다. 이것은 인간의 마음이 완벽한 표상적인 '자연의 거울'로 설계되었다는 것에 회의적인 또 다른 이유이다. 우리의 감각계는 세계가 어떤 모습이든 그것을 객관적으로 표상하기 위해 설계된 것이 아니라, 우리 같은 창조물의 생존과 생식에 적절한 것으로 역사상 입증된 것, 무척 많이 간추려진 매우 얇은 세계의 조각을 표상하기 위해 설계된 것이다.

지식의 표상 모형의 또 다른 이론적 문제는 접지 문제grounding problem에 관한 것이다. 이것은 내적 표상이 어떻게 세계의 '바깥에' 실재하는 것에 대응할 수 있으며, 자의적인 범凡양식적 상징이 어떻게 우리 지각의 사물로 사상되는가 하는 문제이다. 로렌스 바살로우Lawrence Barsalou(1995a: 580)가 말했듯이 지금까지 아무도 지각적 상태가 범凡양식적 상징으로 전환되게 하는 광정보전달 과정transduction process을 만족스럽게 설명하지 못했으며, 실제로 이런 체계가 우리 뇌에 존재한다는 인지적·신경적 증거도 없다.[27] 객관주의의 많은 다른 비평가들이 지적했듯이, 접지 문제는 지각의 이원론적 모형으로부터 자연스럽게 제기된다. 이원론적 모형에서는 물리적 사물의 세계와 분리된 비신체화된 마음이 다른 식으로는 알 수 없는 '사물 그 자체'에 의해 신비롭게 '유발된' 정신적 표상을 다루는 것에 국한된다. 퍼트넘Putnam(1999: 102)은 다음과 같이 설명한다.

> 전통적인 관념상, 우리는 사람, 가구, 풍경이 아니라 지각에서 **표상**과 **인지적으로** 관련된다. 이런 '내부 표상'은 우리가 평범하게 보고 만지고 듣는 사람, 가구, 풍경과 외부 원인에 대한 내부 결과로서만 관련되는 것으로 생각된다. 또한 어떻게 내부 표상이 무언가를 결정적으로 **표상하는**지는 신비로 남아 있다. 물론 '실재론자'와 '반反실재론자' 모두는 이런 '신비'를 해결하려고 수없이 노력하였다.

이러한 실증적·이론적 고찰에 대한 반응으로, 인간의 지각 현상에 관심이 있는 인지과학자들은 최근 수십 년 동안 표상적 모형에서부터 더욱 신체화된 '동작적enactive' 모형이나 '상호작용적' 모형으로 관심을 돌렸다. 현대의 지각심리학에서 동작적 접근법은 지각이 환경에서 사물의 감각 운동과 행동유도성affordances에 대한 경험이라는 제임스 깁슨James Gibson(1979)의 개념과 '생태학적으로 타당한' 지각의 신체화된 모형에 대한 울릭 나이서의 찬성으로 거슬러 올라간다. 감각 운동과 행동유도성은 사물이 신체화된 관찰자에게 자발적으로 제시하는 물리적 상호작용의 가능성을 말한다.[28] 나이서Neisser(1976: 11)는 "지각과 인지는 일반적으로 머릿속에 있는 작용이 아니라, 세계와의 교류"라고 주장했다. 지각은 정보의 수동적 흡수가 아닌, 신체화된 마음이 세계와 상호작용할 때

27 또한 언어의 객관주의 모형과 그에 대한 신체화된 대안에서 접지 문제에 관해 바렐라Varela *et al.*(1991)과 깁스Gibbs(2003) 참조.

28 깁슨의 행동유도성에 관한 더 최근의 실험 연구를 위해서는 보르기Borghi(2004)와 크림-레헤르와 리Creem-Regehr & Lee(2005) 참조.

개발되고 다듬어지는, 대개 암시적 기술인 '행위의 일종'으로 이해된다.(52) 훨씬 최근에는 바렐라Varela *et al.*(1991)와 알바 노에Alva Noë(2004: 1)가 동작적 지각을 옹호했다. 이들은 세계에서의 물리적 운동 및 세계와의 상호작용이 지각에 결정적인 역할을 한다는 사실을 강조했다.

> 지각은 행동의 한 방식이다. 지각은 우리에게 발생하는 어떤 것이 아닌, 우리가 행하는 어떤 것이다. 장님이 어수선한 공간에서 지팡이로 똑똑 소리를 내면서 길을 찾아가는 것을 생각해보라. 그는 능숙한 지팡이 짚기와 몸짓으로 동시에는 아니지만 시시각각 손으로 더듬어 공간을 지각하고 있다. 이것은 지각에 대한 우리의 패러다임이고 여하튼 그것이어야 한다. 세계는 물리적 운동과 상호작용을 통해 지각자에게 이용 가능하게 된다.[29]

지각과 인지의 동작적 관점을 시사하는 가장 설득력 있는 근거는 인공지능과 로봇 연구에서 찾을 수 있다. 여기서는 자유로운 연산적 처리와 결부된 추상적 표상의 전통적인 객관주의 전략이 동작적 모형에게서 점점 밀려나고 있다. 왜냐하면 후자가 더 잘 **작동하기** 때문이다. 노에는 다나 발라드Dana Ballard[30]가 개발한 '유생적 시각animate vision' 프로그램을 논의하며, 독자에게 언덕 위에 있는 성에 도달하기 위해 낯선 도시로 가는 두 가지 가능한 전략을 고려해보도록 한다. 표상 접근법인 첫 번째 전략은 도시의 지도를 만든 다음에 자기의 위치를 좌표로 결정하고, 지도를 성에 도달하기 위한 길잡이로 사용한다. 번잡하거나 막다른 길에 이르는 등의 실수가 있을 수 있지만, 확실히 더 빠르고 계산상 덜

29 동작적 지각 입장과 그것을 뒷받침하는 철학, 심리학, 인지과학에서 나온 증거에 관한 유익한 개관을 위해서는 노에Noë(2004: 17-24) 참조. 또한 마이클 아비브Michael Arbib(1989)의 인간의 인지와 행동의 도식 이론, '상호작용적' 관점을 찬성하고 '순수 시각의 이론Theory of Pure Vision'을 비판하는 패트리샤 처치랜드Patricia Churchland *et al.*(1994)에서 제공된 증거, "환경적으로 내포된 인지environmentally embedded cognition"(1997)라는 앤디 클라크의 개념 참조.

30 노에Noë(2004: 23-24)에서 논의한 발라드Ballard.(1991, 1996, 2002)

복잡한 두 번째 전략은 눈을 성에 고정시키고 그곳을 향해 곧장 걸어가는 것이다. 발라드 같은 로봇과 인공지능 전문가들은 우리 환경과 신체화의 본성 때문에 두 번째 전략이 성공할 가능성이 높다고 보고 있다. 이것은 정교한 로봇과 인공지능 시스템을 창조할 때 따르는 전략이다. 노에Noë(2004: 24)가 말하듯이 실제로 세계와 성공적으로 상호작용 가능한 기계를 조립하려는 인공지능 시도에서 나온 과제용 수업은 다음과 같다.

> 커피 잔을 들어 올리는 것이 목표라면, 공간 속의 컵에 대한 상세한 내부 표상을 구축할 필요는 없다. 그냥 컵에 시선만 고정하면 된다. 즉 당신이 응시하는 것은 컵을 가리키는 한 가지 방법으로서, 이것은 직시적 행동이다. 이어서 컵이 당신 손을 그것으로 안내하는 데 역할을 하도록 하자. 단순한 인지에 의해 땅에 서야하는 것 대신, 우리가 이미 처음부터 세계 속에 있기 때문에 세계와 보다 직접적으로 연결되어 있고, 우리는 이런 연결을 이용하기 위한 신체적 기술을 가졌다는 사실을 이용한다.

이것은 범凡양식적이고 컴퓨터 프로그래밍의 용어를 빌리면, 플랫폼 독립적인 지식의 객관주의 모형을 의심한다. 노에는 "우리처럼 지각하려면 우리와 같은 몸을 가져야 한다. 그것이 사실이긴 하지만, 핵심은 연산이 그 실행에 의해 제약을 받는 것이 아니라, 연산이 실제로 최소한 부분적으로 실행 층위에서 항목에 의해 형식화된다는 것이다"(25)라고 주장한다. 예컨대 발라드의 컵 쥐기 사례인 경우에는 "연산은 '컵이 공간에서 그렇고 그런 위치에 있다. 손을 그곳으로 옮기시오'가 아니라, '내가 지금 보고 있는 것에 도달하시오,' '지금 여기에 손을 두세요'라고 말한다."(25)

기거렌저Gigerenzer와 젤텐Selten도 야구공을 잡을 수 있는 로봇을 개발하려는 가상의 두 공학 팀의 서로 다른 전략에 관한 사고 실험에서 이와 비슷한 주장을 한 바 있다. '최적화 팀'은 표상적 로봇을 프로그램화하고자 한다. 얼핏 보면 이 로봇은 던진 야구공의 경로를 계산하고, 모든 적절한 환경적 변수를 고려하여 공이 떨어질 것으로 계산한 지점으로 달려갈 수 있다. 이와는 대조적으로 '제한된 합리성' 팀은 소수의 발견법을 가진 로봇을 프로그램화한다. 즉 계속 지켜보다가 공이 뒤에 떨어질지 또는 앞으로 떨어질지를 판단하여, '눈'과 공 사이의 고정된 각도를 유지한 채로 속도를 적절히 조정하면서 그 방향으로 달리기 시작한다.

> 제한적으로 합리적인 로봇이 시선의 각도라는 한 가지 단서에만 주의를 기울일 뿐, 바람과 회전을 비롯한 수많은 우연적 변수에 관한 정보를 습득하려고 하지 않으며, 그들의 판단에 복잡한 계산도 수행하지 않는다는 점에 유의하라. 시선 발견법은 로봇에게 공이 떨어질 지점을 계산하여 그곳으로 달려가서 공을 기다리도록 하지 않는다는 것도 주목해보라. 하지만 로봇은 이러한 어려운 계산을 할 필요가 없다. 로봇은 공이 떨어질 때 이미 그곳에 있을 것이기 때문이다.(2001: 7)[31]

이 로봇 팀 중 어느 팀이 성공할지는 아직 해결하지 못한 실증적 문제이다. 하지만 실제 사람인 선수가 '제한된 합리성' 전략을 이용하는 것 같다는 사실에 기초하면, 이는 진화를 통해서 보다 더 실행 가능한 효과적인 전략임이 밝혀졌다. 사실상 많은 인간의 지각이 다목적의 표상 장치 역할을 하도록 설계된 것이 아니라, 특정한 운동 프로그램과 밀접한 관련이 있는 것 같다. 앤디 클라크Andy Clark는 체계적으로 시각 이미지를 오른쪽이나 왼쪽으로 전이시킨 특수 안경을 쓴 다트 던지는 사람의 지각적 적응에 관한 토마스 태치W. Thomas Thach *et al.*(1992)의 실험을 기술한다. 사람을 비롯한 다른 동물들이 곧 지각에서의 그러한 전이에 적응할 수 있다는 것이 널리 증명되었지만, 태치Thach *et al.*(1997: 38)는 지각적 적응이 운동회로에서 특정적이며, 실험 대상자에게 손을 바꾸게 하거나

31 로드니 브룩스를 비롯한 다른 학자들이 추구하고 있는 '새로운 로봇 예측New Robotics Vision'에 대한 앤디 클라크의 기술 참조.(클라크Clark 1997: 11-33)

다트를 내리 던지는 것이 아니라 위로 올려 던지도록 하면 사라진다는 사실을 발견해냈다. 클라크는 이러한 적응은 분명 "기본적인 던지기에서 사용되는 시선 각도와 던지기 각도 간의 특정 결합에 국한되었다"고 지적했다. 이것은 일반적 지각이 정확하며 다목적인 세계의 영상을 제공하기 위해 설계되었다기보다 특정한 운동의 버릇과 밀접하게 관련된 하나의 방법을 암시한다.

정반대 입장으로 전환하여 한 가지 극단적인 입장에 반대하는 것이 인간의 지적 본능인 듯하고, 일부 사람들은 '지각은 행동이다'라는 인지과학의 운동이 추상적이며 저장된 표상과 비신체화된 계산의 역할을 부인하기에 이르렀다고 주장했다. 분명 최소 두 시각계가 대뇌피질의 앞면과 뒷면을 따라 존재한다. 이를 때로는 '무엇what' 체계와 '어디where' 체계라고 부르기도 한다.[32] 전자는 의식적인 시각적 인식을 돕고 있으며, 후자는 의식적인 지각적 인식이 없을 때 미세하게 조정된 운동 행동을 안내하는 것처럼 보인다. 일산화탄소 중독으로 뇌가 손상된 실험 대상자 'DF'는 시각장에 제시하는 사물을 제대로 인식하지 못했다고 전한다. 그녀에게 제시하는 사물의 크기나 방위를 정확히 특징짓지 못했지만, 그녀에게 물건을 집어 들도록 했을 때 잡는 방식을 조정하여 납작한 물건을 좁은 구멍으로 정확하고도 능숙하게 집어넣을 수 있었다.(구데일Goodale *et al.* 1991) 살바토레 아글리오티Salvatore Aglioti *et al.*(1995)에 따르면 이와 비슷하게 크기가 다른 원판을 같은 크기처럼 보이게 만드는 시각적 착시로 인해 의식적으로 속임수에 빠진 실험 대상자들에게 원판을 집어 들도록 했을 때 적절히 조정하여 쥐었다고 한다. 이것은 앞쪽 흐름만 '속임수에 빠진다'는 것을 암시한다.

마가렛 윌슨Margaret Wilson(2002: 632)은 '무엇' 체계와 '어디' 체계 사이의 구분이 인지적 노동 분업과 관련 있다고 주장했다. 이때 '무엇' 체계는 패턴과 사물의 추상적 식별을 담당하고, "명백히 지각을 위해 지각에 참여한다." 반면 '어디' 체계는 신체적 행동을 안내한다. 윌슨은 "우리의 정신적 개념은 종종 사물

32 웅거라이더와 미쉬킨Ungerleider & Mishkin(1982)과 밀너와 구데일Milner & Goodale.(1995)

의 특성에 관해 풍부한 정보를 포함하는데, 이는 다양한 용도로 의지할 수 있는 정보이며," 공간적으로는 덜 정확하지만 보다 유연한 앞쪽 흐름 처리의 진화적 장점처럼 보인다고 지적한다. 앤디 클라크Andy Clark(1999)가 주장한 것처럼, 정상적인 신경을 가진 개인에게서 두 흐름은 확실히 상호 협력하고, 각기 상호작용하며 서로를 안내한다. 여하튼 사물에 대한 우리의 지각은 정확한 감각운동 행동유도성과 항상 밀접하게 연관된 것은 아닌 것 같다. 따라서 클라크Clark(1997: 159)는 '급진적인 신체화된 인지Radical Embodied Cognition'라고 부르는 관점은 표상과 계산이 인간의 인지에 역할을 한다는 사실을 부인할 것이라고 주장하며, 그 대신 더 알맞은 '행동 지향적 표상action-oriented representation' 모형을 제안한다.

이 중요한 단서를 적재적소에 제시한다고 해도, 많은 지각의 행동·몸 의존적 본성이 어떻게 지식의 객관주의-표상적 모형에 도전하는가 하는 것은 분명하다. 숀 갤러거Shaun Gallagher(2005: 152)는 특정한 면에서 지각의 동작적 모형은 지식의 플라톤적 모형으로부터 아리스토텔레스적 모형으로의 전향으로 보인다고 말한다.

> 영혼이 몸의 형태라는 아리스토텔레스의 생각은 플라톤적·데카르트적·기능주의적-계산적 전통과는 중요하게 대조된다. 인간 몸의 모양, 살아 있는 역학, 내생적 과정, 환경과의 상호작용은 인간 경험에 필요한 제약을 규정짓기 위해 인간의 신경계와 동적으로 조화하면서 작용한다.

갤러거Gallagher(2005: 142)는 동작적 지각 접근법을 메를로-퐁티Maurice Merleau-Ponty의 현상학적 모형에 비유하기도 한다. 이때 "생리적 과정은 외부 자극에 의해 수동적으로 생산되지 않는다. 오히려 나의 몸이 자극을 **만나며**, 나의 실용주의적 도식의 체제 내에서 그것을 조직한다."[33] 어떤 경우든 간에 동작적 지각 모형을 큰 개념적 문맥 속에 위치시키기 위해서는 현재 지배적인 영미 객관주의 전통 이외의 다른 철학적 수단에 의지해야 할 듯하다.

인간 개념은 주로 지각에 기초한다

객관주의 체제에 대한 가장 근본적 어려움은, 신경과학과 인지과학 분야에서 인간의 사고가 주로 영상에 바탕을 두고 성격상 양식적이라는 점에 의견이 점차 모아지고 있다는 것이다. 즉 인간의 사고가 감각 운동 패턴으로부터 그 구조를 도출한다는 것이다. 이런 관점은 많은 점에서 지각의 동작적 모형으로부터 자연스럽게 나온다. 노에Noë(2004: 3)가 말하듯이, 사고가 지각과 행동을 중재하는 별개의 활동으로 간주되는 지각과 인지에 대한 객관주의적 '입력-출력' 모형을 거부하면, 그 대안은 "모든 지각이 고유하게 신중하며," "지각과 지각적 의식이 신중하고 총명한 활동의 유형이라는" 모형이다. 다마지오Damasio(1994: 107)도 실시간 또는 회상된 지각적 영상이 "우리 사고의 주된 내용이다"라고 주장했고, 마크 존슨과 조지 레이코프 같은 인지언어학자들은 언어적 표상이 단순히 범양식적·형식적 상징이라기보다는 아날로그의 공간적 성분을 갖는다고 오랫동안 주장해왔다.[34]

인간 개념의 영상에 기반한 관점은 로렌스 바살로우와 동료들에 의해 가장 체계적으로 발전되었다. 그들은 인간 인지의 '지각적 상징perceptual symbol'이란 설명에 찬성한다. 이 모형에 따르면, 인간의 사고에서 조작되는 상징은 그림이 아닌 "지각 활동 동안 발생하는 신경 활동의 기록"으로 이해된다.(1999a: 583) 이런 기록은 감각 운동 피질로부터 '상류에 있는' 뇌의 부위(다마지오Damasio 1989는 '수렴대convergence zone'로 지칭)로부터 추상되고, 여기서 다양한 방식으로 결합되지만, 대개는 늘 감각 운동계에 바탕을 두고 있다. 개념이 범凡양식적·자의

33 인지에 대한 동작적 접근법을 후설과 메를로-퐁티의 현상학에 명시적으로 바탕을 두는 바렐라Varela *et al.*(1991)와 마크 존슨Mark Johnson(1987) 참조.

34 인간의 인지에 대해 정신적 심상mental imagery의 중요성에 관해서는 아른하임Arnheim(1969), 코슬린Kosslyn(1994, 2005), 핑커Pinker(1997: 283-293) 참조.

적 상징이라는 객관주의 관점과는 달리, 롤프 즈완과 캐롤 매든Rolf Zwaan & Carol Madden(2005: 224)의 주장은 다음과 같다.

> 지각, 행동, 인지는 서로 명확히 구분되지 않는다. 세계와의 상호작용은 뇌에 경험의 흔적을 남긴다. 이런 흔적은 인지를 구성하는 정신적 시뮬레이션에서 (부분적으로) 회수되고 사용된다. 결정적으로 이런 흔적은 이를 생산한 지각적/행동 과정과 닮았으며, 매우 유순하다. 단어와 문법은 기술된 사건의 정신적 시뮬레이션에서 경험적 흔적들을 활성화하고 결합하는 단서이다.

문법을 순수하게 형식적이며 폐쇄된 연산 과정으로 묘사하는 촘스키의 모형과는 반대로, 마이클 스피비Michael Spivey와 동료들은 지각과 감각 운동 기술이 통사적 처리를 안내하는 데 결정적이고, 행동유도성은 종종 통사적으로 중의적인 문장 처리를 결정하는 시각적 표시로 제공된다는 관점을 제시하고 있다. "명확하게도, 언어 처리와 시각적 지각 간의 정보 흐름이 마음의 모듈적 설명에서 예상했던 것보다 더 크다." 이것은 아마 "사실은 언어와 시각 모두 이미 많은 것을 공통으로 갖고 있는 표상의 포맷을 사용하고 있다는 사실에 기인한다."(스피비Spivey *et al.* 2005: 249)

지각적 상징 설명을 선호하는 증거는 계속 늘어나고 있다.[35] 우선 오프라인 추론과 언어 이해는 심상에 바탕을 둔다. 3차원 사물의 정신적 회전에 관한 고전적 실험에서 로저 셰퍼드Roger Shepard, 린 쿠퍼Lynn Cooper, 재클린 메츨러Jacqueline Metzler는 실험 대상자들이 사물들을 일치시키는 데 걸리는 반응 시간이 사물들의 각도 차이에 따라 일관성 있게 달랐음을 보여주었다. 이는 실험 대

---

35 개관을 위해서는 바살로우Barsalou(1999a: 579-580), 풀버뮬러Pulvermüller(1999), 마틴과 차오Martin & Chao(2001), 글렌버그Glenberg *et al.*(2005), 스피비Spivey *et al.*(2005), 즈완과 매든Zwaan & Madden(2005) 참조. 추상적 개념의 영상적 관점에 반대하는 고전적 반례를 위해서는 필리쉰Pylyshyn(1980, 1981) 참조.

상자들이 사물의 물리적 회전을 실시간으로 정신적으로 시뮬레이션을 하고 있었다는 것을 암시한다.[36] 문장을 이해하는 동안 안구의 순간적 움직임을 관찰하면, 문장에 기술된 상황이 실제로 실험 대상자 앞에 있다고 할 때 그들이 반응하는 방식과 약하긴 하지만 비슷한 방식으로 실험 대상자의 눈이 그 상황에 반응한다는 것이 밝혀졌다. 이것은 기술적인 성격을 지닌 문장이 시나리오의 영상적 재구성을 위한 단서 역할을 한다는 것을 암시한다.(스피비와 겅Spivey & Geng 2001) 또한 상상력이 적절한 감각 운동 부위의 활성화를 암시한다는 것도 명확하다. 예컨대 다마지오와 동료들은 색맹(색채 지각의 상실)이 회상을 할 때에도 색채의 영상화를 방해한다는 사실을 발견했으며(다마지오Damasio 1985), 마크 웩슬러Mark Wexler *et al.*(1998)는 사물의 실제 물리적 회전에서 이용되는 전운동 피질이 정신적 회전에서 활성화된다는 것을 발견했다.[37] 이런 감각 운동 시뮬레이션은 덜 분명한 지각적 개념을 처리하는 데 반드시 필요하다. 예컨대 감각 운동계가 손상되면, 인지에서는 범주 특정적 결함이 발생한다. 즉 시각 부위가 손상되면 시각적 자질에 의해 명시되는 범주(가령 새 같은 것)의 개념적 처리가 선택적으로 분열되지만, 운동 부위가 손상되면 운동 프로그램에 의해 명시되는 범주(가령 도구 같은 것)의 사용이 분열된다.(워링턴과 셸리스Warrington & Shallice 1984) 모방에 관한 연구에서 행동 및 행동 관련 단어를 지각하고 개념화할 때도 뇌의 적절한 감각 운동 부위가 활성화된다는 것이 밝혀졌다.(리촐라티Rizzolatti *et al.* 2001)

감각 운동 활성화가 언어 이해에 결정적인 역할을 한다는 것은 감각 운동 시뮬레이션으로부터 나온 행동유도성이 의미적·통사적 처리 전반에 걸쳐 막대한 영향을 미친다는 사실을 통해서도 암시되고 있다. 로버트 스탠필드와 롤프 즈완Robert Stanfield & Rolf Zwaan(2001)은 테스트 문장의 암시적인 공간적 협응과 일

---

36 셰퍼드와 쿠퍼Shepard & Cooper(1982)에 수록된 논문 참조.

37 상상되고 암시된 운동이 실제 이동을 관찰할 때 수반되는 것과 동일한 신경회로를 이용하는 것처럼 보인다는 것을 증명하는 위나워Winawer *et al.*(2005)의 최근 연구 참조.

치하는 그림들일수록 실험 대상자가 훨씬 빨리 인식한다는 것을 발견했다. 예컨대 테스트 문장이 "연필이 컵에 꽂혀 있다The pencil is in the cup"라면, 그것이 수평이 아닌 수직 방향의 연필 그림인 경우에 실험 대상자들은 연필 그림이 문장에서 언급된 것을 묘사한다는 것을 더 빨리 알아차렸다. 아서 글렌버그Arthur Glenberg와 마이클 캐쉬악Michael Kaschak(글렌버그와 캐쉬악Glenberg & Kaschak 2002, 캐쉬악과 글렌버그Kaschak & Glenberg 2000)의 실험들에서도, 육체적 반응을 해야 하는 동작(버튼으로 손 뻗기)이 문장의 암시적 동작과 일치할 때, 테스트 문장이 더 빨리 이해되며, 실험 대상자가 새로운 동사 구문의 지각을 시뮬레이션할 수 있어야만, 다시 말해 해당 구문이 육체적으로 가능한 사나리오를 포함해야만, 새로운 구문이 실험 대상자에게 이해 가능한 것으로 받아들여진다는 사실을 증명해냈다. 대니얼 리처드슨Daniel Richardson *et al.*(2001)은 언어적 경험이 부족한 실험 대상자들이 강제적 선택과 자율적 선택 실험에서 간단한 문장을 위해 매우 일관된 영상도식이 있는 그림을 만들어낸다는 것을 발견했다. 예컨대 실험 대상자에게 간단한 컴퓨터 그림 그리기 프로그램을 이용해 "X가 Y와 다투다X argued with Y"나 "X가 Y를 존경하다X respected Y" 같은 문장을 시각적으로 표상하도록 때, 그들은 매우 일관된 그림을 제시했던 것이다. 게다가 리처드슨Richardson *et al.*(2003)은 자극 동사에서의 영상도식이 그에 상응하는 시각장 부위에서의 지각을 방해하고, 그림의 회수와 인식을 용이하게 한다는 것을 증명했다. 스피비Spivey *et al.*(2005)가 지적하듯이, 여기서 두 번째 연구 결과가 중요하다. 왜냐하면 이것은 공간적 지식이 다른 식으로 범凡양식적 표상에 의해 접근되는 것이 아니라, "언어의 평범한 실시간 이해 동안 공간적 표상이 활성화되고, 일치하지만 관련이 없는 지각적 과제로 표출될 수 있다"는 것을 증명하고 있기 때문이다.(260) 통사론과 관련해서 모니카 곤잘레즈-마르케즈와 스피비Monica Gonzalez-Marquez & Spivey(2004)는 영상도식 접근법을 통해서 스페인어의 '있다/이다estar/ser' 구분처럼 형식적 관점에서는 다루기 힘든 언어학의 문제를 쉽게 설명할 수 있음을 증명해냈다. 인지문법과 인지의미론에 관한 로널드 래내커Ronald Langacker와 레너드 탈미Leonard Talmy의 연구도 자연언어 용법에 관한 형식적 분석보다 영상도식적 분석의 설명력이 보다 우월하다는 것을 증명했다.(래내커Langacker 1987, 1991; 탈미Talmy 2000)

지각적 상징 설명을 지지하는 가장 설득력 있는 논증이 이 설명에서는 범凡양식적인 상징적 설명을 괴롭히는 두 가지 근본적인 문제를 피할 수 있다는 점이다. 광정보전달 문제(지각적 신호가 어떻게 범양식적 상징으로 '번역되는가')와 접지 문제(자의적·추상적 상징이 어떻게 세계 속의 무언가를 가리킬 수 있는가)가 바로 그것이다. 스피비Spivey *et al.*(2005: 272)는 "진정한 디지털 상징 조작은 영상도식적 표상을 보충할 수 있고(레지어Regier 1996 참조), 많은 피질에 존재하는(처치랜드와 세즈노프스키Churchland & Sejnowski 1992; 스윈데일Swindale 2001) 아날로그 2차원 지도와는 전혀 다른 신경 구조를 요구할 것이다"라고 지적하고 있다. 그들은 오컴의 면도날이 즐비한 지각과 인지가 "우리가 목격하지 못하는 구별된 상징적 표상을 사용하지 않고, 뇌에 존재하는 표상의 2차원 공간적 포맷에서 이행되는" 관점을 선호한다고 주장한다. 바살로우Barsalou(1999a: 580)는 의미에 대한 고전적인 범凡양식적 이론이 "반증할 수 없고, 간결하지 않으며, 직접적 지지를 받지 못하고, 광정보전달 및 상징 접지 같은 개념적 문제를 겪고, 지각과 신경과학 같은 인접 분야의 이론과 어떻게 통합할지 불명확하다"고 단정함으로써, 그런 이론에 반대하는 논증을 요약하고 있다.[38]

원형과 방사 범주

객관주의 철학은 명확한 경계와 범주의 구성원 요건에 대해 명확히 제한된 필요충분조건을 수반하는 고전적 의미의 아리스토텔레스식 범주에 의존하고 있다. 범주에 대한 지각적 상징 설명이 옳다면, 이것은 범주화에 대한 다른 모형의 필요성을 암시하는 것이고, 인지심리학과 인지언어학으로부터 얻은 증거로부터

38 분석적 반대 반응을 위해서는 필리쉰Pylyshyn(1980, 1981, 2003), 블록Block(1983)과 바살로우Barsalou(1999a)에 대한 반응 참조.

우리 인간이 일반적으로 의존하는 범주화의 방식은 고전적 설명과는 매우 다르다는 것을 아주 일찍부터 이야기해왔다. 엘레노어 로쉬Eleanor Rosch와 동료들은 이 분야에 관한 초창기 연구를 대거 수행했으며,[39] '원형 효과prototype effect'에 기초하여 '방사radial' 범주화의 이론도 개발했다. 인간의 마음에서 일반적으로 활동하는 범주는 특정한 보기 또는 원형에 기초한다. 범주의 구성원 요건은 '가족닮음family resemblance'에 기초하고, 정도의 문제이다.(하나의 범주에는 '더 좋거나' '더 나쁜' 구성원이 있을 수 있다) 예컨대 주로 북미 사람들은 참새, 울새, 어치의 이미지에 기초하여 '새'의 범주를 이해한다. 대부분의 사람들은 '논리적 범주' 모형으로 전환하여, 병아리, 펭귄, 타조를 이 '새'로 인정은 하지만, 이것이 새의 '좋은' 보기일 수는 없다고 주장할 것이다. '미혼 남성' 같은 사회적 범주에서도 동일한 원형 효과를 찾을 수 있다. 이를테면 교황은 '미혼 남성'의 좋은 실례가 아니다.(레이코프Lakoff 1987)

원형 기반 범주화가 일상의 사고를 지배한다는 수장은 인지에 대한 지식적 상징 설명의 관점으로부터 짐작할 수 있다. 개념이 감각 운동 시뮬레이션의 한 형태라면, 범주화는 상상된 보기와 '가족닮음'에 바탕을 둘 것이다. 바살로우Barsalou(1999a: 587)가 지적하듯이, 이런 관점에서 이해되는 범주화 또한 명확히 제한된 세계의 사물을 완전히 분류하고 조직하는 엄격한 그물이 아니라, 범주적 추리에 접근하기 위한 동적·문맥적·신체화된 수단, 다시 말해 접촉한 사물 및 상황과 어떻게 성공적으로 상호작용하고 부재한 (미래) 실체에 대해 어떻게 추리할지에 대한 암시로 구축될 것이다. 제세 프린즈Jesse Prinz(2005: 95)도 "우리는 범주화를 위해 사물을 범주화하려는 게 아니다. 오히려 우리는 현재를 다루기 위해 과거의 지식을 활용하고, 세상에서 접하는 실체들에 대해 새로운 것을 배우려고 사물을 범주화한다"고 말한다. 그는 개념적 범주화의 '능동적 추적active tracking' 모형을 주장한다. 이 모형에서 개념들은 "범주와의 성공적인 상

---

39 로쉬Rosch(1973), 로쉬Rosch *et al.*(1976), 레이코프Lakoff(1987)와 메딘Medin(1989) 참조.

호작용을 협상하고, 우리에게 범주 실례에 적절하게 반응하고 미래 상호작용을 계획하는 수단"으로 이해된다.(95) 카일 시몬스W. Kyle Simmons와 동료들은 실험을 통해 범주의 특성을 확인시킨 어떤 실험 대상자의 감각 부위에서 뇌 활동의 fMRI 영상이 범주의 예상된 감각 윤곽과 상당히 일치하는 것을 발견했다.[40] 그리고 특성 입증 과제에 관한 다이앤 페처Diane Pecher *et al.*(2003)의 연구에서는 한 감각 양식에서 다른 감각 양식으로의 전이할 때 많은 시간적 비용이 든다는 사실을 발견했다. 이것은 실험 대상자들이 범주를 처리할 때 감각 운동 원형 영상을 활성화한다는 것을 암시한다. 레이먼드 깁스Raymond Gibbs(2006: 83)는 "원형은 몇몇 한정적 속성에 기초한 요약적 추상이 아니라, 풍부하고 영상적이며 감각적이고 내용이 알찬 정신적 사건이다"라는 결론을 내렸다.

추상적 사고에서 은유의 결정적 역할

지각적 상징 설명에서 중요한 문제 중 하나는 추상적 개념을 얼마나 잘 다룰 수 있는지가 전혀 명확하지 않다는 것이다. 이것은 추상적 개념과 구체적 개념이 뇌에서 서로 다른 표상적 체계로 다루어진다는 최근 연구 결과로 볼 때도 특히 절박한 문제이다.(풀버뮬러Pulvermüller 1999; 크러치와 워링턴Crutch & Warrington 2005) 바살로우는 자신의 최근 연구에서 추상적 개념도 영상적일 뿐만 아니라, 장면 구성에 의해 지각적으로 이해된다는 주장을 내놓았다.[41] 바살로우와 위머-헤이팅스Barsalou & Wiemer-Hastings(2005)는 단어가 일반적이고 자동적으로 상황적 문맥을 배경으로 해서 이해된다는 제안 연구에 기초하여, 추상적 단어도 적절한 상황의 영상을 활성화함으로써 이해한다고 주장했다. 이 설명에서 '망치hammer'와 '진리truth'라는 단어 모두 구체적 심상을 통해 이해된다. '진리'가 훨씬 '추상적'이라는 우리의 느낌은 내용이 많은 상황에 산재하고, 복잡한 상황, 내적

---

40 시몬스와 바살로우Simmons & Barsalou(2003)에서 개관하고 논의한 시몬스Simmons *et al.*(2003)

41 특히 바살로우Barsalou *et al.*(2003), 바살로우와 위머-헤이팅스Barsalou & Wiemer-Hastings(2005) 참조.

인 체감각 상태의 내성적 시뮬레이션, 지각의 다중 양식을 포함한다는 사실에 입각한 것이다.[42]

추상적 개념의 토대에 대한 좀 더 설득력 있는 대안적 접근법은 개념적 은유 이론과 개념적 혼성 이론이다. 이 두 이론은 모두 우리가 추상적 개념에 대해 심사숙고하고, 그것에 대해 추론하려 할 때, 불가피하게 감각 운동 도식에 의존하게 된다고 주장한다.[43] 개념적 은유 이론과 개념적 혼성 이론은 제4장에서 충분히 논의할 예정이다. 따라서 당분간은 개념의 지각적 특징이 새, 도구, 관찰 가능한 행동 같은 구체적 보기를 넘어 시간, 인과성, 수학 같은 추상적 영역으로 확장된다는 실증적 증거가 점점 늘어난다고만 말할 것이다.

바살로우 같은 지각적 상징 설명의 옹호자들은 아날로그 영상이 인간 사고의 유일한 매개물 역할을 한다고 주장했지만(바살로우Barsalou 1999a, 1999b), 다소 온건한 대변자들은 추상적 개념이 그것을 구체화하기 위해 의존하는 영상도식과 독립적인 범凡양식적 '골격' 구조를 가져야 하며, 우리 인간이 표상에 대한 대안적이며 범凡양식적인 '디지털' 방식에도 종종 접근해야 한다는 주장을 피력했다.(핑커Pinker 1997: 296-297)[44] 여하튼 제4장에서 상세히 탐구하겠지만, 조지 레이코프와 마크 존슨 같은 인지언어학자들은 비非명제적인 신체화된 '영상도식'이 인간의 인지에 근본적이고 불가분의 역할을 한다고 강력하게 주장했다. 인간의 인지에서 경험적 아날로그 영상도식에 실질적인 역할을 부여함으로써, 암묵적 노하우와 세계와의 신체적 상호작용의 중요성이 부각되고, 이것은 실재에

---

42 추상성-구체성 구분에 관해서는 위머-헤이팅스와 수Wiemer-Hastings & Xu(2005) 참조.

43 바살로우의 지각적 상징 설명이 어떻게 인지언어학의 오랜 주장과 관련되는지에 대한 간결한 진술을 위해서는 포코니에Fauconnier(1999), 깁스와 베르크Gibbs & Berg(1999), 래내커Langacker(1999) 참조.

44 예컨대 바살로우Barsalou(199a)에 대한 응수로, 프레드 아담스와 케네스 캠벨Fred Adams & Kenneth Campbell(19999)은 사고는 영상이라는 입장에 대한 고전적인 데카르트적 반대를 제기한다. 우리는 'chiliagon'(수천만 개의 선분으로 이루어진 다각형)의 개념을 이해하며, 그것이 'myriagon'(수백만 개의 선분으로 이루어진 다각형)과 어떻게 다른지를 이해하지만, 어느 다각형에 대해서도 정확한 정신적 영상을 형성하지는 못한다.

대한 순수한 형식적 설명의 객관주의적 목표를 손상시킨다.

이런 도전에 대해 전형적인 객관주의적 반응은 구체적 영상이나 은유 같은 현상이 **일상언어**에 중요한 역할을 한다는 것을 인정하는 것이었으며, 은유는 실제로 과학적 진리나 논리적 진리를 표현하기 위해 형식적 인공 언어를 구축하려는 노력 이면의 주된 동기 중 하나였다. 이러한 형식 언어에는 전적으로 문자적이고 엉성한 영상과 은유가 없다. 하지만 메리 헤세Mary Hesse(1966), 얼 맥코맥Earl MacCormac(1976), 시어도어 브라운Theodore Brown(2003) 같은 학자들의 연구는, 은유가 과학 이론을 공식화하고 해석하는 데 근본적인 역할을 한다는 것을 상세히 증명함으로써, 과학을 어느 정도까지 은유로부터 해방시키는 데 성공했다는 주장에 이의를 제기했다.[45] 레이코프와 존슨Lakoff & Johnson(1999: 415-468)도 칸트나 프레게의 체계 같은 범양식적·형식적 체계도 실제로는 인간의 신체화된 경험에서 비롯된 특별한 근본적 토대에 근거하고, 그것에 의해 동기화된다고 주장했는데, 같은 맥락에서 철학에서의 객관주의적 연구과제도 똑같이 비판했다.

앞서 지적했듯이 세계에 대한 우리 이해의 은유적 본질은 제4장의 핵심 주제이다. 따라서 당분간은 진리 주장에 접근하는 것에 대해 진정으로 걱정할 때, 그런 진리 주장이 실증주의적 비엔나학파의 초점이었던 "매트 위의 고양이The cat is on the mat"와 같은 주장은 아니라는 지적만으로도 충분할 듯하다. 우리는 고양이가 과연 매트 위에 있는지는 직접 보고 알 수 있고, 그렇다고 한다면 매트를 드라이크리닝할 필요가 있는지도 보고서 알 수 있다. 이것은 별로 흥미롭지 않다. 우리가 일반적으로 관심을 갖거나 애써 논쟁하고 싶어 하는 것은 2차 걸프전 초기에 있었던 미군 사령관의 주장과 같은 것이다. 즉 미국이 이라크의

---

45 또한 유추적 추리가 가설의 결과에 대한 해석과 그 형성에 구성적 역할을 한다는 것을 증명하는 일련의 주간 실험의 '생체내' 연구를 위해서는 케빈 던바Kevin Dunbar와 동료들(개관을 위해서는 던바Dunbar 1999, 2001 참조)의 연구 참조. 낸시 카트라이트Nancy Cartwright(1999)가 지적했듯이, 어떤 추상적 과학 모형이라도 "더욱 구체적인 기술에 항상 편승한다"(45)는 이러한 생각은 '우화fable'가 과학 이론을 위한 직관적 기초라는 레싱Lessing의 개념으로 거슬러 올라간다.(37-39)

'정점tipping point'을 지나갔다거나 이라크인들의 반란이 '도망 중이었다was on the run' 등의 주장이다. 논리실증주의자들은 이런 은유적 진술이 동일한 '문자적' 진술로 환원될 수 있다고 믿지만, 이러한 주장을 형식의미론으로 번역하고, 그것이 '대응하는지' 보기 위해 세계에 맞추어보는 것은 어떻게 보일까? 현대 세계에서 터키의 역할에 관한 이스탄불대학의 한 정치학자가 했던 다음과 같은 비교적 덜 정치적인 논쟁적 진술을 고려해보라. "나는 터키가 동양과 서양, 현대와 전통 사이의 다리라는 것이 진부한 표현임을 안다. 하지만 그것은 사실이다. 우리는 모든 점에서 중간이다.I know it's a cliché, of Turkey being the bridge between East and West, between the modern and the traditional. But it's true. We are in between in every sense."[46] 최소한 지리적 의미에서 터키가 '중간이다'라고 주장하고 싶어 할 수도 있지만, 여기에도 세계의 정신적 지도를 동종의 '동양'과 '서양'으로 은유적으로 조직하는 것을 수반한다. 물론 이러한 지리적 의미는 정치학자나 우리에게 가장 흥미로운 것은 아니다. 이러한 추상적 주장을 평가하는 것은 고양이 눈썹이 매드 위에 있는지 결정하는 것보다 낮은 수준의 연산 과정이다. 은유를 인지의 도구로 진지하게 받아들인다면, 이는 진리에 대한 객관주의적 대응 모형에 근본적으로 이의를 제기하게 된다. 더욱이 엄청난 실증적 증거들은 은유를 인지의 도구로 받아들일 수밖에 없다는 것을 주지시킨다.

객관주의 과학의 문제: 쿤 이후의 세계에서 산다는 것이 무슨 의미인가?

자연과학 탐구의 인식론적 위상은 이 책의 전체 논의에서 중요한 부분이다. 실증적 증거의 위상이 의심스럽다면, 그런 증거를 늘어놓는 목적은 무엇일까? 인문학자들이 인지과학이 그들의 흥미를 끌 근거가 있다고 자신한다면, 자연과학

46 『로스앤젤레스 타임즈*Los Angeles Times*』, 2004년 10월 12일자에서 인용한 파트마굴 벅테이 Fatmagul Berktay.

도 많은 담론 가운데 하나에 지나지 않는다는 상식도 다루어야 한다. 이런 이유 때문에 과학의 객관주의 모형에 관한 핵심 문제 중 일부를 개관할 필요가 있다. 그것은 많은 인문학자들에게 과학으로부터 특별한 인식론적 위상을 효과적으로 제거했다고 결론 내리게 만든 문제들이다. 지면과 전문 지식의 한계로 가급적 간략히 개관할 수밖에 없지만,[47] 과학적 탐구의 실행 가능한 모형이 맞서야 할 반객관주의적 비판은 짚고 넘어가야 할 듯하다.

귀납주의와 연역주의

과학에 대한 일반 사람의 통속 이론과 가장 밀접하게 일치하는 과학적 탐구의 모형은 귀납주의inductionism이다. 이것은 단순히 '사실들'에 주의를 기울이는 것에서 과학 이론이 발생한다는 것이다. 간단히 말하면 다음과 같다. X의 작동 방식에 관심이 있다면, 적절한 도구를 모으고, X에 대한 관찰 가능한 데이터를 수집하며, 이런 관찰들을 복사하여 그것을 점검하고, 그런 다음 지금껏 관찰한 바를 설명하는 이론을 만든다. 앨런 찰머스Alan Chalmers(1999: 1-2)는 1940년대의 텍스트에서 과학에 대한 상식적 관점의 전형적인 표현을 인용했다.

> 전통과의 단절을 유발한 것은 갈릴레오의 관찰이나 실험이 아닌 그것에 대한 그의 **태도**였다. 그에게 있어서, 관찰과 실험에 기초한 사실들은 사전에 형성된 관념과 관련된 것이 아니라 사실로 받아들여졌다. 관찰의 사실들은 우주의 인정된 도식과 일치하거나 일치하지 않을 수 있지만, 갈릴레오의 생각에 중요했던 것은 사실들을 받아들이고 그것과 일치하는 이론을 만드는 것이었다.(찰머스Chalmers 1999: 1-2에서 인용)(안소니Anthony 1948: 1457)

47 과학철학에 대한 매우 읽기 쉽고 공평한 짧은 개론서는 찰머스Chalmers(1999)이며, 쉬크Schick(2000)는 내가 인용할 많은 발췌문을 포함해 그 주제에 관한 폭넓은 기본 논문을 제공한다.

찰머스가 지적하듯이, 우리는 여기서 과학의 작용 방식에 관한 매우 일반적인 모형이 확고해질 뿐만 아니라, 과학이 사실에만 주의를 기울임으로써 더욱 '본원적이고' 전통적인 다른 사고방식들과 구분된다는, 폭넓은 관점이 표현되는 것도 볼 수 있다.

전통주의적 과학철학계 안에서도 엄격한 귀납적 관찰만으로는 과학 이론이 나올 수 없다는 것은 이미 오래전부터 인식된 사실이다. 우선 흄의 근본적인 견해는 미래가 과거와 닮았음을 보장할 방법이 없다는 것이다. 예컨대 빵의 색깔과 농도를 가진 물리적 물질로부터 영양분을 여러 차례 도출했다고 하더라도, 항상 그럴 것이라는 결론이 논리적으로 나오는 것이 아니다. 물론 인간에겐 그러한 귀납적 일반화가 주변 사물의 진실되고 안정적인 특성과 관련 있다고 믿는 경향이 강하게 자리 잡은 듯하다.[48] 관찰로부터의 일반화에 대한 이런 기본적인 논리적 문제 외에, 과학의 엄격한 귀납적 설명에는 많은 실용적인 문제가 있다. 우리는 어떤 상세성의 층위에서 얼마나 오랫동안 대상을 관찰하는가? 그런 관찰은 언제 끝나는가? X라는 중요한 사물을 정의하고, 어떤 종류의 관찰이 그 X에 대한 관찰로 간주되는지를 결정하려면 선험적인 이론적 가정이 필요하다. '가설-연역적 방법hypothetico-deductive method'으로 귀납법이라는 폭넓은 개념이 과학에 긍정적인 역할을 한다고 지지한 칼 헴플Carl Hemple(1966: 12)도 "실증적 '사실'이나 연구 결과가 주어진 문제가 아닌 주어진 가설과 관련해서만 논리적으로 적절하거나 적절하지 않은 것으로 간주될 수 있다"는 것을 인정한 바 있다. 이것은 "데이터에서 이론으로의 추이는 창조적 상상력을 요구하고, 과학적 가설과 이론은 관찰되는 사실로부터 **도출되는** 것이 아니라, 그러한 사실을 설명하기 위해 **발명된다**"(15)는 것을 뜻한다.[49]

48 흄Hume(1777/1975: 33-34), 넬슨 굿맨Nelson Goodman의 유명한 '초파랑grue' 사고 실험에서도 관련된 주장을 한다.

49 더욱 정교하고 형식화된 귀납적 모형은 베이즈학파Bayesians에 의해 제안되었다. 이것은 18세기의 수학자 토마스 베이즈Thomas Bayes에 의해 고무된 철학자들의 집단이다. 귀납법의 문제를 해결하려는 베이즈학파의 시도인 베이즈주의에 대한 기본적인 소개를 위해서는 찰머스

다른 과학철학자들은 관찰에서부터 이론으로 연결된 인과적 선이 없다는 강력한 입장을 취한다. 가장 걸출한 귀납주의의 비판가는 칼 포퍼Karl Popper(1934/1959)이다. 그는 일관된 '발견의 논리logic of discovery'는 없다고 주장한다. 즉 관찰 가능한 데이터로부터 과학적 법칙을 도출하게 만드는 일관된 원리나 방법이 없다는 것이다. 포퍼의 관점에서, 과학적 가설의 형식화는 불합리한(또는 비합리적인) 통찰력의 활동이다. 그가 아인슈타인Einstein의 말을 인용하면서 "(보편적 자연) 법칙으로 이어지는 논리적 경로는 없다. 그런 법칙은 경험 대상에 대한 지성적 사랑(**감정이입***Einfühlung*)과 같은 것에 근거하여, 직관에 의해서만 얻어질 수 있다"[50]고 말한다. 발견의 논리는 없을 수 있지만, 포퍼의 관점에서 확인의 논리logic of corroboration는 있으며, 과학적 방법의 핵심을 이루는 것은 바로 이 확인의 과정이다. 과학적 가설은 시 작품이나 신비로운 종교적 경험만큼이나 비합리적 직관의 산물이다. 과학적 주장은 엄격한 반증의 과정을 거쳤다는 점에서 비과학적 주장과는 구분된다. 연역법을 통해 이론의 논리적 결과를 구성하는 관찰 가능한 예측을 할 수 있다. 관찰을 통해 이런 예측을 반증할 수도 있다. 특정 이론이 그것을 반증하려는 지속적인 시도에 저항하는 경우라면, 그것은 더욱더 '확인되어corroborate' 우리의 주의를 끌며 신뢰를 받을 가치가 있지만, 그렇다고 해서 절대적으로 입증되는 가설은 없다.

과학에 대한 포퍼의 연역적 모형deductive model은 매우 영향력 있는 것으로 입증되었고, 대부분의 현대 대중적인 과학의 설명은 반증을 과학적 기획의 변별적 특징으로 인용한다는 점에서 그를 추종했다.[51] 1960년대 '과학학science studies'

Chalmers(1999: 174-192)와 다른 참고문헌을 보라. 바스 반 프라센Bas Van Fraassen(1980)은 비非실재론적·도구주의적 베이즈학파에 대한 가장 유명한 현대의 옹호자이다.

50 포퍼Popper 1934/1959: 32에서 인용됨.

51 브라이언 보이드Brian Boyd(개인적 교신)는 과학의 객관주의 모형의 많은 특징이 칼 포퍼의 실제 입장의 특징이 아니며, 포퍼가 비엔나학파Vienna Circle를 비판할 때 실제로 내가 여기서 논의 중인 객관주의에 대해 많은 동일한 비판을 했다고 나에게 지적했다. 포퍼와 과학의 연역적-반증적 모형deductivist-falsificationist model을 연상짓는 것이 일반적인 관행이지만, 이것은 아마 포퍼의 연구를 왜곡하는 것이다. 이 모형은 종종 평범한 사람과 과학자들에게 기본적인 것이다.

의 탄생은 앞으로 간략히 약술할 과학의 귀납적 모형과 연역-반증적 모형 모두에 심각한 문제가 있다는 인식에서 비롯되었다.[52]

사실과 이론은 명확히 구분되지 않는다

과학의 귀납적 모형과 연역적 모형 모두 관찰과 실험을 통해 수집한 데이터인 사실과 데이터로부터 나오며, 그것을 설명하거나(귀납적 모형) 반증하거나 확증하는(연역적-반증적 모형) 이론, 이 둘을 명확히 구분한다. 과학학과 객관주의에 대한 실용주의적 비판은 이런 결정적 구분을 문제시한다는 점에서 크게 기여한다.

이것은 물론 토마스 쿤Thomas Kuhn의 유명한 '패러다임paradigm' 개념의 중심 내용이다. 사실로 간주될 수 있는 것, 즉 과학적 탐구의 문맥에서 '관찰될' 수 있는 것은 대개 과학 이론에 의해 결정된다. 예컨대 물리학의 발달에 관한 객관주의적 설명은 뉴턴 물리학이 아인슈타인 물리학으로 대치되었다는 것이다. 아인슈타인 물리학은 뉴턴 물리학에서 더 보탤 수 있는 모든 것을 설명했다. 이렇게 이해하게 되면, 뉴턴 물리학은 아인슈타인 물리학으로부터 한 특별한 경우로 도출될 수 있어야 한다. 즉 거시물리학적 척도에서 적용된 아인슈타인 물리학으로 도출될 수 있어야 한다는 것이다. 쿤Kuhn(1962/1970: 101-103)은 그렇지 않다고 지적한다. 이 두 이론적 패러다임의 **물리적 지시물**은 근본적으로 다르다는 것이다. "연속된 패러다임들은 우리에게 우주의 모집단과 그 모집단의 행동에 관하여 서로 다른 것을 일러준다." 이는 각각의 패러다임이 자체의 특유한 존재론과 문제의 해결책에 대한 자체 기준을 갖고 있음을 뜻한다.(103-114)

과학적 '발견'에 관한 이야기는 세계 바깥에 이미 존재하는 사물이 있다는 인상을 준다. 이런 사물은 불변하고 관찰자와 독립된 특성을 갖고 있으며, 마치 우리가 침대 밑에서 잃어버린 양말 한 짝을 발견해내듯 발견하기만을 기다리고

52 1960년대 후반의 과학철학과 그것이 반대하던 객관주의 모형에 대한 좋은 개관을 위해서는 셰이피어Shapere(1981) 참조.

있다. 쿤Kuhn(1962/1970: 55)의 지적에 따르면 그런 이야기는 경우에 따라서 "새로운 종류의 현상을 발견한다는 것은 복합적 사건으로서, **그** 무엇인가 있다는 것과 그것이 **무엇**인가를 둘 다 인식하는 것을 포함하는 사건이다"는 사실을 숨기고 있다. 힐러리 퍼트남도 양자역학의 문맥에서 이해되는 '입자particle'가 세계에 대한 전통적인 뉴턴 식의 의미에서 사물이 아니라고 말하면서, 이와 비슷한 주장을 펼친다. 그러나 양자역학이 '과학'으로 진지하게 받아들여진다는 사실은 "지식의 발전으로 무엇이 **가능한** 지식 주장으로 간주되는지, 무엇이 **가능한** 사물로 간주되는지, 무엇이 **가능한** 특성으로 간주되는지에 관한 우리의 생각이 어떻게 한꺼번에 바뀔 수 있는지를 보여주는 좋은 사례이다."(퍼트남Putnam 1999: 8) 퍼트남의 관점에서, 이것은 "'기술'은 결코 단순한 복사가 아니며, 우리는 언어가 실재에 반응할 수 있는 방식을 계속 추가한다"라고 주장하는 객관주의에 대한 윌리엄 제임스의 비판을 뒷받침하고 있다.(9)

과학을 직업으로 택한 사람들을 포함해서, 사람들이 무엇을 알아차릴 수 있는지를 결정하는 데 있어서 예상은 확실히 큰 역할을 하는 듯하다. 쿤은 제롬 브르너와 레오 포스트먼J. S. Bruner & Leo Postman(1949)이 수행한 패러다임의 안내를 받는 지각에 관한 초기 심리학 실험을 인용한다. 이때 실험 대상자들에게 정상 카드와 비정상 카드가 섞인 트럼프 한 벌을 보여주고 가려내게 했다. 가령 비정상 카드는 하트의 4를 검정색으로, 스페이드의 6을 빨강으로 만들었다. 초기 노출 단계에서 정상 카드는 대체로 옳게 맞추었지만, 비정상 카드에 대해서는 거의 예외 없이 외관적인 망설임이나 당황하는 기색도 없이 정상 카드처럼 여겼다. 이를테면 빨강 스페이드 6을 (정상) 스페이드 6이나 하트 6이라고 말한 것이다. 계속된 노출 후 실험 대상자는 무언가 잘못되었다는 것을 조금씩 인식해 갔다. 이는 갈수록 강력한 개인적 고통이 따르는 인식이다. 하지만 그들은 카드에 대해 정확히 **무엇이** 잘못되었는지를 식별하는 데 의외로 어려워했다. 쿤이 보기에는 이 실험에 참여한 실험 대상자들이 겪는 과정은 과학적 패러다임 전환에서 발생하는 것과 비슷하다. 모호한 불안이 뒤따르는 변칙성을 지각하지 못함, 관찰 가능한 개념적 인식의 점진적이고 동시적인 발생, 마지막으로 패러다임 전환의 발생이 그것이다. 그가 관찰하기로, "트럼프 실험에서처럼, 과학에서도 신기한 새로움은 예측되었던 것에 거스르는 저항에 의해서 두드러지는 난관을 뚫고서야 비로소 출현하게 된다."(1962/1970: 64) 이로써 쿤은 "과학적 사실과 이론은 아마도 정상 과학 활동(패러다임 안정성의 시기)에서의 단일 전통 내를 차치한다면 범주상 분리되지 않는다"(7)고 결론내린다. 폴 파이어아벤트는 (다음 절에서 논의할) 해왕성의 발견을 이끌었던 천왕성 궤도에서의 섭동攝動이란 '사실'이 오로지 매우 특정한 뉴턴 이론의 신념을 가진 관찰자에게만 사실로 수용된다고 지적했을 때도 이와 비슷한 주장을 했다. "누군가가 건강한 눈과 착한 마음씨를 가졌다고 해도 (이러한 가상의 섭동)을 발견할 수 있는 것은 아니다. 그것은 특정한 예상을 통해서만 우리의 관심 대상이 되는 것이다."(1993: 152)

관찰의 이론 의존성과 신념으로부터 사실을 구분해내기가 실제로 어렵다는 것은 객관주의에 대한 과학학 비판의 중심 주세였다. 이제 진정한 '객관성'의 획득에 대한 이 문제가 어떻게 앞서 지적한 객관주의의 기본적인 문제로부터 나오는지가 명확하다. 지각의 동작적·신체화된 본질, 암묵적 노하우의 결정적 역할, 정서의 불가피한 편향 효과, 추상적 추론의 은유적 본질이 바로 그런 문제들이다.

가설은 명확히 반증 가능하지 않다

포퍼의 방법은 가설을 형식화한 뒤, 이 가설을 선택적으로 반증하게 해주는 신중하게 통제된 '결정적 실험crucial experiment'을 고안하는 것이다. 많은 과학철학자들이 오랫동안 주장했듯이 '결정적 실험'은 사실 원칙적으로 불가능하다. 왜냐하면 테스트할 가설은 항상 보조 가설과 배경 가정의 광대한 연결망 속에 내포되어 있기 때문이다. 실험에서 틀린 결과가 나왔다면 실제로 **무엇**이 반증되었다고 확실히 말하는 것은 불가능하다. 테스트할 가설이 반증될 수도 있지만, 무수한 배경 가정과 보조 가설 중 어느 하나거나, 그것들의 결합이 반증될 수도 있다. 이런 반증의 문제는 처음에 피에르 뒤엠Pierre Duhem이 체계적으로 형식화했고 콰인Quine이 잘 다듬었고, 그 이후 콰인-뒤엠 명제로 알려지게 되었다. 뒤엠Duhem(1906/1954: 187)은 다음과 같이 말한다.

> 물리학자는 고립된 하나의 가설이 아니라 가설들의 전체 집단을 실험에서 테스트한다. 실험이 예측과 일치하지 않을 때, 그는 이 집단을 구성하는 가설들 가운데 최소한 하나가 받아들여질 수 없어서 수정되어야 한다는 것을 알게 된다. 그러나 실험은 어떤 가설을 수정해야 하는지 지정하지 않는다.

실험이 제대로 작동하지 않을 때 정확히 **무엇**이 반증되는지 결정하는 이론적 문제 말고도 실제로 연구 중인 과학자들이 사실 엄격한 반증주의자가 아니며, 그들이 엄격한 반증주의자라는 것이 바람직하지도 않다는 더 실용적인 고려도 있게 마련이다. 이에 대한 가장 유명한 예는 1846년에 있었던 해왕성의 발견에 관한 이야기이다. 그 당시 가장 바깥쪽에 있는 것으로 알려진 행성은 천왕성이었고, 그 행성이 뉴턴 역학에서 볼 때 예상을 벗어난 궤도를 따라 돈다는 사실을 발견했다. 엄격한 반증주의는 그에 따라 천문학자와 물리학자들이 뉴턴 역학을 반증된 이론으로 단념해야 한다고 요구하겠지만, 중요하고 깊이 고착된 가설은 실제로는 이렇게 다루어지지 않는다. 천문학자들은 뉴턴을 폐기하기보다는 자신들의 보조 가설을 의문시했다. 특히 태양계에는 7개의 행성만 있다는 가정을 의심한 것이다. 천왕성의 궤도에서 관찰되는 '섭동'을 유발하는 것이 지금까지 알려지지 않았고 관찰되지 않은 여덟 번째 행성이 있다면 어떻게 되는가? 영국인 존 카우치 아담스John Couch Adams와 프랑스 천문학자 위르뱅 진 르베리에Urbain Jean Leverrier는 그런 가상의 행성을 어디서 발견할 수 있을지 예측하는 계산을 내놓았으며, 1846년에 해왕성으로 알려지게 된 행성이 독일 천문학자 요한 고트프리트 갈레Johann Gottfried Galle에 의해 그 수학자들이 예측한 위치의 2.5차 내에서 관찰되었다.[53]

수학적 예측의 승리를 뒷받침하는 이 사례는 중요한 가설의 반증에 **저항**함으로써 발생하는 과학적 생산성까지 덧붙여 예증하기도 한다. 쿤Kuhn(1962/1970: 77)은 포퍼를 비난하면서 중요한 가설('패러다임')이 대체 가설이 존재할 때까지는 실제로 절대 반증되지 않거나, 이 패러다임 내에서 연구 중인 과학자들에 의해 반증되었다고 인식되지 않는다고 주장할 때 이런 사례를 염두에 두고 있었다.

> 일단 하나의 과학 이론이 패러다임의 위상을 차지하면, 그 이론은 그 지위를 차지할 만한 다른 후보 이론이 나타나야만 논리적으로 모순된 것으로 밝혀진다. 과학 발전에 관한 역사적 연구로 드러난 과정은 그 어느 것도 자연과의 직접적인 비교에 의해 반증의 방법론적 스테레오 타입을 닮지 않았다.

이상적 실험 결과가 한 패러다임 내에서 발생할 때 쿤은 "다양한 명료화를 궁리하고 분명히 드러난 모순을 제거하기 위해 그들의 이론을 이모저모로 수정하는"(78) 반응이 흔히 나온다고 주장한다. 이는 분명 해왕성 발견의 경우에서 관찰할 수 있었다.

힐러리 퍼트남Hilary Putnam(1981: 78)은 발견의 논리가 없다는 데에 대해 귀납주의자들과 의견을 같이할 수는 있지만, **테스트**의 논리가 없다는 것도 인정하지 않을 수 없다고 주장했다.

> 카르납Carnap, 포퍼Popper, 촘스키Chomsky가 테스트를 위해 제안한 모든 형식적 연산은 거칠게 말해 **어리석은** 것이다. 당신이 이 말을 믿지 않는다면, 컴퓨터가 이런 연산 중 하나를 이용하도록 프로그램화하고 그것이 이론을 테스트하는 데 얼마나 효과적인지 확인해 보라! 발견을 위한 **격률**과 테스트를 위한 격률이 따로 있다.

---

53 이 예와 콰인-뒤엠 명제에 대한 좋은 논의는 일반적으로 패트리샤 처치랜드Patricia Churchland (1986: 260-265)에서 발견할 수 있다.

정확한 관념은 갑자기 등장하지만, 그것을 테스트하기 위한 방법은 매우 엄격하고 미리 결정되어 있다는 생각은 비엔나학파가 낳은 최악의 유산 중 하나다.

어떻게 진리에 대한 실용주의적 개념이 귀납법과 실증적 테스트를 둘러싼 논리적 문제를 넘어설 수 있도록 하는지에 대한 퍼트남의 믿음은 제5장에서 탐구할 테지만, 우리의 관심사는 반증이 객관주의가 요구하는 연산적 확실성을 제공하지 않는다는 것이다.

미결정성: 무수한 가설들과 일치하는 사실

콰인-뒤엠 명제의 또 다른 결과는 증거에 의한 이론의 미결정성underdetermination 원리이다. 이 원리에 따르면, 관찰 가능한 데이터는 증거와 일치하는 이론상 무수한 경쟁 가설들로 설명할 수 있다. 이것이 고대로부터 있어 온 회의론적 관찰이다. 더욱 두드러진 초기 근대 형태 중 하나는, 모든 경험의 세계는 보이는 그대로의 것이 아니라 전능한 '악의 천재evil genius'에 의해 창조된 환상일 수 있다는 데카르트의 유명한 회의론이다. 과학철학에서는 미결정성 원리에 호소하여 실증적 증거에 관해 의견이 다분히 일치할 때도 진지한 이론적 논란이 어떻게 지속될 수 있는지를 설명한다.[54] 예컨대 파이어아벤트는 코페르니쿠스적 혁명을 설명하면서, 실증적 불일치가 아니라 일반적으로 인정된 데이터를 해석하기 위해서는 어떤 이론적 체제를 이용하는가가 중심 논제였다고 주장한다. "코페르니쿠스는 천동설이 **실증적으로 타당하다**고 생각했다. 그러나 그는 **이론적 이유** 때문에 천동설을 비판했다."(1993: 145) 우리가 미결정성의 약한 형태로 여긴 논리는 벨라민Bellarmine 추기경이 17세기 때 갈릴레오에 대해 반대 주장을 펼 때 사용했었다. 포스카리니Foscarini라는 승려에게 보낸 편지에서 그는 지동설이 이심

54 미결정성 원리가 어떻게 콰인부터 쿤을 거쳐 데리다에 이르기까지의 과학철학자들에 의해 이용되었는지에 대한 요약을 위해서는 라우던Laudan(1996: 29-54) 참조. 라우던의 입장은 제5장에서 상세히 논의할 것이다.

권과 주전원 같은 훨씬 적은 수의 임시적인 장치에 의지한다는 점에서, 천동설보다 보다 더 '체면을 세워주는' 것처럼 보인다고 인정하고 있다. 그렇다고 그것은 임시적인 조정의 사용을 완전히 피하는 것은 아니다. 이는 갈릴레오가 지동설의 **진리**를 절대적으로 증명할 수 없음을 의미한다. 지동설과 천동설 **모두** 어떤 층위에서 증거와 일치하는 것으로 생각되기 때문에, 그리고 천동설의 우주를 위한 성서의 모든 증거를 고려하여, 벨라민은 가장 합리적인 전략이 성서에 충실하는 것이라고 결론내렸다.(피노치아로Finocchiaro 1989: 68)

파이어아벤트는 전형적으로 미결정성을 가장 강한 의미로 받아들인다. 경쟁 이론들 사이의 선택은 급진적으로 미결정적이다. 이는 이론 선택에 있어서의 **유일한** 기준이 개인적 기분과 선호도라는 것을 뜻한다. 그가 생각하기에는 패러다임 전환은 오직 "선전, 정서, 임시 가설, 온갖 종류의 편견에 대한 호소 같은 **비합리적인 수단**"에 의해 유발된다.(1993: 114) 가령 지구온난화에 관한 특정한 데이터가 주어지면, 이론 T_1과 이론 T_1+'마돈나는 2010년에 그래미상을 받은 앨범을 발표할 것이다' 중에서 하나를 결정할 형식적인 원칙적 알고리즘은 아무것도 없다. 후자는 우리가 설명하려는 것의 문맥에서 불합리한 것처럼 보이지만, 관찰 그 자체만으로는 전자를 지지하면서 후자를 거부하게끔 하지는 못한다. 제5장에서는 오컴의 면도날을 포함해 실용주의적 요인을 논의할 것이다. 이러한 요인은 터무니없이 임시적인 이론을 거부하도록 하면서, 강한 미결정주의로의 전이를 저지시킬 것 같다. 한편 여기에서 미결정성 원리는 이론 선택이 가끔 '사실 그 자체'만큼이나 선험적인 이론적·존재론적 신념과 많은 관련이 있다는 것을 암시한다고 말하는 것만으로도 충분하다.

과학의 분열

존 뒤프레John Dupré의 『사물의 무질서*The Disorder of Things*』(1993)에서는 물리계가 인과성이라는 하나의 기본 형태로 움직이는 거대한 기계장치라는 객관주의 모형에 도전한다. 인과성의 작용들은 궁극적으로 한 가지 거대한 이론에 둘러싸여 있다. 그의 '급진적인 존재론적 다원론radical ontological pluralism' 또는 '뒤섞인 실재론promiscuous realism'은 "각각 고유의 특징적인 행동과 상호작용의 지배를 받는 무수한 사물이 있다"(1)는 사실을 입증한다. 이는 "세계의 사물들을 분류하는 합리적이고 객관적인 근거가 있는 방법이 부지기수다"(18)는 것을 뜻한다. 가령 해류의 흐름에 관한 일관성 있는 모형 개발을 기능케 하는 존재론과 원리가 인간 생리학에 적용될 때는 완전히 무익한 것으로 입증될 수 있으며, 세계에서 볼 수 있는 다양한 설명의 층위들을 일관되고 체계적으로 통합할 수 있는, 훨씬 기본적인 존재론의 층위가 있다고 기대할 수 있는 선험적인 이유는 없다고 한다. 낸시 카트라이트Nancy Cartwright(1999: 1)도 과학적 법칙이 "금자탑이 아닌 잡동사니"라는 비슷한 주장을 폈다. 과학의 법칙은 단 하나의 웅장한 통합적인 이론으로 수렴되기보다는 엄밀히 말해 다음과 같이 간주된다.

> 과학의 법칙은 명백히 자의적으로 성장한 분야로 나눠지고, 서로 다른 추상의 층위에서 서로 다른 특성들을 지배하며, 매우 정밀한 호주머니, 정확한 형식화에 저항하는 질적인 격률의 큰 꾸러미, 일정치 않은 중복, 여기저기, 이따금, 일렬로 늘어서 있지만 대개는 모서리가 울퉁불퉁한 모퉁이, 뒤섞인 물리적 사물의 세계에 단지 느슨하게 부착된 법칙의 덮개로 여기고 있다.

그녀는 '형이상학적인 법칙론적 다원론metaphysical nomological pluralism'을 주장한다. 이것은 "자연이 체계적이거나 반드시 일관되게 관련된 것이 아니라, 서로 다른 법칙 체계에 의해 서로 다른 영역에서 지배된다는 원리"이다.(31)

자연과학의 다양한 분야들이 객관주의 전통의 주장처럼 통일되지 않는다고 주장하는 것 외에도, 많은 과학철학자들은 과학과 과학이 아닌 것을 구분하는 것이 정확히 무엇인지가 불명확하다는 주장을 폈다. 폴 파이어아벤트Paul Feyerabend(1993: 1)는 이 입장의 가장 극단적인 옹호자로, 과학과 과학이 아닌 것을 명확히 구분하는 뚜렷한 기준을 정하려는 목표가 망상일 뿐이라고 주장했다.

> **과학을 구성하는 사건, 절차, 결과에는 공통된 구조가 없다.** 각각의 요소들이 모든 과학적 연구마다 존재하는 것이 아니라, 부재하는 곳도 있다. 모든 과학의 기초가 되는 단 하나의 일관성 있는 세계관의 가정은 미래 통일체를 예상하려는 형이상학적 가설, 즉 현학적 위조품이거나, 학문 분야에 대한 현명한 상향과 하향 등급에 의해 이미 종합을 성취했다는 것을 보여주려는 시도이다.

따라서 파이어아벤트의 관점에서 과학은 현대 서양에서 가장 지배적인 종교의 한 형태일 뿐이며, 신앙요법이나 점성학과 마찬가지로 인식론적 우선권의 자격을 갖고 있지 않다. 제5장에서는 파이어아벤트가 옹호하는 '뭐든지 다 된다 anything goes' 인식론을 궁극적으로 거부하고, 과학에 대한 폭넓은 실용주의적 정의를 시도할 것이다. 하지만 과학과 과학이 아닌 것 사이의 엄격한 구분을 형식화하는 것에 있어서 반증의 원리라는 유력한 용의자는 분명히 약속을 지키지 않았다.

절대적이고 청렴한 객관성은 환상에 불과한 목표이다

과학학 운동의 더욱 두드러진 주제 중 하나는 자연과학 연구를 덜 신적인 사회적·경제적 관심사의 연결망 내에 위치시키는 것이었다. 브뤼노 라투르와 스티븐 울가Bruno Latour & Steven Woolgar(1979/1986)는 흔히 비非서양 문화를 연구하는 데 국한된 인류학적 기법을 TRF(갑상선자극호르몬 방출인자)로 알려진 호르몬의 구조를 연구하는 솔크연구소Salk Institute의 과학자 '부족tribe'에 적용함으로써 초기 과학학 고전을 만들었다. 라투르와 울거의 합리적인 주장 중 하나는 이들 과학자들이 신과 같이 전혀 사심이 없는 자연의 관찰자가 아니라, 뒤범벅이 된 복잡한 동기에 의해 이끌리고, 조사되지 않은 다수의 가정 때문에 부분적으로 눈이 멀어 있었으며, 그들이 관심을 가진 현상을 '관찰하기' 위해 복잡한 이론 주도적 기법에 전적으로 의존하는 인간이었을 뿐이라는 점이다.

명성에 대한 욕망 같은 명확한 개인적 동기 외에, 훨씬 미묘하며 탐지하기 힘든 사회적 편견과 가정은 과학적 탐구 방향 형성에 역할을 한다. 엘리자베스 로이드Elisabeth Lloyd는 통계학자이자 영장류 동물학자인 진 알트만Jeanne Altmann의 계몽적인 사례를 예로 든다. 그는 영장류 동물의 행동에 대한 표본 조사에 관한 남성 중심적·우성 중심적 가정을 의문시하고, 영장류 동물의 행동에 대한 보다 정확하고 대표적인 단면도를 제공한 '초점 동물 표본 추출focal animal sampling'을 소개했다. 영장류 동물학계에서는 실증적으로 우수한 것으로 널리 간주된 이런 방법론적 전환은 이론 형성은 물론 데이터 수집 방식에도 영향을 미친, 이전에 은폐된 사회적·성별적 배경 가정의 공개 탓일 수 있다.(1996: 240-241) 샌드라 하딩Sandra Harding이 설명하듯이, 과학학 운동의 보다 장한 목표 중 하나는 "학문분야와 공적인 담론의 지배적인 개념적 체제를 형성하는 전문화적 전제를 탐지하는 것이다. 그런 전제는 검사되지 않는다면, 성차별주의, 인종차별주의, 계층이익을 사회적 질서로부터 '자연적 질서'로 가져감으로써 그것들을 '세탁하는' 증거로 기능한다."(1996: 18)[55]

개인적·사회적 편견의 문제 말고도 현대의 과학적 지식을 중재하는 장치의 역할은 이론적·실용적 이유 때문에 주목할 만하다. 이론상 과학적 '관찰'이 더욱 간접적인 도구 기법에 의해 더더욱 폭넓게 조정되는 정도로 인해, 편견 없는 관찰자가 실재와 직접 접촉한다는 간단한 객관주의 모형에 의문이 제기된다. 이것은 현대 과학 시대의 초창기에 로버트 보일Robert Boyle의 실험에 관한 엘리자베스 로이드Elisabeth Lloyd(1996: 232-233)가 했던 논평의 요점이다.

> **전적으로 우리와 독립된 실재가 아니라 우리**는 우리가 아는 것에 '책임이' 있다. 요지는 간단하고 논의의 여지가 없다. 실재를 알기 위해서는 실재의 **존재** 그 이상의

55 물론 이러한 '세탁' 은유는 타당하고 타당하지 않은 지식의 근원이 있다는 것을 가정한다. 이것은 제3장에서 논의하듯이 하딩의 폭넓은 입장에 의해 훼손된다.

것이 필요하다. 그것은 처음부터 있었지만, 최근에서야 알려졌다. 그것을 알기 위해서는 **우리가 지닌 방법과 실험 도구**의 범위 안에서 반드시 도출되어야 한다. 그러한 방법과 도구 자체는 **우리 자신의 창조물**이다.

앞서 논의한 이론-사실 구분의 문제에 포함되는 이러한 이론적 고려 말고도, 보다 직접적으로 실용주의적인 또 다른 차원이 존재한다. 이러한 복잡한 도구는 **값이 비싸며**, 과학자들이 연구를 하기 위해서는 누군가가 그런 도구뿐만 아니라, 그것을 갖춘 복잡한 건물을 짓고 유지하기 위해 기꺼이 돈을 지불해야 한다. 재단과 연구소, 정부와 군대, 사기업은 필요한 자본을 가진 사회적 실체들이지만, 이런 실체들은 어떤 연구과제에 투자할지를 어떻게 알 수 있으며, 또 왜 그렇게 해야 하는가? 그들이 투자의 대가로 기대하는 것은 과연 무엇일까? 과학학 운동의 중심 주제는 이런 사회적·경제적 관심이 과학학을 특정 방향으로 유도하고, 과학자들이 할 수 있는 질문을 형성하는 데 중요한 역할을 한다는 것이다.

궁지에 몰린 객관주의

이원론과 객관주의가 소외된 서양 전통의 사악한 창조물이라는 일반적인 통념에도 불구하고, 제3장에서는 그 둘 다의 더 온건한 통속적인 버전은 아마 공통된 인간 인지적 구조의 일부분이라는 주장을 할 것이다. 세계는 우리 인간의 눈엔 경계가 명확한 구분되는 사물들로 구성되어 있으며, 유기물과 사물, 행위자 등 분명하게 구분된 존재론적 부류로 분류되는 것처럼 보인다. 연산적 추리의 기초도 우리에게 자연스럽게 다가온다. 기본적 산수, 기하학적 추론, 긍정식과 부정식 등의 형식적 작용은 의식적이고 인지적으로 능동적인 사람이면 누구에게든 좀처럼 낯설지 않다. 서양에 특유한 것이라 이르는 것은 특히 계몽주의 이후로 '객관주의-합리주의'라는 명칭으로 포괄되는 인간의 인지 능력의 특별한

다발이 집요하게 다듬어지고 가치 있는 유일한 인간 인지의 방식으로 점점 선택되고 있는 방식을 뜻한다. 결국 우리 인간이 세계를 다루는 수많은 방식들 중 오로지 한 방식에만 집착함으로써 서양 인식론은 커다란 몰락을 자초했다. 객관주의-합리주의 모형이 진리에 대한 유일한 방법으로 고착되면, 우리가 인식한 객관주의의 문제는 지식의 본질을 위협할 듯하다. 그래서 래리 라우던Larry Laudan(1996: 25)은 강력한 포스트모던 상대주의가 '실증주의의 뒷면positivism's flip side'이라고 주장했고, 리처드 번스타인Richard Bernstein(1983: 16-25)은 현대의 철학적 회의주의의 기원을 '데카르트적 불안Cartesian anxiety'에까지 거슬러 올라갔다.

완전한 신경질적인 철학적 와해를 일으키지 않고 데카르트적 불안을 완화시키려면, 객관주의에 대한 우리의 의존도를 덜어내야 한다. 학계에서 포스트모던 상대주의 운동이 격렬하고 완고한 까닭은, 내가 생각하기에는 객관주의 옹호자들이 자신들의 입장을 추호도 포기하지 않기 때문이다. 객관주의에 대한 포스트모던과 실용주의의 비판 모두에 대한 영미 철학과 같은 전통주의적 분야는, 스쳐 지나가는 가벼운 표적조차 때때로 너무 함부로 비난하면서, 자신의 보호를 위해서는 단단한 방어 태세를 갖추는 반응을 보인다. 차차 주장하겠지만, 포스트모더니즘의 극단적인 행위 때문에 많은 젊은 지성인들은 모호하고 허세에 가득 찬 특수 용어와 공허한 수사적 겉치레에 맴도는 인문학에서 등을 돌렸다. 철학과는 이런 지적인 도피자를 위한 은신처 역할을 했을 수도 있었지만, 대부분의 영미 철학과를 지배하는 방법론적 엄격함과 부적절하고도 형식적인 현실 도피적인 생각 탓에 지극히 작지만 치명적인 객관주의의 약점을 알았던 사람들에게는 철학은 별로 환영받지 못했다. 분석철학자들과 형식언어학자들이 이미 논의한 문제들 중 일부밖에는 알 수 없지만, 분석적 체제에 대해 그들이 제기하는 근본적인 도전에 철학은 맞서지 않았다. 대부분 학계에서는 대화에서의 예상이나 배경 지식 같은 논제는 '단순한 화용론mere pragmatics'의 문제로 일축하거나 달갑지 않은 손님처럼 취급한다. 달갑지 않은 손님에게는 예의상 친절을 베풀고, 어색하게 주변을 어슬렁거리게는 했지만, 다시 하던 일을 계속 하기 위해 그들을 다그쳐 문밖으로 쫓아낸다.

힐러리 퍼트남은 부인에 대한 객관주의 문제의 대표적인 예를 제시했다. "테이블에 커피가 많이 있다There is a lot of coffee on the table"의 다양한 잠재적 의미처럼 앞서 기술한 문장 처리의 엄격한 연산적·형식적 모형의 문제에 주목하면서, 퍼트남은 '자기가 아는 언어철학자'의 반응을 기술했다. 즉 퍼트남이 아는 언어철학자가 제안하기로는 그 문장에는 **테이블 위에 많은 커피 분자**가 있다는 것처럼 단 하나의 '표준 의미'가 있다고 주장할 수 있다. 퍼트남이 기술하는 모든 다른 의미는 단순히 이러한 객관적인 그라이스Grice 방식의 의미에서 파생된 것이다. 퍼트남은 "하지만 그것이 옳다면, '표준' 의미는 그 단어들이 결코 사용되지 않는 의미이다"라고 말한다.(1999: 88) 퍼트남의 주장에 따르면, 나의 경험에서 전형적인 분석철학자들의 객관주의 비판에 관한 반응 때문에 학문적 철학은 상대주의 비판에 대해 효과적인 응수를 형식화하지 못한 것이다. 퍼트남Putnam(1990: 51)은 다음과 같이 말한다.

> 오늘날 분석철학은 철학사에서 단지 하나의 위대한 운동이 아니라, 마치 철학 자체인 척한다. 이러한 자체 기술은 분석철학이 우주의 가구라는 문제에 대한 '새로운 해결책'을 계속 제안하게끔 **강요한다**. 이것은 더욱더 기괴하고 철학계 바깥에서는 모든 관심을 잃게 된 방안이다.

우리는 비엔나학파가 논리학의 형식화에서 이룬 위대한 업적을 인정할 수 있다. 하지만 여전히 형식논리학이 진리로 가는 왕도일 수 없고, 가끔 특정한 문제에 적용되는 유익한 도구 정도로 인식한다. 우리는 이제 '포스트모던 상대주의'라는 항목에서 취합 가능한 여러 운동들을 고찰할 것이다. 포스트모던 상대주의는 객관주의가 그 자체의 한계를 인정하지 않으려는 경향으로부터 힘을 얻는 객관주의의 사악한 쌍둥이다.

제2장

그들은 우리들 속에서 산다: 학계에서 포스트모더니즘 특징짓기

지난 100년 정도 동안 가장 폭넓게 이해되는 철학인 '사상thought'에서 생겨난 흥미로운 모든 것들이 프리드리히 니체Friedrich Nietzsche의 글에서는 최소한 슬쩍 암시되고 있다거나, 많은 경우 명확히 계획된 것이라고 주장할 수 있다. 아쉽게도 객관주의에 대한 니체의 비판에서 영감을 받은 사람들은 몸과 인간 인지의 생물학적 뿌리로 향하는 그의 인솔을 따르지 않았으며, 궁극적으로는 니체가 그토록 경멸한 이상주의와 지적 '가짜 신앙심Tartuffery'에 빠져버린 듯하다. 의기양양한 1970년대와 1980년대에 포스트모던 이론과 후기구조주의 이론의 인기는 이해할 수 있는 것이고, 그들의 기여를 당시 학계를 지배했던 무분별하고도 문화적으로 근시안적인 소박한 계몽주의적 이상주의에 대한 중요한 반작용으로 경시하는 것은 불공평하다. 1960년대 후반의 시대정신으로서의 매력 또한 부인할 수 없다. 그것은 권위에 물음을 던졌으며, 문화적 다양성을 찬양하고, 세상에 만연해 있던 인종차별주의와 성차별주의에 반대했던 것이다. 포스트모던 이론을 풍자적으로 묘사하거나, 그것의 허수아비 버전을 제시하는 것은 쉬운 일이지만, 여기서는 그렇게 하지 않기 위해 최선을 다할 것이다. 포스트모던 이론화는 무수한 방식으로 인문학의 조망을 훨씬 낳게 변화시켰다. 그것은 인간의 섹슈얼리티와 성 정체성을 더욱 미묘하게 묘사하고, 만연한 문화적인 근시안과 지적 제국주의를 폭로하며, 흔히 비非전형적이며 소멸해가는 고귀한 지적 전통으로부터 땅 위에서 살았던 문화적 경험의 풍부함으로 학자들의 관심을 되돌렸다. 하지만 내가 주장하듯이 그것이 이원론의 한계를 결코 버리지 않은 탓에, 포스트모던 이론화의 설명적·자유주의적 잠재력은 깊은 내·외적 결함에 의해 약화된 채로 궁극적으로는 실현되지 못했다고 주장할 것이다.

내가 행하는 대로가 아니라, 내가 말하는 대로 하라

엄격한 칼뱅주의자들은 세계에서 지금까지 발생했으며 앞으로도 발생할 모든 일들이 신에 의해 미리 결정되었으며, 앞으로도 그럴 것이라고 믿고 있다. 그들은 자신들의 신념에 관해 질문을 받을 때, 가령 누군가가 행하는 그 어느 것도 그 사람의 최종적인 구원이나 파멸에 영향을 미칠 수 없다는 운명 예정설의 신념이 암시하는 바를 매우 일관되게 추종한다. 하지만 해결해야 할 시간 압박을 받는 현실적인 일이 주어지면, 그들은 즉각 일상의 추론 방식에 의존한다. 이때 인간의 행동은 자유롭게 선택되고 개인은 자신의 운명을 통제한다. 일요일이면 자신이 응원하는 풋볼 팀이 이기게 해달라고 신에게 열렬히 진심으로 기도하는 칼뱅주의자도 볼 수 있을 것이다.[1]

공언된 이론적 신념과 실제 실행 사이의 이와 비슷한 공백을 인문학 전체에서도 관찰할 수 있다. 지난 수십 년 동안 호전성이 강한 사회구성주의 형태의 이론은 다양한 민족문학과 비교문학, 종교학, 사회인류학, 미디어 연구, 역사, 예술사, 사회학 분야, 지리학 등 대부분의 핵심 인문학 분야에서 근본적인 이론적 가정으로 자리 잡았다. 나는 사회구성주의의 다양한 가닥들을 '포스트모던'으로 명명할 것이다. 왜냐하면 이것들은 위장된 사회적 의견이나 편견을 초월하는 세계에 대한 무언가를 알 수 있다는 계몽주의 신념을 만장일치로 부정하기 때문이다. 이런 입장의 문제는 진리 주장에 대한 심오한 회의주의 때문에 학계에서 실행 가능한 지적 입장으로 계속 기능할 수 있는지를 간파하기 어렵다는 사

1 "신학적 부정확theological incorrectness"(슬론Slone 2004)의 현상은 제3장에서 상세히 탐구할 것이다.

실이다. 실질적인 진리 주장이 불가능하고, 우리 인문학자들(또는 지성인이나 학자들)이 기표들을 본래 자의적으로 재배열만 하고 있다면, 노골적으로 말해서 왜 사람들이 우리 인문학자들에게 그렇게 하라고 돈을 주어야 하는지 알기 어렵다. 그러나 사회구성주의의 '진리'에 대한 절대적 확신 때문에 인문학자들이 책임감 있고 주의 깊은 학문에 계속 참여하지 못하게 되는 것은 아니다. 인문학자들은 떳떳한 마음으로 월급을 받고 강의를 하면서 살아간다. 왜냐하면 그들은 어떤 층위에서 세계에 대해 새로운 것을 발견하고 있다고 믿기 때문이다. 역사적·언어적 정확성, 논쟁의 일관성, 텍스트와 자료 증거에 대한 학계의 지속적인 고집과 함께, 이런 일상의 행동은 '사실상' 우리가 일그러진 거울의 끝없는 복도 아래로 정처 없이 어슬렁거리고 있을 뿐이라는 신념과 대립되는 듯하다.

인문학자들이 자신들의 일을 할 때 부조리한 이론적 입장을 무시한다는 사실이 이 실천과 이론 사이의 긴장을 사라지게 할 수는 없다. 긴장이 중요하듯이 이론적 입장도 중요하다. 내 생각에 늘 존재하는 이론과 실천 사이의 공백은 요즈음 인문학에서 거론되는 많은 연구들이 지적 독기를 품도록 한다. 수십 년 동안 포스트모던 상대주의의 더욱 더 급진적인 형태를 채택한 이후, 이러한 독기가 너무 두꺼워졌기에 인문학자들이 문외한들에게 그들 연구의 본질을 설명하는 일에 더욱 더 힘들어 하고 있으며, 학계의 다른 분야와 명료한 전형적인 규범 모두로부터 훨씬 더 고립되고 있음이 드러나고 있다. 대학과 기관으로부터 인문학 연구를 위한 일반적인 자금 지원이 줄어든 것처럼, 학부생과 대학원 등록생의 수도 줄었다. 정신이 제대로 박힌 어느 예산심의위원회에서 결론에 특별한 진리는 없다고 주장하는 연구에 투자하고 싶겠는가? 물론 이것은 이용 가능한 자원의 가장 좋은 몫을 흡수하는 지배적이고 환원주의적이며 희망이 없을 정도로 자본주의적인 자연과학의 악마에 대해 인문학자들을 더욱 소심하게 만들 뿐이다.

최근의 대표적인 예로 이러한 난국의 절망적인 본질을 예시해보자. 오늘날 학문적 차원의 종교 연구에서 일차적인 이론적 관심사는 종교적 내부인과 외부인의 관계이다. 즉 종교학자와 자신이 연구하는 신자의 관계인 것이다. 우리는 신자 스스로 인정할 수 없거나 불쾌하기까지 하다고 생각하는 동기와 잠재의식적 신념을 신자 자신의 탓으로 돌리는 힌두교의 예배에 관한 설명을 어떻게 봐야하는가? 이 질문에 관한 영향력 있는 대답은 그런 설명은 '환원주의적'이기 때문에 타당하지 않다는 것이다. 초기 종교학 이론가 윌프레드 캔트웰 스미스Wilfred Cantwell Smith(1959: 42)가 말하듯이, "신자에게서 인정받지 못한다면, 종교의 그 어떤 진술도 타당하지 않다." 이런 관점에서 종교학자들은 동정적 **이해***Verstehen*라는 섬세한 일에 종사하는 것으로 간주하게 된다. 즉 그들이 의미를 창조하는 과제에서 연구하는 실험 대상자들과의 공동참여자인 셈이다.

북미 종교학의 권위 있는 저널에 수록된 최근 논문(맥커천McCutcheon 2006a)에서 이런 관점에 대해서 이의를 제기했다. 요지는 흥미로운 학문 연구라면 무엇이든 환원주의를 포함해야 한다는 주장이었다. 특정 교리나 관례의 역사적 발달을 증명하는 것을 목표로 하든, 역사적 시기나 신념에서 심층적인 주제를 찾는 것을 목표로 하든 간에, 종교학자의 연구는 반드시 설명적 환원을 포함하지 않을 수 없다. 환원주의를 완전히 피할 수 있는 유일한 방법은 글자 그대로 신자의 말을 간단히 전하는 것이지만, 이렇게 하는 것은 학문이 아닌 저널리즘인 것이다. 그것도 매우 피상적이고 흥미롭지 못한 저널리즘이다. 환원주의는 인문학 어느 분야든 학문적 분석에 중심으로서, 환원주의를 간단히 거부하는 것은 그가 제안하듯이 "우리가 알고 있는 인문과학의 종결"(736)을 수반할 수밖에 없다.

나는 이런 생각에 진심으로 동의했지만, 그 형식화의 기초가 되는 철저한 사회구성주의적 상대주의 체제와는 어떻게 조화를 이룰지에 대해서 난감했다. 같은 논문의 다른 곳에서 저자는 "모든 의미작용의 행위는 일련의 주장을 나일강의 진정한 수원에 가깝지 않은 언어로 번역하는 것"(742)이라고 주장하면서, 우리가 가진 것이라곤 표상뿐이라는 장 보드리야르Jean Baudrillard의 주장을 되풀이했다. "각각의 표상은 애당초 존재하지 않았던 실재를 대표할 수 있는 가능성을 얻기 위해 경쟁하고 있다."(743) 이러한 사회구성주의가 종교학의 기본적인 배경 교리가 된 방식은 이 논문의 차후의 응수와 반대의 응수에서 아주 분명해진다. 여기에서 두 참여자는 조나단 스미스Jonathan Z. Smith라는 영향력 있는 이론가의 말(하느님의 말씀?)을 인용하면서 자신들의 의견을 내놓았다. 종교 내부인과 외부인의 상대적 신분에 있어서 어떤 차이가 있든 간에, 종교학자로서의 우리 모두는 "스미스를 따르며, 우리가 가진 모든 것은 늘 역사일 수밖에 없다는 데 동의한다."(맥커천McCutcheon 2006b: 756) 물론 어느 진술도 다른 어떤 진술보다 타당성에 대해서 더 큰 자격을 갖지 않는다면, 설명적 환원주의를 어떻게 옹호해야 할지 알기 어렵다. '설명'이라는 개념은 보다 깊은 인과적 통찰력이나 정확성의 층위를 가정한다. 다소 이상하겠지만 이것이 인문학에서는 일반적인 광경이다. 그렇지 않다면 사려 깊고 분석적으로 재능 있는 인문학자들은 사회구성주의의 제단 앞에서 한 쪽 무릎을 굽히는 것이고, 동시에 우리가 사회구성주의를 진지하게 받아들인다면, 그것의 모든 공격력을 잃게 되는 논증을 옹호하는 격이다.

나는 스미스J. Z. Smith, 클리포드 기어츠Clifford Geertz, 주디스 버틀러Judith Butler 그리고 대학원의 이론과 방법론 과정에서 나에게 배정된 모든 다른 이론가들에게서 '역사는 늘 전진한다'는 사실을 확실히 배웠다. '역사는 늘 전진한다'는 생각은 대부분의 핵심 인문학과에서는 뿌리 깊은 자명한 이치이다. 이 가운데 철학자들과 이상한 역사가들은 여전히 보드리야르가 절대 존재하지 않았다고 우리에게 확신시킨, 갈수록 희미해지고 있는 '실재Real'를 식별하고자 줄기차게 노력하고 있다. 또한 인문학자들이 왜 이러한 이론적인 막다른 골목에 빠졌는지를 쉽게 이해할 수 있다. 포스트모던의 계몽주의에 대한 비판에 감명을 받은 우리는 더 이상 객관주의를 실행 가능한 선택권으로 생각하지 않는다. 특정한 지식을 확립하기 위한 이론적 기초가 없는 우리는 사회구성주의적 곤경으로부터 헤어 나올 수 없는 듯했다. 이러한 곤경에서 논쟁에 대한 유일한 기준은 보다 더 사회구성주의자라는 이름을 얻으려는 노력처럼 보인다.

이 장에서는 기본적인 '포스트모던'의 입장을 다양한 방식으로 약술하려 한다.[2] 이는 대부분일 수는 없지만 많은 인문학 분야에서 기본적인 지적 입장으로 계속 존재한다는 사실을 증명하기 위함이다. 이번 장에서 이를 논의하고, 포스트모더니즘의 문제점에 대해서는 제3장에서 논의할 것이다. 왜냐하면 포스트모더니즘을 묘사하는 것은 객관주의의 경우보다 시간을 더 잡아먹으며, 그것을 좀 더 상세히 묘사하고자 하기 때문이다. 객관주의자들은 자신들이 객관주의자라는 것을 일반적으로 **인정하고 있으며**, 분석철학자들과 1세대 인지과학자들은 제1장의 시작 부분에서 약술된 입장을 숨김없이 받아들이고 있다. 이 장에서 약술하는 포스트모던 입장에서 이상한 특징 하나는, 스스로 포스트모더니스트라는 것을 인정하는 인문학자가 거의 없으며, 오늘날 인문학이 포스트모더니즘을 '극복했다'는 말을 종종 상투적으로 들을 수 있다는 사실이다. 나는 앞서 인용한 예가 암시하듯이 이것은 사실이 아니라고 믿는다. 뒤에서 푸코Foucault, 부르디외Bourdieu, 기어츠Geertz, 스미스J. Z. Smith, 가다머Gadamer 같은 인문학계에서 그 접근법이 여전히 필요한 학자들의 입장이 최소한 어떻게 내가 말하려는 포스트모던적인 것으로 이해되고 있는지를 보여주고 싶다. 제3장에서는 포스트모던 입장에서 특유한 다양한 이론적·실증적 문제를 상세히 탐구할 것이다. 이는 인문학에 종사하는 우리가 왜 다급히 포스트모더니즘을 극복해야 하는지를 명확히 하기 위함이다. 제4장에서는 문화와 문화적 다양성에 대한 진정한 포스트-포스트모던 접근법이 어떤 모습인지를 약술할 것이다.

이 책에서 줄곧 사용할 '포스트모던 실재론'(또는 간단히 '포스트모더니즘')이라는 명칭은 대부분 후기구조주의 문학 이론, 기어츠의 사회학, 보아스의 인류학학파, 워프의 언어학, 프랑스 실존주의의 '개인주의적 구성주의',[3] 과학철학에

---

2 포스트모던 이론 분야의 현 상태에 대한 유익한 최근의 관점을 위해서는 코너Connor(2004)에 수록된 논문 참조.

3 프랑스 실존주의는 의미가 다른 식으로는 근거 없는 **개인적** 의지 행위에 의해 창조된다는 점에서 포스트모더니즘의 다른 가닥들과는 약간 다르다. 여하튼 여기서 의미는 완전히 자의적인 인간의 창조물이다.

서의 '과학학' 운동, 하이데거와 가다머의 '철학적 해석학philosophical hermeneutics', 로티의 '신新실용주의neo-pragmatism',[4] 브뤼노 라투르Bruno Latour와 피에르 부르디외Pierre Bourdieu의 사회학 등 다양한 운동을 포괄하는 넓은 방사형의 범주이다. 그래서 내 '포스트모던' 항목에 포함시키는 많은 사상가들은 실제 이런 명칭 부여를 거부할 것이다. 그래서 '포스트모더니즘'을 비판할 때 제기될 수 있는 필연적인 반대를 피하기 위해 존 투비와 레다 코스미데스의 '표준사회과학 모형Standard Social Science Model(SSSM)' 같은 신조어를 만들까 하는 생각도 한 적 있다. 그런 반대 의견에서는 내가 포스트모더니즘과 후기구조주의를 융합하고 있다고 하거나, 후기의 '초超포스트모더니스트amodernist' 라투르와 그가 비판하는 포스트모더니스트를 혼동하고 있다고 할 것이다.

그래서 나는 이 명칭을 고수하기로 결정했다. 내 생각에는 그러는 것이 인식할 수 있는 지적 입장을 가장 정확하게 기술하기 때문이다. 내가 보건대 '포스트모더니즘'의 핵심 특징은 세계에 대한 우리의 경험이 언어나 문화에 의해 **내내** 중재된다는 신념과 함께, 우리 인간을 근본적으로 언어적-문화적 존재로 보는 모형이다. 이런 모형에서는 실재에 대한 직접적인 인지적 접근이 불가능하고, 세계의 사물은 우리에게 언어적으로든 시각적으로든 중재된 문화적 선입견의 여과기를 통해서만 의미가 있다. 이런 입장의 공통된 결과는 강한 언어적-문화적 상대주의, 보편적 진리 주장에 대한 의심,[5] 인간 본성에 대한 '빈 서판' 관점이다. 즉 우리가 사회화되는 담론에 의해 각인될 때까지는 아무것도 아니어서, 우리가 생각하거나 행동하는 방식에 대한 어떤 중요한 것도 우리의 생물학적 재능의 직접적인 결과가 아닌 것이다.[6] 따라서 명백한 다양성과 수사적 겉치레

4 로티, 하이데거, 가다머는 객관주의와 주관주의를 넘어서는 '제3의 방법'을 찾는 많은 인문학자들이 가장 좋아 하는 사상가들이지만(특히 번스타인Bernstein 1983, 바렐라Varela *et al.* 1991, 프리시나Frisina 2002 참조), 나는 뒤에서 이들 중 어느 사상가도 실제로 우리를 그곳에 데리고 가는데 성공하지 못했다고 주장할 것이다.

5 장-프랑소아 리오타르Jean-François Lyotard가 말하듯이 "나는 극단까지 단순화하여 **포스트모던**을 거대담론metanarrative으로 향하는 회의심으로 정의한다."(1984: xxvi)

에도 불구하고, 이런 운동을 '포스트모던'으로 간주한다는 것은 공평하다. 왜냐하면 이런 운동들은 자연과 문화, 사실과 가치를 명확히 구분하고, 어떤 것이든 **설명할** 수 있다는 계몽주의적 낙천주의를 만장일치로 거부하기 때문이다. 포스트모더니즘의 경우에는 인간에게 이용 가능한 세계를 이해할 수 있는 유일한 방식은 인문학적 **이해***Verstehen*이다. 이는 끝없는 인간 대화의 폐쇄된 영역 밖으로 나갈 방법이 없다는 사실을 의미한다. 이러한 인간 대화가 사물계와 완전히 차단되면 부분적이든 임시적이든 절대로 결론을 달성할 수 없다. 이제 특정 경우에 더 명확해지는 핵심 특징을 나타내기 위해 포스트모더니즘의 몇몇 골자들을 고찰할 것이다.

후기구조주의 이론: 텍스트로서의 세계

세계에 대한 언어외적 지식의 부정은 후기구조주의 문학 이론에서 다양하게 반복되면서 가장 극적으로 표현되는데, 이는 유명한 "텍스트 바깥은 없다il n'y a pas de hors-texte"라는 데리다Derrida(1978: 158)의 주장으로 요약된다. 물론 데리다가 사물의 언어외적 실재의 존재를 실제로 부정하는 것은 아니다. 그는 우리가 이런 사물 **자체**에 직접적으로 접근할 수 있는 가능성을 부정한다. 사물은 담론적 사물로만 우리에게 알려지는 것이다. 담론적 사물이란 인간이 알 수 있는 세계를 구성하는 짜여진 텍스트 속의 가닥을 말한다. 롤랑 바르트Roland Barthes(1968: 10)는 기호론을 소개하면서 다음과 같이 설명한다.

> 사물(옷, 음식)의 집합의 경우에 사물은 언어의 릴레이를 통과할 수 있는 경우에만 체계의 위상을 누린다. 이런 언어는 (명명법의 형태를 하고 있는) 기표를 추출

6 표준사회과학 모형Standard Social Science Model(SSSM)에 대한 투비와 코스미데스의 묘사(1992: 24-32)와 현대 인문학 담화를 지배하는 것으로 간주되는 성삼위일체Holy Trinity(빈 서판Blank Slate, 고상한 야만인Nobel Savage, 기계 속의 유령Ghost in the Machine)에 대한 핑커의 논의 참조.

하고, (용법이나 이성의 형태를 하고 있는) 기의를 명명한다. 그 기의가 언어와 독립적으로 존재할 수 있는 영상과 사물의 체계를 생각하기란 매우 어려운 듯하다. 물체가 무엇을 의미하는지를 인식하는 것은 반드시 언어의 개체화에 의존하는 것이다. 지시되지 않는 의미는 없으며, 기의의 세계는 다름 아닌 언어의 세계인 것이다.

이런 언어는 언어외적 실재와 직접적으로 연결되는 기표의 체계가 아니라, 자체 폐쇄적인 '**분절**의 영역domain of *articulations*'이다. 따라서 의미는 '모양이 엉망이 된 절단cutting-out of shape'으로 환원되며, 기호론의 임무는 "사물의 어휘부를 확립하기보다는 인간이 실재에 부과하는 분절을 재발견하는 데 있다."(57) 인간 및 인간 경험과 닮은 어떤 것이 그러한 기호론적 연결망에 뒤엉킨 채로 그 안에 내포되어 있다. 때문에 바르트는 "인간은 종이나 개체로서 언어 이전에는 존재하지 않는다"(1972: 135)라고 단정한다.

소쉬르 구조주의보다 니체에게 더 많이 빚지고 있긴 하지만, 언어가 어떤 식으로든 표상적임을 부인한다는 점에서, 즉 단어가 인간과 독립된 실재를 가리킨다는 것을 부인한다는 점에서, 미셸 푸코Michel Foucault의 연구도 비슷한 계보를 따른다. 푸코Foucault(1972: 47-48)가 선언한 바에 따르면, 그는 담론 전개를 분석하면서 "'사물'을 초월하고자 한다."

담화에 앞서는 '사물들'의 수수께끼 같은 보물을 담론 내에서만 등장하는 대상들의 규칙적 형성으로 치환하고자 한다. **사물들의 토대**인 **바탕**을 참조하지 않고서도 담론의 대상으로 형성시키고, 그들의 역사적 출현의 조건을 구성하는 규칙들의 집합에 관련시킴으로써 이런 **대상들**을 정의하고자 한다.

푸코의 담론은 궁극적으로 단지 단어 그 이상을 포함한다. 그외의 제도적 구조, 신체적 실천, 섹슈얼리티, 권력의 적용을 암시한다. 때문에 그가 '텍스트로서의 세계' 관점을 지지하는 것으로 보는 것은 공정하지 않다. 그런데 푸코의 관점에서 보면 인간은 담론의 중재를 통해서만 명백한 구체적인 현상에 접근하고 그것을 알 수 있다. 예컨대 그에게 있어서 인간의 몸은 궁극적으로 "(언어에 의해 추적되고 관념에 의해 용해되는) 사건의 새겨진 표면, (실질적인 통일의 환상을 채택하는) 분리된 자아의 중심지, 영원한 탈통합 속의 양"에 지나지 않는다.(1977: 148) '담론'이라는 용어의 선택 자체는 계시적인 것으로서, 인간을 근본적으로 언어적 존재로 간주하는 포스트모던 사고의 깊이 뿌리박힌 경향을 반영하고 있다.

포스트모더니즘에 관한 나의 관점을 처음 학계 회원들에게 제시했을 때, 때때로 내가 존재하지도 않는 과녁을 겨냥하고 있다는 비난을 들었다. 즉 1970년대와 1980년대의 후기구조주의와 탈脫구조주의 이론화에서 발견되는 강한 언어구성주의가 학계에서는 더 이상 흔치 않았다. 사실 데리다 같은 대-텍스트주의자도 "언어 외에는 아무것도 없고, 우리는 언어의 감옥과 그런 종류의 다른 어리석은 것에 투옥되었다"(1984: 124)라는 입장으로부터 거리를 두고자 주기적으로 시도했으며, 확실히 언어외적 실재에 대한 공공연한 부인이 점차 포스트모더니즘에서는 시대에 뒤진 것으로 되고 있다. 그럼에도 불구하고 포스트모던 이론가들이 (그들이 적는 것에 대해 **주장하는** 것이 아닌) 실제로 쓰는 것을 보면, 인간 실재의 건축용 벽돌로서의 '저자성著者性authorship'과 '텍스트text'의 은유와 결부된 강한 사회구성주의 주제가 계속해 난무하고 있다. 이는 수사적 겉치레 외에 텍스트로서의 세계 모형 같은 것은 지금도 굳게 건재하고, 대부분의 인문학 분야에서 기본적인 이론적 입장으로 기능한다.

내 분야에서 예를 찾아보면, 중국 문화 연구에서 '기호학적 전환semiotic turn'의 대표적인 현대의 옹호자인 리디아 리우Lydia Liu(2004: 13)는 중국에서 유럽 식민주의의 결과로 발생한 문화들의 상호작용을 '초超기호super-sign'의 층위에서의 투쟁으로 제시한다.

그것은 둘 또는 그 이상 언어들의 의미장에서 종횡무진 움직이고, 이와 동시에 인식 가능한 언어 단위의 의미에 영향을 미치는, 단어가 아닌 이질 문화적 기호화 연쇄이다. 초超기호는 음성적·표의적 차이의 심연 전체에서 기존 언어들의 틈새로부터 발생한다. 그것은 이질 문화적 기호화 연쇄로서, 항상 언어적 현상을 위한 기호화의 과정의 완성을 위해 둘 이상의 언어적 체계를 필요로 한다. 따라서 초超기호는 서로 다른 언어들과 서로 다른 기호학적 매체들에서 기호들의 이동과 분산을 유도·강요·명령하는 환유적 사고의 방식으로 제시될 수 있다.

식민주의는 물리적 사물과 본질적으로 유의미한 현상의 공통된 세계의 지평 위에서 상호작용하는 개별 인간의 역사일 수 없고, 비신체화된 기호론적 연결망의 경쟁인 것이다. 최소한 이런 연결망 이면의 군사력에 담론외적 자격이 부여될 것으로 예상되지만, 리우는 이런 가능성까지 차단시킨다. 예컨대 그녀는 어디선가 다니엘 디포Daniel Defoe의 소설 『로빈슨 크루소』에서 유럽 식민주의의 본질을 포착하는 장면에 대해 논의한다. 크루소는 프라이데이라는 식민주체colonial subject와의 '첫 접촉' 중에 총의 위력을 보여줌으로써 프라이데이를 위협하려 한다. 그는 멀리 있는 새를 향해 총을 겨누고 방아쇠를 당겨 새를 쏘아 땅에 떨어뜨린다. 이렇게 함으로 하여 겁먹은 프라이데이에게 적절하게 힘을 느끼게 한다. 리우는 "크루소가 가진 총의 위력이 다른 사람의 생명을 빼앗을 수 있는 물리적 능력에 있지 않고, 공포와 인간 의도의 기호로서의 직시성에 있다는 것이 강조되어야 한다"고 설명한다. 이것은 "루이 알튀세르Louis Althusser의 호명interpellation의 개념과 언어 이론에서 직시소直視素의 개념"의 실례이다. 실제로 프라이데이는 이런 과시로 위협을 받지만, 우리는 '직시성의 공포'가 실제로 비난할 만한 것인지에 대해 궁금할 수 있다. 때때로 총은 총일 뿐이다. 하지만 기호론적 접근법에서, 치명적인 무력을 한 몸에서 또 다른 몸으로 발사하기 위한 그러한 기본적인 도구는 절실한 기호의 세계로 추상되고 난 뒤에라야 인간 주체에 의해 이해된다.

리우의 초超기호의 영역에서부터 주디스 버틀러Judith Butler가 성을 "제약의 장면을 가진 즉흥 연주의 실천으로 계속 고집하는 것"에 이르기까지, 세계가 텍스트나 상징적 실행의 연결망이라는 이미지는 여전히 인문학 연구에서 널리 위력을 과시하고 있다. 그리고 그들의 용어는 "처음부터 단 한 명의 작가를 가지지 않은 사회성에서 스스로의 바깥에 있고 스스로를 넘어서 있다."(2004: 1) 최근 몇 년간 사진, 영화, 옷, 자동차, 광고판, 이베이 옥션 등 담론적 표현의 넓은 스펙트럼을 포함하여, 우리가 언어를 넘어서 물질계와 접촉할 수 있다는 인상이 생겨나긴 했지만, 이러한 인상은 피상적인 것이다. 옷, 음식, 매체 이미지, 세라믹 소품은 모두 기호론적 연결망으로 그대로 받아들였다. 주체와 사회가 언어적 구성물, '기호의 이동과 분산'의 산물이라는 생각은 앞으로 다룰 포스트모더니즘의 맥락과 매우 흡사하다.

표준사회과학 모형: 실재의 사회적 구성

문화 연구에 대한 수직적 통합 접근법의 최근 옹호자들은 투비와 코스미데스가 '표준사회과학 모형'으로 특징짓는 인류학과 사회학에서 말하는 사회구성주의의 다양한 형태에 비난을 퍼부었다. 투비와 코스미데스Tooby & Cosmides(1992: 24-32)는 표준사회과학 모형의 기본 원리, 자체의 내부 결함, 실증적 의심스러움을 포괄적이고도 상세하게 분석한다.[7] 여기서는 그 기본 개요를 약술하는 데 그칠 것이다.

표준사회과학 모형의 기본은 인간 존재의 이원론적 모형 가운데서 아주 자연스럽게 발생한다. 집단적 인간 마음의 산물인 사회나 문화는 의미의 유일한 근원이다. 물리학의 암묵적 영역의 구성원인 우리의 몸은 집단적 마음에 의해 생산되는 의미 구조를 위한 비활동적 저장소이다. 인간의 정신처럼, 사회/문화도 자체의 내적 논리와 인과성의 지배만 받는다는 점에서 자유롭다. 선천적·

7 데릭 프리먼Derek Freeman(1983: 19-49), 도널드 브라운Donald Brown(1991: 9-38), 스티븐 핑커Steven Pinker(2002: 5-29) 참조.

생물학적 경향은 기계적이고 유연하지 않기 때문에, 기껏해야 기본적인 동물적 욕구를 안내하는 데만 어울린다. 집단적 인간 마음의 자유놀이free play의 산물인 사회와 문화는 자의적이고 예측할 수 없는 방식으로 서로 상이하다. 즉 사회와 문화는 그 자체를 깊이 새기는 유연한 재료에 의해 제약을 받지 않는 까닭에 내적으로 획일적이다.

제3장에서 주장하듯이, 표준사회과학 모형의 중심에 있는 이원론은 호모 사피엔스만큼 오래되었고, 브뤼노 라투르의 논의에도 불구하고[8] 이원론에서 나오는 자연과 사회의 구분도 마찬가지로 보편적인 것 같다. 현대 사회과학의 중심적인 독단적 주장으로 이미 고착된 아주 극단적인 한 형태는 현대 사회학의 아버지인 에밀 뒤르켐Emile Durkheim에게로 거슬러 올라간다. 뒤르켐Durkheim(1915/1965: 28-29)이 주장하듯이 "사회는 **독특한** 실재이다." 그 이유는 다음과 같다.

> 인간은 이중적이다. 인간에게는 두 가지 존재가 있다. 유기체 속에 근거하므로 그 활동 범위가 엄격히 제한되는 개인적 존재와 우리가 관찰을 통해 알 수 있는 지적·도덕적 질서에서 가장 높은 실재를 나타내는 사회적 존재가 그것이다. 후자는 사회를 말한다.

뒤르켐에 따르면 이러한 '이중적 존재'의 하반부는 상반부와는 인과적으로 무관하다. '인간'의 엄격하게 제한된 유기체적인 부분에서의 수동적 특성은 "이러한 개인적 본성이 사회적 요인에 의해 형성·변형되는 미결정적 재료에 지나지 않는다는 것을 의미한다. 개인적 본성이 기여하는 것은 매우 일반적인 태도와 모호하고 유연한 기질에만 있다. 다른 행위자가 개입하지 않는다면, 이러한 태도와 기질 자체만으로는 사회 현상을 특징짓는 한정적인 복잡한 형태를 취할

8 11번 각주에서 '후기' 라투르의 논의 참조.

수 없다."(1895/1962: 105-106)

투비와 코스미데스가 주장하듯이 자립적 사회가 인간 본성의 빈 서판 위에 그 구조를 각인한다는 뒤르켐의 모형은 프란츠 보아스와 그의 제자 루스 베네딕트Ruth Benedict 및 마가렛 미드Margaret Mead[9]로부터 피터 버거Peter Berger와 토머스 루크만Thomas Luckmann의 영향력 있는 『실재의 사회적 구성*The Social Construction of Reality*』(1966) 같은 연구가 예증한 사회구성주의에 이르기까지, 인류학과 사회학에서 그 이후 연구의 지배적인 지침 가설이 되었다. 사회가 존재론적인 자립적 영역이라는 생각은 생물학의 일부 영역에도 투영되었다. 예컨대 리처드 르원틴Richard Lewontin은 사회생물학에 대한 지속적인 반대 운동에서, 유전자가 "사회적 행동이라는 특유한 경험 형태를 통해서만 이해되고 탐구되는 법칙과 본성을 가진, 사회적 상호작용의 층위라는 완전히 새로운 인과성의 층위에 의해 교체되었다"(1991: 123)라는 '사실'을 유전적 결정주의의 고민거리에 대한 가장 훌륭한 무기로 삼았다. 1960년대와 1970년대 이후 인류학자와 사회학자들이 뒤르켐의 엄격한 이원론과 후기구조주의 문학 이론에서 나온 인식론적 회의주의를 결합함에 따라, 사회 현상의 합리적 과학을 구성하려는 뒤르켐 연구과제에 대한 초기 모더니스트의 공격은 갈수록 줄어들었다.

포스트모더니즘의 '텍스트로서의 세계'와 '자립적인 것으로서의 세계'라는 가닥들이 서로 뒤엉켜 있는 밝혀진 방식은 클리포드 기어츠Clifford Geertz의 연구에서 가장 잘 예시되고 있다. 기어츠Geertz(1973: 49)는 "문화와 독립된 인간 본성 같은 것은 존재하지 않는다"고 주장하면서, 인간 본성에 대한 고전적 뒤르켐의 '빈 서판' 모형을 공유한다. 우리에게는 '하등' 동물이 지닌 선천적인 행동 프로그램이 없는 까닭에 우리 인간은 상징적 문화를 필요로 한다. 그 의미는 다음과 같다.

9 사모아 문화에 대한 미드의 이국적인 설명의 철저한 폭로를 위해서는 프리먼Freeman(1983) 참조.

의미 있는 상징의 조직적 체계인 문화 유형culture pattern으로부터 지시를 받지 못하는 사람의 행동은 실제로 제어할 수 없고, 무의미한 행동과 폭발하는 정서의 단순한 혼돈이며, 그의 경험은 실제로 무형이다. 문화 유형의 축적된 전체인 문화는 단순히 인간 존재의 장식이 아니라, 그 특이성의 원칙적 기초, 즉 그것을 위한 본질적 조건인 것이다.(46)

기어츠는 이 모형을 앞서 기술한 포스트모더니즘의 텍스트 지향적 가닥과 통합시켜 업데이트하며, 문화가 "본질적으로 기호학적"(5)이고 "행동된 문서acted document"(10)라고 주장한다. 우리 자신의 것이든 다른 사람의 것이든, 문화의 분석은 "법칙을 찾으려는 실험적 과학이기보다는 의미를 찾으려는 해석적 과학이다."(5) 기어츠는 **정신과학***Geisteswissenschaften*(*Verstehen*, 즉 특이한 인간 '이해'의 영역)과 **자연과학***Naturwissenschaften*(*Erklären*, 즉 기계론적 설명) 사이의 절대적인 존재론적 구분, 즉 길버트 라일Gilbert Ryle로부터 차용한 범주를 사용하자면 '두터운 기술thick description'과 '얇은 기술thin description' 간의 구분을 요란스럽게 보호하며 대부분의 생애를 보냈다. 라일Ryle(1971: 480)은 우리에게 다음과 같은 시나리오를 고려하도록 했다.

> 두 소년은 오른쪽 눈의 눈꺼풀을 매우 신속하게 수축시킨다. 한 소년에겐 이것은 자발적이지 않은 경련일 뿐이다. 그러나 다른 소년은 공범자에게 공모의 의도로 눈을 깜박이고 있다. 최하위 또는 가장 얇은 기술의 층위에서, 눈꺼풀의 두 수축은 정확히 같을 수 있다. 두 얼굴의 촬영필름으로부터, 어떤 수축이 윙크이고 어떤 것이 단순한 경련인지 구분하기 어렵다. 하지만 경련과 윙크 사이에는 엄청나지만 촬영할 수 없는 차이는 있다.

라일과 기어츠가 주장하듯이 경련과 윙크 사이의 '엄청나지만 촬영할 수 없는 차이'는 '두터운 기술'에 의해서만 포착되는데, 이것은 단순히 물리적인 것을 넘어서 기어츠가 말하는 제스처의 '기호학적 의미'와 맞물린다.(1973: 6) 이러한 의미는 다시 '사회적으로 확립된 부호'에 의해서만 해독된다. 이는 인간 행동의 두터운 기술에 초점을 두는 진정한 민족학을 행하는 것은 "원고를 ('해석을 구성한다'는 의미에서) 읽으려는 것과 같다"(10)는 의미이다.

인간 행동 연구에 대한 기호학적 접근법은 '얇은' 신체적 과정이나 물리적 과정이 실질적인 역할을 한다는 것을 체계적으로 부인하는 효과를 지닌다. 그 결과 기호학적 접근법은 필연적으로 표준사회과학 모형 접근법의 결정적 자질인 사회구성주의와 문화상대주의로 이어진다. 가령 정서에 대한 기어츠Geertz(2000: 208)의 기호학적 접근법은 정서를 다음과 같은 관점에서 보고, 정서 연구가들 중 미쉘 로잘도Michelle Rosaldo, 캐서린 루츠Catherine Lutz, 진 브리그스Jean Briggs, 리처드 스웨더Richard Shweder, 로버트 리비Robert Levy, 안나 비르츠비츠카Anna Wierzbicka를 언급한다.

> 정서는 중요한 도구와 구성적 관행의 관점에서 볼 수 있다. 이런 도구와 관행을 통해 정서는 모양과 느낌을 받으며 공적으로 통용된다. 단어, 영상, 제스처, 몸 표시, 용어, 이야기, 의식, 관습, 장황한 이야기, 멜로디, 대화는 다른 곳에 들어 있는 느낌, 무수한 반영, 징후, 발산의 단순한 매체가 아니다. 그것들은 사물 그 자체의 중심지와 구조이다.

기어츠는 이 연구를 개관한 후 "적어도 내가 보기에 정서의 문화적 구성에 관한 주장은 매우 잘 정리된 것 같다"(210)는 결론을 내렸다. 기어츠가 "진지한 어느 누구도 취하지 않고, 어쩌면 여기저기의 일시적인 열정 외에는 지금까지 취하지 않았던 부조리한 입장"으로부터 항시 철저하게 거리를 두려고 했다는 사실에 주목해야 한다. 이런 부조리한 입장이란 "급진적이고 문화가 전부라는 급진적인 역사주의 또는 뇌는 백지 상태라는 본원적 경험주의"이다.(1984/2000: 50) 하지만 이런 수사적 겉치레에도 불구하고 "사람은 날지 못하고, 비둘기는 말하지 못한다"거나 "파푸아 사람들은 시기하고, 호주 원주민들은 꿈을 꾼다"(1984/2000: 51)라는 사실 같은 묽은 보편소를 제외하고, 기어츠와 그의 추종자들은 인간적으로 중요한 세계(혹은 어쩌면 더 나은 '세계들')를 근본적으로 문화적 구성물로 여긴다.

과학학과 상대주의로 빠져듦

전통적 객관주의자들과 그들에 대한 포스트모던 비평가들 사이의 각축장인 과학학 분야에서는 최근 수십 년 만에 꽤 많은 열풍이 불었고, 양 진영의 일제 사격으로 많은 논문집과 저널의 특별호도 출판되었다.[10] 이와 관련해 과학학은 포스트모더니즘의 희망과 월권 모두를 볼 수 있는 아주 유익한 렌즈이다. 더욱 정교한 과학의 그림을 형식화하기 위한 과학학의 진정한 기여는 과학의 객관주의 모형의 문제들과 관련해서 앞에서 논의한 바 있다. 하지만 많은 과학학 문헌을 고취시킨 후기구조주의 이론처럼, 이런 통찰력이 불가피하게 인식론적 상대주의로 부지불식간에 빠져들면서 궁극적으로 훼손되고 마는 방식을 여기서 잠시 살피겠다.

우선 내가 왜 과학학을 '포스트모던' 제목 아래 포함시키려 했는지를 정당화할 것이다. 왜냐하면 많은 포스트모더니즘의 옹호자들이 나를 비롯한 다른 사람들이 그들에게 있다고 생각하는 언어적-문화적 상대주의의 강한 형태에 집착한다는 사실을 맹렬하게 부인하고 있기 때문이다. 샌드라 하딩Sandra Harding(1996: 18)은 "페미니즘과 인종차별 반대주의 과학학이 더욱 객관적인 자연과학과 사회과학을 요청했다"고 주장했으며, 도나 해러웨이Donna Haraway(1991: 187-

---

10 마글린과 마글린Marglin & Marglin(1990), 엘비Elvee(1992), 혼턴Holton(1993), 그로스와 레빗Gross & Levitt(1994), 그로스Gross *et al.*(1996), 『사회적 텍스트*Social Text*』(스프링-섬머Spring-Summer 1996), 소칼과 브리크몽Sokal & Bricmont(1999), 쾨르트거Koertge(1998), 『링구아 프랑카*Lingua Franca*』(2000)의 편집자들을 보라. 또한 그 논쟁의 짧은 개관을 위해서는 시거스트레일Segerstråle(2000: 333-347) 참조.

188)도 과학의 페미니스트 역사가들이 단순히 "시행 가능하고 신뢰할 수 있는 설명"을 유발할 "더 나은 세계의 설명"을 역설한다고 주장했다. 엘리자베스 로이드Elisabeth Lloyd(1996: 223)는 과학학이 상대주의라는 명칭으로 부당하게 손상되었다고 믿었다. 왜냐하면 비평가들은 "'과학의 신비성을 제거하는 것'과 '과학을 의심하는 것'의 차이를 구분하지 않으며", 과학학 운동이 실제로 과학이 덜 객관적이라기보다는 **더** 객관적일 수 있도록 도와주는 것을 목표로 하는 것임을 모르기 때문이다. 로이드의 관점에서 이런 오해를 풀기 위한 열쇠는 비평가들이 과학학에 '배제성 원리exclusivity doctrine'가 있다고 본 것이다. 배제성 원리에 따르면 "사회적·과학적 설명과 증거에 의거한 설명은 엄격히 상호 배제적인 것으로 간주된다."(229) 라투르와 울거의 유명한 (또는 악명 높은) 『실험실 생활*Laboratory Life*』 같은 연구에 관해서 그녀는 "사회적 설명이 개별 과학자들이 채택한 모든 이유 때문에 **교체물***replacement*로 제기된다고 **가정하는** 것은 실수이다"라고 주장한다.(230) 이것은 과학학 옹호사들의 흔한 조처이므로 사실 이 운동의 사상가들이 내가 생각하는 '포스트모더니스트'임을 무엇보다 먼저 확증하는 것이 중요하다.[11]

『실험실 생활: 과학적 사실의 사회적 구성*Laboratory Life: The Social Construction of Scientific Facts*』 2판에서 라투르와 울거는 애당초 자신들이 생각하기에 과학학과 동맹 이론화의 승리는 '사회적social'이라는 단어가 지시물로서의 기능이 상실되기 때문에 부제에서는 생략했다고 설명한다. 그들은 "**모든** 상호작용은 사회적이다"라고 설명한다. 그렇다면 "'사회적'이라는 용어가 그래프용지 위의 펜으로 한 기록, 텍스트의 구성, 아미노산 연쇄의 점진적 정교화를 똑같이 지칭할 때 이 용어는 무엇을 전달하는 것인가? 많지는 않다. 그것의 광범위한 적용 가능성을 증명함으로써, 과학의 사회적 연구는 '사회적'에 의미가 전혀 없도록 했

---

11 과학학의 창립자이자 지배적인 인물 중 한 명인 브뤼노 라투르는 처음에 보급시키도록 도왔던 과학학에서 '강한 프로그램'의 강한 상대주의적 입장을 나중에 거부했다는 것에 유념해야 한다. 후기 라투르는 별도의 절에서 논의할 것이다.

다."(1979/1986: 281) 독창적이며 과학학 운동에서 빈번하게 인용된 그들 책은 TRF 호르몬의 화학적 구조를 연구하는 솔크연구소의 과학자들을 추종하는 것을 목적으로 한다. 라투르와 울거는 이 물질이 가장 강한 의미에서 사회적으로 구성되는 것이라고 주장한다. 적어도 그들의 소박한 관점에서 TRF의 구조를 결정하기 위해 그 과학자들이 사용해온 '기록 장치inscription device'(가령, 질량 분석계와 세포배양)에 관해서 라투르와 울거는 다음과 같이 이야기한다.

> 이 물질 배열의 중요성은, 참여자들이 말하는 현상들 중 어느 것도 그것 없이 존재할 수 없다는 것이다. 가령, 생물학적 정량이 없다면, 물질은 존재한다고 말할 수 없다. 생물학적 정량은 객관적으로 주어진 실체를 획득하는 수단일 뿐만 아니라, 물질을 구성하기도 한다. 그 현상들은 물리적 기기 장치에 **의존하는** 것이 아니라, 실험실의 물리적 배경에 의해 **철저하게 구성되는** 것이다. 참여자들이 객관적 실체에 관해 기술하는 인공적 실재는 사실 기록 장치를 사용함으로써 구성되었다.(64)

라투르와 울거는 연구하는 내내 "특정 사물의 존재는 미리 주어진 것이고, 그런 사물은 단순히 과학자들이 그 존재를 시기적절하게 드러내주기를 기다렸다는 그릇된 인상"을 피하려는 자신들의 희망을 강조한다. "오히려 사물(이 경우에 물질)은 과학자들의 독창적인 창조성을 통해 구성된다."(129) "최근 발견된 새로운 물질"이라는 TRF의 위상은 "내분비학자들의 연결망 범위 내에서"만 참이다. "이런 연결망 밖에서는 TRF가 존재하지 않는다."(110)

과학학 운동에서 하는 명백한 상대주의적 진술들은 과학학이 매우 단순화된 과학 모형에 개선책만 제공하고 있다는 되풀이 되는 주장과 어떻게 공존하고 있는가? 매우 쉽게 공존하고 있는 것은 아니다. 내가 관찰한 바에 따르면, 우리가 고찰해온 모든 포스트모던 전통에 속하는 저술가들은 내가 '상대주의로 빠져듦'이라고 여긴 움직임으로, 전통적인 객관주의의 지식 모형에 대한 보다 온건한 '개선책'의 입장과 종종 단 한 문장으로 이루어진 훨씬 급진적인 상대주의적 입장 사이에서 끊임없이 비약하는 경향이 있다. 이런 현상의 대표적인 예가 되는 과학학 전통을 고수하는 몇몇 저술가를 선택하고, 전통적인 객관주의에 대한 매우 타당한 비판이 뜬금없는 불합리한 추론이나 텅 빈 수사적 비약을 거쳐 강력한 문화적-언어적 상대주의로 갑자기 빠져드는 순간을 정확히 지적하려고 한다.

토마스 쿤의 획기적 저술인 『과학 혁명의 구조*The Structure of Scientific Revolutions*』(1962/1970)를 처음에 읽었을 때 나는 쿤이 두 사람이 있다는 느낌을 떨쳐버릴 수 없었다. 그 가운데 한 사람은 과학적 발견과 진보에 대한 지나치게 소박한 견해를 침착하게 비판하는 사람('좋은' 쿤)이었고, 다른 한 사람은 입증되지 않은 결론으로 비약하는 무모한 상대주의자('나쁜' 쿤)였다. 쿤 자신은 상대주의적 경향을 지닌 사람들이 자기 연구를 받아들이는 방식 때문에 마음이 어지러웠으며, 나머지 생애를 그에 대한 피해 대책에 바쳤다. 그는 자신은 상대주의자가 아니고, 과학적 진보가 가능하다고 믿었으며, 급진적인 추종자에 의해 자신의 논의가 잘못 해석되고 있다고 주장한다.[12] 하지만 그 추종자들은 그의 연구에서 고무적일 정도로 급진적인 **무언가**를 명확히 보고 있었고, '나쁜' 쿤이 매우 상대주의적인 주장을 한다는 것은 틀림없는 사실이다. 이것은 '좋은' 쿤의 반反객관주의적 의견이 극단적인 상대주의적 입장으로 빠져들게 한 결과다.

이론과 사실의 구분을 고찰해보자. 제1장에서는 이론적 패러다임이 관찰에 능동적인 역할을 한다는 쿤의 관점에 대해 기술했다. 우리에게 '사실'로 간주되는 것, 즉 우리가 인식할 수 있는 것은 우리의 이론적 전제로부터 많은 영향을 받는다. 쿤은 종종 이처럼 더욱 온건한 주장으로부터 패러다임이 우리 인식의 구조를 **전적으로** 결정한다는 입장으로 빠져든다. 후자의 입장은 서로 다른 패러다임의 지배를 받으면서 사는 집단들마다 글자 그대로 "서로 다른 세계에서" 산다는 것을 의미한다.(1962/1970: 192-193) 인식이 이론적 패러다임에 의해 완전

12 가령 쿤Kuhn(1962/1970: 206-209, 1970) 참조.

히 구조화된다는 생각은 언어의 힘에 대한 워프Whorf(1956)의 주장과 비슷하고, 폴 파이어아벤트Paul Feyerabend(1993)는 '나쁜' 쿤의 주장에 대해 이런 생각을 열정적으로 수용한다. 파이어아벤트는 "관찰 명제observation statement는 이론에 **준거할** 뿐만 아니라 **완전히 이론적**이다"(1993: 211)라고 주장한다. 쿤처럼 (하지만 분명히 의견을 말하고 거의 거리낌 없는) 파이어아벤트도 우리가 무엇을 사실로 인식하거나 그 사실을 어떻게 인식하는지는 이론의 영향을 받는다고 말하는 것[1]에서부터 사실은 전적으로 이론의 산물이란 주장[2]으로 빠져들어 가도록 유혹받았다. "좀 더 꼼꼼히 조사해보면, 우리는 과학이 '있는 그대로의 사실'을 전혀 알지 못하지만, **우리의 지식으로 들어오는 '사실'은 이미 어떤 방식으로 관찰되기 때문에**[1] **본질적으로 관념적이다**[2]"는 것을 간파할 수 있다.

패러다임 전환의 논제도 고찰해보자. 우리는 이미 간단히 논리나 실험적 증거만으로는 과학계가 하나의 체제를 포기하고, 다른 체제를 수용하도록 할 수 없다는 '좋은' 쿤의 주장에 대해 논의했다. 패러다임이 우리가 세계에 대해 무엇을 알아차릴 수 있는지, 즉 무엇이 '데이터'로 간주되고 무엇이 '소음'으로 간주되는지를 어느 정도까지는 결정한다는 사실 때문에, 때때로 쿤은 패러다임 중립적인 '사실'을 참조해서는 경쟁 중인 패러다임들 사이의 논쟁을 해결할 수 없다는 주장으로 빠져들게 된다. 얼핏 리처드 로티처럼 들리면서(여전히 그렇게 간주되는), 쿤Kuhn(1962/1970: 94)은 대화적 합의는 우리가 접근할 수 있는 유일한 기준이라고 결론내린다. "정치혁명에서처럼, 패러다임 선택에 있어서도 해당 집단의 동의보다 상위에 있는 기준은 존재하지 않는다." 폴 파이어아벤트는 이런 주장을 즐겁게 풀이한다. 파이어아벤트Feyerabend(1993: 144)는 패러다임 전환이 "선전, 정서, 임시 가설, 편견에 대한 호소 같은 비합리적 수단"에 의해서만 일어난다고 주장한다. 이것은 과학이 일견 종교적인 유형임을 의미한다. 이는 샌드라 하딩Sandra Harding(1996: 22)이 현대 과학을 '서양의 민족 과학', 즉 무수한 잠재적인 '인접한 인식론들' 사이에서 문화적으로 구성된 하나의 담화로 묘사했을 때 반영된 견해이다. 이론-사실 구분처럼 이 입장도 불합리한 추론에 입각해서

서술된다. 즉 논리나 실험 결과가 과학에서는 이론 변화를 유발하는 **유일한** 요인이 아니라는 사실은 그것들이 **아무런** 역할도 하지 않는다는 주장을 낳기도 한다.

래리 라우던Larry Laudan(1996: 201-202)이 지적했듯이, 여기에 수반된 일부는 그가 말하는 "부분적 기술의 오류fallacy of partial description"이다. 즉 과학이 사회적 활동이라는 관찰로부터 그것이 완전히 사회학적 현상으로 가장 잘 이해된다는 결론으로의 비약이다. 이러한 비약은 과학학 문헌마다 널려있다. 가령 지식의 필연적 역사성을 주장하는 한 단락에서 샌드라 하딩Sandra Harding(1992: 19)은 "우리는 성, 종족, 계층의 관심사가 어떻게 실험실 생활의 연구과제와 과학적 지식의 **제조**를 **형성하는**지를 알 수 있어야 한다"고 결론을 내린다. 은유의 전환을 통해 그런 비약을 추적할 수 있다. '형성'은 자체 구조를 갖춘 세계에 대한 직접적인 지식이 사회적 과정에 의해 영향을 받을 수 있는 가능성을 암시하지만, '제조'는 먼저 존재하던 원재료의 제약을 받지 않는 방식으로 전혀 새로운 것을 창조한다는 이미지를 불러낸다. 과학학에서 '약한' 프로그램에서부터 '강한' 프로그램으로의 빠져듦은 은유의 전환으로 요약된다.

유사 실용주의적 전환: 철학적 해석학과 '신실용주의'

『객관주의와 상대주의를 넘어서*Beyond Objectivism and Relativism*』(1983)에서 마틴 하이데거Martin Heidegger와 한스-게오르그 가다머Hans-Georg Gadamer의 철학적 해석학 운동과 리처드 로티Richard Rorty의 '신실용주의neo-pragmatism'를 찬양하는 리처드 번스타인Richard Bernstein은 이들 사상가들이 확실히 이원론적인 '데카르트적 불안'에서 벗어나려고 노력 중이라는 주장이 틀리지 않았으며, 아리스토텔레스의 **실천지**實踐知, 즉 '실천적 지혜'로의 복귀로 간주한 것도 확실히 올바른 방향으로 가는 단계라고 한다.[13] 그러나 내가 보기에는 아리스토텔레스로의 복귀는 충분하지 못하고, 번스타인 자신뿐만 아니라 세 사상가 모두 결국에는 상대주의적 언어의 감옥에서 해방되지 못하고 있다.

철학적 해석학자인 하이데거와 가다머는 이원론에 대한 적개심을 공유하고 있다. 이원론은 인식 주체가 독특한 객관적 세계를 정확하게 표상한다는 계몽주의적 이상이다. 두 사상가에게 '진정한' 지식은 가능하지만, 이런 지식은 세계에 대한 추상적 표상이라기보다는 세계와의 진정한 상호작용으로 이해되어야 한다. 예컨대 하이데거는 우리가 사물을 우리 관심사의 영역 안으로 가져와야만 그것을 알 수 있으며, '앞서-구조fore-structure', 즉 가정에 의해서만 사물을 이해할 수 있다고 강조한다. 그가 신중하게 말하는 것은, 이것은 극단적 주관주의를 찬성하는 것과는 다르다는 것이다. 하이데거Heidegger(1962: 195)는 해석자가 자신의 앞선 가정을 발휘해야만 해석물을 이해할 수 있다는 '해석학적 순환hermeneutic circle'은 사악한 순환일 수 없다고 주장한다.

> 순환에는 가장 초생적 앎의 긍정적 가능성이 은폐되어 있다. 확실히, 우리는 우리의 해석에서 첫째이자 마지막이고 지속적인 일이 앞서-가짐, 앞서-봄, 앞서-구상이 환상과 대중적 개념에 의해 우리에게 제시되도록 하는 것이 아니라, 이런 앞서-구조를 사물 자체(**사상 그 자체**)에 의해 이해함으로써 과학적 주제를 안전하게 만드는 것임을 이해했을 때만 그 가능성을 진정으로 통제한다.

하이데거Heidegger(1993c: 126)가 요구하는 '사물 자체'에 대한 '진정한' 이해는 외부 세계에 대한 정확한 표상이 아니라, 무아경의 "존재의 개시성에 대한 노출"인 '비非은폐'로서의 진리aletheia이다. 가다머Gadamer(1975: 340-341)도 해석학의 목표를 '사물의 진리'에 대한 진정한 개방으로부터 초래되는 '지평의 융합fusion of

---

13 하이데거와 가다머를 영미 전통에 대한 유익한 대안을 대표하는 '신체화된' 사상가로 제시하는 것에 대해서는 바렐라Varela *et al.*(1991: 149-150)를 참조하고, (화이트헤드Whitedead나 중국 신유학의 왕양명王陽明Wang Yang-min 식의) 형이상학적으로 연결된 실용주의의 형태는 '지식의 비표상적 이론'으로 우리를 데리고 가는 데 필요하다는 관련 주장에 대해서는 프리시나Frisina(2002)를 참조해보라.

horizon'으로 간주한다.

특히 가다머는 법적 화용론과 기호taste의 비주관적 모형에 초점을 두면서, 아리스토텔레스의 실천적 이성의 부활을 위해 노력한 듯하다. 아리스토텔레스의 실천적 이성은 몸, 정서, 고유한 사물, 그리고 추상적·보편적 법칙에 대한 의존에 반대하는 상황의 특수성과 관련이 있다.[14] 하지만 중요한 것은 두 사상가에게 있어서 계몽주의의 주체-대상 이원론의 거부는 궁극적으로 전자가 후자를 흡수하는 형태를 띤다는 것을 이해하는 것이다. 인식 주체와 인식 대상, 인식 사건은 모두 존재론적으로 기본적인 언어의 영역에서 수용된다.

하이데거의 **현존재***Dasein*, 즉 영어로 'there-being' 또는 인간 존재 자체는 언어에 의해 구성되고, 언어에 의해서만 그것에 드러날 수 있는 세계와 직면하게 된다.

> 언어는 존재의 집이다. 인간은 그 집에 거주한다.(1993b: 217)
>
> 언어만이 처음으로 존재로서의 현現존재를 밝힌다. 언어는 처음으로 현現존재를 명명함으로써 그것을 말로 표현하고 드러낸다. 이런 명명만이 존재자들로부터 존재자들로 임명하는 것이다.(1993b: 198)

언어는 가다머의 해석학에서도 비슷하게 근본적이고 존재론적인 역할을 한다. 슐라이어마허Schleiermacher나 딜타이Dilthey의 계몽주의적인 해석학적 이상은 비판적 방법에 기초했다. 이는 해석의 진정한 대상을 파악할 때 극복해야 할 부정적 장벽으로 여기는 주체의 편견이나 가정을 분리하여 제거시키는 방법이다. 가다머는 **영향사***Wirkungsgeschichte*에 긍정적이고 존재론적 역할을 제공한다. 이는 자아를 구성하고 **이해***Verstehen*의 '사건'이 발생할 불가피한 범위를 형성하는 '영

---

14 가다머Gardamer(1975: 19-39, 278-289) **실천지***phronesis*('실천적 이성'이나 '실천적 지성')에 관한 아리스토텔레스를 위해서는 어윈Irwin(1985: 158-161)을 보고, 그 주제에 관한 유익한 짧은 논문을 위해서는 버넷Burnyeat(1980)과 위긴스Wiggins(1980)를 보라.

향사影響史effective history' 곧 편견의 망이다. 이런 범위는 언어에 의해 우리에게 주어지는데, 이는 하이데거처럼 가다머에게 있어서도 우리가 세계를 늘 언어적으로 소유한다는 것을 뜻한다. 가다머Gadamer(1976a: 62)는 "언어는 우리의 세계 내 존재의 근본적인 작용 방식이며 세계 구성의 포괄적 형태"라고 주장한다. 그는 언어가 전언어적 사고나 관찰을 전달하는 간단한 도구라는 상식적인 견해를 부정한다.

> 우리는 세계에 대해 의식하지 못하며, 사실상 언어가 없는 조건에서는 이해의 도구를 붙잡지 못한다. 오히려 우리 스스로에 대한 모든 지식과 세계에 대한 모든 지식에서, 우리는 항상 우리 자신의 언어에 둘러싸여 있다.[15]

가다머의 '놀이play'(Spiel)나 하이데거의 존재의 '요청call'(Ruf)에 대한 대답에서 등장하는 무아경의 상태는 사실 개별적 자아보다 더 위대한 무언가에 굴복하고, 그것에 참여하는 것을 포함한다. 이것은 단순한 주관주의에 대한 승리이다. 하지만 세계와의 상호작용의 '실재 사건'(Ereignis)은 언어적인 것을 초월하지 않는다. 그것은 결국 언어적으로 구성된 존재와 신의 말씀과의 밀봉된 대면(가다머Gadamer 1976b: 57-58)이나 존재가 그 자체를 존재로 부르는 "울리는 단어resounding word"(하이데거Heidegger 1993e: 418, 423)이다.

번스타인의 또 다른 영웅은 '신新실용주의자'인 리처드 로티다. 로티를 시대에 뒤처진 객관주의나 '아무것이라도 좋다'는 상대주의에 대한 진정한 대안으로 간주하는 데는 이유가 있다. 로티 자신은 '상대주의자'라는 꼬리표에 저항하고, 이 꼬리표가 지식에 대한 객관주의-합리주의 모형에 심오한 문제가 있다고 느끼는 사람에게 무차별적으로 적용된다는 사실을 관찰했다. 그는 어느 누구든 실제로는 어떤 견해도 다른 잠재적 견해만큼이나 타당하다고 생각한다는 투박

15 "인간은 **자신**이 언어의 형성자이고 주인인 것처럼 행동하지만, 사실상은 **언어**가 인간의 주인으로 남아 있다"는 가다머Gadamer(1993a: 348)의 의견을 참조해보라.

한 의미에서의 상대주의자는 아니라고 주장하며, 사실 "'상대주의자'라고 **불리는** 철학자와 견해들 사이에서 선택할 근거를 말하는 사람은 생각보다 훨씬 덜 연산적이다"(1980: 727)라고 주장한다. 로티는 실재에 대한 완벽한 신적 표상이 우리가 진리에 확실히 접근하도록 도울 것이라는 그릇된 희망을 포기해야만, 철학적 해석학자들처럼 우리도 대화를 통한 의견일치에서 발생하는 '지평의 융합'이 유일한 가능한 인간 객관성의 근원임을 알게 될 것이라고 믿고 있다. "[상대주의 대 객관주의의] 실재 논제는 한 관점이 다른 관점만큼 좋다고 생각하는 사람들과 그렇게 생각하지 않는 사람들 사이에는 있지 않다. 그것은 우리의 문화, 목적, 직관이 대화적으로만 지지될 수 있다고 생각하는 사람들과 다른 종류의 지지를 희망하는 사람들 사이에 있다."(728)

과학학의 옹호자들처럼 로티도 여기서 상대주의로 빠져들어간다. 즉 객관주의가 주장하는 것과는 반대로 진리를 보장하는 연산적 방법이 없다는 관찰로부터 "대화적 제약을 제외하고는 연구에 관한 아무런 제약이 없다는 불합리한 결론으로 부드럽게 나아가고 있다. 그리고 출발점의 우연성을 받아들이는 것은 우리의 유일한 안내의 근원인 동료 인간들로부터의 계승과 그들과의 대화를 받아들이는 것이다. 이런 우연성을 회피하겠다는 것은 곧 적절히 프로그램화된 기계가 되겠다고 희망하는 것이다."(726) 지식은 연산적이거나 완전히 사회적으로 구성되어야 한다고 말하는 것은 사실 그릇된 이분법이다. 로티는 "사물, 마음, 언어의 본성으로부터 도출되는" 제약을 논리적 모순이라고 주장한다.(726) 제5장에서 장황하게 주장하겠지만, 하지만 이러한 제약은 정확히 실생활의 사회적 합의를 달성하는 데 결정적인 제약이다.

나는 로티가 대화를 통한 의견일치 외에 비非연산적 지식의 **다른** 유형이 있고, 사실 실제적인 대화적 의견일치가 거의 항상 모든 대화 참여자들이 독립적이고 지각적으로 접근하는 실증적 증거에 호소해서 달성된다는 요점을 놓친다는 점에서, 하이데거와 가다머를 따른다고 생각한다. 대화를 통한 의견일치 이외의 '다른 유형의 지지'를 희망하는 사람들을 무시하고, 이러한 조처를 부인함으로써, 궁극적으로 로티는 하이데거와 가다머만큼이나 언어의 덫에 걸려 있다.[16] 비록 로티가 이들의 신비로운 개체 발생적 언어관을 공유하진 않는다 하더라도, 모든 인간들이 신체화의 결과로 공유하는 물질계와 인간 대화가 직접적인 관련이 있다는 인간 대화의 가장 결정적인 차원을 놓친다는 점에서 철학적 해석학자들과 유사하다. 이는 '방법'에 대한 가다머의 더욱 극단적인 거부를 반영하는, 마음에 대한 과학적 접근법을 로티가 다루는 방식에서 명확히 볼 수 있다. "제거적 유물론의 방어defense of eliminative materialism"에서 로티Rorty(1970: 119)는 내성적 현상의 신경학적 설명이 일관성이 전혀 없는 것은 아니라고 주장하면서 다음과 같이 결론내린다.

> 우리는 천 개의 어휘가 개화하여 어떤 어휘가 생존하는지 보아야 한다. 유물론자는 신경학적 어휘가 승리를 거둔다고 예측한다. 그가 옳을 수도 있다. 그러나 그가 옳다면, 그것은 그것이 이론과학에서 비롯된 이런 어휘의 특별한 특징 때문일 수 없다. 서로 다른 문화적 조건이 주어지면, 우리는 신경학적 어휘가 평범하고 친숙한 어휘를 갖게 되며 정신주의적 어휘는 '과학적' 대안을 지닌다고 상상할 수 있다.

마침내 문화적 조건만으로 우리 지식의 가능성이 기술된다는 생각인 이런 주장을 통해 로티를 포스트모던 진영에 확고하게 자리 잡게 할 수 있다. '실재를 복사한다'는 객관주의적 꿈이 망상임을 동의한다는 점에서 우리가 그와 철학적 해석학자를 추종한다고 할지라도, 물리적 실재를 멀리에서 표상하는 것 이외에 그것과 접촉할 수 있는 다른 방식이 있다는 사실을 인식할 수 있다. 하이데거, 가다머, 로티는 우리 인간이 **언어적** 존재라는 생각, 즉 아리스토텔레스를 줄곧 따르지 못하고 몸을 다시 마음속에 집어넣지 못한다는 생각에 잡힌

16 "내 견해로, 듀이의 올바른 궤도는 지식과 실재가 사고와 표상의 문제라는 생각을 파괴하려는 시도이다. 그는 철학자들의 정신을 실험 과학으로 돌리게 해야 했으나, 그의 새로운 추종자들은 이야기를 칭송한다"라는 이언 해킹Ian Hacking(1983b: 63)의 논평을 참조해보라.

까닭에, 그들이 어떤 주장을 하든 포스트모던 상대주의적 입장의 함정에 빠질 수밖에 없다.

유사 비이원적 접근법: 후기 라투르

『우리는 결코 근대인이었던 적이 없다*We Have Never Been Modern*』[17]에서 브뤼노 라투르Bruno Latour는 에든버러 학파Edinurgh School의 '강한 프로그램strong programme'과 일반적인 포스트모더니즘을 공격한 것은 유명한 사실이다. 이런 와중에 우리가 탐구할 많은 비판을 말로 표현했는데, 처음에는 이원론의 실용주의적 대안처럼 들리는 '비非모더니즘nonmodernism'을 제시했다. 이런 비판은 포스트모던 상대주의는 객관주의의 뒷면에 지나지 않고, 사회구성주의는 한 종류의 환원적 독단주의를 또 다른 종류로 대체할 뿐이라는 것이다. 예컨대 라투르Latour(1993: 55)는 '에든버러의 무모한 학자들Edinburgh daredevils'의 강한 사회구성주의적 입장을 비판하는 한편 그들의 입장에 따라 다음과 같이 지적했다.

> 사회는 우주론에서부터 생물학, 화학, 물리학 법칙에 이르기까지 모든 것을 자의적으로 산출해야만 했다! 이런 주장은 자연의 '견고한' 부분들에 있어서 신빙성이 전혀 없음이 너무나도 명백하기 때문에, 우리는 돌연 그것이 '유연한' 부분들에 대해서도 설명력이 떨어진다는 것까지 깨닫게 된 것이다. 대상은 사회적 범주들에 대한 무형의 수용체가 아니다. 사회는 강하지도 유약하지도 않다. 대상 또한 유약하지도 강하지도 않다.

그가 제안한 '준準대상'은 '강한 프로그램'에서 발견된 어느 것보다 더 미묘한 창조물인 것 같다. 그것들은 자연의 '견고한' 부분들보다 "훨씬 더 사회적이고,

---

17 이 책은 1991년에 『대칭적 인류학을 위하여*Nous n'avons jamais été modernes: Essais d'anthropologie symmétrique*』로 출판되었고, 1993년에 영어로 번역되었다.

훨씬 더 조작된 사물이며, 훨씬 더 집합적인 성질을 띠지만, 결코 완성체로서의 사회에 대한 자의적인 수용체는 아니다."(55) 라투르는 또한 리오타르Lyotard의 '지적 부동성intellectual immobility,' 해체에 있어서 기호학적 전환, 하이데거의 '독선적인 사고navel-gazing' 이상주의에 대한 실용주의 뉘앙스로 적절한 비판을 가한다. 짐작컨대 라투르의 주된 고민은 계몽주의(근대성)일지 모른다. 그는 이것이 사욕이 없고 존엄한 자연의 과학적 대변인이나 프랑스 해체주의자들이 "자기 분해될 때까지 자율적인 주석에 또 다시 자율적인 주석을 덧붙여가며 스스로를 해체하는"(64) 광경 같은 이원론적 어리석음을 낳은 완고한 인간-자연 이분법을 인간사에서 처음 존재시킨 책임이 있다고 믿는다.

무엇보다 비非서양과 전前근대 문화에 대한 완전한 생소함과 결부해 인간의 인지에 대한 무지에 기초하여, 라투르가 서양에서 근대적 전환에 부여한 특이성은 의심스럽다. 예컨대 그가 아마존의 전체적인 아추아 부족을 언급함에도 불구하고,(14-15) 활동력이 없는 물리적 사물과 관심을 가지고 있는 인간 행위자 간의 구분은 (뭄바이에서 아마존과 중국 출신의 아이들에게 약 4살 즈음에 발생하는) 인간 인지의 보편적 특징 같고,[18] 자연적 인과성으로부터 인간을 풀어놓고자 하는 왕성한 시도와 결부해 벌채와 같은 '하이브리드' 문제에 관한 우려는 멀리 B.C. 4세기 중국까지 가 닿는 일반적인 주제이다.[19] 이를 타당하게 이해하게 되면, 라투르가 제시하는 것은 이 책의 제1장에서 논의한 것과 비슷한 소박한 객관주의에 대한 비판이다. 예컨대 실증적 데이터의 선택과 해석은 늘 이론적 전제 및 개인적·정치적 관심사와 얽혀있다는 것이다. 또한 제1장에서 그러했던 것처럼 계몽주의가 자연-문화 구분의 가시성에서 두드러진 증가와 이런 구분을 조심해서 통제한다는 사실로 특징지어진다고 말했을 때, 그의 주장은 확

---

18 제3장의 '통속 심리학'의 논의를 참조해보라.

19 예컨대 제3장에서 논의할 『맹자』 6:A:8의 우산牛山Ox Mountain의 유추를 참조해보라.(라우Lau 1970: 164-165) 이때 산의 원래의 산림 상태는 인간의 활동에 의해 야기된 인위적이고 벌채된 상태와 대조된다. 그리고 자연에서 자유롭게 돌아다니는 자연적 소와 코에 금속 고리를 달고 길들인 쟁기달린 동물 간의 『장자』에서 만든 구분을 참조해보라.(왓슨Watson 2003: 105)

실히 옳았다. 그러나 라투르는 여기에 안주하지 않고, 더욱 냉정한 관찰과 '근대적이지 않은 세계의 분야'라는 전혀 새로운 존재론적 영역을 가시화시킬 비근대 '헌법'의 예언자가 되겠다는 웅대한 약속 사이를 오갔다.(48) 일부 사람들은 책의 전반적인 내용이 자부심이 강한 포스트모더니스트와 그 비판자들을 비난하는 일종의 정교한 농담으로 보았다. 무엇보다 마치 아이들의 낙서와 닮았지만,[20] 완전히 무표정한 얼굴을 보이는 정교하지만 부조리한 인물들인 일부 특징은 이런 해석을 뒷받침한다. 여하튼 라투르의 분석은 농담이나 그것을 모더니티를 초월하려는 진지한 시도로 간주한다면, 진정한 중도라기보다는 모호함으로의 전형적인 포스트모던적 은둔인 듯하다.

예컨대 그가 제안한 '준準대상'이나 '하이브리드'의 분석적 유용성은 짜증스러울 정도로 불명확하다. 그가 설명하기로는 자신의 근대적이지 않은 분석은 그것이 무엇을 의미하건 "밝혀내기보다는 배치하고, 빼기보다는 더하며, 비난하기보다는 친밀해지고, 폭로하기보다는 분류하는" 것이다.(47) 사실과 가치, 데이터와 이론, 자연과 정치적 관심사를 분리하는 일을 쟁점화하기 때문에, 라투르는 모든 것이 하이브리드인 흐늘흐늘한 지적인 늪으로 단지 휴식하러 가는 것 말고는 다른 경로를 찾지는 못할 것 같다.

> 그렇다. 과학적 사실은 실제로 구축된 것이지만, 이런 사실들을 사회적 차원으로 환원할 수는 없다. 왜냐하면 사회적 차원은 그 자체를 구축하기 위해 동원된 사물들이 독차지하기 때문이다. 그렇다. 이런 사물은 실재하지만 마치 사회적 행위자들과 너무나 닮아서 과학철학자들이 발명한 '외부에' 존재하는 실재로 환원될 수 없다. 사회로 과학을 구축하고, 과학으로 사회를 구축하는, 이런 이중 구축의 행위자는 해체의 개념이 매우 절실하게 파악하려 했던 실천들의 집합에서 생겨난다. 오존층의 구멍이 전적으로 자연적이라고 하기엔 지나치게 사회적이면서도 너

20 내가 가장 좋아하는 것은 102쪽에 있다.

무 담론적이다. 기업과 국가 정상들의 전략은 화학반응으로 너무 가득 채워져 있어서 권력과 이익으로 환원되지 않는다. 생태계에 대한 담론을 의미 효과로 축소하기엔 너무나도 실제적이고 사회적이다. **연결망은 자연처럼 실제적인 동시에 담론처럼 서사구조를 이루고, 그러면서도 사회처럼 집합적인 것**이 과연 우리의 잘못일까?(6)

오스카 켄셔Oscar Kenshur(1996: 289)가 라투르의 이런 새로운 입장에 대해서 이렇게 말했다. "역설적 극단을 공격할 수 있는 것이 일관성 있는 대안을 제공하는 것과 결코 동등하지 않고, 누군가가 미묘한 차이라고 하는 것을 누군가는 모호한 것이라고 할 수도 있다."[21] 진정으로 실행 가능한 '모더니즘이 아닌 것nonmodernism'은 전통적인 형이상학적 이원론을 새로이 모호하게 정의된, 똑같은 형이상학적인 '준準대상' 같은 실체로 교체하는 것을 넘어서야 한다. 이원론을 진정으로 초월하려면 신체화된 마음의 구조와 통합된 몸과 마음이 환경과 상호작용하는 과정에 대한 명확한 실증적 설명이 있어야 한다. 그것이 부족한 것은 무엇이든 예전 범주들에 대한 단순한 재편성을 나타낸다. 따라서 궁극적으로 라투르의 '비非모더니즘amodernism'은 사회구성주의의 활동 범위 내에 확고히 머물러 있는 것이다.

유사 신체화된 접근법: 피에르 부르디외

피에로 부르디외는 주관주의와 객관주의를 극복하기 위해 고안한 보다 정교하고 강력한 분석적 체제를 제공하는 듯한데, 이런 체제는 신체적 몸과 물리계 모두를 문화적으로 분석하는 것을 목표로 한다. 라투르처럼 그 역시 구조주의와

21 알란 소칼도 "과학의 사회학에 대한 자신의 통찰력을 제시하는 라투르의 주된 전략은 어느 누구도 의문시하지 않을 평범한 의견으로 후퇴함으로써 그것으로부터 모든 내용을 비우는 것이다"라고 말할 때 이와 비슷한 주장을 한다.(소칼Sokal 2000b: 129)

대부분의 후기구조주의 이론을 비판하며, 자신의 연구 과제를 "〔구조주의자들이〕 구조의 단순한 부수 현상으로 만들면서 폐지하려 한 행위자를 재도입하려고 의도한 것으로 기술한다."(1990a: 9) 자유롭게 떠다니는 기표나 추상적인 비신체화된 담론 대신, 부르디외는 **아비투스***habitus*와 '장場field' 개념을 도입한다. **아비투스**는 '신체화된 역사'이다.(1990b: 56) 즉 개인이 양육되면서 습득한 지각과 행동의 암시적 도식의 체계이고,[22] **아비투스**의 이 지참자가 들어가야 하는 다양한 '장'의 집합이다. 부르디외의 접근법은 확실히 자신이 비판하는 과도한 객관주의적 접근법들보다 발전한 것이다. 예컨대 예술품에 대한 그의 분석은 예술품이 계층의 이익class interest(게오르크 루카치Georg Lukács나 루시엥 골드만Lucien Goldmann식)을 직접적으로 반영하는 것으로 간주하는 훨씬 조잡한 의미에서 사회적 환원주의가 아닌 것이다. 왜냐하면 부르디외에게 경제 계층은 많은 반半독립적 '장'들 가운데 하나이기 때문이다. 이러한 장은 예술가의 **아비투스**를 구성하는 상호작용의 상구한 역사의 형태로 예술적 행위자를 구성하고, 행위자 놀이의 장을 나타내는 다층위 환경을 구성한다. 많은 전임자들과는 달리, 그는 인간이 몸을 갖고 있고, 몸이 실재의 물리계에서 존재하며, 추상적 이성이나 명시적인 사회적 담론보다 더 기본적이고 널리 퍼진 신체화된 지식의 전前언어적인 무언적 형태가 존재한다는 사실을 진지하게 수용한다.

하지만 아무리 미묘해도 결국 부르디외의 분석도 여전히 사회구성주의의 형태에 지나지 않는다.[23] 장과 행위자 모두 궁극적으로는 순수한 사회적 요인의 산물인 것이다. 이런 힘들이 구조에 있어서 서로 다를 수 있기는 하다. 예컨대 예술품 해독에 필요한 '부호code'는 "사회적 실재에 근거하여 역사적으로 구성된 체계"(1993: 223)로 제시되며, '단절rupture'(패러다임 전환)과 '고전시대'(정상과학normal science)를 모두 갖춘, 쿤의 패러다임과 매우 비슷한 방식으로 지각의 가능성들을 정의한다.(225-226)[24] 이와 비슷하게 예술품은 구조주의와 후기구조주의의

22 **아비투스**에 대한 상세한 논의를 위해서는 1990n: 51을 참조해보라.
23 이것은 라투르Latour(1993: 5, 51-54)가 한 주장이기도 하다.

에서 발견되는, "텍스트들이 다른 텍스트에 연결된다"라는 간단한 분석 형태에서 상호 텍스트성으로 환원될 수 없다. 부르디외는 이런 분석을 단호히 거부한다. 하지만 예술품이 (물리적으로 예시되긴 하지만) 사회적으로 구성된 행위자가 (물질적으로 예시되긴 하지만) 사회적으로 구성된 장의 집합과 상호작용한 결과라는 생각 때문에, 예술가와 예술품은 순수한 사회적 의미 창조의 망에 갇히게 된다.

근본 문제는 부르디외가 몸이 인간 의식의 구조화에 **능동적인** 역할을 하도록 함으로써, 신체화를 실제로는 진지하게 받아들이지 못한다는 점이다. 몸에 관한 그의 모든 이야기의 경우에, 몸은 궁극적으로 사회적으로 구성된 **아비투스**를 위한 수동적 창고에 지나지 않는다. 즉 그것은 "살아 있는 기억 패드,"(1990b: 68) 가치를 담는 "창고,"(68) "지연된 사고의 창고"(69)이다.[25] '서판tabula'은 자유롭게 떠돌아다니는 의식이라기보다는 물리적 사물의 세계에 내포된 몸-마음이지만, 그래도 여전히 '백지상태rasa'이다. 결과적으로 제국주의의 부활이나 고급 자동차의 선호 같은 문화적 현상에 대한 그의 분석은 단지 피상적일 뿐이다. 그는 특정 행위자의 **아비투스**나 문화적 생산의 특정한 장의 기능이 매우 상세한 것은 분석할 수 있지만, **아비투스**가 **어떻게** 형성되고, 장이 **어떻게** 행위자에 의해 지각되며, 그와 상호작용하고, **아비투스**와 장 형성에 어떤 제약이 있을 수 있는가라는 보다 기본적이고 중요한 질문에는 대답하지 못한다. 부르디외의 유일한 초점인 특별한 사회적 장과 사회적으로 구성된 기호는 인지적 빙산의 일각에 지나지 않는다. 이런 장을 구축하고 그 안에서 행동하도록 **하고** 그것에 **동기화**하는 신체화된 인간 마음은 완전히 분석되지 않고 있다. 결론에서 간략히 주장하겠지만, 부르디외의 한계, 즉 그가 연구 중인 전체 사회구성주

24 부르디외가 사고의 사회적 구성에 관한 보아스의 관찰을 긍정적으로 인용한다는 것을 참조해 보라.(1993: 226)

25 '신체적 성품bodily hexis'을 '실현되고 신체화된' 또는 몸에 '새겨진 정치적 신화'로 논의할 때 수반되는 은유는 이와 관련해 특히 무언가를 밝혀준다. 특히 1990: 66-79('신념과 몸')를 참조해 보라.

의적 패러다임의 한계를 이해하는 방법 중 하나는 그가 역사를 이해할 때, **뒤로 갈 수 있는 만큼 충분히** 가려 하지 않는다는 사실이다. 지각과 동기의 도식을 형성하는 역사의 침전 층은 파리의 미술학교 에꼴 드 보자르L'École des Beaux-Arts나 미술전람회의 부활보다 더 깊이 들어간다. 이런 역사의 층은 **진화적** 시간, 즉 우리처럼 복잡한 세계에서 애써 살아가려고 하는 창조물들 간의 상호작용의 역사 속으로 다시 들어간다. 그래서 한 중요한 의미에서 부르디외의 포스트모더니즘의 문제는, 그것이 지나치게 역사주의적이라는 것이 아니라 역사를 지나치게 피상적이고 근시안적으로 이해한다는 것이다. 부르디외는 확실히 **아비투스**를 설명하면서 인간의 지각과 운동 능력을 언급하지만, 표준사회과학 모형의 '학습learning'이란 개념처럼 그 능력은 그에게 있어서는 공허한 능력일 뿐이다. 즉 모든 실제 내용이 전능한 자의적인 비신체화된 사회로부터 도출된다는 것이다.

포스트모더니즘의 임종

부르디외와 후기 라투르는 포스트모더니즘의 황혼기에 속하는 듯하다. 이것은 포스트모던 이론가들이 강한 포스트모던 입장의 부당성을 익히 알았지만 달리 의지할 데가 없었던 단계였다. 타당한 이유로 전통적 객관주의로 되돌아가고 싶지 않았고, 인간 본질에 대한 보편주의적 주장이나 '거대담론grand metanarrative'의 그 어떤 형태일지라도 악마의 것이라 확신하면서, 그들은 사회구성주의의 늪에서 완전히 벗어날 수 없었다. 결과적으로 그들은 자신들의 입장에 대한 주기적인 의례적 비판과 더불어, 모호하지만 궁극적으로는 공허하게 '통합', '하이브리드', 몸, 이원론의 초월을 언급하는 것에서 결국 피난처를 찾았다. 이것은 인류학, 사회학, 문학, 종교학, 예술사 분야에서의 커다란 흐름처럼 보인다. 이런 분야는 사회구성주의가 여전히 군림하고 있지만, 이렇다 할 조건 없이 포스트모더니스트나 상대주의자임을 자칭할 사람을 찾는 것이 쉽지 않은 곳이다.

포스트모더니즘의 이런 정체 단계는 『사회적 텍스트』의 최신호에서 임의적으로 선택한 한 논문으로 예증할 수 있다. 여기서 우리는 더욱 '정교한'(또는 이 경우에 더욱 '호전적인') 문화 이론의 줄기를 선호하면서 후기구조주의 이론의 과도함으로부터 수사적 거리두기와 결부된 사회구성주의와 정말로 단절하지 못한다는 것을 관찰할 수 있다.

〔포스트모던의〕 그림은 공허한 문화적 환경의 그림이었다. 그것은 문화를 자본주의 하에 진정으로 종속시킨다. 그런 공허한 문화적 환경은 문화적 정치학의 개념도 문제화한다. 실제로 반 임의적인 소음의 바다로 의미를 끊임없이 익사시키면서, 모든 문화가 의미작용의 산업이 된다면 문화에 대한 투쟁이 가능한가? 따라서 문화 이론의 더욱 독단적인 가닥은 〔의미를 단순히 "떠다니는 기표의 연결망으로 간주하고, 주체들이 '초실재'의 세계에서 길을 잃은 현상을"〕을 단순히 냉소와 정세에 대한 무조건적인 정치적 굴복의 신호로 간주하는 포스트모던 분석을 거부하는 것이 필요하다고 간주했다. 시뮬레이션(또는 뒤집을 수 없거나 맴돌고 있는 교환 가치)의 손아귀에서 사회성의 생명력을 구하려는 많은 연구가 있었다. 청중에 관한 실증적 연구는 대항 헤게모니 부호화의 고집과 안정된 헤게모니적 형성이나 시뮬레이션의 폐쇄된 논리 안으로 의미를 고정시키려는 모든 시도에 대한 의미의 회복력을 보여주었다. 우리는 의미가 정보 공간에서 단지 사라진 것이 아니라, 계층, 성, 섹슈얼리티, 민족성, 인종으로부터 나오고 그것들을 발생시키는 사회적 미시층화와 분할과의 접점을 이루면서 증가하고 확산된 것임을 안다.(테라노바 Terranova 2004: 52)

포스트모더니즘의 더욱 소심한 형태의 한계를 넘어서기 위해, 이 저자는 '의미를 넘어선 의사소통'의 분석을 요구한다. 이런 분석은 다음 사항을 분명하게 설명해준다.

의사소통 분야뿐만 아니라 의사소통의 폐쇄된 회로 내에서 나오는 사건의 잠재력도 명시적으로 다루는 지식 및 힘의 발달과 의사소통 채널의 폐쇄된 장을 제거할 수 있는 힘의 개발을 설명한다. [의미를 넘어선 의사소통은] 그것이 개연적·동적 상태로 포착하는 준안정적인 물질적 과정에 대한 **물리적** 작용을 포함한다. 다른 한편, 그것은 그런 기술을 그것을 의미 있게 하는 의미작용의 연결망 속으로 삽입하는 **의미화** 표현을 동원한다.(70)

조금은 불분명하고 우스꽝스럽지만, 우리는 문화 이론 중 '독단적인' 가닥에서 후기 라투르에서 발견한 많은 자질을 볼 수 있다. 반反포스트모던 수사학과 반反사회구성주의적 수사학, 단순한 언어를 초월해 사물의 물리계를 다루려는 분명한 욕구, 역설적 언어에 대한 애호, 이 모든 수사학이 정말로 무엇을 의미하는지에 대한 명확성의 놀라운 결핍이 바로 이런 자질들이다. 저자가 말하는 '대항 헤게모니 부호화counterhegemonic decodings'나 '의미의 회복resilience of meaning'의 근원은 무엇인가? "계층, 성, 섹슈얼리티, 민속성, 인종으로부터 나오고 그것을 발생시키는 사회적 미시층화와 분할"의 이런 망 가운데 어디에 능동적인 인식 주체가 존재하는가? 수사적 겉치레에도 불구하고, 이런 분석이 언어-문화의 감옥에서 누군가를 어떻게 빼내올 수 있는지를 알기란 어렵다.

비판 이론과의 더 많은 연대성을 느끼는 동료들은 포스트모던 이론가들이 외부 세계의 존재를 부인한다고 말하거나, 부르디외나 라투르 같은 이론가들에게 사회구성주의자의 꼬리표를 붙이는 것에 공정치 않다는 불평을 쏟아놓는다. 포스트모더니즘의 주목할 만한 최신 경향 중 하나는 정치적으로 더욱 진보적이고 국지적으로 '상황적인' '더 나은' 의미라는 더 나은 객관성에 대한 요구와 결부해서 상대주의를 공공연히 거부하는 것이다.[26] 하지만 결국 가장 중요한 것은 하딩, 라투르, 해러웨이, 기어츠, 부르디외를 비롯해 내가 포스트모던 상대주

26 어슐라 하이제Ursula Heise(2004)는 그렇지 않다는 저항에도 불구하고 하딩이나 해러웨이 같은 과학학 인물들이 정말로 상대주의에서 벗어난 방법이 어떻게 결국에는 명확하지 않은지를 최근에 훌륭하게 논의한다.

의자로 묘사한 모든 이론가들을 함께 묶어주는 핵심적인 인식론적 신념이 명확히 잔존한다는 사실이다. 즉 인간 독립적 실재의 위상이 무엇이든 간에, 사람이 **알 수 있는** 세계는 전적으로 문화적으로 구성되므로, 우리에게 이용 가능한 유일한 진리 주장은 순수하게 사회적으로 협상하게 된다는 사실이다. 핵심 주장은 개인이 세계에 직접적으로 접근하지 못하기 때문에, 이를테면 존 썰이 말하는 '원초적 사실brute fact'에 접근하지 못하기 때문에, 자신이 태어난 사회적으로 구성된 의미작용 그물의 요소를 독립적으로 입증하거나 반증할 방법이 없다는 사실이다. 포스트모던 이론화에서 나온 더할 나위 없이 중요한 통찰력을 보존하려면, 이런 핵심 주장을 약화시키고 그로 인해 인식론적 상대주의로 빠져드는 것을 차단해야 한다.

이 책의 나머지 부분에서는 이를 위한 4단계 시도를 다뤘다. 첫째, 내가 생각하기에 포스트모던 인식론과 존재론이 왜 내적으로 상반되고 실증적으로 지지할 수 없는지를 명확히 제시하여, 결국 이 둘을 잠재우는 것이 가장 좋은 방법이다. 이것은 제3장에서 다뤘다. 제4장에서는 인간의 창조성과 문화적 다양성의 실재가 인간의 신체화된 마음에 바탕을 두고, 그것의 제약을 받는 것으로 간주하면서, 이런 실재를 어떻게 인식할 수 있는지를 제안했다. 제5장에서는 지식과 진리의 비非이원론적·실용주의적 모형의 가능성을 약술하면서 실증적 증거의 타당성을 지지했다. 이것은 인간과 독립된 세계와의 접촉을 단절하지 않고서도 인간 지식의 상황성을 인식하는 모형이다. 포스트모던 이론가들의 바람에도 **불구하고** 상대주의로 빠져들 것 같기 때문에 이 단계가 중요하다. 포스트모던 이론가들은 대개 객관주의의 더할 나위 없는 소박한 형태를 해체하는 데만 관심이 있지, 그 이후에는 스스로 운신의 폭이 전혀 없음을 인식하고 국지적 서사나 하이브리드 괴물, 탈脫중심화의 미궁에 빠져들고, 항상 그들 뒤에 바싹 따라 붙어 있는 폐쇄의 도깨비를 피하기 위해 부단히 달려가고 있다. 마지막 제6장에서는 과학과 인문학을 통합하면 조잡한 '환원주의'가 수반되거나 사람 층위의 실재가 근본적으로 부인된다는, 객관주의자, 포스트모더니스트, 전통적 종교의 신봉자처럼 온갖 종류의 이원론자들의 우려에 응수할 것이다. 이제 1단계 철학적 안락사로 시선을 돌려보자.

종교의 신봉자처럼 온갖 종류의 이원론자들의 우려에 응수할 것이다. 이제 1단계 철학적 안락사로 시선을 돌려보자.

제3장

안락사 시키기: 포스트모던 인식론과 존재론 잠재우기

이번 장에서 탐구할 포스트모더니즘에 대한 모종의 반대 의견은 다른 반대보다 더 명확할 것이고, 그 문제에 대해 이전에는 포스트모더니즘의 비평가들이나 포스트모더니스트 스스로가 이런저런 형태로 포스트모더니즘에 대해 이의를 제기한 적도 있다. 하지만 이런 비판들이 어떻게 서로 일치하는지를 보려면 이를 집약해 보는 것이 도움이 될 것이다. 또한 내가 믿기로는 이론적인 이유 말고도, 강한 포스트니스트 입장을 철저하고도 최종적으로 잠재우는 최선의 방법은 사회구성주의적 입장과 현격하게 모순되는 인간의 인지에 관한 많은 실증적 증거를 재검토하여 이런 추상적 비판들을 보충하는 것이다. 포스트모더니즘은 인간의 사고, 언어, 문화에 대해 수많은 주장을 했다. 이런 주장은 이론적으로는 참일 수 **있지만**, 지금의 설득력 있는 증거에 비추어 보면 거짓처럼 보인다. 사고는 언어가 아니고, 인간은 빈 서판이 아니며, 인간을 포함해 모든 복잡한 동물은 추론이 풍부하고 미세하게 짜여져 있으며, 단연 선先문화적 의미의 구조가 충만한 세계에서 거주한다. 여기서는 포스트모더니즘의 순수한 이론적 문제와 내적 문제를 논의한 뒤, 인지과학에서 제기된 실증적 결과에 비추어 보다 두드러지는 문제로 논의를 발전시킬 예정이다.

자기 논박과 내적 비일관성

강한 인식론적 상대주의가 논리상 문제가 있음을 알려면 따로 강력한 분석적 지성이 필요한 것은 아니다. 어떤 주장도 참이 아니라고 주장하는 것은 유명한 크레탄 거짓말쟁이의 역설('내가 말하는 모든 것은 거짓말이다') 같은 일에 말려드는 것이다. 어떤 프랑스 후기구조주의자들은 이런 역설이 매우 편안할 수 있었으며, 따뜻한 목욕처럼 기분 좋게 그것을 즐길 것이다. 바르트Barthes(1967: 19)는 "글쓰기는 결코 의사소통의 도구가 아니다"라고 기술했다. 그리고 동시대 포스트모던 문학에는 이와 유사한 인과적인 자체 모순을 지닌 주장들이 매우 많다. 예컨대 스티븐 멜빌Stephen Melville은 워싱턴 D.C.의 홀로코스트 기념박물관Holocaust Memorial Museum을 위해 만든 조각가 리처드 세라Richard Serra의 작품을 다음과 같이 묘사한다. "계속 그렇게 하는 것이 중요하기는 하지만, 중력은 더 이상 조각의 불가능성을 입증하는 것이 아니라, 더 이상 줄일 수 없을 정도로 그것의 (조각의, 그것의 불가능성의) 업적으로 존속한다."(2004: 94-95) 이런 고의적인 역설적 주장들은 아마 사람들에게 충격을 주어 평범하게 사고하지 못하도록 고안한 도교道敎Daoist의 역설이나 선의 화두Zen koan 같은 일종의 심리요법으로 의도한 것으로 생각된다. 문제는 도교와 선의 실천가들은 자신들의 평범한 의식이 일단 해체되고 나면, 그들을 매혹시킬 다른 무언가가 있다는 점이다. 즉 해체는 성스러운 영혼이나 불교 의식의 심오한 통찰력이 촉발되는 길을 열어준다.[1] 포스트모더니스트들이 형이상학적 신념을 경멸한다 할지라도, 이러한 움직임은 포스트모더니스트들에게 차단되어 있다. 때문에 무엇이 이런 담론적 유희와 지적 자위를 구분하는지 불명확하다.

이런 역설적 언어가 사실상 자유주의적 실천으로 제시되고, 통상 세계에 대한 매우 실질적인 주장에 의해 구성된다는 사실 때문에 기본적인 인식론적 입

---

1 로이Loy(1987)와 벅슨Berkson(1996) 참조.

장의 비일관성이 훨씬 심화된다. 담론의 구조는 권력 관계에 의해 결정되고, 소설이나 영화의 담론은 성차별주의나 식민주의의 반영이며, 효소의 화학적 구조는 사회적 힘에 의해 구축된다는 것이 바로 이런 주장들이다. 예컨대 로티는 반어적 반反실재론과 자유주의를 동시에 옹호한다. 물론 어떻게 강한 반 실재론자가 무엇이든 옹호할 수 있는지를 간파하기란 어렵다.[2] 섹슈얼리티의 역사나 오늘날의 형벌 제도의 발전에 관한 푸코의 개작改作된 이야기는 체계적인 담론적 억압의 패턴을 드러낼 의도였다. 그러나 그것을 정의하는 담론 바깥에서는 사물이 존재하지 않는다는 그의 주장을 진지하게 받아들인다면, 왜 우리는 동성애 혐오증homophobia이나 죄수의 권리에 대해 걱정해야 하는지를 궁금해 할 수도 있다. 장 보드리야르Jean Baudrillard(1995)의 주장에 따르면 미디어에 의한 여론 조정이 부시 행정부가 1차 걸프전에 대한 대중의 인식에 큰 역할을 했고, 미국 측의 '전쟁' 계획과 실행이 처음부터 원대한 기술에 의해 중재되었기 때문에, "걸프전은 일어나지 않았다"는 결론을 내릴 수 있다. 보드리야르 연구의 제목은 물론 의도적으로 도발된 것이다. 그는 무기와 살생을 포함한 사건이 쿠웨이트와 이라크에서 일어났다는 것을 부정하려는 것는 아니다. 하지만 그는 발생한 것에 대해 확실한 그 어느 것도 실제로 알 수 있는 가능성에 대해서는 극도로 부정적이다. '초실재hyperreality'의 시대에 우리는 이미지나 이미지의 이미지에만 접근할 수 있다. 이 분석 이면의 교정적 동기는 명확하지만, 그것은 우리 자신의 인식론적 상대주의에 의해 결국 체계적으로 훼손되고 만다.[3] 내적 일관성의 비슷한 문제는 과학철학에 대한 사회구성주의적 접근법과 강한 상대주의적 접근법을 괴

2 로티는 확실히 자기논박 문제를 알고 있지만, "모든 공동체가 모든 다른 공동체만큼 좋다고 말하는 것과 우리는 우리가 포함되어 있는 연결망, 즉 우리가 현재 동일시되는 공동체로부터 알아내야 한다고 말하는 것 간에 차이"가 있다고 주장한다.(1991: 202) 하지만 두 번째 주장을 로티가 의도하는 것처럼 보이는 강한 의미로 받아들인다면, 이런 차이가 어쩌면 어떤 것일 수 있는지는 명확하지 않다.

3 보드리야르의 부식적인 인식론적 비관주의가 어떻게 그 자체와 진정한 정치적 행동의 가능성 모두를 훼손시키는지에 대한 분석은 크리스토퍼 노리스Christopher Norris(1992: 164-193) 참조.

롭힌다.[4]

억압적 고정관념의 해소와 억압된 관점의 회복이라는 해방은 고전적 계몽주의적 (당신이 원한다면 '모더니스트') 열망이지만, 해방을 목표로 제시하고, 동시에 인간 본성이 특정한 내용을 갖는다는 지식이나 사실의 가능성까지 부인하기란 어렵다. 인간의 욕망이 사회적 담론에 의해 만들어지고, 우리가 남성 지배와 인종 불평등의 담론에 의해 지배되는 사회에 산다면, 그저 이런 담론들을 받아들이는 것은 어떤가? 우리는 어떻게 사물들이 다를 수 있다는 것을 알고 느끼는가? 대부분의 포스트모더니스트 이론의 정치상 자유주의적인 열망은 사실상 억압은 나쁜 것이고, 억압받는 사람은 억압받는 것을 좋아하지 않는다는 은폐된 존재론적·규범적 신념에 기초하고 있다. 이런 신념은 그들이 다른 방향에 목표를 두는 부식적 회의주의와 일치하지 않는다. 필립 키처Philip Kitcher(1998: 40)가 과학학 운동과 관련해서 말한 것처럼 "일부 실천가들은 사물을 결코 '있는 그대로' 이야기할 수 없다는 생각에 확신하면서, 그들이 좋아하지 않는 실체(과학의 존재론)에 대한 전체적인 회의론적 도전에 대한 반응을 효과적으로 요구한 뒤에, 그들이 좋아하는 것(사람들, 사회, 인간의 동기)에 대해 매우 무의식적이고 상식적으로 이야기한다." 따라서 그들은 켄 허쉬콥Ken Hirschkop이 '비일관적 상대성inconsistent relativism'이라고 명명한 것을 마침내 받아들였다. "인식론에서의 상대주의는 정치에서의 독단주의에서 평행 추를 발견한다. 가장 좋은 지식은 우리가 **알고** 있듯이 올바른 정치를 촉진시키는 지식이다."(2000: 232)

이제 포스트모더니스트들은 이런 문제에 정면으로 맞서 인식론적 총알을 이를 악물고 견디고자 한다. 예컨대 『실험실 생활』에서 라투르와 울가Latour & Woolgar(1979/1986: 107)는 "역사적 설명은 반드시 문학적 허구이다"라고 말하지만, 더 나아가 "우리의 관심사는 확실한 정보가 어떻게 사회학적으로 구축될 수 있는지를 입증하는 것이다"고 선언한다. 그들은 바로 여기서 역설에 말려들

---

4 쿤과 파이어아벤트에 관한 셰이피어Shapere(1981: 44) 참조.

었다는 것을 직감했고, 이를 『실험실 생활』의 2판에서 직접 거론했다.

> 실험실 연구에 대한 더욱 반성적인 평가는 '오류 가능성의 문제problem of fallibility'를 덜 경멸한다. 이것은 **모든** 형태의 기술, 보고, 관찰 등이 언제든 손상될 수 있다는 논증이다. 우리가 추천하는 대안은 그런 결함이 없음을 암시하면서, **타인**(과학자나 다른 사회학자)의 작품을 특징짓는 방법으로 이 논증을 반어적으로 사용하는 대신, 우리는 오류 가능성의 보편적 적용 가능성을 받아들이고, 그것과 타협하는 방법을 찾아야 한다. 그것을 단순히 비판적인 역할로 이용하기보다는, 기술과 분석을 하는 동안 그 현상에 주의를 기울이고 그것에 지속적으로 주의를 기울이는 것이 목표이다. 뿐만 아니라 '문제'로서 그것이 해결될 수 없고 동시에 피할 수도 없으며, 심지어 그것을 **어떻게** 피하는지를 조사하려는 노력은 그것을 피하려는 노력을 암시한다는 점에서 문제가 있다.
>
> 초고의 결론에서 우리의 분석이 '궁극적으로 설득력이 없다'는 것을 선언한 바 있다. 우리는 독자들에게 이런 내용을 진지하게는 받아들이지 말 것을 요청했다. 하지만 첫 출판사〔Sage〕에서는 이 문장을 삭제할 것을 주장했다. 왜냐하면 그들은 '그 자체의 무가치함을 선언한' 것은 무엇이든 출판하지 않는다는 것이다.(283-284)

'그 자체의 무가치함을 선언한' 것을 출판하지 않는 것은 매우 건전한 편집 방침인 것 같다. 라투르와 울거에게는 다행스럽게도, 『실험실 생활』의 2판을 낸 출판사인 프린스턴대학출판부가 자기들을 손상시키는 담론에는 관대했다.

보드리야르처럼 라투르와 울거도 자신들의 연구가 결코 무가치하다고는 생각하지 않기 때문에 여기서 포스트모던 아이러니 게임을 하고 있다. 이들 연구 과제의 분명한 절망스러움을 인정한 후, 사실 "〔상대주의의〕 괴물을 저지할 수 있음과 동시에 우리 기획의 중심에서 한 위치를 할당받을 수 있는 문학적인 표현적 〔*sic*〕의 형태로 시선을 돌림으로써"(283) 상대주의적 딜레마에서 벗어날 수 있다고 단언한다. 그렇지 않다면 왜 누구라도 그들을 읽고 싶어 하겠는가? 이것은 굉장한 재주처럼 들리지만, 그렇다면 그것이 과연 무엇을 의미하는가? 문학에서 아주 흔한 이와 같은 논증은[5] 출구를 찾으면서 비효율적으로 허우적거리면서, 각자의 담화에 의해 함정에 빠진 포스트모더니스트들의 공허한 수사적 제스처를 나타낸다. 왜냐하면 테리 이글턴Terry Eagleton(1983: 144)이 지적했듯이, 언어의 감옥 내에서 인식론적·형이상학적 위안을 찾을 수 있기 때문이다.

> 우리는 자신의 담론에 갇힌 죄수라는 독단적 주장, 다시 말해 진리 주장은 언어와 상관관계를 맺고 있기 때문에, 이런 진리 주장을 굳이 내세울 수 없다는 교리의 한 가지 이점은 우리 스스로 믿음을 채택하는 불편함을 겪지 않고서도, 다른 모든 믿음들을 맘껏 검토할 수 있도록 한다는 것이다. 사실상 이것은 반박의 여지가 없는 입장이고, 우리가 그것에 대해 지불해야 하는 대가는 자신의 입장이 순전히 텅 비어 있다는 사실이다.

지시의 불투명성, 문체적 순응주의, 정치적 가식

초보자가 포스트모던 이론화에 대해 제일 먼저 인지하는 것 중 하나는 고집스러운 아둔함, 불가해성, 불명확한 신조어에 대한 의존이다. 포스트모던 글의 과장과 허세는 수년 동안 『철학과 문학*Philosophy and Literature*』이라는 잡지의 '나쁜 글쓰기 대회Bad Writing Contest'에서 해마다 칭송되었다. 주디스 버틀러Judith

---

5 라투르는 수사적 요술의 대가이다. 그의 후기 '반-포스트모던' 단계에서, 그는 "(하기에 끔찍할 정도로 모던적인 것인) 공식적 해석 아래에 은폐된 관행을 드러내는 것이 아니라, 단순히 그가 은폐된 무언가를 드러내고 있다고 말하는 다소 불성실한 방법인 하반부를 상반부에 추가하고 있는 것뿐이다"(40-41)고 말함으로써, 근대성에 대한 비판의 상태 주위에서 기뻐서 껑충껑충 뛰고 있다.("근대적 헌법을 근대적인 유형의 폭로에 기대지 않으면서 그 베일을 벗겨내는 까다로운 일[1993: 43]") 데리다와 같이 더욱 공개적으로 상대주의적 포스트모던에 대한 표현된 경멸에도 불구하고, 후기 라투르는 잡기 힘든 물고기일 뿐이다.

Butler(1997: 13)는 그녀의 연구와 지도하는 학생들의 연구를 대표하여 1998년에 열린 이 대회에서 상을 받았다.

> 비교적 대응하는 방식으로 자본이 사회적 관계를 구조화하는 것으로 이해되는 구조주의적 설명으로부터 권력 관계가 반복, 수렴, 재접합의 지배를 받는다는 헤게모니 입장으로의 이동은 일시성의 질문을 구조의 사고로 전이시켰고, 구조적 전체성을 이론적 대상으로 간주하는 알튀세르 이론의 형태로부터 구조의 우연적 가능성에 대한 통찰력을 헤게모니가 권력의 재접합의 우연적 현장 및 전략과 관련된다는 새로운 개념을 제시하는 형태로의 전환을 꾀했다.

나는 항상 포스트모던 이론의 많은 연구 이면에 있는 자유주의적이고도 반反엘리트주의적 동기를 고려한다면, 이 이론의 불투명성이 다소 반어적임을 알았다. 하지만 이러한 지시의 불투명성은 앞서 논의한 내적인 개념적 비非일관성의 필연적 결과처럼 보인다. 담론이 다소 '참'일 수 있다는 생각을 포기하고, 조직된 모든 서사를 "경찰이 개입할 문제"(데리다Derrida 1979: 105)로 간단히 처리하면,[6] 당신은 정말로 문체적 순응주의(당신은 누구를 인용하는가? 당신은 어떤 종류의 전문어를 사용하는가?)와 말조심political correctness(그것이 자유주의적이면, 그것은 좋음에 틀림없다)을 제외하고는 그 무엇으로부터도 기준을 찾아내지 못한다.

'반反-반反상대주의적' 입장에 대한 가장 명료하고 흥미로운 대변인인 클리포드 기어츠Clifford Geertz도 '신자연주의자들'의 지적 소심함에 관한 한가로운 관찰을 그만두고 다양한 정서에 대한 명칭이 무엇을 지칭할 수 있는가의 논제로 시선을 돌릴 때 모호함에 빠지고 만다. 그가 말하는 신자연주의자란 기어츠 자

---

6 "내가 누구인지 묻지 말라. 나에게 거기에 그렇게 머물러 있으라고 요구하지도 말라. 우리의 관료들과 경찰에게 맡겨서, 그들에게 우리의 논문이 적법한지 보도록 하라. 우리가 글을 쓸 때 여하튼 우리에게 그들의 도덕을 사용하지 말라"(1972: 17)라는 푸코의 의견을 참조해보라. 통제les flics에 대한 사춘기적 반항은 프랑스 이론에서 흔한 주제이다.

신과 그의 용감한 인류학적 모험가들이 분명히 그러한 것처럼 "수평을 유지시켜 줄 배 밖으로 튀어나온 보조 장치가 달린 카누를 타고 육지가 보이지 않는 곳으로 항해할"(1984/2000: 65) 침착한 용기가 없는 사람들을 말한다. "이 단어들은 실체가 아닌 공간을 정의한다. 이것들은 중복되고 서로 다르고 대조되고 완곡한 가족닮음 용어들에서만, 즉 다多주제적으로만 맥락이 맞다. 문제는 이런 지시물을 고정한다기보다는 그 범위와 적용을 약술하는 것이다."(2000: 207) '공간'이 어떻게 근본적으로 '실체'와 다른지, 또는 정서적 단어의 '범위와 적용을 약술하는 것'이 '지시물을 고정하는 것'과 얼마나 정확히 다른지가 불명확하다는 사실은 중요하지 않다. 요지는 이런 마술적인 마법이 조잡한 실재론으로 기어츠의 논리를 얼룩으로 훼손시키지 않고서도 "진지한 사람이라면 누구도 신봉하지 않을 부조리한 입장"(1984/2000: 50)인 문화적 상대주의로부터 그를 구출하는 데 이로운 효과를 보인다는 것이다.

지적 분석을 방해하는 지시의 불투명성, 문체적 순응주의, 정치적 가식의 힘은 악명 높은 소칼의 날조Sokal hoax에 의해 유쾌하게 증명되고 있다. "불가해성은 미덕이 된다. 인유, 은유, 말장난은 증거와 논리를 대체한다"(소칼Sokal 2000a: 52)는 자신이 읽고 있던 포스트모던 과학학에 애를 먹은 뉴욕대학의 물리학자 알란 소칼은 "한계를 넘어서다: 양자 중력학의 변형적인 해석학을 향하여Transgressing the Boundaries: Toward a Transformative Hermeneutics of Quantum Gravity"라는 제목의 무의미한 말들을 만들어 냈다. 이것은 포스트모던 인물과 대담한 정치적 주장을 풍부하고 인상적으로 참조하지만, 의도적으로 실제적인 내용은 전혀 없도록 고안된 말들이다. 그리고 매우 저명하고 자주 인용되는 포스트모던 이론 잡지 『사회적 텍스트』(소칼Sokal 1996)에 수록되어 1996년에 출판되었다. 카사 폴리트Katha Pollitt(2000: 98)는 논평을 실은 잡지에서 이 날조에 대해 다음과 같이 말한다.

소칼 사건의 코미디는 포스트모더니스트조차도 서로의 글을 사실은 이해하지 못하고 있으며, 개구리가 물에 뜬 큰 수련 잎을 스치며 연기가 자욱한 연못을 가로 질러 폴짝 뛰는 것처럼, 친숙한 이름이나 개념에서 다음 이름이나 개념으로 이동해 가면서 텍스트를 공들여 읽는다는 것을 제안한다는 것이다. 라캉 … 수행성 … 스캔들 … 전체성 생성 … 점심!

소칼은 또한 자신의 연구에 모호하지만 진보적인 것처럼 느껴지는 정치 슬로건을 자유롭게 삽입함으로써 정치적인 카드놀이를 했다. 『사회적 텍스트』의 편집자인 브루스 로빈스Bruce Robbins와 앤드루 로스Andrew Ross는 반쯤은 당황스럽고 반쯤은 공격적으로 자신들의 행동을 변호하면서, 소칼의 연구가 무의미하지만 찬미적·자유주의적 잠재력 때문에 출판했다고 거의 꾸밈없이 밝혔다.(2000) 폴 보고션Paul Boghossian(2000: 175)은 여하튼 이것은 그들이 그저 현혹되었다는 생각보다 훨씬 곤란한 것으로서, "적절한 상황 하에서 〔『사회적 텍스트』의 편집부〕는 이데올로기적 방침과의 합의가 단순한 명료함만큼 기본적인 것을 포함해 다른 모든 출판 기준을 꾸밀 준비가 되었다는 것을 암시한다"고 말했다.

인간 탐구를 지배하는 외부 기준에 대한 신념이 없을 때는 정치적·인종적·성별 식별이 포스트모던 계통에서는 진리에 대한 특별한 접근을 제공하는 마법의 열쇠로 등장한다. 예컨대 샌드라 하딩은 자연과학을 지배하는 소외된 엘리트들이 자신들의 사회화에 의해 그녀가 요구하는 적절한 과학의 사용에 관한 자유주의적이고도 전적으로 민주적 협상에 참여할 수 없게 된다고 주장한다. "위계적 의사결정에 가장 편안해 하며, 자신들처럼 백인이고 서양인이며 경제적 특권을 가진 사람들이 아니면 사교모임 준비를 협상하는 경험을 거의 하지 않은 많은 사람들은 이런 협상에 효과적으로 참여하기 어렵다는 것을 알 것이다.(하지만 새로운 기술을 배우기에 너무 늦은 것은 전혀 아니다)"(1992: 18) 여하튼 배우기에 너무 늦은 것은 결코 없다! 하딩의 입장을 비판하는 과학적 실재론자들은 분명 엘리트이고, 백인 남성이며, 속을 터놓지 않는 '반反민주주의적 우파'이며, 자신들의 인종, 성별, 사회계층, 정치 때문에 하딩과 동료들이 특별히 접근하는 자유주의적 담론에는 참여하지 못한다. 테리 이글턴이 말한 것처럼 이처럼 자연과학자들을 곧잘 소박한 반동주의적 실재론자로 풍자하는 것이 어쩌면 실재보다 인문학적 엘리트주의를 한층 더 반영하고 있다고 볼 수 있다. 즉 평범한 과학자는 실제로 과학의 강한 객관주의 모형에 매우 회의적이며, 자신의 경험에 비추어 과학이 즉흥적인 어림짐작으로 진행된다는 것을 인식한다. 테리 이글턴Terry Eagleton(2003: 18)이 "인문학에 종사하는 사람들은 과학자들이 스스로를 절대적 진리에 대한 흰색 코트를 입은 관리인으로 보고, 늘 소박하게 그들을 의심하는 데 많은 시간이 걸린다고 여긴다"고 말했다. 또 "인문학자들은 과학자들에 대해 항상 고자세를 취했다. 그들은 속물적 이유를 들어 과학자들을 경멸하곤 했으며, 지금은 회의적인 이유로 그렇게 하고 있다"고 강변했다.

주류의 포스트모더니스트들만큼 급진적으로 상대주의적이진 않지만, 진화심리학 운동의 비판가들은 인종적 동기나 우파의 정치적 동기를 인간 본성에 대한 실질석 수상 이면의 녹섬석인 추진력으로 단성함에 있어서 건방실 성도로 환원주의적이다. 이들은 자신들이 보는 것을 거만할 정도로 사회구성주의적 입장에서 생물학적 환원주의라고 경멸한다. '사회생물학sociobiology'의 가장 저명한 두 비판가인 힐러리 로즈Hilary Rose와 스티븐 로즈Steven Rose가 이 점에서 특히 두드러진다. 힐러리 로즈와 스티븐 로즈Rose & Rose(2000)의 책에 대한 편집자의 서문에서 그들은, "20세기의 마지막 수개월 동안 세계무역기구World Trade Organization에 반대하는 극적인 전투"로 대표되는 "비제약적 자본"에 맞서 "새로운 저항의 도상적 운동"에 찬성하는, 성폭행에 관한 손힐과 팔머Thornhill & Palmer(2000)의 연구를 거부하는 정치적 이유의 논의를 따른다.(Rose & Rose 2000: 5) 진화심리학 운동은 19세기와 20세기의 인종 이론가들과 우생학자들, 그리고 (필연적으로) 나치주의와 직결되어 있다. 인간 본성에 관한 주장은 유네스코의 창설과 나치의 패배 이후 침묵을 지켜야 했지만, 사실은 그렇게 되지는 않았다.(6-7) 마지막으로 진화심리학은 "명백히 집단성, 특히 복지국가에 대한 우파의 자유론적 공격의 부분인[!]" "엘리트 백인 남성의 사회적 지배"를 유지하려는 음모로 드러났다.(8-9)[7] 세계무역기구의 저항, 유네스코, 파시즘의 패배, 복지국가의 옹호 간의 얼빠진 연결은 미숙한 커피숍 야단법석에 국한되었어야 했다. 그러나 그것은 사회구성주의적 담론이 종종 적의 악마화를 장려하는 방식이나 자유주의적인 정치적 신임장이 자신의 입장을 정당화하는 논증의 대체물이라고 강력한 암시를 장려하는 방식을 대표했다.[8]

문화적 본질주의와 낭만주의

강력한 사회구성주의적 입장이 문화를 자립적인 독특한 힘으로 단정하면, 갖가지 우려가 제기된다. 이 가운데 어떤 것은 순수하게 이론적이다. 문화만이 문화를 생산할 수 있다면, 문화는 어떻게 변화하는가? 왜냐하면 문화는 분명 그렇게 되게끔 되어 있기 때문이다. 또 다른 선험적인 어려움은 자체적으로 창조된 문화들의 경계를 어떻게 정하는가이다. 베이징에서 태어났지만 밴쿠버에서 자란, 완전한 이중언어 사용자인 중국-캐나다인은 과연 서로 다른 두 담론에 동시에 거주하는 것인가? 뉴저지에서 태어나고 자랐다는 것은 내가 캘리포니아 태생인 사람과 다른 담론에 거주한다는 것을 의미하는가? 더욱 실증적으로 사회구성주의적 모형은 한 특정 문화 안에서 개인들이 명확히 서로 다르게 행동하고, 사고하고, 욕망한다는 사실을 수용하기를 어려워한다. 이런 다양성은 공존하는 다중 '미시문화microcultures'의 존재 탓으로 돌릴 수도 있지만, 개인의 일상적 추리 패턴에 영향을 미치는 문화의 힘에는 한계가 있는 듯하다.

종교의 인지과학에 관한 저스틴 바렛Justin Barrett과 제이슨 슬론D. Jason Slone의 연구는 이 점을 유익하게 예증하고 있다. 그들의 많은 연구는 '신학적 (부)정

7 또한 르원틴Lewontin(1991)과 르원틴Lewontin *et al.*(1984)의 수사를 비교해보라. 이들은 모두 인간의 인지와 행동에 대한 수직의 통합적 접근법을 사악한 부르주아 근성의 우파의 가부장적 음모로 더듬어 올라가 조사한다.

8 스티븐 핑커Steven Pinker(2002: 105-120)는 이 현상을 입증하는 훌륭한 일을 한다. '사회생물학 논쟁'의 깊이 있는 개관을 위해서는 시거스트레일Segerstråle(2000) 참조.

확성'의 현상에 초점을 맞춘다. 그것은 종교적 신자들이 시간 압박을 받는 사고 실험과 시나리오 분석에 의해 유도되고 있듯이, 일상의 '실시간'적 상황에서 실제 세계에 대해 생각하는 방식은 종종 자신들이 신봉한다고 고백하는 공식적 신학과는 다르다. 예컨대 바렛Barrett(1999)이 연구한 대다수의 칼뱅주의자들은 생각할 수 있는 충분한 시간이 있는 추상적이고 시간 압박을 받지 않는 설문지인 '오프라인' 조사에서는 질문을 받았을 때 운명예정설을 믿는다고 고백한다. 하지만 해결하는 데 시간 압박을 받는 과제가 주어졌을 때는 자신의 운명을 결정할 수 있는 능력을 갖고 있다는 상식적인 행위성의 모형에 의지하는 것 같다. 슬론은 사회구성주의적 모형에서는 사람들을 "단순히 문화적 스펀지"로 여기고, 문화는 "자립적이고 제한되고 동질적"이어야 한다고 예측한다고 말한다. 문화적 신조와 실시간 추리 패턴 간의 관찰된 불일치는 도리어 "사람들이 새로운 사고를 구축하고 문화적으로 전달된 생각을 변형하는 데 지속적으로 참여하는 능동적인 마음을 지니고 있다"(2004: 121)는 것을 암시한다. 문화는 개인들이 (문맥 의존적이고 과제 특정적인 방식으로) 선택적으로, 그리고 (선천적인 인간의 인지적 제약의 지배를 받는) 여과된 형태로 의존하는 개념적 자원처럼 보인다.

아이들이 세계에 대한 자신의 직관과 충돌하는 문화적 개념들을 완벽하게 통합하는 데 어려움을 겪는 것 또한 문화적 규범과 개인적인 인지적 필터 간의 잠재적 불일치를 예증한다. 이것은 과학 교육의 경우에 특히 두드러진다. 제5장에서 충분히 논의하겠지만, 이는 세계에 대한 상식적인 직관을 재교육하거나 단순히 중지하는 것을 말한다. 스텔라 보스니아도우Stella Vosniadou(1994)는 세계에 대한 아동의 직관에 관한 문화간 연구를 훌륭히 수행했다. 그녀는 어린아이는 특정 나이에 자신의 문화에서 지배적인 지구의 모형을 기억하고 앵무새처럼 되뇔 수 있음을 발견했다. 하지만 그녀는 또한 아동이 실용적인 추리 과제를 수행하도록 안내함으로써, 이런 문화적 모형들의 인지적 침투가 결코 완벽하지 않았다는 사실도 발견했다. 미국의 3학년인 제이미와의 인터뷰는 전형적인 사례이다.

〔'E'는 실험자이고 'C'는 그 아동이다〕

E: 지구는 어떤 모양이지요?

C: 둥글어요.

E: 지구를 그릴 수 있나요?

C: (아동은 지구를 묘사하기 위해 원을 그린다.)

E: 며칠 동안 직선으로 걸어간다면, 당신은 결국 어디에 있게 되나요?

C: 아마 또 다른 행성에요.

E: 지구의 끝이나 모서리에 도달할 수 있나요?

C: 충분히 오랫동안 걷는다면 가능해요.

E: 그 끝에서 떨어지지 않을까요?

C: 아마 그럴 거예요.(416)

제이미는 유도되었을 때 지구가 둥글다고 주장할 만큼 충분한 문화적 주입을 받았고, 질문을 받을 때 지구의 원 표상을 재생할 만큼 충분히 그것에 노출되었지만, 일상의 추리 과제에 관해서는 자신이 직접 경험한 세계의 물리적 원리로 곧장 되돌아가고 말았다. 파스칼 보이어Pascal Boyer와 댄 스퍼버Dan Sperber도 문화적 개념과 모형이 인간의 선천적인 인지적 제약의 지배를 받는다고 주장했다. 이러한 인지적 제약은 인간 개념의 가능한 구조와 어떤 개념이 성공적으로 전달되는지를 결정하는 데 중요한 역할을 한다.[9]

신학적 부정확함과 문화적 교육에 대한 개념적 저항, 문화적 이상의 인지적 여과라는 현상들은 포스트모더니즘에서 나오는 문화의 단원적 모형을 의문시한다. 물론 문화가 단일체라는 불합리한 관점을 갖고 있다고 **인정할** 포스트모더니스트를 찾는 것은 난감한 일이다. 하지만 이런 입장은 궁극적으로 포스트모더니스트 계통에서 공개적이고 열정적으로 받아들이는 이상의 중심에 있다.

---

9 인지적 제약과 문화의 개념에 관한 짧은 소개는 보이어Boyer(1994)와 스퍼버와 허쉬펠드Sperber & Hirschfel(2004) 참조.

그것은 문화적 다양성을 높이 평가하고 차이를 위해 차이를 찬양하는 것이다. 이런 이상은 매우 최근에 대두된 서양의 자유주의적 기원을 갖고 있다. 그것은 아마 인간이 신의 이미지로 만들어졌다는 유대-기독교 생각으로 거슬러 올라갈 수 있다. 이러한 신의 이미지는 모든 개별적인 인간에게 위엄을 갖추게 하여 우리의 존경을 요구한다. 개인주의가 증가하고, 세계 주변의 문화들이 다양성이 수없이 많다는 것을 날이 갈수록 인식하게 됨으로써, 하늘이 주신 위엄에 대한 개별 인간의 존경은 차이를 그 자체의 목적으로 높이 평가하라는 요청으로 변화했다. 개인은 칸트의 '인륜의 왕국Kingdom of Ends'의 구성원으로서 그 자체의 환원 불가능한 가치를 갖고 있기 때문에, 우리는 그 가치가 우리의 것과 동일하지 않는 비非순응적 개인이나 문화 집단의 권리를 침해해서는 안 된다.

계몽주의의 돌연변이 자손인 포스트모더니스트 이론은 다양성에 대한 이러한 존경을 계승하지만, 몇 가지 흥미로운 뜻밖의 전개를 보이기도 한다.[10] 우선 대부분의 포스트모더니즘의 가닥들은 서향 운동이기 때문에, '신세계'와의 접촉이 시작된 이후로 소외된 엘리트 유럽인들에게 호소한 고결한 야만인 신화의 형태를 수용한다. 그것은 서양의 문화는 이원론적이고, 진짜가 아닌 나쁜 것이지만, 다른 문화들은 전체론적이고 진짜이며 좋다는 것이다. 우리는 이 주제를 "그들—다른 모든 문화들—우리—서구인들 간의 대분할"(1993: 12)에 대한 후기 라투르의 논의에서 볼 수 있다. 여기서 후자는 모더니티의 '백인의 짐'에 대한 역사적으로 특이한 전달자이다. 이와 관련해 라투르가 분석을 통해 밝힌 '비근대성nonmodernity'이라는 광대한 새로운 분야를 "중국만큼 광활하면서도 거의 알려져 있지 않은 중세 왕국Middle Kingdom"(!)(48)으로 특징짓는다는 것은 지극히 계몽적인 논법이다.[11] 초기 중국 사상을 연구하는 학자로서 내가 자신 있

10 '표현주의적' 전환을 통해 기독교에 의해 고무된 위엄의 칸트 이상이 자체 수행과 급진적 개인주의에 대한 근대적 평가로 변형되는 것에 관한 찰스 테일러의 설명 참조.

11 우리는 푸코가 『사물의 질서*The Order of Things*』(1971: xv)의 서문에서 보르헤스Borges의 가상적인 '중국 백과사전'을 사용한 것이나 바르트가 『기호의 제국*The Empire of Signs*』(1982)에서 일본을 사용한 것에서 신비로운 '타자'에 대한 비슷한 동양적 집착을 볼 수 있다.

게 말할 수 있지만, 라투르가 현대 서양에 특유하다고 생각하며, 우리를 그것으로부터 구해낸 자연과 문화 간의 구분은 사실상 초기 중국 사상의 주된 초점들 가운데 하나다.[12] 그런데 우리가 중세 왕국의 신비로운 거주자들이 항상 영원하고 더 없이 행복한 자연과의 조화 속에 거주한 것으로 이해한다는 라투르의 주장에서도 이런 구분은 중요하다.

물론 고결한 야만인의 원리와 포스트모던 상대주의적 인식론 간에는 **논리적** 관계는 없다. 사실 이 둘은 활발히 서로 일치하지 않으면서도 함께 등장한다. 왜냐하면 두 주제 모두 우리 자신의 소외된 이원론적 서양 문화의 비판가들에게 호소하고 있기 때문이다.[13] 포스트모더니스트 인식론이 다양성의 주제에 대한 존중을 두 번째로 왜곡한다는 점에서 그것은 고결한 야만인 신화와 근본적으로 교차해서 만난다. 우리 문화처럼 이런 '다른' 문화들도 일원적 전체를 형성하며, 이 일원적 전체로는 근본적으로 서로 비교할 수 없다. 이는 매우 계몽적인 다른 글의 단락에서 예증되는 것을 볼 수 있는데, 바로 폴 파이어아벤트의 내용 중 한 단락이다. 이 단락에서 그는 새로운 입학 방침 때문에 '멕시코인, 흑인, 인디언들'이 최초로 우수수 들어오기 시작하던 때 버클리의 캘리포니아 대학에서 가르친 경험을 회고했다. 그는 백인이었기 때문에 이런 고결한 이국적 국민들에게 백인의 민족지民族誌과학을 가르치는 사실이 불편했다. "그들의 조상은 그들 자신의 문화, 다채로운 언어[!], 사람들 사이와 사람과 자연 간의 관계에 관한 조화로운 관점을 개발해냈다"라는 사실로부터 그의 불편함이 빚어졌다. 이때 그것의 잔존물이 서양 사상에 내재해 있는 분리, 분석, 자아 중심성의 경향에 대한 살아 있는 비판이다.(1993: 263-264) 이 문장은 문화적 본질주의, 이국적이면서도 '다채로운' 결백한 원주민들이 서로 간에, 그리고 자연과 조화를

---

12 이것은 유교와 다양한 '도가道家' 사상가들 간의 논쟁뿐만 아니라 인간 본성에 관한 내부의 유교 논쟁의 중심에 있다.(xing)

13 인문학적 '성삼위일체'뿐만 아니라 현대 인류학에서 '진보적 낭만주의liberal romanticism'의 현상에 관한 로빈 호튼Robin Horton의 명쾌한 관찰의 부분으로서 고결한 야만인에 관한 핑커Pinker(2002: 124-126)를 보라.

이룬다는 이상, 소외된 이원론적 서양인과의 대립이라는 고결한 야만인 신화에 대한 포스트모던 변형을 요약한 것이다.

이 글을 비웃을 수 있지만, 오히려 그런 것이 더 중요하다. 왜냐하면 분명히 부조리한 것은 아니지만 이와 비슷한 정서가 포스트모드니스트 이론화의 배경, 특히 인류학에 내재되어 있기 때문이다. 포스트모던 인류학의 글에서 일반적인 정서는 '진정한' 원주민 문화를 지배적인 서양 관습으로부터 분리함으로써, 원주민의 문화를 보호해야 한다는 필요성이다. 여기서의 문제는 고결한 야만인이 서구화로부터 반드시 '보호받기'를 **원하는** 것은 아니라는 점이다. 브라질 아마존의 수렵-채집가들은 에어컨, 냉장고, 총, 항생제와 같은 물건들의 장점을 우리만큼 잘 알고 있으며, 편안한 생활방식이 그의 복귀를 기다리는 상황에서 이미 면역력을 갖추고 충치도 없으며 영양상태도 좋은 서양의 인류학자가 아마존에서 이런 기술을 채택하는 것이 이 문화의 진정성을 위배하는 것이라고 말하기는 너무 쉽다. 세계화로 인한 세계의 문화적 균질화는 사실 걱정스러우며, 그에 따른 북아메리카와 유럽 기업들의 정치적·경제적 지배 역시 그러하다. 문화가 내적으로 다양하며 얼마든지 바뀔 수 있는 것으로 인식한다고 해서, 토머스 프리드먼Thomas Friedman(1999)이 세계화에 대해서 사죄도 없이 계속 선동하는 것을 따라야 하거나, 자급자족하는 중국의 시골 농부가 전폭적으로 자신의 농토에서 쫓겨나고 그들의 땅에 세운 외국인 소유의 공장에서 값싼 노동력을 제공하는 것처럼 세계화 때문에 생긴 사회적 격변을 아무런 문제가 없다고 긍정적이나 필연적인 것으로 여겨야 한다는 것은 아니다. 하지만 우리는 사실 차이의 낭만화와 포스트모던 이론에서 생겨난 문화적 본질주의는 극복해야 할 필요가 **있다**. 이런 문화적 본질주의는 문화가 서로 다른 능력과 개인적 의무를 가진 **개인**들이 살고 있고, 침투성이 있으며, 바뀔 수 있다는 분명한 역사적 사실을 부인한다.

배리 반즈와 데이브드 부루어Barry Barnes & David Bloor(1982: 27) 같은 포스트모던 이론가들은 "개인 한 사람 한 사람이 자기 부족의 신념과 다른 부족의 신념 사이에서 선택해야 할 때 전형적으로 자기 문화의 신념을 선호한다"라고 주장하지만, 거칠게 말하자면 이것은 그냥 틀린 말이다. 아리스토텔레스가 (아마 다른 방향으로 너무 과장하면서) 말했듯이 "인간은 조상의 길이 아닌 선의 길을 찾고자 한다."[14] 유럽의 배가 처음으로 '신세계'에 도착했을 때, 그런 사물이 원주민의 담론의 일부가 아니었기 때문에 원주민들은 글자 그대로 그 배를 볼 수 없었다는 주장을 했고, 대학생들은 이를 중대한 사실로 나에게 몇 번이나 보고했으며, 우리 모두 누구든 자기의 담론이 허용하는 것만 볼 수 있다는 사실을 알고 있다. 이것은 물론 다양한 층위에서는 불합리하다. 원주민들은 유럽의 배를 봤을 뿐만 아니라, 최소한 이상한 모양과 고급 기술에 대한 최초 충격이 줄어든 후부터는 승객들과 승무원들을 잠재적으로 유용한 무역 상품을 지닌 그들과 같은 인간으로 인식했다. 또한 자신들의 삶과 더 나아가 그들 현지의 정치적 관심사를 향상시키는 데 필요한 가장 유용한 것(특히, 총, 강철, 말)을 얻으려고 최선을 다했다. 아쉽게도 유럽인들 역시 무역 상품과 함께 보물을 가져왔다.(다이아몬드Diamond 1997) 하지만 병균으로 고통을 받으면서 가축을 키우는 서양인들이 즐길 생물학적 전쟁의 이점이 없었다고 한다면, 미국의 복잡한 원주민 사회는 결국 그들이 획득한 무기를 한층 더 영구적인 효과를 가진 새로운 적에게 돌릴 수 없었을 것이다.[15]

이를 십분 이해한다면, 서양의 학문적인 문화적 본질주의와 여기서 생겨난 상대주의는 신세계로 전파된 천연두와 같다. 미라 난다Meera Nanda가 주장하듯이, 그것은 포스트모더니즘이 그렇게 찬양할 의도인 '타인'에 대한 '독약의 선물poisoned gift'을 나타낸다. 난다Nanda(1998: 288)는 '대안적 인식 방식'(하딩의 '국경지 인식론borderland epistemologies')을 찬양하는 과학의 구성주의적 관점을 비판하면서 다음과 같이 말한다.

---

14 윤리학에서 보편주의에 대한 매우 유익한 논의의 문맥에서 누스바움Nussbaum(1988)에서 인용한 *Politics* 1268a39.

15 만Mann(2005)은 유럽 접촉 이전의 아메리카 대륙에서 인간 사회의 상태에 관한 현대 학자들의 의견 일치를 쉽게 설명한다.

서양의 자유주의적 증여자들의 관점에서 관대하고 개인적 판단을 피하는 치료적인 '차이의 허용permission to be different'처럼 보이는 것은 '타자들' 중 일부에게는 겸손한 자선 행동으로 나타난다. 이런 인식적 자선은 현대 과학의 방법에 의해 이용 가능하게 된 더 나은 증거에 비추어 우리의 신념에 대한 이성에 근거한 수정을 위한 능력이 우리에게 있다는 것을 부인함으로써 우리를 비인간화한다. 더욱이 이런 자선은 우리에게 우리의 문화적 유산이 우리의 지식과 자유에 부과하는 한계에 맞서 싸우는 것을 멈추고, 문화적 유대를 진리, 미, 선의 '진정한' 규범의 궁극적 근원으로 받아들이며, 제3세계주의적Third Worldist 설명과 페미니스트 설명에서 말하지만 그것을 찬양하도록 만든다.[16]

따라서 포스트모던 상대주의로부터 나오는 문화적 본질주의는 논리적으로 불합리하고 실증적으로 거짓일 뿐만 아니라 정치적으로도 얼마간 곤란하여, 대부분의 포스트모던 학자들이 매우 시끄럽게 수용하는 것과 다를 바 없는 자유주의적 원리를 훼손하고 있다.

사고는 언어가 아니다

종교학의 대학원 초기 단계에서, 우리의 이론과 방법론 교육과정에서 영향력 있는 텍스트 중 하나가 스티븐 카츠Steven Katz의 『언어, 인식론, 그리고 신비주의*Language, Epistemology, and Mysticism*』(1978)이었다. 이 책에서는 다른 종교 전통의 종사자들이 동일하게 경험하지만 다양하게 기술하는 단 하나의 보편적인 신비한 상

16 난다는 현지 관습의 무비판적 찬양이 전문가에게 미친 유독한 효과를 요약하면서 "토착 과학을 정교하게 이론적으로 정당화하는 대개 학문적 비판가들이 그것에 근거되는 것을 피할 수 있는 물질적 자원과 기회를 가진다는 것이 아이러니이다"라는 결론을 내린다.(2000: 211) 인도의 교육제도에서 '베다수학'의 찬양(2000: 205)과 여성 운동을 위한 '페미니스트 인식론'의 유익함에 대한 재닛 래드클리프 리처즈Janet Radcliffe Richards의 걱정(1996)에 대한 그녀의 비판을 참조해보라.

태 같은 것은 없다고 주장했다. 카츠가 주장했듯이, 종교학자들이 종교적이든 그렇지 않든 **모든** 경험은 언어적이고 문화적으로 중재되기 때문에, 종교 어휘, 의례, '신비주의자'의 개념적 체제가 본질적이고 어쩔 수 없이 자신이 경험한 통찰력을 한정한다는 것을 인식하는 것이 중요했다.

이것은 흥미로운 생각이었다. 젊은 동료들과 내가 언어적이고 역사적으로 정교해짐에 따라 우리가 이해하기 시작한 것 중 하나가 '신비주의'란 일반적이고 보편적으로 일관된 현상이라는 점이었다. 우리들 중 몇 명은 중국 사상 연구에 관심을 가졌다. 이는 특히 우리가 개인적으로 초기 도교 텍스트 가운데서 신비적 경험에 대한 설명에서 영감을 받았기 때문이었고, 이런 B.C. 4세기의 텍스트들의 관습과 관심사가 주말에 LSD로 실험하는 것을 좋아했던 캘리포니아의 마린 카운티 지역에 사는 20세기 후반의 미국 대학원생의 그것과는 반드시 같은 것이 아님을 발견하는 일은 일종의 지적 자각이었다. 이런 통찰력을 통해 우리들 중 많은 이들이 지적 정교화의 필수조건이 모든 보편적 주장을 거부하는 것이라는 만연된 신념을 수용하게 되었다. 문화적 뉘앙스는 모든 것이며, 언어는 관여하지 않는 곳이 없다는 것이 모두 그런 보편적 주장들이다.

이제 사고와 언어 간의 관계에 관해 인문학의 더욱 균형 잡힌 접근법을 논의할 시간이다. 우리는 '신비주의'라는 일반적인 단어를 다양한 시대와 장소에서 나온 다양한 경험들에 적용하도록 동기화될 수 있는 가능성에 개방되어 있으면서, 또한 문화와 역사의 중요성을 인식할 수 있다. 이렇게 적용 가능한 것은 이런 다양한 경험들이 인간의 인지적 보편소의 산물인 동시에 그런 보편소 때문에 인식 가능한 공통성이라는 공통된 특징을 공유하기 때문이다. 언어학, 인간이 아닌 동물의 인지 연구, 인지과학의 다양한 분야뿐만 아니라 간단한 상식에서 나온 많은 증거들은 인간을 비롯한 다른 동물들이 매우 풍부한 전前언어적 사고 세계를 공유한다고 제안하고 있기 때문에, 실재론의 제한된 형태로 한 발 물러서는 것이 중요하다.

일반적으로 말하면 언어가 사고에 중요한 영향을 미친다는 것을 부인할 사람은 거의 없을 것이다. 레이 재킨도프Ray Jackendoff(1996: 2)의 지적에 따르면 사고는 명확히 언어와 구분된 정신적 기능이지만, 언어의 존재는 우리의 주의를 고정하고 초점을 맞추면서도 "비언어적 유기체가 이용할 수 있는 것보다 더 복잡한 사고의 변이형을 가능토록 하는 발판을 제공하는" 것처럼 보인다.[17] 언어는 또한 명확히 중요한 방식으로 세계에 대한 우리의 지각을 형성하고 그것에 집중한다. 나는 청소년 시절에 야생의 식용식물에 대한 탐구 열정을 갖고 있었으며, 내가 가장 좋아하는 유얼 기븐스Euell Gibbons(1962)의 책에서 말한 것처럼 여름에 당황스럽게도 우리 가족들은 '야생 아스파라거스를 찾으면서' 공터와 근처 삼림지대에서 오랜 시간을 보내곤 했다. 평범한 사람들은 이 지역의 많은 식물들을 '잡초'라고 불렀다. 사실상 나도 관심이 생기기 전에는 식물을 알아본다는 것이 어쨌거나 대부분의 사람들처럼 버려진 공터의 '잡초' 말고는 아무것도 보지 못했다. 하지만 내가 일단 이들의 이름을 확인하고, 그 이름을 개별 종에 적용하면, 나의 시각적 세계는 바뀌었다. 이제 들판을 보면 내겐 서양톱풀과 우엉, 검은 딸기와 수영으로 가득한 복잡하고도 작은 생태계를 볼 수 있었다.

물론 이것은 워프 학자들을 크게 고무시킨 현상이다. 이것은 이누이트에게는 아마 '눈snow'을 가리키는 단어가 22가지나 되고, 노련한 서퍼들에겐 '파도'를 가리키는 단어가 수십 개나 된다는 것이다. 하지만 이것은 우리의 세계를 형성하는 언어의 힘이 아니라, 우리의 언어를 형성하는 세계에 대한 실용주의적 관심사의 힘을 드러낸다. 즉 이누이트들은 눈의 다양한 유형에 대해 많이 고심하고, 눈에 대해 효과적으로 의사소통하는 데 관심을 갖고 있다. 이언 해킹Ian Hacking(1983b: 95)이 말했듯이, 이누이트들에게 '눈'을 가리키는 단어가 22가지 존재한다는 것은 새롭고 독특한 생활 세계를 창조하는 언어적으로 모형화된 마음의 힘을 예증하는 것이 아니라, 오히려 결정적으로 중요한 환경적 변수를

17 '인지적 고정체cognitive fixative'나 '고정장치anchor'와 같은 외적인 언어 기호에 대한 앤디 클라크Andy Clark(1997: 207-211, 2006)와 언어가 사고의 긴 행렬을 유지하는 데 본질적일 수 있다는 대니얼 데닛Daniel Dennett의 주장을 참조해보라.

아주 정확히 추적한 결과라고 할 수 있다.

> 이누이트들이 구분하는 마음과 독립된 22가지 눈이 없다는 것은 아니다. 우리가 세계를 서로 다른 범주로 분할한다는 사실 자체가 이런 모든 범주들이 마음 의존적이라는 것을 암시하는 것은 아니다.

어휘적 범주화와 지각에 관한 연구도 이와 비슷하게 언어가 사고를 결정한다는 워프 가설의 강한 버전을 지지하지 못했다. 색채 지각 연구에 관한 폴 케이와 테리 레지어Paul Kay & Terry Regier(2006)가 최근에 재검토한 것에 따르면, 색채의 어휘적 분류가 주관적인 유사성 판단에 영향을 미친다는 것이 일부 연구에서 입증되었지만, 명확히 색채 인지와 분류에는 분명 중대한 보편적 패턴이 없지는 않다.[18] 수학을 모르는 언어를 사용하는 아마존 부족에 관한 피터 고든 Peter Gordon(2004)과 피에르 피카Pierre Pica *et al.*(2004)의 연구에서는 로첼 겔만과 랜디 갤리스텔Roschel Gelman & Randy Gallistel(2004: 441)이 암시했듯이 사람들은 부정확하긴 해도 유용한 수의 비언어적 표상을 공유한다는 것을 암시하고 있다.[19] 이들의 연구 결과는 또한 언어나 외적 표기가 중요한 발판 기능을 할 수도 있다는 재킨도프, 클라크, 데닛의 추측을 뒷받침하고, "전달 가능한 표기(수 단어, 계수 표시, 숫자)로 수를 나타내는 방법을 배우는 것이 정확한 수량에 대한 평범한 인식을 용이하게 할 수 있는" 듯하다고 지적한다.(441) 이것은 다시 워프주의의 더 약하고 더 타당한 형태를 뒷받침할 것이다. 즉 언어가 우리에게 생각하도록 **돕고**, 우리의 사고와 주의를 매우 특정하게 초점을 맞추긴 하지만, 언어가 사고

---

18 사피어-워프 가설에 대한 더욱 일반적인 논의는 케이와 켐튼Kay & Kempton(1984)을 보고, 파푸아뉴기니의 베린모어Berinmo에서 색채 분류와 인지에 관한 사례연구를 위해서는 케이와 레지어Kay & Regier를 보고, 영장류 동물의 색채 분류에 관해서는 마쓰자와Matsuzawa(1985)를 보고, 인간의 색채 인지에서 보편적 패턴에 관한 고전적 연구에 대해서는 베를린과 게이Berlin & Kay(1969)을 참조해보라.

19 '통속 수학'의 나중 논의 참조.

를 **결정하거나** 사고의 유일한 매체인 것은 아니라는 것이다.

'언어 없는 사고'라는 주제는 인지과학, 신경과학, 언어학에서 다루어진 많은 최신 논문집의 주제였다. 여기서는 이런 연구를 포괄적으로 요약하진 않을 생각이다.[20] 스티븐 핑커Steven Pinker(2002: 210-213)는 강한 워프 가설의 수용을 어렵게 하는 기본적인 상식적 관찰을 아주 간략하게 개관한다. 그런 관찰 중 하나는 비언어적 아동과 인간이 아닌 동물이 추상적 개념뿐만 아니라 많은 기본적인 사고의 범주를 형성할 수 있는 능력을 성인 인간들과 공유하고 있는 것 같다는 점이다.[21] 또 다른 관찰은 정확한 단어 자체가 아니라 우리에게 제시된 문장의 '요점gist'을 기억한다는 것이다. 이것은 그러한 전前언어적 요점이 존재한다는 것을 강력히 암시한다. 또한 핑커가 말하는 "완곡어법의 수레바퀴euphemistic treadmill"라는 현상도 있다. 즉 애당초 악의가 없던 신조어('bathroom')는 실제 지시물 때문에 부정적 내포를 획득하여 새로운 완곡어법('facilities')으로 계속 교체되어야 하는 것이다. 이것은 "사람의 마음에서는 단어가 아닌 개념이 일차적인 것이다"(212-213)라는 사실을 강력히 설파한다. 핑커와 블룸Pinker & Bloom(1992: 479)도 피진어, 접촉 언어, 특정한 언어 능력을 잃은 실어증 환자의 언어라는 다양한 중간 형태들이 전달할 전前언어적 의미가 없다면 불가능할 "의사소통 체계의 연속체"를 보여준다고 지적한다.

멀린 도널드Merlin Donald(1991: 87)는 수화의 도움 없이 자란 선천적인 청각장애를 앓는 사람들뿐만 아니라, 신경 손상 때문에 언어 능력을 잃은 성인들의 여러 사례를 개관한다. 이런 사례는 "매우 많은 지식이 비언어적이거나 언어 체계

20 독자는 특히 웨이스크란츠Weiskrantz(1988), 검퍼스와 레빈슨Gumperz & Levinson(1996), 캐루더스와 부셰Carruthers & Boucher(1998)에 수록된 논문들, 핑커Pinker(1994: 53-82)에서 발견된 반反워프식 입장의 명료한 요약, 맨들러Mandler(2004a, 2004b)의 전언어적 아동 범주화에 대한 최신 재검토를 참조하면 된다.

21 뒤에 나올 정신적 모듈을 논의하면서 구체적인 예를 몇 가지 제시할 것이다. 인간이 아닌 동물 인지에 대한 훌륭한 일반적인 소개를 위해서는 프리맥과 프리맥Premack & Premack(1983, 2003), 체니와 세이파스Cheney & Seyfarth(1990), 포비넬리Povinelli(2000), 럼바우와 워시번Rumbaugh & Washburn(2003) 참조.

외부에 최소한 비상징적 형태로 저장된다"는 것을 증명한다. 그는 또한 사고와 언어 사이의 구분이 새로운 단어를 창조할 수 있는 인간의 능력 이면에 있어야 한다고 말한다. 왜냐하면 "언어외적 지식이 새로운 상징의 필요를 인식하고 그것의 유용성을 지각하기"(236) 때문이다. 핑커Pinker(2002: 212)도 단어 배열의 현상이나 언어적 형식에 만족하지 못하는 공통된 경험 현상이 언어-사고 구분에 바탕을 둔다고 지적한다. 단어를 사용하거나 이해할 수 있는 능력의 장애인 실어증의 다양한 형태도 언어 능력과 사고의 분리 가능성이 있다고 한다. 예컨대 윌리엄스 증후군의 환자는 심오한 정신지체를 겪어 평범한 추리 기술이 부족한 것처럼 보이지만, 고급 어휘로 가득 찬 완벽하게 문법적이며 거의 무의미한 문장은 놀라울 정도로 유창하게 만들어낸다. 핑커Pinker(1994: 53)는 여기에 대해 다음과 같이 이야기한다.

> 정상적인 아동에게 동물의 이름을 말하도록 하면, 개, 고양이, 말, 소, 돼지처럼 애완동물 가게와 앞마당의 표준 목록을 얻게 될 것이다. 윌리엄스 증후군을 앓는 아동에게 그렇게 하라고 하면, 유니콘, 익수룡, 야크, 야생염소, 물소, 강치, 검치호, 콘돌, 코알라, 용, 특히 고생물학자에게 매우 흥미로운 '브론도사우르스 렉스' 같은 한층 흥미로운 동물원에 대해 들을 수 있다.

베르니케증후군 실어증 환자도 추가적이거나 무의미한 단어로 가득하고 종종 실세계를 가리키지 않는 긴 문장을 유창하게 만들어낸다. 다른 한편 브로카 실어증은 완벽한 추리 능력을 완전하게 드러내는, 매우 힘들고 조잡한 언어적 출력을 특징으로 하고 있다.[22]

뇌에서 정보의 명백한 조직 역시 인간의 지식이 언어적이거나 문화적으로 특정한 계열보다는 보편적인 의미적 계열을 따라 범주화된다는 것을 암시한다.

---

22 이런 신경 장애에 대한 설명을 위해서는 핑커Pinker(1994: 45-53) 참조.

이에 대한 더욱 직접적이고 설득력 있는 증거는 이중언어 사용자의 뇌 영상 연구에서 나온다. 이런 뇌 영상 연구는 의미적 단서가 사용되는 언어와는 무관하게 동일한 뇌 부위를 활성화시킨다는 사실을 보여주었다. 예컨대 독일어와 영어라는 두 언어를 사용하는 화자에게 숭어라는 뜻의 'trout'와 'Lachs'라는 단어는 공통된 신경과 행동의 효과를 환기시킨다.[23] 제니 크리니언Jenny Crinion *et al.*(2006)은 다중언어 사용의 능력이 '왼쪽 미상핵left caudate'에 의해 뒷받침되는 어휘적-의미적 통제를 위한 보편적 기제에 의해 중재된다고 단언한다. 단일 언어 사용자의 뇌에서 이 부위가 손상되면, '올바른 단어를 찾는' 기본적인 의미적 결정을 내리는 능력이 손상된다. 다중언어 사용자에게 왼쪽 미상핵은 독일어-영어와 일본어-영어 이중언어로 사용되고 생산되는 언어를 모니터하고 통제하면서, 전환 기능을 수행하는 것처럼 보인다. 왼쪽 미상핵 주변의 백질이 손상된 삼중언어 사용자 환자라는 흥미로운 경우에서 세 언어 모두에서 언어 이해는 보존되지만, 언어 출력을 통제하는 능력이 소실되었다. 이런 환자는 언어 생산 과제에서 세 언어 사이에서 자발적이고 예측 불가능하게 전환되었다.[24] 심층의 의미론이 해당 언어의 상세한 점보다 더 기본적이라는 것은 신경 손상의 결과로 인한 범주 특정적인 의미적 결함이라는 놀라운 현상에 의해서도 암시되고 있다. 이러한 의미적 결함은 추상적이거나 구체적인 명사, 고유명사, 신체부위, 지명, 유정물이나 무정물, 동물, 채소, 악기에 대한 실험 대상자의 접근을 선택적으로 손상시킨다.[25]

대다수의 인간 개념들이 몸-마음의 선천적인 지각적 기대 구조가 세계에 노출되어 세계와 상호작용할 때 발생하는 영상도식의 형태를 취한다는 것을 암시하는, 제1장에서 개괄한 연구를 생각해본다면, 인간의 사고가 개별 단어

---

23 크리니언Crinion *et al.*(2006) 개관을 위해서는 페라니와 아부탈레비Perani & Abutalebi(2005) 참조.

24 크리니언Crinion *et al.*(2006: 1540)에서 보고한 아부탈레비Abutalebi *et al.*.(2000)

25 이 현상에 대한 고전적인 초기 보고 중 하나는 워링턴과 매카시Warrington & McCarthy(1983)이다. 또한 카르마짜Caramazza *et al.*(1994)의 실험 문헌의 개관과 마틴Martin *et al.*(1996, 2001)과 데블린Devlin *et al.*(2002)의 더욱 최근의 뇌 영상 연구를 참조해보라.

와 밀접하게 연결되지 않는다는 것은 놀라운 일이 아니다. 마이클 아비브Michael Arbib(1985: 36)가 말하듯이 "언어 능력은 세계를 지각하고 그것과 상호작용할 수 있는 우리의 기본적인 능력에 뿌리를 두고 있으며," 이는 '행동과 지각'의 기본적인 기능적 단위가 단어가 아닌 감각 운동의 도식임을 암시한다. 사고의 긴 행렬을 위한 인지적 고정장치나 발판으로서 어떤 부가적인 역할을 수행하든지 간에, 단어는 주로 비언어적이고 대개는 보편적으로 공유되는 인간의 몸과 환경에 근거하는 감각 운동 패턴을 재활성화하기 위한 단서로 기능하는 것 같이 보인다.[26] 예컨대 '언어의 음영verbal overshadowing'이라는 현상에 관한 연구는 언어의 유익한 '발판' 효과의 배경이 있음을 암시한다. 즉 언어는 특정 상황에서, 그리고 특정 기술의 유형에 대해 인지를 손상시킬 수 있다. 조나단 스쿨러와 타냐 엥그스틀러-스쿨러Jonathan Schooler & Tanya Engstler-Schooler(1990)가 밝혔듯이, 이전에 본 얼굴 모양을 상세히 기술한 실험 대상자들은 예전에 본 것을 언어화하지 않도록 했을 때보다 그 다음에 인식하는 것이 훨씬 더 서툴렀다. 그리고 음악, 목소리, 맛에 관해서도 비슷한 효과가 밝혀졌다.[27] 스쿨러와 슈라이버Schooler & Schreiber(2004: 25)가 결론내리듯이 언어의 음영 연구에서 나온 증거는 "기억의 기술로 유도되는 분석적인 내성적 과정이 전체적인 비언어적 인식 과정을 때때로 붕괴시킬 수 있다는 것을 암시한다." 제1장에서 개관한 암묵적 노하우, 자동성, 무의식적인 정서적 편견에 관한 연구도 명시적이고 언어적으로 형식화되는 지식이 일상의 많은 지각과 행동에 사소한 역할을 한다는 것을 암시한다. 썰을 비롯한 여러 학자들이 지적한 배경 지식의 결정적인 중요성은 언어 이해도 암시적이고 공유되며 비언어적으로 명시된 지식을 배경으로 해야만 발생한다는 것

26 제4장에서 상세히 논의하겠지만, 특히 이러한 기본적인 감각 운동 패턴들을 새로운 은유적 혼성으로 선택적으로 결합하여, 환경을 변형시킬 수 있는 인간의 능력과 결합할 때 문화적으로 특유한 생활 세계를 초래하도록 하기 위해, 이러한 패턴들이 종종 환기된다. 그럼에도 불구하고 새로운 혼성공간도 몸에 근거한다는 사실은 폭넓고 쉽게 횡단되는 공통된 '타자'로 가는 교량을 제공한다.

27 개관을 위해서는 스쿨러와 슈라이버Schooler & Schreiber(2004) 참조.

을 보여준다.

지각적 패러다임이 모든 세부적인 것까지 결정하는 것은 아니다

인간은 문화적 담론의 부분이 아닌 것은 지각하지 못한다는 생각, 다시 말해 문화가 지각을 결정한다는 생각은 포스트모던 입장의 중심 주제 가운데 하나이다. 앞서 논의했듯이 토마스 쿤Thomas Kuhn(1962/1970: 5)은 종종 이론적 체제가 관찰 데이터라고 생각하는 자료에 강력하게 영향을 미친다는 주장으로부터 시작해서 패러다임이 과학자들이 지각하는 것을 **완벽하게** 결정한다고 주장하기에 이른다. 정상과학은 "자연을 전문 교육에 의해 제공된 개념적 상자 속으로 **밀어 넣으려는** 격렬하고도 헌신적인 시도를 나타낸다." 이로써 서로 다른 패러다임 안에서 연구하는 과학자들이 '서로 다른 세계'에 거주하는 결과가 빚어진다.(150) 서로 다른 문화적 체계나 언어적 체계에서 창조된 서로 다른 '생활 세계'에 대한 이야기는 포스트모던 이론화의 수사학적 배경을 이룬다.

이 관점에는 적어도 세 가지 문제가 있다. 첫 번째는 이론적인 것이다. 문화적 패러다임이나 담론이 세계에 대한 우리의 경험을 완전히 구조화한다면, 이런 구조가 어떻게 바뀌거나 수정되고 우리의 지각을 구조화하는 것으로 **인식되는지**를 알기 어렵다. 예컨대 과학 패러다임이 모든 세부적인 것까지도 결정한다는 쿤Kuhn(1962/1970: 53)의 주장은 "자연이 정상과학을 지배하는 패러다임으로 유도되는 예상들을 어떤 식으로든 위배했다는 인식"의 결과로 패러다임이 전환된다는 똑같이 중요한 그의 주장과 나란히 놓이면 선험적으로 일관성이 없는 주장이 된다. 패러다임이 정말로 우리의 지각을 완벽하게 구조화할 수 있는 힘을 가졌다면, '자연'이 보여주는 변칙적 현상들은 결코 지각될 수 없다. 쿤 자신의 역사적 예는 강한 패러다임-원인-지각 주장이 거짓임을 나타낸다. 예컨대 쿤은 빌헬름 뢴트겐Wilhelm Roentgen이 변칙적 현상을 인지함으로써 X선을 발견한 방식을 기술한다. 그것은 실험실의 스크린이 "그러지 않아야 할 때도 빛을 낸다"(57)

는 사실이다. 지배적인 패러다임에 따라서는 존재하지 않아야 하는 변칙적 현상인 빛을 내는 스크린이 뢴트겐에 의해 중요한 것으로 인지되고 지각될 수 있다는 사실은 사람들(심지어 과학자들도!)이 최소한 세계에 대한 어느 정도의 직접적인 지각적 접근을 갖는다는 것을 보여준다.[28] 물론 뢴트겐의 이론적 교육은 빛을 내는 스크린을 그가 중요한 것으로 간주한 것과 관련된다. 그것은 빛을 내지 않았어야 했다. 즉 이것은 뢴트겐의 이론적 예상에서부터 많은 현저함이 도출되었다는 사실이다. 하지만 이런 예상이 일상의 지각이나 실험적 지각에서 하는 역할은 과장되어서는 안 된다. 앨런 찰머스Alan Chalmers(1999: 195)는 다음과 같이 말한다.

> 자석과 당근의 차이를 구분하지 못하는 사람이 전자기학에서 무엇이 확립된 사실로 간주되는지를 평가하지 못한다는 주장을 굳이 부인할 필요는 없다. [그러나] '당근은 자석이 아니다'는 것이 이론이 된다는 일반적인 의미에서 '이론'이라는 용어를 사용하는 것은 확실히 분별없는 것이다.[29]

이것은 두 번째 논제로 이어진다. 찰머스의 의견을 보충하기 위해 우리 같은 피조물이 어떻게 당근과 자석을 구분하는지는 예상보다 더 어려운 재주이고, 여기엔 선험적 예상과 가정이 포함된다는 것을 인식하는 것이 중요하다. 따라서 "패러다임 같은 그 무엇이 지각 자체의 우선 조건"임을 암시할 때, 쿤Kuhn(1962/1970: 112-113)의 주장이 전적으로 틀린 것은 아니다. 제1장에서는 먼

---

28 라부아지에Lavoisier의 산소 '발견'이나 프레넬Fresnel의 백점 실험에 대한 쿤Kuhn(1962/1970)의 설명을 참조해보라.

29 이론을 결정하는 관찰에 관한 파이어아벤트의 주장은 "그것이 명백히 거짓이기 때문에 논쟁할 가치가 별로 없는데, 어떤 이가 그 말에 아주 희석된 의미를 붙이지 않는 한 그러하며, 붙일 경우 그 단언은 참이되 사소한 것이 된다"라는 이언 해킹Ian Hacking(1983b: 174)의 견해를 참조해보라. 그리고 허셜Herschel의 복사열 발견의 예를 사용하여 이 논점을 파이어아벤트가 예증한다는 것을 참조해보라.

저 존재하는 도식이 인간의 지각에 중요한 역할을 한다는 데 초점을 맞추었다. 그때의 목표는 우리의 감각이 세계에 대한 직접적인 창구라는 통속 직관과 지각이 정확한 표상이라는 객관주의적 이상의 지배력을 느슨하게 만드는 것이었다. 이제부터는 방침을 바꾸어 우리의 감각이 세계에 대해 **무언가**를 말해준다는 사실에 초점을 맞추는 것이 중요하다. 어쩌면 뻔한 논점일 수 있지만 주의할 만한 가치는 있다. 지각적 도식이 모든 것을 결정한다고 하면 지각은 전혀 필요 없을 것이다. 당신이 세계에 대해 알지 못하던 무언가를 발견하고 그에 따라 당신의 패러다임을 조정하는 것은 진화적 시간 내내 확실히 중요했기 때문에, 유기체 감각기관을 갖고 있다. 울리히 나이서Ulric Neisser(1976: 43)가 지적하듯이, 지각적 도식의 목적은 환경으로부터 선택적으로 정보를 입수하는 것이고, 도식은 항상 지각 가운데서 수정되고 조정된다. 그의 결론은 다음과 같다. "지각은 예상의 인도를 받지만 그것의 통제를 받는 것은 아니다." "지각은 실재 정보의 수집을 수반한다." 사실 매우 값비싼 기관인 인간의 뇌 가운데 거의 3분의 1은 시각 처리만을 위한 것이다. 생활하는 세계 전체 가운데 매우 많은 진화적인 연구개발 투자는 감각기관을 정제하는 데 할애되었다. 잎을 태양 쪽으로 돌리는 식물이나 자체 생성된 전기장의 떨림을 감지하는 뱀장어에서부터 돌고래의 음파 탐지와 매의 시력에 이르기까지, 진화상의 주된 흐름은 세계에 대한 정보 획득 방식을 매우 정교하게 만드는 것이다. 이런 유형의 비용은 연구과제가 아주 오랫동안 이루어지고 매우 정제된 결과를 생산하도록 하려면 크고 지속적인 이익을 창출해야 한다.

세 번째이자 마지막 논점은 우리의 세상사 지식이 필연적으로 패러다임과 편견을 통해 여과된다고는 하지만, 이런 대다수의 패러다임이 사회적으로나 이론적으로 구성된다기보다는 내재적이며 종種보편적이라는 점이다. 예컨대 이것은 인간의 개념적 유동성을 예증하기 위해 쳐다볼 때 페이지의 평면을 가로질러 앞뒤로 뒤집는 3차원 입방체와 같은 착시를 파이어아벤트Feyerabend(1993: 166-167)가 사용하는 것에 대한 중요한 개선책이다. 파이어아벤트가 이런 착시에 대해 인식하지 못한 것은 인간의 경우는 지각계 안의 고정된 규칙성을 이용하며 정확히 작동한다는 것이다. 이 경우에는 단축법이 눈-뇌에 의해 깊이를 암시하는 것으로 받아들여지는 방식이다. 따라서 파이어아벤트는 인간의 지각을 돕는 '내현적 관계covert relationship'가 낡은 객관주의를 훼손시킨다고 결론내릴 수는 있지만(169), 그런 관계가 **호모사피엔스**에 의해서도 비슷하게 실례로 나타나고 보편적으로 공유된다는 논점은 놓치고 있다. 이것이 우리를 다음 주제로 데려간다.

빈 서판은 없다: '진화적 칸트' 입장과 마음의 모듈 관점

인간은 언어-문화에 의해 각인되길 기다리는 백지 상태라는 생각은 포스트모던 입장의 중심에 있다. 이것은 접근 가능한 라투르의 미노타우로스이다. 사고와 언어를 동일시하고 신체화된 지식의 역할을 무시하는 것의 문제를 인식하는 보드리야르 같은 매우 지성적인 포스트모던 사상가들도 인간 본성이 빈 서판이라는 관점을 계속 고수한다. 제2장에서 주장했듯이 보드리야르 같은 사상가들은 몸의 역할은 인정하지만 몸이 인간의 경험에 유의미한 구조를 제공한다는 생각은 하지 않았으며, 몸을 문화의 수동적 지각자나 담론적 권력 투쟁을 위한 특색 없는 '장소'로 간주하는 경향은 그 주제를 다룬 포스트모던 글에 널리 퍼져 있다.[30]

진화심리학자 존 투비와 레다 코스미데스는 '진화적 칸트' 입장에 찬성하면서 빈 서판 관점에 반대하는 운동의 최전선에 있다. 진화적 칸트 입장이란 진화적으로 고안된 종 전형적인 이해의 범주가 존재하지 않는다면, 인간의 인지가

30 '몸'에 관한 연구에서 나온 최근의 발췌문(프레이저와 그레코Fraser & Greco 2005)은 그 주제에 관한 다양한 포스트모던 관점을 줄이긴 했지만 그래도 유익하게 개관한다. 또한 '자연과 문화의 교점'을 탐구한다고 주장하지만 대개 전자를 후자 아래에 포함시키는 경향이 있는 와이스와 하버Weiss & Haber(1999)에 수록된 논문들을 참조해보라.

궤도에 오를 수 없다는 것이다.[31] 이들은 인간의 행동을 이끄는 많은 이해의 범주와 규범적 평가가 내재적이며, 이것이 실증적 사실일 뿐만 아니라 선험적 필연성이기도 하다고 주장한다. 즉 완전히 비어 있는 다목적 학습 체계는 아무것도 **배울** 수 없다는 것이다. 내재적 구조의 이론적 필연성은 여러 분야에서 다양한 이름으로 불린다. 그것은 인공지능에서는 '프레임 문제'이고, 언어학에서는 '자극의 빈곤'이며, 의미론에서는 '지시적 중의성'의 문제이고, 발달심리학에서는 '유도 제약'의 필요성이며, 지각의 심리학과 신경과학에서는 '자극렬'의 과소결정의 문제이다. 하지만 이 모든 분야들은 빈 서판이 단순히 비어 있는 상태로 있다는 것을 증명한다는 점에서는 하나로 집결된다.(1992: 103-107)[32] 투비와 코스미데스는 다음과 같이 말하면서 다목적 학습 네트워크보다는 내용이 풍부하고 영역 특정적인 신체화된 마음을 찬성하는 이론적 주장을 요약한다.

> (1) 가능성은 무한하다. (2) 인간적이고 신화적이거나 문제해결의 평범한 기준에 따르면 바람직한 결과는 모든 가능성들 가운데 매우 작은 하위 집합이다. 따라서 적응적 목표나 환경 조건과 무관한 폭넓은 행동 유연성을 제공하는 것은 진화적 사형선고로서, 그것을 생성하는 설계가 개체수로부터 제거된다는 것을 보장한다.(101)

다목적 학습 기계장치의 실행 가능성에 관한 이론적·진화적 의심은 인공지능에서 진정한 다목적 연상 네트워크가 유용한 어떤 것도 배우지 못함으로써 강화되었다. 핑커Pinker(2002: 83)가 말하듯이 프로그래머들이 만드는 네트워크

31 이 입장의 훌륭한 요약을 위해서는 투비와 코스미데스Tooby & Cosmides(1992: 70-72)를 참조해 보라. 물론 칸트는 실증적으로 우연적인 방식으로 특징지어지는 이해의 범주라는 개념을 꺼려할 것이다.

32 인간의 인지와 지각에 관한 일반적인 프레임 문제에 관해서는 나이서Neisser(1976: 63-64), 겔만Gelman(1990: 3-4), 허쉬펠드와 겔만Hirschfeld & Gelman(1994a, 1994b), 가자니가Gazzaniga(1998: 13-16), 핑커Pinker(2002: 30-102) 참조.

가 더 이상 진정으로 다목적이 아니라는 외관상 사소하며 내재된 매우 많은 가정으로 몰래 침투하여 그런 네트워크를 작동시킬 수 있었다.

진화적 칸트 입장을 진지하게 받아들인다는 것은 문화적 습득에 대한 사회구성주의적 설명에서 결정적인 역할을 하는 '학습'이라는 모호한 개념이 우리 같은 피조물이 어떻게 다양한 **특정적** 능력과 태도를 획득하도록 장치를 갖추었는지, 또한 어떻게 무언가를 학습되는 무언가로 인식할 수 있는지에 대한 보다 구체적인 설명으로 교체되어야 한다는 것을 의미한다. 에드워드 윌슨E. O. Wilson(1975/2000: 156)이 말하듯이 "학습 과정은 뇌 크기의 진화로 서서히 발생하는 기본적인 특성이 아니다. 오히려 그것은 많은 것들이 서로 다른 주된 동물 분류군에서 반복적이고 독립적으로 진화한 다양한 일련의 특이한 행동 적응이다"라는 것이다. 이로 인해 투비와 코스미데스Tooby & Cosmides(1992: 122)는 '학습'이라는 용어가 "무언가를 위한 설명이 아니라 그 자체가 설명을 필요로 하는 현상이다"라는 결론에 도달했고, 사회구성주의자들이 사용하는 '학습'과 초창기 생물학에서 말하는 '원형질protoplasm'이라는 개념을 서로 비교했다. 원형질이란 "많은 이질적인 기능적 결과들을 유발할 것으로 생각되는 진기한 행위자에게 주어진 이름"(123)이다.

> 단지 등전위의 다목적인 내용 자립적 기제들로 구성된 심리학적 구조는 인간의 마음이 수행하는 것으로 알려진 과제를 성공적으로 수행하지 못하거나 인간이 해결하기 위해 진화한 적응적 문제를 해결하지 못한다. 이런 과제는 보기부터 언어 학습, 정서 표현 인식, 짝 고르기, '학습 문화'라는 용어 하에 모이는 많은 다양한 활동들에까지 이른다.(34)

빈 서판을 바람직하지 않은 설계 전략으로 만드는 이론적 고찰을 지지하는 인지과학, 특히 발달심리학의 연구는 보편적인 동시에 영역 특정적인 매우 많은 선천적인 인간의 가정과 학습 전략의 존재를 암시한다. 이런 연구 결과는 마음을 어떤 정보이든 모두 다 흡수할 준비가 된 다목적 처리기로 간주하는 것에서부터 '스위스 군용 나이프Swiss Army knife'로 간주하는 관점으로의 전환을 동기화한다. 이것은 특정 영역 속의 정보를 받고 처리할 것으로 생각되는 전매특허의 전용 기능을 가진 반독립적 '모듈' 다발이다.[33] 허쉬펠드와 겔만Hirshfeld & Gelman(1994b: 21)은 '영역'에 대해 다음과 같이 설명한다.

> '영역'은 나름의 특성을 공유하고 그 유형은 변별적이고 일반적인 것으로 생각되는 현상들을 식별하고 해석하는 일군의 지식이다. 영역은 유기체가 직면하는 반복적이고 복잡한 문제들에 대한 안정된 반응으로 기능한다. 이런 반응은 오직 이런 해결책만을 위한 접근하기 어려운 지각·부호화·회수·추론 과정을 포함한다.

가장 간단한 경우에 영역 특정적 모듈은 쥐들이 보여주며, 존 가르시아와 로버트 코엘링John Garcia & Robert Koelling(1966)에서 탐구한 학습 편견의 형태를 취한다. 시각 및 미각 자극과 함께 (가벼운) 전기 충격을 받은 쥐는 시각 자극만을 피하는 법을 배우지만, 메스꺼움을 유발하는 독이 이용될 때는 시각 자극이 아닌 미각 자극을 피하는 법도 배웠다. 명확히 "불쾌한 외부 충격을 느낀다면, 마지막으로 본 것에서 원인을 찾아라"와 "메스껍다고 느낀다면, 마지막으로 먹은 것에서 원인을 찾아라"라는 영역 특정적 법칙이 작동한다. 간단한 지각적 모듈은 또한 지난 수십 년 동안 시각 연구의 중심에 있었지만, 연구자들은 사람들에게 현상학적으로 '보기seeing'의 단일적 과정으로 보이는 것이 사실은 모서리, 이동, 수평이나 수직 모양, 표면의 질감 등을 탐지하는 데 선택적으로 기여하는 많

---

33 모듈성 이론에 관한 초기의 영향력 있는 주장을 위해서는 페리 포더Jerry Fodor(1983)를 보라. 또한 영역 특정성에 대한 진화적 설명을 위해서는 코스미데스와 투비Cosmides & Tooby(1994: 90-94) 참조. 포더의 마음 모형이 피상적으로만 모듈적이라는 주장뿐만 아니라 "미친 모듈성 이론"(Fodor 1987: 27)이라는 포더의 비판에 대한 응수를 위해서는 스퍼버Sperber(1994, 1996: 122-127) 참조.

은 특정 모듈들의 통합을 포함한다는 것을 매우 일찍부터 인식했다.[34] 인간 인지의 '고등' 양상에 대한 첫 번째이자 가장 잘 알려진 영역 특정적 모듈성 이론의 적용은 인간의 언어를 습득하고 이해하기 위한 촘스키가 제안한 '보편문법' 기제이다. 촘스키는 어린이들이 문법적 문장을 유창하게 이해하고 생산하게 될 때 확실히 "데이터를 넘어서기" 때문에, 이런 기제를 단정할 필요가 있다고 느꼈다.

이제 인간에 초점을 맞추되 인간이 아닌 동물 인지에서의 유사성에도 주목하면서 흥미롭거나 잘 입증된 학습 제약, 영역 특정적 모듈, '통속 이론'[35]을 간략하게 논의하겠다. 이는 몸-마음이 진화적으로 적절한 환경에 풍부하게 반응을 하면서도 그것이 무엇을 알아차리고 관심을 갖는 데 어떻게 매우 선택적일 수 있는지를 간파하기 위함이다. 내가 논의할 많은 연구는 유아나 매우 어린 아동을 포함하는 연구에서 비롯되고,[36] 이런 연구는 보편주의적 주장을 단언하는 데 아주 적절하다. 가정이나 능력이 유아나 전前언어적 아동에게서 명확히 증명될 수 있다면, 언어와 최소한 유아의 경우에 문화의 영향력을 제거했다고 확신할 수 있다. 분명히 실험자의 언어적·문화적 가정은 여전히 적절하지만, 곧 논의할 아동 발달 결과가 문화의 폭넓은 스펙트럼에서 반복되었다는 사실은 우리

---

34 마르Marr(1982)를 보라. 단일 단위 신경 기록과 함께 fMRI로 측정되는 짧은꼬리원숭이의 방추상 얼굴 부위에서 강한 모듈성을 뒷받침하는 매우 인상적인 최근 증거를 위해서는 타오Tsao *et al.*(2006)와 칸위셔Kanwisher(2006)의 논의를 보라.

35 "영역 특정적이고 관찰 불가능한 인과적-설명적 구성물을 일관되게 이용하는 관찰된 인간의 성향을 가리키는 통속 이론"(겔만Gelman *et al.* 1994: 342)의 개념에 관해서는 겔만Gelman *et al.*(1994), 허쉬펠드와 겔만Hirshfeld & Gelman(1994b)을 보라. 허쉬펠드와 겔만이 지적하듯이, 그러한 이론에는 개념적 엄격함과 실증적으로 도출되는 과학 이론의 본성이 없지만 "반증에 대한 저항, 존재론적 신념, 영역 특정적 인과적 원리에 대한 관심, 신념의 일관성"(13)이라는 점에서는 이론 같다.

36 명확히 유아는 효과적으로 의사소통할 수 없으므로 아동 발달 연구자들이 의존하는 기본 원리는 매우 현저한 '예상의 위배' 암시물이다. 즉, 유아가 친숙하거나 예상되는 사건보다는 새롭거나 예상 밖의 사건을 더 오래 응시하는 경향이 있다는 사실이다. 따라서 유아의 응시 시간의 측정은 가정이나 예상이 위배되고 있는지의 여부를 암시하는 데 사용된다. 이 방법론에 대한 논의는 본스타인Bornstein(1985)과 스펠크Spelke(1985)를 보라.

가 종 전체에서 인지적 기본치를 관찰하고 있다는 자신감을 증가시킨다. 하나로 통합해서 보거나 인지적 기본치를 생산한 비교적 안정되고 공통된 환경을 배경으로 볼 때, 이러한 모듈은 많은 경우 인간이 아닌 동물과 함께 인간이 공통되고 정교하게 구조화되며 추리가 풍부한 전前언어적 사고의 세계에 거주하는 그림을 제시한다.

기본 층위 범주

내가 표준 중국어를 공부할 때 첫 해에 배운 단어는 주로 '테이블(桌子)', '의자(椅子)', '고양이(猫)', '개(狗)' 같은 기본 단어들이었다. 우리는 이런 단어가 기초적인 언어 교재와 아동도서에서 삽화로 그려진 것을 쉽게 볼 수 있다. 이것은 다른 언어를 배우거나 다른 문화와 상호작용할 때 사람들이 당연시 하는 많은 현상들 가운데 하나이다. 시간이 지나야만 이해할 수 있는 문화적으로 특정한 세부 내용들은 많지만, 확실히 우리의 세계와 타인의 세계는 기본 개념들을 공유한다는 것도 흔히 의식적으로는 아니지만 똑같이 분명한 사실이다. '의자'가 아닌 '테이블'을 가리키는 단어가 있으며, '걷기'가 아닌 '달리기'를 가리키는 단어, '앉기'가 아닌 '서기'를 가리키는 단어가 각각 있을 것이다.

물론 한 가지 가능성은 이것이 교재와 사전을 집필하고 자신들의 언어적 세계관을 나머지 세계에 몰래 삽입시킨 유럽의 권력자가 만든 식민주의 환상이라는 것이다. 나머지 세계의 이국적 어휘부는 지금은 인도-유럽 의미론의 무리한 획일화와 억지로 일치되어 있다. 이것이 이론적으로는 가능하지만 사실은 그렇지 않다. 많은 아동 발달과 문화 간 연구에서는 **호모사피엔스** 종의 구성원들이 공유하는 세계의 범주화 층위, 즉 기본 층위 범주의 층위가 존재한다는 것을 증명했다. 기본 층위 범주는 아동이 제일 먼저 습득하고, 범문화적으로 공유되며, 상세한 범주나 일반적인 범주들보다 기억하기 더 쉽고 개념적으로 더 중요한 범주이다.[37] 기본 층위 범주가 인간에게 당연할 정도로 현저한 것은 그것이 바로 우리 신체화의 세부 내용이기 때문이다. 즉 기본 층위 범주는 감각 운동 변별성에 의해 서로 간에 구분된다. 엘리노어 로쉬Eleanor Rosch *et al.*(1976)가 주장하듯이, 기본 층위는 단 하나의 정신적 이미지에 의해 제시되는 가장 높은 범주화 층위다. 개인은 기본 층위 범주와 상호작용하기 위해 비슷한 운동 근육 행동을 사용한다. 조지 레이코프George Lakoff(1987: 51)가 말하듯이, 기본 층위 범주는 '인간 규모의 크기human-sized'이다. 일반적으로 우리 정도의 크기, 모양, 능력을 가진 유기체는 '테이블'과는 근본적으로 다른 방식으로 '의자'와 상호작용한다. 훨씬 상세한 범주에는 이러한 구별성이 없다. 우리는 '부엌 의자'와 본질적으로 다른 방식으로 '안락의자'와 상호작용하지는 않는다. 다른 한편으로 상위 층위 범주에는 일관성 있는 이미지나 감각 운동 윤곽이 전혀 없다. 개념으로서의 '가구'는 행동유도성과 관련해 아무것도 제공하지 않는다.

기본 층위 보편성에 대한 잘 입증된 두드러진 실례 중 하나는 전 세계에서 통속 분류법들 간의 유사성이다. 이 현상에 관한 가장 초창기 연구는 브렌트 베를린Brent Berlin *et al.*(1973)에서 이루어졌다. 이들은 종이라는 현대의 분류학적 분류에 대응하는 생물학적 분류의 한 층위가 멕시코의 치아파스 지역에서 통용되는 첼탈어를 사용하는 화자들에게는 심리적으로 기본적인 것임을 발견했다. 이러한 '통속-종 층위folk-generic level'는 기본 층위 범주의 제반 자질을 갖고 있다. 이 층위에서의 이름(가령 '참나무oak')은 더 간단하고 기억하기 수월하다. 이 층위에서의 범주는 전체적으로, 즉 단 하나의 게슈탈트로 지각된다. 더욱 집중된 범주('흰참나무white oak')의 경우에는 개별적인 세부 내용에 초점을 맞추어야 하고, 더 일반적인 범주('나무', '식물')의 경우에는 그 범주를 대표할 수 있는 단 하나의 일관된 이미지는 없다.[38]

물론 영역 특정적 경험과 실용주의적 관심사는 범주화 및 분류 층위의 현

---

37 레이코프Lakoff(1987)는 많은 범凡문화적 증거가 들어 있는 기본 층위 범주화에 대한 고전이며 이를 읽기 쉽게 소개한다. 아동 언어습득과 인지 연구에서 나온 기본 층위 범주에 대한 증거를 위해서는 마크먼Markman(1989)과 벨-차다Behl-Chadha(1996)를 보라.

38 스콧 아트란과 동료들은 통속 분류에 관한 더욱 최신의 광범위한 연구를 했다. 아트란Atran(1987, 1990, 1995, 1998)과 메딘과 아트란Medin & Atran(1999)에 수록된 논문들을 보라.

저성에 명확히 영향을 미친다. 우리는 앞서 이누이트 족의 눈과 관련된 범주화나 서퍼들의 파도와 관련된 범주화와 관련하여 이를 지적한 바 있다. 예컨대 제러미 베일린슨Jeremy Bailenson *et al.*(2000)은 새에 관한 미국과 마야의 범주화를 비교하면서, 전문가와 비전문가 사이의 현격한 차이뿐만 아니라 미국과 마야의 전문가들 사이에서도 놀라운 초超문화적 수렴을 발견했다. 더글러스 메딘Douglas Medin *et al.*(2006) 역시 아메리카 인디언과 대다수 미국 문화의 물고기 전문가들의 서로 다른 실용주의적 방위 때문에 다소 다른 분류 체계가 유발된다는 것을 발견했다. 하지만 이런 특수한 범주화는 사물의 기본 범주들로 구성된 공통된 세계를 배경으로 해야만 나타난다. 조지 레이코프George Lakoff(1987: 38)가 적시하듯이 기본 층위의 범주는 보편적이고 훨씬 기본적이며 유용한 것처럼 보인다. 왜냐하면 우리는 "게슈탈트 지각과 총체적인 운동근육 동작에 대해 동일한 일반적인 능력을 공유하며," 기본 층위 범주는 특별한 방식으로 우리와 세계를 연결시켜서, "인지 구조와 세계에 대한 실재 지식 사이에 결정적인 연결"을 제공하기 때문이다.

통속 물리학

흄Hume(1777/1975)이 탁월하게 밝혔듯이 인과성은 우리가 볼 수 있도록 세계의 바깥에 있지 않다. 우리는 사건들의 결합만을 볼 수 있으므로 인과성의 가정으로 비약한다. 제1원리에 기초해서는 아마 정당화되지 않지만, 이런 비약은 우리 같은 피조물에겐 필연적인 것처럼 보인다. 발달심리학의 연구에서는 유아가 무정물의 물질계의 행동에 관해 여러 가정들을 공유하는 것으로 암시하고 있다. 이러한 세계는 '통속 물리학folk physics'으로 명명된다.[39] 엘리자베스 스펠크Elizabeth Spelke *et al.*(1995)는 유아가 공유하는 것 같은 물리적 사물의 행동에 관해 세 가지 기본 원리를 뒷받침할 증거를 제시한다.

---

39 통속 물리학에 대한 기본적인 소개와 적절한 실험 증거의 개관을 위해서는 레슬리Leslie(1994, 1995), 바야르종Baillargeon *et al.*(1995), 스펠크Spelke *et al.*(1995) 참조.

1. 응집성cohesion의 원리: "사물들은 자유롭게 움직일 때 연결성과 경계 모두를 유지하는, 연결되고 한정된 통일체이다."(45)
2. 연속성continuity의 원리: "사물들은 연속적으로 존재하고 움직이므로, 각 사물들이 정확히 공간과 시간상으로 연결된 하나의 경로를 따라간다."(48)
3 접촉contact의 원리: "사물들은 서로 접촉해야만 서로에게 영향을 미친다."(49)

스펠크와 동료들은 이런 가정이 유아 발달에서 매우 초기에 등장하고, 범문화적으로 보편적임을 입증했다. 예컨대 '연속성의 원리'에 관해 장 피아제Jean Piaget(1954)는 유아가 8개월이 되어서야 숨겨둔 물건을 잡으려고 손을 뻗는 능력을 갖게 되며, 보이지 않는 사물이라도 존재한다는 것을 이해하는 능력은 경험을 통해 점진적으로 습득된다고 생각했다. 하지만 물리적 폐쇄와 예상 깨뜨림의 응시를 이용한 연구는 사물 영구성에 관한 가정이 선천적임을 강력히 암시한다. 물론 숨겨둔 물건을 잡으려고 손을 뻗을 수 있는 실제 능력은 나중에라야 발달한다. 예컨대 2개월 반이 지난 유아는 스크린에 가려진 사물이 시야에선 벗어났지만 계속 존재할 것이라고 기대한다. 이런 예상을 깨뜨리려는 조작 실험에 유아는 깜짝 놀란다는 사실이 밝혀졌다.[40] 최근 연구는 더 나아가 유아가 폐쇄(한 사물이 다른 사물 뒤에 숨겨지다), 포함(한 사물이 다른 사물 **안에** 숨겨지다), 지탱(한 사물이 다른 사물에 의해 지탱되다)을 각각 구분하며, 이는 각각의 물리적 사건의 유형에 대해 학습하는 것이 자체 독립적임을 암시한다. 이러한 학습이 독립적이라는 것은 다목적의 학습 과정에서 예상되는 것과는 달리 다른 적절한 범주들로 일반화되거나 여기에 적용되지 않는다는 것이다.[41]

---

40 바야르종Baillargeon *et al.*(1985), 바야르종Baillargeon(1986, 1991), 아기아르와 바야르종Aguiar & Baillargeon(1999), 왕Wang *et al.*(2005)을 보라. 또한 유아가 단순한 지각적 새로움이나 친밀성에 반응한다는 가능성을 통제하는 최근 실험을 위해서는 러프만Ruffman *et al.*(2005)을 보라.

스펠크의 '접촉의 원리'에 관해, 앨런 레슬리Alan Leslie와 동료들은 유아가 6개월 반경에 미쇼트Michotte 발사 환각을 겪는다는 것을 밝혀냈다. 스크린 위에서 활발히 움직이는 공들 사이의 명확한 접촉이 당연하게 힘의 전이를 포함하는 것처럼 보인다.(레슬리Leslie & Keeble 1987, 레슬리Leslie 1994) 레슬리는 물질계의 작동 방식에 관한 우리의 직관적 모형이 스크린 위에서 활발히 움직이는 원들과 같은 데이터를 초월하여, 물리적 원리와 기계론적 인과성을 세계로 '착색한다paint'고 주장한다.[42] 이런 직관적 모형이 객관주의 관점에서 정당화되지 않기는 하지만, 세계를 성공적으로 헤쳐 나갈 수 있는 능력의 결정적 기초를 나타낸다. 레슬리Leslie(1994: 133)가 밝히듯이 "〔통속 물리학이 제공하는〕 기계론적 해석에 접근하지 못하면, 원인이나 행위성에 관한 어떤 추론도 이끌어 낼 수 없고, 데이비드 흄처럼 '우리 감각의 인상', 즉 무의미한 시공적 패턴과 떨어질 수 없게 된다"는 것이다.

인간의 다른 인지적 모듈의 경우에서 보게 되듯이, 통속 물리학의 기본이 전前문화적일 뿐만 아니라 종 전체에 해당된다는 증거가 많다.[43] 예컨대 아론 블레이들Aaron Blaisdell *et al.*(2006)은 단순한 연상적 학습의 가능성을 통제하려고 고안한 여러 차례의 실험에서 쥐의 물리적 인과성에 관해 정교한 추리를 보여준다. 어쩌면 동물계 전역에 사람들에게 그 유용성이 즉각적으로 이해되는 도구를 폭넓게 사용한다는 것은 훨씬 암시적이다. 이는 물리계가 어떻게 작동하고 그것을 어떻게 조작하는지에 대한 공통된 느낌을 암시한다.[44] 인간이 아닌 동

41 카사솔라Casasola *et al.*(2003)와 헤스포스와 바야르종Hespos & Baillargeon(2006)의 실험과 문헌 개관뿐만 아니라, 폐쇄와 포함에 대한 유아의 이해가 서로 다르며, 발달상 서로 다른 시점에서 실시간으로 나온다는 것을 암시하는 바야르종과 왕Baillargeon & Wang(2002)의 연구를 보라.

42 세계로의 인과성 '묘사'가 '이미 일어난 듯하게postdictively', 즉 나중 사건들의 결과로 발생할 수 있음을 암시하는 흥미로운 연구를 위해서는 최와 스콜Choi & Scholl(2006)을 보라.

43 인과성에 관한 비인간 지각의 논의를 위해서는 디킨슨과 생크Dickinson & Shanks(1995)와 쿠머Kummer(1995)를 참조해보라.

44 영장류 동물의 도구 사용에 관한 최근 연구를 위해서는 브라질 북동부의 꼬리말이원숭이가 땅을 파고 깨뜨리고 탐색하기 위해 도구를 사용하는 것을 기록한 모우라와 리Moura &

물 인지 연구자들은 비非인간의 도구 사용은 우리 자신의 것과 매우 다른 간단한 행동주의적 연상이나 물리적 원리에 기초한다고 주장하지만(포비넬리Povinelli 2000), '단계별' 도구(만드는 데 몇 단계를 필요로 하는 도구)를 비非인간이 사용하는 것, 이용 가능하지만 최적이지 않은 도구의 변경, 공간적·시간적 거리에 대한 도구 계획에 관한 증거는 공통된 범종적인 물리적 직관이라는 생각을 더욱 설득력 있게 해준다.[45]

통속 생물학과 본질주의

아주 초창기부터 인간은 유정물과 무정물을 구분하고, 그중 유정물에는 특유한 특성이 있다고 여긴 듯하다. 프랭크 카일Frank Keil(1994: 236-237)이 묘사하듯이 아이들과 성인들 모두 무정물이 아닌 생물학적 종족이 다음과 같다고 자발적으로 느끼는 것처럼 보인다.

1. "종과 개체의 층위에서 종족의 중요한 특정을 보존하면서 번식한다."
2. "복잡하고 이질적인 내부 구조를 갖는다."

Lee(2004)와 특정한 종의 나무로 만들었고 특정하게 변경된 '구멍을 뚫는 작대기'와 정교하게 변경된 '낚싯대'를 포함해 '도구 세트'를 사용하는 콩고 강의 야생 침팬지에 관한 산즈Sanz *et al.*(2004)의 연구를 보라. 또한 침팬지가 지난 4천 년 간 돌 도구를 사용하고 있었음을 암시하는 최근의 고고학적 증거를 위해서는 머캐더Mercader *et al.*(2007)를 보라. 갈고리 모양의 도구의 자발적 변경, '단계별 도구'의 사용, 도구 사용에서 문화적으로 중재된 개체수 차이를 포함해, 까마귀(까마귀와 어치)의 도구 사용과 제작에 관한 훌륭한 최근의 개관 논문을 위해서는 에머리와 클레이튼Emery & Clayton(2004) 참조.

45 한 개체에 의해 발견되거나 창조된 뒤에 모방이나 적극적 교육을 통해 현지 개체군으로 확산된다는 의미에서, 일부 비非인간의 도구 사용은 명백히 '문화적이다.' (일본의 짧은꼬리원숭이의 '문화적 전통'의 유명한 초기 예는 니시다Nishida(1987)에 기록되어 있다. 더욱 최근의 개관을 위해서는 휘튼Whiten 2005a와 휘튼Whiten *et al.* 2005의 실험 증거를 보라. 또한 비非인간의 '문화'를 가리키는 것의 적절성에 관한 에블러Abler 2005와 휘튼Whiten *et al.* 2005b 간의 짧은 대화를 참조해보라.) 하지만 켄워드Kenward *et al.*(2005)가 말하듯이 소박한 새끼 까마귀의 자발적 도구 제작과 같은 현상은 도구 사용과 제작 능력이 "최소한 부분적으로 사회적 입력에 의존하는 것이 아니라 계승된다"(121)는 것을 예증한다.

3. "성장하여 규범적이고 흔히 돌이킬 수 없는 변화 패턴을 겪어서", "그 종족을 위한 이상적 목표" 쪽으로 이동한다.
4. "안정된 현상적 특성"을 생산하는 "내재적인 무언가"를 소유한다.(즉 내적인 본질을 담고 있다)
5. 흔히 이런 심층적 본질을 진단하는 "전형적인 현상적 특성"을 소유한다.
6. 목적성 있는 특성을 소유한다.
7. "함께 작동하여 서로를 상보적으로 지지하는 부분"을 소유한다.(즉 항상성 homeostasis으로 특징지어진다)

이와 같은 통속 생물학적 개념의 자질들 중 더 중요한 몇 가지 자질을 짚어보자. 비非생물학적 종족과 실체에 대한 추리는 앞서 약술한 통속 물리학의 원리에 의존하지만, 3세 가량의 아동들은 물리적 사물이나 인공물과 달리, 유정물이 '이기석인 특성'을 가진 것으로 생각한다.(248) 이러한 이기적인 특성은 다시 비가시적인 내적 '본질'로부터 발생하는 것 같다. 카요코 이나가키와 기유 하타노Kayoko Inagaki & Giyoo Hatano(1993, 2004)는 '생명적 인과성vitalistic causality'이라는 다른 형태를 제시하고 있다. 이것은 앞서 논의한 기계론적 인과성이나 나중에 다룰 의도적 인과성과 구분되는, 생명을 유지하고 강화하는 무정형의 에너지나 힘이다. 그리고 사람들은 이것이 생물계에서 작동하는 것으로 인식한다. 그리고 이들은 일본 아동들이 생물학적 현상에 대해 생명적 설명을 우선적으로 언급한다는 것을 보여주었다. 이것은 범문화적으로 입증된 결과이다.[46] 이런 '생명적' 인과성은 목적론의 생각과 자연스럽게 연결되는 것 같으며, 데보라 켈리먼Deborah Kelemen(1999a, 1999b, 2003, 2004)은 여러 차례의 실험을 통해 아이들이 자연 현상에 대해 목적론적 설명을 선택적으로 선호한다는 것을 증명했다. 이것은 과학 교육을 통해 교육 받은 성인들의 경우에는 가까스로 무효화될 수 있

46 '생물학적' 인과성에 관해서는 캐리Carey(1995)를 보라.

는 선호이다.

목적론과 함께 '본질주의'는 종종 포스트모더니스트들에 의해 소외된 서양의 독특한 죄로 제시되며, 이 모두는 자주 아리스토텔레스의 탓으로 돌린다. 하지만 최소한 유정물에 비가시적인 본질이 있다고 단정 짓는 것은 필연적인 인간의 경향인 듯하다. 커피 주전자를 잘라서 틈새를 봉한 뒤 새 모이로 채워 새 모이통처럼 보이게 해놓고, 그런 것을 보여주면서 아이에게 어떤 일이 생겼는지를 묻는다면, 그 아이는 예전의 '커피 주전자'가 지금은 '새 모이통'이 되었다고 대답할 것이다. 인공물의 경우에는 우연적 기능이 정체성을 결정한다. 사자의 갈기를 표백시켜 호랑이에게 꿰매놓고 이 사자와 닮은 호랑이를 어떻게 생각하는지 아이에게 묻는다면, 전혀 다른 대답이 나올 것이다. 표면적으로는 모양이 변했지만, 그 호랑이는 항상 호랑이일 것이다. 다음은 실험자(F)와 2학년생(C) 간의 대표적인 대화이다.

C: 이것은 사자처럼 보이지만 호랑이입니다.

E: 너는 왜 이것이 사자가 아닌 호랑이라고 생각하지?

C: 왜냐하면 이것은 호랑이로 만들어졌기 때문이에요.

E: 그러면 왜 이것이 사자가 아니지?

C: 그것은 조금은 사자이지만, 아주 많이는 아니에요.

E: 왜 너는 사자 대신 호랑이를 선택했지?

C: 왜냐하면 이것은 훨씬 사자처럼 보이지만 그것은 호랑이이기 때문이어서요.

E: 그 사물이 어디에서 변했다고 네가 말한 문제와 그 사물이 어디에서 변하지 않았다고 말한 문제 사이에는 어떤 차이가 있니?

C: 그 동물은 살아 있었고, 새끼를 낳을 수 있었고, 그래서 그것이 무엇인지 말할 수 있지요.

E: 왜 이것이 커피 주전자나 〔책으로 변형된〕 타이어와 같은 사물에는 적용되지 않지?

C: 왜냐하면 이것들을 만든 재료가 살아 있지 않기 때문이죠.(Keil 1989: 190)

이 대화가 암시하듯이 유정물의 본성을 결정하는 '본질'은 외적인 겉모양이 아닌 내부와 밀접한 관련이 있다. 예컨대 아이들은 그 내부가 제거된 개는 비록 겉모양은 똑같아도 그것을 더 이상 개로 판단하지 않는다.(겔만과 웰만Gelman & Wellman 1991)[47]

겉모양과 내적 '본질' 사이의 구분은 살아 있는 세계에 대한 인간의 중심적인 직관인 것 같다. 이때 전자는 표면적이고 가변적이며, 후자는 '실재하고' 불변한다.[48] 스콧 아트란Scott Atran(1990: 6)은 통속 분류법에 관한 연구에서 문화들 사이에 있는 영역 특정적인 본질주의적 신념들을 입증했는데, "살아 있는 종족만이 비록 알려져 있지는 않지만 내적인 '본성'이 추정되는 물리적 종류로 간주되고," 이런 본성이 '정상적인' 조건 하에서 드러나는 필연적인 특성들을 포함한다고 말한다.

> 우리는 모든 개는 '태어날 때부터' 네발짐승으로 가정되기 때문에 다리가 없이 태어난 개가 '그것의' 다리가 없다고 말할 수 있다. 그러나 의자에는 보통은 다리가 있기 때문에 다리가 없는 빈백의자는 '그것의' 다리가 없다고 정당하게 말할 수 없다. 심층적 본성에 대한 이런 가정은 개별 실례들 간의 명백한 변이가 있지만, 유기적인 현상적 유형의 분류적 안정성을 지지한다.

---

47 문화적 교육과 관련될 수 있는 어린이의 본질적 직관상에 발달적 변화가 있는 것처럼 보인다. 카일Keil(1989)은 자연종과 인공물을 구분하는 어린이들의 경향이 나이가 들면서 더욱 강해지며, 무엇이 생물학적 종의 '본질'과 관련되는지에 대한 더욱 미묘한 개념을 가지기 시작한다는 것을 발견했다. 취학 전의 아동 역시 스컹크가 수술을 통해 너구리로 바뀔 수 있다고 믿거나, 어린이들은 발생하는 동물이 여전히 너구리로 변장한 스컹크라고 믿기 시작한다. 이 나이 무렵에 어린이들은 '자연적인' 생물학적 성장으로부터 초래되는 변화만이 내적 본질에 영향을 미칠 수 있다고 믿는 것처럼 보인다.(카일Keil 1989, 캐리와 스펠크Carey & Spelke 1994: 185-186)

48 특히 겔만과 웰만Gelman & Wellman(1991)과 겔만Gelman(2003, 2004)의 문헌 개관 참조.

종종 '전체론적·비非본질주의적 사고'의 천국으로 제시되는 고대 중국 철학에서도, 이러한 통속 신념이 유정물의 외부 형태나 겉모양과 '본질(情)'이나 '본성(性)' 간의 구분에서 작동하는 것을 볼 수 있다. 유교 사상가 맹자(B.C. 3세기)는 제2장에서 언급한 우산牛山Ox Mountain의 유명한 우화에서 이런 구분을 따른다. 우산의 나무들은 옛부터 아름다웠다. 하지만 교외에 있는 우산은 벌목꾼에 의해 짓밟혔으며, 그루터기에서 자라는 새로운 새싹은 잇달아 수많은 방목 가축들에 의해 부러졌다. 맹자는 "지금 그것을 보면 그 '본성'이 황폐하다고 생각하지만, 물론 이것은 환상이다. 우산의 황폐함은 환경으로 인한 외부 사건이지만, 내적 본질은 변하지 않았다"고 말한다. 맹자의 주된 관심사는 산림 관리가 아니라 도덕에 대한 교육이었으며, 그에게 있어서 우산 원래의 무성한 본성은 원래 순수한 인간의 본성에 대한 은유로 의도한 것이다. 하지만 기본적인 직관은 순수한 통속 생물학이다. 외부에 어떤 일이 발생하든 간에, 내적 본질은 동일하게 남게 되는 것이다.

물론 통속 물리학처럼 통속 생물학도 현대의 생물과학의 관점에서 보면 잘못된 것처럼 보인다. 예컨대 진화 이론이 옳다면, 유전자가 특별한 표현형 윤곽을 믿음직하게 생산할 수 있는 힘이 있지만 종의 특정적 '본질' 같은 것은 없다. 사실상 종이 영원한 본질이라는 생각은 우리 정신에 너무 깊이 스며들어 있기 때문에, 명백한 선천적 통속 생물학은 사람들이 다윈주의를 이해하는 것을 어렵게 만드는 요인들 가운데 하나일 수 있다. 통속 물리학처럼 통속 생물학도 과학 교육 과정에서 억압되거나 최소한 부분적으로나 일시적으로만 극복되어야만 한다. 하지만 그것은 매우 유익한 가정처럼 짐작된다. 호랑이는 진흙으로 덮여 있거나, 안개로 가려져 있거나, 귀가 하나 없거나, 특색이 없는 장소에서 배회하는 경우에도 예측 가능한 방식으로 행동한다. 따라서 아트란은 통속 생물학이 적응적으로 유용한 가정이기 때문에 발생한다고 추측한다. 이런 추측은 "아마 본질의 가정이 국지적 생물상을 다룰 때 인간에게 제공하는 실증적 타당성에 의해 진화적 용어로 일정 정도 설명된다."(1990: 63)

선천적 신체도식

통속 심리학이라는 선천적 모듈 중에서 더 중요한 모듈을 다루기 전에, 다른 행위자들에 대한 이해를 순조롭게 작동시키는 인간의 인지 장치를 간략히 고찰하는 것이 도움이 될 것이다. 이것은 모방과 행동 인식을 가능하게 하는 선천적 신체도식innate body schema이다.

유아는 태어나자마자 어머니의 목소리와 사람의 얼굴에 선택적으로 주의를 기울인다. 자궁 속의 태아는 약 6개월 무렵부터 들을 수 있고, 확실히 자궁 속에서 어머니의 목소리에 노출되어 어머니의 목소리에 끌리는 것은 이해할만 하다. 그러나 사람 얼굴에 끌리는 것은 설명을 필요로 한다. 신생아가 얼굴 표정을 모방하는 대단한 능력은 잘 생각해보면 더욱 더 놀랍다. 앤드류 멜조프와 키스 무어Andrew Meltzoff & Keith Moore(1977, 1994)는 신생아 모방에 관한 초기 연구로서, 이들은 생후 1시간도 채 되지 않은 신생아가 이상한 각도로 혀를 내미는 등 매우 새로운 것을 포함해 얼굴 표정을 신기할 정도로 정확히 모방한다는 사실을 밝혀냈다. 성인들은 유아의 얼굴 표정 게임에 무의식으로 빠져 들어가게 되는데, 유아가 우리의 표정을 모방하는 것을 보면 (매우 귀여울 뿐만 아니라) 매우 자연스럽게 느껴진다. 이것이 쉽고 아주 자연스럽기 때문에 유아가 사람의 얼굴을 얼굴로 인식하고, 다양한 표정들을 구분하고, 확실히 전적으로 무의식적 인식이긴 하지만 몸에는 이런 표정을 만드는 얼굴도 있다는 것을 '인식할 만큼' 충분히 강건한 신체도식을 지니고 있으며, 이런 모방이 일어나도록 하는 무수한 근육을 가동시키기 위해, 얼마나 많은 지각적·운동근육 도식이 유아 속에 구축되어야 하는지 모호해진다. 이것은 빈 서판이 아니다. 숀 갤러거Shaun Gallagher(2005: 78)가 밝히듯이, 멜조프와 무어의 연구는 "신체화된 자아의 본원적·근원적 느낌이 최소한 출생 후의 삶이 시작되는 바로 그 시점부터 작동한다"는 사실을 보여주고 있다.

12개월에서 18개월경에 유아는 공동 주의joint attention를 공유하는 능력이 계발된다. 즉 대화 파트너가 자기 스스로 어디에 주의를 집중하고 주의를 돌리는

지를 알아챌 수 있다는 것이다. 그리고 유아는 다른 사람들과의 다양한 형태의 운동근육 협조를 요구하는 공동 행동에 집중적으로 참여하고, 또 다른 사람이 무엇을 하려 하는지를 예상할 수 있는 능력을 계발한다.[49] 인지신경과학 분야의 연구에 따르면, (사람을 포함해) 영장류 동물의 경우, 관찰된 행동은 감각 운동 시뮬레이션을 통해 이해할 수 있다. 예컨대 사람이 손으로 물건을 쥐는 것을 관찰하는 원숭이는 원숭이 자신이 물건을 쥘 때 활성화되는 것과 동일한 운동전 영역premotor area을 활성화시킨다. 그런 행동의 마지막 결정적인 부분이 시야에서 가려질 때도 이러한 거울 뉴런 체계mirror-neuron system는 활성화된다.[50] 이는 우밀타Umiltà *et al.*(2001)가 말하듯이 "다른 사람들이 행하는 행동의 운동 표상은 그 행동에 대한 시각적 기술이 부족할 때도 관찰자의 전前운동 피질에서 내적으로 활성화될 수 있다"는 것을 암시한다. 이것은 거울 뉴런 활성화가 행동 인식의 기초라는 것을 암시한다.

신체화된 '공명resonance'을 통해 다른 사람의 행동을 이해하고 예상할 수 있는 선천적 능력은 대인적 의사소통을 위한 기본적인 필수조건처럼 보이며, 확실히 다음에서 논의할 완전한 '마음 이론'의 일부인 의도성에 대한 보다 정교한 이해의 중요한 전조이다.[51] 더욱 일반적으로 와글거리는 굉장한 세상의 혼동으로부터 인간에게 적절한 행동과 의도 도식을 추출하고, 그것을 정확히 재생할 수 있는 능력은 현재의 인공지능 시스템의 능력을 넘어서는 매우 어려운 연산 과제로서, 가장 기본적인 인간 이해와 학습 아래에 놓여 있는 공통된 경험

---

49 공동 주의와 공동 행동에 관한 연구의 개관을 위해서는 세반즈Sebanz *et al.*(2006) 참조.

50 자코모 리촐라티Giacomo Rizzolatti, 마이클 아비브Michael Arbib, 비토리오 갈레세Vittorio Gallese는 거울 뉴런 체계에 대해 개척적인 연구를 했다. 특히 갈레세Gallese *et al.*(1996)와 리촐라티Rizzolatti *et al.*(1996)를 보라. 사람의 거울 뉴런 체계에 관한 최근 연구를 위해서는 리촐라티와 크라이게로Rizzolatti & Craighero(2004)와 파디가Fadiga *et al.*(2005) 참조.

51 거울 뉴런 표상이 의사소통의 기초를 형성하며, 원숭이 행동의 전前언어적 '문법'이 인간 언어의 문법에 대한 전조를 나타낼 수 있다는 주장을 위해서는 리촐라티와 아비브Rizzolatti & Arbib(1998) 참조. 거울 체계와 마음 이론 간의 관계를 위해서는 블랙모어와 데세티Blakemore & Decety(2001) 참조.

의 광대한 빙산을 알도록 해준다.

통속 심리학: '마음 이론'과 '의도적 입장'

나는 오늘 아침 연구실로 가던 중 내 앞 인도에서 배낭을 진 한 젊은 남자가 갑자기 달리는 것을 보았다. 그가 왜 그렇게 달리는지를 보기 위해 앞을 힐끗 보았더니, 자주 운행되지 않는 17번 버스가 막 모퉁이를 돌아 버스 정류장에 정지하는 것이 보였다. 그 버스에서 승객 몇 명이 내린 뒤 신호등이 바뀌자 문을 닫고 다른 차들 속으로 다시 움직이기 시작했다. 하지만 그 버스는 잠시 정지하고, 젊은이가 탄 후에야 문을 닫고 다시 움직였다. 때문에 버스 운전사는 그 남자가 달리는 것을 틀림없이 발견했을 것이다. 나는 그가 승차권을 운전사에게 보여주면서 기다려줘서 감사하다고 몇 번이나 머리를 꾸뻑 숙여 인사하는 것을 보았다.

이와 같은 매우 간단한 상호작용도 그것을 알아채고 이해하는 데 관여하는 많은 양의 해석을 감추고 있다. 밴쿠버에서 대중교통에 관한 공식적·비공식적 법칙에 관한 광범위한 배경 지식의 자명한 필요성 외에도, 이 시나리오를 이해하는 것은 관찰되지는 않지만 가정되는 의도성의 투사를 암시했다. 나는 한 남자가 갑자기 달리는 것을 본다. 달리기에는 목적지나 근원지가 있어야 한다. 앞에 있는 버스를 보지 못했다면, 누군가가 그를 뒤쫓고 있는지를 확인하기 위해 주위를 두리번거렸을 것이다. 나는 버스가 문을 열고 잠시 멈춰있는 것을 본다. 즉각적인 명확한 결론은 버스 운전자가 그 남자가 달리는 것을 보았고, 나와 똑같은 연결을 바로 만들었으며, 젊은 남자가 탑승하도록 기다리기 위해 틀림없이 자기 일정에서 몇 초 정도 손해를 보겠다고 결심했던 것이다. 늦는 것에 대해서 '원하고, 기다리고, 걱정하는wanting, waiting, worrying' 이런 정신 상태, 목표 지향적 활동, 바람은 물리적 인과성보다 세계에서 직접적으로 관찰될 수는 없지만 우리가 구성되는 방식 때문에, 우리는 명확히 세계에서 물리적 원인과 의도적 상태 모두를 보지 않을 수 없다.

인지과학자들은 인간이 의도성을 다른 행위자에게 투사하는 것을 '마음 이론'이라고 부른다.[52] 이것은 이용 가능한 데이터를 넘어서 관찰 불가능한 인과적 힘이나 원리의 존재를 가정하기 때문에 '이론'처럼 보인다.[53] 아주 어릴 때부터 인간은 분명히 의도성을 독특한 종류의 인과성으로 여기고, 그것을 통속 물리학을 특징짓는 물리적 인과성과 목적론적·'생명적'인 인과성 전부와 구분한다. 유아와 어린 아동들은 대인적 인과성을 위한 접촉 요구조건을 중지하고, 사물이 아닌 행위자가 목표와 바람을 품으며 정서를 경험한다는 것을 이해한다.(에이비스와 해리스Avis & Harris 1991, 스펠크Spelke *et al.* 1995) 어린이들은 의도성을 멀리에서 작동 가능하고 영향을 받은 행위자들로부터 반응을 유도하는 '내적' 원인의 특별한 유형으로 여긴다.(프리맥과 프리맥Premack & Premack 1995) 매우 어린 아동들도 다른 사물들과 접촉해야만 움직이게 되는 사물과는 달리, 행위자가 자체 추진하는 것일 것이라고 기대한다.(스펠크Spelke *et al.* 1995, 래키슨과 포울린-듀보이Rakison & Poulin-Dubois 2001) 의도성과 행위성의 이러한 속성은 명백히 발달상 매우 일찍이 발생한다. 앤 필립스와 헨리 웰만Ann Phillips & Henry Wellman(2005)은 12개월 된 유아에게서 사물 지향적 행동에 대한 이해, 즉 사람의 손동작이 해당 사물로 특정하게 방향 제시된 것으로 인식하는 능력을 입증했으며,[54] 송현주Hyun-joo Song *et al.*(2005)는 사람에게 특정한 행동을 수행하는 기질이 있다고 생각

52 마음 이론의 가장 최근 (그리고 매우 읽기 쉬운) 개론서는 블룸Bloom(2004)이다. 또한 험프리Humphrey(1986), 웰만Wellman(1990), 바론-코헨Baron-Cohen(1995), 게르겔리Gergely *et al.*(1995), 니콜스와 니콜스, 스티크Nichols & Nichols & Stich(2003), 캐루더스와 스미스Carruthers & Smith(1996) 참조.

53 특히 마음 이론의 경우 '이론'이라는 단어의 적절성에 관해 활발한 논쟁이 있다. 고프닉과 웰만Gopnik & Wellman(1994)과 같은 학자들은 마음 이론이 일종의 암시적 이론이라는 입장을 옹호한다. 반대로 '시뮬레이션' 입장의 옹호자들(고든Gordon 1986, 갈레세와 골드만Gallese & Goldman 1998)은 마음 이론의 업적이 우리의 거울 뉴런 체계에 의지하는 감각 운동 시뮬레이션의 결과라고 주장한다. 세 번째 입장은 마음 이론이 지각 기반적 '몸-해석'의 결과라는 주장으로 숀 갤러거가 개척한 것이다.

54 5개월에서 7개월가량의 유아들이 손을 행위자로 지각하는 것에 관한 레슬리Leslie(1982)의 초기 연구를 참조해보라.

하는 13개월 반가량의 유아가 지닌 능력을 보고하고 있다.

우리는 의도성을 이런 방식으로, 그리고 종종은 매우 난잡한 방식으로 세계에 투사하지 않을 수 없는 것처럼 보고 있다. 프리츠 하이더와 마리-안 짐멜Fritz Heider & Mary-Ann Simmel(1944)은 행위성의 과잉투사에 관한 가장 초기 연구를 수행했으며, 이들은 기하학 도형이 포함된 간단한 애니메이션을 본 성인들이 다양한 정신적 상태와 목표를 다른 식으로는 특징이 없는 사물에 매우 빨리 투사하고, 그것에 열광한다는 사실을 발견했다. 이런 떠들썩한 현상은 잘 알려져 있으며, 애니메이션 제작자와 아이들을 즐겁게 해주려는 부모들에 의해 종종 이용되며 발달상 아주 일찍 나타나는 것 같다.[55] 기하학 도형의 간단한 애니메이션을 보는 매우 어린아이들도 본능적으로 그것을 행위자로 이해하고 그들이 '목표'와 논리적으로 관련된 방식으로 '행동할' 것으로 기대한다. 죠르주와 게르겔리György Gergely *et al.*(1995)는 습관적으로 작은 원이 큰 원 옆에 있기를 '원하는' 12개월짜리 유아가 작은 원이 가장 빠른 지름길로 가지 않을 때에는 놀란다는 사실을 발견했다. 유아의 여러 단계의 정신적 귀속에 관한 발레리 쿨메이어Valerie Kuhlmeier *et al.*(2003)의 눈에 띄는 흥미로운 연구에서 12개월 된 유아에게 한 원이 언덕을 올라가려고 '노력하며', 때로는 친절히 위로 올려주는 삼각형에게 '도움을 받거나' 언덕 꼭대기에서부터 아래로 미는 정사각형에 의해 '방해를 받는' 것처럼 보이는 애니메이션을 보여주었다.(성인들이 힘들이지 않고 부득이 하게 그 장면을 이런 식으로 지각한다는 사실은 우연적으로 활동 중인 마음 이론의 모범이 되는 예이다) 그 다음으로 원이 삼각형과 정사각형 사이에 등거리에 놓여 있고 전자나 후자 쪽으로 이동하는 애니메이션을 볼 때, 원이 정사각형 쪽으로 움직일 때는 유아들이 놀라지만 삼각형 쪽으로 움직일 때는 놀라지 않았다. 유아들은 원이 지금 비열한 정사각형이 아닌 도움을 주는 삼각형을 '좋아한다'고 기대하는 것 같다. 이런 현상이 매우 복잡한 의도적 상태와 관련된다는 것을 흥미

55 물론 우리는 의도성을 '성난' 바다나 '위협적인' 하늘로 자발적으로 투사하기도 한다. 의도성을 대개 세계로 투사하려는 이런 경향은 제6장에서 깊이 논의할 것이다.

롭게 범凡문화적으로 증명하기 위해, 클라크 바렛H. Clark Barrett *et al.*(2005)은 실험 대상자들에게 스크린 위에서 움직이는 점만으로 '쫓기', '싸우기', '구혼하기', '보호하기', '놀기' 등의 다양한 의도적 행동을 묘사하는 짧은 애니메이션을 제작했다. 그런 다음 이렇게 제작된 애니메이션을 독일과 (아마존 에콰도르 출신의) 수아르 성인들에게 보여주었다. 이들도 똑같이 점의 특정한 움직임과 의도한 의도적 행동을 정확히 일치시켰다.[56]

사람들이 마음 이론을 발달상 언제 획득하고, 다른 종도 그것을 과연 소유하는지를 두고 많은 논쟁이 있다. '마음 이론'이 단 하나의 단원적 모듈이라기보다는 여러 능력들을 가리키는 일반적인 용어 같다는 것을 인정함으로써, 그런 논란의 어떤 양상은 긴장이 완화될 수 있다.[57] 이런 능력들 가운데 명확히 어떤 것은 다른 것보다 훨씬 나중에 실시간으로 생겨나는 것 같다. 마음 이론의 가장 초기 표명은 신생아가 사람의 얼굴과 목소리, 특히 사람 눈의 매력적인 힘에 선택적으로 주의를 기울이는 것이다. 유아들도 환경 속의 어떤 다른 것이 아닌, 특히 그들을 향한 사람의 눈을 본다. 그리고 시선 접촉은 인간에게서 직접적인 생리적 환기를 유발한다. 사이먼 배론-코헨Simon Baron-Cohen(1995: 98)은 이것이 '행위자 조기 경고 체계agent early warning system'의 일종으로 가정한다. 즉 또 다른 행위자가 그 장면에 등장하는 것은 주의와 용이성 증가의 원인이다.

많은 연구자들은 어린이들이 약 4세나 5세가 되어야 터득하는 것처럼 보이는 이른바 틀린 생각 시험false-belief test을 통과할 수 있는 능력을 획득하고 나서야 비로소 완성된 마음 이론을 성취할 수 있다고 여긴다. 틀린 생각 시험을 통

---

56 사용된 실제 애니메이션의 퀵타임 표본은 http://www.anthro.ucla.edu/faculty/barrett/motion.htm에서 이용 가능하다.

57 예컨대 앨런 레슬리Alan Leslie(1994)는 최소한 두 가지 마음 이론 체계를 주장한다. 약 6개월에서 8개월 된 유아를 중심으로 발달하는 '체계 1'은 시선을 따르는 것(버터워스Butterworth 1991)과 '요청하기', '거절하기', '주고받기' 행동의 시작(레슬리Leslie 1994: 140-141)에 의해 특징지어진다. 태어 난지 2년 후에 발달하는 '체계 2'는 다른 사람들의 핑계를 가장하고 이해하는 능력과 다른 사람의 능력이 허구적이거나 반反사실적 사태로 해석하는 능력을 포함한다.

과한다는 것은 다른 사람들의 지식이 자신들의 지식과 다를 수도 있다는 것을 이해한다는 것을 뜻한다.[58] 한 가지 전형적인 틀린 생각 시험은 '샐리-앤Sally-Anne' 과제이다.(배론-코헨Baron-Cohen *et al.* 1985) 이 과제에서 어린이들은 샐리라는 한 등장인물이 어떤 장소에 조약돌을 숨기는 것에 관한 이야기를 듣는다. 샐리가 떠난 뒤 앤이라는 등장인물이 들어와서 그 조약돌을 다른 곳으로 옮긴다. 어린이들에게 샐리가 돌아와 조약돌을 어디에서 찾을지를 묻는다. 3살 아이들은 자신들의 지식과 샐리의 신념을 융합하여 그녀가 새로운 장소를 들여다볼 것이라고 말하지만, 4세와 5세의 어린이들은 샐리가 여전히 조약돌이 원래 숨긴 장소에 있다는 (틀린) 생각을 갖고 있다는 점을 인식한다.[59] 사소한 변이가 있긴 하지만 비슷한 발달 패턴은 범凡문화적으로도 입증되었다. 예컨대 니콜라 나이트Nicola Knight *et al.*(2004)는 마야의 아이의 경우에는 미국 아이들보다 약 한 살 많은 4세에서 7세 사이에 틀린 생각 시험을 통과하는 능력이 나타난다는 것을 증명했다.

일부 연구자들은 틀린 생각 시험을 통과할 수 있는 능력이 발달상 매우 늦게 나타난다는 사실을 완전한 마음 이론이 언어와 문화접변acculturation을 필요로 한다는 증거로 받아들인다. 이런 관점은 정상적인 부모가 키운 청각장애 아동은 언어 습득이 지연된다는 관찰로 뒷받침된다. 이런 지연은 틀린 생각을 비교적 늦게 이해한다는 것으로 반영된다.(페르너와 루프만Perner & Ruffman 2005) 다른 연구자들은 아주 어린 유아들도 생각에 대한 제대로 발달하지 못한 암시적 표상을 소유한다고 주장한다. 응시 관찰에 따르면 3세의 어린이들은 틀린 생각을 암시적으로 이해하고, 자신들의 언어적 반응은 이를 반영하지 못한다.(클레

58 대니얼 데닛Daniel Dennett(1978)은 틀린 생각을 마음 이론을 위한 리트머스 시험으로 사용해야 한다고 처음으로 제안했다.

59 왜 틀린 생각 과제에 관한 어린이들의 수행이 변하는지에 관한 많은 논란이 있다. 어떤 사람들은 그것을 이론적-개념적 전환 탓으로 돌리지만, 다른 사람들은 경험으로부터 발생하는 능력의 향상 탓으로 돌린다. 이 주제에 관한 서로 다른 관점에 관해서는 웰만Wellman *et al.*(2001)과 야즈디Yazdi *et al.*(2006)를 보라.

먼츠와 페르너Clements & Perner 1994, 루프만Ruffman *et al.* 2001) 그리고 크리스틴 오니시와 레니 베일라전Kristine Onishi & Renée Baillargeon(2005)은 15개월 된 유아가 비언어적인 틀린 생각 시험을 통과할 수 있다는 것을 알았다. 조세프 페르너와 테드 루프만Josef Perner & Ted Ruffman(2005)은 이러한 결과들을 논의하면서 완전한 마음 이론은 문화적·언어적 교육이 보편적·선천적 인지 능력과 경향에 의지한다는 것을 암시하는 것처럼 보인다고 결론지었다.

마음 이론의 선천적 본성은 그것이 신경 손상이나 선천적 장애에 의해 부분적으로나 완전히 손상될 수 있다는 사실 때문에 한층 더 암시적으로 드러난다.[60] 사이먼 배론-코헨이 개척한 마음 이론에 관한 가장 초기 연구는 자폐증 환자들이 특정한 인지적 결손cognitive deficit을 보여준다는 사실에 의해 고취되었다. 배론-코헨과 동료들은 자폐증 어린이와 성인들이 마음 이론과 관련된 거의 모든 능력을 보여주지 못하고, 이런 '마음맹mindblindness'이 사회적·인지적 결손의 특정한 단면을 매우 잘 설명하는 것처럼 보인다는 사실을 발견했다.[61] 다른 사람들이 정신적 상태와 생각을 갖고 있다고 쉽고 자발적으로 생각하지 못하는 자폐증 환자는 사회적인 세계에서 기능하는 데 매우 어려워하며, 일반적으로 다른 사람들을 무섭고 귀찮다고 느낀다. 이것은 충분히 이해된다. 즉 사람들은 통속 물리학의 관점에서 쉽게 이해되거나 예측되지 않는 방식으로 공간에서 행동하고 있다. 부분적으로나 완전히 마음 이론이 없는 자폐증 환자는 확실히 사람-사물의 일정하지 않은 신비한 행동에 매우 당황하거나 놀란다. 올리버 색스Oliver Sacks(1995: 244-296)는 자폐증인 '화성의 인류학자anthropologist on Mars'로 사는 것, 즉 완전히 기능하는 마음 이론이 없는 행위자들의 세계에서 사는 것이 어떤 것인지를 상세하게 묘사한다. 템플 그랜딘Temple Grandin이라는 고高기능 자폐증 환자인 논문의 실험 대상자가 겪는 곤경에 관한 그의 기술을 통해, 마음

60 마음 이론의 신경해부학적 기초에 관한 개관 논문을 위해서는 갤러거와 프리스Gallagher & Frith(2003) 참조.

61 개관을 위해서는 배론-코헨Baron-Cohen(1995) 참조.

이론이 세계에 대한 자폐증이 아닌 사람들의 지각에 어떻게 자동적이고 폭넓게 영향을 미치는지를 알 수 있다.

> 템플은 학교에서 친구를 사귀는 게 소원이었다. 하지만 그녀의 말투나 행동에는 괴리감을 갖게 하는 무언가가 있어서 친구들은 그녀의 지능에 감탄하면서도 한 집단의 일원으로 받아들이지는 않았다. 다른 아이들 사이에서는 빠르고 미묘한 무언가가 계속해 벌어졌다. 의미 교환, 타협, 이해의 속도가 어찌나 빠른지 모두를 텔레파시의 소유자가 아닌가 할 정도였다. 이제 그녀는 사회적인 신호의 존재를 알고 있고, 추측할 수도 있다. 하지만 **이해하거나** 마법 같은 커뮤니케이션에 직접 동참하거나 그 뒤에 숨겨진 수십 가지 심리 상태를 파악하기란 불가능하다.(272: 강조 추가)

그랜딘은 지능이 높기 때문에 막대한 지적 노력을 통해 자폐증이 아닌 환자들에게 노력을 들이지 않고서도 즉각적으로 명백한 심리 상태의 존재를 간접적으로 추론할 수는 있지만, 들인 노력의 양과 이룩한 빈약한 결과는 자폐증이 아닌 환자들의 마음 이론이 자동적으로 기능함으로써, 얼마나 풍부한 의도의 세계가 그들에게 '무료로' 주어지는지를 주지시키고 있다.

폴 블룸Paul Bloom(2004: 37-38)은 자폐증 어린이의 카운슬러로 일할 때인 십 대에 있었던 상호작용을 묘사했다. 그것 또한 마음 이론이 없는 사회적 세계가 어떻게 기능할 수 있는지를 어렴풋하게나마 감지시켰다.

> 어느 날 오후에 심한 장애를 앓고 있는 7살 소년이 걸어와 내 어깨에 손을 얹었다. 나는 이것이 자발적인 애정의 행동처럼 보여 놀랐고 감동받았다. 하지만 그런 다음 그는 움켜쥔 손을 단단히 잡고 점프해서 발로 내 다리를 누르면서 기어오르기 시작했다. 나는 높은 선반 옆에 서 있었는데, 그가 멋진 장난감에 닿을 수 있도록 나를 사다리로 사용했던 것이다.

이 아이는 진보된 마음 이론이 없는 까닭에 자기 앞에 서 있는 사람을 자신의 통속 물리학 모듈로 적용했다. "장난감을 달라고 부탁을 했더라면 더 간단했을 것이다"라는 블룸의 말처럼, 이것이 행위자들이 속한 세계에서 행동하는 가장 효율적인 방법은 아니라는 사실 때문에, 우리는 왜 마음 이론이 우선적으로 진화했는지를 알 수 있다. '의도적 입장intentional stance'의 채택은 다른 복잡한 유기체들을 다루고 사회적 상황을 잘 처리하기 위한 결정적 도구처럼 보이는데, 이것은 당구공 인과성billiard-ball causality을 세계로 투사하게 되면 물리적 사물에 관해 도움을 받는 것과 동일한 방법이다. 대니얼 데닛의 주장에 따르면 처리 능력과 시간이 제한된 유기체의 경우에 마음 이론이 제공한 손쉬운 가정들은 거대한 연산적 수단을 제공한다. "의도적 입장이나 통속 심리학적 입장에서는 당신이 누군가에게 벽돌을 던진다면 그가 피할 것이라 쉽게 예측할 수 있다. 당신이 벽돌에서부터 안구까지의 광자, 시신경에서부터 운동신경까지의 신경전달물질 등을 추적한다면, 그것은 거의 다루기 힘들 것이다."(1995: 237)[62] 인간은 사회적 동물이며, 우리의 뇌가 매우 큰 이유는 뇌가 사회적 삶과 경쟁의 복잡성과 도전에 적응하기 때문이다.[63] 따라서 대뇌피질의 많은 부위는 정서 읽기, 사회적 속임수의 탐지, 신의의 평가, 과거 사회적 상호작용의 기억과 미래 사회적 상호작용의 예측, 이웃사람에게 지지 않으려고 허세부리기 등 마음 이론과 관련된 기능을 전담한다.

유쾌한 텔레비전 방송물 〈말콤네 좀 말려줘*Malcolm in the Middle*〉는 현대의 사회적 상황에서 마음 이론의 작동방식에 관한 좋은 본보기다. 이 방송물은 4형

---

62 유기체의 행동을 외부로부터, 즉 비정신적 용어로 예측하려는 것은 "거대하고 거의 가망 없는 과제"이기 때문에(1986: 67), 행동주의는 연구과제로서 실패했다는 니콜라스 험프리Nicholas Humphrey의 관찰을 참조해보라.

63 험프리Humphrey(1986), 번과 휘튼Byrne & Whiten(1988), 던바Dunbar(1992, 1993), 아이엘로와 던바Aiello & Dunbar(1993), 아이엘로와 휠러Aiello & Wheeler(1995)를 보라. 또한 인간 언어의 주된 진화적 기능은 잡담의 의사소통이었다는 주장에 대해서는 던바Dunbar(1996, 2004)를 보라. 이러한 잡담의 의사소통은 사람들이 다른 영장류 동물들보다 더 크고 더 복잡한 연합을 형성하도록 하는 장거리의 넓은 스펙트럼의 '돌보기grooming'의 한 종류 역할을 한다.

제를 둔 한 가정에서 셋째 아들의 예사롭지 않은 사건을 골자로 한다. 하도 말썽을 부려서 부모가 군사학교로 보냈는데도 여전히 멀리서 사건을 조정하는 말썽꾸러기의 제일 큰 형(프랜시스), 잔인하지만 지독히 멍청한 둘째 형(리즈), 다양한 패거리들, 특히 박식하고 복수를 좋아하여 구약성서에 나오는 신을 게으름뱅이처럼 보이게 만드는 전능한 어머니가 내리는 항상 존재하는 격노한 처벌의 위협을 포함하여, 그는 사회적 풍경에서 자신의 길을 헤쳐 나간다. 한 에피소드에서[64] 이 형제들은 자신들이 최근에 받았던 가혹한 처벌이 프랜시스가 밀고했기 때문임을 알자, 어머니에게 누설하면 복수로 사용될 수도 있을 편지 한 통을 손에 넣는다. 프랜시스는 그 편지를 손에 넣기 위해 멀리서 첩보원들을 급파시킨다. 말콤은 프랜시스의 의도를 미리 예측하여 그 편지를 숨긴다. 그들이 심문을 받고 있었을 때, 말콤은 편지의 위치를 리즈에게 작은 목소리로 이야기해주었다. 그의 첩보 팀에게 전화로 지시하고, 형제들 각각의 심리적 장점과 단점을 상세히 감지했던 프랜시스는 첩보대장에게 리즈의 눈을 보라고 말한다. 프랜시스가 예상하듯이 리즈는 입을 연다. 그는 움찔하면서 눈이 순간적으로 편지를 숨겨 놓은 장소로 갔다. (라테 커피를 마시러 가는) 프랜시스의 첩보원들은 의기양양하게 그 편지를 휙 낚아채자 리즈는 멋쩍어 했다.

리즈: 얘들아 정말 미안해.

말콤: 무엇 때문에 미안해? 형은 **완벽했어**! 형은 내가 생각하기에 해야 할 것을 정확히 했어.

리즈: 무슨 말이야?

말콤: 그들은 가짜 편지를 가져갔어. 난 프랜시스가 무언가를 갖지 않고서는 우리를 가만히 내버려두지 않을 거라는 사실을 알았어. 나는 형이 그것을 폭로할 거라는 것을 알았지. 나는 모두 무엇을 할지 **정확히** 알고 있었어.

---

64 시즌 1, 에피소드 15, "Smunday"

이 시나리오에서 모든 미세한 줄거리 동향은 '성격'에 대한 지식에 기초하여 다른 사람들의 행동을 예측하는 놀라운 능력뿐만 아니라 마음을 읽을 수 있는 능력, 즉 얼굴 표정, 안면경련, 안구 운동으로부터 우리 동일종의 정서와 생각을 정확히 식별할 수 있는 능력을 포함하는 마음 이론에 결정적으로 의존한다. 마음읽기 능력은 다시 거짓 표현을 꾸며내는 능력과 거짓 표현을 간파하는 능력 같은 대응책을 개발하라는 압력을 빚어냈다. 이런 종류의 인지적 군비 확장 경쟁은 매우 강력한 의도 탐지와 처리 능력에 대한 최고의 설명 중 하나이다. 말콤의 가족 환경이 많은 현대 서양인들에게 즐겁기는 하지만 잔혹할 정도로 다윈적인 것 같이 느껴지지만, 사실은 우리의 실제 진화적 역사에서 다루어야 했던 상황과는 구별되는 촛불을 밝힌 신세대 협력 단체의 집단이다. 예컨대 형제들 중 누구도 음식이나 배우자 때문에 어쩔 수 없이 살인하진 않는다. 물론 그것을 다룬 에피소드를 내가 놓쳤을지도 모른다. 터무니없이 아둔한 리즈라고 해도 구세계 원숭이 종과 비교하면 사회적 지능을 지니고 있다는 사실을 통해, 광대하고 사회적으로 조율된 뇌를 만들어낸 진화적 압력을 알 수 있다.

마음 이론의 명백한 적응적 장점을 고려하면, 최소한 그 양상 중 일부는 다른 종, 특히 큰 사회직 집단에서 살고 있는 종들로부터 진화했으리라 예상된다. 하지만 인간이 아닌 동물들도 마음 이론을 공유하는지에 대해서는 많은 논란이 있다. 까마귀의 인지에 관한 연구에 따르면, 까마귀도 마음 이론의 몇 가지 요소를 지니고 있다. 다른 어치가 보고 있는 와중에 음식을 숨긴 한 어치는 나중에 다시 가서, 잠재적 경쟁자가 보고 있지 않을 때 그 음식을 다른 곳으로 옮긴다. 음식을 선택적으로 다시 숨기는 잘 입증된 현상은 동일종의 인식적 상태를 표상할 수 있는 능력을 요구하는 듯하다.[65] 하지만 인간이 아닌 동물의 마음 이론에 대한 주장은 우리와 가장 가까운 친척인 침팬지와 관련해 가장 설득력이 있다.[66] 분명 침팬지는 시선 단서를 이용하여 음식의 위치를 찾아내고, 사회

---

65 해어Hare *et al.*(2000, 2001), 에머리와 클레이턴Emery & Clayton(2001), 달리Dally *et al.*(2006), 페니시Pennisi(2006)의 연구를 보라.

적 속임수의 행동에 참여할 수 있으며, 우연적 행동이 아닌 의도적 행동의 단서에 민감한 방식으로 행동할 수 있다. 어떤 연구자들은 이에 덧붙여 생물학적 인색을 주장한다. 침팬지는 인간과 매우 밀접하게 연관되어, 인간에게 정신적 상태의 표상을 요구하는 행동에 참여한다면, 침팬지가 마음 이론의 특정 형태를 지닌다는 것이 가장 합리적인 설명이다. 대개 다니엘 포비넬리Daniel Povinelli를 비롯한 다른 연구자들은 침팬지와 사람 간에는 상당한 진화적 공백이 있으며, 침팬지의 행동을 정신주의적 용어로 해석하려는 경향과 정신적 상태를 세계로 닥치는 대로 투사하려는 뿌리 깊은 경향은 침팬지의 마음보다 우리 자신의 마음에 대해 더 많은 것을 이야기해준다고 주장한다.[67] 최근의 증거는 침팬지가 최소한 제한된 마음 이론의 형태를 지녔다는 입장을 지지하는 듯하다. 생태학적으로 실재하는 시나리오를 창조하려고 한 브라이언 해어Brian Hare와 동료들의 최근 연구에서 보면, 경쟁 상대인 사람이 배고픈 침팬지의 손이 닿는 곳으로 음식을 가져나 놓았다. 이 연구자들은 선택권이 주어진다면 침팬지는 음식을 손에 넣기 위해 그 사람이 모르게 장벽 뒤로 몰래 다가간다는 것을 발견했다. 해어와 동료들이 결론 내리기를, 이것은 침팬지가 사람의 인식적 상태를 판단하고 그것을 이용하도록 조치를 취할 수 있다는 것을 증명한다.(2006)[68] 적어도 인간의 마

66 영장류 동물에서 마음 이론의 증거에 관한 초기 요약은 체니와 세이파스Cheney & Seyfarth(1990: 253-254)에서 발견할 수 있다. 이들은 원숭이에게는 그것이 없는 것처럼 보이지만, 침팬지는 그것의 제한된 형태를 소유한 것처럼 보인다고 결론내린다. 물론 (매우 어린 아이처럼) 침팬지는 틀린 생각을 추적할 수 없는 것처럼 보인다. 침팬지는 인간의 마음 이론의 요소들 대부분을 소유한다는 것을 제안하는 '침팬지 정치학'의 연구를 위해서는 드 발de Waal(1983/1998) 참조.

67 침팬지 마음 이론에 찬성하고 반대하는 주장에 대한 유익하고 짧은 제시는 토마셀로Tomasello *et al.*(2003)와 포비넬리와 폰크Povinelli & Vonk(2003)에서 찾을 수 있다. 또한 침팬지가 인간과는 매우 다른 사고-세계에서 기능한다는 것을 보여준다고 주장하는 일군의 실험 증거를 위해서는 포비넬리Povinelli(2000)를 보라.

68 엘리자베스 페니시Elizabeth Pennisi(2006)의 최근 연구에서 포비넬리는 틀린 결론 시험을 그들이 통과하지 못한다는 것은 침팬지가 사람의 완전한 마음 이론과 같은 것을 가지고 있지 않다는 것을 보여준다고 계속 주장하지만, 해어는 마음 이론이 반드시 흑백의 모듈인 것은 아니며, 침팬지는 그것의 일부 요소는 소유할 수 있다고 지적한다.

음 이론의 전조가 영장류 동물에게도 존재하는 듯하다.

통속 수학: '수 감각'

전 세계 사람들이 기하학의 삼각함수는 어려울 수도 있겠지만, 기본적인 산술 기술과 기하학 지식도 우리의 내재된 인지적 장비의 부분처럼 보인다. 카렌 윈Karen Wynn(1992)은 '소형 산술baby arithmetic'의 고전적 연구를 수행하면서, 평균 5개월 된 유아들이 작은 수로 덧셈과 뺄셈 같은 간단한 산술 연산을 한다는 것을 보여주기 위해 응시 측정을 사용했다. 유아가 일반적인 복잡성이나 친밀함에 의존한다는 등의 다른 가능성들을 통제하고자 한 훨씬 최근 연구에 따르면, 유아들은 감각 양식 전역에서 기본적인 산술 연산을 인식하는 것 같았고, 이런 능력이 패턴 인식이나 사물 추적과는 무관하고, 최소한 작은 수에 대한 추상적 표상을 암시하는 것 같았다.[69] 유아들이 작은 수(1, 2, 3)에 대한 변별적 개념만 갖고 있어 보였으나(파이건슨과 캐리Feigenson & Carey 2003, 2005), 8 대 12가 아닌 8 대 16처럼 비교 집합이 큰 비율로 차이가 나면 큰 수도 명백히 구별할 수 있었다.(수와 스펠크Xu & Spelke 2000, 립톤과 스펠크Lipton & Spelke 2003) 성인과 어린이 모두 비非상징적 양에 대해 간단한 산술 계산을 할 수 있다. 이는 언어와 문화를 습득한 후에도 추상적·비언어적 수학 지식이 계속 존재한다는 것을 암시한다.(바르트Barth *et al.* 2006)[70] 좌반구의 각회角回가 손상되면 '계산 불능증acalculia'이라는 질환이 초래될 수도 있다.(게르스트만Gerstmann 1940, 그레웰Grewel 1952, 데하네Dehaene 1997) 이것은 간단한 덧셈과 뺄셈도 할 수 없게 하는 병이다. 이와 같은 특정 능력의 선택적 파손은 모듈성의 주된 특징이다. 마크 하우저Marc

---

69 코바야시Kobayashi *et al.*(2004)와 맥크린크와 윈McCrink & Wynn(2004)을 보라.

70 인간이 정확하지는 않지만 그래도 유용한 수에 대한 비언어적 표상을 공유한다는 것에 대해서는 암시하는 수를 셀 줄 모르는 언어를 사용하는 아마존 사람들에 관한 앞서 언급한 고든Gordon(2004)과 피카Pica *et al.*(2004)의 연구를 참조해보라. 원숭이에게서 무수함이 그것이 습득되는 감각 양식에 따라 처음에 별개로 처리되지만 그런 다음 흐름을 거슬러 올라가 추상적 포맷으로 변형된다는 증거를 위해서는 니더Nieder *et al.*(2006)를 보라.

Hauser(2005)가 가진 증거에 따르면 성인과 유아는 최소한 두 가지 핵심적인 직관적 수학 체계를 갖고 있고, 이런 체계는 침팬지, 쥐, 비둘기에게 존재하므로 긴 진화적 역사를 가진다고 결론내린다.[71] 한 체계는 구별되는 사물의 작은 수에 정확히 작동하고, 다른 하나는 큰 수의 상대적 비율에 대략으로 작용한다.

기본적인 무수함과 산술을 넘어서 스테니라스 데하네Stanislas Dehaene *et al.*(2006)는 유클리드 기하학이 공식 교육을 받지 않은 아마존의 어린이와 성인 토착민에게 '자명한' 사실로 나타나며, 이 집단이 미국 어린이 및 성인과 '핵심적인 기하학 지식'의 공통된 패턴을 공유한다는 것을 증명해냈다. 데하네와 동료들은 공통된 직관적 지식의 증명과 플라톤의 『메논*Meno*』에서의 대화법 사이의 흥미로운 유사성을 지적했다. 이 대화법에서 소크라테스는 노예 소년조차도 기하학에 대한 선천적 지식을 갖고 있음을 증명한다. 플라톤은 바로 여기서 확실히 대단한 것을 발견했지만, 공통된 인간 지식의 기원은 형이상학적 형태의 세계가 아닌 진화된 인지적 도식에 있는 것 같다.[72]

인간 상위문화: '좋은 요령들'을 비롯한 선천적 모듈

앞에서는 인간의 선천적인 인지적 모듈 몇 가지를 간략히 검토했다. 다른 예들 중 가장 명백한 것은 제안된 모듈들 중 제일 먼저 나왔고 가장 많이 알려진 촘스키의 '보편문법Universal Grammar'이다.(Chomsky 1965) 이는 어린아이들이 어떻게 '자극의 빈곤poverty of stimulus'에도 불구하고 문법적 능력을 획득하고, 왜 피상적

---

71 하우저Hauser(2005)는 인간이 아닌 동물에서 수 감각의 증거를 짧고 유익하게 개관한다. 또한 체니와 세이파스Cheney & Seyfarth(1990: 86-96)의 더 초기 개관과 원숭이에서 언어 독립적 무수함을 증명하는 프롬바움Flombaum *et al.*(2005)과 오를로프Orlov *et al.*(2006)의 최근 연구도 보라. '수 감각'에 대한 읽기 쉬운 단행본 분량의 논의는 데하네Dehaene(1997)를 보고, 적절한 신경 촬영법 증거는 데하네Dehaene *et al.*(1999)를 보라.

72 매우 추상적인 수학적 개념의 감각 운동 뿌리에 관한 설명을 위해서는 레이코프와 누네스Lakoff & Núñez(2000)를 보고, 인간의 통속 수학의 문화적 정교화와 정제에 관한 역사적 연구를 위해서는 조셉Joseph(1991)을 보라.

으로 다양한 인간 언어들의 구조에 심층적 유사성이 관찰되며, 왜 문법적 형태가 새로 창조된 언어에서도 자연스럽게 발생하는지를 설명하는 것이다.[73] 제안된 다른 모듈이나 선천적인 인지적 기제는 모두 모아놓은 대부분의 증거로 지지되는데, 이는 사회적 부정행위 탐지기[74]에서부터 내향성과 외향성 같은 유전적으로 전달된 기질 형질,[75] 그리고 보편적·영역 특정적 (문자적·은유적인) 맛 선호도[76]에서부터 항해 전략[77]에까지 이른다. 지면이 제한되어 있기 때문에 이런 주제들을 상세히 탐구하는 것은 불가능하다. 만약 이를 비롯한 다른 선천적인 인간의 인지적 보편소에 관한 철저한 연구를 원한다면 다른 문헌을 참조하면 된다.[78]

물론 이런 생득주의적 주장의 양상들과 경우에 따라 이런 주장들 자체가 여전히 논란의 여지가 있다는 것을 인식해야 한다.[79] 예컨대 특정한 신경 구조

73 촘스키의 처음 입장과 다소 다른 언어 습득의 생득주의적 관점에 관한 읽기 쉬운 옹호를 위해서는 핑커와 블룸Pinker & Bloom(1992)과 핑커Pinker(1994)를 보고, 새로이 창조된 수어에서 문법의 자발적 발생에 관해서는 셍하스Senghas *et al.*(2004), 코폴라와 뉴포트Coppola & Newport(2005), 샌들러Sandler *et al.*(2005)를 보라. 또한 인간이 아닌 동물 언어에 대한 일반적인 논의를 위해서는 체니와 세이파스Cheney & Seyfarth(1990)뿐만 아니라, 새 의사소통에서 순환적 통사 패턴이 어쩌면 존재한다는 것에 관해 젠트너Gentner *et al.*(2006)와 마르쿠스Marcus(2006) 참조.

74 코스미데스Cosmides(1989)와 코스미데스와 두비Cosmides & Tooby(1992, 2000, 2005)

75 레올린과 니콜라스Loehlin & Nicholas(1976)와 부샤르Bouchard(1994, 1998) 또한 아동 발달에 관한 유전자, 또래집단, 부모가 미치는 상대적 효과에 관한 매우 읽기 쉬운 논의를 위해서는 해리스Harris(1998)를 보고, 성격심리학에 대한 진화적 접근법에서 그 분야의 상태의 개관을 위해서는 피게레도Figueredo *et al.*(2005) 참조.

76 부록의 1절의 참고문헌을 보라.

77 문헌의 최근 개관을 위해서는 실버만과 최Silverman & Choi(2005) 참조.

78 인간과 다른 동물에서 영역 특정적 대 영역 일반적 학습 과정의 중요성에 관한 주장과 실증적 증거의 개관은 아트란Atran(1990: 51-52)과 핑커Pinker(2002), 투비와 코스미데스Tooby & Cosmides(1992)에 수록된 논문, 허쉬펠드와 겔만Hirshfeld & Gelman(1994a), 캐루더스와 챔벌레인Carruthers & Chamberlain(2000), 버스Buss(2005) 참조. 프리맥과 프리맥Premack & Premack(2003)은 인간이 아닌 동물 인지와 비교하면서 기본적인 인간의 개념적 모듈을 읽기 쉽게 개관하며, 선천적인 마음의 모듈 관점에 관한 다른 유익한 소개와 논의로는 스펠크Spelke(1994), 보이어와 바렛Boyer & Barrett(2005), 캐루더스Carruthers(2005)가 있다. 캐루더스Carruthers *et al.*(2005, 2006)는 그 주제에 관한 3권으로 된 논문 단행본을 출판 중이다.

79 관련된 논쟁의 유익한 개관을 위해서는 스퍼버Sperber *et al.*(1995) 참조.

에 의해 촉진되고, 특별한 생리학적 윤곽에 의해 특징지어지며, 어느 점에서 모든 고등 동물들이 공유하는 최소한 소수의 기본적 정서가 존재한다는 것에는 논란의 여지가 없는 듯하다.[80] 하지만 정서와 주관적 정서의 생리학적 상관물들 사이의 관계뿐만 아니라, 인문학 연구의 초점인 복잡한 정서의 발달에 미치는 문화적 요인의 영향에는 여전히 활발한 논쟁이 이루어지고 있다.[81] 객관주의적 입장을 포기한 사람은 아무도 실증적 연구 결과를 결정적이고 영구적인 의미에서의 '연구 결과'로 간주하지 않는다는 점도 주목해야 한다. 인지과학에서 나온 '연구 결과'는 어떤 과학에서 나온 연구 결과만큼 잠정적이고, 그 분야의 상태는 계속 운동 중이다. 제5장에서 논의하겠지만 우리 같은 피조물이 실증적 증거에 과도하게 휘둘리는 데는 타당한 이유가 있다. 왜냐하면 이런 민감성은 우리가 세계에서 매우 성공적으로 활동하고 그것과 상호작용하게끔 만들기 때문이다. 이론적·실증적 근거에서 앞서 약술한 진화적인 칸트 입장의 일반적인 약술이 전적으로 틀린 것 같지는 않다.

인간의 '상식적' 세계관을 발생시키는 공통된 모듈들의 존재와 상호작용은 문화적 변이의 기발한 행동에도 불구하고 매우 확고히 보편적인 채로 남아 있다. 스콧 아트란Scott Atran(1990: 216)이 지적하듯이 비교적 다양한 문화 층위의 의미 구조에도 불구하고,

---

80 화, 두려움, 행복, 슬픔, 혐오, 놀람과 같이 기본적인 여섯 가지 인간 정서의 보편성에 관한 고전적 연구는 폴 에크만Paul Ekman(1972/1982, 1980, 1999)에 의해 이루어졌으며, 그의 입장은 비교문화심리학과 인지신경과학에서 이루어진 그 이후의 연구에 의해 뒷받침되었다. 에크만Ekman(2003)과 다윈과 에크만Darwin & Ekman(1989)의 발문을 보라. 종들 사이에서 정서적 유사성에 관한 현대의 생물학적 공론은 다윈Darwin(1872)의 『인간과 동물의 정서 표현*The Expression of Emotions in Man and Animals*』으로까지 거슬러 올라간다. 동물의 정서적 과정의 평가와 특징묘사에 관한 최근 연구 논문을 위해서는 폴Paul *et al.*(2005) 참조.

81 이 주제에 관한 광대한 문헌이 있다. 독자는 특히 로티Rorty(1980b), 오토니Ortony *et al.*(1990), 투비와 코스미데스Tooby & Cosmides(1990), 에크만과 데이비슨Ekman & Davidson(1994), 리둑스LeDoux(1996), 루이스와 하빌랜드-존스Lewis & Haviland-Jones(2000), 누스바움Nussbaum(2001), 솔로몬Solomon(2003, 2004)을 참조하면 되고, 최근의 개관 논문을 위해서는 드 겔더de Gelder(2006) 참조.

모든 평범한 사람들이 그렇다고 햄릿이 제안하듯이, 매와 톱, 인공물과 유기체를 구분하는 인류의 진화적 기질은 상대적일 수 없다. 특히 인류는 일상 경험의 세계가 인간이 제공하는 기능 때문에 존재하는 인공물들과 물리적으로 주어진 인과적 자연 때문에 존재하는 자연적인 생물학적 종류들로 구성된다는 것을 참으로 믿고 그렇게 아는 보편적인 경향이 있다. 이것들은 보편적으로 지각된 사실들 사이에 있다.

우리의 신체화된 상식이 문화에 부과하는 제약을 인식하고 이해하는 것은 실증적으로 책임 있는 인문학 접근법을 개발하는 데 결정적인 요소이다. 왜냐하면 앞서 논의한 '프레임 문제'를 학습하는 것은 자신의 문화를 습득하는 것뿐만 아니라 다른 사람들의 문화를 이해하는 데 있어서도 논제가 되기 때문이다. 투비와 코스미데스Tooby & Cosmides(1992: 92)는 인류학계에서 발전된 극단적인 문화적-상대주의적 입장들의 종류에 관해 다음과 같이 지적한다.

> 문화적 다양성에 대한 최고의 반박은 인류학자들 고유의 활동이다. 이들은 다른 인간 집단들의 거주민들이 사실상 민족지학자의 가정과 매우 비슷한 가정을 공유하지 않는다면, 이런 집단을 이해하지 못하거나 그 안에서 살 수 없다. 물의 존재를 알지 못하는 물고기처럼, 해석주의자들은 보편적인 인간 상위문화를 해석하면서 문화에서 문화로 헤엄쳐간다. 상위문화는 그들의 일상적인 사고에 영향을 미치지만, 그들은 그 존재를 미처 알아채지 못했다.[82]

그들은 문화는 "우발적이고 비신체화된 것이 아니다. 문화는 인간의 마음속

82 예컨대 발리 섬의 닭싸움에 관한 기어츠의 유명한 연구(기어츠Geertz 1973: 412-453)의 기초가 되는 인간의 상위문화적 보편소에 관한 설명을 위해서는 바코Barkow(1989: 162-164)와 브라운Brown(1991: 305)을 보고, 범凡종적 보편소가 수반된다는 투비와 코스미데스의 주장도 보라. 즉 기어츠와 발리 섬의 닭은 공간, 이동, 시간, 고통 등에 관한 가정의 광대한 빙산을 공유한다.(1992: 108)

에 있는 정보 처리 기제에 의해 풍부하고 정교한 방식으로 생겨난다. 이러한 기제는 다시 진화 과정의 정교하게 조각된 결과물이다"라고 주장한다.(3) 앞서 약술한 모듈의 존재를 진지하게 받아들이면, 인문학자들은 자신들의 것을 포함해 어떠한 인간 문화도 이해할 수 있는 능력의 기초가 되는 인간 공통성의 광대한 빙산을 훨씬 의식적으로 알게 된다. 희망컨대 그것은 또한 차이를 기록하기 위해서만 차이를 기록하는 끝임 없는 나비 채집의 과제로부터 더욱 실증적이고 지적으로 흥미로운 탐구 방법으로 인문학의 주의를 돌릴 것이다.[83]

그렇다고 진화심리학자들이 암시하듯이 거의 대부분의 보편적 인간 '상위 문화'가 강한 의미에서 선천적인 것은 아니다.[84] 대니얼 데닛이 말했듯이 인간의 보편소는 '좋은 요령'이기 때문에 자주 발생한다. 이것은 재발하는 상황에 대한 강제적 해결책이다. 데닛Dennett(1995: 486)은 "내가 아는 한 인류학자들에게 알려진 모든 문화에서, 사냥꾼들은 작살을 뾰족한 끝이 먼저 날아가도록 던지지만, 그렇다고 해서 우리 종의 고정에 접근하는 뾰족한 끝이 먼저라는 유선사가 있다는 것을 명확히 확증하는 것은 아니다"라고 말한다.[85] 어떤 이야기의 보편성은 또한 아마 이러한 '좋은 요령' 종류에 관한 것이다. 소설의 포스트모던 해체에 반대하면서 일관된 서사의 이상을 옹호하는 소설가 커드 보네거트Kurt Vonnegut, Jr.(1982: 110)는 다양한 문화와 다양한 역사적 시기에 속하는 평범한 사람들에게 실제로 호소했던 것처럼 보이는 서사는 꽤 기본적인 줄거리('누군가가 곤경에 빠지고, 그런 다음 거기에서 빠져 나온다', '연인이 사랑하는 사람을 잃고 그럭저럭 그를 다시 되찾는다')를 따른다고 말하면서, "이런 오래된 줄거리 중 하나가 다

---

83 투비와 코스미데스는 "주류 사회문화적 인류학은 보르헤스Borges가 썼을 수도 있었던 악몽 같은 단편 소설과 닮은 상황에 도달했다. 이때 과학자들은 조사되지 않은 가정에 의해 거울이 비출 수 있는 것은 무엇이든 분류하고 조사함으로써만이 거울의 본성을 연구해야 한다. 그것은 결코 발전하지 않는 끝임 없는 과정이다"라고 말한다.(1992: 42)

84 이것은 인간 뇌가 "현상액에 담기길 기다리는 노출된 원판"(1975/2000: 156)이라는 윌슨E. O. Wilson의 유명한 (또는 악명 높은) 은유를 암시한다.

85 많은 인간 보편소가 선험적인 것이 아니라 인간 마음과 세계의 규칙성 간의 진화된 '일치fit'의 결과라는 투비와 코스미데스의 주장을 보라.(1992: 69)

른 곳에서 반입되지 않는다면, 어떤 현대 이야기 도식과 심지어 줄거리 없음도 독자에게 진정한 만족을 주지 않을 것이다"라고 결론내린다. 어느 누구도 유전자 풀에 '영웅이 용을 죽이고 아름다운 여자한테 약혼의 승낙을 얻다'는 유전자가 존재한다는 생각에 동조하지 않을 것이다. 하지만 상당히 많은 선천적인 인간 바람과 능력이 있고, 인간이 작동하는 세계가 최소한 과거 수천 년 동안 매우 안정된 구조를 가졌다는 사실을 고려하면, 사악한 계모와 용감한 약자 영웅의 이야기는 보편적으로 발생되고 보편적으로 호소한다는 것이 놀라운 일은 아니다.

도널드 브라운Donald Brown은 촘스키의 '보편문법Universal Grammar'(UG)과 유추하여, 인류학자들도 더욱 심오한 '보편사람Universal People'(UP) 구조가 존재한다는 것을 인식하기를 제안하고 있다. 이것은 (매우 단축된 목록만 제시하자면) 나이 용어, 유아어, 죽음에 대한 신념, 몸치장, 탁아, 그릇, 불, 선물 주기, 잡담, 환대, 농담, 약, 음악, 숫자, 미래 설계, 놀이, 결혼, 기술 향상을 위한 관행, 위신 불평등, 대명사, 의례 행사, 인가, 관심의 초점인 성행위, 단맛, 도구, 무역, 시간 단위, 동사, 젖떼기, 무기 등의 자질이 포함된 다양한 인간 문화의 피상적 변이의 기초가 된다.[86] 이것들 중 일부(숫자, 동사)는 앞서 기술한 선천적인 인지적 모듈로부터 직접적으로 발생하지만, 대다수는 '좋은 요령'의 변종인 것처럼 보인다. 도처의 사람들은 환경에서 제시된 생존의 문제에 대한 매우 비슷한 해결책을 들고 나온 것 같고, 비교적 고정된 환경과 상호작용하는 외관상에서는 매우 희박한 물리적 유사성에 의해 어느 층위의 상세한 유사성이 생겨날 수 있는지를 고려하는 것은 놀랍다.

일례로 B.C. 3세기 중국의 유교 텍스트인 『순자荀子*Xunzi*』에 나온 한 구절이 생각난다. 이 구절은 바늘을 잃어버려 하루 종일 찾아다니는 사람에 관한 이야기이다. "그가 그것을 찾은 것은 그의 시력이 좋아서가 아니라 단순히 그것을

86 전체 목록과 논의를 위해서는 브라운Brown(1991, 2000) 참조.

조심스럽게 찾으려고 몸을 구부렸기 때문이다." 이 구절은 "무언가를 생각하고 있는 마음은 꼭 이와 같다"라는 말로 끝나며(크로블록Knoblock 1994: 222), (아는 것은 보는 것이다라는 일차적 은유처럼 환기적인) 요지는 유교적 방식이 자연적 재능 때문이 아닌 근면과 인내를 통해 이해된다는 것이다. 하지만 그 당시 실제로 나에게 인상을 준 것은 은유의 근원에 대한 나의 직접적인 본능적 반응이었다. 실제로 나는 그날 아침 셔츠의 찢어진 곳을 수선하기 위해 떨어진 바늘을 찾느라고 얼마간의 시간을 보냈으며, 마침내 손과 무릎을 구부려서 내 아파트를 체계적으로 나눠서 찾고 나서야 성공할 수 있었다. B.C. 3세기의 중국 사람이 그런 구체적이고 분명히 특이한 경험을 나와 공유했다는 것이 처음에는 매우 이상해 보였지만, 좀 더 생각해 보면 별로 놀랄만한 일도 아니다. 사람들에게는 부드러운 털이 없으므로 조상 전례의 환경으로부터 온화한 기후 밖으로 나갈 때는 인공적인 겉옷을 입어야 한다. 이런 겉옷이 쓸모 있기 위해서는 어떤 특성(유연하고 너무 무겁지 않음 등)을 갖추어야 하며, 자연에서 발견되는 이용 가능한 재료로 부과되는 제약으로 도처의 인간들은 이런 요구에 대해 동일한 반응들을 독립적으로 생각하게 되었다. 그것은 식물성 섬유나 동물 가죽으로 만들어졌으며, 바늘을 사용해서 강하고 얇은 실로 짠 직물이다.[87] 직물은 옷감에 지나치게 큰 구멍이 생기지 않을 얇은 바늘을 요구하며, 인간의 시력과 기민함의 한계로 사람들은 바늘을 떨어뜨리고 그것을 다시 찾는 일이 어려울 수밖에 없다. 여기서 우리는 매우 복잡하고 고도로 구조화된 문화적 현상이 비교적 얇은 물리적 제약에 의해 생성되는 것을 볼 수 있다. 바늘의 상세한 특징을 어렵게 기술하는 『순자』의 또 다른 장에서 제기된 수수께끼를 현대 미국인이 푸는 데 문제가 없다는 것도 비슷하게 계몽적이다.[88] 일상생활의 구조는 실제로 그것에 주의를 기울일 때 주목할 만하게 일정한 것으로 여기게 된다. 우리는 일상생활의 구조를

87 실을 꿰는 눈이 있는 뼈바늘은 고고학적 기록에서 2만 6천 년 전만큼 초기에 등장한다. 고어Gore(2000: 99) 참조.

88 "Fu on the Needle," 크로블록Knoblock.(1994: 200-202)

거의 알아채지 못한다. 왜냐하면 다른 시대나 문화의 텍스트를 읽을 때마다 그것을 무의식적으로 가정하기 때문이다.

어떻게 '좋은 요령'이 종 전체로 확장되는지는 크리켓 산즈Crickette Sanz *et al.*(2004)가 기록한 방식에서도 입증되고 있다. 이곳에서 야생 콩고 침팬지는 흰개미 '낚시 탐침'을 준비한다. 그들은 적당히 얇고 유연한 막대기를 골라 솔 같은 끝단을 만들기 위해 이빨로 한쪽 끝을 닳아빠지게 한 뒤, 좁은 흰개미 구멍으로 삽입하기 위한 끝을 타액으로 적신다. 바늘에 실을 꿰고자 하는 사람과의 유사성을 인식하기 위해 침팬지-사람 계통에 의해 공유되는 "좁은 구멍에 맞도록 타액으로 젖은 닳아빠진 끝" 유전자를 가정할 필요는 없다. 분명 그런 행동을 돌고래에게서는 볼 수 없다.[89] 따라서 매우 특정한 다양한 치수의 바늘 발명에서부터 시간과 도덕성의 은유에 이르기까지 많은 인간의 문화적 보편소가 아마 이런 '좋은 요령'의 변종이라고 결론내릴 수 있다. 이것은 인간 본성에서의 규칙성이 인간 환경에서의 규칙성과 상호작용하는 필연적 결과이다.[90]

89 에머리와 클레이튼Emery & Clayton(2004)은 까마귀와 영장류 동물들 간의 주목할 만할 정도로 수렴적인 지적 행동이 수렴적 뇌에 기초하지 않는다고 지적한다. 유인원의 신피질과 인지적으로 비슷한 까마귀의 니도팔리움nidopallium 부위는 구조적으로 매우 다르며, 복잡한 지능의 문제에 대해 진화적으로 서로 다른 해결책을 나타내는 것처럼 보인다.

90 그래서 투비와 코스미데스Tooby & Cosmides(1992: 83)처럼 더욱 정교한 진화생물학자들은 유전자형-환경 상호작용이 전통적으로 명확한 '본성nature'과 '양육nurture' 간의 구분을 궁극적으로 일관성 없게 한다고 주장한다. "실세계에서 어느 것도 실제로 '유전적 결정주의'나 '환경적 결정'과 같은 개념과 대응하지 않는다. 표현형의 모든 자질은 (접합 세포의 기계장치의 첫 꾸러미 속에 내포된) 유기체의 유전자들과 개체발생적 환경의 상호작용에 의해 완전하고 똑같이 공동 결정된다. 그리고 유기체의 개체발생적 환경은 그것에 영향을 미치는 모든 다른 것을 뜻한다."

최종: 극단적 회의주의에 대한 실용주의적 대답 또는 포스트모더니즘에 대한 진정 잘못된 것

방금 개관한 포스트모던 입장의 이론적·실증적 문제가 효력을 갖기 위해서 어떤 인식론적 규범에 관한 최소한의 신념이 요구된다. 이런 모든 인식론적 규범을 거부하는 입장은 궁극적으로는 아무런 약점이 없고, 그에 따라 증거나 논리의 타당성을 부정하는 극단적 회의론자에게 만족스런 대답도 없다. 하지만 이런 입장은 결국 완전히 공허할 수밖에 없을 뿐만 아니라, 포스트모던 입장의 강한 형태에 무엇이 잘못되었는가 하는 그 진상을 규명하게 된다. 따라서 이처럼 가장 일반적인 실용주의적 고찰로 포스트모더니즘에 대한 비판을 정리하고자 한다.

찰스 샌더스 퍼스Charles Sanders Peirce(1868/1992: 29)는 "우리의 심장에서 의심하지 않은 것을 철학에서 감히 의심하지 말자"라고 충고했고, 데이비드 흄David Hume(1739/1978: 269)도 이와 비슷하게 일상의 인간적 층위에서 극단적 회의론과 진정으로 함께 사는 것이 불가능하다고 주장했다.

> 가장 다행스럽게도, 이성은 〔철학적 회의론의〕 이런 장막을 없애는 것이 불가능하다. 때문에 자연 자체는 이런 목적에 충분하며, 성벽性癖이나 취미로 이 모든 망상들을 없애주는 나의 감각의 생생한 인상을 풀어줌으로써 나에게 이런 철학적 우울증과 정신착란을 치유해준다. 나는 식사하고, 주사위 놀이를 하며, 대화하고, 내 친구들과 명랑하게 놀고 있다. 서너 시간 동안의 즐거움 이후에 이런 추측으로 되돌아갈 때, 이런 추측은 너무 냉담하고 긴장되고 엉뚱하여, 나는 더 이상 이런 추측을 계속할 마음이 생기지 않는다.

우리 인간이 극단적 회의론의 태도를 진정으로 받아들이는 것이 심리학적으로 가능하든 가능하지 않든 간에 회의론은 자기반증적 본성 때문에 적어도

학계에서 어떻게 실행 가능한 지적 입장으로 기능하는지 알기 어렵다. 실질적인 진리 주장을 하는 것이 불가능하고, 인문학자(또는 지성인이나 학자)로서 우리가 단순히 본질적으로 자의적인 방식으로 기표들을 재배열하는데 그친다면, 왜 사람들이 우리에게 그렇게 하도록 돈을 주는지 알기 어렵다. 진리가 없다는 것이 '사실'이라면, 아마도 학계에서는 '어느 것도 의미하지 않는not meaning anything'[91] 위험을 무릅쓰려는 데리다의 대담한 자발성에 자금을 대는 사업을 해서는 안 된다고 나는 늘 느꼈다. 어쩌면 데리다는 실재하는 직장을 구했어야 했다. 끝없는 손실이 언어로부터 기대할 수 있는 모든 것이지만, 우리 학자들이 음식과 집을 받을 것으로 기대한다면, 기표를 가지고 장난하는 것에서부터 농사나 배관공사처럼 확실히 유용한 것으로 시선을 돌려야 한다. 물론 대부분의 사람들과 학자들까지도 그들이 하는 일이 어떤 층위에서는 유용하다고 느낀다. 이런 느낌은 아침에 간신히 침대에서 기어 나오기 위한 심리적인 필수조건이다. 따라서 포스트모던 이론가들이 계속 집필 활동을 하고 그런 책을 거듭 옹호한다는 사실은 어떤 층위에서는 그들이 자신의 인식론을 진지하게 받아들일 수 없다는 것을 보여준다. 그들이 **왜** 공허를 진지하게 받아들을 수 없는 듯한 지는 포스트모더니즘의 실용주의적 비판의 핵심을 찌른다.

클리포드 기어츠Clifford Geertz(1984/2000: 64)는 우리의 문화적 가정에 대해 의문을 갖도록 고안된 인류학적 연구의 도덕적 의무를 빼어나게 기술한다. 이런 도덕적 의무는 "좌절케 하고 차 테이블을 뒤집어엎고 폭죽을 터뜨리듯이, 세계를 불안정하게 하는 것이다. 안심시키는 것은 다른 사람들의 임무였고, 불안하게 하는 것은 우리의 임무였다." 그는 또한 상대주의가 하찮은 주제라고 주장한다. 즉 놀란 근본주의자들의 열광적인 상상력에 의해 날조된 악귀라는 것이다. 왜냐하면 이는 불필요한 우려를 자아내는 포스트모더니즘 비평가들이 예측한

91 1967년 인터뷰(데리다Derrida 1981: 14)에서 나온 "Je me risque à ne rien-vouloir-dire." 이것은 메길Megill(1985: 259)에서 인용되고 메길이 지적하듯이 "I am taking the risk of not wishing to say anything"이나 "I am taking the risk of not meaning anything"을 교대로 번역될 수 있다.

대로 사회의 허무주의나 붕괴로 이어지지 않기 때문이다.

> 원초적 사실brute fact, 자연법칙, 필연적 진리, 초월적 미, 내재적 권위, 유일한 계시, 바깥 세계에 직면하는 여기 안의 자아는 모두 지금쯤 별로 격렬하지 않은 과거의 단순성을 잃은 듯 보일만큼 강력한 공격을 받을 것이다. 하지만 과학, 법칙, 철학, 예술, 정치 이론, 종교, 상식의 완고한 고집은 그런 가운데서도 그럭저럭 계속되었다. 단순성의 부활은 필연적인 것으로 입증되지 않았다.(64)

문화적 상대주의가 사실 허무주의적 절망이나 학계의 포기로 이어지지 않았다는 점에서는 기어츠가 옳다. 하지만 이것은 '상식의 완고한 고집'이 포스트모던 이론가들이 자신들의 일을 할 때 자신의 인식론을 부분적으로 무시하게 만든 탓이다. 기어츠의 "놀람의 상인merchants of astonishment"(64)을 높은 곳에 머물도록 하는 산들바람은 완전한 불확실성에도 아랑곳하지 않는 단호한 용기라기보다 지적인 불성실이다.

역사가로서의 푸코와 포스트모던 이론가로서의 푸코 사이의 대립에서 이런 불성실을 매우 명확히 볼 수 있다. 『성의 역사*History of Sexuality*』와 『감시와 처벌*Discipline and Punish*』 같은 작품은 다른 중요한 정치적 속셈을 가진 역사적 분석이다. 푸코가 정말로 자신의 사회구성주의적 인식론을 진지하게 받아들였다면, 그가 자신의 역사적 근원을 단순히 날조하지 못했을 이유가 없다. 하지만 그는 그렇게 하지 않았고, 그 주제에 관한 후기의 상쾌함에도 불구하고 명확히 역사가로서의 자신의 연구를 진지하게 받아들였다. 마르키르J. G. Merquoir(1985: 144)는 다음과 같이 지적한다.

> 확실히 푸코는 자신이 평범한 역사를 쓰고 있었다는 것을 계속 부인했다. (내가 생각하기에) 마지막 시간은 그의 『쾌락의 활용*L'Usage des plaisirs*』의 서문 속에 있었다. 거기서 그는 자신의 연구가 '역사가의' 연구가 아닌 '역사에 대한' 연구였다고

재차 경고했다. 역사가이든 그렇지 않든 간에, 그는 자신이 각각의 적절한 주제(광기, 지식, 처벌, 섹스)에 대한 시대마다의 관점에 충실했고, 자신의 문서는 자신이 옳았음을 증명할 수 있다는 가정 하에 계속해서 연구했다. 그가 '문서'라는 표현을 사용했다는 바로 이 사실은, 객관적 진리에 대한 경멸의 '니체적' 꾸밈에도 불구하고 그가 관습적 역사가만큼이나 많이 그것이 자신을 대변해주도록 하는 것을 좋아했음을 보여준다. 다시 말해 역사가의 것이든 어떤 다른 사람의 것이든, 그가 어떤 종류의 역사 기록학에 종사하든 간에, 푸코는 제반 증거가 자기편이라고 주장했던 최초의 사람이었다.[92]

이것은 주목할 만하다. 왜냐하면 푸코의 자유주의적 비판의 힘은 급진적 역사에 기초한 진리 주장으로부터 나오기 때문이다. 예컨대 있는 그대로의 세계를 단순히 반영하는 것처럼 보이는 동성애에 대한 지금의 억압적 태도는 **사실** 그리스인들로부터 기독교도의 '참회적' 전환에 이르는 기나긴 역사의 우연적 산물이다. 이것은 사소하고 일시적 탈선으로서의 남색자에서부터 잘못된 종으로서의 동성연애자에 이르기까지 19세기 운동에서 절정에 달했다.(푸코Foucault 1978: 42-43) 동성애에 대한 현대 서양의 주류적인 태도는 '사회적으로 구성된다'고 생각하는 것과 관련해서 우리가 푸코를 따르는 것에는 문제가 없다. 이것은 이언 해킹Ian Hacking(1999: 6)에 의해 'X'가 다음과 같다면 '사회적으로 구성된다'라는 용어와 관련된다는 점에서 그렇다.

(1) X는 존재했을 필요가 없었거나 있는 그대로의 것일 필요가 전혀 없다. X나 현재 그대로의 X는 사물의 본성에 따라 결정되지 않는다. 그것은 필연적인 것이 아니다. [빈번하게 추가된 당연한 결과]

(2) X는 있는 그대로 매우 나쁘다.

---

92 증거가 실제로 자기편이었는지의 여부는 전적으로 또 다른 논제이다. 마르카르는 또한 푸코의 계보학의 역사적 정확성을 유익하게 평가하고 비판적으로 개관한다.

(3) X가 없어도 되는 것이거나 최소한 급격히 변형된다면 사정은 훨씬 더 좋을 것이다.

이런 관점에 대한 일관된 고수에 중심적인 것은, 해당되는 X가 동성애나 특별한 성행위에 대한 특별한 사회적 **태도**라는 것이다. 푸코가 종종 주장하듯이,[93] X가 성행위 자체이면, 전체 자유주의적 연구과제는 의미를 박탈당한다. 푸코의 연구과제가 자신이나 그것에 의해 고무된 다른 사람들에게 무의미한 것이 **아니었다**는 것은 인간의 성행위, 욕망, 사회적 규범이 개인적 자아개념과 행동에 미치는 영향에 관한 배경을 가정하기 때문이다.

우리는 윤리 철학자 아네테 바이어Annette Baier의 연구에 관해서도 이와 비슷한 주장을 할 수 있다. 비록 그녀가 포스트모더니즘과 관련된다면 아마 소름끼쳐할지도 모른다. 하지만 도덕적 자아가 백인의 지주 남성의 관점을 지나칠 정도로 협소하게 반영한다는 계몽주의 개념을 바이어가 획기적으로 비판한 것은 포스트모던 정신이고, 도덕성의 전통적 개념에서 맹점을 노출시키는 통렬한 유머는 한창 각광받던 니체를 생각나게 한다. 예컨대 '계약에 있어서의 남성 고정male fixation on contract'에 관해 바이어Baier(1994: 114)는 다음과 같이 말한다.

> 우리의 전통에서 위대한 도덕 이론가들은 모두 남성일 뿐만 아니라, 대개 여성과 성인 교제를 거의 하지 않는 (여성에 의해 거의 영향을 받지 않는) 남성이다. 몇 가지 중요한 예외가 없진 않지만, 성직자, 여성 차별주의자, 청교도 미혼남성이 바로 그들이다. 따라서 현대에 그들이 가장 도덕적인 행위자들을 서로 연결하는 신뢰의 망을 그럭저럭 정신적 배경으로 분류하고, 다소 자유롭고 동등한 성인 이방인

93 예컨대 '성행위'는 '역사적 구성물'에 주어질 수 있는 이름이다. 즉 그것은 "파악하기 어려운 은밀한 실재가 아니라, 몸의 자극, 즐거움의 강화, 담론의 선동, 특별한 지식의 형성, 통제와 저항의 강화가 몇몇 주된 지식과 관련의 주된 전략에 따라 서로 연결되는 위대한 표명 네트워크이다."(푸코Foucault 1978: 105-106) 또한 '섹스'에 대한 후기 논의 참조.(154-155)

들, 즉 모든 남성 클럽의 구성원들 간의 냉정하고 먼 관계에 성실하게 철학적 주의를 집중시킨 것은 놀랄 일이 아니어야 한다. 이런 관계에서는 회원자격 규칙과 규칙 위반자들을 다루는 규칙이 있으며, 각 회원들이 그의 『타임즈』를 편안히 읽을 수 있고 통풍에 걸린 발가락으로 한 발자국도 떼지 못한다는 것을 보장하는 것에 협동의 형태가 제한되었다.

바이어의 주된 표적은 윤리학의 계약적 모형과 공리적 모형이다. 이것은 계몽주의 도덕적 담론에서 지배적이며 현대의 서양 자유주의 경제적·법적 기관의 기초이다. 그러한 모형들에서 인간은 자신의 이익을 최대화하기 위해 자발적이고, 제멋대로 상호작용하는 자립적이고 동등하며 자급자족할 수 있는 행위자로 묘사된다. 이런 모형에 비추어 윤리학 이론이나 정부의 형태로부터 우리가 필요로 하는 것은 **부정적** 자유의 보장뿐이다. 이것은 우리가 스스로 결정한 행복 추구를 계속할 때 방해로부터의 자유이다. 바이어의 목표는 이런 모형이 간과한 인간 존재의 양상을 지적하는 것이다. 이는 부모-아이, 개인-공동체, 고용주-고용인, 친구와 연인 등 인생에서 가장 중요한 관계들이 합리적 이익의 명령에 따라 자유롭게 선택되지 **않는다**는 사실이다. 인간으로서 우리는 항상 다양한 권력 역학과 특이한 일련의 요구에 의해 특징지어지는 전체적인 복잡한 관계의 연결망에 포함되어 있거나 여기에 필연적으로 이끌린다. 게다가 이 모두는 신뢰, 연민, 애정에 대한 명시적으로 표현되지 않고 대개는 무의식적인 연결을 배경으로 발생한다. 바이어가 주장하듯이 인간 존재의 이런 차원들은 여성, 아이, 보호자, 가난한 사람, 억압받는 사람, 차별받는 사람에겐 자명하지만, 서양의 도덕철학을 지배했던 엘리트 백인 남성의 글에서는 체계적으로 간과되었다.

이런 종류의 논증은 1960년대와 1970년대 처음 등장한 포스트모던 분석을 매우 매력적이게 만든 핵심 통찰력을 나타낸다. 항상 간단하고 명확히 참인 것으로 묘사된 주장은 결코 그렇지 않다는 것으로 밝혀졌다. 항상 보편적인 것으로 제시되었던 주장은 지배적인 사회 엘리트의 이기적인 표현이라는 것이 폭로

되었다. 그런데 바이어는 상대주의적 인식론에 호소하지 않고서도 이런 주장을 할 수 있었다. 실제로 그녀가 하는 비판의 전체적인 단초는 지배적인 계몽주의 도덕철학자들의 특이한 사회적 정체성이 그들에게 인간 조건의 중요한 보편적 양상과 진정한 도덕성의 중요한 양상을 간과하게 함으로써, 인간관계의 왜곡된 시각을 초래한 데 있다. 물론 이것은 인간 조건 가운데는 우리가 지각할 수 있는 중요하고도 지속적인 규칙성이 **존재하고**, 엘리트 백인 남성들도 올바른 방향으로 주의를 집중하면 그것들을 지각할 수 있다고 가정한다.

우리는 포스트모더니즘의 정치적·지적 목표에 공감할 수 있다. 이것은 우연히 단지 더욱 세련된 복장으로 치장한 고전적 계몽주의의 목표일 뿐이다. 한편 우리는 여전히 포스트모던 이론가들이 다른 식으로는 매우 기특한 목표와 솔직히 불합리한 언어와 인지이론들을 밀접하게 연결하고, 자신들과 의견이 다른 사람은 누구든 악마화함으로써, 스스로에게 호의를 베풀고 있지 않다고 생각한다. 중요한 자유주의적 가치와 현존하지 않는 언어 및 인지 이론의 불편한 지속적 결합은 정치적·사회적 부적절성을 위한 완벽한 처방이다. 이것은 사실 우리가 지난 수십 년간 보아왔던 것이다. 인문학자들은 스스로를 학계의 다른 분야들뿐만 아니라 명료함의 평범한 규범으로부터 점점 고립시키고 있다. 그로 인해 그들은 결국 끼리끼리만 이야기하게 된 것이다. 스티븐 핑커Steven Pinker(2002: 422)는 다음과 같이 말한다.

> 인간의 본성을 인정한다고 해서 우리의 개인적 세계관을 전복시켜야 한다는 의미는 아니다. 그것은 단지 우리의 지식 세계가 이중 생활을 접고 다시 과학과 결합한다는 것을 의미하고, 과학의 도움을 받아 상식과 재결합한다는 것을 뜻한다. 그렇지 않으면, 지적 생활은 점차 인간 세계와 더 무관해질 것이고, 지식인들은 위선에 빠질 것이고, 그 밖의 모든 사람들은 반지식인으로 돌아설 것이다.

오래된 객관주의적 '단순성'이 바람직하다면 너무 지체되어 그것을 회복할 수 없다는 기어츠의 주장은 옳다. 하지만 확실성에 대한 낮은 열망이 아닌 상식의 강렬한 목소리는 우리에게 문화의 분석이 실재하는 공통된 세계에 어떻게 연결되는지에 대해 다른 이야기를 찾도록 촉구한다.

나는 실용주의적 실재론의 의미에 기초한 인간 문화의 신체화된 접근법이 정확히 우리가 인문학에서 찾고 있던 대안과 인간의 상식을 구성하는 직관의 조곡을 진지하게 받아들이는 이야기를 정확히 나타낸다고 제안하고 싶다. 실용주의, 상식, 무엇이 '진리'로 간주되는지에 대한 실용주의적 개념은 제5장의 논의 주제이다. 무엇보다 이것이 과학적 진리 주장에 관한 것일 때 그러하다. 하지만 이 주제를 다루기에 앞서 내가 주장했던 인간 보편소가 인간의 문화적 다양성의 자명한 사실과 어떻게 공존할 수 있는지에 대해 이야기하는 것이 중요하다. 문화는 분명 지리적 공간과 역사적 시간마다 서로 다르며, 이런 다양성을 인식하는 것은 사회구성주의와 문화적 상대주의를 가동시키는 주된 직관이다. 제4장에서는 인간의 창조성과 문화적 다양성에 대한 신체화된 접근법이 어떤 모습인지를 약술하고, 인지언어학이 제공하는 도구들을 통해 어떻게 매우 우연적이고 특이한 문화적 인공물을 신체화된 인간 경험의 공통기반으로 추적해 갈 수 있는지를 보여주고자 한다.

제2부

문화의 신체화

제4장

문화의 신체화: 몸에 기반한 문화적 변이

포스트모더니즘의 계속된 매력은 인간의 문화적 변이가 전 세계와 역사에서 분명히 실재한다는 사실 때문이다. 두말할 필요도 없이 사람들은 사람의 토사물 같은 냄새와 맛이 나는 두리언 과일이나 썩은 채소와 악취가 나는 새우의 절인 혼합물에 수개월 동안 재워둔 '취두부臭豆腐stinky tofu'란 중국 특유의 음식을 맛있는 것으로 높이 평가한다. 앞장에서는 인간들은 '힘'을 보편적으로 높이 평가하고, '병'을 싫어한다고 주장했다. 그런데 이것이 나약함의 길을 옹호하는 노자의 『도덕경道德經*Daodejing*』이나 구원으로 이어지는 정신적 '죽음에 이르는 병sickness unto death'에 대한 키에르케고르Kierkegaard의 찬양과는 어떻게 화해되는가? 사람들마다 인시적·규범적 보편성을 공유한다는 주장은 인문학자들에게 가장 현저한 현상인 지독한 문화적 다양성과 화해되어야 한다.

곧 이어 주장하겠지만, 이런 다양한 관례들과 이런 관례들이 창조하는 환경들은 매우 초기의 지각 단계에서 변별적인 도식을 유발할 수 있다는 증거가 비교문화심리학에서 많이 나왔기 때문에, 이것은 특히 중요하다. 서로 다른 개념적 패러다임의 옹호자들마다 서로 다른 사고-세계에 거주한다는 토마스 쿤의 주장은 주목할 가치가 있다. 따라서 앞장에서 있었던 인간 보편소의 탐구와 시간이 지나면서 문화적 고착화에 의해 조금씩 증가된 인간의 인지적 유동성이 매우 새롭고도 특이한 방식으로 인간의 지각과 바람을 형성할 수 있다는 인식 사이의 균형은 중요하다. 이것은 피에르 부르디외가 깊이 탐구한 '모노노아와레物の哀れmono no aware'(직역: '인생의 무상함')의 미묘한 일본의 미적 정서에서부터 좋

은 와인이나 고급 자동차에 대한 기호 같은 '세련된 욕구cultivated needs'에 이르기까지 두루 해당한다.[1] 인간의 인지적 보편소의 수용을 위한 추진은 인문학자들이 세계 바깥에서 보는 풍부한 문화적 다양성이 어떻게 공통된 인간 본성이나 최소한 중요한 내용을 가진 본성으로부터 발생하는지에 대한 설득력 있는 이야기와 함께 제시되고 있지는 않다. 성공적인 문화의 신체화된 모형이라면 이런 설명을 제시할 수 있어야 한다. 또한 이것은 많은 진화심리학 문헌에서 타당성 있게 논의되지 않은 주제이다.

인간 창조성의 인지과학은 신생 분야로 기본적인 문헌을 개관하는 것만 해도 단행본 정도의 연구과제가 될 것이다.[2] 이 장에서는 침팬지와는 달리 왜 인간만이 성당을 짓고 시를 지으며, 왜 인간의 어떤 문화는 항복을 찬양하는데 반해, 다른 문화는 잔인한 힘을 적나라하게 발휘하는 것만 가치 있는 것으로 생각하는지에 대한 설명으로 적절한 것 같은 인지적 기제를 간략히 약술할 것이다. 이런 약술을 통해 독자들이 인간 창조성에 대한 현재의 주된 이론에 어떤 대안이 있는지 알 수 있기를 희망한다. 인간 창조성은 단순히 자유롭고 설명할 수 없는 인간 **정신***Geist*의 운동, 즉 구체화되었지만 신체화되지 않은 '사회', **아비투스***habitus*, 사회적 '담론'의 자의적이고 예측 불가능한 변형을 포함한다. 인지언어학이라는 비교적 새로운 분야에서 연구된 영역횡단 은유와 은유적 혼성의 기제는 인간이 종종 매우 추상적인 다른 영역과 상호작용하고 그것을 이해하기 위한 형판으로 사용할 기본적인 감각 운동 패턴과 영상을 어떻게 이용하는지에 관한 모형을 제공한다.[3] 이러한 영역횡단 투사는 새로운 은유적 혼성공간

---

1 '만족될 때 비율의 증가increases in proportion as it is satisfied'인 세련된 욕구에 관한 부르디외를 위해서는 부르디외Bourdieu(1993: 227) 참조.

2 특히 쾨슬러Koestler(1975), 존슨-레어드Johnson-Laird(1989), 보덴Boden(1990, 1994), 홀리오크와 타가드Holyoak & Thagard(1995), 스텐버그Sternberg(1988, 1999)에 수록된 논문을 보라. 이 분야에서 가장 최근의 새로운 사실은 학제적 관점에서 인간 창조성을 탐구하는 데 전념하는 새로운 'USC 대학 뇌와 창조성 기관USC College Brain and Creativity Institute'을 관리하도록 서던캘리포니아 대학에 안토니오Antonio와 한나 다마지오Hannah Damasio를 채용한 것이다.

3 인지언어학은 언어를 더욱 심오한 인지 과정의 표명으로 다룬다는 점에서 형식언어학과는 다

으로 선택적 결합이 가능하기 때문에, 문화적으로 특유한 생활 세계를 빠르게 창조할 수 있다. 인지적 혼성이 환경을 변형시킬 수 있는 인간의 능력과 결합될 때 특히 그러하다. 곧 주장하겠지만 새로운 혼성공간이 몸에 기반한다는 사실은 문화적 '타자'로 건너가는 넓고 건너기 쉬운 교량일 것이다.

인지적 유동성

영장류 동물학자 도로시 체니와 로버트 세이파스는 버빗원숭이가 다른 면에서 보이는 인상적인 인지적 기술에도 불구하고 세상사 지식에서는 매우 당혹스러운 공백을 보인다고 말했다. 예컨대 이 원숭이들은 흔히 비단뱀에게 잡아먹힌다거나 이 위험한 약탈자의 존재를 동족에게 알리는 특정한 신호 소리를 지니고 있다. 하지만 비단뱀이 모래 위에 흔적을 남기는 것을 관찰할 기회는 많았지만, 인간은 즉각적으로 분명한 비단뱀이 남긴 모래 위의 흔적과 비단뱀을 연결시킬 수 있지만, 이들은 그렇게 못하는 듯 보인다. 체니와 세이파스Cheney & Seyfarth(1990: 286)는 원숭이가 최근에 만들어진 비단뱀의 흔적에 접근하는 것에 대해 다음과 같이 말한다.

> 원숭이들이 그 흔적에 접근하고 그것을 건너갈 때 경계심을 보이거나 행동을 바꾸는 경우는 전혀 없었다. 너무나도 당황스럽게도, 사실 몇몇 경우에는 버빗원숭이가 수풀로 바로 이어진 비단뱀의 흔적을 조용히 따라가서, 그곳에서 뱀과 마주쳐 충격적인 공포에 질려 쏜살같이 뛰어 달아나는 것도 목격한 적이 있다.

체니와 세이파스는 원숭이의 생존에 관해서 직접적인 위협이 될 것이 분명

르다. 언어를 더욱 심오한 비언어적 구조와 연결된 단순한 '신호'로 논의하는 것이 어떻게 구조주의 언어학이나 생성주의 언어학 접근법과 다른지에 관한 짧은 논의를 위해서는 페스마이어Fesmire(1994)뿐만 아니라 포코니에Fauconnier(1997: 1-5) 참조.

한 이차적 단서처럼 보이는 흔적을 인식하지 못하는 것은 특수한 여러 인지적 모듈들 간의 불충분한 의사소통에 따른 결과라고 가정한다. 그들은 "원숭이의 시각적 의사소통의 체계는 사회적 요구를 충족시키기 위해 진화한 터라, 사회적 영역 외의 문제를 해결하는 데는 부적합하다. 사회적 상호작용에서, 원숭이들은 시각적 단서가 존재하지 않는 지시물을 가리킬 수 있다는 것을 인식해야 할 **필요는** 전혀 없다"고 주장한다.(289) 이들은 또한 침팬지들이 이와 관련해 영역적 특정이 덜하며, 정보가 다양한 감각 모듈들 사이에서 자유롭게 오간다고 말한다. 예컨대 그들은 침팬지들이 경쟁 이웃들의 빈 둥우리와 경쟁자 자체를 관련지어, 경쟁자가 물리적으로 존재하지 않을 때에도 둥우리를 향해 공격성을 과시한다는 제인 구달Jane Goodall *et al.*(1979)의 말을 인용한다.(289) 일반적으로 꼬리 없는 원숭이의 마음이 꼬리 있는 작은 원숭이의 마음보다 영역들 사이에서 더 '접근 가능'하다는 것이 침팬지 '사라'를 통한 연구로 한층 더 암시된다. 이 침팬지는 다양한 유추적 논리 과제를 해결할 수 있는 듯하다.[4]

사라의 능력은 아무리 뛰어나도 5세 아이의 능력에는 도저히 미치지 못한다. 제3장에서 이야기했듯이 침팬지는 마음 이론을 어느 정도 갖추고 있으며, 다른 침팬지의 정신적 상태를 모형화할 수 있어서, 특정한 목적을 위해 도구를 발명하고, 중기 행동계획도 세우며, 교육과 모방을 통해 적응을 하는 데 적절한 정보를 전달한다는 증거도 없지 않다. 하지만 침팬지에게는 언어가 없고, 복잡한 도구를 발명하지 못하며, 시각예술이나 음악을 자발적으로 창조할 수 없고, 정성스러운 의례로 죽은 사람을 매장하거나, 여타 종교 활동에 참여하지도 않는다. 과연 그들에게는 무엇이 부족한 것인가?

사람속屬의 첫 번째 종은 약 250만 년 전에 등장했지만, 초기 현대의 호모사피엔스가 10만 년 전에 등장하고 나서야 장례식 같은 독특한 인간적 활동에 대한 증거가 있었으며, 약 3만 년 전에야 첫 번째 상징 예술이 등장했다.[5] 사람과

4 오든Oden *et al.*(2001)은 사라의 유추적 추리 기술에 관한 문헌을 개관한다.

5 미슨Mithen(1999: 151), 바-요셉Bar-Yosef(2006)을 참조해보라. 반해런Vanhaeren *et al.*(2006)의 최근

科의 동물 진화의 황당한 자질 중 하나는 호모사피엔스가 10만 년 전에 처음으로 등장했을 때, 초기 현대 인간들의 생활양식이 네안데르탈인 같은 다른 영장과의 동물 종의 그것과는 거의 구분되지 않았다는 점이다. 이런 생활양식은 중기-후기 구석기시대 과도기 때까지도 본질상 변하지 않았다. 이는 3만 년에서 6만 년 전에 발생했으며 표상 예술의 창조, 복잡한 도구 기술, 장기 무역, 종교의 발생, 지구상에 거주 가능한 모든 대륙에서 호모사피엔스의 재빠른 확산을 포함한 문화적 대폭발의 시대였다. 이런 문화적 혁명이 인간 뇌의 크기 증가나 해부학적 변화를 수반하지는 않았지만, 인간의 뇌가 기능하는 방식에 급진적인 일이 발생한 것 같다.

고고학자 스티브 미슨Steven Mithen(1996)의 주장에 따르면 이런 문화적 대폭발을 위한 기폭제는 불투과적이던 인지적 모듈들 사이의 벽을 허물고, '인지적 유동성'이라는 과정에서 개별적인 인지적 모듈들 사이에서 정보를 소통시킨 것이다. 인간이 예술과 새로운 인공물을 창조하기 시작하면, 작살에서부터 복잡한 배, 이 책을 쓰는 데 사용하고 있는 노트북에 이르기까지 지속적인 문화적 혁신의 제지할 수 없는 파도에 수문이 열린 것이다. 미슨은 인지적 유동성의 본질을 개별 영역들의 융합으로 간주한다. 그는 인간 의인관anthropomorphism이 사회적 지능과 자연사 지능을 혼성한 결과로 이해된다고 주장한다. 제3장의 용어로 말하면, 마음 이론 모듈이 통속 생물학 모듈과 혼성된다는 것이다. 이와 비슷하게 특별한 먹잇감을 사냥하도록 고안된 창처럼 '문화적 대폭발' 후에 생산되기 시작한 정교하고 특수한 인공물은 자연사 지능이 통속 물리학으로부터 발생하는 기술적 지능과 융합된 것의 산물로 간주될 수 있다.(그림 2)

연구는 이스라엘과 알제리에서 발견된 목걸이 구슬에 대해서는 10만에서 13만 5천 년 전의 날짜를 주장하지만, 다른 사람들은 그 물건의 날짜와 장식 구슬로서의 그 정체성 모두를 의문시한다.(논의를 위해서는 발터Balter 2006 참조)

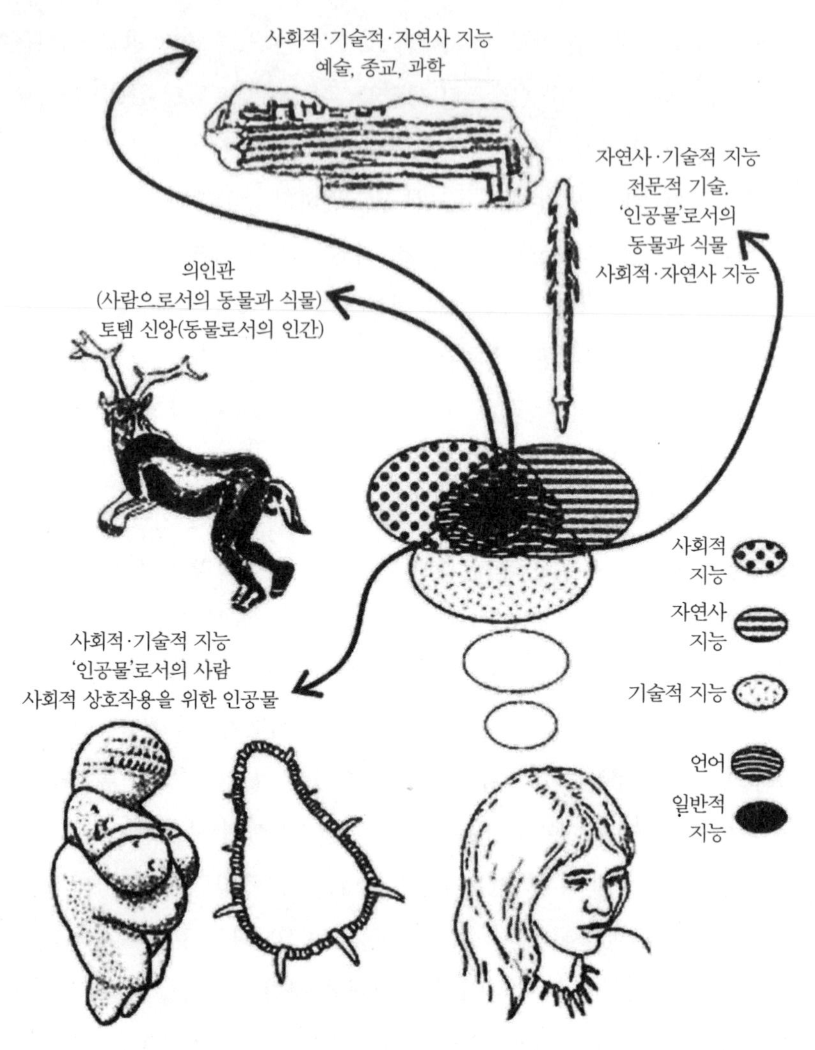

[그림 2] 인지적 유동성으로 인한 인간의 문화적 대폭발(1996: 25)

침팬지는 제한된 인지적 유동성의 재주를 부릴 수 있는 듯하다. 음식을 손에 넣고 저장할 때 도구를 사용하는 능력은 환경 적응에서 매우 유리한 도구제작과 수렵채집 사이의 침투성을 미슨에게 암시한다. 하지만 이런 능력은 더욱 일반적인 인지적 유동성의 신호라기보다는 특별하고 고정된 모듈 사이에 도관이 이어진 결과처럼 보일 수 있다. 이것은 도구제작과 수렵채집 간의 침투성이 도구제작과 사회적 추리의 인터페이스에서 재생되지 않는다는 사실로 암시된다. 침팬지는 속임수, 동맹 결성, 달램 등의 다양한 사회적 전략을 이용하여 사회적 이익을 얻지만, 분명 이런 목적을 위해 물리적 항목에 의지해야 한다는 생각은 전혀 하지 못한다. 미슨은 "사회적 지위가 그들에게 그렇게 중요하다면, 왜 그것을 유지하기 위해 도구를 사용하지 않는가," "왜 자기가 죽인 작은 원숭이의 머리를 내걸지 않거나, 가슴을 부풀리기 위해 낙엽을 사용하지 않는가"라고 질문한다. 미슨Mithen(1996: 90)이 보기에는 침팬지가 우리에겐 아주 자명한 것처럼 보이는 관계를 짓지 못하는 것은 "사회적 행동과 도구 행동 사이에 큰 장벽"이 존재한다는 사실을 보여준다는 것이다. 즉 "이 둘 사이의 관계에는 수렵채집과 도구 사용 사이에 존재하는 유동성이 없다"는 것이다. 미슨은 창조성의 중심 추진 장치인 영역횡단 유추와 은유를 암시하는 현대 인간의 인지에 관한 연구를 개관하면서, 중기-후기 구석기시대 과도기가 "비교적 독립적인 인지 영역들에 의해 구성되는 것에서부터 생각, 사고방식, 지식이 그런 영역들 사이에서 자유롭게 흐르는 것으로의 변형"에 따른 결과라고 결론내린다.(154) 미슨의 관점에서 보면 이런 변형 때문에 제리 포더Jerry Fodor(1983)나 댄 스퍼버Dan Sperber(1994)가 인간 지능의 변별적인 특징으로 기술하는 상위 표상의 모듈 독립적 층위가 생겨났다는 것이다.[6]

포더와 미슨 등은 "유추와 은유에 대한 사람들의 열정"(포더Fodor 1983)을 제3장에서 개관한 인간 마음의 강력한 모듈 관점에 대한 근본적인 도전으로 묘사한다. 차차 주장을 펼치겠지만, 미슨을 비롯한 여러 사람들의 주장에 동조할 필요는 없다. 인지언어학의 도구는 우리가 엄격한 모듈적 마음과 전적으로 자발

6 '상징적 표상'이라는 스콧 아트란의 개념을 참조해보라. "사람들은 모형의 역할을 할 수 있는 실증적으로 직관할 수 있는 상황을 추구하는데, 이런 모형을 참조하여 생각을 다소 이해할 만하게 만들 수 있다.(신은 아버지가 가족을 훈육하는 모형에 근거해서 자연을 정리한다)"(1990: 215) 댄 스퍼버는 정보가 한 모듈의 '고유한' 영역으로부터 또 다른 영역으로 모방되는 이런 영역횡단 투사를 인지적 유동성의 주된 엔진으로 묘사한다.(특히 1994: 51-52, 1996: 136-141)

적인 다목적 처리기 중 하나를 완고하게 선택하지 않는다는 것을 암시한다. 개념적 은유, 은유적 혼성, 정신공간 창조의 기제들은 엄격한 모듈성의 한계를 초월함과 동시에, 강한 모듈적 마음이 모듈 처리의 혜택을 계속 즐기게끔 한다. 하지만 이런 주제를 탐구하기에 앞서, 공감각 현상으로 살짝 우회할 필요는 있다. 공감각은 미슨의 인지적 유동성이 어떻게 신경적으로 실례화되는지를 보여준다. 그리고 미슨은 인지적 유동성을 성당의 내실이나 추상적인 원 등으로 매우 체계적으로 묘사하고 있다.

공감각과 인간 창조성

특별한 음악의 소리나 수에 색채가 가미되거나, 특별한 감촉이 미각을 포함하거나, 특정한 미각이 감촉을 포함하는 것으로 경험하듯이, 공감각은 둘 또는 그 이상의 감각을 색다르게 혼성하는 것이다. 이런 현상은 100년 이상 동안 증명해왔지만(갤톤Galton 1880), 최근에서야 진정한 감각 현상으로 입증되었다. 초기의 많은 연구는 이런 현상을 어린 시절의 기억, 예전의 약물 사용, 간단한 담소의 결과로 가볍게 처리했다.[7] 라마찬드란V. S. Ramachandran과 샌디에이고 캘리포니아대학의 대학원 지도학생이던 에드워드 허버드Edward Hubbard는 이 주제에 관한 흥미로운 연구를 시도했다. 이들은 몇 차례 실험에서 공감각이 지각적 '출현popping out'을 비롯한 다른 하위 층위 효과를 경험한다는 것을 보여주었다. 그리고 그들의 최근 연구가 서로 다른 기제를 토대로 작용하는 공감각의 다양한 하위 유형이 있을 수도 있다는 것을 암시하지만(허버드Hubbard *et al.* 2005), 이런 효과는 공감각이 인지적·기억 기반적 현상이라기보다 감각적 효과임을 결정적으

7 공감각 연구의 비교적 최근 개관을 위해서는 허버드와 라마찬드란Hubbard & Ramachandran(2005), 로버트슨과 사기브Robertson & Sagiv(2005), 바론-코헨과 해리슨Baron-Cohen & Harrison(1997)에 수록된 논문을 보라. 명료한 대중적인 소개를 위해서는 라마찬드란과 허버드Ramachandran & Hubbard(2003)와 라마찬드란Ramachandran(2004)을 보라.

로 입증했다.(허버드와 라마찬드란Hubbard & Ramachandran 2001, 라마찬드란과 허버드Ramachandran & Hubbard 2001a, 2001b)

예컨대 라마찬드란과 허버드Ramachandran & Hubbard(2001a)는 공감각 경험자와 정상 대조군에게 숫자 행렬을 제시하고, 그것이 수평으로 분류되는지 수직으로 분류되는지를 결정하도록 했다. 숫자의 모양만 보는 실험 대상자들은 수평 배열만 보고(그 행렬은 3과 8로만 구성된 수평선을 담고 있다), 유도된 색채에 근거한 조직은 수직 조직의 인상을 주도록 (실험 대상자에게 특별한 색채를 유도하는 것으로 알려진 숫자들이 행렬에 수직으로 정렬되어 있다) 행렬을 구성했다. 공감각 경험자들은 유도된 색채에 기초하여 분류하지만, 정상 대조군은 통상 형태에 기초하여 분류한다는 것을 알았다. 이와 비슷하게 다니엘 스밀렉Daniel Smilek *et al.*(2001)은 공감각 실험 대상자들은 한 특정 색채가 동일한 색채를 배경으로 제시될 때 그것을 환기시키는 문자소를 구분하는 데 어려워한다는 사실을 발견했다. 이러한 결과에 따르자면 이 실험 대상자들에게 공감각은 지각적 처리의 극히 초기 단계에서부터 생겨났다는 것이다.[8]

공감각의 가장 일반적인 형태는 문자나 숫자가 특정한 색채와 연상되는 '문자소-색채 공감각'이다. 문자와 숫자의 모양을 식별하는 데 관여하는 뇌의 부위가 'V4'라는 초기 색채 처리 부위 가까이 있다는 사실은 라마찬드란과 허버드에게 이런 유형의 공감각이 이 두 부위들 사이의 직접적인 교차 연결(2001a, 2001b)이나, 두 부위 사이를 돌아다니는 신경전달자들의 불균형에 의해 유발되는 '교차 활성화cross-activation'(2003)의 결과임을 암시한다. 이와 비슷하게 '촉각으로 맛보기tasting of touch'를 포함하는 공감각의 보기 드문 형태는 미각 피질과 손의 표상에 관여하는 인접한 부위 간의 교차 연결cross-wiring과 교차 활성화의 결과일 수 있다. 프랜시스 갤턴Francis Galton의 초기 연구 이후 공감각이 유전되는 경향이 있다는 것이 인식되기 시작했고, 라마찬드란과 허버드는 공감각이 일반

---

8 라마찬드란과 허버드Ramachandran & Hubbard(2001a), 허버드Hubbard *et al.*(2005)의 다른 실험 결과와 허버드와 라마찬드란Hubbard & Ramachandran(2005)의 문헌 개관을 참조.

적으로 발달하는 동안 발생하는 잉여적 신경 연결의 '제거pruning'를 방해하는 유전병에 의해 유발되며(2001b: 9),[9] 통상 제거되는 숫자 모양 탐지와 색채 피질 같은 부위들 사이의 부착을 본래대로 놔둔다고 추측하고 있다.

흥미롭게도 라마찬드란과 허버드는 또한 숫자의 물리적 모양이 아닌 숫자의 **개념**이 색채 자체와 연상되는, 이른바 '고등' 공감각의 존재를 증명했다. 이것이 달이나 주일이 채색되는 것으로 간주하는 공감각 경험자가 존재하는 현상을 설명해준다. 달, 주, 숫자가 무엇을 이루는지는 서수ordinality의 특징이다. 로마자 숫자 'Ⅳ'가 아닌 문자소 '4'를 청색으로 간주하는 것처럼, '하등' 공감각 경험자는 특정한 아라비아 숫자에만 반응한다. 하지만 '고등' 공감각 경험자는 추상적 서수에 반응한다. 이것은 (*t*emporal, *p*arietal, *o*ccipital lobes를 합한) 'TPO' 부위에 위치한 각회라는 뇌의 고등 부위에서 처리된다. 다른 고등 공감각 경험자는 역시 TPO에서 처리되는 문자나 숫자의 소리에 반응한다. 추상적 층위에서 교차 활성화의 가능성은 공감각이 어떻게 인간 창조성에서 함축되는지를 주지시킨다.

완전히 무르익은 극적인 공감각의 형태가 일반 대중들 사이에 만연한 것에 관해 많은 논란이 있었으며, 2만 명 가운데 1명부터 20명 중 1명에 이르기까지 그 빈도에 대한 평가는 다양했지만, 최근 연구는 2백이나 2천 명 중 1명으로 그 범위가 좁혀졌다.(라마찬드란과 허버드Ramachandran & Hubbard 2001b) '공감각' 현상이 매우 다양하고 특정한 증후군을 가리킨다고 하면, 그런 우려는 무의미하다. 전통적으로 연구의 주의를 끌었던 공감각의 형태가 기본적인 인간의 인지적 경향의 인상적이거나 비범한 발달을 단지 표상한다고 생각할 때 한층 더 그렇다. 라마찬드란과 허버드의 다음 실험을 보자. 이들은 실험 대상자들에게 그림 3의 두 모양을 주고 어떤 모양이 '키키'이고, 어떤 것이 '부바'라 부르는 것인지를 가늠하게 했다. 이 두 글자는 가상의 화성인 알파벳이다.

실험 대상자들 중 95퍼센트는 '키키'라고 발음할 때 입천장에서 혀의 날카로

9 처음의 추측은 공감각을 단일 X 연결 돌연변이의 탓으로 돌리지만, 더 최근 연구는 이런 연결을 의문시했다.(허버드와 라마찬드란Hubbard & Ramanchandran 2005: 509)

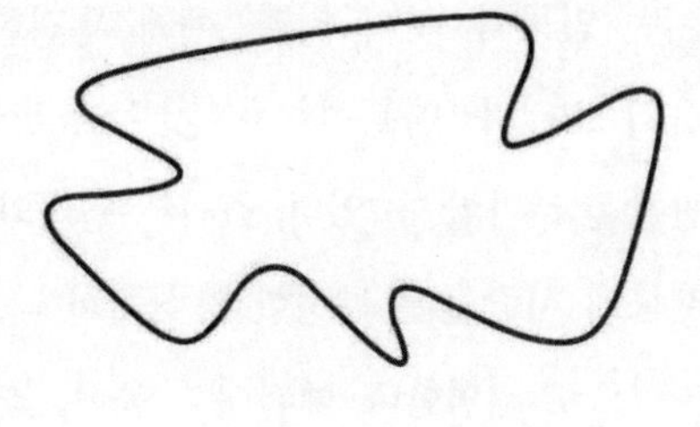

[그림 3] '키키'와 '부바'.(라마찬드란과 허버드Ramachandran & Hubbard 2001b: 19) 모양과 관련 단어는 볼프강 쾰러Wolfgang Köhler(1929)에서 처음 행한 실험에서 수정한 것이다.

운 굴곡, 청각 피질에서 표상되는 단어 '키키'의 날카로운 굴곡, 왼쪽 그림의 뾰족한 끝 간의 유사성을 '보면서' 왼쪽의 모양이 '키키'이고 오른쪽의 모양이 '부바'라고 대답했다.[10] 라마찬드란Ramanchandran(2004: 74)은 이런 범凡양식적 사상이 '정상인' 실험 대상자들 사이에서도 나타나는 것은 각회 같은 감각 수렴 지역이 존재한다는 것을 고려하면 별로 놀라운 일이 아니라고 말한다.

> 각회는 (촉각과 고유수용에 관한) 두정엽, (청각에 관한) 측두엽, (시각에 관한) 후두엽 사이의 십자로에 전략적으로 위치한다. 그것은 다양한 감각 양식들의 수렴이 주변 사물의 양식 독립적인 추상적 표상을 창조하도록 전략적으로 위치한다. 논리상 지그재그 모양과 소리 '키키'에는 공통된 것이라곤 하나도 없다. 모양은 광자가 망막을 동시에 때리는 것으로 되어 있고, 소리는 격한 난류가 내이의 유모 세포를 때리는 것이다. 하지만 뇌는 지그재그 모양의 특성이라는 공통분모를 추상한다. 여기서 각회에는 추상이라는 특성이 기초적으로 시작된다. 그리고 우리 인간은 이런 추상에서 탁월하다.

---

10 라마찬드란Ramanchandran(2004: 73)은 영어 문자 'k'의 모양이 그런 연상을 유발하지 않았다는 것을 보여주기 위해, 단일언어를 사용하는 타밀어 화자들에게서 나온 것과 동일한 결과를 반복했다.

이런 인공적 '부바-키키' 예에 특정한 치즈의 맛이 '강렬하거나sharp' 특정한 음악 소리가 '따뜻한warm' 것으로 경험하는 우리의 경향처럼 아주 단조로운 관찰을 추가할 수 있다. 스티븐 핑커의 지적에 따르면 우리의 신경해부학 구조 때문에 사람들은 특정한 양식에서 나오는 감각을 흔히 이런 방식으로 연결되는 것으로 경험한다. 예컨대 마음은 '높낮이의 변화를 공간 이동처럼 다루기' 때문에 음악 소리가 '높거나' '낮은' 것처럼 보인다.[11] 신경 연구의 주제 역할을 했던 공감각의 극적인 형태들은 이렇게 보면 공통된 인간의 인지적 특성의 덜 공통되고 더 두드러진 변이형들을 표상할 수 있다. 예컨대 로렌스 막스Lawrence Marks(1975)와 티모시 허버드Timothy Hubbard(1996)는 '정상인' 실험 대상자들에게도 밝음의 변이가 고도의 변이와 함께 연상된다는 것을 입증했으며, 이것은 '명랑한bright' 대 '우울한somber' 음악에 대한 우리 경험의 토대이다. 그리고 제이미 워드Jamie Ward *et al.*(2006)의 최근 연구는 이런 연구 결과들을 그대로 수용하여 음실-색채 연상으로 확장했다.

이런 범凡양식적 능력은 인간이나 고등 영장류 동물에게 특유할 수 있다. 각회는 확실히 다른 포유동물보다는 영장류 동물이 더 크고, 그에 비례해 다른 영장류 동물보다는 인간이 더 크다. 이것은 진화상 특정 시점에서 각회가 은유를 비롯한 다른 추상을 위해 굴절 적응되기 시작했다는 사실을 암시한다.[12] 라마찬드란이 추측으로는 이런 교차 연결이 뇌에 얼마나 만연할 수 있는지는 개인들마다 다르고, 뇌는 교차 연결을 받을 수 있는 상황에서 스펙트럼의 훨씬 극단에 있다는 것은 예술적·개념적 창조성에 기여할 수 있다는 것이다. 라마찬드란과 허버드Ramachandran & Hubbard(2001b)는 극적 공감각이 예술가, 시인, 소설가들 사이에서 비일비재하다는 것을 암시한 연구를 인용하면서,[13] 공감각과 은유

11 핑커Pinker(2002: 96), 브레그만과 핑커Bregman & Pinker(1978) 참조.

12 중요하게도, 라마찬드란과 허버드는 또한 각회가 손상된 실험 대상자들이 여기서 예증한 '부바-키키 효과'를 더 이상 경험하지 못한다는 것을 발견했다.

13 공감각과 창조성에 관한 최근 연구를 위해서는 물베너Mulvenna *et al.*(2004) 참조.

의 관계에 대해서도 주목한다. 이 둘 다는 다른 식으로는 분명 무관한 개념들의 연결에 관한 것이다.

좀 더 뒤에서는 **모든** 인간들은 지속적이고 필연적으로 은유를 면하기 어렵다는 주장을 할 것이다. 시인과 예술가, 그리고 엘리트 운동선수 및 음악의 대가 같은 공감각 경험자들은 대부분의 사람들이 당연시하는 비범한 인간의 능력을 매우 괄목하게 보여주면서, 종형 곡선의 더욱 두드러진 상단 열을 대표한다. 특정한 유전적 돌연변이가 뇌 발달 동안 신경 연결 제거에서 기능장애를 유발하여 모듈 간 교차 연결과 교차 활성화를 위한 강화된 경향으로 이어질 수 있다고 본 점에서 라마찬드란과 허버드가 옳다면, 호모사피엔스의 명백한 해부학적 변화에도 불구하고 이것은 중기-후기 구석기시대 과도기의 '문화적 대폭발'이 어떻게 발생했는지도 밝힐 수 있을 것이다. 갑자기 전全세계적으로 확산된 호모사피엔스도 인지적으로 떨어지는 사촌과 동일한 뇌를 가질 수도 있지만, 한 번의 돌연변이나 여러 차례의 짧은 돌연변이의 결과인 것은 이제는 이전에 밀봉된 인지적 모듈을 폭넓게 교차 활성화시킬 수 있었다. '인지적으로 유동적인' 새로운 뇌를 갖춘 영장과의 동물은 뇌 크기의 증가와 무관하게 초기 현대인들보다 훨씬 더 뛰어나리라 예상할 수 있다.

공감각과 은유는 동일한가?

라마찬드란과 허버드가 때때로 공감각과 은유를 근본적으로 비슷한 인지 과정으로 다루는 것처럼 보이지만, 기억해야 할 중요한 차이점도 있다. 첫째, 공감각은 의도적이지 않다. 즉 그것은 비교적 고정된 교차 연결이나 습관적 교차 활성화하는 것으로 보이며, 지각에도 결정적인 영향을 미친다. 문자소-색채 공감각 경험자는 숫자가 특별한 색채를 갖는 것으로 간주할 수 **없다는** 것이다. 또한 교차 활성화는 간단하지만 완벽하다. 숫자 '5'는 자줏빛이며, 그것은 그것 자체이다. 다른 한편, 은유는 의도적·부분적·선택적 공감각을 포함하는 듯하다. '줄리엣은 태양이다'라는 말은 나에게 줄리엣이 글자 그대로 하늘에 떠 있는 빨갛게 타오르는 천체라는 얘기가 아니고 빛나거나 따뜻함의 근원으로 이해된다. 나는 또한 이 은유를 언제라도 거부하거나 다른 은유로 전환할 수도 있고, 어떤 층위에서는 내가 투사해야 하는 태양의 선택된 감각 양상들이 실제로 줄리엣의 옷이 자주색이고 머리카락이 노란색인 것과는 달리, 줄리엣의 '실재' 속성은 아니라는 사실을 알고 있다.

따라서 공감각이 은유와 유추를 창조하고 경험할 수 있는 능력의 진화에 대한 강력한 모형을 제공할 수 있지만, 은유가 공감각보다 대단히 더 유연하고 강력하다는 것을 알아야 한다. 예컨대 문자소-색채 공감각은 적응적 가치가 제한된 것처럼 보인다. 많은 공감각 경험자들은 분명 이를 연상 보조수단으로 사용하지만, 인간들이 사고하거나 상호작용하는 방식을 근본적으로 바꿀 수 있는 능력은 그런 공감각이 통제 불가능하거나 다른 사람들에게 전달될 수 없다는 사실 때문에 제한된다. 하지만 순간적으로 X를 동시에 Y로 간주하는 공감각의 임의적인 실례를 창조하고, 더욱이 '가성' 공산으로 명확히 구분된 뇌의 부위에서 이 과정을 수행할 수 있는 능력을 획득한 영장과의 동물을 상상해보라. 그것은 공감각적 지각이 유익한 것처럼 보이지 않는다면, 그런 지각에서 물러서고 그것을 포기할 수 있는 능력을 이런 동물에게 제공해줄 것이다. 더 나아가 이 유기체가 소리, 제스처, 매끄러운 표면 위의 표시를 통해 동료 집단 구성원들에게 의도적 공감각의 동일한 실례를 경험하도록 하며, 나쁜 행동을 어둠으로 지각하고 외집단을 구역질나는 것으로 지각하도록 한다고 상상해보라. 더 나아가 공감각의 매우 특정한 실례를 경험하기 위한 지시가 사회 집단에서 공적으로 이용 가능하게 되고, 널리 전달될 뿐만 아니라, 다음 세대로 전수되어 물리적 환경에 구축되어, 문화적 인공물과 의례행위에서 상징화된다고 상상해보라. 영장과의 동물 집단의 행동과 문화적 형태는 즉각적으로 예측할 수 없을 것이다. 다음 절에서는 개념적 은유, 개념적 혼성, 정신공간 창조라는 현상을 조사할 예정이다. 이것들은 인간의 정신적 생활에 널리 퍼져 있는 의도적 공감각의 과정을 추적하기 위한 유익한 모형을 제공한다. 또한 개념적 은유와 혼성이 실용적인 인간 문제해결 과정에서 어떻게 사용되는지도 조사할 것이다. 여기에는 다른 사람들이 당신처럼 보고 느끼도록 하는 정치적 설득이라는 가장 두드러진 인간의 문제가 존재한다.

개념적 은유: 의도적·부분적·전달적 공감각

이 논의를 위한 보충물 역할을 했던 두 가지 일반적인 이론적 관점인 포스트모던 상대주의와 객관주의는 은유를 매우 상이하게 다룬다.[14] 많은 포스트모더니스트들은 은유가 인간 담론에 중요한 역할을 한다고 강조하지만, 이렇게 은유에 대한 의존은 흔히 언어가 우리와 실재를 접촉시키지는 못한다는 다른 한 가지 이유로 묘사하고 있다. 예컨대 폴 드 만Paul de Man(1978)은 모든 인간 언어는 은유적이라는 주장으로부터 **모든** 언어적 진술은 동등하게 허구적이고 근거가 없기에 '불안정하다'는 결론을 내놓았다. 폴 리쾨르Paul Ricoeur(1977)는 은유의 포괄적 역할을 좀 더 생산적인 관점에서 주시했으며, 은유가 계시적 힘을 갖고 있다고 주장한다. 은유는 단어의 평범한 문자적 지시를 '중지시키고' '폐지함으로써,' "이 세상에 태어나 얼마동안 이곳에 **거주하는** 인간과 관련 있는 실재의 심오한 구조를 암시하고 드러내고 숨기지 않는 한, 초생적 지시로 간주된다"(1981: 240)고 한다. 하지만 '숨기지 않음'에 대한 지시가 암시하듯이, 리쾨르 은유의 계시적 힘은 제2장에서 주장한 바 있는데, 궁극적으로는 언어적 이상주의에 갇힌 하이데거의 존재론적 진리를 넘어서지 못한다. 창조적·'초생적' 지시로서의 은유는 몸과 사물의 실세계뿐만 아니라 해석학적 **정신***Geist*과 **현존재***Dasein*의 자유로운 운동과도 연결되어 있다.

포스트모더니스트들은 여하튼 은유에 대해 **관심을 갖는다**. 그런 반면, 대부분의 객관주의자들은 은유를 문자적 상당어구로 환원 가능한 시적이거나 간접

---

14 은유 이론을 위한 최고의 개론서는 존슨Johnson(1981)과 오토니Ortony(1979/1993a)이다.

적인 표현 방식으로 간주한다. 따라서 '줄리엣은 태양이다'는 말은 '줄리엣은 화자에게 빛나고 따뜻한 것처럼 보인다는 점에서 태양과 닮았다'와 인지적으로 동일하다. 이런 문자적 의역은 선재하던 유사성으로 주의를 돌리는 역할만 할 뿐이다. 줄리엣은 객관적으로 어떤 면에서 태양과 닮았으며, 은유는 이런 유사성을 지적만 할 뿐이다. 객관주의 체제 내에서 은유에 대한 정교한 접근법은 은유의 중요성과 문자적 비교와의 차이를 일견 인정했지만, 은유가 선재하며 객관적으로 비슷한 세계의 자질들을 선별하는 것으로 보고 있다.[15] 하지만 공감각의 현상이 어떤 암시라고 한다면, 은유와 유추는 선재해 온 유사성을 단순히 선별하는 것 이상의 일을 한다.

일부 객관주의 철학자들은 은유에 유사성 부각보다 더 많은 것이 관여한다는 것을 인식했지만, 객관주의 의미 이론에 대한 신념으로 인해 은유가 어떻게 실질적 의미를 갖는지를 잘 알지 못한다. 예컨대 도널드 데이빗슨Donald Davidson(1978/1981: 217)은 문자적 상당어구 설명이 은유의 기능을 설명할 수 없다는 것을 인정하지만, 은유가 '특정한 인지적 내용'을 갖지 않음에도 중요한 무언가로 주의를 돌리게 한다는 생각을 유일한 대안으로 본다. 마크 존슨Mark Johnson(1987: 72)이 데이빗슨의 입장을 특징짓는 것처럼 "은유적 발화는 본질적으로 (문자적 문장으로 구성된) 하나의 막대기로서, 사람들은 이런 막대기를 사용해서 다른 사람들을 때림으로써 그들에게 어떤 것을 보거나 알아차리도록 한다. 데이빗슨은 이러한 방식으로 사용된 문자적 문장이 도대체 어떻게 청자가 간파하는 것과 연결되는지를 **전혀 설명하지 않는다**"고 말한다. 존 썰John Searle(1983: 148-149)은 은유가 세계에 대해 **무언가**를 말해주며, 그 무언가를 이해하는 것이 모든 언어 이해에 영향을 미치는 비非명제적·전前의도적 '배경'에

---

15 예컨대 트버스키Tversky(1977), 밀러Miller(1979/1993), 오토니Ortony(1997/1993b)뿐만 아니라 객관주의 입장에 대한 마크 존슨Mark Johnson(1981b)의 개관도 보라. 문자적 유추는 유추에 관한 많은 컴퓨터 모형화 연구를 위한 이론적 체제 역할도 한다.(코키노프와 페트로프Kokinov & Petrov 2001와 윌슨Wilson *et al.* 2001)

의존한다는 것을 인정한다는 점에서 데이빗슨보다 한 단계 더 나아갔다. 그러나 이런 배경이 어떻게 구조화되고 기능하는지는 구체적으로 설명하지 않는다. 이를 설명하기 위해서는 제1장에서 약술한 개념과 사고에 대한 영상도식적으로 신체화된 모형으로 시선을 돌려야 한다.

마음속에 몸 넣기: 영상도식으로서 개념

인지과학계에서는 추상적 개념이 감각 운동 영상에 기초한다는 데로 점점 의견이 모아지고 있는데, 이는 제1장의 객관주의에 대한 비판의 주된 골자였다. 예컨대 로렌스 바살로우가 개발한 '지각적 상징 이론perceptual symbol theory'에 따르면, 지각과 인지는 전혀 다른 것으로 간주되어서는 안 된다. 바살로우Barsalou(1999a: 577)가 주장하듯이, "지각이 내재적으로 개념적이고, 인지적 층위와 신경적 층위 모두에서 지각과 체계를 공유한다면," 이는 개념이 추상적·범양식적 표상이 아니라, 완전히 양식적·유추적이며 근본적으로 운동감각계에 의해 구조화된다는 것을 의미한다. 안토니오 다마지오Antonio Damasio(1989: 45)도 이와 비슷한 주장을 한 바 있다.

> 표상의 경험 가능한 (의식적) 성분은 감각 운동 활동의 자질 기반적·지형적·위상적으로 조직된 단편을 재구성하려는 시도에서 발생한다. 즉 특정한 패턴에서 수집된 표상의 자질 기반적 성분만 의식의 내용이 될 수 있다는 것이다.

다시 말해 감각적이지 않은 것은 아무것도 없으며, "영상은 어쩌면 우리 사고의 주된 내용이다."(다마지오Damasio 1994: 107) 의식적 인식은 본래 몸에 고정된 동적인 '체감각적 지도somato-sensory map'에 의해 구조화된다.(231) 이때 몸은 우리가 마음으로 경험하는 다양한 신경 과정의 기본적인 '척도yardstick' 역할을 한다.(xvi)[16]

인지과학과 행동신경과학에서 나온 이런 실증적 연구는 1987년도에 저술한 『마음속의 몸: 의미, 상상력, 이성의 신체적 근거*The Body in the Mind: The Bodily Basis of Meaning, Imagination and Reason*』에서 마크 존슨이 상세히 설명한 기본적인 논증을 확인시킨다. 이 책에서 존슨의 목표는 '몸에 확고히 기반하는 인간 경험의 지형학'을 약술할 '기술적 또는 실증적 현상학'에 동참하는 데 있다.(xxxvii)[17] 그의 주장은 의미의 기본 단위가 **도식***schema*[18]이라는 비非명제적·아날로그·신체화된 구조라는 것이다. 도식은 세계와의 감각 운동적 상호작용으로부터 발생하는 반복적 패턴으로서, 바살로우Barsalou(1999a)가 말하는 '지각적 시뮬레이션perceptual simulation'과 비슷하다. 또한 도식은 **경로**, **포함**, **부분-전체**, **접촉**, 수직적 **척도**, 순환적 **원** 등의 기본 구조를 포함한다.[19] 존슨의 제자였던 팀 뢰러Tim Rohrer(2005: 173)는 최근 다음과 같은 특징을 가진 영상도식의 유익한 형식적 정의를 제시했다.

---

16 "의식을 구조화하는 것을 돕지만 의식의 내용에서는 명시적으로 나타나지 않는" "전지력적prenoetic" "신체도식"이라는 숀 갤러거Shaun Gallagher(2005: 32)의 생각 참조.

17 존슨에게 가장 직접적으로 영향을 끼친 사람은 메를로-퐁티였으며, 영상도식의 개념은 어떤 점에서 하이데거의 **선유***Vorhabe*나 리쾨르의 은유 모형과 비슷하지만, 언어적 경험보다는 물리적 몸과 신체적 경험에 바탕을 둔다. 유럽의 현상학과 존슨 및 조지 레이코프의 연구 간의 관계에 관해서는 울프Wolf(1994: 38-41)를 보라. 존슨은 또한 은유를 우리의 경험된 세계를 구조화하기 위한 기본 도구로 묘사한 I. A. 리처즈I. A. Richards(1936)와 은유가 미리 존재하던 세계의 유추를 단순히 선택하기보다는 환원 불가능한 의미를 가진 유사성을 **창조한다**고 제안한 막스 블랙Max Black(1954-1955)의 '상호작용' 이론 같은 은유 이론가의 연구에 기초를 두고 있다.(존슨Johnson 1987: 68-71) 또한 그의 관점들의 최근 주장을 위해서는 존슨Johnson(2005) 참조.

18 감각 운동에서 도출된 도식이 인지의 기본 단위를 형성한다는 생각은 신경학자 마이클 아비브Michael Arbib에 의해 수십 년 동안 탐구되기도 했다. 그는 감각 운동 도식이 "우리 주변 세계와의 상호작용을 안내하는 모형의 건축용 벽돌" 역할을 한다고 주장한다.(1985: 37) 영상도식에 관한 초기 연구를 위해서는 아비브Arbib *et al.*(1987), 레이코프Lakoff(1987), 래내커Langacker(1987), 탈미Talmy(1988) 참조.

19 많은 인지언어학자들은 해당되는 단어가 범凡양식적 개념이나 명제를 가리키는 것이 아니라 신체적으로 기반한 "우리 경험과 이해 안의 복합적인 그물"(Johnson 1987: 7)을 위한 표기 역할을 한다는 것을 독자들에게 환기시키기 위해 영상도식과 영역횡단 도식 투사는 고딕체로 표시하는 관행을 따른다.

- 영상도식은 신체적 경험의 반복적 패턴이다.
- 영상도식은 전체 지각적 경험의 위상적 구조를 보존한다는 점에서 '영상'과 닮았다.
- 영상도식은 시간상에서, 그리고 시간을 초월하여 동적으로 작동한다.
- 영상도식은 감각 운동 경험을 개념화와 언어에 연결하는 구조이다.
- 영상도식은 위상적·지리적 신경 지도에서 활성화 패턴(또는 '형세')으로 예시된다.
- 영상도식은 추론의 기초가 되는 '평범한' 패턴 완성을 제공한다.[20]

제1장에서 논의했듯이 다른 사람들의 행동을 이해하고 언어를 처리하는 데 있어서 근본적인 역할을 하는 지각적 시뮬레이션이나 영상도식의 인지적 실재성을 증명하는 신경촬영법 증거들이 늘어나고 있다.[21]

마크 존슨Mark Johnson(1987: 132)은 영상도식의 '평범한 완성 패턴'을 도식의 '함의entailment'로 지칭했다. 이것은 분석철학에서 사용되는 협소한 전문 용법과 분리하기 위한 그의 의도적 용어이다. 존슨에게 있어서 도식의 함의는 그것과 연결된 '지각, 차별, 관심, 가치, 신념, 실천, 신뢰'를 포함한다. 존슨은 깁슨을 추종하는 심리학자들의 연구에 고무되었다. 이들은 사물의 지각이 필연적으로 행동유도성affordance과 연결되어 있다고 주장한다. 행동유도성이란 지각된 사물이 필연적으로 지각자에게 제시하는 행동계획을 말한다. 행동계획으로서의 도식은 동적인 것으로서, 그 자체의 논리와 예상을 갖고 있다. '환원 불가능한 게슈탈트'(44)로서의 도식은 지식의 객관주의 모형이 요구하는 추상적인 연산 형태로 번역되지 않는다. 이와 관련해 존슨의 주장은 지각적 시뮬레이션으로 생산

20 영상도식에 대한 이러한 이해로 연구를 하고 있지만, 정확히 어떻게 영상도식을 특징짓는가라는 논제는 인지언어학에서 다소 근본적이고 논쟁적인 논제이다. 여기서 따를 존슨-퇴러 모형과 다소 다른 이 분야의 현대 상태와 영상도식의 개관을 위해서는 함페Hampe(2005)에 수록된 논문 참조.

21 특히 리촐라티Rizzolatti *et al.*(2001)와 우밀타Umiltà *et al.*(2001) 참조.

되는 행동유도성이 근본적으로 양식적이며, 결과적인 '추론'은 가상적인 범凡양식적 교체로부터 도출될 수 없다는 바살로우Barsalou(1999a: 605)의 주장에서 반영된다.

지금까지의 논의는 다소 추상적이고 범凡양식적이었다. 이제부터 존슨의 구체적인 예로 시선을 돌려보자. **균형**이라는 영상도식을 고려해보자. **균형**이란 걸을 수 있는 능력과 블록을 쌓아올리고, 자전거를 타고, 손으로 무거운 물건을 운반하는 것처럼, 점차 복잡한 방식으로 물질계와 상호작용할 수 있는 능력을 개발할 때 우리가 몸으로 배우는 어떤 것이다. 존슨Johnson(1987: 74-75)이 주장에 따르면 "균형 잡기는 규칙이나 개념을 이해하면서 배우는 것이 아니라, **우리의 몸을 통해 배우게 되는 활동**이라는 것을 아는 것은 결정적으로 중요하다. 균형의 **의미**는 균형 잡는 **행동**과 우리 몸 안의 체계적 과정과 상태의 **경험**을 통해 생겨난다." 세계에서의 신체적 경험 때문에 **균형**이라는 영상도식을 개발했기 때문에, 우리는 반드시 **균형** 도식의 여과기를 통해 추상적 경험 영역을 지각하고 이해하고 느끼면서 이런 추상적 경험 영역으로 이 도식을 투사할 것이다. 따라서 무엇이 '균형 잡힌' 인생, '균형 잡힌' 논쟁, 도덕적·법적 '균형', 유쾌한 예술작품에서 우리가 지각하는 '균형'을 구성하는지에 대한 이해는 물리적 **균형**의 감각 운동 느낌을 통해 근본적으로 구조화되고, 이런 신체화된 **느낌**은 범凡양식적·형식적 정의로는 완벽하게 포착될 수 없다. 예컨대 베닝인 동상의 그림을 고려해보라.(그림 4)

이 그림의 유쾌함은 단지 형식적 대칭성 때문만은 아니다. 존슨Johnson(1987: 81-82)은 다음과 같이 말한다.

> 한 손에는 칼을 들고 다른 한 손에는 아무것도 없다. 그런데 이런 동등성의 결여에도 불구하고 이 형상은 제대로 균형이 잡혀 있다. 오른손에 들고 있는 칼이 형성하는 선과 가슴을 가로지르는 띠, 아무 것도 들고 있지 않은 왼손과 팔을 살펴보라. 칼의 가벼운 곡선은 띠의 각도와 관계 속에서 왼팔의 곡선과 균형을 이룬다.

[그림 4] 베닝에서 온 우도 동상. 필립 J. C. 다크Philip J. C. Dark (1982), An Illustrated Catalogue of Benin Art. London: G. K. Hall and Co.

이런 균형의 일부를 이루는 것은 칼과 띠, 팔의 길이가 동등하다는 감각이다. 여기서 균형은 **시각적**이다. 즉 청동상의 경우 실제 물리적인 무게나 질량이 아니다. 그보다는 외형적으로 정지된 형상에 지각적 운동을 유발하는 선과 시각적 힘의 균형인 것이다.

제3장에서 논의한 거울 뉴런 체계의 연구에 대한 존슨의 관찰을 보충하기 위해, 이와 같은 도식의 제시가 직접적이고 무의식적인 체감각 시뮬레이션을 지각자에게 유발할 수 있다는 설명을 덧붙일 수 있다. 사람 모양이 갖는 시각적 자극을 처리하면, 우리 자신의 몸을 형판으로 사용하도록 하는 필요한 감각 운

동 부위를 활성화시킨다. 이것은 칼이 매달려 있는 방식처럼, 팔도 그렇게 위치하고 있고, 다리도 그렇게 배치되어 있을 때, 그렇게 칼을 쥐고 있는 형태가 어떤 것인지를 상상하도록 하기 위해서이다. 따라서 결과적인 '균형'의 느낌은 범凡양식적이고 추상적인 미적 판단이라기보다 우리 **몸**의 판단이다. 신체적 시뮬레이션이 너무 깊고 근본적으로 관여하는 탓에, 이러한 균형의 판단은 단순히 말하는 방식이나 유사성의 지적 이해를 포함하는 것이 아니라, 우리 경험의 심오한 구조화를 포함한다. 존슨Johnson(1987: 89)은 심리적 '균형'의 개념에 대해 말하면서 "내가 정서적으로 흥분해 있을 때, 나는 스스로 균형을 잃고 있음을 느낀다. 나의 세계는 평상시와는 구별되는 성격을 갖는다. 내가 정서적으로 '균형을 잃고 있다고' 느낄 때, 나는 그 불균형을 개념적으로 반성하는 것이 아니다. 나는 그저 명제적으로 서술할 수 없는 다른 어떤 것을 **느끼고 있는 것이다**"라고 말한다.

개념적 은유 이론

몸에 근거한 구체적인 도식이 추상적이거나 다소 불분명하게 구조화된 영역을 이해하기 위한 개념적 형판 역할을 한다는 생각은 존슨과 언어학자 조지 레이코프가 적극적으로 발전시킨 '개념적 은유 이론conceptual metaphor theory'의 기본 통찰력이다.[22] 레이코프와 존슨은 포괄적이고 일관된 영역횡단 투사의 모형을 형식화했으며, 인간의 개념적 생활의 모든 양상에 이런 투사가 널리 퍼져 있다는 것을 입증한 개척자였다.[23] 은유를 수사적 양념으로 뿌린 비교적 드문 '일탈

22 다른 인지과학자들도 최근에 신체적으로 기초한 아날로그 식의 도식이 추상적 사고를 구조화하는 데 역할을 한다는 생각을 탐구했다. 제1장에서 보았듯이, 바살로우는 추상적 개념의 지각적 시뮬레이션이 "범주 구성원들과의 실제적인 감각 운동 경험에 존재해 있는 몇 가지 행동 유도성"을 보존한다고 믿으며(1999a: 587), 다마지오도 비슷하게 비명제적인 감각 운동 도식이 계속 "암시적인 방식으로 인지 과정을 한쪽으로 치우치게 하여 추리와 의사결정에 영향을 미치고 있다"고 지적한다.(Damasio 1994: 185) 또한 인과성(발진), 포함, 행위성과 관련된 비명제적인 아날로그식 공간적 표상이 적절한 추상적 개념의 기초를 형성한다는 맨들러Mandler(1992)의 주장뿐만 아니라, 이런 생각이 앨런 레슬리Alan Leslie(1994)에서 전개된 것을 참조해보라.

된' 의사소통의 방식으로 묘사하는 객관주의 이론에 반대하여, 레이코프와 존슨은 획기적인 단행본 『삶으로서의 은유*Metaphors We Live By*』(1980)와 『몸의 철학*Philosophy in the Flesh*』(1999)을 통해 '개념적 은유'가 실제로 널리 퍼진 인간의 인지에서 근본적 양상이라고 주장한다. 그들의 입장에서 개념적 은유는 흔히 추상적이거나 명확히 구조화되지 않은 영역(목표영역)을 이해하고 그것에 대해 이야기하기 위해 구체적이거나 명확히 조직된 영역(근원영역)의 구조를 활용한다. 이렇게 이해되는 개념적 은유는 전통적인 의미에서의 은유뿐만 아니라 직유와 유추까지 포함한다.

가장 기본적인 투사적 사상은 '일차적 은유primary metaphor'이다. 이것은 체험적 상관성experiential correlation을 통해 추상적인 목표영역이 **경로나 척도** 같은 기본적인 도식적 근원영역과 연상된 결과이다.[24] 레이코프와 존슨Lakoff & Johnson(1999: 50-54)은 **애정은 따뜻함이다, 중요한 것은 크다, 많음은 위다** 등과 같은 (그레디Grady 1997에서 나온) 대표적인 일차적 은유의 간략한 목록을 제시했고, 감각 운동적 근원영역과 이런 일차적 은유를 생산하는 주된 체험적 상관성을 명시했다. 나중에 재차 언급하겠지만 일차적 은유 중 두 가지 예는 다음과 같다.

1. **목적은 목적지이다**

   주관적 판단: 목적 달성

   감각 운동 경험: 목적지 도착

---

23 레이코프와 존슨Lakoff & Johnson(1980, 1999), 커베체쉬Kövecses(2002), 깁스Gibbs(2006), 카츠Katz *et al.*(1998)에 수록된 논문, 깁스와 스틴Gibbs & Steen(1999)은 개념적 은유 이론을 유익하게 소개하며, 이 분야의 현재 상태는 『은유와 상징*Metaphor and Symbol*』과 『인지언어학*Cognitive Linguistics*』이라는 잡지를 통해 추적할 수 있다.

24 존슨과 레이코프는 때때로 스스로들을 로크가 말하는 엄격한 실증주의자로 제시하며, 영상도식이 세계와의 경험으로부터 순수하게 각 개인에 의해 새롭게 발전되는 무언가로 기술하며, 특히 레이코프는 인간의 인지에 대한 진화적 접근법에 대해 단서를 가지고 있다.(개인적 교신) 제3장에서의 논의로부터 명확해졌듯이, 균형과 같은 도식은 세계와 상호작용하는 미리 구조화된 몸-마음의 상호작용을 통해서만 획득될 수 있다.

예: "그는 결국 성공할 것이지만, 아직 그는 그곳에 다다르지는 않았다.He'll ultimately be successful, but he isn't there yet."

일차적 경험: 일상생활에서의 목적지 도착과 그에 따른 목적 달성(가령, 물을 마시려면 냉수기로 다가가야 한다.)

2. 행동은 자체 추진식 이동이다

주관적 판단: 행동

감각 운동 경험: 공간에서의 몸동작

예: "나는 계획대로 순조롭게 움직이고 있다.I'm moving right along on the project."

일차적 경험: 공간에서 움직이는 일반적 행동.

(레이코프와 존슨Lakoff & Johnson 1999: 52-53)

레이코프와 존슨은 모든 일차적 은유는 체험적 상관성을 통해 점점 발달한다고 주장했지만, 기본적인 영역횡단 연상은 음조와 수직성의 상관성, 또는 날카로움 같은 감촉과 음조나 미각의 상관성 같은 고정된 공감각적 교차 연결의 결과인 듯하다.

이런 일차적 은유가 어떻게 발전되었든 간에, 개개인들이 모두 언어를 생산적으로 사용할 수 있을 경우엔 자기 재량껏 사용 가능한 많은 일차적 은유를 갖추게 된다. 그런 다음 이렇게 축적된 은유적 연상이 추상적이거나 구조화되지 않은 영역에 관한 것일 때, 자기 스스로와 세계에 대해 추리하고 다른 사람들에게 자신의 생각을 전달하기 위한 주된 도구가 된다. '시간'이나 '죽음' 같은 추상적 개념은 직접적으로 (즉 비은유적으로) 개념적으로 표상되는 골격 구조를 가질 수 있지만, 대개 이러한 범凡양식적 구조는 우리가 유용한 추론을 할 수 있을 정도로 풍부하거나 상세하진 않다. 때문에 추상적이거나 구조화되지 않은 영역을 개념화하고, 그것에 대해 추론하고자 할 때, 이런 골격 구조는 기본적인 신체적 경험에서 나온 일차적 은유의 부가적인 구조로 (통상 자동적이면서도 무의식적으로) 구체화된다. 이런 부가적인 구조는 종종 복합적 은유나 개념적 혼성을 형성하기 위해 다른 일차적 은유들과 더불어 적용된다. 일차적 근원영역이나 복합적 근원영역이 활성화되고 목표영역으로 사상될 때, 추리 패턴과 영상적 추론 패턴, 현저한 실체 등과 같은 근원영역의 개념적 위상에서 대부분 구조는 보존되어 많은 구조를 목표영역으로 옮겨간다.[25]

이 과정을 예증하기 위해서 어떻게 '인생'과 같은 추상적 개념을 이해하고, 그것에 대해 추론할 수 있는가라는 질문을 고려해보라. 레이코프와 존슨Lakoff & Johnson(1999: 60-62)은 영어 화자들이 인생에 대해 추론하거나 이야기할 때 종종 **목적이 있는 인생은 여행이다**라는 복합적 은유에 기댄다고 지적한다. 이 은유는 신체적 경험에서 나온 도식을 제공한다. 이는 **목적은 목적지이다**와 **행동은 자체 추진식 이동이다**라는 앞서 언급한 두 가지 일차적 은유에 기초한다. 이 두 은유는 체험적 상관성을 통한 개념적 '연장통'의 일부이다. 이 두 일차적 은유가 목적지로의 긴 여행은 여정으로 간주된다는 (세계에 대한 우리의 공통된 지식으로부터 도출된) 간단한 사실과 결합될 때, **목적이 있는 인생은 여행이다**라는 복합적 은유 도식을 갖게 된다. 레이코프와 존슨은 이 도식을 다음과 같이 사상한다.

여행	→	목적이 있는 인생
여행자	→	인생을 사는 사람
목적지	→	인생 목표
여행일정 계획	→	인생 계획

목적이 있는 인생은 여행이다라는 은유는 우리의 기본적인 신체적 경험에서 발생한다. 그리고 구조화되어 있지 않은 탓에 추론하기 어려운 추상적 '실체'에 대해 생각하고 추론하는 방법을 제공한다. 레이코프와 존슨은 개념이 종종 문자

25 의식에서 직접적으로 표상되는 목표영역의 골격 구조가 어떤 근원영역이 그것으로 사상되는지 뿐만 아니라 근원영역의 어떤 양상이 성공적으로 사상되고 어떤 것이 적절치 않은 것으로 무시되는지를 제약하는 역할을 하기 때문에, '대부분'의 양상이다.

적으로 표상될 수도 있음을 부인하지 않는다.[26] 예컨대 '그는 목적을 달성했다He achieved his purpose'는 표현은 전통적 의미나 개념적 의미에서는 은유적이지 않은 것이다. 하지만 우리는 종종 '그는 목적지에 도달했다He reached his goal'와 같은 형식화에 의지한다. 왜냐하면 "은유가 없다면 개념은 아주 빈곤하고 최소의 '골격' 구조만 갖기 때문이다."(1999: 58) **목적이 있는 인생은 여행이다**라는 은유에 의지하면, 무엇보다 결정해야 하거나 무엇을 할지에 대해 의견 차이가 있을 때 필요한 것처럼 보이는 중요한 '감각 운동 추리 구조'(58)가 추가된다. 존슨의 게슈탈트 도식처럼, 개념적 은유의 완전한 실용적 내용은 그것의 함의에 있다. 즉 추상적 인생과 구체적 여행 사이의 은유적 연결을 통해, 여행에 관한 상식적 지식에 의존하여 이런 지식을 '인생'에 적용할 수 있게 되는 것이다.

목적이 있는 인생은 여행이다라는 은유에 지배될 때, 우리는 물리적 여행처럼 인생도 **목적지에 도달하려면** 일정한 계획을 세워야 하며, **도중에** 어려움에 **직면하고**, **곁길로 빠지고 막다른 길에 이르는 것**을 피해야 한다라는 것을 무의식적으로 가정하게 된다. 내가 곁길로 빠졌다는 것을 확신하게 되면, 무의식적으로 근원영역에서 나온 추론 구조를 가져와서 목표영역으로 투사한다. 현재의 노력(direction, path)에서 더 많은 노력을 하는 것(traveling farther)은 상황을 더 악화시킬 뿐이다.(lead me further astray) 상황을 개선시키고 싶다면(get back on track), 과거 언젠가에 내가 했던 방식과 닮을 때까지(get back to the point where I went astray) 현재 내가 일하는 방식을 새롭게 바꿀(backtrack, reverse) 필요가 있으며, 지금 하는 것과 매우 다른 방식으로(in a new direction) 다시 노력해야 한다.(begin moving forward) 따라서 복합적 은유 하나가 의사결정에 영향을 미치고 규범적 지침을 제공하면서 어떻게 심오한 실용적 함축을 가지는지를 간파할 수 있다. 게다가 막 제시한 문자적 의역이 완전히 어색하다는 사실이 **목적이 있는 인생은 여행이다**라는 도식이 얼마나 심오하게 우리의 의식을 관통하는지를 말해준다.

26 이와 관련해 이들의 입장은 바살로우의 모형보다 개념의 객관주의적 모형을 덜 철저하게 거부한다.

인생에서의 의사결정을 논의할 때에는 되도록 그것에 의지하는 것을 피하기 위한 노력이 대거 요구된다.

이런 예로도 알 수 있듯이, 단 하나의 복잡한 개념적 은유 구조가 특정한 전체 언어 표현들에 영향을 미칠 수 있다. 특정한 은유 표현의 이런 '가족들'은 임의적이거나 무관한 것이 아니라, 모두 공통된 개념적 도식에 의해 동기화된다. 바로 이것이 인지언어학의 결정적인 주장이다. 즉 은유 표현은 단순히 고정된 언어적 관습이 아니라, 더욱 심오하고 능동적이며 대개는 무의식적인 **개념적** 구조의 표명이다. 이것은 **목적이 있는 인생은 여행이다**라는 은유적 구조가 그것의 특정한 은유 표현과 독립적으로 존재하며, 뜻하지 않은 새로운 표현을 계속 생성할 수 있다는 얘기다. **목적이 있는 인생은 여행이다** 도식에 익숙한 사람은 누구든 '막다른 직업dead-end job'이나 '성과 없음going nowhere' 같은 은유를 처음 듣더라도 그 의미를 즉각적으로 이해하고, 관련은 있지만 전혀 새로운 은유 표현을 창조하는 데도 이 개념적 도식에 의존할 수 있다. 예컨대 내가 만약 컨트리 싱어라면 '인생의 비행기는 떠나가고 나는 비행기 표가 없네The Airplane of Life Is About to Depart the Gate, and I Don't Have a Boarding Pass'라는 제목의 노래를 작곡할 수 있다. 이것은 **목적이 있는 인생은 여행이다**라는 영상도식에 의존하지만, 그것을 (다소 힘들긴 하지만) 전혀 새로운 언어 표현에도 이용할 수 있는 것이다.

개념적 은유의 편재성

1980년에 레이코프와 존슨의 『삶으로서의 은유』는 일상의 개념적 삶에 은유가 널리 퍼져 있다는 것을 상세히 증명함으로써 (사실) 큰 평판을 얻었다. 그리고 인지언어학이라는 신생 분야에서 내놓은 산더미 같이 많은 문헌은 공간 횡단 은유적 사상이 인간 언어와 사고의 중심 자질이라는 것을 명확히 입증했다. 영상도식과 개념적 은유가 인간의 범주화(레이코프Lakoff 1987), 정서 개념(커베체쉬Kövecses 1986, 1990), 시(레이코프와 터너Lakoff & Turner 1989), 종교 담화(발라반Balaban 1999; 슈미트Schmid 2002; 자켈Jäkel 2003; 슬링거랜드Slingerland 2003, 2004a, 2004b),

철학 담화(레이코프와 존슨Lakoff & Johnson 1999), 수학(레이코프와 누네즈Lakoff & Núñez 2000), 법적 추론(윈터Winter 2001)에서 근본적인 구조화 역할을 한다는 것이 밝혀졌고, 정치적 추론과 논쟁에서 개념적 은유의 분석을 중심으로 작은 가내 수공업이 등장했다.[27] 제1장에서 언급했듯이 메리 헤세Mary Hesse(1966), 얼 맥코맥Earl MacCormac(1976), 시어도어 브라운Theodore Brown(2003) 같은 학자들의 연구는 명확히 인지언어학을 틀로 삼지는 않았지만, 은유가 과학 이론을 형식화하고 해석하는 데 역사적으로 근본적인 역할을 한다는 것을 증명하고, 케빈 던바Kevin Dunbar와 동료들은 여러 차례의 주간 실험실 시간의 '생체 내' 연구에서 유추적 추론이 과학적 결과의 해석과 가설의 형성에 구성적 역할을 한다는 것을 밝혀냈다.[28] 로널드 래내커Ronald Langacker(1987, 1991)의 '인지문법cognitive grammar' 접근법은 시제와 격 같은 기본적인 문법적 범주의 영상도식적 기초를 전체적으로 증명했으며, 레너드 탈미Leonard Talmy(2000)의 '인지의미론cognitive semantics'에 관한 광대한 2권짜리 개론서는 기본적인 영상도식이 어떻게 자연언어에서 개념과 의미론을 구조화하는지를 예증하고 있다.[29]

초창기 개념적 은유 이론의 많은 연구는 현대의 미국 영어와 프랑스어나 스페인어 같은 관련된 소수의 언어를 분석하면서 발전해왔다. 레이코프와 존슨Lakoff & Johnson(1980, 1999)에서 기술한 일차적 은유와 평범한 복합적 은유의 존재뿐만 아니라 은유의 편재성과 개념적 중심성에 관한 기본 주장은 그 이후로

27 특히 칠턴Chilton(1996), 레이코프Lakoff(1996, 2004), 뢰러Rohrer(1995), 콜슨Coulson(2001), 비어와 드 랑쉬에르Beer & de Landtsheer(2004), 깁스Gibbs(2005), 오클리Oakley(2005), 슬링거랜드Slingerland *et al.*(2007)를 보라. 개념적 은유 이론을 틀로 하지 않지만, 정치적 논쟁에서 유추에 관한 케빈 던바Kevin Dunbar(2001)도 이와 관련해 적절하다.

28 개관을 위해서는 던바Dunbar(1999, 2001) 참조. 유추가 전자기학에 관한 맥스웰의 이론화에 근본적인 역할을 한다는 것에 관해서는 네르세시안Nersessian(1992) 참조.

29 예컨대 탈미는 물리적 장벽과 힘에 대한 우리의 신체화된 이해인 힘의 역학이 어떻게 may, can, ought 같은 서법동사의 용법에 대한 기초가 되는지를 보여준다. 이브 스윗처Eve Sweetser(1990)는 원래의 탈미Talmy(1988)의 분석을 이른바 서법조동사("You *must* have been home last night")로 확장하여, 접속사와 조건문 같은 다양한 언어 현상을 설명하기 위해 인지의미론의 도구를 적용한다.

바스크어(이바레체-안투냐노Ibarretxe-Antuñano 1999), 일본어(히라가Hiraga 1995, 1999), 아랍어(압둘무네임Abdulmoneim 2006), 중국 표준어와 방언(류Yu 1998, 2003) 같은 현대의 비非인도유럽어뿐만 아니라 고대의 비非인도유럽어에서도 입증되었다. 예컨대 나의 첫 번째 단행본(슬링거랜드Slingerland 2003)은 개념적 은유 이론을 기원전 5-3세기의 중국어 텍스트에 적용하여, 개념적 은유가 인도유럽어 만큼이나 고대 중국어에서도 널리 퍼져 있고 추상적 관념을 파악하는 데도 근본적임을 간파했다.[30] 고대 중국어 문맥은 범凡문화적 주장에 필수불가결한 비교 대상이다. 이것은 다른 세계 문화와 완전히 분리되었으며, 인도-유럽어족과는 거의 유사한 그래프에 근거한 언어에서 기능하는 매우 발전된 문학 사회이다. 다른 최근 연구는 개념적 은유가 물리적 환경에서 인간사에서 어떻게 끊임없이 폭넓게 실례화되었는지를 보여주기 위해 언어 분석을 넘어섰다. 예컨대 줄리 기포드Julie Gifford(2004)는 이미 논의한 기본적인 **목적이 있는 인생은 여행이다**라는 도식의 곁가지인 **정신적 진보는 물리적 여행이다**라는 은유가 자바에서 고대 불교 불탑의 건축 양식에서 기본적인 조직화 원리의 역할이었다는 것을 매우 설득력 있게 주장했다.[31]

개념적 은유의 인지적 실재성에 대한 실험 증거

앞서 언급한 영역에서 개념적 은유의 편재성과 체계성을 간단히 입증해보자. 그런 도식은 단순한 비유법보다 인간의 인지에 더 많은 역할을 한다는 것을 증명하는 데 효과가 있다. 제1장에서 논의한 개념에 대한 영상적 기초를 위한 보다 일반적인 실험 증거 외에도, 오늘날 언어들 사이에는 개념적 은유의 편재성뿐만

---

30 이것은 후반의 상세한 사례 연구에서 예증할 것이다. 화엄불교Hua Yan Buddhism에서 근본적 은유에 관해서는 린다 올즈Linda Olds(1991), 중세 중국 불교 서적에서 업보karma 은유에 대한 D. 네일 슈미트D. Neil Schmid(2002)의 분석, 팔리어 불교 서적에서 정서 은유에 대한 제임스 에게James Egge(2004)의 분석을 보라.

31 미대륙 남서부의 메사 버드 지역으로부터 나온 도자기 디자인 이면의 개념적 은유에 대한 스캇 오트만Scott Ortman(2000)의 분석을 참조해보라.

아니라 개념적 은유가 사실상 개념적으로 능동적·동적·언어 독립적 구조를 나타낸다는 주장을 뒷받침하는 증거들이 참으로 많다.

미국영어 용법의 관찰에서 얻어진 가장 기본적인 증거는 레이코프와 존슨Lakoff & Johnson(1999: 81-89)에서 개관되었다. 이것은 완전히 새로운 언어 표현(가령 '바삐 움직이는 길에서 살다[방탕한 생활을 하다]living in the fast lane')이 선재하는 개념적 구조에 의존하기 때문에 능숙한 화자에 의해 즉각적으로 이해된다는 '신규의 경우 일반화' 증거, 다의성('막다름dead end'이나 '상실lost' 같은 단일 단어나 표현에 대해 체계적으로 관련된 의미들이 발견된다는 사실), 잘 구조화된 근원영역(가령 물리적 여행)에서 나온 추론 패턴은 추상적 목표영역(가령 인생)에 대한 결론을 도출하는 데 자주 사용된다는 추리 패턴을 포함하고 있다. 이브 스윗처는 인도-유럽어족에서 체계적인 의미 전이의 존재를 대대적이고 역사상 심도 있게 증명해냈다. 이런 의미 전이에서 시각 동사가 지식을 가리키고, 청각 동사는 훨씬 더 추상적인 복종을 가리키게 된 것이다. 이것은 **아는 것은 보는 것이나**('I see your point')란 말과 **듣는 것은 복종하는 것이다**('He wouldn't listen to me')와 같은 개념적 은유가 이런 언어를 사용하는 화자들의 마음속에서 역사적으로 활동한다는 것을 강하게 주지시킨다.(스윗처Sweetser 1990) 비슷한 개념적 은유들이 현대영어, 핀란드어, 기원적 4세기 고대 중국어처럼 역사적이고 언어학적으로 다양한 언어들에도 존재하고 널리 퍼져 있다. 그리고 분명 동일한 개념적 일을 하고 예측 가능한 방식으로 변형된다는 사실은 개념적 은유가 실재하고 보편적인 인간의 인지적 현상임을 암시한다.

그런 언어적 증거 외에도 점점 많은 심리학 실험은 유도적 추론guiding reasoning, 언어 이해, 감각적 지각에서 은유 도식의 인지적 실재성을 뒷받침하고 있다.[32] 제1장에서 인간의 인지에 대한 바살로우의 '지각적 상징 설명'을 지지하는 증거를 논의한 바 있다. 이것은 언어적 단서가 특정한 정신적 영상을 안내한

32 실험 문헌에 대한 가장 포괄적인 최근 개관은 깁스Gibbs(2006)에서 발견할 수 있다.

다는 것을 강하게 암시한다. 개념적 은유 관점을 취하는 연구자들 역시 '신체적 점화 효과bodily priming effect'와 같은 증거를 곧잘 인용한다. 즉 실험 대상자에게 물리적 행동(무언가를 차듯이 다리를 움직이게 하는 것)을 하도록 하면, 그런 행동 자체를 중심으로 조직된 은유적 진술문('그 생각을 여러 각도에서 검토하다kick around the idea')을 좀 더 빨리 이해했다는 것이다. 이때 통제 집단은 그 결과가 단순히 어휘적 연상의 효과가 아니라는 것을 보여준다.[33] 이와 비슷하게 다양한 연구를 통해 은유적으로 유도된 한 영상도식에서 다른 영상도식으로 이동할 때 발생한 '프레임 전이frame-shifting' 대가의 증거가 발견되기도 했다. 예컨대 사람과 시간의 관계를 이해할 수 있는 두 가지 일차적 도식이 있다. 시간은 고정된 풍경이고, 사람이 그곳을 통과한다는 '자아 이동ego-moving' 도식과 시간은 정적인 관찰자와 관련해 움직이는 사물이라는 '시간 이동time-moving' 도식이 바로 그것이다. 데드르 젠트너Dedre Gentner *et al.*(2002)는 몇 차례 실험을 통해 시간 표현이 이 두 도식 사이에서 전환하는 표현에 내포되어 있을 때나, 실험 대상자가 언어적으로 점화되는 도식과 모순되는 도식에 의해 형식화될 때 훨씬 느리게 이해된다는 사실을 밝혀냈다.[34]

관련된 다른 연구에서는 영어와 표준 중국어에서 서로 다른 도식 점화를 검토했다. 영어와 표준 중국어 사이에는 두드러진 한 가지 차이가 있다. 두 언어 모두 사건이 '전before'과 '후after', '앞ahead'과 '뒤behind'에 있는 것처럼 시간을 개념화하기 위해 수평 축을 이용하지만, 표준 중국어는 과거가 '위'에 있고 미래는 '아래'에 있는 것처럼 수직 축도 참조한다. 예컨대 '지난 주last week'는 '위에 있는 주上個禮拜week above'인 것이다. 레라 보로디츠키Lera Boroditsky(2001)는 수평적 공간 점화가 아닌 수직적 공간 점화가 주어지면 시간적 추론의 질문에 관한 반응 시간이 표준 중국어의 화자가 더 빨랐으며 영어 화자들은 그 반대라는 사실을 발견했다. 흥미롭게도 그녀는 또한 영어 화자들에게 수직적 은유를 사용하여 시

33 깁스Gibbs(2006: 183-184)에서 인용되고 묘사된 미출판 연구인 윌슨과 깁스Wilson & Gibbs (2005)
34 콜슨Coulson(2001: 75-83)에 제시된 프레임 전이 비용에 관한 증거를 참조해보라.

간에 대해 이야기하도록 잠시 교육한 다음에는 이 두 집단 사이의 반응 시간의 차이가 통계상 분간할 수 없었다는 점도 밝혀냈다. 이는 새로운 영상도식이 얼마나 빠르게 인지적으로 활동하게 되는지를 주지시킨다.

표준 중국어의 원어민 화자가 아닌 내가 단연코 입증할 수 있듯이, 중국어를 정기적으로 말하던 시절에 내 스스로가 종종 과거에 대해 이야기할 때 강조를 위해 엄지손가락을 위로 치켜 올리곤 했다. 데이비드 맥닐David McNeill(1992)은 한 사람에게서 다른 사람에게로 영상도식을 전달할 때 언어와 함께 물리적 자세와 제스처가 사용된다는 것을 암시하는 수십 년 간의 자연발생적 제스처 연구에서 얻은 수많은 증거들을 제시하고 있다.[35] 개념적 은유가 수어에 존재한다는 증거도 매우 많다. 물론 미국 수어에서 발견된 특정한 사상이 구어 영어와 다소 다르긴 하다.[36] 과학적 추론에서 은유에 관해 앞서 인용한 연구나 전기에 관한 실험 대상자의 직관을 안내하는 은유에 관한 데드르 겐트너와 도널드 겐트너Dedre Gentner & Donald Gentner(1983)의 고전적 연구 같은 추론-제약 연구에 따르면, 은유와 영역횡단 유추는 인간의 문제해결에서 명확하고 근본적인 역할을 한다. 마크 존슨Mark Johnson(1987: 112)은 이러한 연구는 "은유, 다시 말해 유추는 우리의 지식을 표현하는 그저 그런 편리한 경제학이 아니라, 해당되는 특정 현상에 대한 우리의 지식이며 이해인 것이다"라고 말한다.

마지막으로 훨씬 최근 연구에서는 신경촬영법 기술을 사용하여 영역횡단 활성화를 직접적으로 추적하기 시작했다. 예컨대 팀 로러Tim Rohrer(2001)는 fMRI 촬영법을 사용하여, 각 실험 대상자의 '손 부위'에 대한 정확하고 개별화된 지도를 제공하는 물리적 '손 타법stroking'에 의해 활성화되는 뇌 부위와 문자적 손 이해 과제('나는 그에게 맥주를 건네주었다I handed him a beer') 및 은유적 손 이해 과제('나는 그에게 연구과제를 넘겨주었다I handed him the project') 사이에 중복이 많다는 것을 보여주었다. 이런 중복은 은유적 이해 과제보다는 문자적 이해 과제

35 제스처와 은유에 관한 더욱 최근 연구를 위해서는 키엔키Cienki(2005) 참조.

36 깁스Gibbs(2006: 190-194)에서 인용되고 논의된 타웁Taub(2001)과 윌콕스Wilcox (2001)

에 대해 더 강했지만, 확실히 두 경우 모두 동일한 피질 부위가 활성화되고 있었다. 감각 운동 패턴이 개념적 은유를 처리할 때 '탈색된' 형태이기는 하지만 인지적으로 활동적이고 직접적으로 이용된다는 설득력 있는 증거가 있다.[37] 이 모든 수렴적 증거는 개념적 은유가 실재적 현상일 뿐만 아니라 신체화된 인간의 인지에 필연적이고 근본적인 역할을 한다는 것도 암시한다.

개념적 은유 이론의 한계

이 모두는 레이코프와 존슨이 형식화시킨 개념적 은유의 모형이 한계가 없다는 사실을 말하는 것은 아니다. 레이코프와 존슨이 다루고자 했던 가장 기본적인 질문 중 하나는 은유의 한 목표영역이 어떻게 가능한 근원영역들을 제약하는 데 기여할 수 있으며, 근원영역의 어떤 부분이 은유에서 개념적으로 활동하게 되는가 하는 것이다. 레이코프와 존슨이 주장하듯이 구체적인 근원영역의 구조는 이미 목표영역에 존재하던 최소의 '골격 구조'에 의해서만 제약을 받으면서 목표영역으로 투사되어 근원영역 구조를 부가한다. 근원영역의 함의는 당연히 목표영역에 대한 우리의 이해를 구조화한다. 하지만 이 골격 구조의 제약 기능이 실제로 어떻게 작동하고, 왜 어떤 은유는 '적절한' 것처럼 느껴지고 어떤 은유는 그렇지 않은지, 또한 근원영역 구조가 목표영역으로 투사될 때 어떻게 여과되는지는 일정 정도 수수께끼로 남아 있다.

근원영역이 목표영역을 완전히 구조화한다는 생각은 **시간은 공간이다**와 같은 '일차적 은유'에서는 매우 잘 작동한다. 공간이 아니고서는 시간에 대해 생각하기란 어려우며, 완전하며 개념적으로 불가피한 사상은 틀에 박히거나 후천적인 공감각의 결과일 수 있다. 근원영역의 전체적인 지배력은 복합적 은유에서도 명확하다. 예컨대 **목적이 있는 인생은 여행이다**라는 은유는 근원영역에서 목표영역으로의 비교적 완전하고 풍부한 투사를 포함한다. 이때 근원영역의 많은 양상

37 영상도식과 관련된 신경촬영법 연구에 관한 유익한 최근 개관을 위해서는 뢰러Rohrer(2005)뿐만 아니라 버제스와 치아렐로Burgess & Chiarello(1996) 참조.

은 보존되고, 사상되지 않은 근원영역의 요소들도 일반적으로 약간 특이하지만 적절하다고 생각할 수 있다. '나의 책 연구과제가 잘 되어가지 않고 있다I'm not getting anywhere with my book project'는 매우 관습적인 진술이지만, 근원영역의 어떤 다른 양상에 은유적으로 의지할 수 있는지에 대한 한계는 거의 없다. '4장의 주장은 약간 우회적이고 근거가 불안정하다The argument of Chapter Four is a bit winding and treacherous'란 문장이 그런 예이다.

하지만 다른 은유들은 상당 정도의 전前은유적 구조를 가진 목표영역에 의해 제한을 받으면서 훨씬 더 제약적인 것 같다. 은유 '줄리엣은 태양이다Juliet is the sun'를 생각해보라. 이것은 작동은 하지만 약간의 설명이 필요한 '줄리엣은 주피터이다Juliet is Jupiter'와는 달리 즉각적으로 적절하고 이해 가능한 은유이다. 또한 우리는 어떻게 태양이라는 근원영역에서 (따뜻함과 방사 같은) 몇 가지 특성만 투사하고 (하늘에 떠 있는 불 천체이고, 둥글다 같은) 다른 특성은 무시하는지를 알고 있다. 더욱이 어떤 특성이 적절하게 사상되는지는 줄리엣이라는 사람인 목표영역에 대한 직접적이고 문자적인 우리의 이해에 많이 달려 있는 것 같다. 사실 이 사람은 태양과 공통된 것이라곤 거의 없다. 바살로우는 **화는 열이다**라는 일반적인 은유와 관련해 이런 주장을 한다. 이 은유는 '그는 불같이 노했다He blew his top'나 '그는 화가 났다He is getting hot under the collar'와 같은 표현의 기초를 이룬다. 바살로우Barsalou(1999a: 600)는 목표영역에 매우 풍부한 전前은유적 구조를 가정하지 않고서는 그런 은유가 어떻게 기능하는지를 이해하기란 불가능하다고 주장한다.

> 추상적 영역에 대한 직접적인 비非은유적 표상은 두 가지 이유 때문에 필수적이다. 첫째 그런 표상은 추상적 영역에 대한 가장 기본적인 이해를 구성한다. **화**가 **액체가 그릇으로부터 폭발하는 것**과 같다는 것만 알아서는 타당한 개념을 구성할 수 없다. 이것이 사람들이 아는 모든 것이라면, **화**를 결코 온당히 이해할 수 없다. 둘째 추상적 영역에 대한 직접적인 표상은 구체적 영역에서 추상적 영역으로의

사상을 안내하는 데 필요하다. 구체적 영역은 내용이 없는 추상적 영역으로 체계적으로 사상되지 못한다.

나오미 퀸Naomi Quinn도 선재하는 문화 모형이 은유를 구성하는 데 큰 역할을 한다면서 비슷한 주장을 했다. 그녀가 주장에 따르면 우리는 종종 어떤 함의를 찾고 있는지에 대해 문화적 신념에서 도출된 명확한 감각을 마음속에 품고 있고, 그런 뒤에야 이런 함의를 제공할 은유를 찾아 나선다. 그녀는 은유의 실시간 사용에서 개념적 은유 다음에 종종 이를 문자적 언어로 설명하는 해설이 덧붙여진다고 적시하고 있다. 예컨대 결혼이 평생의 동업이라는 생각을 논의하는 한 실험 대상자의 말을 들어보자.

> 당신도 알다시피 우리가 논의하게 된 또 다른 문제는 '나는 누구인가? 나는 무엇이고 싶은가? 당신은 누구인가? 당신은 어디로 가고 있는가? 당신은 무엇이 되고 싶은가? 우리 둘은 어떻게 그곳에 갈 것인가'이다. 가령 누군가가 알래스카나 어떤 곳에서 직업 제의를 받는 것 같은 문제를 다루는 것에 관해서는, 당신도 알다시피 우리는 2인3각 경주처럼 묶여 있지 않은가?(1991: 75-76)

퀸은 "은유 다음에 나오는 논평은 화자가 이전에 실현되지 않은 은유의 함의에 의해 어떤 논점으로 이끌리기보다는, 이미 마음속에 있는 주장을 펴기 위해 은유를 채택했다는 것을 분명하게 보여준다"고 말한다.(76) 정치적 논쟁의 은유 사용에 관한 연구에서는 화자들은 종종 그들이 만들고자 하는 미리 결정된 개념적 논점이나 정서적 논점을 갖고 있으며, 그런 다음 이 논점을 다른 사람들에게 전달하기 위해 고안된 은유를 선택한다고 한다.[38]

아마 개념적 은유 이론의 가장 중요한 한계는, 만약 영역횡단 사상이 단지

---

38 슬링거랜드Slingerland *et al.*(2007) 참조.

한 영역을 사용하여 다른 영역을 구조화하는 것이라면, 이것은 우리 인간의 상상력은 설명할지 모르나 인간의 창조성은 설명하지 못한다는 점이다. 이것은 인지적 유동성이라는 미슨의 생각과 앞서 논의한 영역횡단 투사의 다른 모형들이 공유하는 문제이다. A를 B로 보는 것이 확실히 어느 정도의 개념적 유연성은 제공하지만, 인간에 대해 정말로 특이한 것처럼 보이는 사실은 A와 B를 넘어 완전히 새로운 C라는 구조를 창조하는 능력인 것이다. 따라서 개념적 은유 이론의 가장 중요한 수정 조항은 여러 영역들로부터 나온 구조가 어떻게 선택적으로 별도의 '혼성'공간에서 결합되어 전혀 새로운 구조를 만드는지에 대한 설명을 찾아내는 것이었다. 애당초 근원영역에서 목표영역으로의 단일 방향적인 사상으로 형식화된 개념적 은유의 많은 문제들은 '2세대' 인지언어학에 의해 훨씬 쉽게 다루어질 수 있을 것이다. 2세대 인지언어학은 개념적 은유를 개념적 공간의 다중성을 포함하는 사상의 한 가지 형태로 묘사한다.

정신공간 이론과 개념적 혼성

질 포코니에와 마크 터너가 처음에 개발한 정신공간과 개념적 혼성 이론은 개념적 은유 이론을 아우르지만, 그것을 넘어서 문자적·논리적 사고를 포함해 인간 인지의 **모든** 것이 정신공간의 창조와 그것들 사이의 사상을 포함한다고 주장하기에 이른다. 이렇게 하여 이 이론은 개념적 은유를 범주화, 의미적 프레임 구축, 명명 같은 많은 평범한 인지 과정 중, 특히 극적인 한 가지 인지과정(단일범위 혼성공간이나 다중범위 혼성공간)으로 식별하는 통합적 이론으로서 역할을 수행한다. 이는 언어적 생산을 뛰어넘어 새로운 운동 프로그램, 기술적 인터페이스, 사회적 기관이 공간 혼성의 과정을 통해 창조되는 방식을 기술하기도 한다.

개념적 혼성 이론의 기본 단위는 정신공간으로, 이것은 '활성화된 신경 조합set of activated neuronal assemblies의 집합'(포코니에와 터너Fauconnier & Turner 2002: 40)으로 이루어져 있는데, 이런 집합은 '과거'공간이나 '신념'공간처럼 특정하게 '표시되며', 다른 정신공간들 안에 잠재적으로 내포되어 있는 일관성 있는 구조를 형성한다. 예컨대 포코니에Fauconnier(1997: 11)는 이를 다음과 같이 설명한다.

> '리즈는 리처드가 대단하다고 생각한다Liz thinks Richard is wonderful'라고 말할 때, 우리는 리즈의 신념공간을 구축하는데, 이때 최소의 명시적 구조는 리처드가 대단하다는 것과 대응한다. '작년에 리처드는 대단했다Last year, Richard was wonderful'라고 말할 때, 우리는 '작년'공간을 구축하고, 리즈는 작년에 리처드는 대단했다고 생각한다Liz thinks that last year Richard was wonderful'고 말할 때는 신념공간에 내포된 작년 공간을 구축한다.

일차적인 개념적 은유에 의해 표상되고 장기 기억에 저장되는 고착된 영역 횡단 사상과는 달리, 정신공간은 언어나 다른 신호에 의해 촉진되어 작동 기억에서 구축되고 더욱 고착된 프레임과 사상에 의존하는 일시적인 구성물이다. 조셉 그레디Joseph Grady *et al.*(1999: 102)는 정신공간에 대해 다음과 같이 말한다.

> 정신공간은 영역과 동일한 것이 아니라 그것에 의존한다. 정신공간은 영역에 의해 구조화되는 특별한 시나리오를 나타내며, 이용된 구조는 그 영역에 대한 지식의 작은 하위 집합에 지나지 않는다. 요컨대 정신공간은 특별한 영역과 연상되는, 더 일반적이고 더 안정된 지식 구조에 의해 정보를 받은 단기적 구성물이다.

우리가 생각하거나 이야기할 때 작동 기억에서 구축되고, 일시적이고 도식적으로 구조화되는 정신공간은 장기 기억으로부터 환기되는 더 안정된 지식과 영상에 의존하지만, 그런 다음 신경 재활성화 결속을 통해 한 영역의 요소들과 다른 공간 속의 요소들을 체계적으로 연결함으로써, 전혀 예측할 수 없는 창조적인 방식으로 이런 영역들을 결합하고, 혼성하고, 확장하고, 다시 구성할 수 있다.

지면 관계상 이 분야를 여기서 보다 상세하게 소개할 수는 없다.[39] 다음 절에서는 정신공간과 개념적 혼성 이론에 대한 개략적인 특징 묘사를 몇 가지 예로 구체화할 것이다. 이런 예들은 인지언어학 가운데 이 분야가 어떻게 인간 창조성의 일반적인 기제를 이해하고, 이런 창조성이 신체화된 인간적으로 보편적인 인지 영역에 의해 어떻게 발생하고 제약을 받는지를 추적하기 위한 강력한 모형 역할을 할 수 있는지를 예증하려는 데 있다.

이중범위 혼성공간: 근원영역에서 목표영역으로의 사상을 넘어서

개념적 혼성 이론이 개념적 은유 이론을 수정하는 한 가지 방법은, 얼핏 보면 근원영역에서 목표영역으로의 간단한 사상을 포함하는 것처럼 보이는 많은 표현들이, 사실은 둘 또는 그 이상의 정신공간을 새로운 개념적 구조로 혼성하고 있다는 것을 보여주는 것이다. 근원영역에서 목표영역으로의 간단한 사상은 개념적 혼성 이론에서 '단일범위single-scope' 혼성공간에 해당된다. 이때 두 입력공간(입력공간1과 입력공간2)은 제3의 '혼성'공간으로 투사되지만, 적절한 구조는 모두 한 입력공간에서만 나온다. 이런 혼성공간에서 입력공간1은 개념적 은유의 '근원'영역과 대응하고, 입력공간2는 개념적 은유의 '목표'영역과 대응한다. 이 과정을 각각의 두 영역에서 제3의 일시적인 '혼성'공간으로의 투사로 간주하는 힘은, 그것이 우리에게 구조가 둘 이상의 입력공간으로부터 나와 그 자체의 발현 구조를 가지며, 두 입력공간 어느 것과도 동일하지 않은 새로운 혼성공간을 유발하는 상황을 다루게끔 한다는 것이다.

예컨대 포코니에와 터너Fauconnier & Turner(2002: 131-132)의 이중범위 혼성공간에 대한 고전적인 예인 '재정적 제 무덤 파기digging one's financial grave'라는 표현

39 정신공간 이론에 대한 소개를 위해서는 포코니에Fauconnier(1997) 참조. 개념적 혼성 이론에 대한 더욱 최신 소개를 위해서는 콜슨Coulson(2001), 포코니에와 터너Fauconnier & Turner(2002) 참조. 개념적 은유 이론과의 비교를 위해서는 그레디Grady *et al.*(1999) 참조. 몇 가지 예를 통한 매우 짧은 소개와 유익한 참고문헌을 위해서는 댄시거Dancygier(2006) 참조.

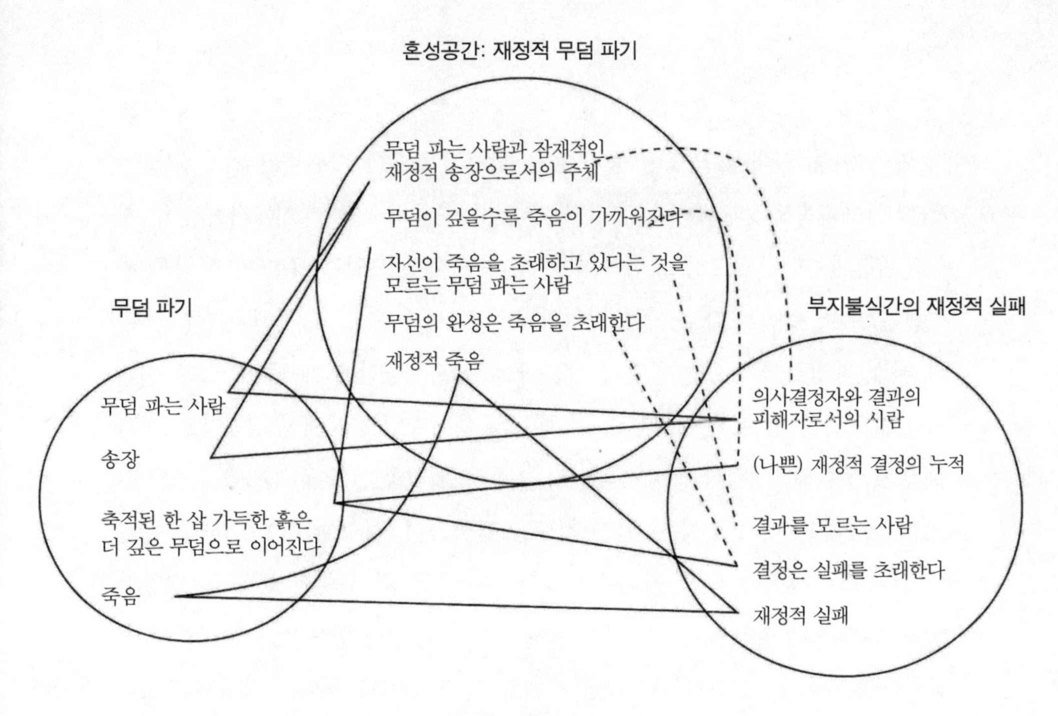

[그림 5] 재정적 무덤 파기

을 생각해보자. 이것은 재정상 신중한 사람이 기술 주식에 손을 대는 누군가에게 사용하는 표현이다. 이 표현은 최소한 두 가지 영역을 포함한다. **무덤 파기**와 **부지불식간의 재정적 실패**가 그것이다. 얼핏 보면 이것이 근원영역에서 목표영역으로의 간단한 개념적 은유처럼 보일 수도 있지만(무덤 파기 → 재정적 의사결정), 포코니에와 터너는 그렇지 않은 것으로 본다. 이 은유에서는 누군가의 무덤 파기를 끝내면 실제로 죽음이 유발되는데, 이것이 문자적 무덤 파기 영역의 특징은 전혀 아니다. 이 담화의 예에서는 사실 이중범위 혼성공간이 작동하는데, 각각의 요소들이 무덤 파기 공간과 재정적 의사결정 공간 모두로부터 제3의 혼성공간으로 투사된다. 포코니에와 터너가 이 혼성공간을 그림으로 나타내지는 않았지만, 그것을 그림 5처럼 나타낼 수도 있다. 이때 각각의 원은 정신공간을 나타내고, 선은 각 정신공간 내부 요소들 사이의 신경 공활성화 결속을 나타

낸다.[40]

포코니에와 터너는 (그림에서 점선으로 암시되는) 이중범위 혼성공간을 논의할 때 행위성, 인과성, 의도성 등과 같은 갖가지 중요한 자질들이 입력공간2(**부지불식간의 재정적 실패**)에서 나온다고 봤다. 즉 문자적 무덤 파기에서는 흔히 자신의 무덤을 파지 않으며, 무덤을 파고 있다는 사실을 **알지** 못한 채 무덤을 팔 수는 없으며, 무덤을 다 판다는 것이 일반적으로 죽음의 직접적인 원인은 아니다. 사실 재정적 의사결정 공간이 이런 구조를 혼성공간에 제공하고 있다. 여러 차례의 투기를 할 때 투자자는 그런 행동의 행위자인 동시에 수령인이고, 결과를 알지 못한 채 재정적 결정을 내린다. 이들은 입력공간1(**무덤 파기**)을 혼성공간으로 보충하는 것의 요점은 '인간 척도를 달성하여' 상황에 대한 이해를 돕는 데 있다고 주장한다. 인간 척도를 달성한다는 것은 한 유형의 행동 대 다양한 행동, 짧은 시간 프레임 대 긴 시간 프레임 등의 단단한 압축을 혼성공간에 제공한다는 것이다. 그 결과는 산만한 시간성, 복잡한 인과성, 여러 잠재적 행위자가 포함된 상황을 시각화하기 쉬운 단 하나의 장면으로 압축한 것이다. '제 무덤 파기'의 생생한 이미지를 통해 투자 분야에서 무엇이 진행되고 있고, 이런 행동의 결과가 어떠한지를 훨씬 명확하게 이해할 수 있다.

이중범위 혼성공간을 통해 근원영역에서 목표영역으로의 사상이 아닌 대조적 긴장의 확립을 목표로 하는 은유 표현을 설명할 수도 있다. 조셉 그레디Joseph Grady *et al.*(1999)는 '이 외과의사는 도살자야This surgeon is a butcher'라는 표현은 외과의사가 무능하다는 것을 전달할 의도지만, 이것이 어떻게 근원영역에서 목표영역으로 직접적인 투사의 결과인지를 알긴 어렵다고 지적한다. 그는 "도살자가 외과의사보다 덜 칭송받지만 자기가 하는 일에 대해서는 종종 능력 있고 무척 존경받을 수도 있다. 무능함이라는 개념은 근원영역에서 목표영역으로 투사되지 않는다"고 말한다.(103) 이 표현을 이해할 수 있는 유일한 방식은 그것을 두

40 공간을 절약하기 위해, 혼성 사상에서 관습적으로 묘사되는 네 번째 요소(총칭공간)는 생략할 것이다.

입력공간의 대조적 혼성으로 간주하는 것이다. 즉 역할(외과의사, 환자) 및 목적(치료)을 동반한 **수술** 프레임과 역할(도살자, 동물 시체) 및 목적(살점 가르기)을 동반한 **도살** 프레임의 대조적 혼성인 것이다. 이들은 다음과 같이 설명한다.

> 도살의 목적은 동물을 죽여서 뼈에서 살점을 가르는 것이다. 이와 대조적으로 수술의 목적은 환자를 치료하는 것이다. 혼성공간에서 **도살**의 수단은 **수술** 공간의 목적, 개인, 수술 문맥과 결합된다. 도살자의 수단과 외과의사의 목적 간의 불일치는 [외과의사]가 무능하다는 중심 추리로 이어진다. (106)

따라서 **외과의사는 도살자이다**라는 은유적 혼성은 새로운 발현 구조를 나타낸다. 이 발현 구조에서 외과의사의 목적(치료)은 도살자의 수단을 이용하여 생생할 정도로 상상 가능한 결과를 낳는다. 개념적 은유 이론에서처럼 한 공간을 다른 공간에 의해 단일 방향으로 구조화하기보다는 서로 일치하지 않는 두 정신공간을 혼성하여 이런 새로운 영상을 획득할 수 있다.

혼성과 인간 창조성

근원영역에서 목표영역으로의 간단한 사상으로 정확히 가시화되는 단일범위 혼성공간은 입력공간 또는 근원영역에 의해 제약을 받는다. 구조가 새로운 영역으로 투사되지만, 그 어떤 새로운 구조도 창조되지 않는다. 많은 학자들은 진정한 인간 창조성이 개념적 단위들의 선택적이며 새로운 재결합을 요구하는 것 같다고 말했다. 스티븐 핑커의 지적에 따르면 인간 사고의 가장 현저한 자질은 무한한 확장의 잠재력이며, 이것은 다시 인간 뇌의 결합력과 관련된 듯하다. 이것은 자연 언어 사용에서 가장 명확하다. 이때 매우 간단한 문법 원리들과 결합된 한정된 어휘를 통해 지구에서 가장 평범한 인간도 매일매일 전적으로 새로운 표현을 발화할 수 있으며, 한정된 체계는 검은콩 칠리의 조리법에서부터 비트 시와 로마 가톨릭 미사에 이르기까지 모든 것을 포함할 수 있다. 하지만 뇌의 결합력은 언어를 넘어 비언어적인 아날로그 도식도 포함한다. 핑커는 공간적 추론이나 힘 추론을 위한 감각 운동 도식을 '복사하여' 추상적 개념을 위한 발판으로 사용할 수 있다고 추측한다. 이것은 본질적으로 개념적 은유의 주장이다. 하지만 개념적 혼성 모형처럼 여겨지는, 잠재적으로는 단편적이고 순환적으로 반복적인 방식으로 그렇게 한다.

> 원래의 내용으로부터 복사되고 탈색되고, 다른 모형들과 연결되며, 한계 없이 더 큰 부분으로 포장되는, 인식에 대한 기본적인 정신적 모형이나 방식들로부터 각각의 부분들이 만들어진다. 인간의 사고는 결합적이고 순환적이기 때문에, 깜짝 놀랄 만한 광대한 지식은 정신적 도구의 한정된 목록으로 탐구할 수 있다.(1997: 360)

마이클 아비브Michael Arbib(1985: 15)도 '도식 집합체schema assemblage'에 대해 이야기한다. 이것은 "상황을 표상하고 새로운 구조를 다루기 위한 지식을 제공하는, 상호작용하는 통합적 도식들의 일시적 연결망"이다.[41]

개념적 혼성 이론은 도식들을 새로운 개념적 구조로 선택적으로 보충하고 결합하는 방식을 어떻게 나타내고 추적할 수 있는지에 대한 일반적 모형을 제공한다. 사실상 포코니에와 터너Fauconnier & Turner(2002: 180-187)는 이중범위 혼성공간을 창조할 수 있는 능력의 발달이 미슨의 '문화적 대폭발cultural explosion'뿐만 아니라, 완전히 성숙한 인간 언어의 기원을 설명한다고 주장한다. 앞서 논의한 '재정적 제 무덤 파기'라는 예로 되돌아가면, 이러한 아주 평범한 이중범위 혼성공간에서도 완전히 새로운 구조를 창조한다고 할 수 있다. 이것은 누군가

41 다른 양식들에서 나온 정보가 마음속에 통합되는 '수렴대'에 대한 다마지오의 논의를 참조해 보라. 다마지오Damasio(1989: 47)는 "수렴대는 반응들을 혼성할 수 있다. 즉 원래 동일한 체험적 집합에 속하지 않던 단편들의 재 복귀 활성화retroactivation를 생산할 수 있다"고 말한다.

가 자신의 무덤을 파고, 무덤 파기의 과정이 죽음에 기여하며, 죽음 자체는 무덤을 다 파냄으로써 유발되는 세계이다. 세계에 대한 문자적 경험에서는 이런 개념을 수용하도록 하는 것이 전혀 없다. 이 새로운 결론은 서로 다른 영역들에서 나온 부분들을 혼성하여 '혼성공간을 운용한running the blend' 결과이다. 혼성공간을 운용한다는 것은 원래의 영역 속에 있는 부분들에 부착된 추리와 배경지식이 새로운 상상적 환경에서 역할을 하도록 하는 것이다. 혼성공간으로부터 획득한 지식은 적절한 입력공간으로 역 투사될 수 있다. 여하튼 '재정적 제 무덤 파기'의 목적은 재정적 의사결정에 대해 결론을 도출하는 것이다.

이러한 개념적 혼성 분석은 새로운 운동 기술의 발달을 추적하는 데도 활용된다. 포코니에와 터너는 스키 타기 같은 새로운 운동 기능이 기존의 운동 프로그램들과 그것들을 완전히 새롭게 재결합하는, 말하자면 혼성하는 것에 의존한다고 주장한다. 누군가에게 스키 타기, 카약 롤링, 오믈렛 튀기기를 배우는 것과 같은 새로운 육체적 기능의 습득을 돕는 사람들의 주된 일은 육체적 모형화와 언어적 단서에 의해 예전에 존재하거나 쉽게 상상 가능한 운동 프로그램들의 적절한 부분들에 의존하고 이를 물리적 환경과 예측 가능하게 결합시키도록 하는 것이다. 포코니에와 터너Fauconnier & Turner(2002: 21)는 스키 강습에 관한 계시적 경험을 다음과 같이 묘사한다.

> 어떤 스키 강사는 강습생이 샴페인과 크루아상이 담긴 쟁반을 나를 때 그것을 엎지르지 않도록 조심하는 파리 식당의 웨이터라고 생각하면서 아래로 질주할 때 똑바로 서서 직선 방향으로 향하게끔 가르친다고 한다. 이것은 쟁반 나르기라는 잘 알려진 신체 활동의 패턴을 스키 타기의 문맥에서 간단히 실행하는 것처럼 보일 수 있지만 그렇지 않다. 우리가 쟁반을 나를 때 쟁반의 무게를 지탱하려고 힘을 발휘해서 균형을 잡지만, 스키 타기에서는 쟁반이나 유리잔의 무게가 없다. 중요한 것은 시선 방향과 몸의 위치, 전체적인 동작이다 …… 이 스키 강사는 웨이터가 하는 동작의 사소한 양상과 바람직한 스키 타기 자세 간의 숨겨진 유추를

기민하게 활용하고 있다. 그러나 이런 유추는 혼성공간과 동떨어져서는 아무런 의미가 없다.

바다 카약 롤링을 배우는 것도 이와 비슷하게 미리 존재하거나 가상의 운동 프로그램들과 완전히 직관에 반하는 방식으로 재결합되는 운동에 의존한다. 물 표면에서 노 젓기, 와인따개처럼 카약의 몸통을 비틀기, 카약의 몸통이 머리를 새총처럼 끌어당기거나 '순간적으로 제자리로 돌려놓을' 때까지 머리를 뒤로 젖히기가 그것이다. 강사의 역할은 특정한 학생을 대상으로 자극물을 통해 적절한 운동 혼성공간을 창조하게끔 촉진시키는 것이다.

이것은 스키 타기나 카약 롤링과 같은 복잡한 기술을 책으로 배우기가 매우 어려운 이유 중의 하나이다. 각종 설명서나 그림은 역사상 많은 초보자들에게 효과를 발휘한 일반적인 혼성 자극물을 나타내지만, 이런 복잡한 기술에 정말로 숙달되려면 정교하게 조정된 실시간 교정이 필요하다. 실제로 존재하는 교사는 거울 뉴런 활성화를 통해 학생의 운동 상태의 즉각적 모형을 창조하고, 이 모형과 교사의 운동 프로그램에서 신체화된 바람직한 최종 상태를 비교하며, 정확한 맞춤형 교정 제안을 할 수 있다. "안 되요. 물에서 나올 때 머리를 더 뒤로 젖혀야 합니다. 노가 불쾌한 냄새가 나는 구역질나는 물건으로 변했고, 당신이 동시에 그것을 저 멀리로 밀고, 머리를 다시 그것에서 더 멀리에 두고 있다고 상상해보세요." 물리적 시범은 또한 학생 입장에서 책에 나오는 2차원 그림이나 사진보다 더 완벽하고 생생한 거울 뉴런 모형화를 제공한다. 개념적 은유의 경우처럼 '목표'영역, 즉 목표인 혼성된 물리적 기술 역시 입력공간들의 어떤 요소가 투사되는지를 제약한다. 스키 타기-웨이터 예에서 웨이터의 시선, 손에서부터 몸까지의 자세, 균형의 양상은 투사되지만, 샴페인 병과 접시는 투사되지 않는다. 그 결과는 환경과 조화를 잘 이루고, 원래의 운동 프로그램에 의존하지만 그것들 가운데 어떤 것과도 같하지 않은 통합된 새로운 운동이다.

'마치 …처럼' 보기

정신공간 이론으로 쉽게 설명할 수 있지만 개념적 은유 이론으로는 이해하기 힘든 또 다른 현상이 있다. 그것은 대부분의 은유가 문자적 경험으로부터 최소한 잠재적으로 고려의 대상 밖에 두게 된다는 사실이다. 확실히 **시간은 공간이다**, **많음은 위다**와 같은 많은 일차적 은유는 두 양식이 결정적으로 연결된 것으로 경험되는 공감각적 경험의 형태처럼 보인다. 앞서 논의한 정서적으로 '균형이 잡히지 않았다'는 느낌처럼 복합적 은유의 경우에도 감각 운동 도식은 종종 완전히 투사되고 매우 문자적으로 경험된다. 우리는 정서적으로 균형이 잡히지 않는 '것처럼' 느끼지는 않는다. 우리는 정서적으로 균형이 잡히지 않는**다고** 느낀다.

하지만 이와 같이 기본적이고 강력한 은유의 경우에서도, 사실상 '뒤로 물러나서' 글자 그대로 물리적으로 균등하지 않은 무게로 잔뜩 짐을 진 사람이나 '5'를 자주색으로 볼 수밖에 없는 문자소-색채 공감각 경험자에게 불가능한 방식으로 경험을 은유적으로 간주하는 것이 여하튼 잠재적으로 가능하다. '줄리엣은 태양이다'처럼 덜 일반적이거나 새로운 은유의 경우에는 더욱 그러하다. 이때 은유에 의해 구축된 사상은 처음부터 매우 명확한 한계가 정해진다. 이런 종류의 괄호나 표시는 개념적 혼성 이론에서는 완선히 합당하다. 개념적 혼성 이론에서는 단일범위 혼성공간과 이중범위 혼성공간은 취소 불가능한 '…로 보기'가 아니라, 입력공간과 지각적 실재로부터 명확하게 묘사되는 별도의 '마치 …로 보기' 공간 창조에 관한 것이다.

앞서 언급했듯이 제리 포더와 스티븐 미슨 등은 "유추와 은유에 대한 인간의 열정"(포더Fodor 1983)을 제3장에서 개관한 강력한 인간 마음의 모듈 관점에 대한 근본적인 도전으로 묘사한다. 예컨대 미슨은 영역횡단 투사가 〔코스미데스와 투비 같은 모듈성 옹호자〕가 주장하기로 진화에서는 발생해서는 안 되는 것이라고 주장한다. 왜냐하면 그것은 바나나의 유연한 상징적 표상을 실물로 잘못 아는 것처럼 "모든 종류의 행동적 실수로 이어질 수 있기 때문이다."(1996: 60) 하지만 곧 보겠지만 정신공간과 개념적 혼성 이론은 우리가 엄격한 모듈 마음과 전혀 제약받지 않은 다목적 처리기 사이의 엄격한 선택에 직면하지 않는다는 것을 명확히 한다. '마치 …처럼' 공간을 창조할 수 있는 인간 마음의 능력은 미슨이 언급한 혼동이 왜 발생하지 않는지를 아주 쉽게 설명한다. 우리가 유연한 바나나와 상호작용하고 있을 때, 추상적 상위 표상의 영역 일반적 층위에서 기능하고 있는 것이 아니라, 영역 특정적 모듈 과정이 실재하지 않는 것으로 명확히 표시된 공간에서 발생하도록 할 수 있다.[42] 바나나의 유연한 표상의 존재는 현재 우리 앞에 없는 물건을 상상할 수 있는 능력과 마찬가지로 모듈성에 대한 도전이 아니다. 아무도 색채 처리가 모듈적임을 부인하지는 않을 것이다. 왜냐하면 나는 응접실 벽이 녹색이 아니라 빨간색이라면 어떻게 보일지를 상상할 수 있기 때문이다. 상상된 감각적 지각은 '마치 …처럼' 공간으로 분리됨으로써 그렇게 표시되며, 상징적 표상도 다르지 않다. 정신공간 창조와 단일범위 혼성공간 및 이중범위 혼성공간의 기제는 강한 모듈적 인간 마음이 모듈 처리의 혜택을 누림과 동시에 엄격한 모듈성의 한계를 초월하도록 이끈다.

'마치 …처럼' 공간을 구축할 수 있는 인간의 능력을 통해 우리는 복잡한 반사실문과 조건문을 받아들이고,[43] 정서를 유도하거나 중요한 사회적 결론을 이끌어낼 수 있다. 포코니에와 터너Fauconnier & Turner(2002: 217-247)가 주장하듯이, 반反사실적 조건문을 받아들일 수 있는 능력은 인과적 추론, 과학적 가설 수립, 모든 형태의 일상적·정치적 의사결정에 열쇠이다. 이 능력은 다시 받아들여진 지각적 실재나 역사적 실재로부터 안전하게 구분된 공간에서 가정 혼성공간을 '운용할 수' 있는 것에 달려 있다. 이런 연산적 장점은 정신공간을 창조할 수

---

42 우연히 미슨Mithen(1996: 50)이 말하듯이, 이것이 바로 어린아이들이 그 초현실성에 두려워할 것으로 생각되는 애니메이션 만화에 의해 교란되지 않는 이유이다. 어린아이들은 만화는 그냥 만화일 뿐임을 잘 알고 있으며, 만화를 '마치 …처럼' 공간으로 안전하게 분리한다. 진짜 폭발하는 고양이는 침착하고 즐겁게 받아들여지지 않을 것이다.

43 혼성 관점에서의 반反사실문에 관해서는 포코니에Fauconnier(1997: 99-130)와 콜슨Coulson(2001: 203-219), 조건문에 관해서는 스윗처Sweetser(1990: 113-131)와 댄시거와 스윗처Dancygier & Sweetser(2005) 참조.

있는 우리의 능력으로부터 도움 받는다. 포코니에와 터너Fauconnier & Turner(2002: 217)는 "인지상 현대 인간을 생산했던 대단한 진화적 변화는 오프라인 인지적 시뮬레이션을 운용할 수 있기 때문에 진화가 선택을 해야 할 때마다 지루한 자연선택의 과정에 착수해야 할 필요가 없었던 유기체를 진화시키는 문제였다"라고 지적하고 있다.[44]

포코니에Fauconnier(1996)는 영화 『뻔한 거짓말*The Naked Lie*』(1989)에서 나온 대화의 형태로 반反사실적 추리의 소담스런 예를 기술한다.

> 그 영화에서 매춘부는 살인당한 채로 발견되었다. 불쾌한 이기적 등장인물인 웹스터는 연민을 보여주지 않았고, 빅토리아는 웹스터와 의견이 달랐다.
>
> 빅토리아: 그 사람이 당신 누이라면 어떻게 할래?
>
> 웹스터: 나는 누이가 없어. 하지만 누이가 있다고 하더라도 매춘부는 아닐 거야.
>
> 영화 후반부에서 빅토리아는 다른 누군가와 이야기하고 있다.
>
> 빅토리아: 너는 웹스터에게 그런 누이가 없다는 것을 알지? 글쎄, 그녀는 자기가 얼마나 운이 좋은지 몰라.(76)

반反사실적 공간으로 이루어지는 입력공간의 개인과 역할의 복잡한 사상에 대해서는 포코니에Fauconnier(1996: 76-80)를 참조하면 된다. 그리고 이런 복잡한 사상은 이렇게 짧은 대화 단편을 이해할 때도 관여한다. 하지만 이런 혼성의 상상적 힘과 인지적 작업이 이루어지고 있다는 것을 즉시 아는 것은 어렵지 않다. 연민은 유도되고, 연민은 차단되며, 마지막으로 혐오는 현명한 공간 횡단 긴장에 의해 만들어진 웅변술과 수사적 힘으로 표출된다. 즉 존재하지 않는 누이는 '그녀의' 비존재성에 의해 운이 좋은 것으로 묘사된다.

---

44 많은 다른 학자들도 비슷하게 '마치 …처럼' 공간으로 작업할 수 있는 것의 적응적 장점을 알아차렸다. 도킨스Dawkins(1976/2006: 59), 다마지오Damasio(1994: 156), 데닛Dennett(1995: 374-377) 참조.

오프라인 시뮬레이션을 결정적으로 포함하는 인간 활동은 '놀이'의 한 현상이다. 아이들 주변에서 시간을 보내본 사람은 누구든 알 수 있듯이, 사람은 어린 나이에 '마치 …처럼' 사회적 역할, '마치 …처럼' 위치, '마치 …처럼' 사물의 광대한 세계를 포함하는 매우 복잡한 '가상'의 세계를 창조하고, '이런 혼성공간을 운용하는 것'이 매우 매력적이라고 생각한다.[45] 아이들이 상상의 세계를 창조함과 동시에 그곳에 참여하도록 유도된다는 사실, 즉 먹고 자는 욕망과 함께 군대 놀이의 욕망은 적응적 장점을 일깨워준다. 그 장점을 고려하면 인간 외의 다른 유기체들이 마음속에 '마치 …처럼' 공간을 창조할 수 있는 여하튼 제한된 능력을 개발한 것처럼 보인다는 것은 놀랍지 않다. 예컨대 많은 포유동물은 장난싸움과 '마치 …처럼' 행동(베코프와 바이어스Bekoff & Byers 1998)의 다른 형태들에 참여하는데, 제3장에서 논의했듯이 침팬지, 까마귀, 다른 종들이 다른 것들의 신념 공간을 모형화할 수 있다는 증거가 있다.

혼성공간과 정서의 보충 및 변형

혼성에 기반한 혁신의 가장 중요한 대상은 우리가 느끼는 방식이다. 정서가 인간의 의사결정과 추론에 결정적인 역할을 한다는 다마지오의 말이 옳다면, 정서의 보충과 선택적인 새로운 목표 설정은 혼성공간 창조의 주된 목적이어야 한다. 포코니에와 터너가 혼성의 주된 기능이 추상적이거나 인과적으로 산만한 상황을 더 잘 이해하기 위해 '인간 척도를 달성하는 것achieve human scale'이라고 주장하지만, 종종 우리는 마음속의 침착한 이해가 아닌 정서적 조작으로 혼성공간을 구성하는 듯하다.

45 다른 마음들을 모형화하가 위한 관행으로서 놀이와 가장에 관해서는 험프리Humphrey(1986), 레슬리Leslie(1987), 바론-코헨Baron-Cohen(1995)을 보고, 포유동물들이 안전한 '마치 …처럼' 공간에서 위험한 기술을 실천하도록 하는 인지적 적응으로서 '난투'와 '추적'에 관해서는 스틴과 오웬스Steen & Owens(2001) 참조.

이런 사실을 예증하기 위해서 그림 5에서 제시한 '재정적 제 무덤 파기' 혼성 예로 다시 돌아가 보자. 이 그림에서 **무덤 파기** 입력공간은 인간 척도의 조직 틀로 제시되었다. 이 혼성공간을 더 장황하게 고려할 때 추상적 이해가 우리의 주된 관심사라고 하면, 이 상황에서 인간 척도를 달성해야 할 필요성이 정확히 얼마나 긴급하며, **무덤 파기** 입력공간이 이와 관련해 어떻게 도움이 되는지 궁금해진다. 재정적 의사결정의 과정은 이상적으로 인간 척도는 아니지만 아주 추상적이거나 복잡하진 않으며, 우리 인간은 그것을 문자적으로 완벽하게 추론할 수 있을 듯하다. 이 혼성공간에서 행위성, 의도성, 인과성 등 모든 적절한 **지적인** 의사결정 정보가 **부지불식간의 재정적 실패** 공간에서 나온다는 사실에 의해 이 관심사는 강화된다. 이것은 왜 토의에 **무덤 파기**를 포함해야 하는지를 의아하게 만든다. **무덤 파기**는 혼성공간 목표의 추상적 구조(재정적 의사결정)에 아무것도 기여하지 않을 뿐만 아니라, 많은 면에서 행위성, 의도성, 인과성에 대해 그 추상적 구조와는 능동적으로 **일치하지도 않는다**. 따라서 그것이 약간 단단한 압축을 창조할 때 잠재적으로 유용하지만, 상황을 더 잘 이해하는 것이 요지라면, **무덤 파기**를 혼성공간에 대한 입력공간으로 의존하는 것은 얼핏 보면 굉장히 부적응인 것처럼 보일 수 있다.

분석하면 이런 어리둥절케 하는 자질은 많은 단일범위 혼성공간과 이중범위 혼성공간의 특징이다. 많은 경우, 이것은 인간 척도를 달성하기 위해 은유적 혼성을 이용하는 주된 목적이 우리가 상황을 지적으로 **이해하도록** 돕는 데 있는 것이 아니라, 우리가 그것에 대해 어떻게 느끼는지를 알도록 돕는 데 있다는 것을 암시한다. 이것은 제1장에서 탐구한 다마지오의 신체 표시 이론이 인지언어학에 매우 유용할 수 있는 부분이다. **무덤 파기**를 보충하는 것이 더 단단한 구조를 제공하는 것이 아니라, 무덤과 송장, 죽음에 의해 인간에게 고무된 (그림 6에서 굵은 고딕체로 암시되는) 부정적인 **본능적** 반응을 환기시키고 **신체 표시**(굵은 선)를 혼성공간으로 투사하도록 고안된 것으로 간주될 때, **무덤 파기**를 입력공간으로 외관상 서툴게 선택하는 것은 결정적으로 덜 그렇게 된다.[46]

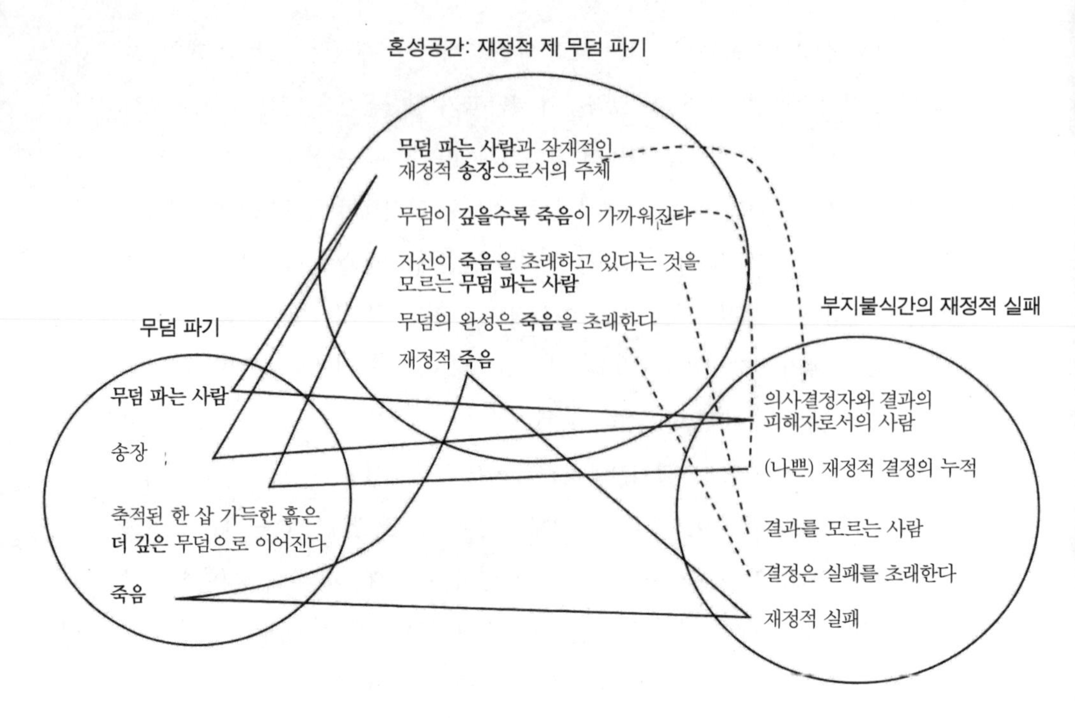

[그림 6] 재정적 제 무덤 파기(정서적 함축)

예컨대 '축적된 한 삽 가득한 흙은 더 깊은 무덤으로 이어진다'가 (입력공간으로부터) 혼성공간으로 투사되는 것을 고려해보라. 각각의 재정적 결정은 이제 한 삽 가득한 흙으로 사상되어 재정적 무덤을 더 깊게 만들고, 주체를 재정적 죽음에 더 가까이 데려간다. 요점은 무서운 무덤이 땅속 더 깊이 파진다는 불쾌한 본능적 함축과 시스코시스템즈 주식의 부가적인 구매를 연상지음으로써 듣는 사람들을 '혼성공간에서 살도록' 만든다. 여기서의 목적은 반드시 혼성공간의 수령인이 그 상황을 지적으로 더 잘 이해하도록 돕는 데 있지 않다. 그들은 이미 시스코에 많은 돈을 잃었으며, 주가가 곧 회복될 것 같지 않다는 것을 안

46 콜슨Coulson(2001)은 무덤 파기 공간을 보충하는 한 가지 가능한 이유가 그것이 "목표영역 상황의 진지함을 과장하여 전달하고"(170), 따라서 "동기적 목적을 타당하게 도울 수 있다는 것이다."(201)

다. 그 목적은 오히려 그들에게 그것에 대해 어떻게 **느끼는지**를 알도록 돕고, 임박한 불운의 느낌을 전하고 그들의 현재 활동을 즉각 그만두게 자극하는 것이다. 혼성공간의 작가는 전달할 매우 특별한 규범적 입장(시스코에 계속 투자하는 것은 **나쁘다**)을 갖고 있으며, 강력하고 부정적인 신체 표시를 이용하여 이런 판단을 전달하고자 한다. 혼성공간이 수령인에 의해 받아들여지면 선택은 명확하다. 즉 아무도 결국 무덤에 들어가는 것을 원치 않는다. 이것은 충분히 강조되지 않은 혼성공간의 자질을 부각시킨다. 이는 상황을 정확히 이해하기 위한 규범상 중립적 장치가 아니라, 사실은 흔히 특별한 규범적 안건을 제출하기 위해 창조되고 전달된다. 이런 안건은 예측 가능한 본능적 반응을 자극함으로써 달성된다.[47]

이것은 포코니에와 터너Fauconnier & Turner(2002: 313)가 논의한 또 다른 혼성에서 훨씬 명확히 찾아볼 수 있다. 그중 하나가 원조 법안을 거부함으로써 '굶주려 있는 어린이들의 입으로부터 음식을 빼앗아가는' 것으로 비난받는 상원의원의 혼성공간이다. 이들은 이 특별한 혼성공간의 요지가 인간 척도를 달성하고, 듣는 사람으로 하여금 그 상황을 이해하도록 돕는 것이라고 주장한다. 즉 원조 법안을 거부하는 것과 그것의 인과적 함축은 다소 추상적이고 장기적이며 간접적이라서 전혀 인간 척도에 있지 않지만, 어린이들에게서 음식을 빼앗는 것은 즉각적으로 이해되는 장면이다. 하지만, 요지는 청자에게 명확히 이해하게끔 하는 것이 아니라, 분노와 불쾌감, 상황을 멈추거나 개선하고자 하는 정당한 욕구를 느끼듯이, 청자에게 어떤 방식을 **느끼도록** 자극하는 것이다. 따라서 이 혼성공간은 논쟁적 목적에 맞으며, 신체 표지의 불변적 효과를 보충함으로써 특별한 규범적 입장을 전달한다. 정상적인 사람이라면 **누구든** 힘세고 살찐 성인이 굶주린 무력한 아이의 입에서 음식을 빼앗는 모습을 보면 불쾌감과 분노에 사로잡힐 것이다. 우리가 이 혼성공간을 받아들인다면 상원의원의 거부권에 관

47 정서의 역할이 혼성의 문헌에서 완전히 무시된 것은 아니다. 포코니에와 터너Fauconnier & Turner(2002: 66-67, 82-83)와 특히 세아나 콜슨Seana Coulson(2001) 참조.

해 분노와 불쾌감을 느끼지 않을 수 없다. 마찬가지로 상원의원의 정책 지지자들은 이 혼성공간의 정확성에 반론하며, 명확히 그 상황에 대한 다른 대체 프레임을 제안할 것이다. 가령 원조 법안을 거부하게 되면 그 상원의원은 사실상 의존적인 3세계 국민들이 '자립하는' 법을 배우도록 돕는 것이다.

혼성공간은 추론을 안내하는데, 혼성공간의 창조자가 선택한 매우 특별한 방향으로 안내하지만, 종종은 규범성을 제공하는 정서적 반응을 자극함으로써 안내한다. 그래서 은유적 혼성은 정치적·종교적·도덕적 논쟁의 주된 도구이다. 이때 인간 척도의 입력공간은 논쟁적으로 보충되어 청자에게 체감각-정서적인 규범적 반응을 고무시킨다. 그런 혼성공간의 타당성을 받아들이면, 듣는 사람은 어떤 행동의 방침(적어도 **잠재적** 행동의 방침)에 대해 입장을 분명할 수밖에 없는데, 인간의 정서적-체감각적 반응의 비교적 고정된 본성 때문에, 개념적 혼성 이론 학자는 이런 효과를 신뢰성 있게 예측할 수 있다. 이것을 개념적 혼성 이론에 의해 바꾸어 보면, 신체 표지를 보충하는 복표는 앞서 지석했듯이 정치적 논쟁에서 개념적 은유(단일범위 혼성공간)가 중심적이라는 사실에 대한 주된 동기로도 간주될 수 있다.

고대 중국의 예

개념적 은유 분석과 비교되는 혼성 분석의 또 다른 장점은 담화나 대화 중에 구축된 복잡한 혼성공간의 구성을 추적할 수 있다는 것이다. 사실상 '즉흥적인' 이런 혼성 창조의 과정을 추적하면, 규범성의 보충이 어떻게 적절한 입력공간을 선택하는 것뿐만 아니라 논쟁적인 상대가 만든 혼성공간에 맞서 '반대 입력공간counterinput'을 창조적이고 미세하게 겨냥하여 발동시키는 것을 포함하는 동적인 일인지를 알 수 있다. 내가 전공하는 분야의 텍스트 중 하나인 『맹자』라는 B.C. 4세기 중국 유학 고전에 나오는 사례 두 가지로 이 과정을 입증해보겠다. 이것은 논쟁 중 혼성공간의 동적인 창조와 변화의 구체적인 예를 제공할 뿐만 아니라, 이런 인지 과정이 대략 2,500년 전의 고대 중국어로 집필된 텍스트에서도 그대로 작동한다는 것을 보여줌으로써, 그것이 우리 인간에게 보편적이라는 주장을 뒷받침하는 데 도움이 될 것이다.

『맹자』의 6권은 사람들에게 어떻게 도덕을 가르칠 것인가의 논제와 명확히 관련된 인간 본성이라는 주제를 두고 맹자와 고자告子라는 인물 간의 유명한 논쟁으로부터 시작한다. 고자는 전통적으로 묵자의 추종자로 여겨지고 있다. 묵자는 세상의 수많은 고통이 우리가 타인보다 스스로를 편애하거나 타인의 가족과 친구보다 자기 가족과 친구를 편애하듯이, 인간의 이기적이고 편파적인 경향에서 나온다고 믿었던 초기 중국 사상가였다. 묵자는 이런 이기적인 경향이 타고난 것이라고 믿었지만, 누구든 모든 사람들에게 공평하게 마음을 쓰는 것의 가치를 논리적으로 보여주는 것이 가능하며('겸애兼愛impartial caring'의 원리), 이로 인해 사람들에게 스스로의 타고난 이기심을 버리고 공평하게 행동하도록 설득하는 것이 가능하다고 믿었다. 묵자의 입장과는 대조적으로 가족(특히 부모)을 편애하는 것은 유교 문화의 특징이다. 맹자는 이런 유교 문화를 옹호하는 데 지대한 관심이 있었다. 유교의 관점에서 가족에 대한 편애는 인간의 타고난 경향일 뿐만 아니라 규범적으로도 긍정적인 것이었다. 이것은 유교 미덕의 가장 근본인 '효'의 기초였다. 더욱이 유생들은 묵자의 교육에서 강한 '의지적 voluntaristic' 양상에 회의적이었다. 즉 그들은 유지 가능한 윤리적 행동이 정서적 기질로부터 나와야 하고, 단순한 인식적 동의는 인간이 타고난 경향에 급진적으로 거스르는 불충분한 동기로 보았다.

첫 번째 단락은 "인간 본성은 버드나무 같은 것이고, 의는 나뭇가지로 엮어 만든 그릇 같은 것이다. 사람의 본성으로 인의를 이룩하는 것은 버드나무 가지로 엮은 그릇을 만드는 것과 같다"라는 고자의 주장으로 시작한다. 이 주장은 그림 7에서처럼 사상될 수 있는 이중범위 혼성공간을 구축한다.

여기서 부모에 대한 편애는 공평한 보살핌의 가르침이라는 '도구'에 의해 근본적으로 재형성되는 원료로 묘사된다. 결과는 애당초 가공하지 않은 원료와 전혀 닮은 데라고는 없는 아름다운 인공물이며, 이 인공물의 모양은 가르침-도

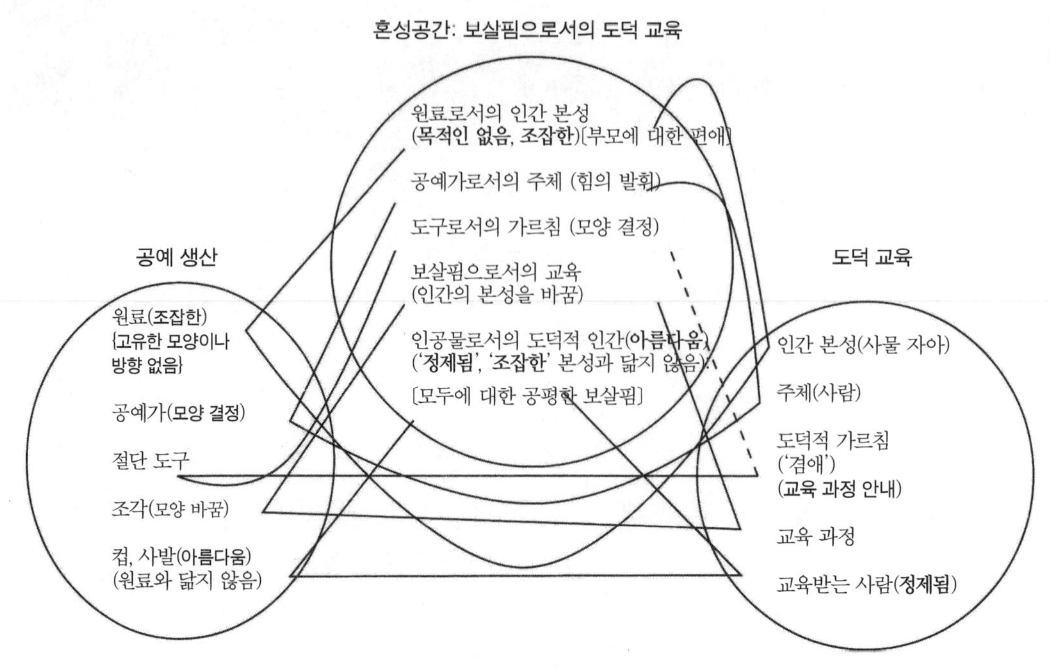

[그림 7] 『맹자』 6:A:1(고자의 입장)

구에 의해 결정된다. 이 혼성공간에서 대부분의 구조가 **공예 생산** 공간에서 나오지만, (점선으로 암시되는) 인과성의 중요한 양상 중 하나는 **도덕 교육** 공간으로부터 도출되기 때문에 이중범위로 볼 수 있다. 공예 생산에서는 공예가가 (자신의 디자인에 따라 도구를 사용함으로써) 제품의 모양을 결정하지만, 공평한 보살핌이라는 가름침의 행동 결정의 중요성은 혼성공간에 널리 퍼져 있어, 공예가가 아닌 도구가 '도덕적 인공물'의 모양을 결정하는 상황이 발생하게 된다. 이 혼성공간을 구축할 때 고자의 주된 목적은 듣는 사람에게 아름답고 곱게 조각된 인공물에 대해서는 긍정적 느낌, 그리고 조잡하고 모양을 갖추지 못한 원료에 대해서는 부정적 느낌을 갖도록 하며, 이런 느낌을 신-묵자적 도덕 교육의 연구과제로 사상하도록 하는 것이다. 부모에 대한 편애의 타고난 인간의 느낌은 추하고 조잡하지만, 모두에 대한 공평한 보살핌은 아름답고 정제되어 있다. 맹자는 다음과 같이 응수한다.

그대는 버드나무의 본성을 따라(직역. 'flow with') 그 본성으로 버드나무 가지로 엮은 그릇을 만들 수 있는 것인가? 자네가 곧장 버드나무를 상하게 하고[48] 해친 뒤 그것으로 그릇을 만드는 것이다. 만약 그대가 곧장 버드나무를 상하게 하고 해친 것으로 버드나무 그릇을 만든다면, 그 또한 곧장 사람을 상하게 하고 해침으로써 인과 의를 이룬다는 것 아닌가? 온 세상의 인간들을 끌어다 인과 의에 재앙을 입히는 것은 바로 자네의 말인 것일세!

이것은 개념적 혼성 유술柔術의 탁월한 예이다. 맹자는 고자의 혼성공간을 좌절시키고자 두 가지 새로운 정신공간을 구축한다. **유정물**과 **물**의 입력공간이 바로 그것이다. 수정된 혼성공간은 그림 8로 나타낼 수 있다.

새로이 도입된 이 두 정신공간은 혼성공간에 결정적 영향을 미친다. 맹자가 구축하는 **유정물** 공간은 **공예 생산** 공간에 매우 훌륭하게 사상되지만, (큰 화살표로 표시되듯이) 전적으로 **비**非**유추적** 방식으로 이루어진다. 무형의 원료는 타고난 목적인目的因telos을 가진 유정물과 비교된다. 이런 목적인은 다시 고자 혼성공간의 숙련된 공예가를 잔인한 훼손자로 변형시키고, 유용한 도구를 해로운 무기로 변형시키며, 조각 과정을 자연스럽지 못한 기형으로 변형시킨다. 맹자는 확실히 유정물에 칼을 들이 대어 고통을 유발하고 그것을 훼손시키는 이미지에 의해 환기되는 부정적인 본능적 반응에 의존하고 있다. 그 결과로 그는 **공예 생산**으로부터 혼성공간으로의 원래의 투사(점선)를 규범적으로 강력한 부정적 투사로 변형시킴으로써 고자의 혼성공간을 효과적으로 파괴시킨다. 신-묵자의 교육 과정의 산물은 이제 숙련되게 형성된 인공물이라기보다는 고문 받은 도덕적 장애자로 묘사된다.[49] 그는 덤으로 **물** 공간을 혼성공간에 추가하는데, 이

48 戕賊Qiang'zei. 직역. 버드나무의 본성을 '훔치다(steal)' 또는 '도둑질하다(rob)'하다.

49 신의 파일을 삭제하고, 그 파일이 이전에 차지한 디스크 공간을 공격하고, 그것이 삭제한 파일에 대한 물리적·성적 학대의 희생자라고 주장하는 '메넨데즈 형제Menendez Brothers' 컴퓨터 바이러스 농담에 대한 세아나 콜슨Seana Coulson(2001: 179-185)의 분석을 참조해보라. 이때 구성물의 요지는 혼성공간으로부터 도출된 발현적 추리를 가져와서 그것을 입력공간 중 하나로

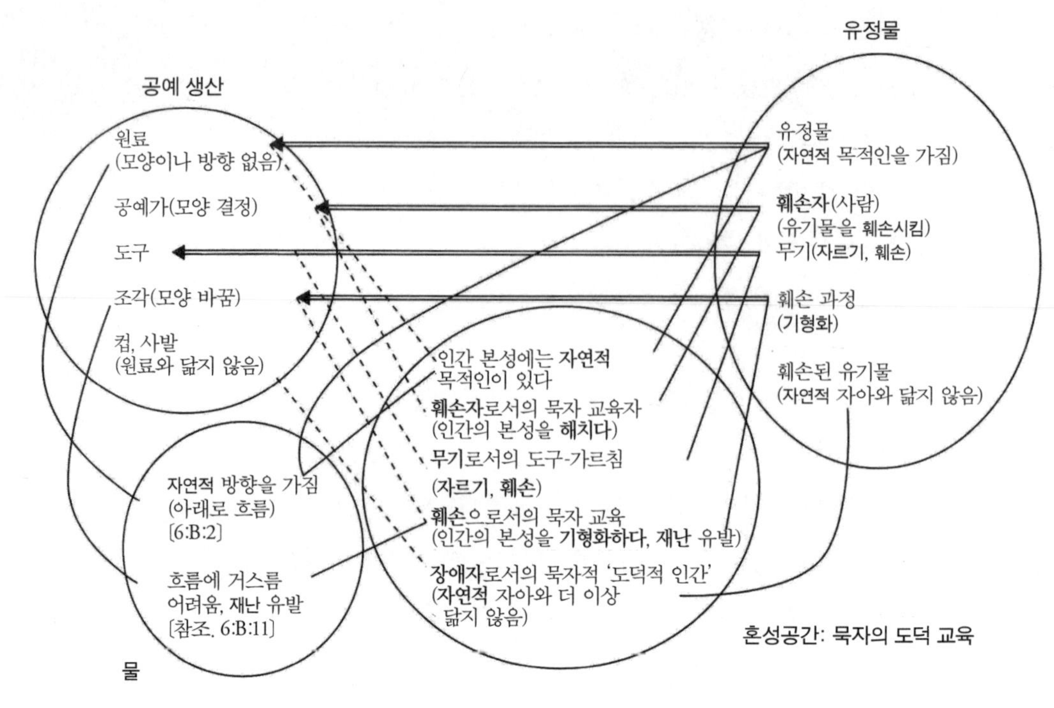

[그림 8] 『맹자』 6:A:1 (맹자의 입장)

것은 자연적 '흐름'에 거스르는 것의 부정적 함축을 강화하고 6:A:2로의 전이를 이룬다.

『맹자』 6:A:2에서는 고자가 맹자의 물 이미지를 가져와서, 묵자의 주장을 하기 위해 관개 관리의 영역으로 전환하여 자신에게 수사적으로 유리하게 돌리려 한다. "인간 본성은 소용돌이치는 물과 같다. 동쪽 방향으로 물을 흐르게 하면 그 물은 곧장 동쪽으로 흐르고, 서쪽 방향으로 물을 흐르게 하면 그 물은 곧장 서쪽으로 흐른다. 인간 본성이 착함이나 착하지 않음으로 나누어질 수 없는 것은 물의 본성이 동쪽이나 서쪽으로 나누어질 수 없는 것과 같다." 고착된 은유 **행동의 유형은 방향이다**를 가정하면, 고자의 주장은 그림 9처럼 다소 간단

역 투사하는 것이다.

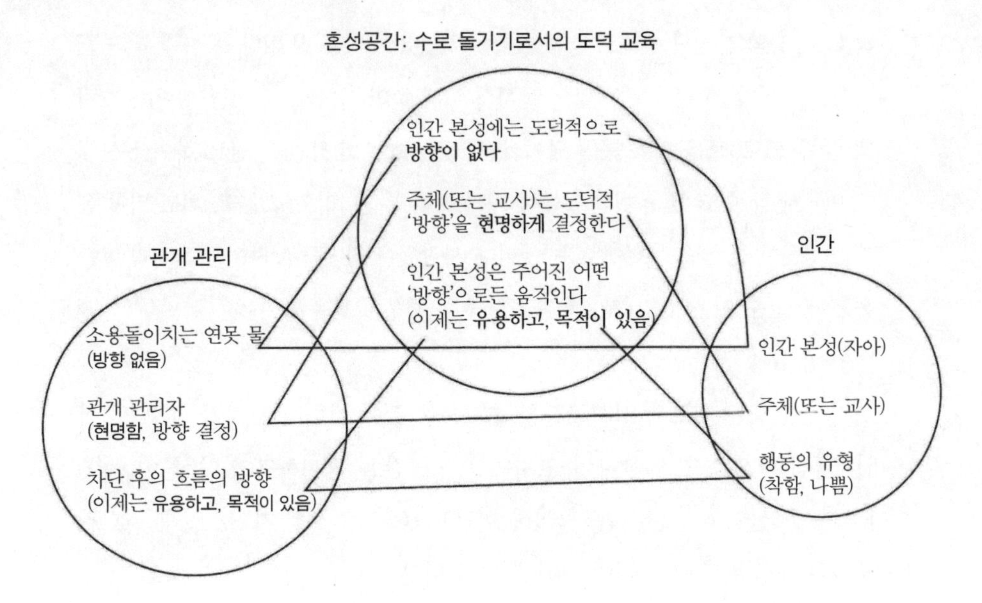

[그림 9] 『맹자』 6:A:2 (고자의 입장)

한 단일범위 혼성공간으로 사상될 수 있다.

맹자가 **유정물**과 **물** 공간을 도입함으로써 6:A:1의 공예 은유가 좌절되면서, 고자는 **물 관리**라는 다른 영역으로 전환하여 주장을 계속해나간다. 여기서의 규범적 요지는 6:A:1에서와 동일하다. 공예가가 가공하지 않은 원료를 아름답게 하기 위해 일정한 모양을 만드는 것처럼 현명한 관리인도 관개수로 속의 방향이 없이 소용돌이치는 물을 적절한 장소로 보내기 위해서는 방향을 돌려야 한다.

이 책이 『고자』가 아닌 『맹자』로 불린다는 사실은 맹자를 수사적으로 역습하려는 고자의 노력이 좌절된 것일 수도 있다. 6:A:1에서처럼, 맹자는 고자의 은유를 파괴함으로써 응수한다.

> 물에는 동서로 나누어짐이 결코 없고 상하로 나누어짐도 없다는 것인가? 인간 본성이 착함이란 물이 하류를 쫓음과 같다. 사람들의 본성에 선하지 않음이 있을

리 없고, 물의 본성에 아래로 흐름을 취하지 않음이 있을 리 없다.

지금 우리가 저 물을 손바닥으로 쳐서 튀게 하면 그 물로 하여금 이마를 스치게 할 수 있고, 보를 막아 흘려 들여서 저 물을 흐르게 하면 저 물로 하여금 산에도 머물게 할 수도 있다. 이런 것들이 어찌 물의 본성이리오! 그물을 치고 밀어 올리는 힘들이 곧 물을 그렇게 하는 것이다. 사람들은 자신들로 하여금 착하지 않음을 짓게 할 수 있는데, 인간의 본성 또한 물의 경우와 같은 것일세.

여기서 맹자는 새로운 정신공간을 추가하는 것이 아니라 고자가 '놓쳤던' 기존 입력공간의 요소를 사상하여 고자의 혼성공간을 파괴하고 있다. 물이 동쪽이나 서쪽을 선호하진 않지만, 확실히 아래로 흐르는 것을 자연스럽게 선호한다. 맹자의 대답은 그림 10처럼 나타낼 수 있다.[50]

맹자의 대답은 한 입력공간의 적절한 자질을 결정하는 것이 어떻게 논의의 여지가 있는 과정임을 여실히 보여준다. 새로운 요소에 초점을 맞추면, 전혀 다른 특징이 혼성공간에 제시될 수 있다. 관개 관리자가 결정하는 방향으로 수로가 돌려지는 소용돌이치는 물의 잠재력에 초점을 두는 대신, 맹자는 목적론적·규범적 자질을 도입하기 위해 **물** 공간을 사용한다. 즉 물의 자연스러운 '내적' 경향은 아래로 흐르는 것이고, 이런 경향에 반하기 위해서는 외적인 힘을 가해야 한다. 특정 상황에서 물을 위로 흐르게 하는 것이 가능하지만, 그렇게 하려면 막대한 힘이 요구되고 궁극적으로는 계속해서 그렇게 할 수 없다. 자연-하늘의 '흐름에 거스르는' 것은 실패하기 마련이다. 이런 이미지는 이 책의 후반부에 나오는 6:B:11에서 강화된다. 여기서 맹자는 사해四海를 경작하고 중국을 사람 살기에 적절하게 한 위대한 우禹 임금의 업적을 칭송한다. 우 임금은 강을 새로운 수로로 완만하게 유도하여 바다로 흘러가도록 돕는 등 자연의 경향을 현명

50 이 사상은 '환경적 영향'을 언급함으로써 유발되는 고착된 그릇과 본질 은유를 포함하지 않음으로써 단순화된다. 이때 외적인 환경적 원인은 '부자연스러운' 것으로 이해되고, 자연적 행동(본질과 일치하는 행동)은 내적인 인과성의 결과이다.

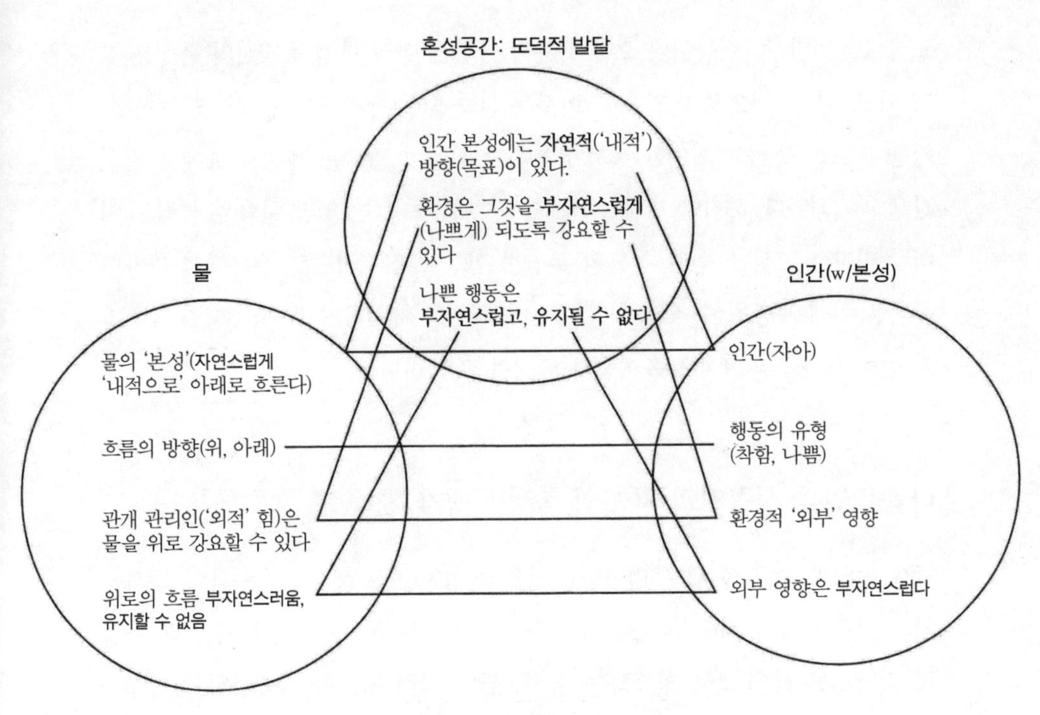

[그림 10] 『맹자』 6:A:2 (맹자의 대답)

하게 따랐다. 이는 중국 강의 자연스러운 흐름을 미숙한 생각으로 막고, 그 방향을 전혀 엉뚱한 곳으로 돌림으로써 모두에게 재난을 일으킨, '흐름에 거스르는' 맹자 시대의 사악하고 어리석은 홍수 조절 관리자와는 달랐다. 맹자 시대에 우 임금의 상대자가 일으킨 해로움은 인간의 본성과 '함께 흐르지' 못하는 묵자와 그의 교육 전략에 의해 촉발된 손상과 비슷했다.

안토니오 다마지오Antonio Damasio(2000: 58)는 인간의 정서적 반응은 고정되어 있지만, 그것을 야기하는 자극이 반드시 고정된 것은 아니라고 말한다. "정서를 잠재적으로 유도하는 자극의 범위는 무한하다." 개념적 혼성 이론은 기본적인 정서적 반응을 통제하여 새로운 자극에 부여하는 방식을 추적하는 새로운 도구를 제공한다. 특별한 이미지에 정서적-규범적 무게를 부여함으로써 신체 표시가 작용한다. 원래 형태의 이런 부착물은 어쩌면 우리 같은 유기체에겐 비교적 고정된다. 즉 어둠이나 오염, 육체적 약함은 항상 부정적 정서의 특징을 갖고 있고 '나쁜' 것으로 다가온다. 이것은 진화에서 예상되는 것이다. 즉 썩은 고기를 보고 따뜻하고 희미한 정서가 우러난 잠재적 조상은 유전자 풀에서 순식간에 제거되었다. 하지만 개념적 혼성을 수행할 수 있는 인간 마음의 능력은 이처럼 비교적 고정된 '인간 척도'의 본능적 반응이 잠재적으로 계속해서 다양한 목적을 위해 보충될 수 있음을 의미한다. 의견을 제시하기 위해 능숙한 웅변가가 신체 표시를 의식적으로 이용하는 것이 그중 하나다.

다중범위 혼성공간과 차이의 축적: 『맹자』 2:A:2

앞서 논의한 '재정적 제 무덤 파기' 같은 혼성공간은 일시적인 수사적 목적을 위해 생겨난 다음 버려진다. 그 밖에 독립적이고 부분적으로 중복되는 많은 입력공간들로부터 구조를 획득하는 혼성공간인 극히 정교한 다중범위 혼성공간은 아주 짧은 담화 중에 구축될 수 있다. 다중 입력공간들이 구조를 점차 미묘한 목표로 선택적 투사를 하면서 이러한 혼성공간은 즉각적으로 어마어마하게 복잡해질 수 있다. 이것은 짧은 시간에 얼마나 많은 다양성이 창조될 수 있는지를 보여준다.

이 현상을 예증하기 위해 잘 알려진 단락 2:A:2에 초점을 두면서 『맹자』로 다시 돌아가 보자. 맹자는 이 단락에서 고자 같은 묵가뿐만 아니라, 사람들이 초생적인 '자연스러운' 생활 방식으로 되돌아가도록 도덕적 자기수양과 사회를 완전히 포기해야 한다고 믿는 원시주의 학파에도 반대하며 유교를 옹호하고 있다. 이 단락에서 맹자의 목표는 인간의 타고난 본성에 반대하는 것과 관련된 '부자연스러운' 노력이 아니라, 도덕적이고자 하는 노력을 포함해 도덕적 자기수양의 중간 모형의 우월성을 증명하는 것이다. 여기서는 2:A:2를 세 단계로 분석하여 혼성공간이 점점 확장되는 방식을 보여줄 것이다. 왜냐하면 2:A:2는 복잡한 다중범위 혼성공간이 어떻게 대화 중에 구축되어 매우 새롭고 특이한 구조를 유발하는지 잘 예증하기 때문이다.

1단계

『맹자』 2:A:2는 한 제자가 맹자에게 고위 관직을 맡아 공자의 가르침을 행할 수 있는 가능성이 마음속에 '현혹'을 유발하는지를 묻는 데서 시작한다. 맹자는 마흔 살부터 "마음이 현혹되지 않았다"고 대답한다. 마음이 현혹되지 않기란 어렵지 않다. 왜냐하면 (그가 말하길) 고자는 자신보다 앞서 마음이 현혹되지 않았기 때문이다. 그런 다음 다양한 유형의 용기에 대한 논의가 이어진다. 그리고 마침내 같은 맥락에서 제자는 "마음이 현혹되지 않는 방도가 있는 것인가요"라고 질문한다. 그런 다음 맹자는 "그것을 어디서 얻는지," 즉 무엇이 도덕적으로 옳은지에 대한 느낌을 어디서 도출하는지에 관한 자신의 관점과 고자의 관점 간의 차이를 설명한다. 이 논의의 모든 참여자들이 가정하는 자아의 기본적인 배경 모형은 '마음/심장'(**심**(心))과 **기**(氣)를 포함한다.[51] **심**은 글자 그대로 심장의 기관을 가리킨다. 맹자 시대의 중국인들은 이것을 사고, 언어 사용, 의식적 의지('마음')뿐만 아니라 규범상 긍정적인 정서('심장')의 중심지로 이해했다. **기**는 모든 살아 있는 존재에게 생기를 주는 지극히 중요한 에너지를 가리킨다. 말이 개인에게 미치는 영향은 심장/마음에 의해 중재되는 것으로 이해되었다. 그리고 묵자의 관점에서 심장/마음은 말로부터 지시를 받을 수 있고 이런 지시를 비합리적인 **기**에 부과한다. 곧 보게 되겠지만 동물적 **기**에서 도덕적 안내를 찾을 수 없다는 점에 대해서는 맹자와 고자는 의견을 같이 하지만, 맹자는 '바깥'이라는 말을 추구하는 것은 실수라고 생각한다. 맹자는 제자에게 다음과 같이 대답한다.

"고자가 이렇게 말했다고 한다. '남의 말을 알아채지 못한다면, 자신의 **기**를 추구

---

51 더 오래된 로마자 스타일에서 일부 독자들에게는 'ch'i'로 더 친숙하다.

하지 말고, 남의 마음을 알아채지 못한다면, 자신의 **기**를 추구하지 말라.' 남의 마음을 알아채지 못한다면 자신의 **기**를 추구하지 말라는 것은 옳지만, 남의 말을 알아채지 못한다면, 자신의 마음을 추구하지 말라는 것은 옳지 않다. 무릇 마음이 **기**를 통솔하는 것이고, **기**는 몸을 채우는 것이다. 무릇 뜻이란 마음에 이르는 것이고, **기**는 뜻을 따라 몸에서 뒤따라 이르는 것이다. 그래서 말한다. '마음의 뜻을 지키되 몸의 **기**를 사납게 하지 말라.'"

"선생님은 뜻이란 마음에 이르는 것이고, **기**는 뜻을 따라 몸에 뒤따라 이르는 것이라고 이미 말하셨는데, '또 마음의 뜻을 지키되 몸의 **기**를 사납게 하지 말라'고 말하신 것은 무슨 까닭인가요?"

"뜻이 오롯하면 곧 **기**를 움직이고, **기**가 오롯하면 곧 뜻을 움직인다. 지금 무릇 넘어지는 짓이나 달음박질치는 짓 등이 **기**[직역. 호흡]이다. 그리고 뜻과 **기**가 그 마음[직역. 기관]을 되돌려 움직인다."

지금까지의 대화에서 혼성공간을 그림 11처럼 나타낼 수 있다.

맹자는 심장/마음과 **기**의 관계를 개념화하기 위해 **군대의 리더십** 은유를 환기시킨다. '뜻intention'의 형태를 취하는 심장/마음은 장군에 비유되고, **기**는 병사에 비유된다. 뜻이란 그것이 특별한 방위을 가질 때 심장/마음을 가리키는 단어이다. 이것은 명확한 위계를 세운다. 확실히 장군은 병사보다 더 중요하다. 왜냐하면 지휘관의 일은 병사들에게 지시를 내리는 데 있기 때문이다. 병사들은 제멋대로 하게 내버려두면 당황하여 떼 지어 이리저리 배회하게 된다. 사실상 몇몇 다른 단락에서 맹자는 **기**가 통제되지 않은 채로 다니게 하는 위험에 대해 지적한다. 그렇게 하면 **기**는 외부 사물에 고착된다. 따라서 심장/마음이 기운을 지휘하고 제지해야 할 필요가 있으며, 이것은 '남의 마음을 알아채지 못한다면, 자신의 **기**를 추구하지 말라'는 격률에 대한 맹자의 입장과 일치한다. 다른 한편 **뜻은 장군**이다 은유의 함축은 뜻/심장/마음 역시 다소간 **기**에 의존한다는 것이다. 왜냐하면 장군은 병사 없이 전투할 수 없기 때문이다. 이는 장군이 병사들

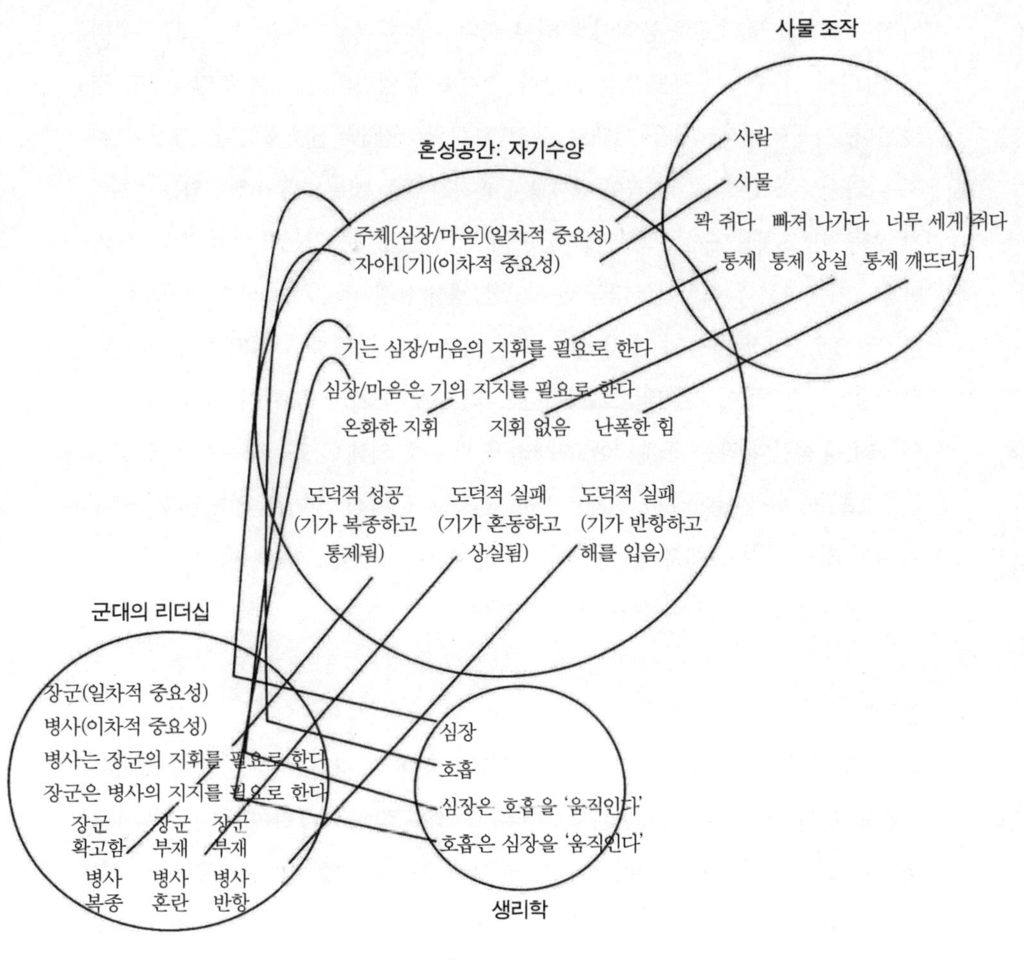

[그림 11] 『맹자』 2:A:2(1단계)

을 확고하지만 온화하게 지휘해야 한다는 것을 뜻한다. 힘을 과하게 사용하거나 남용하면 병사들은 반항할 것이다. **뜻은 장군이다** 은유는 묵자의 교육과는 달리 맹자의 자기수양은 6:A:1에서 그릇 새기기의 고자 은유로 기술되는 강제적인 재再조형을 유발하지 않는다는 생각을 강화시키는 함의를 갖는다. 수원지에서 샘이 점진적이고 동시적으로 발생하는 것처럼, A 지점에서 B 지점으로 가야 한다는 것을 개인적으로 어떻게 확신하든, 장군은 여전히 병사들을 집합시키고 자신이 명령한 방향으로 움직이게 해야 한다.

따라서 이 주제는 **사물 조작** 공간을 추가하여 맹자의 답에서 분명해지고 강화된다. 사물(=병사=**기**)을 제대로 쥐려면 사람(=장군=심장/마음)은 그것이 빠져 나가지 않으면서도(=장군이 병사를 통솔하지 않는 것=심장/마음이 **기**를 지휘하지 않는 것) 그것을 손상시킬 만큼 단단히 쥐지는 않게(=장군의 병사 학대=심장/마음의 **기** 강요) 꽉 쥐어야(=장군의 '확고한' 병사 통제=심장/마음의 **기** 통제) 한다. 마지막으로, 심장/마음과 **기**의 상호 의존성은 "지금 무릇 넘어지는 짓이나 달음박질치는 짓 등이 **기**[직역. 호흡]이다. 그리고 뜻과 **기**가 그 마음[직역. 기관]을 되돌려 움직인다"라는 구체적이고 생리적 관찰에 의해 강화된다. 두 용어 모두는 '호흡'(기)과 심장이라는 신체기관을 뜻하는 문자적 의미로 의도된다. 심장/마음이 **기**에 글자 그대로 의존한다는 것은 매우 심오하고 형이상학적 의존성에 대한 생리적 또는 의학적 은유 역할을 한다.

2단계

이제 왜 맹자가 **기**로부터는 도덕적 지휘를 획득할 수 없다는 것에 대해 고자와 의견을 같이 하는지는 이 혼성공간으로부터 명확하다. 왜냐하면 이것은 병사들이 전쟁터로 나가도록 하거나 손으로 충분히 꽉 쥐지 않으면서도 물건을 잡고 있는 것과 같기 때문이다. 이와 동시에 맹자는 고자가 말에서 도덕적 지휘를 얻는 것에 대해 옳지 않다는 주장을 했다. 심장/마음에 외적인 말을 부과하려는 것은 병사들에게 과도하게 힘을 가하거나 학대하는 것만큼이나 비생산적이다. 맹자의 입장 이면에 있는 은유적 추론은 논쟁의 다음 단계에서 한층 더 분명해진다.

> 선생님께서 어떻게 부동심을 잘 하시는지를 감히 여쭙겠습니다.
> "나는 말을 잘 알고, 크나큰 모습의 **기**를 잘 길러낸다."
> "무엇을 '호연지기浩然之氣flood-like qi'라고 일컫는지 감히 여쭙습니다."

"말로 설명하긴 어렵다." 바로 그 기란 지극히 크고 굳세며, 곧음으로써 호연지기를 길러내고 그래서 해침이 없다면 곧장 호연지기는 하늘과 땅 사이에 충만하고, 바로 그 기란 도리와 의리를 배합하며, 이것이 없으면 심신이 허약해지는 법이다. 이것은 의미를 쌓음이 심신에서 생기는 바의 것이지 의미가 밖으로부터 엄습해져서 그 엄습해진 것을 취함은 호연지기가 아닌 것이다. 행동함에 흡족하지 못함이 있다면 곧장 심신이 허탈해진다. 그래서 나는 고자가 도리를 이해하지 못했다고 말하는 것이다. 왜냐하면 그는 그것을 외적인 것으로 간주했기 때문이다.

급속히 확장되는 혼성공간을 그림 12처럼 업데이트할 수 있다.

여기에서는 많은 정신공간들이 조각조각으로 동시에 도입된다. 이런 정신공간들이 앞서 환기되었고 듣는 사람이 가정할 수 있기 때문에, 이것은 맹자에게 허용되는 개념적 사치이다. 나는 이를 개별적으로 다룰 예정이다.

우선 '하늘과 땅 사이에 충만해질' 때까지 '쌓일' 수 있는 '호연지기'에 대한 언급은 6:A:2의 논의에서 본 **물 관리** 공간을 환기시킨다. 맹자는 적절하게 '길러질' 때 확장되어 세계를 채우고 '도리와 의리를 배합하는' '호연지기'라는 **기**의 형태가 있다고 설명한다. 이러한 호연지기가 도리와 의리를 뒷받침하는 방식은 글자 그대로의 의미를 가진 **기**가 자아에 원동력을 불어넣는 방식과 비슷하다. 즉 이것은 수력으로 개념화된다면, 도리에 맞고 의리와 일치하는 행동에 착수하는 심리적·물리적 동기를 제공하는 것이다. 이런 수력 이미지는 찰나적인 것이 아니다. 2:A:2 내내 맹자는 이 중추적인 힘이 몸을 관통하고 몸에 에너지를 불어넣는 비非가시적이지만 문자적 액체로 생각된다는 현대의 의학 이론에서 도출된 **기는 물이다** 은유에 의존하고 있으며, **기**는 도덕적 행동에 대한 광대한 수력 근원이라는 이 은유는 사실 『맹자』 전반에서 환기되고 있다. 4:B:14에서는 그것이 **본질적 자아** 및 '무위effortless action'와 결합된다.[52]

52 초기 중국 사상에서 '무위'와 **본질적 자아** 은유에 관해서는 슬링거랜드Slingerland(2003) 참조.

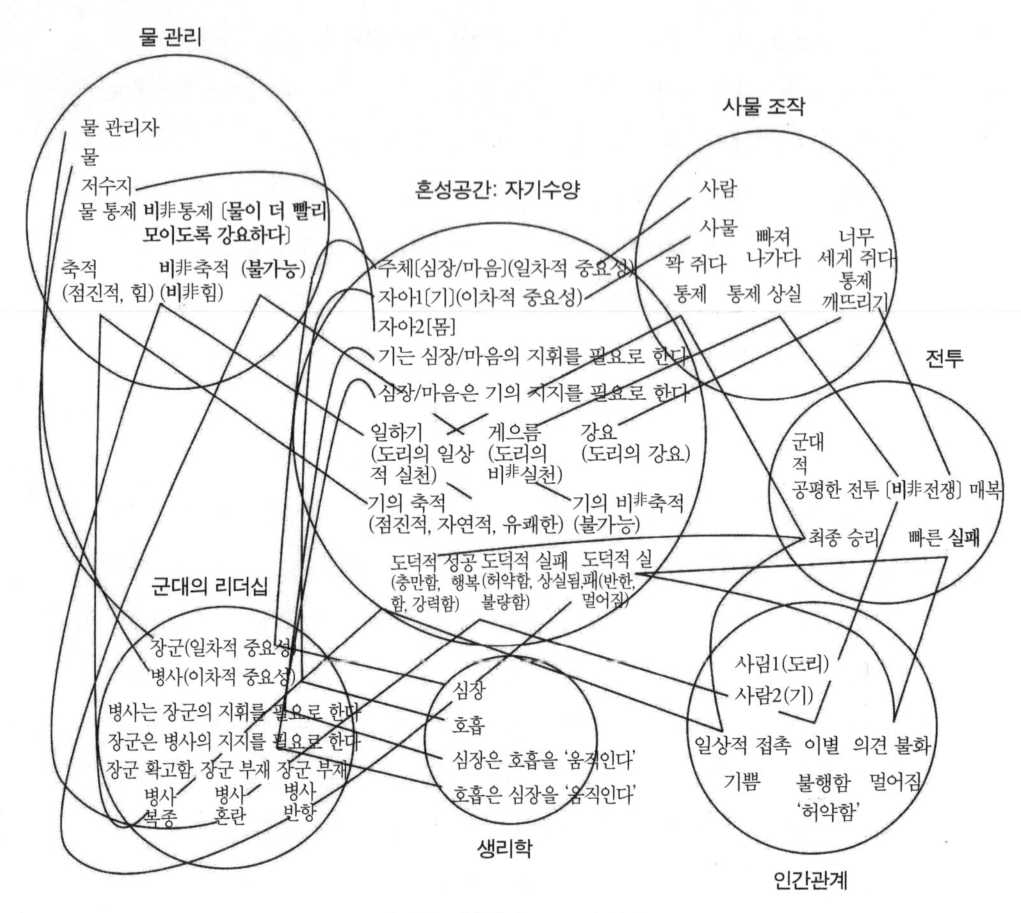

[그림 12] 『맹자』 2:A:2(2단계)

군자가 옳은 방법을 써서 깊이 탐구하는 것은 자신이 자연스럽게 터득하기를 바라는 것이다. 자연스럽게 터득해가면 곧 살아가기가 편안하고, 살아가기가 편안하면 곧 자료를 찾아냄이 깊어지며, 자료를 취함이 깊어지면 곧 좌우에서 자료를 찾아냄은 그 근원을 만난다. 그래서 군자는 자기 스스로 터득하기를 바라는 것이다.

4:B:14가 **기**를 구체적으로 언급하진 않지만, 물 이미지의 사용은 개념적 연결을 제공하며, '취함이 깊어질' 수 있는 선천적인 근원의 이미지는 2:A:2에서

언급한 호연지기의 개념과 잘 연결된다. 7:A:21과 같은 단락에서도 비슷한 생각이 표현된다. 심장/마음에 '뿌리박고 있는' 공자의 미덕은 군자에게서 완벽하게 갖추게 되어, "그것이 빛깔로 나타남이란 똑바로 보이는 모습이나 얼굴에 드러나고, 등에도 그득하며, 팔다리로 퍼진다. 온몸은 말하지 않지만 그 존재를 알려 준다"는 것으로 기술된다. 또한 7:A:16에서 전설의 순 임금이 현인을 얻는 방식은 '호연지기'가 자발적이고 힘들이지 않고 가차 없이 자아의 저장소로부터 흘러나오는 이미지를 제공한다. "깊은 산의 가운데서 순의 삶은 나무와 돌과 더불어 살았고, 사슴과 멧돼지와 더불어 사귀었다. 이렇기 때문에 심산의 야인과 순이 달랐던 바의 삶이란 거의 없었던 것이다. 그가 선한 말 한 마디를 듣거나 선한 행동 한 가지를 보면 강둑이 터진 장강과 황하의 세찬 모습 같아 그를 막아낼 수 없었던 것이다."

비범하고 현명한 순 임금은 여기서 분출되기를 기다리는 '호연지기'의 광대한 저장소를 갖고 태어난 것으로 묘사되지만, 2:A:2에서 맹자는 호연지기를 인내심이 강한 물 관리자가 시간이 지남에 따라 조금씩 축적한 도덕적 에너지의 저수지로 묘사한다. (가령 강을 둑으로 막아서) 저수지를 만들기 위해서는 노력이 들지만, 쌓아 놓은 물을 갑자기 방출하는 데는 아무것도 할 필요가 없다. 복잡한 공간 구축의 흥미로운 특징은 담화에서 앞서 구축된 정신공간이 종종 바로 다음에 도입된 정신공간의 위상에 강한 영향을 미친다는 것이다. 이와 관련해서 2:A:2에서 **군대의 리더십**과 **사물 조작** 공간의 위상은 **물 관리** 공간의 구축을 안내하여, 듣는 사람들에게 이런 비슷한 세 가지 선택과 결과들을 상상하게 한다.

1. 저수지를 짓고 물이 조금씩 자연스럽게 찰 때까지 기다려라.(결과: 저항할 수 없는 힘 근원)
2. 아무것도 하지 마라.(결과: 아무런 힘이 생기지 않았다)
3. [물이 더 빨리 흐르도록 하라.](결과: 불가능)

3번 선택은 문자적인 물 관리의 특징이 아니다. 즉 실제 물 관리자가 물이 자연스럽게 흐르는 것보다 더 빨리 흐를 것으로 기대하기란 상상하기 어렵다. 하지만 그것은 혼성공간에서 표명되듯이 이전에 구축된 정신공간들의 위상에 의해 입력공간에 부과된 특징이다. 그렇지만 (비록 암시적이긴 하지만) 연결망 속에서의 그 존재는 효과를 갖는다. 물이 부자연스럽게 흐르고 모이는 불합리는 혼성공간으로 투사되어, 도덕성을 강요하려는 생각에 부착된 부정적인 규범적 표지의 목록들을 결합시킨다.

전투공간에 호소하여 이국적 자질들이 한 정신공간에 강요되는 비슷한 예를 볼 수 있다. 글자 그대로의 전투에서 매복은 실제로 매우 효과적이고 종종 승리로 이어진다. 그러나 지금 대화의 시점에서 불시의 '매복'이라는 생각은 혼성공간에서 비슷한 위상적 슬롯과 이미 연상된 부정적 특징을 획득하는데, **속력**은 실패와 연상되고, **점진성**은 성공과 연상된다. (개방적이고 더욱 점진적인 전투와는 암묵적으로 대조하여) 불시의 매복은 혼성 연결망의 압력 때문에 무언가를 강요하거나 목표를 매우 빨리 달성하려는 이미지를 가져다준다. 전투 공간을 환기시켜서 혼성공간에서 얻는 것은 매복과 연상되는 규범적으로 부정적인 모든 정서이다. 매복에서는 약한 힘이 책략을 통해 강한 힘을 이길 수 있다. 사람들에게 즉각적으로 선하도록 강요하려고 할 때, 묵자는 '도리rightness'를 매복해 기다리려고 한다. 이것은 확실히 어떤 고유한 사람도 장려하지 않는 그 무엇이다.

'배합,' '흡족,' (애정에 대한) '허약'의 언급은 **인간관계** 공간을 환기시킨다.[53] 이때 **기**와 '도리'(여기서는 도덕적 '의리'와 일치하여 행하는 옳은 행동을 가리킨다)는 잠재적으로 긴밀하고 애정 어린 관계를 발생시키는 은유적 사람으로 개념화된다. 이 정신공간의 조직도 연결망의 선재하던 위상에 의해 세 가지 선택과 결과를 갖춘 구조로 비슷하게 강요된다.

---

53 물론 **애정은 영양분이다**라는 또 다른 은유가 있다.

1. 규칙적이고 환영 받는 접촉.(결과: 기쁨, 함께 머묾)

2. 접촉의 부재.(결과: 불행, '허약함')

3. 강요된 접촉.(결과: 불쾌, 멀어짐, '허약함')

이 정신공간은 점진성과 힘 부재의 바람직함을 강화하기 위해 인간관계에 대한 우리의 지식을 이용한다. 도리가 (심장/마음에 의해) **기**에 강제적으로 부과될 수 없듯이, 우정이나 사랑도 강요될 수 없다. 지금까지 발전시킨 혼성공간에 거주하는 우리들에게 저수지 속의 물이 조금씩 모이고, 장군이 온화하게 병사를 지휘하며, 물건을 적절하면서도 단단하게 거머쥐는 것과 동일한 방식으로, 애정 어린 인간관계는 시간이 지남에 따라 규칙적이고 환영받는 접촉을 통해 나타나야 한다. 지금까지 환기된 모든 정신공간들은 서로 다른 영상도식과 약간 다른 함의를 포함하지만, 혼성공간의 중심 주제를 강화할 때 함께 작동한다.

3단계

대화에서 지금까지 소개한 은유의 함의는 자기수양이 묵자의 방식으로 강요될 수 없다는 맹자의 주장, 즉 도리는 '매복될' 수 없다는 맹자의 주장을 강력하게 뒷받침한다. 뜻과 **기** 사이의 관계를 완전히 명백하게 만들기 위해, 맹자는 대화의 마지막 단계에서 마침내 **자기수양은 농업이다**라는 은유로 전환하여, 송나라 출신의 어리석은 한 농부에 관한 유명한 이야기로 마무리한다.

> 반드시 일을 취하되 미리 작정하지 말고, 마음에 정의를 쌓음을 잃지 말며, 억지로 잘 해보려고 하지 말라 말하는 것이다. 송나라 사람 모습 같게 하지 말라. 송나라 사람 중에 자신의 농작물 싹들이 자라지 않음을 걱정하여 싹들을 제 손으로 뽑아 올린 자가 있었다. 지쳐버린 모습으로 돌아와 가족들을 불러 오늘은 지쳤다고 말했던 것이다. 내가 싹들이 자라게 도와준 것이다. 그 자의 아들이 줄달음쳐 가서 싹들을 살펴봤더니 곧장 말라죽어 있었다. 세상에 싹이 자라게 도와주지 않

을 사람은 그 수가 적은 것이다. 도와주는 것이 이롭지 않다고 여기고 싹을 버려 두는 짓은 싹을 김매주지 않는 것이고, 싹이 자라게 도와주는 짓은 싹을 뽑아 올리는 것이다. 싹이 자라게 도와주는 짓은 무익할 뿐만 아니라 또한 그것을 해친다.

이 시점에서 혼성공간은 굉장히 복잡해졌다. 문제를 단순화시키기 위해 그림 13에서는 **물 관리**와 **농업**이라는 가장 적절한 두 가지 정신공간을 제외한 나머지 정신공간은 모두 삭제했다.

'인간은 본래 선하다'라는 맹자 주장의 내용이 모든 인간은 심장/마음속에 존재하는 공자의 미덕의 '싹端'을 갖고 태어난다는 그의 신념이기 때문에, 독자는 이미 송나라의 농부에 의해 죽은 글자 그대로의 '싹'을 은유적으로 이해할 준비가 되어 있다. **농업** 공간을 추가하여 강력한 규범적 반응의 추가로 생겨난 '세 가지 전략' 구조가 강화된다. 이런 구조는 분명 대부분의 서양인들보다 곡식 재배에 매우 친숙할 성싶은 맹자의 독자들에게 더 생생하다. 자기수양을 전혀 하지 않는 것은 물과 비료를 주고 잡초를 뽑는 것을 잊는 것에 비유된다. 그에 따른 결과는 자명하다. 싹은 말라죽거나 잡초 때문에 시들 것이다. 이처럼 '나쁘거나' '게으른' 농사 전략은 아마 도교 사상가/원시주의자를 지칭할 의도이다. 경작되지 않은 자연에 대한 이들의 소박한 신념 때문에, 그들은 문화와 학습을 전적으로 거부한다. 이는 명확히 열등한 전략이지만, 신-묵자 '농부'가 보여준 어처구니없는 어리석음과 비교하면 아무것도 아니다. 인간들에게 외적인 말을 부과함으로써 공평한 보살핌을 실천하도록 강요하려는 이런 농부들의 시도는 곡식의 싹을 밖으로 뽑아 올리는 것이 그것이 더 빠르게 자라도록 하는 데 성공할 그만큼만 성공할 것 같다.

자기수양은 농업이다라는 은유는 『맹자』에 널리 퍼져 있으며, 2:A:2에서처럼 종종 **물**이나 **물 관리**의 은유와 함께 사용된다. 이 두 도식은 총칭적인 인과적 도식을 공유하고, 맹자가 도덕적 자기수양 탓으로 돌리고자 하는 모든 특성을 갖고 있어서 매우 쉽게 혼성된다.

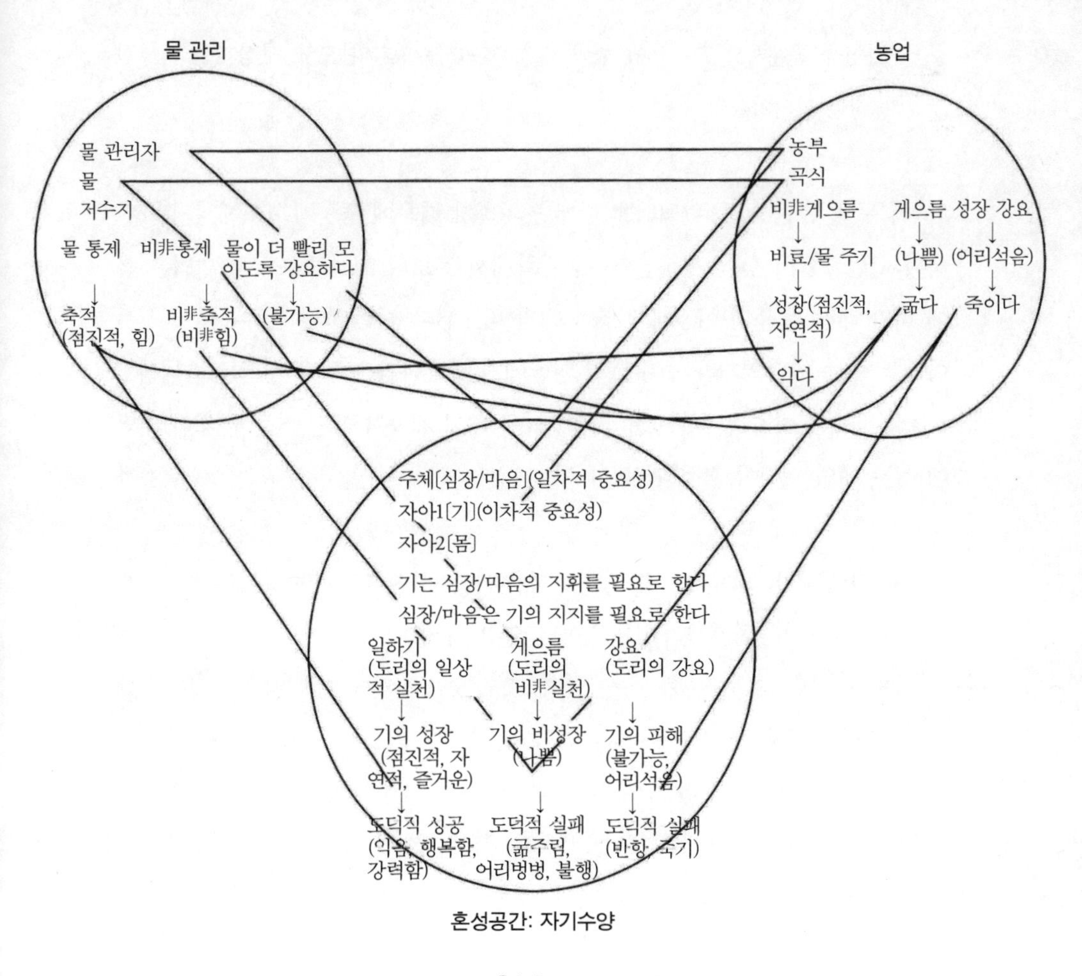

[그림 13] 『맹자』 2:A:2(3단계)

1. 그것은 자연스럽고, 하늘이 주신 목적인과 일치한다.

2. 그것은 외부(우연)가 아닌 내부(본질)로부터 도출된다.

3. 그것은 반드시 점진적이고 단계적이다.

4. 그것은 강제적이지 않다.

5. 그것은 자연적 경향과 함께 작동하고, 그것으로부터 힘을 도출한다.

6. 그것은 여전히 위계적이며, **약간의** 노력을 요구한다. 장군, 물 관리자, 농부는 그

과정을 통제하고 촉진해야 한다. 그것은 원시주의자나 도교 사상가를 겨냥한 중요한 함의이다.

이 두 은유는 너무 완벽하게 함께 일치하기 때문에 종종 1:A:6에서처럼 단 하나의 발화에서 함께 혼성된다. 이 발화에서 유교의 현인의 도덕적 미덕은 봄에 비가 내린 다음에 이전에 건조한 싹과 비교된다. 이런 싹은 "물이 쏟아질 듯 아래를 좇는 까닭인지라 누가 그런 임금에게로 돌아감을 막을 수 있겠습니까?" 4:B:18에서, 공자가 한 매우 신비한 발화에 대해 제자가 했던 질문에 대한 대답에서 두 개의 도식이 혼성되었다.

서자가 말했다. "공자께서 자주 물을 칭송하여 말씀하셨습니다. '물이로다! 물이로다!' 공자께서는 물에서 무엇을 찾아낸 것입니까?"

맹자는 말했다. "근원이 있는 샘물은 솟고 솟아 밤낮을 쉬지 않고 구덩이를 채운 뒤에 나아가 한 바다에 이른다. 근본을 간직한 것도 이와 같다. 공자께서 바로 이 점을 드러낸 것일 뿐이다. 진실로 본디가 없는 것이라면, 칠팔 월에 빗물이 모여 개천과 도랑이 다 채워져도 그 빗물의 말라버림이란 서서 기다릴 수도 있는 것이다."

여기에서 물이 풍부한 샘으로부터 흐르는 이미지는 개념적으로 식물이 뿌리로부터 자라는 이미지와 개념적으로 혼성된다. 흔히 받아들여지는 **기는 물이**다라는 은유 때문에, 이 두 도식의 병렬은 2:A:2에서 제시한 이중적인 **기** 생김의 흐름/성장 모형을 강화한다. 따라서 4:B:18에서 맹자는 물 칭송에 대한 공자의 유명하고 신비한 표현을 맹자 자신의 자기수양의 모형에 대한 시인으로 변형시킬 수 있었다.

문화적 다양성의 신체화

초기 중국의 철학적 논쟁으로 독자들을 너무 많이 에둘러가도록 한 것(**논쟁은 여행이다**)에 대해 사과한다. 하지만 이는 구체적이고 광범위한 예들을 통해 혼성과 문화적 혁신에 관해 중요한 점을 확고히 이해시키기 위해서이다.

제동된 혁신

우선, 『맹자』 6:A:1와 6:A:2에서의 논쟁은 개념적 영상과 신체 표지에 의존한다. 이것들은 B.C. 4세기의 중국 화자들과 21세기의 영어 화자들 모두에게 직접적으로 접근 가능하고 예상 가능하게 구조화되는 것처럼 보인다. 하지만 해당되는 각각의 웅변가들은 자신의 구체적이고 예측 불가능한 목적을 위해 이런 영상과 규범적 대답에 의존한다. 예컨대 미묘한 혼성 유술 뒤집기를 들어, 맹자는 형태가 없는 인간의 본성이 작품으로 만들어지기 전의 가공하지 않은 원료만큼 무익하고 추하다는 매우 합리적인 주장을 **공예는 훼손**이다라는 다소 직관에 반하는 영상으로 변형시킨다. 이것은 공통된 종 전형적인 규범적 반응을 어떻게 전혀 새로운 대상으로 방향을 고칠 수 있는지를 탁월하게 예증하고 있다.

아마도 가장 중요한 것은 혼성의 순환적 본질이 근원영역을 창조적으로 보충하는 것을 넘어, 문화적으로 특정한 새로운 구조를 실제로 창조할 수 있다는 것일 것이다. 『맹자』 2:A:2에서 우리는 도덕적으로 활성화된 **기**라는 중국 사고에서 새로운 실체에 대한 창조의 초기 단계들을 보고 있다. 이것은 물, 자라는 사물, 사회적 부하의 특징들을 완전히 특이한 방식으로 혼성한다. 우리는 **물** 입력공간으로부터 **기**가 그릇 속의 액체처럼 몸을 채우며, 물은 아래로 흐르는 경향이 있기 때문에 자연적 경향을 가지며, 저수지 댐 뒤의 물처럼 천천히 축적된다는 생각을 얻는다. **유정물** 입력공간으로부터는 **기**가 영양분을 요구하고, 그것이 없으면 '굶어죽으며,' 특히 어릴 때는 망가지기 쉬워서 쉽게 손상되고, 내적 목적인을 가지며, 그 자체의 속도로 자라고 강요될 수 없다는 생각을 얻는다. **군**

대 입력공간으로부터는 그것이 강요되는 것이 아니라 온화하게 지휘할 수 있으며, '지도자'(심장/마음)는 지휘 받는 부하(기)가 없다면 무기력하다는 생각을 얻는다. 이런 다양한 입력공간들의 함의들은 중복되고, 어느 정도까지 서로를 강화하지만, 초래되는 혼성공간은 그 자체의 특유한 발현 구조를 가지고, 그런 다음 이런 발현 구조는 새로운 정신공간으로부터 어떤 종류의 투사가 허용되는지를 제약하는 역할을 한다. '재정적 제 무덤 파기'에서처럼 그것을 창조할 때 의존했던 입력공간들로부터 도출되지만 그것과는 구분되는 새로운 구조가 구축된다.

하지만 이 다른 혼성공간과는 달리 '호연지기'라는 맹자의 개념은 다른 사람들이 채택하고 새로운 형이상학적 실체의 위상을 획득하는 중요한 문화적 개념이 되었다. 그 이후의 중국 사고와 문화적 관행에서 이 새로운 실체는 그 자체로 입력공간의 역할을 하기 시작했으며, 서예가의 몸이나 정신에서 체액의 운동 등의 다른 영역들을 이해하기 위해서도 이에 의존할 수 있다. 이런 종류의 제동된 혁신ratcheted innovation은 매우 흔하며, 문화적 창조성을 위한 강력한 엔진이다. 제5장에서는 제로라는 수학적 개념이나 무게가 부피의 광대한 특성이라는 생각 같은 새로운 혼성공간을 간략히 검토할 것이다. 이런 혼성공간은 세계에 대해 추론하고 세계를 검토하기 위한 새로운 도구를 그것을 가진 문화에 제공한다. 이런 혼성공간을 운용하게 되면, 가장 적절한 입력공간의 관점에서 전적으로 직관에 반하는 결론으로 이어진다. 이것은 그런 혼성공간이 왜 창조하고 학습하기 어렵고, 문화적 전달이 사회적 혼돈이나 정치적 분열에 의해 차단되면 쉽게 손실될 수밖에 없는 이유와 많은 관련이 있다.

물질문화에서 혼성의 물화物化

혼성공간이 장기 기억에서 형식적 개념으로 남겨질 뿐만 아니라, 물질계에서 물리적으로 상징화되기도 한다는 것을 인식할 때, 개념적 혁신을 제동할 수 있는 혼성공간의 힘은 한층 더 명확하다. 은유와 은유적 혼성을 세계에 고착시킬 수 있는 인간의 능력을 통해, 우리는 인접한 환경에 새로운 개념적 형태를 불어넣을 수 있다. 이것은 꽤 특이한 문화적 산물이 인간 신체화의 본질적 부분으로 간주되어야 한다는 것을 의미한다. 즉 신체화된 인지는 생물학적 몸과 인류 발생 이전의 물리적 환경 그 이상을 포함한다.

사소하지만 대표적인 예를 하나 들자면, 최근에 결혼식과 함께 있었던 즐거운 가족들의 방문 동안에 나는 실행 계획을 감독하는 일을 맡았다. 우리는 20명 정도가 탈 수 있는 세 대의 차량과 이 사람들이 도착하여 다양한 시간 동안 머물러야 하는 대략 여섯 군데의 장소가 있었다. 나는 '내 머리에서' 이것이 어떻게 작동하도록 하는지를 이해하는 것이 불가능하다는 것을 알았다. 그래서 나는 그 문제를 세상에다 떠맡긴다. 나는 거실 바닥에 여섯 군데의 장소를 나타낸 물건들과 자동차를 나타내는 종이 세 장, 그리고 이 자동차를 타고 이동해야 하는 사람을 나타내는 다양한 동전을 펼쳐 놓았다. 다시 말하자면 나는 물리적으로 실례로 만든 혼성공간을 창조했다. 물리적 사물은 한 입력공간 역할을 했으며, 사람과 장소, 차량은 다른 입력공간 역할을 했다. 혼성공간에서 물리적 사물은 사람, 장소, 차량이 **되었고**, 입력공간 특징들 중 일부('사람들'은 '차량'을 타지 않고서는 한 '장소'에서 다른 장소로 갈 수 없다)를 공유하지만 다른 특징('차량'은 내연기관이 아닌 손으로 움직였다. '사람들'은 내부가 아니라 '차량'의 꼭대기에 있었다)은 공유하지 않는다. 또한 그것을 운용하는 과정 동안 내 스스로가 어느 정도까지 혼성공간 속에 살고 있다는 것을 발견했다. 나는 언젠가 누이가 응접실로 갈 때 내 '자동차를 밟지' 않도록 이르고, 다른 순간에는 혼성공간을 운용하도록 돕던 동생이 삼각형 종이 위에 너무 많은 동전을 쌓아 올리자 '넌 그렇게 많은 사람들을 혼다 자동차에 태울 수 없다'고 말했다.

이것이 사소한 예처럼 보일 수도 있지만, 이는 혼성 힘의 핵심을 찌르고 있으며, 그런 점에서 인간을 재치 있게 만드는 것의 핵심을 이루고 있다. 이러한 매우 간단하고 임시적인 혼성공간도 즉각적으로 내가 능숙하지 않은 영역(긴 공간적 거리에서 사람과 큰 사물의 이동의 타이밍에 대해 생각하기)에서 문제를 해결하기 위해 매우 능숙한 것(작은 물건의 공간적 형상을 조작하고 직접적으로 지각하기)에 의존하도록 한다.[54] 수학적 양을 상징화하는 아라비아 숫자나 **시간은 공간이다**라는 은유를 강력하게 시각화하는 시계 같은 모든 인간의 물리적 상징은 구조적으로 동일한 기능을 한다. 나는 디지털 시계에만 의존해야 한다면 회담의 속도를 조정하는 것이 어렵다는 사실을 알고 있다. **시간은 숫자이다**라는 혼성공간은 예를 건너뛰고, 읽을지 또는 속력을 더할지를 결정하는 데 유익할 만큼의 충분한 행동유도성을 제공하지 못한다. 물론 다른 문맥에서는 그것이 시간의 경과를 더욱 정확하고 재빨리 판단하도록 돕는다. 이야기를 하는 데 시간이 얼마나 남았는지를 정확히 알려면 아날로그 시계가 훨씬 더 효과적이다. 왜냐하면 이 물리적 인공물에 의해 구축된 **시간은 공간이다** 혼성공간에서는 시간이 얼마나 남았는지를 즉각적으로 알 수 있고, 할당된 시간이 끝나감에 따라 천천히 움직이는 분침은 유익하고 완전히 본능적인 긴급한 느낌을 주기 때문이다.

인간의 인지에서 문화적으로 변형된 물리적 환경의 역할을 분석할 수 있는 능력은 개념적 혼성 이론의 놀라운 혁신 중 하나이다. 아날로그와 디지털 계량기에서부터 돈과 무덤, 문어를 구성하는 문자소(포코니에와 터너Fauconnier & Turner 2002)에 이르기까지, 우리의 환경에서 물리적 사물과 다양한 구체적인 상징은 '물리적 고정장치material anchor' 역할을 한다. 이것은 혼성공간을 구체화하며, 그것을 그 이상의 혼성공간 구축에서 입력공간으로 사용되게 만든다. **기**라는 중국 개념의 예로 되돌아가 보자. 고고학적 증거를 통해 알 수 있듯이, 맹자의 시대(또는 바로 그 직후) 당시 이 혼성공간은 그 시대의 철학적-종교적 텍스트와 의학 텍스트에 중요한 개념적 역할을 할뿐만 아니라, 예술적 묘사에서도 구체화되

54 "은유의 문화적 표상은 사람들에게 개념적 은유의 일부 양상을 문화적 세계로 '내리도록' 해주어, 사람들은 문제를 해결하고, 의사결정을 하며, 언어를 사용할 때 내적인 정신적 표상에만 의존할 필요가 있는 것은 아니다"라는 레이먼드 깁스Raymond Gibbs(1999: 153)의 말뿐만 아니라, 인간에 대해 특별한 것은 인지를 언어나 사회적 기관과 같은 외적인 버팀대로 내리도록 함으로써 작동기억의 한계를 극복할 수 있는 능력이라는 앤디 클라크Andy Clark(1997: 179-180)을 참조해보라.

었다. 그 시대의 무덤에서 발견된 비단에 그린 그림은 우주 전체에서 흐르고 있는 이상한 물-공기 같은 물질을 묘사한다. 이것은 초자연적인 뱀을 닮은 용이나 다른 영적인 존재와 혼합되는, 약간은 물 같고 약간은 연기 같이 묘사되어 있다. 새로운 문화적 혼성공간에 대한 시각적 표상은 그것을 마음속에 강화하는 데 도움을 주고, 확실히 **기**를 불어넣은 영적인 우주의 예술적 표현은 맹자 시대의 중국인들이 덧없고 비가시적인 **기**가 하늘에서 내려오고, 풍경을 통해 흐르며, 그들 몸의 에너지 경로 아래로 진동하면서 그들 주변에서 작동하는 것을 보도록 한다.

지각적·운동 유연성

우리는 앞서 혼성공간이 기존의 프로그램들의 단편들을 이용하고 그것들을 계산된 방식으로 결합하여 새로운 운동 프로그램을 창조하는 데 사용되는 방식을 논의했다. 우리의 홍적세 조상들은 비탈 아래로 스키를 타거나, 카약으로 물 위를 흔들리며 달리지 않고, 자동차를 운전하거나 마우스로 컴퓨터 스크린과 상호작용하지 않았다. 마찬가지로 현대 서양인들 또한 다른 문화의 특징인 기본적인 생존과 재창조 기술을 배우기 위해 혼성의 안내를 받는 지시가 많이 필요할 것이다. 새로운 운동 프로그램 개발의 한 가지 양상은 수반되는 특정한 도구들을 통합하기 위해 신체 도식을 재조직하는 것이다. 스키와 스톡, 노와 배처럼 수반된 인공적인 신체적 확장이 신체적 자아 표상과 완전히 통합되어야 언덕 아래로 스키를 타거나 카약을 타는 것에 정통할 수 있다. 마이클 아비브 Michael Arbib(1985: 75-76)는 우리의 자연적 능력을 확장하기 위해 도구를 적절히 사용하는 것은 일시적이지만, 근본적인 우리 신체 도식의 재조직을 암시한다고 지적했다. "드라이버를 사용할 때, 우리의 몸은 손끝이 아닌 드라이버의 끝에서 끝난다. 자동차를 운전할 때 우리의 몸은 궁둥이가 아닌 뒤 범퍼에서 끝난다."

이와 같은 우리의 지각적·운동 도식의 재조직은 다양한 시간 척도에서 발생할 수 있다. 우리 손을 드라이버까지로 확장하는 것은 도구를 내려놓자마자 사라지지만, 다른 손의 확장은 명백히 노하우의 장기 기억 속에 저장되고 수정하기 매우 어렵게 된다. 나는 캘리포니아의 베니스 비치에서 조금 이상한 게임을 통해서 라켓으로 하는 스포츠를 배웠다. 그것은 절반 크기의 테니스 코트에서 짧고 단단한 라켓과 부분적으로 수축되는 테니스공으로 하는 것으로 '패들테니스'라고 부른다. 그리고 남캘리포니아를 떠나 '진짜' 테니스를 하게 되었을 때, 나의 암시적인 신체 도식을 재교육하는 데 매우 힘든 몇 주의 시간이 걸렸다. 테니스 라켓의 손잡이에 공을 계속 맞추며, 이런 내 손의 확장이 더 짧아질 것으로 기대했으며, 두 스포츠의 스윙 동작은 매우 비슷하지만 코트의 크기와 완전히 수축된 공의 반동을 일치시키기 위해 내 스윙의 힘과 각도를 조정하는 데 몹시 애를 먹었다.

아주 기본적인 신체 도식의 재형성과 변형을 허용하는 피질 유연성cortical plasticity에 관한 문헌은 매우 많다. 예컨대 손발이나 감각 양식의 선천적 또는 후전적 손실의 결과 때문에 사람을 비롯한 다른 영장류 동물들은 어떤 제약 안에서이기는 하지만 감각 운동 지도를 재배열할 수 있다. 예컨대 어릴 때부터 맹인이던 사람에게 흔히 시각적 처리를 관장하는 부위는 청각적 기능에게 인계되며, 이로 인해 훨씬 강화된 청각적 구별이 가능해진다.(라우쉐커Rauschecker 1995, 뢰더Röder *et al.* 1999)[55] 또한 문화적 인공물에 더욱 적절하게도, 문화적 상징과 도구의 상호작용 때문에 뇌-몸의 조직에 적절한 변화가 초래될 수 있다는 것 또한 분명하다. 압라로 파스쿠알-레온와 페르난도 토레스Alvaro Pascual-Leone & Fernando Torres(1993)의 유명한 연구에 따르면 점자 판독기를 읽는 맹인들의 오른쪽 집게(읽기)손가락을 관장하는 피질 부위는 다른 집단보다 훨씬 더 컸다. 그리고 토마스 엘베르트Thomas Elbert *et al.*(1995)의 연구에 따르면 전문 현악기 연주자의 뇌에는 손가락의 피질 표상은 비非연주자의 그것과 비교해 훨씬 확장되었다.

문화적 관행과 내재적 인간 환경 역시 주위 환경의 기본 자질과 관련해 지

55 피질 유연성에 관한 문헌의 개관을 위해서는 부오노마노와 머제니치Buonomano & Merzenich (1998) 참조.

각적 도식에 영향을 미치는 것처럼 보인다. 리처드 니스벳과 동료들의 비교 문화 심리학에 관한 연구에서는 미국인과 일본인 사이에 공간 지각에서 기본적인 차이가 있다고 주장했다. 예컨대 다케히코 마스다와 니스벳Takahiko Masuda & Nisbett(2001)은 약간 큰 물고기가 수족관에서 헤엄치고 있는 물속의 장면을 미국과 일본 실험 대상자에게 보여주면, 미국인들은 초점 항목(물고기)에 더 많은 주의를 기울이지만, 일본인들은 보다 더 총체적이고 문맥적으로 정확히 그 장면을 떠올린다는 사실을 발견했다. 이와 비슷하게 유리 미야모토Yuri Miyamoto *et al.*(2006)는 미국의 실험 대상자들은 다양한 거리 장면을 제시했을 때 전경에 더 많은 주의를 기울이지만, 일본 실험 대상자들은 그 장면의 문맥적 정보를 더 많이 상기시킨다고 했다. 이들은 문맥이 아닌 전경에 더 많은 주의를 기울이는 경향이 있는 미국의 물리적 도시 환경과는 달리, 일본의 경우는 매우 다른 행동유도성에 의한 점화의 결과일 수 있다고 추측하며, "문화적으로 특징적인 환경이 변별적인 지각 패턴을 제공할 수 있다"라는 결론을 내린다.(113. 기타야마Kitayama *et al.* 2003 참조)

몸속에 문화 넣기

점자 읽기, 현악기 연주, 특정한 도시 환경에 거주하기가 피질 지도와 개념적 도식을 의미심장하게 재조직할 수 있다는 사실은 신체 도식을 포함해 도식의 획득과 유지가 문화적 관행에 의해 영향을 받는다는 사실을 암시한다. 따라서 인지언어학 공동체 내에서는 신체화된 마음의 발달을 이해하려면 문화적 문맥에 많은 주의를 기울여야 한다는 주장이 나오기 시작했다.[56] 앞서 논의한 '물리적 고정장치'에 관해 레이먼드 깁스Raymond Gibbs(1999: 146)는 외부 상징을 특별한 이미지나 혼성공간을 위한 장소의 연상이나 생각을 유발하는 물체로 사용할 수 있는 인간의 능력 때문에, 인지언어학자들은 '은유 및 은유와 사고의 관계를

56 특히 깁스Gibbs(1999)와 킴멜Kimmel(2005)뿐만 아니라 페르난데스Fernandez(1991)에 수록된 논문 참조.

개인적 마음을 넘어서 확장되고 문화적 세계로 확산되는 인지적 연결망으로 생각해야' 한다고 주장한다. 이것은 무엇보다 현대 인간에게 어느 정도까지 물리적 환경이 문화적 정보로 가득 차 있는지를 고려하지 않고서, 개인적 몸과 총칭적인 물리적 환경에만 초점을 둔 초창기 인지언어학에 대한 중요한 개선책이다.

이런 단점에 대한 반응으로 팀 뢰러Tim Rohrer(2001: 58)의 은유와 혼성에 관한 보다 최신의 연구는 "발달 중인 몸이 사람 및 문화와 고립해서는 존재하지 않는 것은 그것이 공간에서의 상호작용과 고립해서는 존재하지 않는 것과 같다. 이런 점에서 신체화 가설은 '위로' 넓어져서, 뉴런과 신경 회로라는 작은 척도로부터 멀어지고 사람들이 서로 상호작용하는 문화적 현상이라는 큰 척도로 들어간다"는 것을 인정한다고 말한다. 인지언어학의 방법론에 관심은 있지만 문화간 분석에 경험이 있는 인류학자와 인지과학자들은 문화적 관행을 산 환경의 부분으로 진지하게 받아들이는 문맥에서 영상도식이 어떻게 발전하는지를 훨씬 세세하게 묘사했다. 몇 가지 예만 인용하자면, 크리스 신하와 크리스틴 젠스디 로페즈Chris Sinha & Kristine Jensen de Lopez(2000)는 멕시코의 원주민인 자폭텍과 덴마크 사회에서 이용하는 그릇의 유형뿐만 아니라, 그런 그릇을 이용하는 방식에서의 차이 때문에 이 문화권의 아이들은 '비주류under'와 '주류in' 같은 개념을 이해하기 위한 도식을 발전시키는 방식에 영향을 받는다고 주장했다. 캐스린 게르츠Kathryn Geurts(2003)도 이와 비슷하게 가나의 안로-이웨이족들 사이에서 물리적 균형에 대한 강렬한 문화적·관례적 초점과 결부해 무거운 짐을 머리로 옮기는 관행이 앞서 논의한 기본적인 균형 도식에 대한 더욱 미묘한 경험뿐만 아니라, 이 문화에서 이 도식의 더욱 중심적이고 널리 퍼진 은유적 역할을 유발한다고 주장했다. 슬링거랜드Slingerland(2004b)에서는 도덕성에 대한 초기 중국과 현대 서양 은유를 비교하여, 개인과 다른 사람들과의 관계 및 사회적 역할에 대한 다양한 개념들이 어떻게 도덕성에 관하여 서로 다른 도식들이 강조되게 하는지를 보여주고자 했다. 초기 중국의 윤리 이론에서는 **도덕성은 중심에 있는 것이다**라는 도식이 지배적이지만, 최근의 서양에서는 **도덕성은 회계이다**라는 도식을 강조한다.

이런 증거에 비추어서 마이클 킴멜Michael Kimmel(2005: 299)은 인지언어학이 "담화, 의식관례, 물질문화가 어떻게 영상도식을 형성하는지는 무시한 채로, 영상도식이 어떻게 담화를 형성하는지를 단일 방향적으로 이론화하는 경향을 극복해야 한다"고 주장했다. 하지만 문화를 무시하는 것은 결코 사고와 언어의 인지언어학 모형의 내재적인 부분이 아니다. 인지언어학은 시작한지 얼마 안 되는 분야이기 때문에 초기 단계에서 얼마간의 문화적 근시안이 있다는 것은 놀라운 일이 아니다. 이런 단점은 신속하게 극복되고 있으며, 인지언어학 자체의 도구가 이 과정에서 귀중한 도움이 되는 것으로 입증되고 있다. 은유와 혼성 분석을 통해 하이브리드 문화적-생물학적 환경이 어떻게 만들어지고, 발전 중인 몸-마음에 의해 어떻게 경험되고 통합되며, 추상적 사고를 구조화할 때 어떻게 이용되는지를 정확히 추적할 수 있다. 그런 분석은 '우리가 더불어 사는 혼성공간'을 평가하고 처음에는 이국적이던 문화의 사고-세계를 이해할 수 있는 수단을 제공한다.

문화의 역학 모형

미야모토Miyamoto *et al.*(2006)가 수행한 연구에서 한 가지 흥미로운 결과는 일본과 미국 실험 대상자들에게 '일본식' 장면을 점화했을 때, 두 집단 모두 '미국식' 장면을 점화했을 때보다 문맥적 정보에 더 많은 주의를 기울인다는 것이었다. 또한 **시간은 수직선이다**라는 다른 점에서는 매우 이상한 도식이 표준 중국어의 시간 단어를 설명 받은 비非표준 중국어 사용자들에게서 얼마나 빨리 인지적으로 활성화되는지를 생각해 낼 수도 있다. 이것은 문화적 다양성과 관련하여 두 가지 결론을 암시한다. 첫째, 가능한 문화적 선택의 범위는 매우 제한된 듯하다. 환경적 점화나 언어적 점화에 따라 서로 다른 문화권의 사람들은 전체적 장면보다는 초점 사물에 더 주의를 기울이거나, 시간이 수평선이 아닌 수직선을 따라 흐르는 것으로 생각할 수 있다. 하지만 토끼가 들판을 가로질러 돌진하는 것을 본 사람이면 누구든 원주민의 언어로 '토끼(gavagai)'라고 외치지만, 이것으로 '토끼 사건이 있다' 또는 '분리되지 않은 토끼 부위가 있다'는 것을 뜻하지는 않을 것이다.[57] 시간은 수평이나 수직으로 흐를 수 있지만, 사람들은 **시간은 타피오카 푸딩이다**라는 말이 아닌 아닌 **시간은 공간이다**라는 개념을 지각한다. 유기체가 세계를 분할하는 논리적으로 무한히 가능한 방법을 고려하면, 전 시간과 전 공간에서 사람들은 매우 제한된 대안들을 중심으로 무리를 이루는 것처럼 보인다. 둘째, 지각적 세계나 개념적 세계에 대한 문화적으로 특정한 미세한 조정이 비교적 피상적인 것처럼 보인다. 이러한 미세한 조정은 외부인이 매우 쉽게 익히고, 문화적 환경이 바뀔 때 쉽게 삭제되는 듯하다.

따라서 개인이 가진 세계관의 문화적으로 특정한 성분은 깊고 광대하며 대개 불변하는 인지적 보편소 위에 떠 있는 펴서 늘린 얇은 조각처럼 보일 것이다. 스콧 아트란Scott Atran(1990: 263-264)도 문화적 다양성과 '상식적 핵심common sense core'을 구분하면서 이와 비슷한 결론을 내렸다.

> 본래 어디에나 인간의 마음에는 상식이 부여되어 있다. 인간의 마음에는 자발적으로 형식화된 세계에 대한 표상의 핵심을 결정하는 보편적인 인지적 경향이 있다. 세계는 모든 문화에서 기본적으로 동일한 방식으로 표상된다. 세계에 대한 핵심 개념과 신념은 쉽게 획득되고, 사회적·자연적 환경과의 평범한 상호작용에 타당한 경향이 있다. 하지만 그것은 인지 영역에 국한되고 다소 고정된다.

아트란이 지적하듯이 '문화는 자발적으로 정교화되지 않는 실용적·사색적 표상 체계를 갖고서 상식적 핵심을 뛰어 넘어 발달하고 다양화된다.'(264) 다시 말해서 개념적 은유와 은유적 혼성의 발달을 통해 그렇게 한다. 하지만 그런 직

57 퀸의 유명한 (또는 악명 높은) '토끼' 예와 번역의 미결정성에 관한 논증을 위해서는 콰인Quine (1960) 참조.

관에 반하는 생각은 '상식적 직관'의 안정된 핵심에 뿌리를 두고 있기 때문에 이해 가능하다.(265)[58]

문화와 핵심 인지 간의 관계를 (물론 은유적으로) 개념화하는 점차 대중적인 한 가지 방법은 역학epidemiology 모형에 근거한 것이다. 투비와 코스미데스Tooby & Cosmides(1992)는 구조화하는 입력공간으로서의 역학을 문화의 존재와 확산을 이해하는 방법으로 제시했다. 이것은 한 사람에게서 다른 사람으로 사물을 의식적이고 물리적으로 전달한다는 것을 암시하는 '전달' 은유보다 훨씬 우선한다. 이들이 말하듯이 '역학적' 확산의 이미지는 전달의 이미지보다 우선한다. 왜냐하면 문화적 획득은 종종 완전히 비非의도적인 모형화와 모방의 결과이기 때문이다.(118) 역학이 좋은 은유라는 또 다른 중요한 이유는 문화적 형태들이 언어, 의례행사, 실물로 공적으로 표상됨으로써 개인과 다소 독립적인 환경에서 힘이 된다는 데 있다. 또한 문자적 병원균처럼 문화의 확산은 숙주의 구성에 의해 강하게 제한된다. 대부분 선척적인 기존의 인지 구조는 문화적 생각이 취할 수 있는 형태를 강하게 제약하고, 그런 생각이 개인적 마음을 통해 이동할 때 이를 여과하고 변경하는 데 중요한 역할을 한다.[59] 파스칼 보이어Pascal Boyer(1994:

58 "일차적" 인지(보편적 상식)와 "이차적" 인지라는 다니엘 스퍼버Daniel Sperber(1985)의 구분을 참조해보라. 후자는 더 유연하며, 전자의 문화적 정교화와 수정의 결과이다. 또한 스퍼버와 허쉬펠드Sperber & Hirshfeld(2004) 참조.

59 이것은 또한 우연적으로 리처드 도킨스Richard Dawkins(1976/2006: 제11장)가 처음으로 개발했으며 대니얼 데닛Daniel Dennett(1995: 제12장)이 열정적으로 옹호한, '밈meme'이 인간의 뇌에 거주하고 있는 완전히 독립된 유전자 같은 기생충이라는 생각이 문제가 되는 이유이다. 문자적 유전자나 바이러스와는 달리, '밈'은 그 자체의 독립된 기층 없이 숙자 자체에 의해 창조된 병원균이다. 이것들은 선택되는 개별적인 단위에서 존재하지 않으며, 복제 적합도는 아주 간단한 정도로 무시무시하다. 'telephone'의 게임이 예증하듯이, 개인마다 반복되는 생각은 시간이 지나면서 재빨리 퇴화하여, 재빨리 소음의 침공을 받고 다른 생각들과 혼성되고 기존의 가정과 일치하도록 변경된다. 아마 가장 중요하게도, 스티븐 제이 굴드Stephen Jay Gould(2000)가 말하듯이, 문화적 변화는 다윈적이지 않고 라마르크적Lamarckian이다. 문화적 진화의 강력한 방향성은 다윈적인 선택 유도적 변화를 완전히 압도한다. 로버트 보이드와 피터 리처슨Robert Boyd & Peter Richerson(2005: 116)도 문화적 진화에서 발견할 수 있는 '통제된 변이'는 "유전적 진화에서 아무론 훌륭한 유사물을 갖지 않는다"고 지적할 때 비슷한 주장을 한다. 도킨스와 데닛이 형식화한 밈 이론이 가진 문제에 대한 훌륭한 최근 요약을 위해서는 엉거Aunger(2006)와 엉거

391)는 "인간 마음의 일반적인 특성이 주어지면, 어떤 표상은 다른 표상보다 더욱 획득되고 전달되어 인류학자들이 '문화'라고 부르는 안정된 표상을 구성한다"고 지적하고 있다. 보이어는 자신의 분야를 뒤르켐의 '자립적 실체로서의 문화' 사고를 넘어서 문화적 전달을 선택적 과정으로 간주하려는 문화인류학자이다. 이때 크고 강력한 선천적인 인간의 인지적 편견은 어떤 정신적 표상은 다른 정신적 표상보다 더 잘 받아들여지고 전달된다고 확신한다.[60]

미세 조정과 사소한 위배

필경 예하의 정치적 당파가 그에 상응하는 것보다 더 강력해지고, 더 많은 영향력을 갖추게 된 상황과 관련한 공자의 『논어』에 대한 16, 17세기의 한 비평에 따르면 "꼬리가 너무 길어서 흔들 수 없다"는 것이다.[61] 이것을 현대의 구어체 영어로 번역하려면 '꼬리가 개를 흔들고 있다The tail is wagging the dog'처럼 약간 조정해야 하지만, 전혀 관련 없는 두 문화가 이런 특이한 이미지로 수렴되는 것은 놀랍다. 이런 종류의 수렴은 문화간 의사소통과 번역을 가능하게 하며, 이처럼 특이하게 두드러진 유사물은 고전학자, 인류학자, 탐험가, 무역업자가 어떻게 늘 존재하고 널리 퍼져 있으며 중추적이어서 우리가 호흡하는 공기처럼 거의 알아챌 수 없는 인간의 인지적 공통성의 매체를 통해 나아갈 수 있는지를 유익하게 환기시킨다.

은유와 은유적 혼성을 통해 이런 보편적 상식은 어떤 식으로든 확장되고 변경되고 변형되지만, 아주 엄격한 제약 내에서만 그렇게 한다.[62] 물론 실증적 연구

Aunger(2000)에 수록된 논문을 참조하고, 밈 이론의 문제 중 일부를 피하는 문화의 진화 모형을 위해서는 보이드와 리처슨Boyd & Richerson(2005: 제3장) 참조.

60 이 입장에 대한 훌륭한 소개를 위해서는 보이어Boyer(1994) 참조. 바렛Barrett(2000), 바렛과 니호프Barrett & Nyhof(2001), 노렌자얀과 아트란Norenzayan & Atran(2004), 노렌자얀Norenzayan *et al.*(2006) 참조.

61 지아 훙Jiao Hong 『어록』 3.19.(청 수던Cheng Shude 1990: 197)

62 이와 관련해 내가 여기서 옹호하고 있는 문화의 모형은 로버트 보이드와 피터 리처슨Robert Boyd & Peter Richerson(2005)의 영향력 있는 최근 모형과는 다소 다르다. 이들은 문화를 자연적

가 필요하겠지만, 혼성공간에 의해 수행된 뒤 언어적·물질적 환경에서 고착되는 제동된 혁신은 분명 최대 둘 또는 세 개의 '제동된 전환ratchet turn'에 국한될 것으로 추측된다. 즉 혼성공간이 원래의 영역 특정적 입력공간으로부터 너무 멀리 떨어지게 되면, 정서적 효과를 잃거나 이해하기 어렵다. 이는 인간 창조성에도 한계가 있다는 것을 뜻한다. 무한한 양의 뒤섞음이 가능은 하지만, 새로운 카드의 수에는 한계가 있다. 더 정확히 말해 새로운 카드가 어떻게 달라질 수 있는가는 한계가 있다는 것이다.

인간의 도덕성을 고려해보자. 혈연선택의 힘의 결과로 대부분의 포유동물이 그들 동료들에 대해 얼마간의 감정이입을 갖도록 진화했다는 것은 명확하다.[63] 하지만 대부분의 인간 역사에서 그런 감정이입을 받을 가치가 있는 '동료fellow'로 간주되는 것은 대개 자기 부족이나 마을 구성원들에 국한되었으며, 이들 모두는 어느 정도 스스로에게 연결되어 있다. 인간이 아닌 동물로서의 부족 구성원들이 아닌 것들은 일반적으로 전혀 다르고 호감이 덜 가는 규칙에 따라 다루어졌다. 이 체계는 우리의 조상의 환경에서 잘 작동했다. 말하자면 다른 식으로는 진화하지 않았을 것이라는 얘기이다. 하지만 아마도 농업의 발견과 큰 마을과 도시의 창조로 대표되는 인간의 사회 조직에서의 엄청난 격변은 이런 혈연에 근거한 감정이입을 보충하고, 은유적 혼성을 통해 그것을 원래의 영역을

선택과 함께 독립적이고 '최종적인' 인과성 요인으로 간주한다. 예컨대 이들은 종 문화적 본능과 수치나 죄의식 같은 새로운 '사회적 본능'을 대조시키지만, 나는 사회적 본능은 '고대의' 본능에서 은유적으로 확장된 것으로 간주되어야 한다고 주장하고 있다. 이런 은유적 확장은 결코 멀리 떨어져 있지 않으며 항상 덜 생생하지 않다. 이들이 지적하듯이, "결정적인 질문은 한쪽으로 치우친 전달과 자연적 선택의 상대적 가치에 매달려 있다. 심리적 힘이 더 중요하다면, 문화적 진화의 원인은 궁극적으로 선천적인 일차적 가치로 거슬러 올라갈 것이다. 그리고 문화는 근사적 역할을 할 것이다."(80) 이것은 다소간 내가 여기서 옹호하고 있는 관점이기도 하다.

63 쥐와 인간에 이르기까지 포유동물에 대한 많은 실험과 행동 관찰에 대한 개관을 위해서는 프레스톤과 발Preston & Waal(2002) 참조. 이것은 "많은 종의 개체들이 동족의 고통에 괴로워하며, 심지어 스스로에게 위험을 당하면서까지 그런 고통을 끝내기 위해 행동한다"(1)는 것을 암시한다.

넘어 확장함으로써만 가능해졌다. 동료 시민과 같은 종교를 믿는 사람들은 은유적 형제자매가 되고, 모두 초자연적인 위대한 '어머니'나 '아버지' 아래서 새로운 은유적 가족에서 단결된다.

예컨대 앞서 이미 많이 논의된 초기 중국 사상가 맹자의 주된 목표 중 하나는 자기 시대의 통치자들에게 동정심과 불완전한 도덕적 수치심을 포함해 그들의 선천적인 도덕적 직관을 은유적으로 '확장하게推' 만드는 것이었다. 이는 폭넓은 임무들을 완수하여 스스로를 부족의 골목대장으로부터 진정한 왕으로 변형시키기 위한 것이다. 맹자 시대에 새로운 정치 구조는 더 크고 복잡한 국가를 통치해야 한다는 요구를 다루기 위해 개발된 것이다. 최근에 발견된 그 시대의 고고학 문헌[64]에서의 주된 주제는 잠재적 공직자에게 그들의 가족과 혈연 구성원에 대해 자연스럽게 느끼는 것과 동일한 사랑과 헌신을, 정치적인 상급자에게도 느끼게 만드는 것이다. 이것은 가족의 사랑으로부터 사회적으로 확장된 충성으로의 은유적 도약을 하는 일이 소규모의 부족 체계를 교체하기 위해 초기 국가가 잘 해내야 했던 주된 책략 중 하나였음을 암시한다. 아마도 현대 도덕성의 특성은 다양한 계층, 종족, 성별과 동물의 권리 운동의 경우에서처럼 다른 종들을 감정이입이란 우산 아래 두면서, 도덕적 범위를 계속 확장하려는 일진월보하는 시도이다. 하지만 이런 문화적 혁신 중 어느 것도 선천적인 감정이입의 충동을 근본적으로 교체하거나 바꾸는 것을 수반하지 않는다. 선천적인 영장류 동물의 감정이입은 새로운 대상으로 확장되고 있을 뿐이다.

스스로에게는 희생을 치르고서라도 이타적 처벌, 즉 사회적 사기꾼의 처벌을 가하려는 본능인 또 다른 선천적인 도덕적 정서를 고려해보자. 거짓말 탐지 기제와 이타적 처벌 동기가 인간을 비롯한 다양한 영장류 동물에게 존재한다는 강력한 이론적·실증적 증거가 있다.[65] 하지만 조셉 헨리히Joseph Henrich *et*

---

64 1993년에 발견되고 1998년에 출판된 이른바 궈디앙Guodian郭店楚簡 연구 결과.

65 무임 승차자를 처벌하기 위한 기제의 이론적 필요성을 위해서는 트리버즈Trivers(1971), 액설라드Axelrod(1984), 보이드와 리처슨Boyd & Richerson(1992), 진티스Gintis(2000), 헨리히와 보이드

al.(2006)는 타격이 큰 처벌에 기꺼이 참여하려는 자발성이 보편적이지만, 이런 자발성이 행동으로 옮겨지는 정도는 문화마다 매우 다르다는 사실을 발견했다. 헨리히Henrich *et al.*(2006: 1770)는 이것이 선천적 경향의 문화적인 미세 조정을 반영하며, "서로 다른 집단이 서로 다른 '문화적 평형'에 도달하므로, 국지적 학습 역학이 집단 간 변동을 생성하는" 결과를 가져온다고 주장한다. 이들은 그에 따른 협력 층위에서의 집단 간 차이가 집단 선택의 효과를 낳을 수 있다고 가정한다. 이때 더 강한 사기꾼 처벌 관행을 가진 사회는 더 약한 사기꾼 처벌 관행을 가진 사회를 능가한다.

언뜻 보면 매우 자의적이고 문화적인 특정처럼 보이는 종교적 신념과 관행 같은 문화적 현상도 언급해야 한다. 여기서도 인간 공통성이 차이의 겉치장 아래에 많이 잠복해 있기는 마찬가지이다. 예컨대 종교적 권고와 관행은 원래 사람들에게 중요한 사물을 중심으로 일어난다. 물론 그것은 이런 사물들을 부인하거나 금지하는 것이기는 하다. 전 역사와 전 세계에서 많은 종교적 전통은 독립적으로 금욕주의를 하나의 관행으로 생각하고, 진지한 신봉자들에게 섹스, 음식, 물리적 안락 같은 평범한 인간적 사물을 자제하게 한다. 하지만 이런 금욕주의적 관행의 개념적 힘은 이들이 부인하는 이런 사물의 심오한 선천적 본질로부터 정확히 도출된다. 독신은 뚜렷하게 인상적이므로 종교적 관행으로 보충될 것 같다. 왜냐하면 그것은 비非문화적 이유로 우리에게 매우 중요한 무언가를 부인하기 때문이다. 내가 아는 한 역사상 어느 문화에서도 아침에 늦잠을 자거나 해변에서 편히 산책하는 것을 중심으로 하는 종교는 없었다.

Henrich & Boyd(2001), 페르Fehr *et al.*(2002), 페르와 개흐터Fehr & Gächter(2002) 참조. 인간의 뇌에 특수한 사기꾼 탐지 모듈이 존재한다는 증거를 위해서는 코스미데스Cosmides(1989), 코스미데스와 투비Cosmides & Tooby(2000, 2005), 스기야마Sugiyama *et al.*(2002) 참조. 인간에게 변별적인 사기꾼 처벌 정서가 존재한다는 것을 입증하는 실험 증거를 위해서는 카너먼Kahneman *et al.*(1998), 드 퀘르뱅de Quervain *et al.*(2004), 오고먼O'Gorman *et al.*(2005), 프라이스Price(2005) 참조. 꼬리말이원숭이가 불공정한 음식 분배 보상 체계에 대한 불만을 표현하기 위해 스스로에게 상당한 고통을 기꺼이 가하는 것처럼 보인다는 것을 암시하는 연구를 위해서는 브로스넌과 드 발Brosnan & de Waal(2003) 참조.

인상적인 위배를 만들어 내려는 공통된 인간적 가치와 상식에 대한 이런 의존은 종교적 개념으로도 확장된다. 이런 종교적 개념은 종종 처음에 문화적 이방인을 이상하고 특유한 것으로 생각한다. 이상함에도 불구하고 상식적 직관의 '최소의 위배'(가령 평범한 인간 행위자와 비슷하지만 눈에 보이지 않을 정도로 날고 움직일 수 있는 존재)를 수반하거나, 행위자처럼 '행동하는' 사물(눈물을 흘릴 수 있는 상, 들을 수 있는 바위) 같은 특별한 속성의 간단한 영역횡단 투사를 수반해야만, 종교적 개념이 기억할 만하고 쉽게 전달될 수 있다는 이론에 관한 문헌이 대거 등장했다.[66] 성삼위일체Christian Trinity는 제3장에서 탐구한 선천적 무수함numerosity을 위배하기 때문에 인상적인 신비이며, 무아no-self라는 초기 불교의 신조는 마음 이론을 위배하기 때문에 뚜렷한 인상을 남긴다. 이 모든 경우에 문화적 다양성은 심오하지만 대개는 무의식적인 공통성을 배경으로 해야만 겉으로 드러날 것이다.

보편적인 해독 열쇠로서의 인간 몸-마음

나는 앞서 논의한 『맹자』의 부분을 중국 사상에 관한 학부 개설 강의를 수강한 학생들에게 과제로 제출했다. 이들은 모두 그것이 강력하고 즐거운 담화라고 생각하면서, 묵자는 틀렸음을 확신하고 자기수양에 대한 맹자 접근법의 지혜에 대한 확신을 안고 떠나갔다. 완전히 이국적 문화에서 나온 고대 텍스트가 명확하고 강력한 목소리로 현대인에게 이야기하는 이런 현상의 공통점은, 움직이는 사물에 손을 뻗어 그것을 쥐거나, 함께 이야기를 나누고 있는 사람의 정서를 판단하고, 그에 따라 우리의 톤이나 손동작을 조정하는 것을 모두 쉽게 한다는 것과 비슷하다. 이 모든 경우에 우리가 노력을 들이지 않는다는 것은 그에 수반되는 실제 과정의 어마어마한 복잡성을 모호하게 한다. 물론 싹이 자라도록 그

---

66 보이어Boyer(1994, 2001)와 바렛Barrett.(2000)

것을 끌어당긴다는 생각은 어리석기 짝이 없다. 물론 현대의 대학생들은 누군가가 어리석게도 굽힐 수 없는 물의 아래로의 흐름을 저지하는 이미지에 예상대로 반응한다. 이런 인지적 투명성의 느낌 때문에 B.C. 4세기에 몹시 여윈 유교 학자들이 고체의 중국어로 정리한 텍스트가 천 년 후까지 남아 있고, 이것이 현대 영어로 번역되며, 21세기의 헐렁한 바지를 입은 MTV를 보는 대학생들의 마음속에서 원 저자에게 다소간 예상 가능한 방식으로 입력공간의 구축을 유발할 수 있다는 것이 얼마나 대단한 일인지를 우리는 쉽게 간과하게 된다. 다시 말해서 대나무 조각과 종이 위의 복사된 기호가 천 년 간 연속적으로 이어졌기 때문에 B.C. 4세기 중국에서 특정 사람의 뇌에서 발생한 자발적이고 부분적인 공감각 상태의 재생산이 21세기에 사는 20살 학생들로 가득 찬 한 교실의 뇌 속에서 다시 유발된 것이다. 이것은 우리를 깜짝 놀라게 할 수 있다.

물론 이야기와 은유에 대한 나의 번역뿐만 아니라 그 의미에 대한 나의 해석이 학생들의 텍스트 이해 방식을 형성하는 데 역할을 한다. 나는 사실상 이 단락 중 일부를 다양한 방식으로 잘못 해석했을지 모른다. 아마 나는 6:A:2의 '소용돌이치는 물whirling pool'이 관개 관리와 관련된 것으로 잘못 생각하고 있거나(이것은 그것에 관한 다소 새로운 해석이다), 초기 중국 관개 관리의 중요한 관련 특징들을 모를 수도 있으며, 이로 인해 다시 맹자의 입장을 잘못 이해하게 되었을지 모른다. 내가 환기된 은유의 일부 함의를 놓쳤거나 부적절하게 해석하여 의도된 혼성 구축의 불발을 유발했을 가능성도 있다. 이런 종류의 잘못된 전달은 다른 문화나 시대의 텍스트들에서도 흔하다. 언어학자와 역사학자의 주된 일은 우리가 그런 실수를 범하지 않도록 도와주는 것이다. 그리고 이런 잘못된 전달은 매우 세속적인 상황에서도 항상 일어난다. 나는 뉴저지에서 자랐기 때문에 20살의 나이에 캘리포니아로 이사를 갔을 때에는 그곳의 많은 사람들이 내뱉는 비꼬는 말을 비롯해, 다른 형태의 욕설을 친절한 애정 표현으로 제대로 받아들일 수 없다는 사실을 깨닫게 되었다. 이와 비슷하게 우리 모두는 때때로 물건을 떨어뜨리고, 길에서 넘어지고, 다른 사람의 얼굴 표정이나 손동작을 잘못 해석한다. 하지만 대개 우리는 아주 쉽게 이 세계에서 살아가며, 『맹자』와 같은 문화적으로 매우 이국적인 대다수의 텍스트의 의미는 알맞게 번역을 해주면, 사람들이 이를 완전하고 명료하게 직접적으로 받아들이게 된다. 이해와 수행에 빈번히 발생하는 실패는 깊이 묻혀 있는 규칙을 입증하는 피상적이며 명백한 예외일 뿐이다. (뇌를 포함해) 사람의 몸은 무언가를 하도록 구축되었고, 특히나 대개 무의식적이며 매우 잘 그렇게 수행하도록 구축되었다.

『맹자』의 저자가 구축한 혼성공간이 우리가 번역된 텍스트를 읽으면서 우리의 뇌에서 재창조된다는 사실은, 사고는 언어에 의해 **구성되는** 것이 아니라 언어에 의해 유발되고 전달된다는 인지언어학자들의 주장을 뒷받침한다. 더욱이 몸의 감각적-정서적 반응을 포함해 고려한 대부분의 사상의 세부 점들이 언어들 사이에서 매우 비슷하며 천 년이 지나도 직접적으로 이해된다는 사실은, 인간의 정서적-본능적 반응이 문화와 시대를 넘어 불변하며 예측 가능하다는 제3장의 주장을 뒷받침한다. 물론 개념적 혼성의 과정은 이런 반응들이 잠재적으로 무한히 다양한 수사적 목적으로 이용되도록 한다. 인간은 우리에게 즐거움을 주는 것, 추구할 가치고 있는 것, 유의미한 것에 급진적인 변화를 가져오기 위해 인지적 유동성과 문화적 기술을 소유하고 있다는 점에서 동물들 사이에서 분명히 특이하다. 하지만 이 모든 인지적·문화적 혁신은 우리 신체화의 본질에 바탕을 두고 있고, 궁극적으로는 그것의 제약을 받는다. 이는 대부분의 이국적인 문화적 관행이나 인공물과 직면할 때도 우리의 몸-마음이 보편적인 해독 열쇠의 역할을 할 수 있음을 뜻한다. 모든 문화와 모든 시대에 걸쳐 인간 마음의 산물의 신체화된 기원을 발견하고 추적하기 위한 인지언어학의 도구를 통해 정당하게 의심받는 계몽주의 실재론에 전념하지 않고서도 포스트모던의 언어의 감옥에서 빠져나오는 길을 찾을 수 있다.

제3부

수직적 통합의 옹호

제5장

실증주의의 옹호: 상식적 실재론과 실용주의적 진리

제1-4장에서 X & X(2003)는 Y가 사실이라는 것을 '발견했고,' X(2001)의 결과는 Z가 사실임을 '암시한다'라고 말하면서, 다양한 입장을 뒷받침하는 실증적 증거를 대거 제시했다. 당신은 이와 같은 진술을 몇 가지 방식으로 받아들일 수 있을 것이다. 그런 증거가 Y나 Z 입장을 뒷받침하는 매우 설득력 있는 경우를 이룬다고 받아들이며 나를 따를 수도 있다. 또는 실증적 연구에 몰두하지만 이 특별한 경우들을 결함이 있는 연구로 간주할 수도 있다. 이것들은 불충분한 실험 설계나 실험자가 고려하지 못하는 변수 때문에 증명하고자 하는 것을 증명하지 못하는 연구인 것이다. 마지막으로 당신은 사회구성주의자이기에 실증적 증거에 대한 **어떠한** 언급도 단순히 좋은 인상을 주려는 불필요한 수사적 말로 느낄 수도 있다. 아마도 '실증적' 연구는 실험자의 추정과 예상 말고는 아무것도 밝혀주지 못하므로, 어떤 식으로든 수사적 주장의 다른 형태보다 인식론적으로 우월하지 않다. 하지만 현대의 서양 문화에서 '과학'에다 새로운 공식적인 종교라는 특권적 위상이 수여되었으므로, 과학 같은 복장으로 주장을 꾸미는 것은 매우 효과적인 전략이다. 헌신적인 포스트모더니스트가 보기에는 수직적 통합을 추진하는 것은 나의 주장에 그럴 듯한 엄숙함의 인상을 주기 위해 과학의 명성을 빌려오고, 인상적으로 과학적인 것처럼 들리는 여러 참고문헌을 삽입하여 나의 개인 의견을 제기하도록 고안된 수사적 책략으로 비칠 수 있다.

인문학자를 위해 글을 쓸 때도 대부분의 인지과학자들은 실증적 탐구에 관해서는 기본적인 포스트모던의 회의주의를 다루지 못한다. 이것은 타당한 우려라는 점에서 치욕이며, 과학에 종사하는 연구자들이 그것을 직접적으로 다루지 못함으로써 매우 중요한 청중을 단순히 생각 밖의 것으로 간주하는 격이다. 앞서 주장했듯이 이들은 이들 과학자들이 말해야 하는 것을 듣는 청중이다. 특히 제1장에서 탐구한 객관주의의 치명적인 문제를 고려하면 실증주의를 일관되게 옹호해야 할 필요성은 절실하다. 신적인 초시간적 확실성에 대한 객관주의적 열망으로 되돌아갈 수 없다면, 대화적 주장 외에 무엇이 남겠는가? 서론에서 이야기했듯이 이 질문에 답하는 열쇠는 객관주의와 포스트모더니즘의 기초가 되는 근본적인 이원론적 가정을 넘어서고, 인간의 인지와 탐구에 대한 신체화된 실용주의적 모형을 그 자리에 놓는 것이다.[1] 이 장에서는 사물의 물질계와 접촉하고 그곳에 이미 깊이 새겨진 인식 주체에 기초하여, 실증적 연구의 실용주의적 모형을 형식화하려는 다양한 철학자들과 과학철학자들의 시도를 제시할 것이다. 왜냐하면 인식 주체 역시 속세의 번뇌의 한계 내에서 투쟁하는 초세속적인 유령이 아니라 사물이기 때문이다. 그런 탐구 모형은 지식의 한계에 대한 질문에 잠정적으로 답할 수 있다. 그것은 객관주의의 과일보다 맛은 덜하지만 덜 손상될 것 같다.

1 앞서 언급했듯이, 래리 라우던은 강한 포스트모던 상대주의를 "실증주의 뒷면positivism' flip side"으로 간주하고, 소박한 객관주의의 합당한 비판에서부터 공통된 실증주의적-상대주의적 가정으로의 불합리한 추론(non sequitur) 상대주의적 결론으로의 많은 전환을 추적해야 한다는 강력한 주장을 했다. 라우던의 요지는 객관주의의 소멸이 과학적 방법이나 합리성의 더 느슨하고 더 실용주의적인 정의를 어떤 식으로든 무효화하지 않는다는 것이다. 리처드 번스타인도 "데카르트적 불안"을 논의하면서 비슷한 주장을 한다. 번스타인Bernstein(1983: 23)은 이것이 현대 상대주의의 중심에 있는 것으로 간주한다. 그리고 이것은 그가 믿기로 아리스토텔레스의 **실천지***phronesis*와 비슷하게 더욱 실용주의적인 지식의 모형으로 나아가게 되면 치유될 수 있는 불안이다.

실용주의: 사고의 '모국어'

실용주의 운동의 큰 기여와 가장 직접적인 미국 기원의 반영은 상식이라는 개념을 인간의 인지에 대한 진화적 설명에 연결하여 그것을 철학적 입장으로 회복하려는 시도였다. 윌리엄 제임스는 상식을 사고의 '모국어'라고 이름붙였다. 제임스James(1907/1995: 65)는 다음과 같이 말한다.

> 사물에 대해 생각하는 근본적인 방식은 차후 시간의 경험 내내 스스로를 보존할 수 있었던 아주 먼 조상을 발견하는 것이다. 그들은 인간 마음의 발달에서 한 가지 거대한 평정의 단계를 형성하는데, 이는 상식의 단계이다. 다른 단계들은 이 단계에 융합되었지만 결코 그것을 대치하는 데 성공하지 못했다.

제임스는 자연과학이 제공한 것과 같은 특수 훈련을 통해 정보 처리의 최초 직관과 정보 습관이 수정되며, 지구가 정지한 것이 아니라 궤도를 따라 태양 주위를 돈다는 생각처럼 미숙한 상식과 모순되는 것처럼 보이는 결론이 우리를 유도하는 방식으로 이런 직관과 습관이 다시 형성될 수 있다고 말했다. 하지만 직관에 반하는 이런 결론에 도달하는 데 관여하는 사고 과정은 **그 자체로** 매우 직관적인 사고 습관의 확장일 뿐이다.

이런 방식으로 이해되는 '상식'은 보장된 결과를 전달하는 형식적·선험적 연산에 의해서나 영원한 진리에 특별한 접근을 제공하는 것이 아니라, 발견법이나 존재론적 가정, 진화적 시간에 걸쳐 우리의 종에게 그 가치를 입증한 편견의 잡다한 수집으로서의 위상에 의해 진정한 인식론적 힘을 부여받는다. 스콧 아트란Scott Atran(1990: 1-2)은 다음과 같이 말한다.

> 상식은 그럴듯하게도 우리와 모든 다른 인간이 우리의 평범한 삶을 살아가는 시공적·기하학적·색채적·화학적·유기적 세계에 대한 선천적으로 바탕을 두고 종

특정적 이해에 해당되는 진술을 포함한다. 상식적 신념은 우연히 사실을 정확히 기술하기 때문이 아니라, 사람들이 사물에 대해 생각하도록 체질적으로 정해진 방식이기 때문에 논란의 여지가 없다.

앞장들에서는 인간 상식의 폭넓은 개요를 약술했다. 상식은 전 공간과 전 시간에서 인간 집단에 의해 독립적으로 창조된 '좋은 요령'과 더불어 지각, 행동, 이해라는 선천적 범주로 구성된다. 이 장에서는 상식의 폭넓은 자질이 어떻게 실증적 탐구라는 실용주의적 개념을 지지하는지를 보기 위해, 그 자질의 몇몇을 검토할 것이다. 실용주의적 개념은 이원론과 그에 수반된 인식론적 문제를 극복시키는 개념이다.

실증적 편견: 아는 것은 보는 것이다

네 이놈, 아내가 음탕한 여자인 게 틀림없다면,
그것을 확인시켜 달라, 눈에 보이는 증거를 대보란 말이다.
그렇지 않으면 인간의 영원한 영혼을 걸고 맹세하는 것이지만,
네 놈이 내 분노를 감당하기보다는
개로 태어나는 편이 나을 것이다.

— 오셀로

모든 언어에서 잘 알려진 지식에 관한 세 가지 지배적인 은유는 **아는 것은 보는 것이다**(무슨 뜻인지 알겠어요I see what you mean, 내가 모르게 하지 마세요Don't keep me in the dark), **아는 것은 듣는 것이다**(알겠어요I hear, 그는 내 주장을 들으려 하지 않는다He was deaf to my argument), **아는 것은 만지는 것이다**(당신 이야기의 논지를 파악하겠어요I get your point, 그 개념을 이해합니다I grasp the concept)이다. 이 은유들은 보편적이라고 주장할 수 있다.[2] 이 은유들이 아주 널리 퍼져 있는 까닭은 세계의 지식을 사람들

에게 보장해주는 주된 방법이기 때문이다. 아마도 우리가 개라면, 우리의 지배적인 지식 은유는 **아는 것은 냄새 맡는 것이다**일 것이다. 우리도 가끔씩 이 은유를 사용하지만(이것에서 무언가 불쾌한 냄새가 나요Something smells rotten about this), 우리의 시각이 비교적 약하고 부정확한 후각을 지배하는 것처럼, **아는 것은 보는 것이다**가 이 은유보다 더 중요하다. 이것은 오셀로가 이아고에게 '눈에 보이는 증거'에 의한 최종 확인을 요구하고, 교활한 이아고가 그 증거를 매우 강력하고 비극적인 효과로 조작하는 이유이다.

내가 주장하는 것은 지식과 감각적 지각의 더욱 일반적인 연결은 '실증적 편견'을 반영한다는 것이다. 인지적으로 활동적이고 이동하는 다른 동물들처럼 인간도 시각이나 청각, 촉각, 후각에 기초하여 선호하는 의사결정을 하고 신념을 채택한다. 이아고가 불륜의 의심을 일으키기 위해 오셀로가 가장 사랑하는 사람의 손수건을 다른 남자에게 교묘하게 몰래 감추어 두는 것 같은 잘못 해석된 '증거'로 오셀로가 기만당하는 경우는 이것이 도움이 안 되는 편견이라는 것을 암시하지만, 불발된 실증적 편견에 대한 이런 예는 다만 보다 기본적인 요점을 지지한다.[3] 일반적으로 말해 실증적 편견에 대한 매우 좋은 진화적 보증이 있다. 어떤 성공적인 동물이라도 감각을 통해 세계와 매우 좋은 접촉을 해냈기 때문에 성공한 것이다. 마크 존슨Mark Johnson(1987: 203)이 주장하듯이 진화는 여하튼 우리가 기본 개념의 층위에서 매우 정확한 방식으로 실재와 '접속되어plug into' 있다는 것을 확신시켜준다. 기본 층위의 지각적·개념적 도식은 "세계와의 상호작용에 의해 동기화된다. 이런 상호작용에서 생기는 개념들은 우리의

2 인도유럽 어족에서 지식으로서의 지각 은유에 대한 역사적 논의에 대해서는 스윗처Sweetser (1990: 28-48), 이바레체-안투냐노Ibarretxe-Antuñano(1999), 레이코프와 존슨Lakoff & Johnson (1999: 238-240), 슬링거랜드Slingerland(2003), 류 닝Yu Ning(2003) 참조. 3세에서 4세의 어린이에게서 물리적 보기와 인식적 지식 상태의 초기 발달적 연결을 위해서는 프랫과 브라이언트Pratt & Bryant(1990) 참조.

3 데스데모나의 손수건 같은 물리적 증거에 대한 오셀로의 오해는 우연히 제1장에서 논의한 이론과 관찰의 상호의존성의 좋은 예이다.

역사에서 종으로서의 무수한 사람들에 의해 매순간 지속적으로 **테스트**되었으며, 앞으로 계속 그럴 것이다. 이 개념들은 매우 잘 작동하며, 그렇지 않다면 그것들에 대해 이야기하지 않을 것이다." 로빈 던바Robin Dunbar(1995: 58)는 이런 이유 때문에 분류와 인과적 추리라는 근본적 과정에 기초하여 실증적 편견이 다음과 같다고 주장한다.

> 실증적 편견은 모든 인간에게 전형적일 뿐만 아니라 대부분의 새와 포유동물의 삶에서 핵심 자질이기도 하다. 서양 세계에서 우리가 알고 있는 과학은 삶에 매우 기본적인 것에 대한 매우 형식화된 버전의 산물이다. 즉 세계의 규칙성에 대해 배우는 일이다. 올바른 순간에 적절한 방식으로 행동할 수 있으려면 어떤 일이 발생할지를 미리 예측하는 것이 생존의 기본이다.

인간이 아닌 동물의 인지에 관한 연구에 따르면, 인간은 분류하고 일반화하고 간단한 인과적 가설을 형성하고 테스트하는 능력을 다른 고등 동물과 공유한다.[4]

여하튼 전 세계와 전체 역사에서 사람들이 극단적인 문화적 변이성의 포스트모던 주장에도 불구하고, 주변 세계의 인과적 규칙성을 발견하고 이용하기 위해 감각의 증거에 의존했다는 증거는 부지기수다. 더욱이 대개의 경우에 인간 층위의 현상에 관한 사람들의 결론은 현재의 과학적 지식과 잘 어울린다.[5] 스티븐 핑커Steven Pinker(2002: 198)가 지적했듯이 인간의 뇌는 "우리에게 생존 및 번식과 관련된 현실적 측면들을 접촉하게 해주는 오류에 빠지기도 하지만 총명한 기제"를 진화시켰던 것처럼 보이며, 이런 기제가 우리에게 중요하다는 것은 시각적 착각(의심스러운 시각적 증거에 직면할 때 눈의 깜박거림이나 곁눈질)과 거짓된

4 제3장에서 개관한 인간이 아닌 동물 인지에 관한 연구를 참조해보라.

5 산업화 이전 사회에서 귀납적·연역적 추론의 예에 관한 유익한 개관을 위해서는 던바Dunbar (1995: 제3장) 참조. 또한 제3장의 통속 생물학과 통속 물리학의 논의 참조.

인상(실제가 아닌 꿈꾸거나 상상한 사건)을 넘어서려는 보편적인 인간 욕망에 의해 분명해진다. 그는 "모든 문화의 사람들은 진리와 허위 그리고 내면의 심적 삶과 외부의 실재를 구분하고, 관찰 불가능한 사물의 존재를 지각 가능한 단서로부터 추론하려고 한다"(201)고 주장한다. 이것은 불충한 이아고나 나뭇가지처럼 보이도록 위장한 벌레든, 미래의 사기꾼이 속임수를 달성하기 위해 그토록 애쓰고, 이런 속임수가 설득력 있게 해낼 때 매우 효과적인 이유이다.

인간에게 있어서 멀리 있고 과거에 발생했으며 미래에 발생할 것이기 때문에 지각적으로 이용 가능하지 않은 사물과 사건을 전달하는 능력은 우리의 실증적 편견의 기능에 상당한 압력을 가한다. 왜냐하면 감각적 착각과 내면의 심적 삶은 잠재적으로 잘못된 정보의 유일한 근원은 아니기 때문이다. 잠재적인 사회적 속임수의 예상에 직면할 때, 성공적인 인간은 언어적 주장보다 물리적 증거를 높이 평가하고, 소문보다 직접적 증거를 높이 평가할 것이다. 이런 사회적 속임수의 생산과 탐지는 우리의 큰 뇌에 의해 표상된 생리학적으로 값비싼 진화적 연구개발 실험의 주된 초점이었던 것 같다.[6] '증거에 구애되는show-me' 태도는 인간의 법 체제의 기초를 형성한다. 이런 체제 자체는 아마 고대의 종 전형적 마찰 해소 전략의 확장일 뿐이다.[7] 불일치나 잠재적 속임수에 직면할 때 우리는 증거를 원한다. 또한 수잔 해크Susan Haack(2003: 61)는 법과 일상생활에는 '증거'는 '물리적 증거'를 의미하고, 실제 지문, 깨문 흔적, 문서 등을 가리키며, '경험적 증거의 대상'을 가리키는 용법이 있다고 주장한다. 지각적으로 공유되는 세계를 참조하는 이런 능력은 객관주의적인 형식적 논리와 사회구성주의자

6 우리의 큰 뇌가 사회적 속임수와 정치적 연합 형성의 문제를 다루기 위해 진화했다는 '교활한 지성Machiavellian intelligence' 가설을 위해서는 특히 험프리Humphrey(1976, 1984), 알렉산더Alexander(1979), 번과 화이튼Byrne & Whiten(1988) 참조. 최근 개관 논문을 위해서는 플린Flinn *et al.*(2005)을 참조하고, 우리의 영장류 동물 사촌인 침팬지에서 사회적 지능의 뿌리에 관한 설명을 위해서는 드 발de Waal(1989) 참조.

7 최근에 발견된 고고학적 자료에서 반영되는 고대 중국의 법 관행에 대한 매력적인 설명을 위해서는 웰드Weld(1999) 참조.

들이 우리에게 비난할 기표들이나 끝없는 연이은 대화의 망 모두에서부터 우리를 벗어나게 한다. 해크는 "경험적 증거는 명제가 아니라 지각적 상호작용들로 구성되어 있다. 그것은 명제들 간의 논리적 관계가 아닌 언어 학습에서 구축된 단어와 세계 간의 관계에 의해 보장에 기여한다"고 말한다.(63)

예컨대 우리는 사담 후세인이 대량살상 무기를 소유하고 있다고 2차 걸프전에 앞서 부시 행정부가 제기한 주장이 보드리야르의 초超실재를 가장 잘 예증할 수 있기를 바란다. 이것은 이라크를 침공하기 위한 부시 행정부의 주된 이론적 근거 가운데 하나였으며, 그들은 간접적이긴 하지만 매우 설득력 있다고 생각하는 대량살상 무기에 관한 증거를 갖고 있었다. 시사적인 스파이의 위성사진, 피난민들에게서 전해들은 이야기 등이 그런 증거였다. 미국이 이라크를 침공한 뒤 이 대량살상 무기의 위치를 찾기 위해 많은 수단이 동원되었다. 이 수색을 지시하고 참여하는 사람들은 텅 빈 깡통들이 있는 거의 모든 창고가 잠재적인 화학 전쟁 공장으로 발표되었다고 말해도 좋을 정도로 대량살상 무기 탐색의 동기를 부여받았다. 하지만 조사를 해보자 깡통들은 그저 텅 빈 것이었고, 여론을 조성하려는 부시 행정부의 온갖 시도에도 불구하고, 그 자체로 매우 계시적인 은유인 아무런 '명백한 증거smoking gun'도 발견되지 않을 거라는 사실이 결국 입증되었다. 정보의 통제, 증거 수집 과정의 통제, 단순한 정치적·경제적 이익이 무엇이 진리로 간주되는지를 결정할 수 있는 상황이 있다면 충분히 그랬어야 했다. 지구에서 가장 강력한 국가의 협력이 세계의 공동체에 의해 사실로 입증된 실재의 버전을 가질 만큼 충분하지 않았다는 사실은 우리의 감각에 노출된 세계가 어떻게 초超실재의 시대에서도 최종적 결정 권한을 갖는지에 대한 훌륭한 현대의 예를 제시한다.

가능한 반례 1: 인문학

자연과학과 인문학을 구분하는 일반적이지만 조잡한 방법 중 하나는 자연과학은 테스트와 증거에 관여하고, 인문학은 하나의 인간 마음이 다른 인간 마음의 산물을 이해하는 신비한 과정인 **이해***Verstehen*, 즉 '해석적 이해interpretative understanding'에 관여한다는 것이다. 해석 과정의 이해에 따르면 증거는 거의 역할이 없거나 아무런 역할도 하지 않는다. 해석은 물리계와 더욱 세속적으로 상호작용할 때 요구되는 구체적인 증거나 증명의 호소에 제한받지 않은 채 어떤 정신이 다른 정신을 자유롭게 이해한 결과이다.[8]

이해가 자유로운 이해라는 이런 모형이 개인이 개인으로서 예술에 어떻게 접근하는지를 정확히 기술할 수는 있지만, 학문으로서의 인문학이 지금 작동하는 방식과는 일치하지 않아 보인다. 사람의 관점에 따라서 이것이 나쁜 것일 수도 있지만, 우리가 그것에 대해 느끼는 방법에도 불구하고 인문학이 증거에 의거한 학문에 점차 의존하는 것만은 부인할 수 없는 지배적인 추세이다. 나의 분야에서 있었던 예를 하나 들겠다. 고전 중국 텍스트에 대한 급진적인 새로운 해석과 연대 결정 도식이 수년 전에 출판되었고, 중국학 공동체에서 물의를 일으켰던 일이 있다.[9] 그 연구는 매우 인상적이고 막연하게 과학적인 것처럼 보이는 장치를 통해 엄밀하게 연구되고 지지를 받았지만, 나 자신을 포함해 많은 학자들은 논쟁의 순환 문제가 납득되지 않았다. 두 개의 연대만이 역사적 기록이나 고고학적 증거에 의해 독립적으로 확증될 수 있었고, 이 두 연대는 모두 전통적 연대기의 경계 안에 확고했다. 나머지 논쟁은 이미 그 이론의 수용에 의존한 '증거'로 구성되어 있었다. 예컨대 텍스트의 각 장이 새로운 문하생 세대에 의해 집필되었다는 주장을 당연한 것으로 받아들이거나, 전통적 연대기 속의 실재하는 역사적 인물에 대한 언급을 후기 인물에 대한 은유적 언급으로 간주하는 것이 바로 그런 예이다. 이 이론은 독립적인 지지를 받지 못했기 때문에 결국 그 분야에서 널리 수용되지 못했다. 물론 앞으로 그들 이론이 예측하는 것과 일치하는 이 텍스트의 고고학적 버전이 확실한 연대를 추정할 수 있는 무덤에서 발

8 이런 입장에 대한 고전적인 설명은 '방법method'이 인문학적 진리로 가는 길이 아니라는 한스-게오르그 가다머Hans-Georg Gadamer(1975)의 주장이다.

9 브룩스와 브룩스Brooks & Brooks.(1998) 논의와 비판을 위해서는 슬링거랜드Slingerland(2000) 참조.

견된다면, 나를 비롯한 종교학 공동체 회원들의 마음을 변화시키는 데 효과가 있을 것이다. 급소를 찌르는 또 다른 예는 표준 텍스트와 1976년에 발견된 고고학적 텍스트에 기초하여, 초기 중국의 종교적 개념의 발달에 관한 나의 박사학위 논문에서 제기한 매우 정밀하고 설득력 있는 논쟁이다. 유감스럽게도 내 주장의 경우에는 1998년에 확실한 연대가 밝혀진 연대의 고분에서 발견된 **또 다른** 고고학적 텍스트가 확실하게 내 이론이 틀렸다는 것을 입증했으며, 그것을 피할 방법은 없었다.[10] 나는 그 이후의 연구에서 그 주장을 물리지 않을 수 없었다.

이제 인문학에서도 증거에 기반한 '방법'이 비교적 최근에 등장하였는데, 서양에서는 문예부흥 시대에, 그리고 동아시아에서는 청대清代(1644-1911)에 '고증考證'의 학풍이 등장하면서 지배적인 풍조가 되었다는 매우 합리적인 반대 주장을 할 수도 있다. 근대 이전의 인문학자들이 사실은 증거에 대해서 무관심하지 않았고, 그들이 생각하기에 좋은 증거와 나쁜 증거를 구분하는 유익한 도구를 갖고 있지 않았을 뿐이었다는 것이 나의 대답이다. 예컨대 전통적인 중국의 학문적 공동체에서 '이것이 내가 생각하는 것이다'는 전형적으로 '이것이 아마 공자가 생각했을 수 있는 것이다'라는 주장을 지지하는 아주 좋은 증거로 간주되었다. 논쟁적 논제는 여전히 논쟁과 증거에 호소함으로써 해결되었다. 무엇이 설득력 있는 증거이며 경쟁하는 증거들을 어떻게 평가해야 하는지에 대해서는 다소 다른 생각도 있었다. 결코 중국에만 국한되지 않은 이런 전통적 접근법을 고전에 접근하는 다른 방법으로 간주하는 점에서는 우리의 주장이 옳다. 이것은 오늘날의 개인이 사적인 삶에서 예술이나 문학에 접근하는 방식에 더 가깝다. 우리는 또한 충분히 정확한 방법이 역사와 무관하게 '참'인 유일한 텍스트의 의미에 접근하도록 해준다는 객관주의적 관점에 정당하게 저항할 수 있다. 하지만 인문학 연구에서 '방법'의 발생에는 이유가 있으며, 그것이 순수하게 실용적인

10 우리는 종종 논쟁을 여행, 사고의 행렬로 간주하며, 이 은유에서 증거는 우리가 통과해 가야 하는 풍경의 자질이 된다.

이유로 '더 좋다'고 부르는 것을 정당하다고 느낀다. 일단 발생하면 그것은 다른 방법들을 배격한다. 대개 사람들은 그 방법이 더욱 설득력이 있다고 생각한다. 하이데거와 가다머의 노력에도 증거에 바탕을 둔 접근법은 다만 인문학에 대한 영향력이 강화되었으며, 그 결과는 아마 인간의 과거와 현재에 대한 더 정확하고 미묘하고 가치 있는 그림이 될 것이다.

불성실한 반대 주장에도 푸코가 자신의 출처를 날조했다면 꼴레쥬 드 프랑스College de France에서 쫓겨났을 것이다. 그리고 종교학 공동체에서는 중국어에 대한 지식이 전혀 없는 '번역가'가 품위 있는 중국 고전을 이해할 수 있다는 주장은 올바르게 거부하고 있다. 왜냐하면 이들은 고대 작가의 심성을 그저 신비롭게 접근하기 때문이다. 증거에 의한 접근법이 왜 세계의 문화에서 그렇게 늦게 등장하며, 또한 대중문화에 침투하는 데 그렇게 어려운가 하는 질문에 대해서 출처와 역사적인 비판적 도구를 개발하는 어려움을 의심하는 사람은 누구나 몇 년 동안은 대학생들에게 해석적 판단을 어떻게 형식화하고 평가하는지를 가르쳐봐야 한다!

가능한 반례 2: 종교

인간에게 실증적 편견이 존재한다는 것을 의문시할 때 제기할 수 있는 모든 반례의 근원은 종교이다. 종교의 존재 이유는 보이지 않는 것과 볼 수 없는 것의 영역인 듯하다. 하지만 삶 통제의 척도를 설명하고 예측하고 획득하는 것처럼, 보이지 않는 것과 볼 수 없는 것이 더욱 구체적인 관심사와 동일 연장선상에 있는 것으로 다루는 동기를 이해한다면, 종교는 그다지 완고한 반례처럼 보이지 않는다.

신화, 의례 행사, 마술을 세계의 인과적 구조를 이해하고 조작하기 위한 실천적 기술로 여기고 있는 종교의 '주지주의-실용주의' 모형(호튼Horton 1993: 13)은 제임스 프레이저 경Sir James Frazer과 에드워드 타일러Edward B. Tylor라는 19세기의 이론가들과 가장 밀접한 관련이 있다. 로빈 호튼Robin Horton은 '신타일러주의

neo-Tylorianism'라는 자신의 이론을 방어하면서 프레이저와 타일러 모형의 점진적 소멸에 대해 유익한 설명을 제공하는데, 이 모형은 말리노프스키Malinowski를 통해, 그리고 1970년대에 레비-스트로스Lévi-Strauss만큼 최근에 인류학적 이론들을 지배했었다. 뒤르켐Durkheim의 사회학, 그리고 문화가 특수한 실재라는 생각의 탄생으로, 신화와 종교가 원형과학protoscience의 한 형태라는 생각은 투박하고, 제국주의적이며 한물간 것으로 여기고 있다. 오늘날 인류학과 종교학에서 이런 관점은 사회적-상징적 모형에 의해 거의 완전히 교체되었다. 이런 모형에 따르면 신화와 종교는 완전히 구분되는 담론의 모형이라 여기고 있다. 이런 담론의 모형은 위장된 사회적 관계, 과학적 추론에 완전히 낯선 사고의 '교체' 모형, 존재론적으로 특유한 '신성'의 영역에 관여하는 담론을 반영한다.

호튼은 이것이 불운한 발전이었으며, 우리는 문화적으로 근시안적이고 생색내는 프레이저와 타일러의 태도를 버리면서도, 이들에게 통찰력이 있었던 사실을 지켜낼 수 있다고 주장한다. 하지만 이것은 서양의 진보주의자에게 쓴 약을 삼킬 것을 요구하는 것이다. '원시' 부족의 초자연적 신념에 관한 프레이저의 공격적이지 않은 생각들을 고려해보라. "그들의 실수는 고의적인 터무니없는 생각이나 광기의 헛소리가 아니라, 제시되었을 당시에는 정당한 것이었지만 더욱 풍부한 경험을 통해 부적당한 것으로 입증된 가설일 뿐이다."(프레이저Frazer 1922/1963: 307) '실수'와 '부적함'에 대한 자신만만하고 승리주의적 이야기뿐만 아니라 '야만인에게 진 빚Our Debt to the Savage'(!)이라는 이 인용문을 따온 절의 제목은 빅토리아 여왕 시대의 학자에게는 자연스럽지만, 현대의 문맥에서는 다소 귀에 거슬린다. 종교의 상징적 설명에 대한 큰 매력은 그것이 전통 신념과 현대 신념을 직접적으로 비교하지 않는다는 데 있다. 이 두 신념은 단순히 다를 뿐이다. 이로써 우리는 제물을 바치면 비가 내린다는 고대 중국 예언자의 생각은 '틀렸다'거나, 요오드화은을 구름 속으로 쏘아 올려 베이징에 비를 내리게 하는 현대의 중국 방법은 여하튼 '더 나은 방법이다'라는 낡은 결론을 피할 수 있다.

종교의 주지주의-실용주의 모형의 현대 버전은 필연적으로 특정 유형의 주장을 평가하는 데 관여한다. 왜냐하면 이 모형은 어떤 다른 신념처럼 종교적 신념도 우리 주변 세계를 설명하려는 시도로 보기 때문이다. 현대 서양인들이 '종교적'인 것으로 식별하는 신념은 일반적으로 인과성과 물리적 사역성 등에 관한 일반적이고 쉽게 입증 가능한 직관을 투사하여 실증적으로 연구할 수 없는 것을 설명하려는 시도이다. 따라서 우리가 종교로 특징짓는 것은 일상적인 물리적 법칙에 따라 이해할 수 없는 현상이 남긴 설명적 공백을 채운다.(루퍼Lupfer *et al.* 1996) 설명적 공백을 이렇게 채우는 것에 대한 오늘날의 좋은 예는 박제된 동물, 태엽 인형, 후추 가는 기구 같은 다양한 인공물의 행동에 대한 아동의 직관을 다루는 수잔 겔만과 게일 고트프리트Susan Gelman & Gail Gottfried(1996)의 연구에서 찾아볼 수 있다. 이 실험자들은 이 항목들을 저절로 움직이도록 만들었다. 그리고 어린아이들은 '동물'이라면 저절로 움직이는 것을 이해했지만, 후추 가는 기구가 저절로 움직이는 것을 볼 때에는 당황하는 듯했다. 이런 일 다음에 어떤 일이 있을 수 있는가를 추측하도록 하자, 어떤 어린아이들은 그냥 모른다고 고백했지만, 많은 아이들이 초자연적 존재의 행위성, '투명인간'의 개입, '보이지 않는 배터리'가 존재한다고 추측했다.

원형적인 과학의 보호를 받기 어려운 것처럼 보이는 종교의 양상도 **있다**. 종교의 사회적-상징적 설명이 타당한 것처럼 보이는 주된 이유는 전통 사회에서 우리는 전통적인 종교적 설명을 액면대로 받아들이는 경향이 강하며, 그런 설명을 실증적으로 실험해야 한다는 생각은 하지 않는다는 것이다. 하지만 로버트 보이드Robert Boyd와 피터 리처슨Peter Richerson은 문화적 생각의 '체제 순응적 전이conformist transmission'는 두 가지 상황 유형에서만 발생하는 경향이 있다고 주장한다. 첫 번째는 순응주의 자체가 요점일 때이다. 지역 방언, 의복 스타일, 요리 전통처럼 종교적 신념, 의례행사, 신화도 종종 한 내집단을 다른 내집단과 구분하기 위한 자의적인 부족 표지로 사용된다. 체제 순응적 전이는 또한 "개인이 대안적 문화 변이형의 비용과 이익을 평가하는 데 어려워하는" 상황에서 지배적이기도 하다.(2005: 206) 보이드와 리처슨은 아기 양육 기술, 의학적 치료, 종은 날씨를 위해 신에게 기도하는 효력 같은 논제에 관해, 전통적인 문화 모형에 대한 실증적 지지는 산업화 이전 문화권의 단 한 개인이 평가하기 너무 어렵다고 지적한다. 그런 경우에 문화적 순응주의는 아마 최선의 전략이다.[11] 산업화 이전의 개인에게는 상상도 할 수 없는 많은 정보(인쇄 매체, 인터넷, 정보 제공자의 세계적 네트워크)를 이용할 수 있는 나 자신도 솔직히 말해 코 막힘을 치료하기 위한 현대 서양 알레르기 주사 치료와 전통적인 중국 의학의 상대적 효험이나, 공식 캐나다 환경부 기상학자에게서 나온 비 예보와 이웃에 사는 은퇴한 어부의 즉석 예측의 신뢰나, 나의 어린 딸의 복통을 치료할 수 있는 최선의 방법이 무엇인지에 대해서는 아직도 확신하지 못한다.

종교적 설명이 전통적으로 지배적이었으며, 많은 경우에 계속 그렇게 할 인간 활동의 주된 분야들 중에는 실증적 평가를 어렵거나 불가능한 복잡하고 불투명한 인과성 때문에 정확히 특징지어지는 분야가 있다. 현대 과학의 분야들이 이런 분야에도 침입하기 때문에 종교적·문화적 순응주의적 설명은 점차 사라질 것으로 예상된다. 따라서 종교의 '주지주의-실용주의' 이론은 결정적인 예측을 한다. 즉 세계의 분야들은 감각에 의해 명확하고 즉각적으로 입증 가능한 방식으로 설명 가능하기 때문에, 종교로 설명되는 현상의 범위는 줄어든다는 것이다. 종교와 과학 분야의 많은 학자들이 주장했듯이 이것이 사실 우리가 관찰하는 것이다. 로빈 홀튼Robin Horton(1993: 122-123)은 과학적 설명의 발생이 더욱 즉각적으로 적용 가능한 전통적 종교의 '마술적' 양상을 짜내는 것처럼 보이지만, 추상적 질문에 관여하는 개념적 체제는 비교적 손대지 않고 그냥 둔다고 지적한다. 이것은 두 설명적 체제가 직접적으로 경쟁 중인 분야에서 더 성공적인 체제가 만연한다는 점을 암시한다. 비슷한 맥락에서 마이클 루즈Michael Ruse(1998: 178)는 대부분의 사람들에게 종교적 신념과 일상적 합리성은 우리가 예측하는 만큼 많은 긴장 속에서 존재하지 않는다고 지적하고 있다. 사람들

11 종교적 신념은 "매우 불확실한 환경에서 의사결정의 문제에 대한 최고의 해결책"일 수 있다는 스티브 미슨Steven Mithen(1999: 157)의 논평 참조.

은 종교적 설명이 어디에서 적절한지 암시적이긴 하지만 매우 명확하다는 느낌을 갖는다. 루즈는 "노아의 홍수의 초자연적인 본성을 믿는 것과 기적 때문에 당신 지하실이 물에 잠겼다고 생각하는 것은 전혀 별개이다. 사람들은 언제 적절한 후천적 성질의 규칙을 사용할지를 안다"고 이야기한다. 나는 여기에 자연과학의 후천적 성질의 규칙이 점점 그리고 냉혹하게 삶의 대부분의 분야에서 종교적 설명을 교체하고 있다는 말을 덧붙이고 싶다. 마이클 루퍼Michael Lupfer *et al.*(1996)는 스스로를 독실하게 종교적이라고 기술하는 사람들도 대부분의 일상 사건에 대해 종교적 설명보다는 자연주의적 설명을 선호하는 것처럼 보인다고 지적하고 있다. 그리고 이것에 관해 확고하고 장기적인 데이터는 없지만, 이와 관련해 보스턴의 현대 거주민들과 식민지 시기의 거주민들 사이에는 차이가 있을 것으로 예상된다.

물론 미결정성을 진지하게 받아들인다면, 종교적 설명보다 물리주의적 설명이 선험적으로 더 우수하다고 주장할 수는 없다. 2005년에 허리케인 카트리나가 왜 뉴올리언스를 강타했는지를 설명하려면, 뉴올리언스의 주민들이 죄를 받을 일을 하여 신이 처벌하고자 했다는 이론과 기상학자의 설명을 구분하는 형식적 수단이 없다. 이와 관련해서 현대 서양 과학은 전통적 종교보다 아무런 형식적인 인식론적 장점을 갖고 있지 않다고 말했을 때는 파이어아벤트의 말이 옳은 것이다. 다만 그가 인식하지 못한 사실은 실용주의적인 용어로 현대 과학의 다양한 분야들이 현저함을 얻고 그것을 지속시켰다는 점이다. 왜냐하면 이런 분야들은 설명 분야에 대한 예측과 통제를 용이하게 하는 일을 아주 잘하기 때문이다. 콰인W. V. O. Quine(1951: 41)은 다음과 같이 말한다.

> 나는 평범한 물리학자로서 호메로스의 신이 아닌 물리적 사물을 믿는다. 나는 그렇지 않다고 믿는 것이 과학적 실수라고 생각한다. 하지만 인식론적 장면에 관해서 물리적 사물과 신은 종류가 아닌 정도에서만 차이가 난다. 두 가지 종류의 실체는 문화적 가정으로서만 우리의 개념에 들어온다. 물리적 사물의 신화가 유순

한 구조를 경험의 흐름으로 조작하기 위한 장치로서 어떤 다른 신화보다 더 효과적인 것으로 입증되었다는 점에서, 그 신화는 대부분의 신화들보다 인식론적으로 더 우수하다.

여하튼 관찰 가능한 일상 사물의 거시적 층위에서, 종교적 설명보다 물리주의적 설명에 대한 궁극적 옹호는 실용주의적 옹호이다. 물리주의적 설명은 지금까지 잘 작동한 것처럼 보인다. 중국 정부는 가뭄 해소를 위해서 희생의 기우제를 올리는 대신 요오드화은에 근거한 시도로 바꾸었다. 왜냐하면 후자가 더 효과적임이 입증되었기 때문이다.

하지만 엄격하게 실용적인 의미에서 설명과 예측, 통제를 포함하지 않는 종교의 양상이 한 가지 있다. 그것은 '궁극적 관심ultimate concern'의 질문에 답할 수 있는 종교의 능력이다.(틸리히Tillich 1957) 이것이 이제 평신도와 종교학자들 모두에게 종교와 과학이나 경제학을 분리하는 결정적 특징이라고 생각한다. 종교의 본질이 중요한 '왜'라는 질문에 대해 설명하는 것이라는 생각은 비교적 최근의 것이며, 주지주의-실용주의 모형이 옳은 것이라면 이는 불완전한 것이기도 하다. 종교는 매우 많은 현상들을 설명하곤 **했으며**, 현대 과학이 관통하지 못한 문화에서도 계속 그렇게 하고 있다. 이제 종교는 우리에게 궁극적 관심에만 관여하는 것처럼 보인다. 왜냐하면 이것은 체계적으로 후퇴해 갈 수밖에 없었던 마지막 요새이기 때문이다. 하지만 제6장에서 주장을 펼치겠지만 종교는 이런 산악 요새로부터 쫓겨날 것 같지 않다. 다윈주의에 따르면 왜에 대한 답변이 없는 것처럼, 다윈주의의 '일반 산universal acid'(데닛Dennett 1995: 63)이 중요한 '왜'라는 질문을 무의미하게 하겠다고 협박하는 것처럼, 인간의 심리적 구조는 기원과 의미의 질문에 관해서는 과학적 설명을 완전하게 받아들일 수 없는 것 같기 때문이다. 이것은 또한 사회적-상징적 설명이 정확한 것처럼 보이는 양상을 가리킨다. 중요한 '왜'라는 질문이 실증적인 테스트가 될 수 없기 때문에, 이런 질문에 대한 다양한 답에서 수렴은 예상할 수 없으며, 평가적 비교는 아무래도 어려울 것이다. 이 논제는 뒤에서 다시 다룰 것이다.

상식적 경험주의의 확장으로서의 과학

일상의 상식적 경험주의에 대한 인식론적 입장을 확실히 한 까닭에 이제부터는 그것을 과학적 지식과 관련지을 것이다. 과학적 지식을 상식에 관련시킨 현대 과학철학자는 수잔 해크이다. 해크Haack(2003: 23)는 '비판적 상식주의critical common-sensism'에 기초하여 과학 모형을 옹호했다. 이것은 '구舊경의주의Old Deferentialism'(객관주의)와 '신新견유주의New Cynicism'(사회구성주의) 사이 어딘가에 위치하고 있으며, 과학을 탐정이나 역사가, 기자, 요리사에 공통된 실증적 탐구라는 한층 일반적인 인간 활동의 구체적인 예로 간주한다.

> 그것이 방법인 한, 우리가 정말로 무언가를 알아내고 싶을 때 역사가나 탐정, 탐색적인 기자, 그 밖의 우리들이 행하는 것이다. 즉 어려운 현상의 가능한 설명에 대해 정보에 근거하여 추측을 하고, 그것이 가장 좋은 증거에도 어떻게 잘 견디는지를 확인하고, 다소 임시적으로 그것을 받아들일지의 여부에 대해 우리의 판단을 사용한다.(24)

사람들은 항상 비공식적이고 느슨하게 통제되는 실험을 한다. 예컨대 나는 오늘 오후에 내가 가장 좋아하는 물잔의 테두리 가장자리에서 희미하고 불규칙한 선을 발견했다. 나는 재빨리 두 가지 가설을 형식화했다. H_1(그것은 매우 가는 머리카락이다)과 H_2(그것은 갈라진 금이다)가 그 가설이다. 그런 다음 이 가설로부터 예측을 만들어내었다. 즉 손가락 끝으로 그 선 위를 지나가 보면서, 그것이 움직이면 머리카락이다.(H_1은 확증된다) 그것이 움직이지 않는다면 갈라진 금이다.(H_2는 확증된다) H_2를 정당화하는 것처럼 보이는 중요한 실험을 했다. 즉 그 선 위에 손가락을 대었을 때 '머리카락'이 움직이지 않았다. 하지만 선호되는 가설의 반증에 대한 비합리적인 저항이 작동하기 시작했다. 나는 이 물잔을 매우 좋아하며 H_2를 믿고 싶지 않았기 때문에, 즉각적으로 보조 가설을 의문시하기 시작했다. 그 테스트는 머리카락이 물잔 바깥쪽에 있다고 가정했다. 어쩌면 그것은 안쪽에 있었는가? 나는 새로운 실험을 했다. 이번에는 물잔 안쪽을 따라 손가락을 대었으며, 그 선은 여전히 움직이지 않았다. 더욱이 그 선이 약간 높아진 모난 융기를 형성했다는 것을 느낄 수 있었다. 나는 마지못해 H_2가 사실임을 인정하고 물잔을 버렸다. 이것은 또 다른 중요한 현상을 예증한다. 유쾌하지 않은 가설도 이용 가능한 증거의 무게가 압도적이면 수용된다는 것이다.

물론 내가 과학철학을 읽으면서 아침 시간을 모두 보냈었다면 가설과 테스트에 관한 나의 물잔 탐구에 대해서는 생각하지 않았을 것이다. 하지만 비교는 유익하고 중요한 것이다. 세계의 인과적 구조에 대한 일상적 탐구와 자연과학에서 진행되는 것 간에는 **종류**에서 차이가 없다. 래리 라우던Larry Laudan(1996)은 우리 인간은 모두 "우리의 세계와 경험을 이해하고자 한다. '과학'만이 보여주는 인식적 자질은 명확히 없다. 오히려 우리의 목표는 신뢰할 수 있고 잘 판단된 지식에 대한 주장과 믿을 수 없는 주장을 구분하는 것이다"(86)라고 주장한다. 라우던은 이것을 '인식적 자연주의epistemic naturalism'의 원리라고 부른다.(155)[12]

'수단'을 통한 확장

현대의 서양 과학에 대해 다르며, 세계를 설명하는 데 있어서 놀라울 정도의 성공을 설명하는 것 가운데 하나는 그것이 프랜시스 베이컨Francis Bacon(1620/1999: 89)이 말하는 '도구와 수단instruments and helps'에 의해 평범한 인간의 실증적 탐구를 확장하는 방식이다. 그것은 감각을 확장하는 도구, 인과성을 분리해내는 실험 기술, 정보를 공유하기 위한 사회적 네트워크와 의사소통 기술을 말한다. 해크Haack(2003: 57)는 "과학적 증거는 일반적으로 실증적 주장에 관한 증거와 비

12 과학에 대한 '가족닮음family resemblance'이라는 존 뒤프레John Dupré(1993: 10, 242-243)의 개념과 과학적 방법의 '상식common sense' 모형에 대한 찰머스Chalmers(1999: 171)의 기술 참조.

슷하며, 그것은 더 복잡하며 관찰의 도구와 증거 자원의 합동에 더 의존한다"고 말한다. 그리고 현대 과학은 '일상의 실증적 탐구의 방법을 확장케 한 특별 장치와 기술' 때문에 주목할 만한 성공을 거뒀다.(94) 많은 중요한 과학적 발전은 갈릴레오의 망원경에서부터 훅Hooke의 현미경, 인간의 시각과 촉각을 태양계의 가장자리까지 보내는 우주 탐사기에 이르기까지 인간 감각의 범위를 체계적으로 확장시킨 기술적 발전 때문일 수 있다. 이것은 뉴턴 시대의 최신 렌즈 만들기부터 우주 탐사기에 미국항공우주국NASA가 쓰는 수십 억 달러에 이르기까지 왜 그렇게 많은 에너지와 돈을 사물을 보고 측정하는 일에 소모하는지를 설명해준다.

현대와 전근대적 자연과학 탐구의 상대적 성공을 비교하면, 그런 '수단'의 결정적 중요성은 명확해진다. 예컨대 로빈 던바Robin Dunbar(1995: 39)는 특정한 실증적 주장을 찾는 아리스토텔레스의 생물학 연구를 샅샅이 뒤져 그것을 현대 생물학에서 지금의 의견 일치와 비교했다.

> 아리스토텔레스가 제대로 이해한 것과 잘못 이해한 것에 관해 무엇보다 흥미로운 것은 사물들이 그가 쉽게 볼 수 있는 것과 그렇지 않은 것으로 다소 산뜻하게 나뉜다는 점이다. 특히 아리스토텔레스가 사물을 보고 그것을 해부한다면, 그는 일반적으로 그것을 제대로 이해한 것이다. 하지만 그렇게 할 수 없다면 항상 그것을 잘못 이해한 것이다. 이런 경우에 잘못 이해한 이유는 그가 종종 그 시대의 관습적 지식에 호소했기 때문이다. 때때로 이것은 신중한 관찰이라기보다는 게으른 사색의 산물이었다.

아리스토텔레스에 대한 던바의 결론은 대부분의 과학 혁명 이전 문화에도 적용된다. 이 결론은 쉽게 보고 조작할 수 있는 유형의 사물에는 아주 잘 적용되지만, 무형물에는 그렇지 않다. 무엇이 유형물과 무형물로 간주되는지는 상당할 정도의 기술적 전문 지식에 달려 있다.

새로운 영역횡단 사상

확실히 현대 기기장치의 발달로 유형물의 범위가 급격히 확장되었다. 그러나 과학적 혁명에는 인간 관찰력의 점진적 확장과 날카로움보다 훨씬 더 많은 것이 있는 듯하다. 이와 관련해 매우 합당한 반대는 다음과 같다. 즉 자연에 대한 실증적·과학적 탐구가 단순히 인간의 상식 확장만 포함한다면, 왜 현대 과학을 가르치기가 그토록 어려울까? 왜 그것은 문예부흥 이후 오로지 서양에서만 발전했을까? 확실히 비非유럽 문화에서는 자연에 대한 이해·예측·조작을 위한 인상적인 체계가 발전되었으나, 과학적 탐구에 대한 현대 서양 방법에 있어서는 질적으로 다른 무언가가 있는 듯하다.[13]

현대 과학의 발달에서 사실 결정적인 단계는 애당초 직관에 반하는 영역횡단 사상을 수반하는 제동된 인지적 혁신이었던 것 같다. 이런 인지적 혁신은 고대 그리스인에게 나타난 후 중세 시대 유럽에서 상실되었지만, 아라비아어에서는 보존된 뒤 르네상스 시대에 와서 재발견되고 한층 더 발전되었다. 제4장에서는 개념적 은유와 은유적 혼성을 통해 달성되는 영역횡단 사상이 어떻게 그 기초가 되는 직관적인 입력공간을 변형시킬 수 있는지를 검토했다. 수잔 캐리와 엘리자베스 스펠크Susan Carey & Elizabeth Spelke(1994)의 탁월한 개관 논문에 따르면, 현대의 과학적·수학적 개념을 이해할 수 있는 능력은 세계에 대한 인간의 영역 특정적 직관이 새로운 영역횡단 사상에서 문화 훈련에 의해 변형된 후에야 생겨난다.[14] 로첼 겔만Rochel Gelman과 동료들에 따르면 수에 대한 취학 전 아동의 선천적 개념이나 '통속 수학적' 개념은 이들이 학교에 입학하여 (아이들이 측정

13 '요리책' 대 형식적 과학에 대한 로빈 던바Robin Dunbar(1995: 12-33)의 논의 참조.

14 캐리와 스펠크는 과학적 물리학이 내가 제3장에서 '통속 물리학'이라고 부른 것인 물리계에 대한 우리의 평범한 이해와 수학의 영역 사이의 사상의 결과라는 피에르 뒤엠Pierre Duhem(1906/1954)의 주장뿐만 아니라 맥스웰의 전자기의 개념에서 물리적 유추에 관한 낸시 네르세안Nancy Nersessian(1992)의 연구로부터 고무되었다. '근원영역'에서 '목표영역'으로의 투사라는 이들의 생각이 인지언어학에 의해 형식화되진 않았지만, 이들의 생각은 개념적 은유 이론과 명백히 비슷하며, 개념적 혼성 모형으로 비슷하게 통합될 수 있다.

을 배우기 때문에) '수와 물리적 사물'의 사이, 그리고 (수직선과 같은 장치에 의해) '수와 기하학' 사이의 영역횡단 사상으로 사회화되고 나면 곧바로 변형된다.[15] 제4장에서 나온 용어를 빌리자면 새로운 개념적 혼성공간 내에서만 **영**이나 **무한대** 같은 개념이 이해된다는 것이다.

이와 비슷하게 물리학에 관해 캐리Carey(1991)는 취학 전 아동이 유형물과 무형물(사물 대 관념)은 구분하지만, 과학적 물리학으로 사회화된 성인과는 물질에 대해 약간 다른 개념을 갖는 것 같다는 사실을 발견했다. 예컨대 취학 전 아동은 무게를 물질의 우연적 특성으로 간주한다. 이는 취학 전 아동이 완두콩 크기의 스티로폼 조각에는 질량이 없는 것으로 판단한다는 것을 의미한다. 이와 비슷하게 취학 전 아동과 6살에서 10살 아동의 표본 중 거의 반 이상이 물질을 불연속적이고 동질적이지 않은 것으로 여기고 있으며, 강철을 계속 절반씩 절단하면 결국은 "마침내는 너무 작아서 더 이상 공간을 차지하지 않는 강철 조각이 되며, 또한 (원칙상) 모든 강철을 볼 수 있는 조각에 이르게 된다고 판단한다. 내부에는 더 이상의 강철이 없을 것이다."(캐리와 스펠크Carey & Spelke 1994: 191) 물질의 연속 모형은 12살이 되고 나서야 아동에게서 일관성 있게 나타난다. 이것은 물리학과 수 간의 새로운 영역횡단 사상으로의 사회화의 결과인 듯하다. 캐리와 스펠크는 시각적 모형과 물리적 유추가 어떻게 11살에서 13살 아동에게서 물질의 재개념화를 유도하여 새로운 개념적 혼성공간을 창조하도록 촉진하는지에 대한 구체적인 사례는 캐롤 스미스와 동료들(스미스Smith *et al.* 1992)의 연구에 기대고 있다.

캐리와 스펠크Carey & Spelke(1994: 192-193)가 상세히 열거한 훌륭한 사례들 가운데 하나를 통해, 무게가 광대한 특성이라는 개념이 어떻게 구축되는지를 '실시간으로' 볼 수도 있다. 이런 개념이 없는 학생들은 쌀 한 톨은 무게가 전혀 없다고 주장한다. 캐롤 스미스와 동료들은 이런 학생들과 교실에서 실험을 실시

15 캐리와 스펠크Carey & Spelke(1994: 184-185)에서 기술한 겔만Gelman(1991)에서 인용.

했다. 이 실험에서 상당수의 쌀알들이 놀이용 카드 한쪽에 쌓여 있었고, 카드는 두께가 점점 줄어드는 받침대 위에서 균형이 잡혀 있었다. 두꺼운 받침대 위에서 균형 잡혀 있을 때는 카드를 쓰러뜨리는 데 50개의 쌀알이 필요하지만, 받침대가 무척 얇을 때는 쌀 한 톨만으로도 충분하다고 말했다.

학생들에게 한 톨의 쌀알 무게가 작게 나가는지 아니면 전혀 무게가 없는지를 재고하도록 했다. 7살짜리 학생들은 이 경험에 의해 마음이 흔들리지 않았다. 이들은 한 톨의 쌀알은 무게가 전혀 없다고 주장한다. 10살이나 11살 학생들은 전혀 다른 그림을 제시했다. 첫째, 이들은 실험 자체에 매우 관심이 많았고, 한 톨의 쌀알이 약간의 무게가 나간다고 생각하는 학생들과 무게가 전혀 나가지 않는다고 주장하는 학생들 사이에서 활발한 논의가 벌어졌다. 지금까지 관찰한 모든 반에서, 전자의 관점을 옹호하는 반에서는 자연스레 두 가지 주장을 내놓았다. (1) 감시 장치의 민감성 논쟁과 (2) 한 톨의 쌀알이 영 그램이면 50개의 쌀알도 영 그램일 수밖에 없어서, 한 톨의 쌀알은 어느 정도의 무게가 나간다는 주장이다.

이 두 논쟁이 물리적 사물에서 수로 이루어지는 사상에 의존한다는 것에 주목해보라. 오로지 수학의 영역에서는 양의 분량을 반복적으로 나누면 양의 분량이 나오며, 영을 반복적으로 더하면 늘 영이 나온다. 이와는 대조적으로 물리학의 영역에서는 모든 물리적 상호작용이 한계치를 갖는다. 사물을 반복적으로 나누면 궁극적으로는 항상 너무 작아 어떤 물리적 장치로도 탐지할 수 없는 사물이 생겨난다. 더욱이 각각이 주어진 장치의 한계치 아래 있는 사물들의 집합은 물리적 장치로 검색될 수밖에 없다. 잼머Jammer[1961]가 논의한 아리스토텔레스의 물리학자들처럼, 스미스의 극단적인 사례 분석에 저항하고, 한 톨의 쌀알이 전혀 무게가 나가지 않는다고 계속 주장하는 7살 아동이 꼭 비합리적인 것은 아니다. 오히려 이들은 지각 가능한 사물 영역 내에서, 그리고 수의 영역 바깥에서 일관성 있게 추론하고 있는 것이다.

제4장의 용어로 표현하자면, 한 톨의 쌀알은 무게가 전혀 나가지 않는다고 줄기차게 주장하는 아이들은 이 실험이 만들려는 물리적 사물과 수학 간의 혼성공간을 구축하지 못했다. '이해하는' 아이들은 바랐던 혼성공간을 구축할 수 있었으며, 포코니에와 터너가 말하듯 가장 적절한 입력공간의 관점에서는 직관에 반하는 결론을 얻기 위해서는 '혼성공간을 운용할' 수도 있었다.

이 예는 중요한 요점을 몇 가지 예증한다. 첫째, 현대 과학이나 문화적 개념에 수반되는 혼성공간은 반복적으로 그 자체를 바탕으로 하며, 결과적으로 혼성공간을 위한 입력공간 자체는 이미 문화적으로 특정한 혼성공간을 나타낸다. 방금 논의한 쌀알 무게 실험에서 수의 개념은 다듬어지지 않은 통속 수학으로부터 도출되는 것이 아니라, **영**이나 **무한대** 개념을 이해할 수 있는, 수와 기하학 간의 문화적으로 표현된 혼성공간에서 도출된다. 새로운 혼성공간이 다른 혼성공간을 위한 입력공간으로 사용되는 혼성에 의해 가능하게 된 제동된 혁신을 통해, 우리는 현대 과학에서 발견된 것과 같은 명확하게 표현된 문화 모형이 어떻게 보편적 '상식'에 기초하면서도, 그것으로부터 일정한 거리를 두는지를 알 수 있다.

둘째, 이러한 과정이 시대에 민감하게 반응한다는 본질로 볼 수 있듯이 과학이나 문화적 개념 체계에 이용되는 새로운 혼성공간은 학습되어야만 한다. 이런 학습 과정에서 시간과 노력이 요구되며, 모든 사람들이 여기에 정통하지 않을 수도 있다. 더욱이 혼성공간이 다중 단계이면 이런 학습 과정을 통해 획득되는 문화적으로 특정한 혼성공간에 의해 우리의 사고 능력은 선천적 모듈을 가진 영역을 다룰 수 있는 능력만큼 결코 대단하지 않을 것이다. 하지만 광대하고 장기적인 개념적 재교육을 받은 전문가의 경우는 예외이다. 물리학, 경제학, 수학 같은 현대 세계의 혼성된 영역에 관해 스티븐 핑커Steven Pinker(2002: 221)는 "이런 주제를 배우기 위해서는 학교에 가거나 책을 읽어야 한다는 것이 아니다. 우리에게는 이런 주제를 직관적으로 파악하는 정신적 도구가 없다는 뜻이다. 우리는 과거의 정신 기능을 억지로 이용하는 유추법에 의존하거나, 기존의 여러 기능들을 조각조각 끼워 날림으로 만든 허술한 정신적 장치에 의존한다. 그런 분야들에서의 이해는 불규칙하고, 피상적이며, 원시적 직관들의 자취로 오염되기 쉽다"고 말한다.

마지막으로 제4장에서 조사한 혼성공간처럼 과학적인 개념적 혼성공간이 아무리 정교해도 어떤 곳에서는 선천적인 인지 모형을 입력공간으로 의존한다. 이것은 통속 물리학, 통속 생물학, 통속 수학 등 다양한 선천적 인지 모형에 대한 우리의 이해를 변형하는 동안에도 과학마다 서로 다른 인지 모형에 의존하고 있다는 스콧 아트란의 관찰을 설명한다. 이것은 "우리에게 상식 영역을 넘어 추측하도록 하는 이론과 유추가 원래 선천적 인지 모형에 의해, 즉 인간 종의 인지적 '소여given'를 명확히 참조하여 형식화되었음에 틀림없다"는 것을 의미한다.(아트란Atran 1990: vi) 양자역학과 끈 이론 등의 과학에서 이용된 영역횡단 사상과 혼성공간이 직관에는 반할 수 있지만, 분명 직관에 반하는 방법과 주장을 우리 인간이 여하튼 학습할 수 있는 유일한 이유가 이것들이 원재료로서의 상식에 의존하고, 그런 다음 최고 권위로서의 상식의 자비를 청해야 하는 것을 인식하는 것이 중요하다. 스미스와 동료들의 받침대 실험에서 회의적인 10살 된 아리스토텔레스 같은 아이들은 그들이 **볼 수** 있는 증명에 의해 결국 설득 당한다. 예상과는 달리 한 톨의 쌀알이 놀이용 카드를 뒤집었다. 왜 그런지를 이해하기 위해서는 직관적 범주 이해를 변형시켜야 하지만, 그런 개념적 재조직을 위한 자극은 즉각적이고 물리적으로 이해되는 어떤 것이다. 따라서 아무리 직관에 반한다 하더라도, 현대 과학에 수반되는 실체가 궁극적으로 '사고의 모국어'에서 효과적인 것으로 밝혀지지 않는다면, 인간은 결코 이런 실체를 수용하지 않을 것이다.

이것은 이상한 인지적 단절cognitive disconnect을 유발할 수 있다. 예컨대 현대 물리학은 직관적으로 설득력 있고 이해 가능한 용어로 '작동한다'는 것을 보여줄 수 있다. 그 결과 뉴턴 물리학은 양자역학에 의해 대체되었고, 그것은 처음에 직관적으로 더 매력적인 아리스토텔레스의 체계를 대체했다. 하지만 현대 물리학은 결국 우리에게 뜻이 통하지 않는 실재에 대한 가정과 주장을 포함하게 된다. 장기적인 교육을 통해서 우리는 수반된 수학적 혼성공간을 파악할 수 있지만, 어떻게 쿼크quark가 '색채'를 지닐 수 있으며, 실재가 다중 차원의 '끈'으로 구성될 수 있는지에 대해서는 직관적으로 만족스러운 그림을 얻기란 여전히 어려운 일이다. 핑커Pinker(2002: 239)는 "최고의 물리학 이론들은 옳다고 믿게 할 만한 이유가 충분히 있지만, 한편으로는 중간 크기의 영장류가 오랫동안 뇌 속에서 진화시킨 공간과 시간, 물질에 관한 직관만으로는 도저히 납득할 수 없는 설명도 포함되어 있다"고 지적하고 있다. 대폭발 '이전에는' 어떠했을까, 확장되는 우주의 경계 '너머에는' 무엇이 있을까 등의 질문들이 수두룩한 데, 이런 질문에 간단히 대답할 수는 없다. 대폭발 이전에는 시간 같은 '사물'은 없었으며, 우주의 경계 너머 공간 같은 사물은 없지만, 지금의 우리처럼 중간 크기의 영장류는 이런 질문이 유의미하다고 느끼지 않을 수 없다.

진리의 실용주의적 개념

우리가 과학을 뿌리 깊은 종 특정적인 상식이나 더 정확하게는 '상식'의 확장으로 인식할지라도, 회의론자들은 여전히 이런 상식이 세계에 대해 '진리'를 말해주지는 않는다고 주장한다. 예컨대 사람의 망막은 방사 에너지의 파장에만 반응한다. 제1장에서 논의했듯이 세계를 본다는 것은 망막이 그것에 부딪히는 모든 이미지를 수동적으로 받아들여서 뇌로 전달하는 문제가 아니라, 세계에 대한 정보를 선택적으로 획득하는 선천적이거나 훈련된 도식에 의해 체계적으로 한쪽으로 쏠린 매우 능동적이고 선택적 과정이다. 실재에 대해 진정으로 객관적인 신적 관점은 우리의 손이 닿지 않는 곳에 존재하는 것처럼 보인다. 하지만 우리가 객관주의에 집착하지 않는다면 이것이 우리를 괴롭히지 않을 것이다.

성공적인 목표 달성으로서의 진리

고전적인 미국 실용주의의 가장 큰 기여는 관찰 가능한 결과에 기초하여 진리의 객관주의 모형에 대한 실행 가능한 대안을 형식화했다는 데 있다. 퍼스Peirce(1905/1992: 332)는 "단어나 다른 표현의 합리적 의미인 **개념***conception*은 전적으로 삶의 행동과 가능한 관계 하에 있다"는 유명한 주장을 남겼다. 이 모형에서 진리는 잠재적이든 실제적이든 간에 실용적 성공 혹은 입증에 관한 것이다. 윌리엄 제임스William James(1907/1955: 77)는 **"참 관념은 우리가 동화시켜서 정당화하고, 확증하고 검증할 수 있는 관념이며, 거짓 관념은 그럴 수 없는 관념이다"** 라고 주장한다.[16] 진리의 소유는 그 자체가 목표이기는커녕 "다른 필수적인 만족을 위한 예비 수단일 뿐이며," "참 관념의 실질적 가치는 일차적으로 그 대상이 우리에게 실질적으로 중요하다는 데에서 나온다."(78) 제임스는 종종 자신의 진리 개념을 진리의 '도구적' 개념이라고 불렀다. 즉 "관념들은 (그것들 자체가 우리 경험의 부분일 뿐인) 관념들이 경험의 다른 부분과 만족스러운 관계를 맺도록 돕는 한에서만 참이다"는 것이다.(23)[17] 이러한 진리의 실용주의적 개념은 실재의 존재를 부인하는 것이 아니라, 완벽하고 정확한 진리의 그림을 형식화하는 것은 바람직하며 달성 가능한 목표임을 부인하는 것이다. 실용주의자들에게 표상적 대응 모형은 "가장 넓은 의미에서 실재와의 '일치'는 **단지 실재나 그 주변으로 곧바로 인도되는 것을 의미하거나, 실재와 불일치했을 때보다 실재와 잘 연결되는 것을 다룰 수 있을 정도로 그것들과의 실행적 접촉 상태에 놓이는 것을 의미할 뿐이다.**"(212-213)

16 제임스는 또한 반드시 우리 신념 체계의 대부분 체제가 개인적으로 우리에 의해 입증되는 것이 아니라, 최소한 잠재적으로 우리에 의해 입증 가능한 입증의 독창적 작업을 통해 우리 체제의 부분이 된다고 지적한다. "진리는 대개 신용제도를 의지하여 산다."(1907/1995: 80)

17 보증된 언명 가능성warranted assertibility이라는 듀이의 개념에 대한 퍼트남의 옹호를 참조해보라.

표상에서부터 참여까지

이언 해킹Ian Hacking(1983b: 25, 31)은 전체 실재론 대 반反실재론 문제가 진리의 객관주의적 대응 이론에서 비롯된다고 주장한다. 따라서 무엇이 실재로 간주되어야 하고, 무엇이 최소한 임시로라도 '진리'의 위상이 부여되어야 하는지에 대한 실용주의적인 '인과적' 설명을 채택하면 그 '문제'는 피할 수 있다. 송과선을 통해 조금씩 흘러나오는 감각 데이터로부터 세계의 정확한 그림을 맹렬히 구성하면서 우리의 대뇌피질 어딘가에 있는 신비한 운전석에서 마음을 끌어내리고 '그것을' 뇌-몸의 다양한 통제 체계로 다시 분산시킴으로써, 객관주의-상대주의 논쟁의 토대였던 많은 인식론적 의사 문제를 산뜻하게 피할 수 있다. 도널드 데이빗슨Donald Davidson(1974: 20)은 "도식과 세계의 이원론을 포기할 때, 우리는 세계를 포기하는 것이 아니라, 친숙한 사물과의 중재되지 않은 접촉을 재설정하는 것이다. 이때 그런 사물의 익살맞은 행동은 우리의 문장과 의견을 참이나 거짓으로 만든다"고 말한다.

진리에 대한 신체화된 실용적 문제 해결 접근법과 표상적 언어의 경시는 '직접적' 실재론이나 '상식적' 실재론을 옹호하는 힐러리 퍼트남 같은 현대 실용주의자의 연구나 조지 레이코프와 마크 존슨의 '신체화된 실재론embodied realism'의 개념에 반영되어 있다. 존슨Johnson(1987: 211)은 "'실재를 정확히 기술하는 것은' 잠자리를 펴는 것과 같은 단일하고도 동질적인 의도가 아니다. '사물을 있는 그대로 기술하는 것'은 '실재의 기술을 틀 짓는 데 우리의 의도에 비추어 적절히 작용하는 기술을 발견하는 것'을 축약한 말이다"라고 주장한다. 리처드 로티Richard Rorty(1979: 298)도 과학을 자연의 거울로 보는 객관주의 모형을 과학이 '자연을 처리하기 위한 시공도'라는 개념으로 대체해야 한다는 비슷한 주장을 한 바 있다.

> 과학은 이론이라기보다는 실천의 어휘이며, 숙고라기보다는 행동의 어휘이다. 이런 어휘로 진리에 대해 유용한 말을 할 수 있다. 사람은 '이것은 붉다This is red'가 어떻

게 세계를 묘사하는지를 알고 싶어 하기 때문에, 인식론이나 의미론에 애써 참여하고픈 사람은 없다. 오히려 우리는 병에 대한 파스퇴르의 관점이 어떤 의미에서 세계를 정확히 묘사하고, 마르크스가 마키아벨리보다 더 정확히 묘사한 것이 무엇인지를 알고 싶어 한다. 하지만 여기서 '묘사'의 어휘는 아무런 도움이 되지 않는다. 우리가 개별 문장에서부터 어휘와 이론으로 전환할 때, 중요한 용어는 구조 동형성, 상징주의, 사상의 은유로부터 용이성, 편리함, 원하는 것을 얻을 수 있는 가능성 등의 이야기로 자연스럽게 전환된다.(1980: 722)

완고한 반실재론자로 간주되었던 일부 과학철학자들은 여기서 옹호하고 있는 온건한 실재론이라기보다 객관적인 형이상학적 실재론을 비판하는 것으로 쉽게 이해할 수 있다. 낸시 카트라이트는 그런 예들 가운데 하나를 뚜렷하게 보여주었다. 1983년에 집필한 『물리학의 법칙은 어떻게 거짓말을 하는가*How the Laws of Physics Lie*』 같은 카트라이트의 초기 연구는 모든 형태의 실재론을 거냥한 것이라 여기고 있다. 그러나 그녀는 후기 연구에서는 이것이 잘못된 것이었다고 설명한다. 카트라이트는 '과학의 분열'을 주장할 때 그녀의 목표가 실재에 대한 통일된 신적 관점에 수렴되는 '근본주의적' 객관주의 과학 모형을 취한 것이었다고 설명한다. 하지만 보다 정확한 상황적인 과학적 지식의 모형은 카트라이트가 말하는 '국지적 실재론local realism'이라는 제한된 형태를 배제하지 않는다. 카트라이트Cartwright(1999: 23-24)는 "계획, 예측, 조작, 통제, 정책 선정"의 가능성은 "국지적 지식의 객관성"에 대한 증거라고 말한다.

내가 알기로는 솔방울이 아닌 상수리나무로부터 참나무를 얻을 수 있고, 훈육으로 인해 우리 아이들이 보다 안전해지며, 배고픈 사람에게 음식을 나눠 주고 노숙자에게 거처할 곳을 제공하면 빈곤 해소에 도움이 되고, 스미어 시험을 더 많이 보면 경부 암의 발생률이 줄어든다는 것을 알 수 있다. 나는 또한 물리학에 더 가까이 가면, 1파운드 동전은 2층 창문에서 아래에 있는 내 딸의 손에 떨어뜨릴 수 있지만, 화장지는 그렇게 할 수 없고, (자동차를 타고 있는 것이 아니라 걸어가는 경우에) 나침반 바늘을 따라 북쪽으로 향할 수 있다는 것도 안다.

이런 사실들은 모호하고 부정확하지만, 나는 이런 사실들을 알고 있으며 개량의 여지가 있다고 가정할 이유는 없다. 많은 경우 나는 원인과 결과 간의 강도나 빈도를 확신하지 못하고, 신뢰도의 범위도 확신하지 못한다. 확실히 어떤 경우에는 어떤 계획과 정책이 최적의 전략으로 간주되는지도 장담할 수 없다. 하지만 이것들이 지식의 항목이라고 주장하고 싶다.

실재가 우리에게 그 자체를 강요할 수 있는 능력에 대한 실용주의적 인식은 객관적 지식의 신적 이상을 우리 스스로 믿도록 하지 않고서도 썰의 사실들이 잔인하다는 것을 설명할 수 있다.

과학의 문제에 대한 실용주의적 답변

앞서 약술한 진리에 대한 참여적인 실용적 모형을 채택하면 객관주의 체제나 상대주의 체제에서는 불가피한 것 같은 문제들로부터 자연과학을 구해 낼 수 있다. 여기서는 제1장에서 논의한 과학의 몇몇 문제에 대한 실용주의적 답변을 간략히 약술하고자 한다.

미결정성과 오컴의 면도날

래리 라우던Larry Laudan(1996)은 콰인Quine과 라카토스Lakatos에서부터 쿤Kuhn과 헤세Hesse를 거쳐 데리다에 이르기까지의 객관주의 과학의 비평가들이 미결정성 가설을 어떻게 다양하게 사용하는지를 유익하게 설명하며, 이들 모두 "논리적으로 가능한 것과 합리적인 것은 동일한 시간에 걸쳐 있고,"(29) "형식논리학이 '합리성'의 영역을 철저히 논하고," "모든 것은 연역 논리학이나 사회학이다"(50)라는 기본 가정 아래에서 실패한다고 결론내린다. 〈디 어니언*The Onion*〉

이라는 풍자적 논문에서 나온 뛰어난 눈속임은 라우던의 요점을 아주 생생하게 예증하고 있다.[18] 최근에 발굴된 사람 해골의 치수를 재고 있는 한 고고학자의 사진으로 테를 두르고 있는 헤드라인은 "고대의 해골 부족을 발굴하다Archaelogical Dig Uncovers Ancient Race of Skeleton People"라고 적혀 있다.

> 이집트, 알지자—영국과 이집트 고고학자들로 구성된 한 팀이 월요일에 굉장한 것을 발견했다. 이들은 완전한 모습의 '해골 부족' 표본 몇 점을 발굴한 것이다. 이것은 대략 6천 년 전 나일강 삼각주 지역에 거주했던 피부와 기관이 없는 인류이다. "이것은 믿을 수 없는 발견이다"라고 옥스퍼드대학의 고고학자이자 발굴 팀장인 크리스찬 허친스 박사가 말했다. "한때 이 전 지역이 유령 같고 뼈만 남은 걸어다니는 해골들로 가득 찼다는 것을 상상해보세요."

이처럼 유령 같은 해골 사람들이 어떻게 살았는지를 설명하는 다양한 이론들이 제기되었다. '허친스 박사'는 이렇게 설명한다. "조잡한 요리 도구뿐만 아니라 도기와 풀이나 나무로 짠 공예품의 증거를 이 지역에서 발견했지만, 우리는 이 해골들의 주된 활동이 가까운 인류에게 달려들어 상처를 입히는 것이라고 믿는 편이다. 그리고 우리가 그들의 언어와 의사소통의 수단에 대해 아는 것이 거의 없지만, 그들은 '부지디-부지디boogedy-boogedy'라는 말을 많이 한 것 같다." '해골 부족' 이론과 모순되는 것처럼 보이는 증거를 잘 설명해주기 위한 시도가 있었고, 이 이론 자체에 내적인 잠재적 결함을 탐구한다.

> 고고학자들은 발굴 현장으로부터 약 200야드 서쪽에서 사람들이 농사를 지었다는 증거도 찾아냈다.
>
> 케임브리지대학 고고학자 이안 에드먼드 화이트는 "여기서 당혹스러운 것은 해

18 〈디 어니언*The Onion*〉, Dec. 8, 1999, issue 35.45. Reprinted with permission of The Onion. Copyright © 2007, by ONION, INC.(www.theonion.com)

골 부족이 수확한 곡물로부터 이익을 얻지 못했다는 것이다. 왜냐하면 입에 넣은 음식은 모두 바로 턱 뒤에 난 구멍을 통해 흉곽 아래로 내려와 결국은 곧장 땅으로 떨어졌기 때문이다. 최선의 추측은 그들이 인간 농부들을 위협하여 내쫓았고 뒤에 남아 그 거주지에 뻔질나게 드나들었다는 것이다. 또한 어쩌면 그들은 가까운 도시에서 상품을 물물교환 하여 사슬, 관, 누덕누덕한 더러운 옷 같은 해골 액세서리를 구했던 것일 수 있다"고 말했다.

에드먼드 화이트는 계속해서 "하지만 이 이론의 결점은 현지 씨족과 상인들에 대한 광대한 기록을 밝혀낸 1997년 지역 발굴이 무역을 목적으로 촌락에 온 살아 있는 뼈 덩어리에 대해서는 전혀 언급하지 않았다는 사실이다. 하지만 우리는 유령 같은 해골 저주의 희생이 되지 않도록 최대한 노력하면서, 가능한 한 많은 현장을 찾고 있는 중이다"라고 말했다.

결국 고고학적 기록들이 그러하듯이 연구자들은 약간의 이론적 추측으로 한층 엄격한 실증적 논의를 단정짓는다.

무엇이 해골 부족의 멸종을 유발했는지에 대해 에드먼드 화이트는 한 가지 이론을 제시했다.

"분명 이집트 성직자나 왕이 전투에서 우두머리 해골을 쳐부수거나 그들 영혼을 다시 지옥으로 보내는 데 필요한 주문을 찾아내어 해골 사람의 저주를 깨트렸다"라고 에드먼드 화이트는 말했다. "여하튼 그레이스컬의 힘Power of Greyskull이 해골 부족의 파멸에 상당한 영향력을 행사했다는 강력한 증거가 있다."

그들이 생물학과 역사, 물리학에 대해 우리가 알고 있는 것들과는 모순되지만, 우리는 여기서 제시한 가설에서 **공식적으로** 잘못된 것은 전혀 없다는 사실을 주목해야 한다. 우리는 선험적으로 땅에서 사람 모양의 해골의 발견에서부터 전사-해골의 무서운 부족의 이론으로 이루어지는 연역적 진행을 막을 수 없다. 물론 그레이스컬의 힘Power of Greyskull의 가능한 영향력을 단호하게 배제할 수도 없다. 실지로 더욱 관련이 있지만 그만큼 기상천외한 예를 하나 들자면, 현존하는 화석 기록은 지구가 매우 오래되었으며, 종이 다윈의 진화론과 일치하는 방식으로 시간이 지남에 따라 점차적으로 변했다는 사실을 암시한다. 하지만 화석 기록에 나타난 데이터는 지구와 그곳에 사는 모든 종이 성경에서 기록한 시간 프레임 안에서 신에 의해 창조되었으며, 의도적으로 오해하기 쉬운 화석들은 인류의 신념을 테스트하기 위해 신(또는 사탄)에 의해 창조되었다는 이론과도 똑같이 일치한다. 이런 가설들 중 하나를 결정하기 위한 형식적 알고리듬은 없다. 다만 후자의 추론은 대부분의 사람들에게 매우 이상하게 보일 뿐이다.

'이상하게 보인다'는 말은 가설을 거부하기 위한 자신감을 고무시키거나 합리적인 기초처럼 보이지는 않는다. 하지만 앞서 래리 라우던의 말처럼 "형식논리학이 '합리성'의 영역을 철저히 논한다"를 믿어야만, 잠재적 가설들 중 하나를 선택하기 위한 완벽한 형식적 절차의 결핍이 문제가 된다. 〈디 어니언〉의 풍자는 분명한 불합리로부터 나온 것이고, 그런 불합리를 '분명한' 것으로 만드는 것은 상식이다. 상식이란 합리성의 경계가 어디에 놓여 있는지에 대한 우리의 비형식적·직관적 **느낌**을 말한다. 이런 느낌은 때때로 틀리기도 한다. 가장 중요한 과학적 혁명은 상식을 무시할 것을 요구하며, 후기 뉴턴 물리학의 발달은 상식에 대한 한결같은 중단을 요구했다. 그것을 공유하는 정도뿐만 아니라 일반적인 모양도 배경 신념과 사회 집단의 관행으로부터 영향을 받는다. 화석 기록에 대한 근본주의적 설명은 일부 사람들에게는 합리적인 것처럼 들릴 수 있다. 하지만 기본 형태상 이 느낌은 널리 공유되는 듯하고, 좋든 싫든 우리가 개념적으로 기꺼이 받아들이고자 하는 것에 엄격한 경계선을 긋는다.

상식이 선험적 근거를 갖지 않고, 진리에 대한 신적 관점을 보장하지 않으며, 다소 사회적 합의의 우연적 산물이지만, 우리라는 현재의 존재는 상식이 우리의 조상과 우리 스스로가 세상을 살아가도록 안내하는 훌륭한 일을 했다는 사실을 입증하고 있다. 퍼트남Putnam(1991: 79)은 상식적 귀납법, 논리적 결함 등을 실용주의적으로 옹호한다.

> 일반적이고 장기적으로 진정한 관념은 성공하는 관념이다. 이것을 어떻게 알 수 있는가? 이 주장 역시 세계에 관한 주장이다. 이는 세계에 대한 경험으로부터 얻어진 주장이다. 우리는 좋은 관념이면 다 믿는다는 생각에 기초하여 이 관념이 일치하는 관행과 그런 관행을 이루는 관념을 믿는다. 이는 성공적인 것으로 입증되었다! 이런 의미에서 '귀납법은 순환적이다.' 그러나 물론 그렇다! 귀납법은 연역적 정당성을 갖지 않는다. 귀납법은 연역법이 아니다. 우리는 '귀납적으로' 추론하려는 어떤 경향, 다시 말해 선험적 경향을 갖고 있고, '귀납법'의 지난 성공은 그런 경향을 드높인다.

일상적 귀납법의 신뢰성에 대한 우리의 지속적인 신념, 즉 흄Hume(1777/1975: 55)이 말하듯 "천성적으로 우리에게 주입된" 신념과 논리적으로 가능한 무한한 대다수의 가설을 받아들이지 않으려는 저항은 단순히 형식적으로 옹호할 수 없는 육감hunch이지만, 이런 육감은 우리에게 대거 도움 되고 앞으로도 계속 그럴 것이다.

이런 종류의 육감에는 때때로 공식적인 이름이 붙는다. 예컨대 실체를 불필요하게 늘리지 말라는 명령인 '오컴의 면도날'은 종종 논리적으로 필연적이면서도 자연스러운 법칙처럼 제시된다. 하지만 이를 형식화하려는 여러 노력이 있었지만,[19] 오컴의 유명한 면도날은 본질적으로 실용주의적 발견법임이 분명하다. 그것의 적용 여부와 방법은 얼마나 많은 것이 '너무 많은 것'인지에 대한 형식화할 수 없는 육감, 그리고 무엇이 합리적인 것인지에 대한 확률적 감각에 의존한다. 제1장에서 논의한 해왕성 발견의 예에서 오컴의 면도날의 문맥 의존적 본질을 명확히 볼 수 있다. 뉴턴의 역학을 구하기 위해 이전에 알려지지 않은 가상

---

19 오컴의 면도날에 대한 객관적인 베이츠형 형식화를 제공하려고 시도하는 제프리스와 버거 Jefferys & Berger(1992) 참조.

의 행성이 존재한다고 가정하는 것은 실체를 불필요하게 늘리는 고전적인 사례처럼 들린다. 이것은 천동설 천문학자들이 그들의 계산이 작동하도록 만들 필요가 있다는 주전원과 지구를 둘러싼 가상의 원을 생각나게 만든다. 하지만 뉴턴 역학의 견고함과 광대한 설명력, 그것에 대한 실행 가능한 대치물의 결핍을 고려하면, 또 다른 행성을 가정하는 당시의 천문학 공동체는 분명히 옳다고 느꼈다.

실용주의적 직관이 과학 이론의 형식화와 수용에 어떻게 결정적인 역할을 하는지 좀 더 본능적으로 느끼기 위해서 아주 최근까지 논란꺼리였던 동시대의 예를 하나 고려해보는 것이 도움이 될 것이다. 나는 지금의 이 단락을 2006년 6월에 집필하고 있다. 지구온난화의 실재에 대해 과학계 안에서의 깊은 의견의 일치를 보지 못한 어떤 시기를 떠올릴 수 있다. 그렇다고 아주 오래전도 아니다. 어쩌면 높은 온도가 통계적으로 의미심장한 장기적 추세와 무관한 평범한 변동인 소음, 그 이상의 어떤 것인지에 관한 의견불일치였다. 최근에 무언가가 변한 듯하고, 이제 이 논란은 지구온난화가 실재인지의 여부에 관한 것이 아니라 얼마나 빨리 일어나고 있으며, 그것에 대해 우리가 무엇을 할 수 있으며, 가능한 결과가 무엇이냐에 관한 것이다. 그래서 무엇이 변했나? 확실히 이런 전이는 특별한 새로운 관찰이나 결정적인 실험 결과는 아니었다. 지구온난화를 뒷받침하는 증거의 축적된 '무게'가 지각적 '전이'를 유발한 것처럼 보인다. 나는 한 주된 요점에 주목시키기 위해 무시무시한 인용을 해보겠다. 이 인용은 이 과정의 근본적으로 은유적이고 신체화된 본질이다. 궁극적으로는 지구온난화 회의론자를 뒤바꾼 구체적인 무언가를 지적할 수 있다. 그것은 2006년의 변덕스럽게 따뜻한 겨울과 치명적으로 더웠던 여름, 북극 만년설의 가속화된 해빙, 대서양 멕시코 만류의 감속에 관해 널리 알려진 연구, 캐나다 소나무 숲을 엄습한 따뜻한 기후 때문에 생긴 신종 해충에 의한 손실, 상업적으로 실행 가능한 북극해 통행의 점진적인 실현 전망에 의해 고무된 국제 통치권의 거만함, 어쩌면 그럴 것으로 여겼던 단순히 개인적·국지적 관찰("제기랄, 나는 겨울 때마다 그 언덕에서 썰매를 탔던 기억이 난다. 하지만 10살 된 아들이 태어난 이후로는 눈을 본 적이 없다")이었다. 이제 성가시고 무시무시한 인용을 그만 하지만 이 모든 것이 얼마나 은유적인지를 계속 주목하지 않을 수 없다. '최후의 결정타'가 과연 무엇이든 간에 베이즈 학파의 분석이나 가설-연역적 추론의 형식적 과정이라기보다는, 궁극적으로 균형의 신체적 감각에 바탕을 둔 무게와 전이의 **느낌**이 여기에 수반된다.[20] 이것은 그것을 덜 진정하게 하진 않는다. 덜 진정하다는 것은 '진리'에 대한 종 특정적·실용주의적 의미에서이다. 균형에 대한 우리의 신체적 의미는 두 발 달린 동물로서 우리가 세계에서 효과적으로 이동하도록 해주는 매우 좋은 일을 한다. 이 의미를 법 소송 시의 증거, 과학적 논쟁, 어떤 자동차를 구입할지 또는 누구와 결혼할지에 대한 결심 같은 더욱 추상적 고찰로 은유적으로 확장하는 것은 확실히 효과적이다. 형식적 의사결정 또는 추론 프로토콜이 상대적으로 최근에 만들어졌음에도 불구하고, 이런 전이성적 의미가 여전히 최종 결정권을 갖는다. 대부분은 아니지만 많은 상황에서 이 의미가 형식화된 지루한 숙고보다 세계에서 우리를 더 잘 안내한다는 증거도 있다.[21]

미결정성 경사면 아래로의 미끄러운 활주는 인간의 인지적 구조의 부분으로 진화한 육감, 편견, 지적 가치의 집합에 의해 차단된다. 이런 직관은 세계에 대한 우리의 경험을 조직하고, 형식화할 수 있는 가설을 결정하는 데 주된 역할을 하며, 경쟁 중인 가설들 사이에서 어느 하나로 결정하도록 돕는다. 폴 처치랜드Paul Churchland(1985: 42)는 오컴의 면도날로 예시되는 것과 같은 '초超실증적 가치super-empirical value'를 진화적으로 옹호하면서 다음과 같이 말했다.

> 존재론적 단순성과 일관성, 설명력 등의 가치는 정보를 인식하고, 정보와 소음을 구분하는 뇌의 가장 기본적인 기준이다. 나는 이런 가치들이 '실증적 타당성'보다

20 또한 제4장에서 논의한 균형에 대한 추상적 개념의 뒤엉킨 신체화된 게슈탈트 본질에 관해서는 존슨Johnson(1987: 72-100) 참조.

21 윌슨과 스쿨러Wilson & Schooler(1991), 윌슨Wilson(2002), 딕스터후이스Dijksterhuis *et al.*(2006) 참조.

더 근본적인 가치라고 생각한다. 왜냐하면 이런 가치들은 공동으로 실증적 사실을 표상하기 위한 전체 개념적 체제를 뒤집어 엎을 수 있기 때문이다. 사실 이런 가치들은 그런 개념적 체제가 무엇보다 호기심 많은 유아들에 의해 어떻게 구성되는지도 지시할 수 있다.[22]

우리의 인지적 여과기로부터 의기양양하게 발생하는 이론적 신념은 인간과 독립적인 실재의 정확하고도 객관적인 표상으로 보장되지 않는다. 우리는 그것이 필요 없으며, 결코 필요로 한 적도 없었다. 그런 여과기를 갖고 있는 유기체가 여러 세대 동안 생존했다는 사실은 우리의 육감으로 승인되는 이론들이 우리에게 세계를 효과적으로 처리하도록 도와줄 것 같다는 것을 보장하고 있다. 콰인Quine(1969: 126)이 귀납법에 관해 "분화 유도가 상습적으로 잘못된 창조물은 그들 종을 번식하기 전에 죽는, 애처롭지만 칭찬받을 만한 경향을 지니고 있다"고 말했다.[23]

진보의 개념 보존하기

쿤Kuhn(1962/1970: 167)은 과학 공동체가 그 역사의 흔적을 체계적으로 짓밟으면서 진보의 환상을 만든다고 주장하여 유명했다. "성숙한 과학자 공동체의 구성원은 오웰의 『1984년』의 전형적 등장인물처럼, 그 사회에 존재하는 힘에 의해 다시 기술된 역사의 희생물이다." 과학이 많은 데이터의 꾸준한 축적과 실재에 더 가까운 근사라는 실증주의 모형 대신, 쿤은 패러다임 전환이라는 새로운 개

22 수학, 단성성, 인과적 추리, 부합의 생물학적 가치가 "과학적 방법론은 자연 선택에 의해 존재하게 된 후성적 규칙에 기본을 둔다"라는 결론을 뒷받침한다는 마이클 루스Michael Ruse(1998: 168) 참조.

23 제1장에서 지적했듯이, 폴 처치랜드와 스티븐 스티치의 주장에 따르면, 콰인의 논증은 인간이 실재에 대한 정확한 **표상**을 갖고 있다는 것을 뒷받침하는 것으로 받아들여져서는 안 된다. 독물 검출에서처럼 부정 오류false negative의 위험이 긍정 오류false positive의 위험보다 더 중요한 경우에, 우리의 연역법과 귀납법은 부정확할 수는 있지만 적합한 모형을 일으킬 수도 있다. 처치랜드Churchland(1985)와 스티치Stich(1990) 참조.

념을 제안했다. 과학적 변화는 완전히 비교 불가능한 체제들 간의 게슈탈트 전환을 포함한다. 이 개념에 따르면, 오리처럼 보이기도 하고 토끼처럼 보이기도 하는 착시 그림을 보는 '올바른' 방법이 어떤 것이라고 주장하는 것이 말이 안 되는 것과 마찬가지로, 주어진 어떤 패러다임이 '더 정확하다'라고 말하는 것도 말이 안 된다.

제1장에서 이미 논의했듯이 쿤의 관찰은 과학적 방법론과 이론적 발전에 대한 소박한 실증주의적 설명의 중요한 개선책이다. 하지만 모든 것에 대한 완벽하고도 통일된 이론의 객관주의적 꿈을 기꺼이 포기한다면, 현대 과학 이론들이 어떤 중요한 방식에서 어떻게 이전 이론보다 '더 나은지'에 대한 실용주의적 설명을 보존할 수 있다.[24] 예컨대 래리 라우던Larry Laudan(1996: 22)은 뉴턴 물리학이 아인슈타인 물리학에 간단한 방식으로도 포함되지 않는다는 사실처럼, 과학적 발전에서 엄격한 축적성의 결핍으로 어떤 식으로든 우리가 세계를 다루기 위한 더 나은 패러다임을 얻고 있다는 생각이 무효화되는 것은 아니라고 주장한다.

> 과학 바깥에서 하나가 다른 것의 개선책인지에 대해 질문할 때, 우리는 축적성을 강조하지 않는다. 따라서 우리 인간이 최근에서야 정통하게 된 (먼 거리에서 정확히 길을 찾아가는 것처럼) 특정한 일을 새는 어떻게 행하는지 알지만, 우리 인간이 새보다 더 똑똑하다고 주저 없이 말할 수 있다. 주술사들이 현대 의학으로는 이해하기 힘든 분석을 이용하여 병을 확실히 고칠 수 있지만, 현대의 의학이 아프리카 부족들 사이에서 행해지던 의학의 개선책이라고 우리는 주장한다. 문제해결 능력의 부분적 손실이 있을 때도 그와 같은 과학 외부의 진보에 대한 논란의 여지가 없는 판단을 할 수 있다면, 왜 우리는 과학 내에서 그렇게 하는 것을 어려워해야 하는가?

---

24 쿤은 나중에 이 가능성을 배제할 의도는 아니었다고 설명했다. 쿤Kuhn(1970)을 보라.(이런 관찰에 대해 모하메드 레자 메마르-세디기에게 감사한다)

이와 유사하게 필립 키처Philip Kitcher(1993: 9)도 "과학의 성장을 인지적으로 제한된 생물학적 실체들이 사회적 문맥에서 노력들을 결집시키는 과정"으로 다루는 '자연주의적 인식론'에 기초하여, 과학적 발전의 '실재론적-자연주의적' 모형을 주장했다.(1998) 그는 라부아지에Lavoisier의 경우와 연소 논쟁처럼 패러다임 전환에 대한 쿤의 중요한 예들을 꼼꼼히 조사해 보면, 이런 예들은 어떻게 합리적인 사람들이 무척 오랫동안 의견이 다를 수 있지만 궁극적으로는 증거에 의해 합의에 도달하도록 강요받게 되는지를 입증하는 꽤 명확한 예였다고 주장한다.(272-290)

실재와의 접촉에 있어서 상식적·실용주의적 관점은 우리가 과학과 과학적 발전에 대한 이론 숭배 관점과 단절시키도록 도왔다. 이언 해킹Ian Hacking(1983b: 157-160)이 지적하듯이 종종의 경우 즉각적인 관찰은 새로운 이론화를 자극하고, 전파의 발견이나 대폭발 이론의 발전에 관한 이야기는 때때로 '이론 중심적'인 개작된 이야기로 만들어지지만, 그 과정 자체는 기본적으로는 신체화된 인간이 중요하다고 생각되는 세계 주변의 사물을 알아차리는 것을 포함한 듯하다. 내가 앞서 '나쁜' 쿤을 비판하면서 주장했듯이, 우리 인간이 어떤 이론과 일치하지 않는 것을 간파하여 그 이론을 바꾸고자 동기화된다고 가정하지 않는다면, '이상anomaly'이라는 개념은 일관성을 잃고 만다.

관찰 가능한 것과 관찰 불가능한 것에 관한 제한적 실재론

갈릴레오가 망원경의 발명으로 새로운 '보는' 방법을 만들어낸 일에는 중대한 의미가 있다. 이것은 상당히 중재적인 새로운 기술이다. 파이어아벤트Feyerabend(1993: 77-105)는 망원경의 작동 방식, 그리고 지구와 하늘이 완전히 별개의 존재론적 영역이라는 널리 받아들여진 개념을 고려한다면, 그것이 어떻게 하늘을 정확히 묘사할 것으로 기대하고 있는지에 대한 타당한 이론적 설명은 당시에는 아무도 제시하지 못했다고 지적하고 있다. 이언 해킹Ian Hacking(1983b: 186-209)도 광학현미경이나 전자현미경 같은 정교한 도구에 의한 '관찰'에 관해서 이와 비슷한 주장을 했다. 그리고 이런 현미경들은 많은 이론적 가정과 상당한 정도의 '관찰된 사물'의 조작을 요구한다. 많은 현대 과학이 매우 중재적인 '보기' 방식에 근거한다는 사실 때문에, 파이어아벤트 자신은 과학적 관찰 주장이 마법이나 종교적 성서와 그 종류가 다르지 않다고 결론내리게 되었다.

파이어아벤트를 비롯한 다른 인식론적 회의론자들이 턱없이 증폭시킨 사실은, 결국 갈릴리에오의 망원경을 통해서든 현대 생화학자의 전자현미경을 통해서이든, 매우 중재된 관찰이 지금까지 진지하게 받아들여진 유일한 이유가 그런 관찰이 직접적인 수단을 통해 (때때로, 궁극적으로, 아마 매우 간접적으로) 입증될 수 있었기 때문일 것이다. 갈릴레오에게 의혹을 품은 사람들을 가장 강력하고 설득력 있게 설복시킨 것들 가운데 하나가 바로 직접적인 실증을 가능하게 한 망원경의 실질적인 시범이었다. 관찰자들이 몇 킬로미터 떨어진 궁전 벽에 새겨 있는 작은 글귀까지 읽을 수 있도록 토스카나 언덕에 망원경을 설치한 것이 바로 그 시범이었다.[25] 당시의 형이상학에 따라 망원경의 지구적 성공이 하늘로 승천되어야 한다고 생각할 이유가 없었으므로, 이와 같은 시범은 본디 갈릴레오의 폭넓은 선전 공작을 위한 이종의 '속임수'에 지나지 않았다고 파이어아벤트는 주장할 것이다.[26] 파이어아벤트는 여기서 확실히 중요한 무언가를 간파했다. 갈릴레오의 수많은 증거가 사실상 이론적으로는 정당화되지 **않았던 까닭에**, 합리성을 정의하기 위해 이론적 일관성을 취한다면 그의 관점으로의 전환은 어떤 점에서는 비합리적일 수밖에 없을 것이다. 반면 객관주의적 확실성을 요구하는 것이 아니라 합리성의 실용주의적 의미에 의존한다면, 코페르니쿠스 설의 승리는 갈릴레오가 조잡하게 짜 맞출 수 있었던 다양한 시범 설명의 **느낀 무게***felt weight* 탓일 수 있다.[27] 그것의 추가적 고착화는 직접적이고 간접적인 지지용 관

25 갈릴레오가 만든 장치의 그런 시법에 참석한 로마의 철학 교수인 줄리어스 시저 라칼라Julius Caesar Lagalla의 논평을 보라.(라칼라Lagalla 1612. 로젠Rosen 1947: pl. 54에서 인용되었으며, 이는 다시 파이어아벤트Feterabend 1993: 84에서 인용됨)

26 과학적 혁명을 궁극적으로 수사적인 것으로 논의하는 쿤Kuhn(1962/1970: 92-95)을 참조해 보라.

찰이 계속 축적되는 방식, 그리고 달에 가서 지구 정지궤도에 위성을 설치하는 것처럼, 코페르니쿠스 설의 가정이 세계에서 많은 것을 하도록 하는 데 얼마나 성공적인지의 탓으로 돌릴 수도 있다.

이것은 "[갈릴레오, 암페르, 마르코니 같은] 사람들이 발명하고 그들 방식대로 정의한 가상의 사물이 감각에 의해 입증되는 결과에서 특별한 독창성을 깃는다"라는 윌리엄 제임스William James(1907/1995: 72)의 논평뿐만 아니라, 객관주의 과학적 실재론을 '인과주의causalism'로 교체하려는 낸시 카트라이트와 이언 해킹의 열망 이면에 자리한 핵심적인 내용이다. 해킹Hacking(1983b: 22-24, 36)은 전자 같은 다른 식으로 관찰 불가능한 실체는 예측 가능한 방식으로 니오브 공의 전자 전하電荷 변화처럼 거시 층위의 변화 유발에 사용될 수 있다고 지적하고 있다. 해킹Hacking(1983b: 146)은 "실재는 인과성과 관계가 있으며, 실재에 대한 관념은 세계를 변화시키는 우리의 능력에서 나온다. 우리가 세계에 개입하여 그 밖의 어떤 것에 영향을 미치려면 우리가 사용할 수 있는 것 또는 세계가 우리에게 영향을 미치기 위해서 사용할 수 있는 것이 실재한다고 생각하게 될 것이다"라고 말하고 있다. 이것은 "여러분이 그것들을 흩뿌릴 수 있다면, 그것들은 실재한다"라는 유명한 공식 견해로 귀결된다.(23) 또한 그는 "전자에 대한 '직접적인' 증거는 널리 이해하고 있는 하위 층위의 인과적 특성을 사용하여 그것들을 조작할 수 있는 우리의 능력이다"라고 말한다. 이것은 "이론화가 아닌 공학은 실체에 대한 과학적 실재론의 증거이다"는 것을 의미한다.(1983a: 87) 해석하기 매우 힘든 X레이 회절 이미지에 의해서만 원래 '볼 수 있던' DNA 같은 실체에 대한 증거의 간접성에 관해 과학학 문헌에서 많은 잉크가 허비되었다. 하지만 우리는 이제 향상된 영상과 조작 기술을 통해 연구자들이 '음성 DNA 초超나선'의 기제를 연구하기 위해 단 한 줄의 DNA에 자장 용구와 플라스틱

27 특히 코페르니쿠스적 혁명이 객관주의와 완전한 상대주의 사이 어딘가에 있는 증거와 증명의 개념을 포함하는 것으로 간주하는 실용주의적 중용적 관점에 대해서는 찰머스Chalmers(1985, 1999: 161-163) 참조.

'회전자 용구'를 덧붙이는 지점에 이르렀다.(고어Gore *et al.* 2006) 이것은 우리에게 "당신이 그것에 플라스틱 볼을 붙이면, 그것은 실재한다"라는 해킹의 공식 견해의 다른 버전을 제공한다.

과학, 무엇이 그렇게 대단한가?

과학은 무엇이 그렇게 대단한가? 우리는 과학이 우리에게 무언가를 하도록 허용해주는 것을 좋아한다. 왜 우리는 과학이 우리에게 무언가를 하도록 허용해주는 것을 좋아하는가? 진화는 우리가 예측하고 조작하는 것을 좋아하도록 만들었기 때문이다. 이런 예측이 결핍된 잠재적 조상들은 **우리의** 조상이 되지 못했고, 그 문제와 관련된 다른 누군가의 조상도 되지 못했다.

과학과 실용주의 이론으로의 일시적인 방문은 이제 이 책의 주된 요점으로 되돌릴 수 있다. 그것은 인문학자들이 자연과학에 더 많은 주의를 기울여야 한다는 사실이다. 실증적 연구가 달랑 이론뿐인 사색과 달리 우리 인간에게 유의미한 세계에 대해 무언가를 말해준다고 생각할 타당한 이유가 없다면, 나는 동료 인문학자들에게 실증적 과학에 더 많은 주의를 기울이라는 권유를 납득시킬 수 없다. 희망컨대 실증적 연구에 대한 실용주의적인 신체화된 실재론적 모형에 대한 약술을 통해서, 쿤 이후의 세계에서도 여전히 어떤 생각은 옳은 것처럼 보이고 다른 것은 틀린 것처럼 보인다는 신중한 결론에 도달할 수 있다는 주장에 이르게 되었다.

제3장에서 약술한 사고와 언어의 관계에 대한 이론들이 왜 워프나 뒤르켐의 관점보다 선호하는가? 우선 이 이론들은 대대적인 행동 연구와 뇌 영상 연구에 바탕하고 있다는 덤 때문이다. 있는 그대로 말하면 우리는 **사진**을 갖고 있다. 그렇다. fMRI 영상을 보는 방식은 매우 타협적인 것으로 많은 인공적 기술과 이론적 가정을 요구하고 있으며, 또한 잠재적으로는 다양한 방식으로 해석이 가능하다.[28] 하지만 우리가 실재에 대한 단 하나의 '정확한' 기술을 찾고 있

는 것이 아님을 주장하는 한, 이것이 이런 실증적 연구에 대한 우리의 자신감을 치명적으로 손상시켜서는 안 된다. 단순히 추측하고 우리의 직관을 참고하고 전통적인 문화적 권위에 의존하는 것보다 이런 '그림'이 우리가 무언가를 한다면 어떤 일이 일어날지를 더 잘 예측할 수 있도록 해준다는 사실을 받아들이기만 하면 된다. 윌리엄 제임스의 형식화에 따르자면 이런 그림을 진지하게 받아들이면 "우리가 동의하지 않을 때보다 그것이나 그것과 관련된 무언가를 더 잘 다룰 수 있기" 위해 인간의 언어와 인지의 실재와 '작동 접촉'을 하게 된다. 따라서 이 그림들은 실용주의적 실용성 때문에 우리의 주의를 요한다.

따라서 우리는 자연과학을 흰색 실험복을 걸친 권력주의자의 음모를 통해서가 아닌, 그들이 분명하고 믿음직스러운 **연구** 때문에 엄청난 위엄을 갖는다고 주장할 수 있다. 유체역학의 법칙을 글자 그대로는 볼 수 없지만, 이런 원리에 따라 건립된 사물의 움직임은 볼 수 있다. 즉 공기보다 무거운 금속관이 공중으로 **날아다니며**, 손에 쥔 휴대폰이 확실하게 목소리를 전 세계로 전송하고 있는 것이다. 이것이 바로 자연과학의 오늘날 명성을 얻은 것에 대한 열쇠이며, 이는 '내게 보여달라'는 고대부터의 인간 본성에서 비롯된 것이다. 제6장에서 이야기하겠지만, '**왜** 허리케인 카트리나가 뉴올리언스를 강타했는가'와 같은 의미에 관한 부득이한 질문에 대답할 때 여전히 종교가 결정적인 몫을 하고, 앞으로도 늘 그러할 것이다. 이런 질문은 의도성을 세계로 투사하길 절대 멈추지 못하는 우리 같은 창조물에겐 필연적인 질문이다. 이런 설명의 영역은 자연과학적인 설명이 결코 침해할 수 없는 영역이다. 왜냐하면 이 두 가지 설명은 결코 중복되지 않기 때문이다. 하지만 우리들 대부분은 현실적인 의사결정(지금 피난을 가야 하는가? 허리케인이 언제 육지에 착륙하는가? 제방이 그것을 감당할 수 있을까?)

---

28 뇌의 특정 부위의 관찰된 활성화의 결과로 특별한 인지 과정의 추론 참여인 fMRI '역 추리reverse inference'의 일반적인 관행의 신뢰도에 대한 논의를 위해서는 크리스토프와 오웬Christoff & Owen(2006)과 폴락Poldrack(2006) 참조. 사회심리학에서 심리적 과정을 국지화하기 위한 뇌 영상의 사용에 관해서는 윌링햄과 던Willingham & Dunn(2003) 참조.

에 관해서는 빌리 그레이엄Billy Graham이 아닌 기상학자나 엔지니어의 말을 듣는다. 인문학에서도 동일한 일이 일어나야 할 것이다. 윙크가 경련과 어떻게 다른지를 이해하려면 예전의 그저 신비로운 **이해**의 해석이라는 이야기로는 부족할 것이다.

제6장

누가 환원주의를 두려워하는가? 다윈의 위험한 생각에 맞서기

아마 당신은 우리 인간이 실증적 편견을 갖고 있고, 실증적 연구의 방법이 자연과학에서 체계적으로 발달한 방식 때문에 한 특정 현상 X에 관한 자연과학의 주장이 추측과 직관, 근거 없는 주장, 풍문보다 일반적으로 더 믿을 만하다는 생각에 편안해 할 것이다. 그렇다면 아래의 주장들에 대해 그 편안함의 수준을 평가해보라.

1. 지구상의 생명체는 다윈의 진화론에서 기술되는 자연선택과 결합하여 변이를 가진 유전의 알고리즘 과정을 거쳐 생겨났다.
2. 독수리의 눈은 진화의 산물이다.
3. 사람의 안구는 진화의 산물이다.
4. 일반적인 인간의 몸은 진화의 산물이다. 따라서 남자와 여자 간의 많은 육체적 차이(크기, 상체의 힘, 아이를 낳고 기르는 능력)는 진화의 산물이다.
5. 인간의 지각계는 진화의 산물이다. 감각기관의 많은 세부 항목과 사물을 지각하고 몸이 사물에 반응하도록 지시할 수 있는 마음의 능력은 진화된 특성이다.
6. 일반적인 인간의 마음은 진화의 산물이다. 따라서 개인들 간의 많은 정신적 차이(가령 일반적인 IQ, 공간 추론 기술, 정서적인 감정이입 능력)는 진화의 산물이다.
7. 복제와 선택의 맹목적 과정의 산물인 몸과 마음을 지닌 전체로서의 인간은 로

봇이나 기계와 복잡성의 정도에서만 차이가 난다. 세상의 만물처럼 우리 인간도 인과적으로 결정되어는 순수한 물리적 체계이다.

정통파 기독교인이라면, 1번 주장을 이해하지 못할 것이다. 대학 교육을 받은 인문학자인 나와 가상 독자들 대부분과 비슷하다고 가정한다면, 아마 4번 주장까지는 나와 함께 할 것이고, 어쩌면 5번 주장까지도 괜찮을지 모른다. 하지만 아마 대개 6번 주장까지 받아들이기는 꺼릴지도 모르겠다. 7번 주장은 십중팔구 전혀 엉뚱하게 보일 것이다. 이것이 디스토피아를 그린 SF 소설에는 훌륭한 전제일 수 있으나, 우리 스스로에 대해 우리가 알고 있는 모든 것에 위배되는 것이다.

대부분의 신체 부위에 관해 일반적으로 수직적 통합에는 아무런 문제가 없다. 우리들 대부분은 (최소한 기계적 도움으로 우리 몸을 개조하지 않는 한) 공중을 날 수 없으며, 염력으로 순간 이동을 할 수 없고, 우리의 피와 기관과 신경계가 생리학 원리에 따라 기능한다는 것을 기꺼이 인정한다. 이런 생리학 원리는 다시 분자생물학, 유기화학, 궁극적으로는 물리학에 뿌리를 두고 있다. 무슨 이유 때문인가? 잘 교육받은 학자나 지성인들인 '우리들' 대부분이 왜 사적으로는 종교적이지만, 일반적인 의미에서는 진화론에 대해 편안해 하면서도 교회와 국가의 서구적인 진보적 분리를 심오하게 믿고 있으며, 다른 동물의 몸통처럼 인간의 몸도 진화의 산물임을 확신하지만, 추론하고 결정하고 정서를 느끼고 헌신할 수 있는 능력을 갖춘 인간으로서 우리에 대해 근본적인 것으로 여기고 있는 것들이 무엇이든 진화적 설계의 한 부분이라는 생각에 대해서는 매우 곤란해 하는가? 우리들 대부분은 일반적으로 여성이 남성보다 키가 더 작고, 상체의 힘이 더 약하다는 것을 편하게 인정하고 있으며, 이와 같은 총체적 주장이 무엇을 함의하는지를 잘 안다. 그것은 통계적으로는 참이고, 매우 키가 크고 대부분의 남성들보다도 벤치 프레스를 더 잘 하는 여성들이 많이 있다는 사실 때문에 이런 사실이 무효화되지는 않는다. 하지만 하버드대학 총장인 로렌스 서머스Lawrence Summers가 통계적 관찰의 대상이 되는 집단인 여성들이 수학과 공학을 비교적 잘못한다고 무심코 던진 말 때문에 거친 항의를 받았으며, 마침내 직장까지 잃게 되었다.[1]

내가 알기로 미식축구의 NFL이나 농구의 NBA에서 여성의 대표성을 향상시키려는 근본적인 저항운동은 없었다. 스포츠에 관해서라면 우리는 남성과 여성을 서로 다른 리그로 분리하는 일을 매우 편안하게 여기는 듯하다. 하지만 **정신적** 능력에 관해서는 성 기반적 차이에 관한 것이라면, 그 어떤 총체적 주장이라 하더라도 현대 서양의 진보주의자인 우리를 매우 불편하게 만들며, 그것은 틀림없이 비도덕적인 것처럼 보인다. 물리적인 것에 맞서는 정신적인 것에 관한 이런 명확한 구분이 앞서 7번 주장을 찬찬히 생각하면 우리가 이런 논제를 머뭇거리게 하는 진상을 규명해준다. 인간 행동과 인지에 대한 진화적 모형이나 자연과학적 모형은 대부분의 사람들에겐 심오하게 이질적이고 타당하지 않은 것으로 여겨지며, 이것이 인문학에 대한 수직적 통합 접근법을 겨냥한 핵심적인 저항을 적극적으로 돕는다. 나는 자아에 대한 물리주의적 설명이 왜 우리를 그렇게 혼란시키며, 물리주의적 입장에 대한 실증적으로 실행 가능한 대안이 왜 아직까지 없는 듯하며, 이 모두가 인문학에 어떤 의미가 있는지에 대한 질문에 직면하면서, 과학과 인문학을 통합해야 한다는 나의 주장에 대한 결론을 내리고자 한다.

1 스티븐 핑커의 『빈 서판』(2002)은 서머스를 이런 궁지에 빠뜨린 것에 대해 많은 책임을 진다. 인지 능력의 잠재적인 성별 차이의 주제에 관한 핑크와 엘리자베스 스펠크 간의 발생한 논쟁의 기록을 위해서는 웹사이트 http://www.edge.org/3rd_culture/debate05/debate05_index.html#s25fmf 참조해보라. 서머스와 스티븐 핑크의 입장에 관한 비판을 위해서는 바레스Barres(2006) 참조.

다윈의 위험한 생각

리처드 도킨스와 대니얼 데닛은 인간에 대한 물리주의적 다윈 접근법의 함축을 만들어낸 뒤, 이런 함축을 생생하고 단호한 방식으로 제시하는 일을 훌륭히 수행한 이름난 지성인들이다. 그래서 이들의 연구는 수많은 비난을 받았다.[2] 인간 층위의 실재에 대한 수직적 통합 접근법을 채택하면서 수반되는 어려움과 그런 접근법이 어떤 모습인지를 이해하려면 이들이 논의하는 논제를 비껴갈 수 없다.

리처드 도킨스의 『이기적 유전자*The Selfish Gene*』(1976/2006)는 아마 지난 25년 동안 진화 이론에 관한 가장 영향력 있는 책이었으며, 최근 30주년 기념 판본을 보면 그 가치가 더욱 높아져 있는 듯한 위상이다.[3] 도킨스의 독창적인 책에서는 무생물 분자가 어떻게 스스로의 복제 능력을 획득하고, 복제할 때 발생하는 제한된 실수나 자연선택의 힘과 더불어 복제할 수 있는 이런 기계적 능력이 어떻게 우리 주변에서 현재 찾아 볼 수 있는 매우 복잡한 생물 형태들을 발생시키는지를 일관성 있게 설명했다. 그는 널리 평가받지 못한 기존의 윌리엄 해밀턴William Hamilton(1964), 존 메이너드 스미스John Maynard Smith(1964, 1974), 로버트 트리버즈Robert Trivers(1971, 1972, 1974)의 이론적 연구를 토대로 해서 개별 유전자, 곧 '복제자replicator'는 그룹이나 다윈 자신이 생각했듯이 개별 유기체가 아니라 자연선택의 단위여야 한다는 입장을 강력하고도 효과적으로 주장하면서 '신다윈주의neo-Darwinism'의 시대를 이끌었다. 자연선택에 대한 유전자 층위의 접근법은 이타주의가 어떻게 진화했고, 생식이 왜 그렇게 만연하게 되었는가라는

---

2 오웬 플래나간Owen Flanagan(1992: 85-86)은 안토니오 다마지오 같은 자아에 대한 물리주의적 관점의 저명한 보급자들이 자아에 대한 데닛과 도킨스의 관점보다 전통적 관점에 덜 명시적으로 위협적인 그림을 제시하지만, 이것은 이들이 제시하고 있는 그림이 근본적인 방식으로 정말로 다르기 때문이 아니라, 이들이 더 신중하기 때문이라고 지적한다.

3 그라펜과 리들리Grafen & Ridley(2006)는 신다윈주의의 도킨스 모형과 그것의 지적 영향력에 관한 유익한 논문들을 제시한다.

폭넓은 논제부터 단백질 합성을 위해 유전 암호를 지정하지 않는 많은 양의 '잉여' DNA가 유기체에 존재하는 것과 같은 작지만 성가신 문제에 이르기까지, 다윈 이론을 괴롭혔던 다양한 이론적 문제를 해결했다.

자연선택의 유전자 층위의 설명은 이론적으로 매우 만족스럽기 때문에 현재 신다윈주의의 정통 버전으로 영향력을 행사하고 있다. 하지만 여기엔 많은 사람들을 교란시킬 함축적인 의미도 함께 있다. 도킨스가 진화의 역사를 제시할 때 원생액原生液의 천연 자원을 얻기 위해 전쟁에서 승리한 복제자의 형태는 DNA의 선구 세포였다. 이것은 다시 더 많은 자원을 축적하고 세계에서 자기 복사를 퍼트리도록 돕기 위해서 간단한 단세포 유기체에서부터 복잡한 식물과 동물 몸통에 이르기까지 갈수록 정교한 '생존 기계'를 형성하려고 다른 DNA 조각과 협력하기 시작했다. 이런 이해에 따르면 동물과 식물은 본질적으로 편리함을 위해 함께 일하는 분자를 복제하는 '팀'의 창조물이며, 전적으로 이런 유전자를 다음 세대로 전수할 만큼 충분히 오랫동안 이를 보존하기 위해 창조된 것이다. 이는 우리 주변 세계에서 활동하는 것으로 보이는 복잡한 유기체들의 모든 변종들이 원래는 "유전자로 알려진 이기적인 분자들을 보존하기 위해 맹목적으로 프로그램된 로봇 운반자들"에 지나지 않는다는 것을 의미한다.(도킨스 Dawkins 1976/2006: xxi) 도킨스의 역사는 매우 이상한 새로운 렌즈를 통해 현재의 생물학적 세계를 볼 수 있다는 통찰력으로 끝난다.

> 오늘날 자기 복제자는 덜거덕거리는 거대한 로봇 속에서 바깥세상과 차단된 채 안전하게 집단으로 떼지어 살면서, 복잡한 간접 경로로 바깥세상과 의사소통하고 원격 조정기로 바깥세상을 조종한다. 그들은 당신 안에도 내 안에도 있다. 그들은 우리의 몸과 마음을 창조했다. 그리고 그들이 살아 있다는 사실이야말로 우리가 존재하는 궁극적인 이론적 근거이기도 하다. 자기 복제자는 기나긴 길을 거쳐 여기까지 왔다. 이제 그들은 유전자라는 이름으로 계속 나아갈 것이며, 우리는 그들의 생존 기계이다.(19-20)

다윈은 생존과 번식을 위한 투쟁이 개별 유기체의 층위에서 발생하는 것으로 간주했다. 우리는 이를 직관적으로 이해한다. 우리는 분명 생존하고 번성하기를 원하며, 아무런 문제없이 이런 의도성을 살아 있는 다른 종에게 투사한다. 신다윈주의는 이 모형을 뒤집는다. 개별 식물이나 동물은 그들 속에 들어 있는 유전자의 '이익'을 촉진시키기 위해서만 존재하는 것이지 그 반대일 수는 없다는 것이다.

유전자 층위의 관점은 그 자체만으로도 혼란스럽다. 더욱 곤란한 것은 전체 과정이 전적으로 기계적이라는 데 있다. 진화의 무목적성은 이미 고전적 다윈주의의 특징이기도 하지만, 유기체 층위의 관점을 포기하면 한층 더 뚜렷이 나타난다. 우리는 사자의 손아귀에 붙잡히지 않으려는 영양의 고투, 새끼에게 먹이를 주려는 사자의 고투에 의미를 투사할 수밖에 없지만, 이 두 창조물이 그들 유전자의 명령을 그저 수행하는 꼭두각시로 간주하는 것은 의식적 설계 없는 세계의 냉혹한 이상함을 강하게 결정화한다. 진화 과정에 대한 무지함은 종종 마음 이론의 소유자인 우리가 그것을 기술할 때 필연적으로 의지하는 은유 때문에 종종 모호해지지만, 유전자의 '이익'이나 '이기심'에 관한 이야기가 글자 그대로 의도되지 않는다는 것을 기억하는 것이 중요하다. 이런 정신주의적 개념은 진화에 대해 생각하도록 돕는 마음 이론의 영역에서 도출되는 유익한 발견법의 하나지만, 그 과정 자체는 전적으로 무지하고 무목적적이다. 유전자는 왜 다음 세대로 전해지기를 **소망하는가**? '왜'와 '소망'은 없다. 그들은 생식만 할 뿐이다. 옛날 옛적 어디선가 간단한 분자가 자기 복제를 시작했고, 나머지는 진화적 역사이다. 자연계의 모든 아름다운 복잡성과 인간사人間事의 질풍과 노도Sturm und Drang는 이 복제자의 후손들이 목적 없는 기계적 과정을 맹목적으로 반복한 결과일 뿐이다. 이것은 암흑 물질이다.

짐작했듯이 신다윈주의의 이 브랜드를 비교동물행동학의 구체적인 논제에 적용하는 것은 분명 충격적이다. 예컨대 부모의 이타주의는 자연계에 널리 퍼져 있는 현상이다. 우리가 새의 둥우리로 다가가자 위협을 느낀 새가 엄청난 위험을 무릅쓰고 다친 척하며 알에서 갓 깨어난 새끼로부터 우리의 시선을 딴 곳으로 돌리려 노력하는 일은 놀라운 일이 아니다. 아마 우리도 똑같이 그렇게 행동할 것이다. 그런 행동에 대한 유전자 층위의 설명은 그것이 '혈연선택kin selection'의 일반적인 힘의 특별한 표현이라는 것이다. 유성생식하는 종의 부모는 그 새끼와 유전자의 일부를 공유한다. 이것은 유전자 생존 기계인 부모가 '수학math'이 지시할 때, 즉 관련성과 보험 회계적 고려의 정도와 같은 요인에 기초하여 그런 행동이 생존 기계의 더 많은 부분이 다음 세대로 전수되도록 할 때, 자신을 희생하도록 설계된다는 것을 의미한다.[4] 유명한 '해밀턴의 법칙'(해밀턴Hamilton 1964)이 지정하는 것처럼 이타주의 행동에 대한 유전자는 $b > \frac{c}{r}$ 일 때 선택된다. 이때 'b'는 이타주의 행동의 수령인이 받는 혜택이고, 'c'는 행동자가 지불하는 비용이며, 'r'는 행동자와 수령인 사이의 '관계의 계수'이다. 그리고 이런 '계수'는 두 개체의 유전적 관련성에 의해 결정된다. 완전 형제자매에 대해서는 0.5이고, 할아버지와 손자에 대해서는 0.25이며, 친사촌에 대해서는 0.125이다. 당신이 잘 설계된 생존 기계라면 뒤쫓아 오는 호랑이로부터 달아날 때, 두 명의 사촌은 뒤에 남기는 경향이 있지만, 같은 어머니와 아버지 밑에서 태어난 두 명의 형제자매라면 잠시 멈출 것이다.

신다윈주의 이론 역시 부모-자식 간의 충돌이나 형제자매 경쟁 같은 논제에 관해 매우 구체적인 예측을 한다. 예컨대 신다윈주의 관점에서 보자면 포유동물에게서 젖떼기는 어미의 유전자와 새끼의 유전자 간의 이익 충돌을 포함하는 일이다. 새끼의 유전자는 생존 기계가 가능한 한 오랫동안 젖을 먹기를 원하게 한다. 왜냐하면 어미젖은 (최소한 유아에게는) 저렴하며 자양분이 매우 많은 음식이기 때문이다. 어미의 유전자 중 대략 50퍼센트는 새끼에게 생식되었기 때문에, 생존 기계가 가능한 한 많이 후손들에게 자양분을 주는 데 관심이 있지

4 물론 신다윈주의자들은 유기체가 실제로 그런 계산을 의식적으로나 즉시 한다고는 생각하지 않는다. "실제로는, 몸이 마치 이와 같은 계산을 한 것처럼 행동하도록 영향을 미치는 유전자들로 유전자 풀이 채워진다."(도킨스Dawkins 1976/2006: 97)

만, 또한 스스로의 버전을 갖기 위해 어떤 다른 후손의 생존 기계를 생산함으로써 손해를 보지 않으려고 양다리를 걸치고 싶어한다. 유아의 유전자는 자기 자신과 100퍼센트 관련이 있으며, 형제자매 생존 기계의 유전자와는 50퍼센트만 관련 있다. 그래서 유아는 자원을 딴 데로 돌릴 수 있는 잠재적 경쟁자보다는 스스로에게 유리하도록 하는 데 관심을 갖는다. 유아는 가능한 한 오랫동안 어미의 젖을 먹기를 원한다. 어미의 생존 기계는 모든 새끼와 50퍼센트의 관련이 있으므로, 그 자원을 가능한 한 공평하게 분배하지 않을 이유가 없다. 이것은 젖떼기가 첫 새끼의 가능한 생존과 일치할 정도로 빨리 발생해야 한다는 것을 의미한다. 로버트 트리버즈Robert Trivers(1974)의 연구는 이런 근본적인 이익 차이가 인간을 포함해 많은 포유동물의 젖떼기 전략에서 어떻게 해결되는지를 탐구하고, 이런 전략이 어떻게 보이고 있으며, 어떤 충돌이 발생하는지 등을 예측하는 훌륭한 일을 한다.

이런 다양한 전략(가장 효과적으로 스스로의 복사를 다음 세대로 가져가고자 하는 유전자의 바람)의 궁극적 이유가 이것이 확실히 발생하도록 유전자가 고안하는 근사적 기제(가령 이타적 느낌이나 모성애)와 반드시 닮은 것은 아니라는 사실은 그런 분석이 우리에게 극도로 이국적인 것처럼 보일 수밖에 없다는 것을 의미한다. 따라서 인간과 다른 동물의 기원에 대한 신다윈주의 모형과 우리의 많은 능력과 행동에 대한 궁극적 이유의 형식화는 이론적으로 강력하고 만족스럽지만, 이와 동시에 다른 종류의 평범한 인간적 관점에서는 이국적이고 종종은 모순된 것처럼 보인다.

인문학에 있어서 신다윈주의의 혼란스러운 함축을 명확히 설명한 사람은 철학자 대니얼 데닛이다. 그가 적절하게 제목을 붙인 『다윈의 위험한 생각』(1995)은 다윈의 이론에 대한 기념비적인 연구로서, 우주와 인간에 대한 우리의 개념에 대해 다윈의 이론이 무엇을 뜻하는지를 명시적으로 탐구한다. 대부분의 인문학자들은 최소한 다윈주의가 무엇인지에 대해 희미하게 이해하기는 하지만, 진화 이론이 제시하는 전통적 사람 개념에 대한 도전을 진정으로 파악하는 사람은 거의 없다. 그래서 이것은 중요한 연구과제가 아닐 수 없다. 이에 비해서 천지창조설에 대한 정통파 기독교 옹호자들은 전형적으로 진보적 지식인들로부터 조롱받긴 하지만 사실은 시대를 약간 앞서고 있다. 데닛이 지적하듯이 증거나 구체적인 신념의 기준에 관해 사람들이 어떻게 느끼든, 천지창조론자들이 아주 명확히 이해하고 있는 것처럼 다윈주의는 "재치 있는 많은 변증자들이 인정한 것보다 가장 근본적인 신념의 조직을 더욱 깊이 베고 있다."(18) 교실에서 다윈주의의 옹호와 자유나 인권 존중의 이상 사이에서 긴장을 간과하는 대다수의 진보주의자들과는 달리, 정통파 기독교인들은 분별없고 설계자가 없는 기계론적 우주라는 다윈 개념의 '위험'에 대해서는 눈곱만큼의 환상도 없다.

다윈주의의 위험성은 다윈주의가 '일반 산universal acid'이라는 데닛의 은유로 매우 훌륭하게 포착된다. 그것은 "모든 전통적인 개념을 먹어 치우고, 지나간 자리에 혁명적인 세계관을 남기며, 오래된 풍경도 여전히 인식 가능하지만 근본적으로 변형시켰다."(63) 데닛은 현대의 서구 진보주의자인 '우리'가 다윈주의를 동물과 식물의 존재에 대한 설명으로 찬성하는 데 만족한다고 하면서, 사람들이 통상 인간사와 심지어 우리 자신의 물리적 몸에 대한 다윈주의의 함축을 해결하길 꺼려했지만, **정신**의 영역에 관한 것일 때는 여지없이 선을 긋는다고 지적한다. 진화적 케이크를 두고 먹고 싶어하는 사람들의 고전적 조처는 과학과 종교가 그저 두 가지 서로 다른 종류의 진리이고, 전혀 다른 인간 존재의 영역에 초점을 두고 있어서 충돌하지 않는다고 선언하는 것이다.[5] 이것은 본질적으로 이원론에 바탕을 둔 논의이다. 진화는 우리의 **몸**과 비인간적 실재의 광활한 공간이 어떻게 존재하는지를 기술하지만, (사실상) 우리의 마음은 전혀 다른 문제이다. 이것은 위안이 되고 편리한 입장이기는 하지만, 천지창조론자들은 이를

---

5 이 입장의 주목할 만한 현대 옹호자는 '비非중복적 공평nonoverlapping magisteria'이라는 개념을 가진 스티븐 제이 굴드Stephen Jay Gould(1997)였다. 마이클 루즈Michael Ruse(2001)을 참조해보라. 그것은 또한 진화-천지창조론의 논쟁에 관한 널리 공표된 최근의 책인 『대화의 진화: 과학, 기독교, 이해의 추구*Christianity, and the Quest for Understanding*』(베이커Baker 2006)에서 미국과학진흥협회American Association for the Advancement of Science라는 세계에서 가장 큰 과학학회가 제기한 입장이기도 하다.

믿지 않고 있으며 거기에 타당한 이유도 있다. 즉 다윈주의의 일반 산에 반대하여 마음-몸 선을 유지하려는 시도는 궁극적으로 실패로 돌아가는 듯하다. 데닛이 말하듯, "다윈에게 우리의 몸을 내준다면, 그가 우리의 마음까지 가져가지 못하게 말릴 수 있을까?"(65)

'다윈화된 마음'에 대한 데닛의 개념을 간략히 개관하는 것은 유익하다. 왜냐하면 마음에 대한 일관성 있는 물리주의적 개념을 형식화하는 것은 물리적 현상과 인간적 현상 간의 설명적 공백을 메우기 위한 결정적 단계이기 때문이다. 데닛이 설명하듯이 인간 탐구에 대한 다윈의 엄청난 기여는 의식과 자유의지 같은 인간 층위의 현상이 어떻게 비인간의 물리적 실재로부터 발생했는지를 이해하기 위한 체제였다. 핵심적인 다윈의 생각은 자연선택과 함께 변이를 내포한 완전히 분별없는 연산적인 유전의 과정이 시간만 갖춰지면 원생액primordial soup의 아미노산을 얻고자 경쟁하는 도킨스의 초생적·이기적 복제자로부터 임마누엘 칸드의 『순수이성비판*Critique of Pure Reason*』으로까지 우리를 데려갈 수 있다는 것이다. 윌리엄 페일리 신부Reverend William Paley가 황야에서 회중시계를 우연히 발견한 것처럼, 우리 인간도 복합설계가 지성에게 그것을 설계하도록 요구한다는 생각을 피하기가 매우 어렵다. 다윈의 놀라운 통찰력은 애당초 지성이 필요하지 않았고, 더욱이 데닛이 말하듯이 "지성은 너무 작고 어리석어서 전혀 지성으로 간주되지 않은 조각으로 쪼개져, 연산 과정의 거대한 연결망에서 공간과 시간상으로 분포될 수 있다"(133)는 것이었다. 천지창조론자들과 지적 설계론Intelligent Design의 옹호자들에겐 정말 화가 날 정도로 명확하지만, 교실에선 다윈의 옹호자들이 끝까지 마무리하지 않은 다윈 통찰력의 함축은 "분자로 된 기계의 비인간적이고 지각없고 로봇식이고 분별없는 작은 조각은 우주에서 모든 행위성, 의미, 의식의 궁극적 기초이다"(203)라는 것이다.

이것은 인간의 마음이 다르게는 결정론적 세계에서 자유와 자립성의 피난처가 아니라, "각각 그 자체의 설계 역사를 갖고서 '영혼의 섭리에서' 자체의 역할을 행하는, 거대하고 반反설계되며 자체 재再설계하는 더 작은 기계들의 혼합물"(206)임을 의미한다. 데닛의 중심 조직 은유 가운데 하나는 노동자들이 큰 기중기를 만들기 위해 작은 기중기를 사용하는 공사장을 관찰함으로써 생겨난다. 이것은 진화의 작동 방식에 대한 좋은 모형이다. 맹목적인 연산적 설계, 이를테면 단세포 유기체의 수십억 번 반복의 축적을 나타내는 작은 기계의 기능적 힘은 이 과정에 의해 더욱 복잡한 기계를 위한 플랫폼으로 사용될 수 있다. 즉 단세포 유기체는 더 크고 더 복잡한 세포에서 미토콘드리아가 되는 것이다. 진화의 과정은 우리를 혼란스러운 원생액으로부터 인간으로 데리고 가기 위해 수행되어야 하는 막대한 양의 설계 '들어올림lifting'을 수행하는 일련의 '직렬 기중기'와 같다. 망막이나 비장에 있어서는 이것이 어떻게 작동하는지 상상할 수 있을 것으로 여겨지지만, 인간의 마음과 관련해서는 사람들에게는 스카이훅을 찾으려는 강렬한 바람이 있다. 그것은 하늘에서 내려오는 마법 같은 기중기, 인과성의 연쇄 바깥에서 오는 기계장치에 의한 신의 개입, "다윈의 연산적 교란의 매서운 시각"(75)에 대한 예외이다. 하지만 다윈이 옳다면 세계를 설명하기 위한 스카이훅이나 '마음 우선mind-first' 힘은 필요 없다. 인간의 마음은 수십억 개의 이전 기중기들로 만들어낸 매우 복잡한 기중기로서, 이는 단세포 유기체가 빛 쪽으로 이동하거나 독소에서 멀어지도록 한 초생적인 신경회로로 인과적 추적이 가능하다.

따라서 이런 이해 아래에서 '사고'는 유령 같은 비신체화된 과정이 아닌 일련의 뇌 상태, 곧 물질의 물리적 형상들이다. 각각은 물리적 사물들의 상호작용을 지배하는 결정론적 법칙에 따라 바로 다음 것을 유발한다. 우리 뇌 속의 물질의 물리적 상태로서의 생각들은 상호작용하고, 혼성되며, 스스로를 예측 가능한 방식으로 변형시키지만, 물리적 인과성의 연쇄 바깥에서는 그 과정을 통제하거나 관장하는 초물리적 영혼이나 자아는 없다. 이것은 우리의 사고와 행동이 최소한 원칙상 어떤 다른 물리적 과정만큼 예정되고 예측 가능하다는 것을 의미한다. 이것은 또한 그 자체에 의해서만 유발되는 영혼이나 정신 같은 비신체화된 무언가로 흔히 이해되는 자아는 신체화된 뇌의 작용에 의해서 창조되는 환상에 지나지 않는다. 데닛이 다윈주의의 필연적 결과로 제시하는 인간의 마음/자아/영혼의 그림은 "그렇다, 우리에게는 영혼이 있지만, 그것은 많은 작은 로봇들로 구성된 것이다"라는 이탈리아 철학자 쥴리오 지오렐로Giulio Giorello가 쓴 글에 생생하고 간결하게 요약되어 있다.[6]

의식의 신경과학을 탐구하면서 생애의 후반부를 보낸 고 프란시스 크릭Francis Crick(1994: 259)은 "뇌 행동의 모든 양상은 뉴런의 활동 때문이다"는 생각, 곧 의식은 궁극적으로 활성화되는 뉴런의 물리적 연쇄로 환원될 수 있다는 생각을 두고 '놀라운 가설astonishing hypothesis'이라 불렀다. 사실 그것은 놀라운 것 이상이다. 인간의 자아와 마음에 대한 물리주의적 관점은 이질적이고 매우 혼란스럽다. 당신이 혼란을 느끼고 다소 당혹스럽다면, 나는 이 자료를 타당하게 설명하지 못한 것이고, 더 설득력이 있고 유능한 데닛과 도킨스의 손에 당신을 맡긴다. 여하튼 내가 보기에 도킨스Dawkins(1976/2006)와 데닛Dennett(1995)은 현대의 인문학자들에게 필독서이다. 자아에 대한 철저한 유물론적 관점과 비교하여 궁극적으로 어떤 관점을 채택하든(나는 나중에 약간 다른 관점을 제시할 것이다) 이런 생각들은 파악 가능하다. 왜냐하면 이런 생각들이 아무리 이상해 보여도, 기계 속의 데카르트 유령에 대한 우리의 신념을 포기하고, 좀 더 정확히 말하자면 마술에 대한 믿음을 포기하는 결정적 조치를 취하면 우리가 어떤 선택을 가질지 알기 어렵기 때문이다. 데닛의 스카이훅처럼 초자연적 신념을 행사할 준비가 되어 있지 않다면, 우리는 내내 '작은 로봇'이라는 결론을 피하기 어려울 것이다.

언뜻 보아 이것은 우리 인문학자들이 이제 직장을 잃는다는 것을 암시하는 것처럼 보일 수 있다. 더 이상 **정신**이 존재하지 않는다면 **정신과학**이 무슨 필요가 있겠는가? 이 장의 나머지 부분에서는 환원주의, 설명의 층위, 수직적 통합에 대한 선천적인 인간의 인지적 저항의 논제를 논의하고, 마지막으로 강한 자

6 데닛Dennett(2003: 1)에서 인용한 지오렐로Giorello.(1997)

연과학적 경향을 가진 학자들 사이에서 접하게 되는 '실재론'의 다소 교묘하게 처리된 개념을 약술하기 위해 찰스 테일러의 연구에 의존할 것이다. 나는 무엇이 경험적으로 타당한 것인가라는 느낌과 세계에 대한 심오한 직관 모두를 정당화하기 위해 모호하게 생각되는 이원론의 형태로 물러날 필요가 없으며, 인간적 의미로 풍부한 환경에서 여전히 살고 일하는 동안에도 다윈의 위험한 생각의 실재를 인정할 수 있음을 확신시키고자 한다.

환원주의의 악귀

인간에 대한 물리주의적 관점에 관해 널리 알려진 비판 중 하나는 이런 관점이 지나치게 '환원주의적'이라는 것이다. 이것은 인문학계에서 매우 빈번하게 듣는 '실재론적'에 대한 비판적 비난처럼 오늘날 주로 남용되는 모호한 용어로 기능하는 형용사이다. 대니얼 데닛Daniel Dennett(1995: 80)은 "남용되는 대부분의 용어처럼, '환원주의'도 고정된 의미를 갖고 있지 않다"고 매우 설득력 있게 주장한다. 그는 '환원주의적' 주장이 무엇을 의미하는지에 대한 '온후한' 이해와 '터무니없는' 이해가 있다고 말한다. 전자는 본질적으로 여기서 주장하고 있는 수직적 통합이고, 후자는 인문학자들의 엄청난 고민거리인 제거적 환원주의이다. 그가 주장하기로는 "터무니없는 의미에서 환원주의자인 사람은 아무도 없으며, 모든 사람은 온후한 의미에서 환원주의자여야 한다. 그래서 환원주의의 '비난'은 너무 모호해서 대답할 가치가 없다"(81)는 것이다. 우리는 환원주의에 대한 인문학적 우려에 대답할 가치가 있다고 느끼면서도 데닛의 주장에 일격을 가할 수 있다. 이것은 '환원한다'는 것이 무엇을 의미하고, 환원주의의 다양한 종류가 어떤 모습이며, 수직적으로 통합된 인과성의 연쇄에서 인간 층위의 개념이 어떤 위상을 갖는지에 대해 보다 분명해질 것을 포함할 것이다.

우선 하나의 현상에 대한 진정으로 흥미로운 설명이라도 정확히 그것이 인과성을 상위 층위에서 하위 층위로 추적하거나 숨겨진 상관성을 밝혀내는 일종의 환원을 포함하기 **때문에** 그런 흥미로움이 생긴다는 것을 인식하는 것이 중요하다. 스티븐 핑커Steven Pinker(2002: 72)는 환원적 설명과 비환원적 설명 간의 차이는 "우표 수집과 정탐 업무 간의 차이, 전문어의 남발과 진정한 통찰의 차이, 어떤 것은 그저 그렇다고 말하는 것과 왜 하필 그런 식이어야 했는지를 설명하는 것 사이의 차이이다"라고 말한다. 핑커는 내 생각이 맞다면 여장한 존 클리즈John Cleese인 브론토사우루스 '전문가' 앤 엘크Anne Elk가 생명체에 대한 급진적인 새로운 이론을 제시하는 것을 포함하고 있는 뛰어난 몬티 파이톤Monty Python 풍자를 인용한다. "모든 브론토사우루스는 한쪽 끝이 가늘고 중간은 훨씬 더 두껍습니다. 그리고 반대편 끝은 다시 가늘어져요." 핑커Pinker(2002: 72)가 말하듯이 우리는 이 '이론'이 불합리하지만 재미있다고 생각한다. 왜냐하면 그녀는 "자신의 주제를 보다 깊은 원리에 입각해 설명하지 않았다. 즉 그녀는 그것을 좋은 의미에서 '환원시키지' 않았다는 것이다. '이해하다understand'라는 말도 글자 그대로 '아래에 서다stand under'라는 뜻으로, 더 깊은 분석 차원으로 내려간다는 사실을 암시한다." 우리는 더 깊은 인과성의 층위까지 철저히 조사하려는 이 같은 바람이 대인적 층위에서도 늘 작동하는 것을 볼 수 있다. "왜 존은 그렇게 했지?"라고 질문할 수 있다. "그가 했기 때문이다"는 그 질문에 대한 답이 되지 못한다. 우리는 더 깊은 원리를 원한다. "그가 원했기 때문이다." "왜?" "그가 화가 났기/질투심이 생겨서/많은 재정적 혜택을 보았기 때문이다." 환원에 의해, 즉 **피**被**설명 항목**을 더 깊고 숨겨진 기본적인 **설명 항목**에 연결하면서 '왜'라는 질문에 답하지 않는다면 우리는 설명에 만족하지 못한다.

그래서 전통 인문학자들이 연구에 착수하는 방식도 이미 본질적으로는 환원주의적인 것이다. 나의 첫 출판은 초기 중국 사상가 5명에 관한 연구였다. 나는 이 사상가들이 공통된 영적인 이상을 가졌고, 인간 본성과 자기수양에 대한 그들의 많은 이론을 자극한 이런 영적인 이상에는 내적인 긴장이 있으며, 이런 긴장의 렌즈를 통해 이 사상가들을 검토하면 초기 중국 사상의 발달과 사실상 동아시아 종교 사상의 후기 궤도가 굉장히 만족스럽고 계몽적인 방식으로 설명된다고 주장했다. 나는 초기 중국의 철학 텍스트에 대한 나 자신의 버전을 적은 것이 아니라,[7] 명백히 서로 다른 5권의 텍스트가 사실상 어떻게 단 하나의 '더 깊은' 공유된 목표와 공통된 개념적 긴장에 의해 동기화되는 것으로 간주되는지를 보여주기 위해 **환원을 했다**. 지금에 이르러 동료들 중 몇몇은 내 책이 **나쁜** 환원이라고 생각한다. 즉 내 책이 중요한 구분을 용케 숨기거나 어떤 요점을 이 새로운 서사와 어울리도록 왜곡시켰다는 것이다. 하지만 그 연구과제를 간단히 '환원주의적'이라고 비난하는 사람은 아무도 없다. 환원은 인문학자든 아니든 학자로서 우리가 행하는 것이며, 누군가가 환원을 하지 않을 때, 우리는 그들의 작품이 사소하고 피상적이며 정보력이 없는 것으로 정당하게 무시한다.

현상 이면의 더 깊은 원리가 제대로 이해되지 않을 때, 곧 설명하고자 하는 현상의 기초인 인과성의 하위 층위가 우리의 꼬치꼬치 캐기에 접근 가능하지 않을 때에 우리는 종종 빠진 정보를 보충하는 모호한 실체를 발명하게 된다. 때때로 우리는 이렇게 하고 있다는 것을 안다. 예컨대 멘델은 형질에 관한 정보가 어떻게 물리적으로 실례화되거나 전해지는지를 알지 못한 채 형질의 유전에 대해 추론하고, 다윈도 마찬가지로 유전의 기질을 명확히 이해하지 못한 채로 자연선택의 함축을 상세히 나타낼 수 있었다. 그런 경우라면 하위 층위 실체와 과정이 궁극적으로 명시된다는 암시적 신념이 깔려 있다. 그렇지 않다면 이론은 포기해야 할지도 모른다. 그렇게 하고 있다는 것을 인식하지 못한 채로 모호한 플레이스 홀드 실체를 단정할 때, 즉 진정한 설명적 힘을 갖기 위해 지정되지 않은 알 수 없는 실체나 능력이 요구될 때, 학문은 막다른 골목에 처하게 된다. 라이프니츠는 생존 당시 '지성'이나 '이해' 같은 개념에 많이 의존한 인간 심리학의 분야에서 그러했다고 느꼈다. 라이프니츠Leibniz(1768/1996: 68)는 이와 같은 개념을 환기시키는 것이 체면을 세우는 것이라고 지적한다.

---

7 내가 학술적 연습으로 이렇게 했었다면, 그런 텍스트가 어떻게 구조화되는지에 대한 주석서 역할을 할 만큼 충분히 투명한 모방으로 쓰였을 것이다.(은유에 주목해보라)

회중시계가 수레바퀴 없이도 측시법 상의 능력에 의해 시간을 알려주듯이, 맷돌이 라고 할 만한 것 없이도 굴절 능력에 의해 맷돌이 곡물을 으깨는 것처럼, 능력이나 신비로운 질성을 만들어 내고, 원하는 것을 손쉽게 할 수 있는 작은 악마 같은 것으로 상상함으로써 그렇게 한다.

이와 마찬가지로 칸트가 선험적 종합판단에 대한 분석으로 도덕적 의무의 힘을 창조하고 느끼는 우리 인간의 능력에 관해 실질적인 무언가를 말하고 있다고 생각했기 때문에 니체는 그를 조롱했다.

칸트는 "선천적 종합판단은 어떻게 가능한가?"라고 자문했다. 그는 과연 어떻게 대답했는가? 그러나 아쉽게도 **"하나의 능력에 의해서"**(*Vermöge eines Vermögens*)[8]라고 다섯 단어를 가지고 답하지 않고, 매우 상세하고, 매우 존경할 만하게, 그리고 독일적인 심오한 감각과 미사여구의 감각을 그렇게 소비하면서 대답했으므로, 사람들은 그와 같은 답 안에 감추어진 우스꽝스러운 **독일식 어리석음**을 건성으로 들었다. 더욱이 사람들은 이 새로운 능력에 대해서 너무 기쁜 나머지 어쩔 줄 몰라 했다. 칸트는 "하나의 능력에 의해서"라고 말했고, 적어도 그렇게 생각했다. 그런데 과연 이것이 답일까? 설명일까? 아니면 물음의 반복에 지나지 않는가? 그렇다면 아편은 어떻게 잠들게 하는가? "하나의 능력에 의해서", 즉 최면 성분에 의해서이라고 몰리에르Molière의 작품에 등장하는 의사는 답한다.

왜냐하면 그 안에 최면의 힘이 있기 때문이고
그 힘의 성질이 감각을 잠재우는 것이다.[9]

"이와 같은 답들은 코미디에 속한다"라고 니체는 결론 내리며, 우리도 그렇게 해야 한다.

---

8 직역: 'By means of a means.'
9 카우프만Kaufmann의 번역(니체Nietzsche 1886/1966: 18-19)

인문학과 자연과학 간의 수직적 통합, 즉 문화의 신체화를 추진 중인 인지과학자와 진화심리학자들이 내놓는 주장의 힘은 인문학이 이런 종류의 '가짜 신앙심'[10]으로부터 스스로를 진정으로 해방시키지 못하고 있으며, 인상적인 것처럼 들리지만 설명적으로는 공허한 실체와 능력에 계속 의지하고 있다는 사실이다. 예컨대 투비와 코스미데스Tooby & Cosmides(1992: 122-123)는 "표준사회과학 모형은 인간 본성의 빈 서판이 '학습'에 의해 채워진다는 설명으로 충족되며, 이런 설명은 아편이 '졸리는 능력'에 의해 잠을 오게 한다는 설명만큼 유익하다"고 지적하고 있다.

> '문화', '합리성', '지성'처럼 '학습'도 무언가를 위한 설명이 아니라, 그 자체도 설명을 필요로 하는 현상이다. 사실상 사회과학에서 '학습'의 개념은 '원형질'의 개념이 그렇게 오랫동안 생물학에서와 같은 기능을 했다.

이처럼 신비로운 '원형질'이 특정한 기능을 가진 개별적인 복잡한 구조의 집합으로 구성된 것으로 입증된 것처럼, 투비와 코스미데스가 주장하듯이 '학습'과 '지성', '합리성' 같은 단어들도 인간이 세상에서 나온 정보에 적응하여 적절하게 선택적으로 추출하고 처리하도록 해주는, 정말로 특정하고 진화된 모듈적인 다양한 인지 과정을 위한 포괄적인 용어로 입증될 것이다. 예컨대 제3장에서 생각해본 윙크와 경련을 어떻게 구분할 수 있는가라는 라일의 질문에 대한 적절한 대답은 얼굴 인식에 대한 설명과 그 장에서 역시 논의한 인간 뇌에 있는 마음 모듈의 이론을 포함하지 않을 수 없다. 라일과 기어츠를 따라서 윙크가 윙크인지를 어떻게 아는지를 '설명하기' 위해서 **이해** 또는 '학습' 같은 신비로운 단어를 환기시키는 것은 사실상은 아무것도 설명하지 못하며, 이 제스처의 '기호학적 의미'라는 인식이 기능적으로 특수하고 물리적으로 근거한 인지적 기제

10 이것은 의사의 말이 인용된 몰리에르의 연극에서 따온 순환적이거나 무의미한 추론에 대한 니체의 훌륭한 용어이다.

들에 바탕을 두고 있다는 요점을 놓치게 된다. 이런 단계들 중 어떤 것도 국부화된 뇌 손상에 의해 선택적으로 파괴될 수 있다는 사실은 실증적 자아가 인간 이해의 과정에 플레이스 홀드 이상의 역할을 한다는 것을 암시한다.

물론 라일과 기어츠도 '왜 이 **사람**이 나에게 윙크를 하지? 나는 어떻게 해야 하지?'와 같은 윙크의 더 큰 의미가 길고 복잡한 이야기에 내포되어 있으며, 이런 이야기를 풀고 분석하려면 인류학자, 소설가, 역사가의 고차원적인 전문 지식이 필요하다는 더욱 타당한 주장을 한 것이라고 이해할 수 있다. 이런 인문학적 연구는 설명적인 공상의 나라에서 생겨나 물리적 인과성의 세속 위에서 신비롭게 맴도는 것이라 여기면 안 되는 것이다. 다양성과 '분열'에도 불구하고 자연과학의 분야들은 미완성의 설명적 위계에 스스로 배열되어서, (물리학 같은) 설명의 하위 층위는 (생물학 같은) 상위 층위에서 받아들여질 수 있는 설명을 제한한다. 인간 탐구의 분야로 올라가기 위해 인문학은 이 설명적 위계의 꼭대기에서 적절한 곳에 연결되어야 한다. 왜냐하면 하위 층위는 결국 상위 층위에게 말할 흥미로운 것을 가지고 있는 지점으로 전진해 갔기 때문이다.[11] 인간 층위의 의미는 물리계의 작용으로부터 유기적으로 발생하며, 이런 하위 층위의 과정이 어떻게 상위 층위의 과정이 발생시키는지를 이해하고자 할 때 좋은 의미에서 '환원주의적'이다.

물리주의에서부터 인문학으로: 설명의 층위

환원주의의 악귀를 동굴로 되돌려 보냈기 때문에 이제는 환원주의의 좋은 형태와 나쁜 형태에 대해 논의할 수 있게 되었다. 왜냐하면 인문학자들이 이런 비

11 바르코프Barkow *et al.*가 설명하듯이 "진화생물학과 일치하지 않는 심리학적 개념을 제안하는 것은 물리학의 법칙을 위배하는 화학 반응을 제안하는 것만큼 문제가 있다. 알려진 심리학과 일치하지 않는 사회과학 이론은 불가능한 생화학을 요구하는 신경생리학 이론만큼 의심스럽다. 그럼에도 불구하고, 행동과학과 사회과학의 이론들은 개념적 통합과 다중학문적인 다중층위적 일치성에 근거하여서는 거의 평가되지 않는다."(1992: 4)

난에 대해 토론할 때 대부분 마음속에 품고 있는 것은 정말로 '탐욕적' 환원주의나 '제거적' 환원주의이기 때문이다. 생산적이고 설명적 환원주의와 잔인한 제거적 환원주의를 구별하려면 다양한 설명의 층위에서 실체의 발견적·존재론적 위상을 명확히 하는 것이 중요하다.

설명의 층위와 발현적 특질

진화심리학자나 인지과학자 모두 제거적 환원주의자라고 부르지 않고, 설명의 상위 층위가 하위 층위에는 존재하지 않는 발현적 특질을 가질 수 있다는 생각에는 말로는 동의하기는 하지만, 설명의 물질적 층위에 특권을 부여하려는 일반적인 경향이 있다. 사물이 현상학적으로 우리에게 어떻게 보이든 간에, 우리는 '정말로' 아무 생각이 없는 로봇이나 물리적 체계일 뿐이다. 설명의 하위 층위에 이렇게 특권을 부여하는 데는 아주 타당한 이유가 있다. 우선 물리주의적 입장은 매우 생산적인 것으로 입증되었기에 슈퍼컴퓨터와 정신병의 약물 치료 같은 엄청난 기술 발달을 가능했다. 더욱이 물리적인 것에 우선권을 주는 선천적인 이유가 있다. 즉 설명의 다양한 상위 층위의 구조는 하위 층위로부터 발생하고 그것에 의존하므로, 하위 층위는 인과적으로 자주 이런 특권이 부여된다. 분자는 무기물과 유기물 모두를 지배하는 기본 원리에 따라 행동한다. 이것은 확고한 물리·화학의 원리를 위배하는 분자생물학의 가설이 틀렸다는 것을 의미하거나, 물리·화학을 재고하도록 하는 이유가 있다.

하지만 설명적 연쇄에서 위로 올라감에 따라 그 자체의 새롭고 예측 불가능한 조직 원리를 지닌 새로운 실체의 출현을 목격할 수 있다. 패트리샤 처치랜드 Patricia Churchland(1986: 324)는 발현의 개념을 "한 이론의 어떤 특성이 더욱 기본적인 두 번째 이론의 어떤 특성과 같지 않고 그것에 의해 이해되지 않는 인과적 힘을 갖고 있다면, 그 특성은 두 번째 이론에 관해 발현적인 것으로 간주된다"고 설명하고 있다. 발현적 특성이 어떻게 발생하고, 그것의 존재론적 위상이 무엇인지를 파악할 수 있는 가장 명확한 방식 중 하나는 데닛Dennett(1995)에서 논의한 한 모형에 의지하는 것이다. 그 모형은 수학자 존 콘웨이John Conway가 개발한 '생명게임Game of Life'이다.[12] 이 게임은 처음에는 장기판의 2차원 격자 위에서 격자의 각 세포가 임의적으로 처음의 '생존'(돌)이나 '죽음'(돌 없음) 상태에서 시작된다. 1회전에서 처음의 격자는 다음과 같은 간단한 규칙에 따라 변형된다.

> 생존. 둘 또는 셋의 이웃 돌을 가진 모든 돌은 다음 세대에서도 생존한다.
>
> 죽음. 넷 또는 그 이상의 이웃을 가진 각 돌은 갑갑해서 죽는다.(제거된다) 한 이웃이나 이웃이 전혀 없는 각 돌은 외로워서 죽는다.
>
> 출생. 정확히 세 개의 이웃에 인접해 있는 각각의 빈 세포는 출생 세포이다. 한 돌은 다음 움직일 때 그 위에 놓인다.(가드너Gardner 1970: 120)

생명게임에 대해 주목해야 할 중요한 점 두 가지가 있다. 첫째는 명확히 결정론적 세계라는 것이다. 처음 상태가 정해지면 이 상태가 변형되는 방식은 연산적으로 결정되므로 전적으로 예측 가능하다. 데닛Dennett(1995: 169)은 "생활세계에서 형상에 대한 **물리적 입장을 채택할** 때, 우리의 예측력은 완벽하다. 소음과 불확실성은 없으며, 하나의 확률만 있을 뿐이다"라고 말한다. 생명게임의 두 번째 특징은 그것이 얼마나 빨리 발현적 현상을 발생시키는가에 있다. 연산이 매번 반복되면서 돌이 판 위에서 제거되거나 놓일 때, 특정하고 일관된 모양이 발생하기 시작하며, 이런 모양은 종종 새로운 방식으로 '행동하고' '상호작용한다.' 처음의 많은 형상은 재빨리 '죽거나' 변하지 않는 안정된 형상(콘웨이는 이것을 '여전히 살아 있다still life'라고 부른다)으로 이어지지만, 다른 형상은 훨씬 동적이다. 〔그림 14〕는 표본이 되는 세 가지 처음 상태와 가드너가 첫 논문에서 기술한 그 결과를 예증한다.

---

12 데닛Dennett(1995: 166-181)을 보라. '생명게임'은 가드너Gardner(1970, 1971)에서 많은 사람들에게 처음으로 제시되었으며, 그 이후로 인터넷 현상이 되어, 무수한 사이트가 다양한 법칙과 초기 상태로 생활 세계를 만들어내는 데 몰두하고 있다.

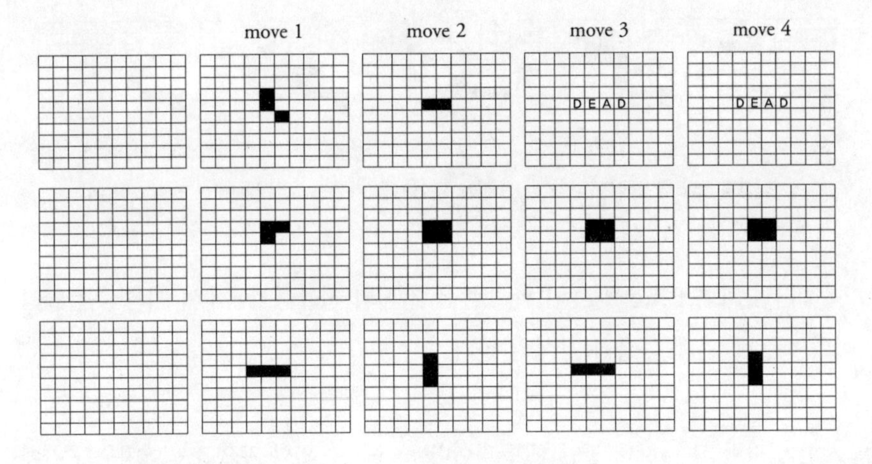

[그림 14] '생명게임에서 처음의 세 가지 형상의 운명'(가드너Gardner 1970)

첫 번째 생활 세계는 재빨리 죽고, 두 번째 생활 세계는 정적인 블록으로 동결되며, 세 번째 생활 세계는 수평 방위와 수직 방위 사이에서 영원히 앞뒤로 움직이는 듯한 '점멸 신호'를 유발한다.

〈사이언티픽 아메리칸*Scientific American*〉에 실린 가드너의 논문에서 소개된 이후로 생명게임은 순식간에 컴퓨터로 개조되어, 디지털 격자가 체스 칸과 돌을 교체하면서 '켜짐on'과 '꺼짐off'이 깜빡인다. 디지털 컴퓨터의 광대한 연산 힘과 속도 때문에 거대한 격자와 임의적으로 생성된 무수히 많은 처음 상태는 '구동되고' 더욱 복잡한 생활 세계를 유발하며, 생활 세계 '실체들'의 점점 늘어나는 야생 동물들을 유발한다. 가장 흥미롭지만 가장 간단한 것 중 하나가 '글라이더glider'로서, 이것은 종종 다른 발현적 '실체들'과 충돌하며, 그것들과 상호작용하는 생활 세계 격자를 가로질러 비스듬히 이동하는 분명 자체 추진력이 있는 형상이다. [그림 15]는 두 글라이더가 생활 세계의 반대 모서리로부터 서로에게 접근함으로써 하나만 '생존하여' 등장하는 5세대 스냅 사진이다.

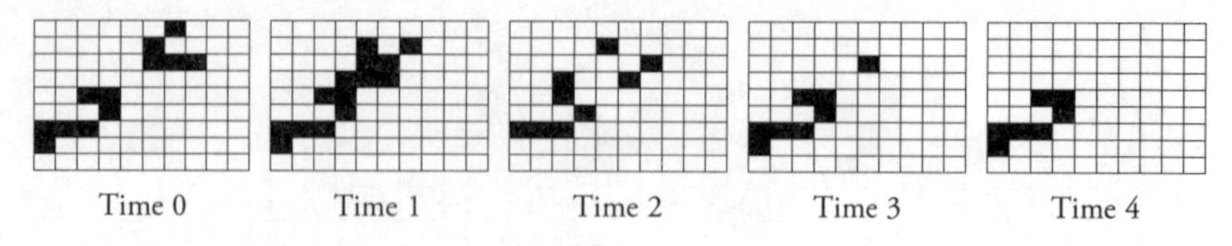

[그림 15] 한 글라이더가 다른 것을 먹어치움(파운드스톤Poundstone 1985: 40)

윌리엄 파운드스톤William Poundstone은 자신의 시뮬레이션에서 기본적인 글라이더 행동에 관해 다음과 같이 말한다.

> 한 글라이더는 4세대 동안 한 글라이더를 먹을 수 있다. 무엇을 먹어치우든 간에 기본 과정은 동일하다. 먹는 사람과 먹잇감 간에 다리가 놓여진다. 다음 세대에서 그 다리 지역은 과잉 인구로 죽어, 먹는 사람과 먹잇감 모두를 삭감시킨다. 먹는 사람은 스스로를 치유한다. 먹잇감은 보통 그렇게 하지 못한다. 나머지 먹잇감들이 글라이더와 함께 죽는다면 먹잇감은 소모된다.[13]

생활 세계의 관찰자가 얼마나 쉽고 신속하게 한정된 정체성과 의도성 모두를 칸들이 기본 연산에 따라 켜지고 꺼지는 패턴의 탓으로 돌리기 시작하는지는 계몽적이다. '글라이더' 같은 발현적 패턴에 관심을 갖게 되면, 어떻게 그런 '행동'을 기술하고 예측하기 위해 새로운 일반화를 형식화하는지에 주목하는 것도 중요하다. 이런 새로운 일반화는 전 세계의 기초인 간단하고 엄격한 연산과는 전혀 상관없다. 데닛Dennett(1995: 171)의 말처럼 이런 새로운 기술의 층위는 **설계** 층위로 명명되고 있다.

> 우리가 층위들 사이에서 이동할 때, 호기심을 자극하는 무언가가 '존재론'에 발생한다는 사실에 주목해보라. 존재론이란 존재물에 대한 우리의 목록을 말한다. 물

13 데닛Dennett(1995: 170-171)에서 인용한 파운드스톤Poundstone.(1985: 38)

리적 층위에는 이동이 없고 **켜짐**과 **꺼짐**만 있을 뿐이고, 존재하는 유일한 개별 사물인 세포는 고정된 공간적 위치에 의해 정의된다. 설계 층위에서 우리는 갑자기 지속적 사물의 이동을 갖는다. 물리적 층위에는 일반 법칙에 대한 아무런 예외가 전혀 없지만, 이 층위에서의 일반화는 제한되어야 한다. 이런 일반화는 '언제나 usually'나 '어떤 것에도 간섭받지 않는다면provided nothing encroaches'이라는 조항을 요구한다.

따라서 생활 세계는 결정주의적·연산적 체계가 어떻게 발현적인 실재의 '상위' 층위를 발생시킬 수 있는지에 대해 아주 간단한 모형을 제공한다. 상위 층위는 기본적인 하위 층위의 법칙으로부터 명확히 예측되지 않는 방식으로 기능하는 글라이더와 점멸 신호의 설계 층위이다. 처음 상태와 지침 연산을 간주하면, '글라이더'라고 불리는 실체가 발생하고 특정한 방식으로 '행동하는' 경향이 있다는 것을 예측할 방법이 없다. 당신은 생활 세계 시뮬레이션을 컴퓨터에 실제로 **구동시켜** 어떤 일이 발생하는지를 살펴봐야 한다. 인터넷의 출현으로 점차 복잡한 생활 세계 컴퓨터 시뮬레이션이 매우 대중화되었으며, 새로운 글라이더, 논리 게이트, 소수 생성기의 꾸준한 흐름을 발사하는 '글라이더 총glider gun'인 야생 실체의 전체 야생동물들도 발견되었다. 콘웨이가 처음에 간단한 장기판에서 혼자 하는 게임을 생각했을 때는 어느 것도 예측할 수 없었다. 하지만 이런 실체들 중 어느 것도 '정말로' 존재하지 않을 것이라고 쉽게 인정할 수 있다. 그 체계가 어떻게 구성되는지를 목격했기 때문에, 글라이더 포식자glider predator의 드라마와 논리 게이트의 작용으로부터 뒤로 물러서서 모두가 단순히 고정된 칸 세포의 깜박이는 켜짐과 꺼짐이라는 것을 환기시킬 수 있다.

생활 세계 모형과 그것이 우리에게 가르치는 교훈을 명백히 적절한 관심사에 연결하기 위해서 우리는 자연과학에서 연구한 실재의 층위들에서 위로 이동해 갈 때는 존재론에서의 유사한 전이와 확실성의 정도에서의 변이를 볼 수 있다. 유기화학 분야는 생체분자의 층위에서 등장하고, 물리·화학의 관점에서는 전혀 예측되지 않는 원리에 기초한다. 생체분자의 행동에 관한 일반화는 물리·화학의 원리보다 덜 정확하고, 다른 여건이 동일하다면 조항의 지배를 더 많이 받는 경향이 있다. 이와 비슷하게 양자역학 원리를 아무리 많이 알아도 거시적 층위의 단단한 사물의 행동이 예측되지 않는다. 힐러리 퍼트남Hilary Putnam(1973)은 우리가 거시적 사물의 층위에 도달해야만 나타나는 기하학 같은 인간 지식의 전체 분야가 있다는 탁월한 견해를 밝혔다. 한쪽 면이 15/16인치의 네모난 말뚝은 직경 1인치의 둥근 구멍을 통해서가 아니라, 가로 세로 1인치의 네모난 구멍과 꼭 맞는다는 사실은 말뚝의 기하학적 특성에 달려 있다. 말뚝이나 구멍을 뚫는 재료를 구성하는 분자들의 특성을 가리키는 것은 발견법상 유용하지 않다.

때때로 생물학 같은 단일 분야 내에서도 설명의 다중 층위들이 존재하는데, 상위 층위의 구조는 어떤 식으로든 하위 층위로부터 예측되거나 그것 자체로 환원될 수는 없다. 윌슨E. O. Wilson에 따르면 흰개미와 개미 같은 사회적 곤충 사회의 조직은 수정란이 암컷이 생산하고 미수정란은 수컷을 생산하는 반수성haplodiploidy이라는 유별난 번식 전략 때문에만 가능하다고 한다. 이 전략이 어떻게 그리고 왜 진화했는지는 생각해봐야겠지만, 그 원인이 무엇이든 그것은 특유의 사회적 조직을 발달시켰다. 반수성 생식의 경우에는 어미와 딸들 간의 관계보다 자매들 사이의 관계가 더 밀접하기 때문이다. 이것은 암컷이 자매의 사육에 전념하는 불임의 노예 계급을 잠재적으로 이익이 되는 계급으로 만든다. 윌슨Wilson(1978: 12-13)은 다음과 같이 말한다.

> 말벌, 벌, 개미의 사회는 매우 성공적인 것으로 입증되어, 지구의 육상 거주지 대부분을 지배하고 바꾼다. 브라질의 숲에서의 결집력은 선충류 벌레, 큰부리새, 재규어를 포함해 모든 육상동물의 무게 중 20퍼센트 이상을 구성한다. 누가 반수성에 대한 지식으로부터 이 모두를 예측할 수 있었겠는가?

밀접하게 연상되어 있는 층위들에서 볼 때 인과적 예측력은 물론 수직적으로 통합된 연쇄의 어떤 방향으로든 움직일 수 있다. 예컨대 린들리 다던과 낸시 마울Lindley Darden & Nancy Maull(1977)은 세포학(세포생물학)과 유전학이라는 밀접하게 관련된 두 분야에서 역사적 발달을 계몽적으로 설명한다. 그리고 이러한 역사 내내 "예측은 두 가지 방식으로 진행되었다"고 지적한다.(53) 이때 각 층위에서의 발견은 사전 예측이 불가능한 방식으로 다른 층위에 주의를 집중한다.

설명의 층위들 간의 상호의존성과 상호작용은 자연과학에서는 당연시되는 것이며, 사실상 자연과학의 연구를 이끄는 지침 원리들 중 하나이다. 이런 수직적 통합의 옹호자들이 해야 할 일은 인문학의 다양한 설명의 층위들을 인과적인 설명적 연쇄의 꼭대기에서 적절한 곳에 자리매김하는 것이다. 이것을 생활세계의 예로 옮겨 아주 간소화시키면, 인문학자들은 현재 발현적 실체 행동을 신비롭고 독특한 현상으로 설명하고자 하고, 가령 깜빡이는 네모 칸이 글라이드 영혼의 자유롭고 자립적인 작용과 관련 있다는 제안에 적대적이고 멸시적으로 반응하려는 입장이다. 앞서 보았듯이 글라이드 층위의 행동 원리에 대해 새롭고 발견적으로 유용한 무언가가 **있다**. 더욱이 콘웨이의 생활 세계보다 믿기 어려울 정도로 더 복잡한 물리계를 부분적으로 이해한 실생활의 자연과학자들은 이런 실세계의 하위 층위의 기제를 해독하려고 애쓸 때 확실히 글라이드 층위의 현상에 관한 설명이 매우 유익하다는 것을 감지할 것이다. 하지만 이 두 부류의 연구자들은 둘 다 함께 논의할 중요한 것이 있다는 점을 인식하면서 의견을 교환할 필요가 있다. 사회생물학과 진화심리학이 등장하기 오래 전에 존 듀이John Dewey(1938/1991: 26)는 인간 탐구의 다양한 분야들과 자연과학 간의 '연속성의 원리principle of continuity'를 주장했고, "탐구의 작용, 생물학적 작용, 물리적 작용 간의 연속성에서 파열"을 볼 이유가 없다고 이야기하고 있다. 그는 또한 연속성이 각각 자체적인 지침 원리를 가진 다양한 설명의 층위의 존재를 무시한다는 것을 의미하지 않는다는 것도 알았다. 합리성 같은 인간 층위의 현상과 인간 생물학 같은 기본적 현상 간의 연속성은 "합리적 작용이 유기적 활동들로**부터 발생하며**, 이것은 그것이 발생하는 것과는 동일하지 않다"는 것을 뜻한다.(26) 이제 매우 실재하며 인문학자들에게 중요한 것처럼 보이는 인간 층위의 현상들이 어떻게 하위 층위 현상으로부터 타당하게 발생하고, 또한 이런 다양한 층위의 존재론적 위상을 얼마나 정확히 이해해야 하는지에 대해 논의할 것이다.

자유의지와 의도성의 발현

전혀 새로운 유형의 실체를 단정하지 않고서도 어떻게 자유의지가 결정적 우주로부터 등장할 수 있는가? 지난 수십 년 동안 의식, 자유의지, 인간의 의도성에 대한 물리주의적·신경생물학적 설명에 몰두하는 진정한 가내공업이 등장했으며, 이 광대한 문헌을 간략히 개관하는 데만도 단행본 한 권이 필요할 것이다.[14] 나는 연속성을 위해 도킨스와 데닛이라는 시대의 반역자들인 환원주의적 2인조에 고수하면서, 이 분야의 다른 연구자들로부터 얻은 몇 가지 관찰들로 이들의 관점을 좀 더 구체화할 것이다.

도킨스는 생존 기계는 유전자로 만들어지지만, 그런 유전자로부터 **직접적으로** 통제되지는 않는다는 것을 인식해야 한다고 지적하고 있다. 유전자는 "꼭두각시 인형을 직접 조종하는 것이 아니라, 컴퓨터 프로그래머처럼 간접적으로 자기 생존 기계의 행동을 제어한다. 유전자가 할 수 있는 것은 미리 생존 기계의 체제를 만드는 것뿐이다. 그후 생존 기계는 완전히 독립적인 존재가 되며, 유전자는 그저 수동적인 상태로 그 안에 들어앉게 된다"(1976/2006: 52)고 말한다. 이것은 시차의 문제 때문이다. 유전자는 실제로 직접적으로 단백질을 구성하기 위해 유전 암호를 지정하기만 하면 된다. 단백질을 합성하기 위해 유전 암호를

14 시작하고 싶은 독자는 데닛Dennett(1991, 2003, 2005), 플래나간Flanagan(1992, 2002), 험프리Humphrey(1992), 크릭Crick(1994), 찰머스Chalmers(1996), 썰Searle(1997, 2004), 라마찬드란과 블레이크스리Ramachandran & Blakeslee(1998), 웨그너Wegner(2002), 코흐Koch(2004), 라마찬드란Ramachandran(2004)을 참조하면 된다.

지정하는 것은 매우 느린 과정인데 반해, 적당히 복잡한 생존 기계에게 있어서 세계에서의 행동은 신속하게 일어나야 한다.

> [행동]은 수개월이라는 시간 단위가 아닌 몇 초, 또는 몇 분의 1초라는 시간 단위로 작용한다. 예컨대 부엉이가 머리 위를 휙 지나가고 키 큰 풀숲이 부스럭거려 먹잇감이 자기 위치를 들키면, 100분의 몇 초만에 신경계가 흥분하고 근육이 급등하여 누군가의 생명이 살아남거나 아니면 사라진다. 하지만 유전자는 그렇게 반응 시간이 신속할 수 없다.(55)

따라서 유전자는 도킨스의 주장처럼 미래에 로봇을 만들기 위한 설계도를 내보내는 컴퓨터 프로그래머 집단의 입장에 있다. 이 로봇은 미래의 누군가에 의해 만들어지기는 하지만, 프로그래머들을 위해 봉사해야 한다. 불확실성이 수반되기 때문에 최적의 프로그램은 아마 다양한 예측 가능한 상황에서 절실한 요구를 충족시키기 위한 기본적인 절실한 요구와 일반적인 전략의 혼합물일 것이다. 이런 프로그램은 또한 로봇이 접하는 실제 상황에 반응하여 이런 기본적 전략을 채택하도록, 다시 말해 **학습하도록** 허용해야 한다.

> 예측불허인 환경에서 예측하기 위해 유전자가 취할 수 있는 방법 중 하나는 학습능력을 만드는 것이다. 이 경우 프로그램은 생존 기계에게 다음과 같은 지령을 내릴 수 있다. "여기에 달콤한 것, 오르가즘, 따스한 기후, 방실거리는 아이 등 보상이라 불릴 만한 것들의 목록이 있다. 그리고 여러 가지 고통, 구역질, 공복, 울고 있는 아이 등 불쾌한 것들의 목록이 있다. 만약 당신이 무엇인가를 한 뒤에 불쾌한 것 중의 하나가 생기면 다시는 그것을 하지 마라. 그러나 좋은 것 중 하나가 생기면 그것을 반복하라." 이와 같은 프로그램의 이점은 최초의 프로그램에 넣어야만 하는 자세한 규칙의 수를 대폭 줄일 수 있다는 점, 그리고 자세히 예측하지 못한 환경 변화에 대체할 수 있다는 점이다.(57)[15]

물론 이런 프로그래밍의 단점은 특정한 가정에 의존해야 한다는 것이다. 그리고 이런 가정이 더 이상 통용되지 않는 방식으로 세계가 변한다면, 로봇의 행동은 프로그래머들의 원래 의도에서 벗어날 수도 있다. 도킨스가 밝히듯이 우리를 프로그램화시킨 유전자는 설탕과 지방이 순수한 상품이라고 가정했다. 이것은 이 둘이 현지의 편의점에서 즉각적이고 쉽게 대량으로 얻을 수 있을 때는 더 이상 적용되지 않는 가정이다.

데닛은 매우 복잡한 생존 기계가 본래 어떻게 점차 그 '자체의' 목표와 동기를 획득하게 되는지를 고찰하면서, 유전자의 간접적 계획이 최소한 그들 관점에서 차선의 결과를 초래할 수 있는 또 다른 방법을 탐구했다. 데닛은 자신의 독자들에게 에너지 부족에 대비하여 계획을 세워야 할 필요성이 있으며, 또한 자연재해로부터 안전하기를 원하며 자신을 25세기까지 초저온실에 보관하기를 원하는 누군가에게 이용 가능한 전략을 생각해보도록 한다. 이때 그는 향후 몇 세기 동안 이 초저온실이 어떤 어려움에 직면하게 될지는 그저 어렴풋이만 알 뿐이다.[16] 그 전략의 하나는 예측가능하며 필요한 것이 잘 공급되는 고정된 방('공장' 전략)이 하나의 가능성이 될 수 있지만, 이 경우의 커다란 단점은 자원이 소진되거나 거주지에 파괴적인 변화가 발생한다면 냉동된 몸을 전혀 옮길 수 없다는 것이다. 이동 가능한 방을 선택('동물' 전략)하는 것은 더 유연하다. 즉 그것은 스스로를 가동시키기 위해 자원을 능동적으로 구하고, 잠재적 위험을 지각하고 피하게 고안될 수 있다. 한 가지 함정은 당신이 이 전략을 생각해낸 유일한 사람일 것 같지 않기에, 당신의 초저온실이 직면하는 주된 위험들이 확실

15 "먼 세계를 탐구할 의도인 로봇은 지구에 기지를 두고 있는 과학자들과의 지속적인 의사소통에 의존할 수 없다. 시간차는 곧 재해로 이어질 것이다"라는 앤디 클라크Andy Clark(1997: 11)의 말과 AI 분야에서 일반적인 목표를 추구하고 예상외의 예측 불가능한 어려움을 다룰 수 있는 로봇을 개발해야 할 필요성에 대한 그의 논의를 참조해보라. 우주 탐사용 로켓을 보내는 프로그래머들이 직면한 R&D 연구과제는 유전자가 이동 가능한 유기체를 만들어서 이것을 주위로 옮기고 다음 세대로 가져가고자 할 때 직면하는 것과 본질적으로 동일한 것이다.

16 데닛Dennett(1987: 295-298)에서 처음에 제시됨. 수정된 형태는 데닛Dennett(1995: 422-427)에서 찾을 수 있다.

하게 다른 초저온실로도 전이된다는 점이다. 이런 다른 초저온실들은 모두 같은 자원을 위해 경쟁할 것이며, 어쩌면 부품과 연료를 위해 서로를 잡아먹을 수도 있다. 기본적으로 이런 설계 제약에 직면할 때 가장 좋은 전략은 당신의 초저온실이 기본적으로 원하는 것들과 그 임무에 적절한 세상으로부터 온 정보를 획득하고 처리할 수 있는 기본 능력을 그 초저온실 기계에 프로그램화하거나 비치하도록 하는 것이다.

> 이 로봇은 반드시 고차원의 자체 통제를 보여줄 수 있다. 당신이 스스로를 재우면 미세한 실시간 통제를 그것에 양도해야 하기 때문에, [자동 우주탐사기를 고안하는 기술자]만큼 '멀리' 있을 것이다. 자율적 행위자로서, 그것은 현 상태와 (2401까지 당신을 보존한다는) 최종 목표에 대한 현 상태의 중요성을 평가함으로써 **그 자체의** 부가적인 목표를 끌어낼 수 있을 것이다. 당신이 상세히 예측할 수 없는 (당신이 할 수 있다면 그것에 대해 최고의 반응을 고정화시킬 수 있다) 상황에 반응할 이런 이차적 목표들은 당신의 엄청난 노력에도 불구하고 몇몇은 문제의 소지가 있는 수세기가 걸리는 연구과제에서 그 로봇을 먼 곳으로 데려갈 수도 있을 것이다. 또 다른 로봇에 의해 긴급한 임무를 어떤 다른 것보다 덜 중요한 것으로 다루도록 설득 당했기 때문에, 당신의 로봇은 당신의 목적과는 정반대이고 심지어 자멸적인 행동에 접어들 수도 있다. 25세기로 당신을 데려갈 것이라는 희망으로, 그것이 가질 모든 선호는 당신이 처음에 부여한 선호의 소산이지만, 로봇의 전해 내려오는 선호에 비추어 취할 행동이 직접적으로는 당신에게 가장 이익이 되게 반응을 계속할 것임을 보장하지는 않는다.(1995: 424-425)

물론 이 로봇은 도킨스의 생존 기계이고, 이 로봇을 계획한 것은 유전자다. 사고 실험은 중요한 주장을 두 가지 제시하고 있다. 하나는 생존 기계의 기본적인 동기적·행동적 윤곽이 얼추 원래 프로그램화된 작동 지시에 따라 이해되어야 하지만, 실제 동기나 행동이 예측할 수 없을 정도여서 이런 지시에서 벗어나지 않을 보장은 전혀 없다는 사실이다. 예컨대 제4장에서 언급한 인지적 유동성의 논의를 생각해보라. 서로 다른 영역들로부터 도식들 간의 연결을 끌어낼 수 있는 능력은 **호모사피엔스**로 알려진 생존 기계의 강력한 특징이며, 그 설계 속에 그것을 포함시킨 유전자는 아주 성공적이었다. 하지만 당신의 생존 기계가 운영 체계를 손상시킬 연료의 공급을 거부한다는 것을 보장하기 위한 훌륭한 기세인 청결이나 물리적 순수성에 대한 꽤 적합한 공장에 설치된 욕구가 성 관계의 영역에서 이용되거나 그것으로 투사될 수 있다는 것을 유전자는 결코 예측하지 못했을 것이다. 인간의 역사 내내 이런 사상은 독립적이고 반복적으로 그것들의 존재 이유인 **섹스**는 청결하지 않으며, '영적으로' 청결하고 싶어 하는 이런 기계들은 섹스를 피해야 한다고 결심하는 어떤 생존 기계를 탄생시켰다. 이것이 분명 그런 생존 기계 속의 특정 유전자에게는 나쁜 결과였겠지만, 이 특별한 은유를 받아들이지 않을 만큼 운이 좋은 다른 개별 생존 기계들에 있는 유전자의 복사가 끔찍한 운명보다 역사적으로 더 중요했을 만큼이나 인지적 유동성의 이득은 충분히 높았음이 틀림없다.

초저온실 로봇 시나리오의 두 번째 중요한 요점은 다음 세대로 전할 유전자들로 만들어진 로봇이 매우 폭넓은 정도의 행동 자유와 예측불허의 성질을 기본 설계의 개념으로 지닐 수 있다는 것은 전혀 놀라운 일이 아니라는 점이다. 다시 말해서 "자유는 진화한다"(데닛Dennett 2003)는 것이다. 지금까지 우리 세계에서 잘 해왔던 많은 종들의 다양한 정도의 자아 인식과 지능을 조사함으로써 매우 명확히 지각할 수 있는 방식으로 생존 기계의 복잡성이 증가함에 따라 행동적 자기 통제와 동기와 목표를 재평가할 수 있는 능력은 점차적으로 생겨남을 알 수 있다. 우리는 자유의지를 갖고 있기에 선택을 두고 숙고하여 다른 방향으로 결정하고, 궁극적으로 어느 방식으로든 진행되었을 수 있는 결정을 한다는 우리의 직관적 느낌은 전혀 잘못된 것은 아니다. 우리는 이런 자유의지가 마술적이며 완전히 인과성의 연쇄 바깥에서 존재하는 설명 불가능한 특성은 결코 아니며, 인간의 영혼만이 이런 자유의지를 갖는다는 것만 인식하면 된다.

이는 오히려 충분한 복잡성의 층위에서 기능하는 **어떤** 생존 기계의 행동을 이해하는 데 유익한 발현적 특징이다.

약한 발현 대 강한 발현: 신비주의로의 이동 차단

우리는 진화와 자연선택의 과정이 먹이사슬의 다양한 층에서 작동하는 복잡한 취식과 도망 기계뿐만 아니라 사냥, 짝짓기, 양육, 사회적 조직의 매우 다양한 전략을 어떻게 생산했는지에 대해 잘 알고 있다.(도킨스Dawkins 1976/2006) 온도와 무기물의 양분 변화 정도를 감지하고, 운동과 간단한 취식 행동을 적절히 조절하기 위해 매우 조잡한 생존 기계도 만들어졌다. 그런 다음 넓게 흩어진 무기물의 양분을 하나의 귀중한 꾸러미로 집결시키려 간단한 기계들이 이미 했던 방식을 이용하기 위한 더 복잡한 기계가 만들어졌다. 이런 첫 번째 복잡한 기계들이 육식동물이며, 먹이를 뒤쫓아 잡기 위해 더 복잡한 감각과 행동 프로그래밍을 획득한다. 그 다음 먹이가 되는 것들은 이런 압력에 대한 반응으로 더 복잡하게 되어, 육식동물을 발견하고 피할 수 있는 능력을 획득한다. 기하급수적으로 증가하는 복잡성의 이 과정 중 한 시점에서, 생존 기계가 다른 복잡한 생존 기계의 행동을 예측하고 그에 반응하기 위해 데닛이 '의도적 입장intentional stance'(1987)이라고 부른 발견법을 그 속에 구축한 것이 훨씬 효율적이었다. 간단한 바위, 나무, 코코넛을 다루는 데 여전히 유익한 물리적 입장physical stance에 의존하려는 행동이 충분할 정도로 빠르지는 않았다. 따라서 마음 이론이 발전했다. 생존 기계는 다른 생존 기계들이 '두려워하고', '바라고', '좋아하는' 것으로 여기기 시작했다. 무엇보다 가장 복잡한 생존 기계의 정신적 레퍼토리에 행동적 '선택'과 '자유'라는 개념은 매우 유용한 발견법이 되었다. 이런 생존 기계의 적응적 환경은 말 못하는 사물의 세계라기보다 주로 다른 동종들로 구성되어 있다.

이것은 '약한' 발현주의자가 제시하는 인간의 자유의지가 어떻게 발생하는지에 관한 이야기이다. 이것은 매우 복잡한 기계의 발현적 특질로서의 자유인데, 마법 같은 것이 발생하는 점층적 복잡성의 연쇄에서는 아무런 요점이 없다.[17] '글라이더'의 범주처럼 우리는 각각의 새로운 설명의 층위에서 등장하는 새로운 '종류'를 가질 수 있다. 이것은 발견적으로 절대 필요한 것이고, 인간 마음에 저항할 수 없을 정도로 인과적 설명의 결정적 자질로 제시되지만, 새로운 것들로는 구성되지 않은 종류이다. 마이클 아비브Michael Arbib(1985: 115)의 말처럼 이것은 통속 심리학 개념이나 '사람 이야기person-talk'를 가리키면서, "우리의 뇌가 할 수 있는 것의 유의미한 패턴들을 요약하는 데 유용하지만 변별적 실재를 기술하는 것으로서는 유용하지 않다."[18]

'강한' 또는 '존재론적' 발현의 다양한 형태를 옹호하는 사람들은 '약한 발현' 입장에 반대한다. 물론 이런 옹호자들로는 마음과 물질이 두 가지 독립된 존재론적 영역이라고 주장하는 유행에 뒤진 실체 이원론자들이 있다. 데카르트는 이 입장의 고전적 대표자이다. 데카르트주의가 최근 수십 년 동안 평판이 별로 좋지 않음에도 불구하고, 완전히 성숙한 실체 이원론자들은 아직도 부지기수다. 자아에 대한 전통적인 종교적 모형을 고수하는 사람들은 이런 의미에서는 분명 이원론적이지만, 다른 식으로 헌신적인 현세의 물리주의자들도 실체 이원론substance dualism이 하는 유혹의 말을 계속 경청하는 듯하다.[19]

더욱 업데이트되었지만 최소한 마음에 필수적인 입장은 속성 이원론property dualism이다. 이는 인간의 '특질qualia' 같은 것이 말로 표현할 수 없으며, 강력하게 발현적 속성을 갖는다고 주장한다. '특질'은 사실 꽤 통속적인 생각을 가리키는 철학의 전문용어이다. 전적으로 나 자신에게만 접근 가능한 의식적 경험에 '어

17 또한 (후커Hooker 1981: 509와 패트리샤 처치랜드Patricia Churchland 1986: 365-366에서 기술된) 드완Dewan(1976)에서 나온 전기 생성기 '가상적 통치자virtual governor'의 예를 참조해보라. 여기에서 연결망에서 함께 연결된 몇 개의 개별 생성기들은 마치 증가한 빈도 신뢰도를 가진 단 하나의 더 큰 생성기인 것처럼 기능하기 시작한다.

18 뇌의 행동이 발현적이지만 신비적 의미에서 그런 것은 아니라는 프란시스 크릭의 논평을 참조해보라. 그것은 최소한 원칙적으로 이런 부분들이 어떻게 상호작용하는지에 대한 설명과 함께 수반된 부분들의 본질로부터 예측될 수 있다.

19 예컨대 의식적 경험이 '질량, 전하, 공간-시간과 함께 세계의 근본적 자질'이라는 데이비드 찰머스David Chalmers(1995)의 논평 참조.

떤 것임what-it-is-like-ness'이 있으며, 이런 특별한 질성은 나의 경험에 대한 3인칭 기술에 빠져 있다. 토마스 네이겔Thomas Nagel은 유명한 1974년 논문 "박쥐가 된다는 것은 어떤 것일까?What Is It Like to Be a Bat?"에서 이 입장에 대한 고전적 주장을 제시했다. 그는 여기서 본질적으로 우리는 이 질문에 결코 대답할 수 없다고 주장했다. 즉 우리는 박쥐가 아니고, 박쥐의 행동과 생리학에 대해 아무리 많은 3인칭의 기술적 지식을 축적한다 하더라도 결코 박쥐 의식의 1인칭(첫 번째 포유동물의?) 특질에 접근할 수 없다는 것이다.

그것이 직관상 아무리 매력적이라 할지라도, 내가 보기엔 특질 '주장'은 늘 주장 자체라기보다는 어떤 신념이나 대담한 단언처럼 보였다. 다만 이 두 가지 예만 봐도 알 수 있듯이, 대니얼 데닛과 힐러리 퍼트남 모두 그 개념을 설득력 있게 비판했다.[20] 우선 처음의 직관성에도 불구하고, 그 질성이 무엇인지를 정확히 알기 어렵다. 데닛은 특질의 변별적 '풍부함'은 대부분 사람들의 마음속에서 우리의 경험적인 '뭐라 말할 수 없는 것je ne sais quoi'과 관련 있다고 지적한다. 이것은 우리 경험의 산 세부 내용이 충분한 언어적 기술을 허용하지 않는 것처럼 보인다는 것이다. 그는 "퀴닝 퀴알리아Quining Qualia"(1988)에서 절반으로 찢어진 젤로(Jell-O) 박스를 고찰하도록 한다. 여기서 한쪽 절반은 우리가 'M'이라고 부르는 복잡하게 제작된 모양을 하고 있다. M을 완벽하고 적절하게 기술한다는 것은 사실 불가능하다. 실용적인 목적으로 M을 식별할 수 있는 유일한 방법은 그 박스의 나머지 절반인 특유한 'M 탐지기'에 의존하는 것이다. 데닛Dennett(2005: 111)은 M의 모양은 "**기술을 허용할** 수는 있지만 글자 그대로는 말로 표현할 수 없거나 분석 불가능하다. 그것은 그저 정보가 매우 풍부할 뿐이다. 실용적 형언 불능을 은유적으로 더욱 놀라운 어떤 것으로 부풀리는 것은

---

20 데닛의 독창적인 입장은 데닛Dennett(1988)에서 제시되었다. 또한 프랭크 잭슨Frank Jackson(1982)의 특질에 근거한 "메리 색채과학자Mary the color scientist" 사고실험(2005: 제5장)에 대한 그의 비판 참조. 일반 특질 주장에 관한 퍼트남 주장의 완전한 설명을 위해서는 퍼트남Putnam(1999: 151-175) 참조.

잘못된 것이다"라는 사실을 지적한 것이다.

힐러리 퍼트남은 의식 철학에서 좀비 문제를 논의하면서 이와 비슷한 주장을 한다. 이것은 오늘날의 형태로는 기계처럼 행동하는 사람에 대한 매우 불건전한 데카르트의 망상[21]과 실체가 있는 여성과 구분이 되지 않는 '자동 애인 automatic sweetheart'에 대한 윌리엄 제임스의 사색으로까지 거슬러 올라간다.[22] 정확히게 평범한 사람처럼 보이며, 이야기하면 표면상으로는 평범한 인간과 구분되지 않지만, 사실 의식과 특질의 경험이 전혀 없는 기계/창조물을 무엇으로 간주할 수 있는가? 퍼트남은 좀비 시나리오가 사실 연구되지 않았으며, 궁극적으로 지지할 수 없는 이원론적 가정에서 유발된 문제가 아닌 것이라고 강력하게 주장한다. 퍼트남Putnam(1999: 98)은 "영혼의 이야기가 없을 때는 우리의 몸을 부수지 않거나 우리의 환경을 변경하지 않고서도 우리의 정신적 특성이 우리로부터 '제외될' 수 있다는 생각"은 기본적으로 "이해하기 어렵다"고 지적하고 있다. 그밖의 비인간 실재와의 상호작용을 안내하는 물리주의적 가정에 비추어 이해하기 어렵다는 것이다. 이런 물리주의적 가정에서는 오늘날까지의 성공에 비추어 우리는 인간 의식으로 확장해 가는 것을 피할 원칙적인 이유가 없다. 특질은 아마 자기 일에 전념함으로써 우리의 신체화된 마음의 기능을 초월하는 어떤 것이지만, 우리가 의식으로 경험하는 것이 자기 일에 매진하는 신체화된 마음 외의 다른 어떤 것이라고 믿을 이유는 없다.

더욱이 1인칭 관점에 주어진 특권은 자연스러운 인간의 편견이지만, 그것이 아무리 강력하다 해도 내장된 편견은 본래 존재론적으로 구분되는 영역이 존재한다는 충분한 증거는 아니다. 네이겔은 1974년 논문의 한 결정적인 단락에서 수사학적으로 "나의 경험이 어떻게 나에게 등장하는지가 아니라, 나의 경험이 **정말** 무엇과 같은지 질문하는 것은 합당한가?"(448)라고 질문하는데, 이것이 정말 그의 '주장'에서의 핵심이다. 철학자의 핵심 입장이 수사 의문문으로 표현

21 블룸Bloom(2004: xii-xiii) 참조.

22 데닛Dennett(1991: 제10-12)와 퍼트남Putnam(1999: 73-91)의 논의 참조.

될 때는 우리의 나쁜 주장 레이더는 끊겨야 하며, 네이겔의 질문에 긍정으로 답함으로써 그 질문의 수사적 자극을 제거할 수 있다. 물론 나의 경험이 어떻게 나에게 보이는가가 아니라, 그것이 '정말' 무엇과 같은지를 질문하는 것이 합당하다. 3인칭 설명은 결코 1인칭 현상학의 본질에 도달할 수 없다는 생각은 우리가 가진 하나의 느낌에 지나지 않는다. 이것은 우리의 단편적이고 다층위의 마음으로 창조된 자아 통일성과 완전한 자아 투명성의 환상을 표현한 것이다. 우리는 제1장에서 인지심리학과 사회심리학에서 나온 연구가 우리가 통일된 의식의 중심지를 소유한다는 통속 직관을 어떻게 의문시하고 있는지를 살펴보았다. 이것은 레버를 당겨서 운영하는 완전히 자기를 인식하고 있는 난장이인 호문쿨르스homunculus이다. 사람들 자신의 동기의 불투명에 관한 니스벳과 윌슨의 연구 결과나 좌뇌의 '여론 조정가'에 관한 가자니가의 연구처럼, 당시 검토한 연구에서 언어적 인식 주체는 의식의 내용에 특권적이고 의심의 여지없이 접근한다는 데카르트의 가정과는 모순되는 듯하다. 이와 비슷하게, 내성과 '상위의식meta-consciousness'에 관한 실험 연구에 대한 조나단 스쿨러와 찰스 슈라이버Jonathan Schooler & Charles Schreiber(2004)의 개관에서는 자신의 정신적 심상, 사고 과정, 쾌락 상태에 대한 1인칭 설명이 매우 부정확할 수 있다고 제시하고 있다.[23] 스쿨러와 슈라이버Schooler & Schreiber(2004: 17)가 말하듯이 아마도 답할 수 없는 네이겔의 질문에 답하려면. 사람들의 경험이 "정말로 무엇과 같은지"와 그것이 어떻게 내성적으로 등장하는지 간의 차이의 척도가 "자체 보고들이 경험의 환경적·행동적·생리학적 부수물과 체계적으로 함께 다양할 수 있는 정도"로부터 도출될 수 있다고 말할 수 있다. 우리는 '특질'이 인간 정신에 신비로운 힘이나 특별한 존재론적 위상을 할당하지 않고 인간 정신의 경험된 절약에 중요한 역할을 한다고 인정할 수 있다.

---

23 겪은 즐거움과 고통에 대한 사람들의 체계적인 왜곡에 대한 데니얼 카너먼과 동료들의 연구(프레드릭슨과 카너먼Fredrickson & Kahneman 1993, 카너먼Kahneman *et al.* 1993, 리델마이어 카너먼Redelmeier & Kahneman 1996, 슈라이버와 카너먼Schreiber & Kahneman 2000) 참조.

인간 의식의 철저한 유물론적 관점에 관하여 가장 유명하며 많이 언급하는 비평가는 존 썰이다. 썰Searle(1983, 1992, 2004)은 순수하게 물리적인 3인칭 설명 어떤 것도 인간 의식의 본질적 특징인 '최초의 의도성original intentionality'이나 '존재론적 주관성ontological subjectivity'을 포착할 수 없다고 주장한다.[24] 썰의 입장을 제대로 이해하는 것은 다소 어렵지만, 그의 주장은 종종 '특질' 주장과 구조적으로 동일한 것처럼 보인다. 우선 그는 최근 연구에서 실체 이원론과 네이젤이 채택하는 것과 같은 더욱 명시적으로 '신비한' 입장을 진솔하게 비판한다. 썰Searle(2004: 113)은 이제 자신을 '생물학적 자연론자biological naturalist'로 특징지으며, 우주에는 물리적 사물 외에 어떤 실체가 있다는 것을 믿지 않는다는 의미에서 스스로 물리주의자라고 칭한다. 즉 의식적 상태는 "절대적으로 신경생물학과 독립된 자체의 생명을 갖고 있지 않다"(113)는 것이다. 그의 입장은 때때로 우리가 약한 발현으로 특징짓는 것과 비슷하게 들린다. "대략적으로 말해 의식과 신경의 관계는 피스톤의 강률과 금속 분자와의 관계와 같다."(131) 그는 다른 한편으로는 여전히 의식적 상태가 어떤 점에서는 물리적 상태로 "존재론적으로 환원될 수 없다"고 주장하고 싶어한다. 즉 피스톤 강률의 발현적 특징은 금속 분자의 특징으로 인과적이고 존재론적으로 환원될 수 있는 데 반해, 의식은 존재론적이 아닌 인과적으로 신경 활동으로 환원될 수 있다는 것이다. 왜 그런가? 왜냐하면 우리가 의식적 상태를 항상 경험한다는 점에서 의식적 상태가 존재한다는 것을 '단순히 알기' 때문이다. 여기서 썰은 데카르트의 기본적인 **코기토** 논쟁에 의지하고 있다. 즉 "내가 의식을 하고 있다는 것이 의식적으로 그러한 것처럼 보인다면, 나는 의식하고 있다는 것이다. 나는 의식적 상태의 내용에 대해 다양한 실수를 할 수 있지만, 그 존재에 대해서는 그런 방식은 아니다."(122) 따라서 그는 그 밖의 물리계를 특징짓는 데 충분한 일반적인 '3인칭 존재론'과 함께 특유한 '1인칭 존재론'의 존재를 단정할 수 있도록 하는 의식에

24 대니엘 데닛은 썰의 입장에 대한 가장 집요하고 소란한 비평가였다. 특히 데닛Dennett(1991, 1995: 397-400) 참조.

관해 특별한 무언가가 있다고 결론내린다.

하지만 썰이 급진적으로 특이한 의미에서 '존재론'이라는 단어를 사용하지 않는다면, 그가 다른 곳에서 주장하는 것은 결국 그 유용성을 잃은 실체 이원론적 입장에 의지하는 것 같다. '최초의 의도성'이나 '존재론적 주관성'이 어떻게 발현의 강한 의미를 획득하는지 알기 위해 생활 세계의 예로 되돌아가보자. 점점 증가 중인 복잡성의 층위를 가짐에 따라, 어떤 네모 패턴이 다음 세대에서 나타날지 예측하기 위한 새로운 발견 방법이 우리에게 이용 가능하게 된다. 점멸 신호는 수평 방위에서 수직 방위로 전환될 것이고, 글라이더들이 서로 충돌할 때마다 다른 글라이더를 먹고자 '노력할' 것이다. 이것을 다시 생물계로 가져가 생각하면, 어떤 분자들이 스스로를 복제하기 시작할 때 생명이 시작된다. 곧 이런 분자들의 집합은 세계에서 다른 분자들로부터 한 단위로 스스로를 효과적으로 밀봉하기 위해 얇은 막을 만들기 시작하고, 궁극적으로는 이런 원시세포의 집합은 함께 모여 다세포의 유기체를 형성하여 특수한 감각기관, 운동기관 등을 개발한다. 아마 물리주의가 이 세계에서 발생하고 있는 모든 것을 효과적으로 포착한다는 것을 그 누구도 부인하지 못할 것이다. 어떤 시점에서 분자의 혼합물은 의도적 입장을 채택함으로써 가장 효율적으로 특징짓는 방식으로 생활 세계 주위를 돌아다니기 시작한다. 현재의 자연계에서 복잡성의 정도를 둘러봄으로써 이 과정의 계통 발생적 전개의 스냅사진을 얻을 수 있다. 원생동물은 음식을 감지하고, 먹기를 '원하기' 때문에 양분 변화도 위로 올라간다. 정어리 떼들이 안전을 위해 함께 밀착해서 헤엄치고, 약탈자 같은 자극체가 등장하면 도피 행동을 보인다. 대초원의 작은 육식동물 무리는 숨어 있는 곳에서 먹잇감을 쫓아내어 쉽게 거꾸러뜨릴 수 있는 공터로 몰기 위해 움직임을 조정한다. 침팬지들은 사회적 속임수, 미래를 위한 다단식 계획, 문화적으로 전수된 도구 사용에 참여한다. 인간은 의식에 관한 책을 읽고 쓴다. 점점 증가하는 이런 복잡성의 연쇄 가운데서 어디서 그리고 언제 존재론적 주관성이 갑자기 출현하는가? 그것은 어디서 **나오는것 인가**?

썰은 물론 신비한 실체 이원론을 거부하고, 인간만이 의식을 갖고 있다고 독단적으로 주장하는 사람들을 참지 못한다. 퇴근 후 자기 집 개가 꼬리를 흔들면서 뛰어오는 것을 본 썰은 개가 의식을 하고 있고, 사실상 행복이라는 특정한 정서 상태를 의식한다는 것을 꽤나 확신하고 있다. 이런 확신은 행동적 단서에 기초하는 것이 아니라, 개가 계통 발생적으로 자신과 밀접하게 관련되기 때문이며, "개의 행동의 인과적 기초가 상대적으로 나의 행동과 비슷하기" 때문이다.(2004: 38) 썰은 또한 침팬지 같은 인간과 밀접한 다른 친척도 의식을 갖고 있다는 것을 확신한다. 그리고 그는 다른 동물 종에서 의식의 존재나 결핍은 실증적 논제라고 지적하는데, 이것은 한 특정 종이 의식을 지지할 만큼 "충분하게 풍부한 신경생물학적 능력"(39)을 갖고 있는지의 여부에 관한 문제이다. 하지만 '충분하게 풍부한'은 특별히 명확한 구분용 특징처럼 보이진 않지만, 최초의 의도성의 소유나 결핍은 분명히 그런 특징이다. 이것은 진화적 관점에서 이 개념에 대한 문제의 본질 부분에 초점을 맞춘다. 당신이 이것을 '실체,' '특성,' 'X 존재론'이라는 이름들 가운데 어떤 이름으로 부르든, 의식이나 의도성을 특별한 무언가로 식별하기만 하면, 당신은 그것이 불편하든 그렇지 않던 강한 발현주의자가 되고 궁극적으로 이원론자가 될 수밖에 없다.

썰은 1980년대 들어 다시 의도성이 특별한 무언가라는 느낌뿐만 아니라, 또 다른 유명한 중국어 방Chinese Room이라는 사고실험으로 '강한 인공지능' 연구과제가 본질적으로 운을 다했다는 자신의 신념을 이해시키려고 노력했다.(1980) 한 사람이 자기 재량에 맡겨진 전표의 형태를 어느 중국어 글자뿐만이 아닌 매우 상세한 규칙서를 갖고 방 안에 있다고 상상해보라. 이 규칙서는 중국어 글자가 적힌 전표가 창문을 통해 그에게 주어질 때(즉 그가 입력을 받을 때) 벽으로부터 어떤 글자를 적어서 그에 대한 대답으로 밖으로 내보낼지(출력으로 무엇을 줄지)를 말해준다. 썰이 정확히 예측하는 것처럼 우리의 직관적인 통속 심리학은 이 사람이 사실 중국어를 '이해하지' 못한다고 말해준다. 그는 머리를 쓸 필요가 없는 알고리즘만 수행할 뿐이다. 썰은 바로 이것이 기계적 알고리즘으로는 포착되지 않는 의도성에 관한 특별한 무언가가 있다는 것을 '증명하는' 것이라 여겼다. 하지만 마이클 아비브Michael Arbib(1985: 30)는 이에 반대하고, 내가 생각하기에는 아비브가 훨씬 적절한 결론을 이끌어낸다.

> [썰의 중국어 방 논변을 고찰하자마자] 인공지능의 '아버지'인 노버터 위너Norbert Wiener에 대한 고전적 이야기가 떠오른다. 위너는 자신이 리만Riemann 가설이라는 19세기의 유명한 수학적 선행 가설을 해결했다고 믿었고, 수학자들은 그가 증명을 내놓는 것을 보려고 하버드와 MIT로부터 몰려들었다. 그는 곧 푸리에 급수와 디리클레 적분으로 칠판을 채워나갔다. 하지만 시간이 지나면서 칠판에 글씨를 쓰는 데는 시간을 덜 쓰고, 검은 궐련을 뻐끔뻐끔 피우며 왔다 갔다 하는 데 더 많은 시간을 소비했다. 마침내 그는 멈추고 "그것은 아무 쓸모도 없어, 그것은 아무 쓸모도 없어. 나는 너무 많은 것을 증명했어. 나는 소수가 없다는 것을 증명했어"라고 말했다. 그리고 이것이 썰에 대한 나의 응수이다. "그것은 아무 쓸모도 없어, 그것은 아무 쓸모도 없어. 그는 너무 많은 것을 증명했어. 그는 우리도 지능을 보여줄 수 없다는 것을 증명했어."

다시 말해 중국어 방이라는 사고실험이 우리에게 이해하도록 돕는 것은, 우리 뇌인 중국어 방 안에 작은 사람이 없기 때문에, **우리**조차도 '*Verstehen*'으로서의 '이해하다'의 강한 의미에서 중국어나 영어 등을 이해하지 못하고, 대문자 'I'로 시작하는 최초의 또는 존재론적 의도성Intentionality의 설명 불가능한 신비한 작동을 이해하지 못한다는 것이다.

실체 이원론자와 속성 이원론자들 외에도 단순한 물리적 과정이 인간의 의식을 설명할 수 있다는 생각에 마지막으로 저항한 사람들은 패트리샤 처치랜드Patricia Churchland(1986: 315)가 말한 그들의 생각을 단순히 믿기 어려운 '어정쩡한 회의론자boggled skeptics'이다. 존 로크John Locke(1690/1975: 623)는 어정쩡한 회의론자의 입장을 매우 명확하게 표현하고 있다. "어떤 것도 저절로 물질을 생산할 수 없다고 생각하는 것이 불가능한 만큼, 순수한 비非사고적 물질도 생각하는 지적인 존재를 생산할 수 있다고 생각하는 것은 불가능하기 때문이다." 내가 서론에서 간단히 설명했듯이 이런 논의는 지극히 단순했음에도 한때는 아주 힘 있는 것이었다. 의식이 있는 존재들은 비활성 물질의 행동에 대해 우리가 알고 있는 것에 완전히 반대되는 것을 할 수 있는 것처럼 보인다. 따라서 관여해야 할 다른 무언가가 있어야 한다는 결론은 피하기 어렵다. 데닛Dennett(2005: 3)의 주장처럼 "아주 최근까지 마법 같은 새로운 성분이라는 관념은 뜻이 통하는 것처럼 보였던 의식을 설명할 수 있는 유일한 것이었다." 하지만 그는 지난 수십 년 동안 의식의 물리주의 관점을 뒷받침하는 결정적인 증거가 나왔다고 주장한다. 그것은 그 어느 물리적 복잡성도 의식 같은 현상을 만들어 낼 수 없다는 '어정쩡한' 주장을 마침내 잠재울 수 있는 인공지능의 개발이다. 우리는 이제 단순한 기계라고 알고 있는 최고 수준의 체스 선수를 이길 수 있고, 자유로운 형식의 대화를 훌륭히 소화하고, 이전에는 의식적인 의도적 행위자의 독점적 분야로 간주된 많은 힘을 입증할 수 있는 기계를 만들어냈다. 데닛Dennett(2005: 7)은 "컴퓨터가 단순히 존재하는 것만으로도 부인할 수 없는 영향력이 존재한다는 증거가 제공된 것이다. 지금까지 마음에만 할당된 많은 능력을 가진 기제가 있다. 그것은 일상적으로 잘 이해된 물리적 법칙에 따라 작동하는 맹목적이고 신비하지 않은 기제이다"라고 말한다. 힐러리 퍼트남Hilary Putnam(1999: 148)은 그것의 직관적인 매력에도 불구하고, 물리주의 모형의 압도적인 성공으로 인해 이원론의 통속 모형은 지지할 수 없는 위치에 처하게 된다고 결론내린다.

> 우리는 신체화된 창조물을 포함하는 설명적 관습에서 정신적 술어의 사용 방법을 배움으로써 그런 정신적 술어를 배운다. 정신적 술어가 우리의 몸과 행동에서 진행되는 것과 독립적으로 존재하거나 부재할 수 있는 '실체'를 가리킨다는 생각은 오랜 역사와 강력한 매력을 갖는다. 그러나 이 생각이 '참일지도 모른다'고 말하는 것은 명확한 가능성이 기술되었다고 가정하는 것이다. 물론 실제 경우를 기

술하기 위해 그 그림을 사용하는 어떤 방법도 실제로 제안된 적이 없다.

따라서 영혼 독립적 이론이 '참일지도 모른다'고 말하는 것은 조금 관대한 것이다. 오히려 그것이 '틀린 것처럼 보인다'고 말하는 것이 더 정확하다.

인공지능 시스템은 지금도 미성숙 상태이다. 다섯 살짜리 아이도 쉽게 할 수 있는 일이 인공지능 시스템에겐 아직 매우 서툴다. 마찬가지로 우리는 아직 몸-뇌가 어떻게 기억, 정서, 자의식 같은 매우 기본적인 기능을 돕는지는 여전히 미숙하게만 이해할 뿐이다. 이러한 작금의 맹점 때문에 유용하고 실증적으로 엄격한 인간 의식에 관한 과학이 선험적으로 불가능하다는 증거라 여겨서는 안 된다. 오웬 플래나간Owen Flanagan(2002: 65)에 따르면 인간의 마음 과학이라는 분야에서 현재의 불완전한 상태는 종종 신비주의로의 비약을 촉진하며, 이러한 비약이 얼마나 불필요하고 정당화되지 않는 것인지를 인식하는 것이 중요하다.

> 자동차와 몸이 모든 사건에는 모든 연결 지점에서 작동하는 원인이 있다는 인과성의 원리를 따른다고 모두가 생각하지만, 우리가 자동차 정비나 해부학의 엄격한 법칙을 알지 못한 채로는 기르칠 수 없다는 것이 결함이라고 생각하는 사람은 없다. 그래서 자동차 정비사나 내과의사가 무엇이 문제를 야기하고 있는지 이해하지 못하겠다고 말할 때 그는 결코 "어쩌면 기적이 일어났어요"라고는 말하지 않는다.

우리는 인간의 사고와 행동의 예측 불가능성에 관해 이와 비슷한 말을 할 수 있다. 이런 예측 불가능성은 종종 인간의 본질적 형언 불가능성의 신호로 인용된다. 의식의 신경과학이 아무리 발전하더라도, 단순한 연산적 난해성과 양자 무작위성 때문에 서로 간에, 그리고 끊임없이 변화하는 환경과 상호작용하는 인간의 집단은 물론, 단 한 사람의 미래 행동도 정확히 예측할 수 없을 것 같다. 이와 마찬가지로 수문학과 기상학에서 어떤 발전을 이루든 간에 창문 밖 바다의 좁은 물줄기에서 온 단 하나의 물 분자를 가려내어 지금부터 1년 후 그

물 분자가 어디에 있을지를 예측하는 것도 결코 가능하지 않을 것이다. 하지만 우리는 분자의 미래 움직임이 물리학의 법칙으로 완전히 결정된다는 것을 단 1분 동안도 의심하지 않는다. 더 나아가 다량의 신경 자극이 물 분자보다 물리적 인과성에 의해 덜 결정되고 덜 지배된다고 믿을 이유가 없다.

존재론적 발현이 그렇게 자연스럽게 오고 그것에서 벗어나는 데 많은 일이 소요된다면, 왜 우리는 그것으로의 이동을 막고 싶어 하는가? 순수한 이론적 물리주의자들과는 반대로, 물리주의를 특유하게 과학적인 것으로 만들어주는 어떤 것도 본래 물리주의에는 없다. 비非물리적이고 인과적으로 효과적이며 의도를 지닌 물질의 존재에 대해 반복 가능한 충분한 증거가 축적되어 있다면, 이원론자가 되지 **않는** 것은 비과학적일 것이다. 물론 그런 논점에 도달할 수 있는 가능성을 배제할 수는 없다.[25] 과학적 '진리'에 대한 실용주의적 개념은 무엇이 실용적인 설명으로 간주될 수 있는지에 대한 우리의 관념이 끊임없이 수정될 것을 요구한다. 현재까지 물리주의는 세계에 대한 최선이고 가장 생산적인 입장처럼 보인다.

앞서 논의한 생명게임의 예에서 그 체계가 어떻게 작동하는지를 보여주었기 때문에 우리는 '점멸 신호'와 '글라이더'가 '실재하지' 않는다는 사실을 알고 있다. 그것은 다만 켜졌다 꺼지는 네모의 매우 큰 집합에 지나지 않는다. 독단적인 유물론자들이 무슨 말을 하더라도, 우리는 영혼 같은 것은 없다는 사실을 똑같이 확실하게 알지는 못한다. 우리는 우리가 살고 있는 세계에 대해 확실히 **아무것도** 알지 못한다. 왜냐하면 인공적인 생활 세계와는 달리, 우리의 세계가 창

---

25 나는 여기서 물리주의가 '이의 없이', 그리고 '준準종교적 신념'을 갖고 받아들여진 현대의 종교적 독단으로 기능한다는 썰Searle(2004: 48)의 주장에 이의를 제기한다. 확실히 어떤 물리주의자들은 독단론자이기도 하지만, 독단주의는 이 입장에 고유하지는 않다. 물리주의가 "우리의 철학적 신념과는 독립적으로 **우리가 존재하는 것으로 아는** 우주의 본질적인 정신적 자질"을 남기고, 그것이 "우리 모두가 고유하게 의식적 상태와 의도적 상태를 갖는다는 자명한 사실"을 부인한다는 썰Searle(2004: 49)의 주장은 물리주의가 지금 우리가 가진 것 중에서 가장 좋은 설명인 것처럼 보인다는 데닛의 기호로 옹호되는 주장보다 더욱 신념 같아 보인다.

조되는 것을 관찰하지 못했기 때문이다. 하지만 우리가 말할 수 있는 것은, 본래 사람에 대한 매우 조잡한 생활 세계 같은 시뮬레이션인 인공지능에 의해 영혼의 존재에 대한 최고의 증거가 훼손되었다는 점이다. 게다가 일반적인 세계의 작동 방식에 대해 우리가 알고 있는 모든 것은 비非물리적 인과성을 위한 자리가 없다는 것을 암시한다. 영혼 같은 것이 어떻게 세계에 존재하는지를 설명해 줄 사람은 아무도 없었지만, 인간으로서 우리는 그런 이야기를 제시하거나 상당히 믿게끔 동기화될 수 있다. 우주에 대한 물리주의적 설명의 설명적 실적을 고려하고, 지금까지 매우 의욕적인 사람이 그것에 대한 실증적으로 실행 가능한 대안을 제시하지 못했다는 것을 고려하면,[26] 정신적 특성이나 의도적 특성에 관한 강한 발현주의 견해가 종교적 믿음으로만 옹호될 수 있을 듯하다. 실증적으로 옹호할 만한 이원론의 설명이 없을 때, 세계를 가장 잘 파악하도록 해주는 실재의 설명은 귀신이나 영혼, 기적, 최초의 의도성과는 관련이 없다. 좋든 싫든 간에, 우리가 알고 있는 다른 모든 실체처럼, 인간도 그저 로봇이나 좀비처럼 보일 것이다.

---

26 예컨대 물리주의의 결론에서 벗어나려는 많은 최근의 시도는 결정론적 우주에서 우리를 부수고 나오도록 하는 것처럼 보이는 양자 층위에서의 비결정성의 현상에 집중한다. 로저 펜로즈Roger Penrose(1989) 같은 저명한 과학자는 양자 비결정성이 인간의 자유의지의 중심지라고 주장한다. 하지만 이것은 근본적으로 결함이 있는 필사적인 전략인 것처럼 보인다. 우선 그것은 인간의 자유의지의 참 모습과 비결정성이라는 바람직한 특징들 중 한 가지를 공유하는 완전히 무관한 현상 간의 희미하고 희박한 유사성에 바탕을 둔다. 비결정성의 불가사의한 특성이 양자 층위에서만 존재한다는 불편한 사실도 있다. 뉴런이나 호르몬 같은 인간에게 적절한 층위 안으로 일단 들어가면, 라플라시안 결정론은 강철 같은 통제력은 다시 발휘한다. 하지만 이 논법에서 가장 기본적이고 치명적인 결함은 비결정성이 실제로는 강력한 자유의지의 옹호자들이 실제로 추구하는 것이 아닌 무작위성일 뿐이라는 것이다.(썰Searle 2004: 24-25) 자유의지의 인간적 개념은 이것이 이성, 바람, 자발적 충격 등의 **어떤 것**에 의해 결정되어야 할 것을 요구한다. 완전한 무작위성으로서의 자유의지는 자유의지의 결정론적 부재만큼이나 인간 층위에서 무서운 개념이다. 펜로즈의 입장에 대한 설득력 있는 논의를 위해서는 데닛Dennett(1995: 428-451)과 플래나간Flanagan(2002: 127-132) 참조.

물리주의의 한계: 왜 우리는 항상 인문학자여야 하나

신비주의나 존재론적 발현주의로의 이동을 제지하면서 나는 왜 이런 지적 움직임이 우리에게 그토록 강력하며, 이런 강요를 통해 인간 층위 개념의 특별한 위상에 대해서 어떤 것이 드러나는가 하는 논제를 좀 더 상세히 다루고 싶다. 앞서 주장했듯이 존 썰은 자기 자신을 단지 생물학적 유물론자라고 주장하지만, 계속해서 인간 주관성의 특별한 존재론적 위상을 끝까지 고집할 때는 약간 철학적인 교묘한 속임수에 관여하고 있다. 썰은 인지과학과 신경과학 분야의 정황을 세밀하게 이해한 뛰어난 철학자이다. 왜 서로 다른 두 개의 존재론이라는 생각을 그만두기를 거부하는가? 왜 세 개나 열 개의 존재론이 아니라 두 개의 존재론인가라고 질문해볼 수 있다. 이번 절에서는 모든 다양한 형태의 이원론 옹호자들을 동기화하는 직관에 대해 탐구하고자 한다. 인간 층위의 실재가 인간에게 실재하고, 그것이 너무 깊이 고착되어 어떤 제3인칭 기술도 그것을 완벽하게 제거할 수 없다는 인식이 바로 그런 직관이다. 다시 말해 우리는 분명 어떤 층위에서 기계 속의 유령을 보지 않을 수 없는데, 이는 **정신과학**에 있어서는 중요하게 다른 무엇이 항상 존재한다는 것을 의미한다.

왜 물리주의는 중요하지 않는가

데닛처럼 강경한 물리주의자들은 썰이나 네이겔의 입장을 종교적 신앙이나 개인적 정서의 단순한 진술로 간단히 처리하는 경향이 있다. 데닛을 비롯한 수직적 통합에 대한 몇몇 다른 옹호자들은 의도성과 의식이 일정한 발견적 목적에는 도움이 되겠지만, 심층의 실재를 갖지 않은 생명게임의 글라이더와 비슷하기 때문에 인사人事에 대한 엄격한 연구는 결국 모두 필요 없는 것들로 전락할 것이라고 말한다. 예컨대 오웬 플래나간Owen Flanagan(2002: xiii)은 '영혼'이나 '자유의지' 같은 개념을 초월할 것을 촉구한다. 그는 "이러한 개념들은 실재하는 것을 가리키지 않는 까닭에 오히려 없는 것이 가장 좋을 것이다"라고 말한다. 그는 이런 이원론적 개념들을 현상을 실재로 오해하는 결과인 플라톤의 동굴 벽에 나타난 그림자와 비교했다.(20) 또한 플래나간은 영혼에 대한 우리의 신념이 유대-기독교적 세계관으로 다시 거슬러 올라갈 수 있는 특별한 문화적 전통의 결과이므로, 지나가는 '유행'이라 여길 수 있는 것이라고 말하고 있다.(9-10)

이원론이 곧 나팔바지와 디스코장의 전철을 밟게 될 것이라 믿는 사람들이 이끌어낸 일반적인 유추는 코페르니쿠스적 혁명과 함께 일어났던 인간 감성에서의 전이이다. 코페르니쿠스주의는 성서의 권위뿐만 아니라 우리 감각의 증거와도 모순되는 태양계의 견해를 제시했다. 성경에서는 태양이 지구 주위를 돈다고 꽤 명백하게 주장하고 있는데, 이것은 우리 일상의 감각 경험과도 우연히 일치한다. 하지만 실증적 증거의 축척은 결국 종교와 상식 모두에게 이기면서 코페르니쿠스주의의 승리를 이끌었으며, 지금은 교육받은 사람들은 모두 지동설을 당연한 것으로 수용하고 있다. 데닛은 현재의 물리주의와 이원론의 논쟁은 코페르니쿠스주의의 초창기 때와 비슷하다고 주장한다. 우리는 물리주의가 종교적 신앙과 우리의 상식에 어긋나기 때문에 그것에 저항하지만, 실증적 증거의 무게는 그쪽으로 치우쳐 있다. 궁극적으로 모든 논쟁이 무용지물이 되면 우리는 지구가 태양을 돈다는 사실만큼이나 침착하게 자아에 대한 유물론적 설명을 받아들이는 법도 배울 것이다.(1995: 19)[27] 데닛은 자신이 어렸을 때 배운 "왜 그런지 말해줘Tell Me Why"라는 노래를 통해 우주에서 대문자 'I'로 시작하는 지능Intelligence을 추구하는 경향을 예증하고 있다.

별들이 반짝이는 이유를 말해주세요.
담쟁이덩굴이 왜 서로 꼬불꼬불 꼬였는지 말해주세요.
하늘이 왜 이렇게 파란지 말해주세요.
그러면 왜 내가 당신을 사랑하는지 말해줄게요.

27 '좀비 덩어리zombie hunch'(의식이 신체화된 마음의 기능을 넘어서는 무언가인 것으로 이야기하는 것이 합당하다는 느낌)에 관한 데닛의 논평을 참조해보라. "당신이 인내심이 강하고 너그럽다면, 그것은 지나갈 것이다."(2005: 23)

왜냐하면 신이 별들을 반짝이게 만들었기 때문이죠.

왜냐하면 신이 담쟁이덩굴을 서로 꼬불꼬불 꼬이게 만들었기 때문이죠.

왜냐하면 신이 하늘을 파랗게 만들었기 때문이죠.

왜냐하면 신이 당신을 만들었기 때문이죠, 그래서 제가 당신을 사랑하죠.(1995: 17)

아이들이 산타클로스나 이의 요정 같은 것이 존재하지 않다는 것을 마침내 인식하게 되듯이, 이원론적 성인들도 궁극적으로는 지적으로 성장하고 물리주의의 진실을 인식하며, 이런 노래와 정서를 성숙한 세계관의 고유한 성분이 아닌 아름답고 꽤 편안하고 유치한 희망사항이라는 사실을 알게 될 것이다.

정신적인 실체가 없이도 지성적으로 지낼 수 있어야 한다는 주장을 받아들인다 해도, 정신적 실체가 지각적으로는 우리에게 지속된다고 주장할 수도 있다. 정신적 실체들이 실재하지 않는다는 것을 안다고 해도, 우리는 세계에서 그것들을 계속해서 보게 될 것이다. 이런 논법은 지동설을 받아들이는 사람들이 현상학적인 천동설의 우주에서 일상의 삶을 살아간다는 관찰에서 나온다. 즉 태양은 뜨고 지는 게 보이지만 지구는 항상 정지한 것처럼 보인다는 것이다. 폴 처치랜드Paul Chruchland(1979)는 정신적 질성에 대한 지각이 결국 극복될 것이라는 걸 믿으면서, 이렇게 약한 논의를 반박하기를 희망하고 있다. 그는 지각적 천동설이 지동설 세계관을 일상적 세계관으로 아직까지 충분히 통합하지 않은 것의 결과이고, 지각적 천동설로부터 우리 인간들이 벗어날 수 있도록 가르치는 것이 가능하다고 주장한다. 폴 처치랜드Paul Chruchland(1979: 30-34)는 독자들에게 지각의 전이를 경험하기 위한 몇 가지 전략을 제공해주기까지 하는데, 이런 전략을 통해서 독자들은 태양계를 실제로 현 상황에서 직접 볼 수 있으며, "처음으로 태양계를 편안하게 느낄 것이다."(34) 처치랜드는 유추를 이원론과 유물론으로 방향을 돌린다. 우리가 태양계를 정확하게 지각하도록 교육을 받을 수 있듯이, 우리 자신을 올바르게 지각하게끔 교육을 받을 수도 있다. 이는 정신적이고 통속적인 심리적 개념을 버리고, 우리 자신과 다른 사람들을 순수한 물리계로 경험하게 되는 것을 암시한다.

처치랜드의 발언은 태양계에 대한 우리의 즉각적 인식을 바꿀 수 있는 우리의 능력에 관해서라면 옳을지도 모른다. 나는 그의 가르침에 따라 시도해봤지만 여전히 천동설로부터 나 자신을 해방시킬 수 없었다. 물론 내가 충분히 열심히 노력하지 않았을 수도 있다. 하지만 처치랜드와 데닛의 입장에서 기본적인 문제는 코페르니쿠스적 혁명과 물리주의적 마음 모형으로 대표되는 혁명 사이에는 심오한 정도의 유사하지 않음이 존재한다는 점이다. 태양계의 천동설 모형은 우리의 내재적인 지각계의 기능으로부터 자연히 실패할 수밖에 없다. 하지만 그것은 그런 태양계의 부분이 아니다. 우리는 선천적인 천동설 태양계 모듈을 소유하지 않은 듯하다. 코페르니쿠스 후의 모형으로의 전환은 우리에게 최소한 지적으로 상식적 지각을 보류하도록 요구하지만, 근본적이고 선천적인 인간적 관념의 직접적인 위배라는 것을 암시하지 않는다. 마음에 적용되는 물리주의는 그런 위배를 요구하며, 이것은 단호하게 정신적인 이야기 없이 지낼 수 있다고 믿는 것이 얼마나 실재적인지와 매우 중요한 관계가 있다. 오웬 플래나간Owen Flanagan(2002: 8)은 우리를 '몇 세기 동안' 괴롭혔던 무언가로 이원론을 묘사하지만, 행위자를 특별한 무언가로 보는 것은 사람들이 마음 이론을 지녔던, 어쩌면 10만 년 전 쯤의 한참의 세월을 거슬러 올라간다.[28] 이것은 의식이 특별한 것이고 우리에게 불가피하게 실재한다는 썰을 비롯한 다른 학자들이 제기한 주장 이면에 깔려 있는 심리적 사실이다.

우리는 우리가 로봇임을 믿지 않도록 설계된 로봇이다

인간이 스스로를 번식시키기 위해 유전자 집단에 의해 맹목적으로 '설계된', 궁

---

28 오래된 현대 인간들은 최소한 92,000년 동안 죽은 사람을 매장했었다.(바-요셉Bar-Yosef 2006) 정성들인 의식화된 매장은 마음 이론의 존재만큼이나 좋은 리트머스 시험이다. 도구가 고장나면 버리고, 살아 있는 먹이의 남은 것은 가능한 한 빨리, 그리고 편안하게 버린다. 사람 송장의 특별한 처리는 전이가 발생했음을 암시하며, 인간의 몸이 지금은 물건과는 근본적으로 다른 무언가와 연결되는 것으로 간주되고 있다.

극적으로는 머리를 쓸 필요가 없는 로봇이라는 관념은 우리 인간의 뇌에 발판을 구축하는 것을 매우 어렵게 만든다. 왜냐하면 그것은 인간과 단순한 사물을 구분하는 데 유용한 것처럼 보이는 모든 특성인 **영혼**, **자유**, **선택**, **책임**에 대한 신념처럼 확고하게 고착된 다른 관념들과는 극적으로 모순되기 때문이다. 플라톤과 데카르트가 옹호하는 이원론은 역사적이거나 철학적인 사건이 아니라, 마음 이론의 지참자로서 우리에게 자연스럽게 다가온 직관의 발전에 더 가깝다. 행위자는 사물과 다르다. 행위자들은 활동적으로 사고하고, 선택하고, 그들 스스로를 움직인다. 반면 사물은 수동적으로 움직일 수밖에 없다. 사고하고 선택하는 행위자 능력의 중심지는 마음이고, 마음은 그 특별한 힘 때문에 몸과는 근본적으로 다른 종류의 실체이다. 그럼에도 불구하고 강한 마음-몸 실체 이원론의 원리를 발전시키지 않은 초기 중국 문화에서도 마음에는 무언가 특별한 것이 있다고 믿었다. 기원적 4세기 경 중국의 사상가 맹자가 말한 것처럼 인간에게서 행위성의 중심지인 심장/마음과 몸의 다른 기관과의 차이는, 전자는 명령을 내리고 다른 신체 부위는 그런 명령을 따를 뿐이라는 것이다.(라우Lau 1970: 168)

지구상의 모든 다른 동물처럼 인간도 자연선택과 더불어 분별과 목적이 없는 차별적 번식의 과정에 의해 생산된 물리적 체계라는 생각은 우리에게 근본적으로 곤란한 것이다. 왜냐하면 그런 생각은 우리에게 영혼이 있음을 부인하기 때문이다. 거의는 아니지만 많은 현대 서구의 현세의 지성인들은 영혼을 믿지 않는다고 항변하지만, 나는 완전한 사이코패스와 심한 자폐환자를 제외한 우리들 모두는 사람과 단순한 사물을 구분하는 특별한 무언가가 사람에게 있다는 강력한 직관에서 벗어날 수 없다고 주장한다.[29] 이 특별한 무언가에 대한 정확한 묘사는 사람마다 약간 다를 수는 있지만, 그것은 그런 자율성과 어울리는 존엄성과 책임감뿐만 아니라 종종 자유의지를 우리 인간이 소유한 것에 집

29 이런 논법에 대한 매우 읽기 쉽고 광범위한 소개를 위해서는 블룸Bloom(2004) 참조.

중한다. 우리가 그것을 옹호하든 하지 않든 간에 사람에 대한 이 특별한 무언가는 단순한 세포의 집합과 동일한 것은 아니라는 강력한 느낌을 우리 모두 지니고 있다. 특히 우리 자신과 우리가 사랑하는 사람들처럼 사람의 가장 중요한 부분이 사후에도 존재할 수 있다는 느낌은 사람들에게 자발적이며 매우 강력하게 드러나고 있으며, 이는 보편적인 것처럼 보이며, 이를 극복하는 데 약간의 인지적 작업이 필요하다. 다시 말해 어떤 추상적 층위에서는 비이원론적 생각을 받아들일 수는 있지만,[30] 궁극적으로는 철저한 유물론의 관념에 끄떡없는 방식으로 진화한 것 같다.

우리의 마음 이론이라 불리는 이 근본적인 직관을 산출하는 인지적 모듈은 앞서 제3장에서 상세히 논의했다. 거기에서 마음 이론이 어떻게 다른 사람들과 우리의 상호작용을 지배하는가에 초점을 두었다. 즉 우리가 인정하는 것처럼 우리가 뒤로 물러설 때 눈동자의 팽창, 손발의 움직임, 턱과 입술 근육의 특정한 수축 같은 물리적 상태에 정신적 특성을 '채색하도록' 한다는 것이다. 또한 마음 이론을 특정한 방식으로 움직이는 거의 **어떠한 것**으로도 얼마나 쉽게 확장할 수 있는지도 논의했다. 짧은 애니메이션 속의 기하학적 모양이나 스크린 위에서 주위로 움직이는 점들은 불가항적으로 목표 지향의 정신적 행동에 관여하는 것처럼 보이고, 바로 이런 이유 때문에 우리를 공감하게 만든다. 예컨대 쿨메이어Kuhlmeier *et al.*(2003)의 실험에서처럼 사람은 언덕으로 기어오르려는 활동적인 작은 원을 응원하지 않기란 어렵다. 스튜어드 거스리Steward Guthrie는 1993년에 발행한 책 『구름 속의 얼굴: 새로운 종교 이론*Faces in the Clouds: A New Theory of Religion*』에서 세계에 행위성을 과도하게 투사하는 우리의 경향 때문에 종교가 발생한다고 주장한다. 그가 정의한 종교란 초자연적인 존재에 대한 믿음을 말한다.(7) 그는 구름에서 얼굴을 보고 바위를 곰으로 보려는 보편적인 경향을 '파스칼의 내기Pascal's wager'의 진화적 등가물로 묘사한다. 파스칼은 신이 존재

---

30 자아와 우주에 대한 순수한 유물론적·기계적 모형은 최소한 루크레티우스Lucretius(ca. 99-ca. 55 B.C.E.)의 "우주의 본질에 관하여*De Rerum Natura*"까지 거슬러 올라간다.

하지 않는다는 것을 결코 확신할 수 없다는 유명한 주장을 한 바 있다. 신의 존재를 믿는 비용은 한정되어 있지만, 신이 존재한다면 신의 존재를 믿지 않는 결과는 무한대(영원한 천벌)라고 하면, 유신론자가 되지 않을 수 없을 것이다. 거스리Guthrie(1993: 5)는 행위성의 과도한 투사도 이와 비슷한 진화적 내기의 결과라고 주장한다.

> 우리들은 생명을 불어 넣고 인격화시킨다. 왜냐하면 무언가를 살아 있거나 사람과 비슷한 것으로 볼 때, 우리는 예방책을 강구할 수 있기 때문이다. 예컨대 만약 우리가 그것을 살아있다고 본다면, 그것에 살그머니 접근하거나, 아니면 도망갈 수 있다. 만약 그것을 사람과 비슷한 것으로 본다면, 그것과 사교적인 관계를 맺고자 할 것이다. 만약 그것이 살아 있지 않거나 사람과 비슷한 것이 아니라는 것이 입증되면, 그것이 그러했다고 생각한다고 해도 통상 잃을 것은 거의 없다. 그러므로 이러한 관행은 빈번한 삭은 실패에서 비용이 드는 것보다 임시직인 큰 성공에서 더 큰 이익을 가져올 것이다. 요컨대 물활론과 의인화는 '나중에 후회하는 것보다 조심하는 것이 낫다'라는 원리에서 비롯된다.

비록 거스리의 책은 마음 이론과 제3장에서 논의한 마음과 유생물의 이론에 전념하는 선천적인 인지적 모듈을 언급하진 않지만, 그가 논의하는 현상들이 어떻게 이런 모듈을 과도하게 적용한 결과로 이해될 수 있는지를 쉽게 알 수 있다. 엄격히 말해 당초 그것을 위해 설계된 것이 아닌 영역으로 이런 모듈을 투사한다는 것이다.

거스리는 인간의 지각, 예술, 철학, 과학, 종교에서 의인화와 물활론의 긴 역사와 현존을 철저하게 기록한다. 인간이 얼마나 전문적으로나 지적으로 물리주의에 전념하더라도, 분명 인간은 무생물에 행위성을 투사하려는 충동을 부단히 느끼고 있다. 대표적인 예는 몇 년 전 "스톨워트 갈릴레오는 목성 근처에서 증발하였다Stalwart Galileo Is Vaporized Near Jupiter"(McFarling 2003)라는 제목의 〈로스앤젤레스 타임스*Los Angeles Times*〉의 한 기사에서 찾아 볼 수 있다. 이 기사는 14년 동안의 임무가 끝날 무렵 우주 탐사기 갈릴레오 호를 목성으로 의도적으로 추락시키는 내용을 다루었다. 갈릴레오 호의 연료 탱크가 마침내 고갈되어 갔으며, 과학자들은 그것이 목성의 한 위성과 무심코 충돌하여 그것을 오염시키는 것을 막고 싶었기 때문에 그것은 어쩔 수 없었다. 갈릴레오 호는 설계 사양보다 성능이 훨씬 우수했고, 목성으로 급락하기 직전까지 데이터를 계속해 전송했다. 그 기사에 딸린 사진에는 "그것이 거대한 행성으로의 극적인 자살 돌입을 수행했을 때", 갈릴레오 호의 창조자인 패서디나의 제트 추진 장치 실험실의 기술자들은 감정이 벅찼으며, 많은 사람들은 눈물이 고인 채로 서서 그 우주 탐사기에 박수를 보내는 모습이 담겨 있었다. 프로젝터 매니저인 클라우디아 알렉산더는 "이 우주 탐사기가 무언가를 할 수 있는 작은 엔진 같았다. 인격의 힘을 가진 인간 갈릴레오는 많은 견해를 바꾸어놓았다. 우주선 갈릴레오 호는 순전히 고집스럽게 똑같은 일을 했다"라고 말한 것을 인용하고 있다. 물론 이들 기술자들은 최소한 **부분적으로**나 일시적으로 자신들의 투사를 철회하고, 우주 탐사기 갈릴레오 호를 도구적이고 객관적으로 다룰 수 없었다면, 결코 그 우주 탐사기를 우주로 보내지 않았을 것이다. 우리가 지난 몇 세기 동안 빠르게 발견했듯이, 이런 벗어난 견지는 우리에게 우리 스스로와 세계를 상당히 통제하게 해준다. 그럼에도 불구하고 비록 갈릴레오 호의 창조자들은 이것이 그저 물리적 부품의 집합체일 뿐임을 누구보다도 더 잘 알아야 하지만, 그들은 그것에 '완고함'과 '용감함' 같은 인간의 속성을 부여하려는 유혹을 뿌리칠 수 없는 것처럼 보였으며, 오래된 친구인 것처럼 그것을 정서적으로 흠모하게 되었다.

우리의 자료를 지우고자 하는 완고하고 잔인한 컴퓨터, 시동이 걸리지 않는 변덕스러운 낡은 자동차, 마침내 더 이상 입지 못하게 된 아끼던 낡은 바지, 또는 내 경험상 강제적으로 버려지지 않도록 아내로부터 조심스럽게 숨겨둘 수밖에 없는 아끼던 낡은 바지를 일상적으로 다루어야 하는 이런 경험을 우리 모두는 알고 있다. 의인적 충동은 보편적이며 발달상 매우 일찍이 나타나는 듯하다.

데보라 켈리먼Deborah Kelemen(1999a, 1999b, 2003, 2004)은 다양한 연령과 교육 수준의 아동들이 비非가시적이거나 초자연적 행위성을 세계에 널리 투사하는 현상을 입증했다. 그녀는 이것을 '무차별적 목적론promiscuous teleology'이라 부르면서, 현상에 대한 행위자 중심적인 목적론적 설명은 인간의 인지적 기본치의 입장인 것처럼 보인다고 주장한다. 이런 입장은 단지 기계적 설명에 의해 점진적이고 힘들고 불완전하게 재기된다.[31] 우리는 아끼던 바지가 직물 조각일 뿐이고, 컴퓨터가 실제로 우리를 해치려고 있는 것이 아니라는 것을 인식하면서, 그렇게 해야 할 때는 명백히 우리의 투사를 철회할 수 있지만, 여기에는 인지적 노력이 필요하다. 이는 그것이 자연스럽게 오지 않고 쉽게 달성할 수 없다는 것을 암시한다. 모든 사람들 가운데 인간 마음의 절대적인 물리적 본질에 관해 가장 잘 이해하고 있는 사람들인 인지과학과 신경과학 연구자들은 이른바 '기계 속의 대명사'에 의해 특정한 이원론을 자신들의 인간상에 은밀하게 반입하게 된다고 스티븐 핑커는 지적하고 있다. '기계 속의 대명사'란 형이상학적 함축은 제거되었지만 본질적으로 데카르트의 유형과 동일한 기능을 수행하는 자유의지와 인간 존엄성의 모호한 자리를 말한다. 핑커Pinker(2002: 126)는 "과학적 통찰력을 가진 존재로서 인간은 생물학의 주장을 인정하지 않을 수 없지만, 동시에 정치적 존재이기도 한 까닭에 그 주장에 첨부된 불쾌한 개념, 즉 인간 본성이 시계 장치와 다른 것은 단지 복잡성의 정도뿐이라는 개념을 받아들이지 못한다"고 말한다.

인간의 인지적 기본치의 위력은 과소평가되어서는 안 된다. 내 종교학 분야에서 어떤 종교적 교의와 사람들이 이 교의를 자신들의 삶에 적용하는 방법 사이의 공백에서 통속 이론의 위력이 표명되는 것을 볼 수 있다. 예컨대 '무아無我'라는 불교적 교의는[32] 마음에 대한 현대의 신경과학 모형만큼이나 직관에 반한

---

31 불가사의하고 우발적인 사건을 설명하기 위해 성인과 아동이 초자연적 행위성을 할당하는 것에 관한 제시 버링의 연구(버링Bering 2002, 버링과 파커Bering & Parker 2006) 참조.

32 **무아**의 교의에 따르면, 통일된 실질적 자아에 대한 우리의 경험은 환상이고, '그런' 자아는 사실상 일시적이고 지속적으로 재순환되는 형이상학적 '총체'의 집합체일 뿐이다.

다. 사실상 많은 학자들이 주장했듯이 이 둘 사이에는 꽤 많은 중복이 존재하는 것처럼 보인다.[33] 부처님 가르침의 가장 초기 기록인 불교 팔리어 경전을 정독하면, 고타마 싯다르타라는 역사적 부처님이 제자들에게 무아의 개념을 깨우치도록 할 때 엄청난 어려움을 겪었다는 것을 엿볼 수 있다.[34] 역사적 부처님이 죽고 난지 오래지 않아 마침내 '대승大乘Great Vehicle'(대승불교)이라고 불린 불교의 전수된 다양한 가닥들이 본질적으로 '불성' 같은 교의를 통해 자아를 다시 몰래 가져갔으며, 그리고 불교가 동아시아에 전파되었을 때, 불성에 대한 이러한 이해가 분명히 실질적인 형식을 취했다는 사실도 아주 계몽적이다. 비록 정통적인 '무아'라는 교의를 옹호하고 지지하는 불교도들이 지금까지도 존재하고, 이 '무아'가 불교의 가르침에 있어서 중심이라고 할지라도, 전체 역사에서 대다수의 불교도들은 이런 가르침을 진지하게 받아들이지 못하고 그렇게 할 의향도 없는 것처럼 보인다.[35]

널리 퍼져 있는 미묘한 선천적 모듈의 힘은 평범한 인간의 사고에서 벗어나려는 모든 시도를 더럽히는 것같다. 제3장에서 나온 카뮈와 부조리한 인간에 대한 그의 시각에서 나온 예를 고려해보자. 그는 아마 기계론적이며 느낌이 없고, 무의미한 다윈주의의 렌즈를 통해 지금의 세계를 바라본다. 이 책의 대부분에서는 다윈과 카뮈 모두 이에 대해 상당히 옳다고 주장했다. 우리들은 기계론적이고 무의미한 우주에 **살고 있다**. 하지만 인과성의 하위 층위에 대한 통찰력이 어떤 존재론적 의미에서 우리가 선천적으로 얽혀 있는 의미의 상위 층위 구조에서 우리를 완벽하게 해방시켜 줄 수 있다고 생각한다면, 그것은 잘못된 생각이다. 카뮈의 시각은 표면적인 적막감에도 불구하고, 나를 포함해 많은 사람들에게 강력하고 아름답다는 인상을 준다. 왜 그럴까? 이는 카뮈가 거짓된 의식으로부터 자신을 해방시켰다는 자만에도 불구하고 『시지프스의 신화』 같은 작

---

33 가령 바렐라Varela *et al.*(1991) 참조.

34 대표적인 표본을 위해서는 엠브리Embry(1988: 103-108) 참조.

35 제3장에서 논의한 '신학적 부정확'의 개념 참조.

품은 명확함, 자유, 힘 같은 인간의 가치로 속속들이 물들어 있으며, 그런 작품의 근본적인 동기는 우리가 표면적인 외관을 통해 사물 자체의 '진리'를 볼 때 획득하는 통제와 이해의 뛰어난 느낌이기 때문이다.

따라서 우리가 정신적 개념 없이도 완벽하게 지낼 수 있다거나 세계로부터의 투사를 완전히 성공적으로 철회할 수 있다고 말하는 것은 잘못된 것이다. 예컨내 이 점에 관해 내가 어떻게 데닛과 의견을 달리하는지는 마음 이론을 세계로 투사하는 인간의 경향을 예증하기 위해 우리가 선택하는 각각의 노래로 가장 잘 증명되고 있다. 데닛의 선택은 동요로써, 이는 우리가 지금은 애정을 가지고 되돌아보지만 관대한 우월을 암시하며 과거를 되돌아보는 것이다. 즉 그것은 위안이 되는 생각이었지만, 지금 우리는 어리석지 않다. 더욱 대표적인 선택은 니나 시몬Nina Simone(*I Put A Spell On You*, 1965)이 부른 "필링 굿Feeling Good"이라는 노래이다.[36] 이 노래에서 그 가수는 높이 나는 새들, 자유롭게 흐르는 강물, 느긋하게 부는 산들바람, 춤추는 나비들, 빛나는 별들 같은 주변의 자연계에서 자유와 기쁨의 넘쳐흐르는 느낌이 메아리치는 것을 보고 있다. 인지적으로 순결한 사람만이 인간과 세계 사이에서 지속적으로 나타나고 있는 정서적·정신적 감화력을 뼈속에서 느끼지 않고서도 시몬의 노래를 들을 수 있다. 서서히 불어오는 산들바람은 우리들이 고요함을 느낄 수 있게 하고, 그 고요함의 느낌은 산들바람에 대한 우리의 지각을 채색시킬 수 있다. 강들은 완전히 자유롭게 흐르는 것처럼 보이고, 춤추는 나비들이 우리들에게 즐겁지 않을 수 없다. 하지만 과학자로서 우리는 어느 층위에서 물 분자가 중력에 의해 아래로 흐르고, 큰 곤충들은 임의적인 식이 양식에 참여한다는 것을 제외하고는 아무것도 실제로 진행되지 않고 있음을 알고 있다. 가장 중요한 것은 우리 자신의 관심사와 우주의 기능 사이에 존재하는 이런 공명을 느끼면, 우리가 정말로 기분이 **좋아진다**는 것이다.

---

36 처음에 뮤지컬 *The Roar of the Grease-paint – The Smell of the Crowd*(1964)를 위해 작곡된 레슬리 브리커스와 안소니 뉴리Leslie Bricusse & Anthony Newley.

이런 느낌은 행위성 과잉 투사에 대한 거스리의 '파스칼의 내기' 이론이 불완전하고, 이원론을 완전히 방기한 채 갈 수 있는 우리의 잠재력에 대해서 데닛이 틀렸다는 이유이다. 무차별적 목적론과 지나치게 활동적 마음 이론은 간단한 '나중에 후회하는 것보다 조심하는 것이 낫다'는 설명보다 인간 정신의 경제에서 덜 우연적이고 주변적인 역할을 한다. 세계에서 의미를 지각하는 기초로서, 마음 이론은 장기적이고 대대적인 동기의 기초처럼 보일 것이다. 내가 지금 하고 있는 것의 '의미'에 대해서 질문하지 않고, 배고플 때 치즈버거를 먹거나 피곤할 때 잠을 청하는 것처럼 단기적인 제한된 행동에 참여하려는 마음이 생길 수도 있지만, 인간이 **왜**라는 질문에 답하는 자신의 이야기를 하려는 널리 퍼져 있는 보편적인 경향은 장기적인 계획과 동기가 그런 감각을 요구한다는 것을 암시한다. 우리의 일이나 삶에는 목적이 있다는 느낌은 그것을 최소한 암묵적인 서사에 내포하는 것을 암시하고 있으며, 그런 서사의 행위자 중심적 본질은 장기적이고 다단계적인 만족 지연적 과제 중에 동기화될 수 있는 인간의 능력은 뇌에서 보상 센터의 진화적 장악을 포함한다는 것을 암시하고 있는데, 뇌의 최초의 고유한 영역은 대인적 승인과 수용이다. 인지적으로 유동적인 인간에게서, 장기적인 과제에 대한 보상 기대는 어떤 은유적인 동일종의 '저기up there'가 우리의 행동을 지켜보며 찬성하거나 반대한다는 느낌이나, (그것의 현대적인 반복에서) 우리가 지금 하고 있는 것이 '중요하다'라는 더욱 산만하고 무신론적인 감각에 의해 최소한 부분적으로 유지될 수 있다. 이것은 추상적인 은유적 행위성을 우주로 투사하지 않는다면 뜻이 통하지 않는 공상이다. 자살 충동을 느끼는 우울증 환자에게서도 이 체계의 파손을 볼 수 있다. 극심하게 우울한 사람들은 카뮈의 부조리한 인간의 실제 현현이며, 진심으로 세계를 느낌이 없고 기계론적이고 무의미한 것으로 지각하는 것처럼 보인다. 하지만 그 결과는 명확성이나 힘의 느낌이 심오한 행동 마비와 자살 충동을 느끼는 압도적인 경향이다.[37] 진화는 땜장이이고, 순간으로 사는 사회적 동물이 장기에 대해 더욱 복잡하고 간접적인 방식으로 사고하도록 만드는 과제에 직면할 때, 나는 그것이 단순히 이전에 존재하던 엄청 큰 당근과 채찍을 제멋대로 사용했다고 믿는다. 인류 발생 이전의 사회적 동물은 승인을 받고, 그들의 문자적 사회집단의 비난을 피하는 방법으로 그들의 행동을 형성하도록 강하게 동기화되었다. 인지적 유동성, 한 영역에서 다른 영역으로 투사할 수 있는 능력처럼 우리에게 계승된 위대한 인지적 혁신은 아마 글자 그대로의 사회적 승인과 반대가 우리의 직계 부족뿐만 아니라 우주 자체라는 더 큰 척도로 투사시킨 수 있었다.

독자들은 지금쯤이면 예측하고 있겠지만, 나는 무신론자이다. 나는 진화론이 어떻게 사람과 우주의 모든 다른 것들이 여기에 왔는지를 가장 잘 설명한다고 생각하고, 초자연적 존재나 영혼을 믿지 않는다. 하지만 어떤 층위에서 내 아내를 만난 것은 '정해진' 것이고, 우리가 서로 만났을 때도 정해진 것이라 느끼지 않을 수 없다. 우리 각자의 인생을 경험하지 않았다면, 우리가 서로 마침내 만났을 때 그렇게 잘 어울리지 않았을 것이다. 우리는 현재 우리가 사랑하는 도시에서 아름다운 딸과 보수가 괜찮은 직장을 갖고 훌륭하게 살아가고 있으며, 이러한 것들이 전부 다 어떻게 '잘 풀렸는지'를 생각할 때면, 이 은유를 피할 수 없다. 비록 누가 이렇게 만드는지, 또는 왜 이 일에 내가 포함되었는지 말하는 데 애를 먹을 수 있지만, 일들은 '잘 풀린' 것처럼 보인다. 나는 내세나 비물질적 영혼을 믿지 않는다. 하지만 만약 당신이 나에게 압박을 가한다면, 아무래도 내가 가장 좋아하는 할머니가 나를 지켜보고 계셨다는 은밀한 느낌을 인정해야 할 것이다. 그녀는 정원사였고, 그녀가 정원에서 일하는 나의 모습을 좋아할 거라는 사실에 위안을 받는다. 그리고 나는 때때로 그녀가 싫어할 만한 일들은 하지 않는다. 내 딸이 나에게 사람들이 죽고 나면 어디로 가는지를 물을 때, 나는 아마 이러한 현상에 대해 평범하고 세속적인 인문학적 설명에 호소할 것이다. 즉 우리가 사랑하는 사람들은 우리의 기억 속에서 살아가고, 그들은 우리의 한 부분이 된다는 것이다. 하지만 사람들이 우리의 기억 속에서 '살아간다'

37 그런 상태에 대한 냉담한 문학적 묘사는 윌리엄 스타이런William Styron이 1992년의 단행본 『보이는 어둠*Darkness Visible*』에서 했다.

는 것에 대해 이야기할 때, 이 은유가 무해한 것은 아니다. 그것은 어떤 층위에서는 영속적이고 비물질적 실체로서의 자아의 존재를 주입시킨다.

우리는 언뜻 보기에는 항상 '화난' 바다, '따뜻하게 맞이하는' 항구와 함께 세계에 살면서 우리의 행동에서 의미를 찾고, 다른 인간을 존경과 위엄의 가치가 있고, 어떤 점에서 영혼의 말이 없을 때는 설명하기 어렵지만, 그래도 우리에게 실재하는 사물과 구분되는 특유한 행위자로 여긴다. 우리는 불완전한 층위에서 우리의 일, 가족, 삶을 계속 유의미한 것으로 지각하고, 이런 느낌을 잃을 때마다 적절한 변화를 만들어가도록 강하게 동기를 부여할 것이다. 과학자로서는 이런 느낌이 어떤 점에서 잘못된 생각이라고 인정할 수 있다. 좋든 싫든 간에 우리는 분명히 이런 환상에 불가항적으로 영향을 받도록 설계되었다. 이 점에서 현상은 우리 인간에게 있어서 실재**이다**. 사실 이것은 우리가 인간 문화에 대한 철저한 '과학적' 접근법의 한계를 보며, 우리와 같은 존재에게 '사실'로 여기는 것에 대한 우리의 이해를 조금 교묘하게 처리할 필요가 있다.

인간의 실재는 실재한다

설명의 층위와 발현적 특성의 논제에 관심이 있는 인문학자들과 자연과학자들은 캐나다의 철학가 찰스 테일러의 연구에서 많은 것을 배울 수 있다. 테일러는 수직적 통합과 씨름하다 결국 감명 받지 않고 돌아온 인문학자로서, 자신의 연구를 무엇보다 사회생물학과, 더 일반적으로는 현대 세계의 더 폭넓은 '자연주의적' 경향에 의해 제기된 환원주의적 위협에 저항하는 인문학의 방어로 여기는 학자이다. 우리는 그의 기본적인 입장이 갖는 위력을 느끼기 위해 테일러의 결론까지 따를 필요는 없다. 그의 결론은 본질적으로 **정신과학**과 **자연과학** 사이의 데카르트적 격차를 재확인하는 것이다. 인간 층위의 실재에 대한 그의 개념은 위대한 물리주의적 인과성 연쇄에서 사람의 위치를 이해하기 위한 미묘하고도 정교한 모형을 제공한다.

테일러Taylor(1989)의 가장 중요한 요지 중 하나는 실증적으로 증명 불가한 신념의 체제로 한정된 규범적 공간의 문맥 내에서만 인간이 본래 작동할 수 있다는 것이다. 사람이 신앙이나 신념 없이 온전히 지낼 수 있고, 객관적 이성의 명령에 따라서만 인생을 살아갈 수 있을 뿐이라는 계몽주의의 자만심은 그것 외에는 아무것도 아니다. 그것은 완강한 진리를 밝히기 위해 '이성'이라는 신비한 능력의 위력에 대한 신념인 자만심이다. 바닐라 아이스크림보다 초콜릿 아이스크림을 더 좋아하는 것처럼 우리에게 친숙한 일련의 '약한 평가' 말고, 인간은 어쩔 수 없이 '강한' 또는 규범적 평가를 내리려는 마음을 가질 수도 있다. 후자의 평가는 하나 또는 그 이상의 명시적이거나 암시적인 존재론적 주장에 근거하므로, 단순히 주관적인 변덕이라기보다는 객관적인 힘을 가진 것으로 인식된다. 예컨대 나는 특별히 초콜릿 아이스크림을 좋아하지 않고, 바닐라 맛 아이스크림이 더 뛰어나다고 믿는다. 하지만 나는 모든 사람들이 나의 선호를 공유하리라고 기대하지는 않으며, 내 아내가 초콜릿 맛 아이스크림을 더 좋아한다고 해서 비난하려는 마음은 들지 않는다. 나는 어린아이들을 성적으로 학대하고 싶지 않은데, 이것은 내게 있어서 다른 종류의 선호인 것 같다. 어린아이들을 학대하는 것은 **잘못된** 것이며, 이런 정서를 위배하는 방식으로 행동하는 사람은 누구든 비난하고 처벌하고 싶은 마음이 들 것이다. 내가 그 문제에 대해 압박을 받는다면, 이런 비난은 손상되지 않은 인간의 개인적 특질의 가치에 대한 신념과 고통을 막고 순수를 보호하려는 필요성에 의해 틀이 짜일 것이다.

인권에 대한 신념, 자유와 창조성의 가치판단, 결백한 사람에게 가하는 고통에 대한 비난처럼, 우리가 현대적 자유주의자로서 계속 채택하는 모든 고전적 계몽주의 가치관은 역사적으로 기독교에서 도출된 인간에 대한 암시적 신념에 의존하는 것이지만, 또한 공통된 인간의 규범적 판단을 반영하는 강한 평가이다. 계몽주의 사상가들은 명시적인 종교적 문맥으로부터 이런 신념을 분리시키기 시작했고, 우리가 지난 세기에 이런 과정을 어느 정도 완성했지만, 그렇다고 신념으로서의 그 위상이 바뀐 것은 아니다. 미국의 독립선언과 UN의 세계인권선언 같은 고전적 자유주의의 문서에 간직된 '자명한 진리'는 선험적인 이성의 객관적 기능이 아니라 신념에 의해 드러난다.

테일러는 이와 같은 형이상학에 바탕을 둔 규범적인 반응이 인간에게 불가피하다고 주장한다. 형이상학적 신념을 언급하지 않고서 우리나 다른 사람들의 행동을 일관성 있게 설명할 수 없다는 사실뿐만 아니라, 그런 형이상학적 신념이 증거 부족에도 불구하고 우리에게 객관적인 것으로 나타난다는 사실은, 무언가가 인간에게 '실재한다'는 것이 무엇을 뜻하는지에 대해 중요한 것을 말해준다. 가치관이 자연과학에서 연구한 세계의 부분일 수는 없지만, '자유'와 '존엄성' 같은 가치 용어가 1인칭의 비설명적 용법에서는 근절할 수 없다는 사실(1989: 57)은 그것이 중요한 점에서 실재한다는 사실을 의미한다. "〔인간의〕 실재는 물론 그 존재의 조건이 우리의 존재라는 점에서 우리에게 달려 있다"라고 테일러는 인정하고 있다. "그러나 우리가 존재한다는 것을 일단 인정하면, 그것은 물리학이 다루는 것이 아닌 것처럼 주관적 투사도 아니다"라고 말하고 있다.(59) 우리처럼 특유한 유형의 동물에게 있어서, 도덕적 공간은 물리적 공간만큼이나 실재의 부분이다. 이것은 우리가 그것에 관해 태도를 분명히 해야 하는 것을 피할 수 없다는 점에서 그렇다.

이 책에서 내가 주장하는 자연주의 체제에 대한 테일러의 통찰력을 다시 형식화하기 위해서, 자연주의자로서의 우리는 지나친 활동적 마음 이론으로 인해 불가피하게 의도성을 세계에 투사하게 된다고 말할 수 있다. 즉 우리의 도덕적 정서와 바람을 우주에서 대대적으로 볼 수 있게 된다는 것이다. 이런 투사를 '실재적'인 것으로 간주하는 것은 실증적으로 정당화되지 못한다. 그럼에도 불구하고 이런 투사의 불가피성은 우리가 자연주의자로서 어떤 주장을 하던 간에 도덕적 공간의 산 실재로부터 벗어날 수 있다는 것을 뜻한다. 우리는 신경과학자로서 우주의 다른 모든 것처럼 뇌도 결정론적인 물리적 체계라고 믿을 수 있으며, 실증적 증거의 비중이 자유의지가 인지적 환상임을 암시한다는 것을 인식할 수 있다.(웨그너Wegner 2002) 그럼에도 불구하고 인지적으로 손상되지 않은 인간은 그가 자유로운 것처럼 **행동하지** 않을 수 없으며, 어느 층위에서는 정말로 그렇다고 **느끼지** 않을 수 없다.[38] 이런 느낌이 없고, 또한 매우 쉽고 철저하게 스스로와 다른 사람들은 순수한 도구적·기계론적 용어로 생각할 수 있는 개인도 있을 수 있지만, 우리는 그런 사람을 '사이코패스'라고 부르고, 매우 정당하게 나머지 우리들을 보호하기 위해 이들을 식별해내서 저 멀리 어디론가 보내버리고자 한다.(블레어Blair 1995, 2001) 이와 비슷하게 진화심리학의 관점에서, 나는 내 자식과 친척들에게 느끼는 사랑이 해밀턴의 법칙에 따라 나의 유전자에 의해 나에게 설치된 정서라고 믿을 수 있다. 하지만 그렇다고 해도 그 정서에 대한 나의 경험과 규범적 실재에 대한 나의 감각이 나에게 덜 실재하게 되는 것은 아니다. 사실상 이것은 정확히 3인칭 관점에서 내가 기대할 수는 있는 바이다. 근접적 층위에서 우리가 철저히 성실하지 않는다면, 유전자 층위에서 궁극적 인과성은 **작동하지** 않을 것이다. 사회적 정서의 진화에서 전반적인 목적은 이러한 '틀린' 느낌들이 우리에게 불가피하게 실재하는 것처럼 보인다는 것을 확실하게 하는 것이며, 우리가 전혀 다른 종류의 유기체로 변하지 않는 이상 이런 산 실재는 결코 변하지 않을 것이다. 스티븐 핑커Steven Pinker(2002: 193)는 다음과 같이 말한다.

> 존재론적 지위가 무엇이든 도덕관념은 인간의 마음에 기본적으로 갖추어진 표준장비의 일부이다. 인간의 마음은 우리가 획득한 단 하나의 마음이고, 따라서 우리는 그 직관적 능력을 진지하게 여기지 않을 수 없다. 만약 우리가 도덕적 관점에서 생각하지 않을 수 없게 되어 있다면(최소한 어느 때에 그리고 누군가에 대해), 도덕성은 전능한 신의 명령이나 우주 속에 새겨졌다고 하는 경우와 마찬가지로 우리에게는 실재적인 것이 된다.[39]

---

38 "인간적 활동과 신념의 진화된 창조"이고, 따라서 "음악과 돈처럼 다른 인간의 창조물만큼 실재한다"는 식으로 데닛Dennett(2003: 13)이 자유의지를 묘사한 것을 참조해보라. 그 특징이 "돌, 물, 나무만큼 우리에게 자연스럽게" 보이는, 인간이 창조한 실재의 불가피성에 대한 썰Searle(1995)의 논의 참조.

39 "사물이 개인적 층위에서 결정을 필요로 하거나 허용한다기보다는, 우리의 도덕관념은 우리

이런 원리는 인간 현상에 대한 자연과학적 설명에 국한되지 않는다. 그것은 **어떤** 종류의 '객관적', '환원적', 3인칭 설명에 관해서, 심지어 현대의 서구적 자아의 구성에 대한 테일러의 계통연구 같은 인문학 내에서 나온 설명에도 적용된다. 예컨대 나는 역사가로서 인권은 보호되어야 한다는 나의 직감이 우연적 신념이라고 믿는다. 즉 내 나이와 내가 태어난 장소 때문에 내가 우연히 계승한 계몽주의의 산물이라는 것이다. 이런 추상적 통찰력은 다른 도덕적 전통의 사람들과의 의사소통을 용이하게 하는 데 잠재적으로 아주 유익하지만, 가령 여성의 권리의 중요성에 대한 나의 신념이 종교적 전통의 원리주의적 갈래로의 개종을 통해 반대 신념으로 교체되지 않는다면, 그런 상호작용은 나의 신념을 뒤흔들 것 같지 않다. 우리를 도덕적 공간으로부터 완전히 끄집어내는 것은 우리의 시각계가 눈을 뜰 때 정보를 처리하지 못하게 하거나, 혈당이 어떤 지점 아래로 떨어질 때 우리의 위가 고통을 느끼지 못하게 하는 것만큼이나 불가능하다. 따라서 이런 점에서 인간 층위의 진리는 어쩔 수 없이 '실재한다'.

물리주의의 중요성:
왜 물리주의는 중요하고 동시에 중요하지 않은가

인간 층위의 실재가 항상 우리에 대한 지배력을 갖고 있는 한 우리는 물리주의가 중요하지 않다고 말할 수 있다. 이로 인해 테일러는 인간 층위 개념의 불가피성이 단순히 현상학적인 관찰이 아니라 "손상되지 않은 인간의 개인적 특질"(26)의 "초월적 조건"(32)에 대한 단서이므로, 3인칭의 자연주의적 인문학의 설명에 대한 반박이라고 결론지었다.[40] 만약 인간적 실재가 사실상 우리에게 실

생물학에 의지해 우리에게 억지로 밀어 넣어졌다"라는 마이클 루즈Michael Ruse(1998: 259)의 논평 참조.

40 이것은 본질상 썰이 인간의 의식에 특별한 존재론적 위상을 할당하는 것 이면에 있는 것과 동일한 통찰력이다.

재한다면, 왜 테일러를 따라서 그것이 자연과학에서 연구하는 어떤 것만큼이나 실재한다고 말하지 **않는가**?

왜 물리주의는 중요한가

테일러에 대한 짧은 대답은 적어도 인지과학의 현재 상태를 우연히 알고 있는 사람들에게는 인간의 실재가 단순히 물리적 실재만큼 실재하지 **않는다**는 것이다. 좀 더 정확히 말하자면 우리의 선천적인 실증적 편견이 너무 구성적인 것처럼 보이기 때문에 우리가 일단 무언가를 **설명했다면**, 즉 고차원의 현상을 저차원의 원인으로 환원했다면, 고차원의 현상은 반드시 우리에 대한 그것의 영향력을 어느 정도 소실한다는 것이다.[41] 스티븐 제이 굴드Stephen Jay Gould와 미국과학진흥회AAAS가 말하기도 했지만, 신이 글자 그대로 세상을 7일 만에 창조했다고 믿는 것과 이것이 일요일에는 우리에게 무언가를 의미할 수 있겠지만 일과를 시작할 때는 잠시 접어두어야 하는 아름다운 이야기라고 생각하는 것 사이에는 중요한 차이가 있다. 진화론은 비교적 너무 획기적인 생각이고, 이것이 전달하려는 메시지는 근본적으로 너무 용납되지 않는 것이라서, 인간 실재에 대한 우리의 그림에 그것이 실재로 미치는 영향력은 아직까지 충분히 이해되지 않았다. 따라서 많은 진보적인 지성인들은 다윈주의가 자아에 대한 전통의 종교적 신앙이나 개념을 심각하게 위협하지 않는다고 계속 믿고 있다. 하지만 일단 물리주의적 길을 걷기 시작하면 다시는 오래된 확실성으로 되돌아갈 수 없다. 왜냐하면 그렇게 하는 것이 비논리적일 뿐만 아니라, 아무리 불쾌한 것이라 하더라도 세계를 '실재로' 있는 그대로 다루고 묘사하고 싶어하는 방식으로 우리는 되어있기 때문이다.

오래 전에 매우 유명했던 "매트릭스"라는 공상과학 영화에 대한 전형적인 반응을 떠올리면서, 이러한 인간의 '진리' 편견, 사실상 고차원의 설명보다는 저

41 이 현상을 예증하는 최근 연구를 위해서는 프레스톤과 에플리Preston & Epley(2005) 참조.

차원의 설명에 대한 선호를 이해할 수 있다. 이 영화의 줄거리를 잘 모르는 사람들을 위해 간단히 설명하면, 주인공 '네오'는 자신의 일상계가 환각이라는 어려운 단서를 밝히기 시작한다. 그는 결국 '매트릭스'라는 외관상 실재하는 자신의 세계에 있는 자신의 몸과 다른 사람의 몸이 실제로는 거대한 공장에 저장된 사악한 생명 유지 탱크에서 관리되고 있음을 발견한다. 죄수들이 풀려났다고 생각하도록 속이기 위해 탱크 속에 있는 몸속의 뇌로 투사되는 정교한 가상세계인 매트릭스를 창조한 사악한 기계들이 이들의 뇌 활동을 에너지 자원으로 사육하고 있었다. 네오는 마침내 생명 유지 탱크에서 탈출하여 (얼마간 대략적으로 이야기하자면) 지온이라고 불리는 투박하고 불편하고 '자유로운' 삶을 살아가는 용감한 인간들과 접촉한다.

이 영화에서 가장 흥미로운 부분은 한 비겁한 밀고자가 특별히 유쾌한 환각적인 생활양식과 교환하기 위해 지온의 주민들을 배신하고 탱크로 복귀하도록 유혹당하는 부분이다. 매트릭스라는 가상세계에서의 그는 부유하고 강력한 사람일 수 있으며 자신이 바라는 모든 감각적 즐거움을 가질 수 있다. 더 중요한 것은 그가 이 모든 것이 환각이라는 사실조차 **기억하지** 못한다는 것이다. 훌륭한 스테이크와 레드와인은 '실재하는' 것만큼 맛이 좋을 것이며, 그의 새로운 가상세계에서 얻게 될 즐거움도 최소한 그 자신에게는 불가피하게 진실이고 강력하게 느껴질 것이다. 특히 지온의 황폐한 지하 은신처에서의 초라하고 불편한 생활과 비교하면 무척이나 좋다. 만약 당신이 매트릭스가 실재하는 것이 아니라는 것을 모른다면 이 둘 사이에는 어떤 차이가 있겠는가? 만약 그 스테이크가 진정한 스테이크 맛이 난다면 당신이 '실재로' 탱크 속에 담긴 채로 사악한 기계에 의해 사육되고 있다는 것에 왜 마음을 쓰야 하겠는가? 만약 당신의 기억들이 완벽하게 지워진다면, 당신이 동료와 이전의 명분을 저버렸다는 것이 왜 그렇게 중요하겠는가?

이런 것들은 아마도 중요하지 **않을 것이다**. 그러나 중요한 것은 우리가 인간이기 때문에 그것이 **중요하다고** 느낀다는 것이다. 즉 우리는 이런 반역자에게 분노를 느끼고, 고의적으로 매트릭스로 되돌아가려는 것에 혐오감을 느낀다. 왜 그럴까? 그 이유는 아리스토텔레스가 말했듯이 우리는 선을 갈망하도록 만들어졌고, 인간에게 선이란 우리가 '진리'라고 느끼는 것에 적절하게 자리하고 있다는 것을 암시하기 때문이다. 우리가 환각적이라는 것을 아는 약속된 미래의 보상이 우리가 그것을 얻을 때 실재하는 것처럼 보인다는 것을 확신한다고 할지라도, 그런 보상은 덜 귀중한 것처럼 보인다. 매트릭스에서의 삶을 우리와 맞지 않는 것으로 만드는 것과 동일한 조직화되지 않은 본능은 최소한 정확히 동일한 방식으로 세계에 대해 우리가 지금 안다고 확신하는 것과 충돌되는 것처럼 보이는 전통적인 종교적 이상을 계속 받아들이는 것을 어렵게 만든다. 그리고 최소한 물리주의가 현재 세계에 대한 최고의 설명으로 남아 있는 한, 이원론에 근거한 그 어떤 종교적 또는 철학적 신념도 이런 충돌을 겪을 것이다.

『시간 여행자의 아내*The Time Traveler's Wife*』(2003)라는 오드리 니페네거Audrey Niffenegger의 빼어난 소설은 불가사의한 신경장애에 걸려서 부지불식간 예측할 수 없게, 아무런 과장 없이 말해서 매우 불편한 옷이나 어떤 다른 소지품도 없이 시간 여행을 하는 한 남자에 관한 이야기이다. 누구도 이런 상황을 겪는 그를 믿지 않을 것이기에 그는 현명하게도 자신이 이런 질병을 앓고 있다는 것을 감추고 있었다. 시간 여행은 우리가 알고 있는 세상의 이치와는 정반대로 진행된다. 하지만 그의 미래의 (이전의 또는 현재의?) 아내와 의사를 포함해 몇 명에게는 그 비밀을 귀띔해 줄 필요가 있었으며, 그들은 오셀로의 눈에 보이는 증거를 얻고, 시간 여행자가 옅은 공기 속으로 나타나고 사라지는 것을 개인적으로 목격할 때까지는 예상대로 그의 말에 의심을 품는다. 가령 그가 정말로 좋은 평범한 정보를 제시하는데, 이런 시각적 증거는 다른 종류의 증명으로 보충되기는 하지만, 인간에게 항상 그러하듯이 실재적인 전환점은 '나에게 보여봐'라는 순간이다. 시간 여행에 대한 니페네거 묘사의 전제는 인간의 의식이 실재하고, 다소 공간과 시간의 경계 바깥에 있다는 것이다. 이것이 심오할 정도로 직관상 매력적인 생각이라는 사실은 그 책의 힘과 아름다움과 깊은 관련이 있다. 하지만 이것은 궁극적으로 소설 작품이며, 소설의 등장인물들과 마찬가지로 우리들 중 누구도 바로 우리 눈앞에서 시간 여행이 일어나는 것을 **보지** 않고서는 그것의 실재를 받아들이려 하지 않을 것이다. 그래서 물리주의는 현재 가장 최고의 설명적 체제로서 대권을 장악하고 있으며, 정말로 인상적인 새로운 증거가 나오지 않는 한 최고의 위치에서 내몰리진 않을 것이다. 영혼은 한동안 꽤 좋은 가설이었다. 왜냐하면 마음이 어떻게 물질에서 나올 수 있는지를 보기란 확실히 어렵기 때문이다. 하지만 이것은 분명 **가능하고 그러하며**, 이 사실의 함축이 우리의 선천적인 저항을 해나간다면, 우리는 더 이상 예전과 아주 동일한 방식으로 이원론을 받아들이기 어려울 것이다.

이곳은 코페르니쿠스 유추가 도움이 **되는** 곳이다. 우리는 태양이 뜨고 지는 것을 보고 있으며 발밑에서 느껴지는 지구의 안정성을 즐기면서, 지구 중심적 태양계에서 우리의 일상을 꽤나 행복하게 산다. 하지만 우리는 이러한 현상이 환각이고, 지구가 실제로는 우주에서 시속 108,000킬로미터의 속도로 태양 주위를 돌고 있다는 사실을 인정한다. 만약 그것이 우리가 세상을 보는 방식에 아무런 영향을 미치지 않는다면, '실제로' 무엇이 사실인지가 왜 중요한가? 사실처럼 보이는 것이 아닌 실제로 사실인 것에 기초하여 중요하고 실용적인 결정을 하는 것이 더욱 효과적이기 때문에, 그것은 문제가 된다. 인공위성을 발사하거나 우주 탐사선을 보낼 때 우리의 직관적인 지구 중심적 세계관을 중지시키지 않는다면, 이런 일은 아주 잘 작동하진 않을 것이다. 인간 층위의 실재에 대해서도 마찬가지이다. 몸-마음이 통합된 체계라는 인식은 직관에 반하는 것이지만, 이런 통찰력에 기초한 치료는 이원론에 근거한 치료보다 훨씬 더 효과적일 수 있다. 예컨대 약의 중재는 악령 쫓기 의식에서부터 프로이트의 정신분석에 이르기까지, 천 년 동안의 영적 중재보다 지난 수십 년 동안의 정신병 치료에 보다 효과적이었다. 귀신이 기계에 들어가는 지점이 없음을 인식함으로써, 우리는 줄기세포 연구를 계속 추진하게 되었으며, 개인적 특질이 이원적인 것이 아님을 이해하면 노인들의 심각한 치매에 대해 무슨 일이 진행되는지를 더 잘 파악할 수 있다. 물리주의는 이원론보다 더 효과적이므로 물리주의는 중요하다. 그리고 이런 우월성의 실재가 완전히 파악되면 이런 실용주의적 고려는 우리 같은 창조물을 위해 압도적으로 강력한 논증이 될 것이다.

이중 의식: 두 길 걷기

어떻게 물리주의는 중요하기도 하고 동시에 중요하지 않을 수도 있는가? 칸트에 대한 니체의 뛰어난 비평으로 되돌아가서, 니체와 칸트가 어떻게 모두 옳은지를 보면서 이 질문에 대답할 수 있다. 도덕적 직관을 예로 들면 우리는 어느 정도 업데이트되었고 진화심리학자의 역할로 들어간 니체를 따라서 우리에게 종합적인 선험적 주장의 힘을 느끼도록 하는 적응력을 단순히 의심할 나위없는 직관으로 경험하기보다는, 그런 적응력에 대해 질문하는 것이 왜 중요하고 계몽적인지를 알 수 있다. 우리의 도덕적 직관에 대한 하위 층위의 최종적 설명을 밝히는 것인 기원의 문제에 답하는 것은 중요한 실용적인 함축성을 지니지만, 무엇보다 우리는 단지 **알기를** 원할 뿐이다. 하지만 이런 직관의 기원이 무엇이든 간에 직관이 매우 강력하고 내재된 능력의 자발적 산물임을 인식하는 데는 칸트를 따를 필요도 있다. 이런 능력의 결과는 어쩔 수 없이 옳은 것처럼 보인다. 이것은 실증적으로 책임감 있는 인문학자나, 간단히 말해 조제약과 행동신경과학의 근대 세계에 살고 있는 인간으로서 우리는 세계를 동시에 니체와 칸트로 보고, 그 **둘 다**의 관점을 마음속에 두면서, 적절할 때는 각각을 활용하는 책략에서 벗어날 필요가 있다. 따라서 다윈주의의 산acid이 마침내 마음-몸 장벽을 깨뜨리도록 한 사람들은 결국 이중 의식dual consciousness을 지니고 살면서, 동시에 두 가지 기술 하에서 인간을 물리적 체계와 사람으로 간주할 수 있는 능력을 신장시킨다. 한편 우리는 다윈주의가 주변 세계를 설명하는 가장 좋은 설명인 까닭에 인간이 물리적 체계이고, '기계 속에 유령'이 있다는 생각을 단념해야 한다고 확신한다. 다른 한편 인지적으로 온전한 인간은 인간 층위의 진리에 대한 강한 연줄을 느끼지 않을 수 없다.

따라서 통섭이나 수직적 통합을 진지하게 받아들인다는 것은 상호 모순적인 여러 가지 관점들을 동시에 우리 마음속에 유지할 수 있는 우리 인간의 능력을 입증할 균형 잡기를 암시한다. 물론 이런 능력은 제4장에서 언급한 정신공간을 구축할 수 있는 우리의 능력으로부터 파생된 것이다. 심중팔구 신경학의 값비싼 적응적 기능을 가지고 있어야 하는 정신공간의 적응적 기능은, 처음에는 갖가지 **사회적** 관점들을 동시에 유지할 수 있는 능력이었고, 아직도 계속 그러하다. 이것은 적당한 크기의 사회적 집단에서도 성공적으로 기능하기 위한 결정적인 재능이다. 무엇보다, 이것은 사회적 기만에 결정적이다. 당신이 거짓말을 할 때, 최소한 두 가지 세계의 모형을 동시에 마음속에 지니고 있어야 하는데, 우리 인간은 극히 힘든 이 일을 놀라울 정도로 잘 수행하고 있다. 다양한 관점을 동시에 마음속에 유지할 수 있는 이런 능력은 비록 처음엔 사회적 기만을 목적으로 진화했지만, 분명 세계에 대한 설명에도 적용될 수 있다. 이것은 다양한 대안들을 받아들이고, 세상에 있는 어떤 것도 물리학자의 '자격으로'나 소설을 읽은 일상인의 '자격으로'와 같이 어떤 역할의 '자격으로' 볼 수 있는 우리 능력의 기초를 형성한다.

또한 본래 정신공간이 모두 동일하게 창조되는 것은 아니라는 것도 인식해야 한다. 만약 그렇지 않으면 정신공간들은 서로 구별되지 않을 것이다. 예컨대 거짓말에서 가장 어려운 것은 우리 실세계의 모형만큼 상세하고 생생한 '거짓말 세계'의 모형을 유지할 수 없는 것처럼 보인다는 것이다. 이것은 모종의 문제를 유발한다. 즉 진실을 말할 때와는 달리, 우리는 거짓말에 의해 '뒷다리를 잡힐 수 있다'는 것이다. 하지만 이것은 아마 결정적인 설계 자질이다. 만약 두 정신공간이 동등하게 강력하게 실현된다면, 우리는 거짓말을 추적하지 못하게 된다. 이렇게 되면 거짓말의 목적이 좌절되는 것이다. 정신적으로 그려진 영상 대 실시간 지각에도 동일한 원리가 적용된다. 상상된 사물이나 장면은 '실재' 사물보다 항상 덜 생생하기 마련인데, 우리가 실제로 호랑이에게 쫓기고 있는 것인지, 아니면 그 가능성에 대해서만 걱정하는지에 대해 혼동되지 않도록 하기 위해서 이런 차이는 매우 중요하다.

나는 물리적 설명의 층위와 인간적 설명의 층위에 관한 이중 의식에 관해서 보면 인간 층위가 항상 우리 자신에게 더 생생하고 실재한다고 추측한다. 그렇지 않다면 진화는 일을 제대로 하지 못했을 것인데, 진화는 일을 제대로 한다. 이는 물리주의적 입장을 취한다는 것은 직관에 반하는 능력이 요구하는 것과 동일한 노력과 훈련을 요구한다는 것을 의미한다. 그리고 물리주의적 정신공간에 남아 있을 수 있는 우리의 능력은 항상 다소 제한적일 것이다. 프란시스 크릭Francis Crick(1994: 258)은 그의 '놀라운 가설'을 논의하던 중 정신은 뇌일 뿐이며, "나는 극미인의 관념을 피하는 것이 때로는 어렵다고 생각한다. 혹자는 그것에 너무 쉽게 미끄러져 들어간다"라고 다소 곤혹스럽게 말한 적이 있다. 크릭은 혼자가 아니었다. 우리 자신뿐만 아니라 타인에게서도 행위성과 의식의 지각에 관한 해석적 공간은 가장 기본적인 인간의 인지적 모듈들 중 하나의 산물이고, 우리는 오랫동안 이 중력의 힘에서 절대로 벗어나지 못할 것이다. 리처드 도킨스와 대니얼 데닛이 여하튼 내가 알기로 평범한 인간관계와 목표 지향적 활동에 참여하고 그것으로부터 즐거움을 이끌어내면서도 동시에 전문적인 일에서 철저한 물리주의를 채택하면서 결정하지 못하고 있다는 사실은, 우주에 대한 기계론적 관점을 완전하고 지속적으로 받아들이는 것의 타당성보다 우리의 마음 이론의 강건함과 자동성에 대해 더 많은 이야기를 들려준다.

세계에 대한 종교적 전통을 이용하여 세계에 대한 이런 이중적 입장이 무엇처럼 보일 수 있는지에 대한 유익한 은유를 찾아낼 수 있다. 예수는 신도들에게 "세상에 있지만 세상에 속하지 않도록in the world but not of it"이라는 유명한 충고를 했으며(요한복음 17: 14-15), 대승불교 전통에서 보살의 형상은 두 영역에 동시에 머문다. 차별과 고통이 없으므로 동정심이나 불교가 필요 없는 '궁극적' 진리의 영역과 고통이 실재하고, 보살에게 미세하게 조율되고 깊이 느껴지는 동정심을 보이도록 요청하는 '관습적' 진리의 영역이 바로 그것이다. 내가 아주 좋아하는 유추는 가장 이상적인 인간을 두 가지 길을 걷는 것으로 묘사한 B.C. 4세기 중국 사상가 장자에게서 나온 것이다. 그는 덕이 극치에 이른 사람이라는 뜻의 지인至人이 '하늘의/자연의(天) 길'과 '인간의 길'이라는 '두 가지 길'을 걷는 것으로 묘사한다. 하늘의/자연의 관점에서는 차별과 옳고 그름, 느낌, 진리가 없다. 인간의 관점에서는 이 모두가 실재한다. 장자가 믿기로는 세상을 성공적으로 살아가는 열쇠는 이 두 관점 모두를 동시에 마음속에 두고 인간의 관점을 "하늘의 관점에 비추어서" 보고, 우연적 자연을 관통해 보고, 동시에 인간의 세상에서 인간이 되는 것의 제약에 따라 행동하는 것이다.(왓슨Watson 2003: 40-41) 이런 종류의 이중 의식은 우리가 "합리적 존재에게 자유의 관념을 빌려주어야 한다"고 주장할 때 『도덕과 형이상학의 근거*Groundwork of the Metaphysics of Morals*』에서 나온 흥미로운 단락에서 칸트Kant(1785/1964: 115-116)가 파악한 것이기도 하다.

> 내가 주장하기로, 자유의 관념 하에서가 아니면 행동할 수 없는 모든 존재는 실용적인 관점에서 오직 이것만으로 실재로 자유롭다. 즉 그런 사람에게, 자유와 밀접한 관련이 있는 모든 법칙은 그의 의지가 이론적 철학에 타당한 근거에서 그 자체로 자유롭다고 언명될 수 있는 것만큼 타당하다. 나는 또한 의지를 가진 모든 합리적 존재에게 자유의 관념을 빌려주어야(leihen) 한다고 주장한다. 이것은 그가 입각해서 행동할 수 있는 유일한 관념이다.

우리는 물리주의자로서 우리 자신이 자유롭지 않다는 것을 알고 있지만, 인류의 왕국에서 추방되지 않기 위해서는, 즉 손상되지 않은 인간 행위자로 더 이상 인식되지 않으려면, 일상의 삶에서는 자유로운 것처럼 행동할 수밖에 없다는 것을 안다.

수직적 통합의 용인

결론을 내리자면 인간에 관한 물리주의적 설명에 대한 우리의 혐오로 인해 우리가 반동주의자로 전환되어서는 안 된다. 인문학 연구의 주제는 기계 속의 데카르트적 **정신**의 작용이 아니라, 문화적이고 역사적으로 다양한 산 인간 세계로 간주되는 놀랍도록 복잡한 발현적 실재이다. 그렇다고 이런 실재의 철저한 물리적 본질에 대한 인식이 우리에게 추한 사물의 세계에서 영원히 살도록 운명지우지는 않는다. 손상되지 않은 인간에게, 다른 인간들은 결코 존재론적으로 단순한 사물로 파악될 수 없으며,[42] 목적론을 무차별적으로 세계로 투사하는 것은, 전체 유물론적 우주가 일단 적절하게 이해되면 그것이 다소 아름다운 장소라는 것을 계속 발견할 수 있다고 우리에게 확신시킨다. 세계에 대한 가장 결연한 물리주의적 개념도 인간에겐 경외감과 암시적인 의미의 느낌을 계속 고무시킬 수밖에 없다는 사실은 이언 매큐언Ian McEwan의 최근 소설 『토요일*Saturday*』에서 신경외과의사 겸 열성적인 유물론자로 등장하는 헨리 퍼론을 통해 아주 잘 포착된다. 한 편의 시로 새로운 종교를 창조하라고 '요청받는' 것을 상상하도록 촉진된 퍼론은 자신의 종교가 진화에 바탕을 두고 있다고 선언한다.

> 이보다 나은 창조 신화가 있는가? 상상을 초월하는 기나긴 시간, 무수한 세대가 극소의 단계를 거쳐, 우연한 돌연변이라는 눈 먼 격정, 자연선택, 환경 변화를 동력 삼아, 타성적 물질로부터 복잡하고도 아름다운 생명체를 자아냈다는 이야기, 생명은 계속해서 죽어간다는 비극성, 그리고 근래에는 인간 이성의 경이로움이 부각되고, 거기에 도덕성, 사랑, 예술, 도시의 출현까지, 이야기는 계속해 이어진다. 그

42 물론 '인간'으로 간주되는 것은 쉽게 손에 넣을 수 있으며, 생물학적 종 **호모사피엔스**의 모든 구성원이 '인간'이라는 생각은 비교적 최근의 생각이다. 그 범주는 역사적으로 우리 자신의 부족만을 포함하는 경향이 있었다. 현대의 세계에서도 대량학살의 반복적인 실재는 이전에 인간으로 간주된 집단이 얼마나 빠르고 쉽게 '사물'로 재분류될 수 있는지를 냉담하게 암시하고 있다.

리고 어쩌다 보니 이 이야기가 참으로 증명되는 전례 없는 보너스까지.(2005: 56)

우리의 선천적인 인지적 기제는 인간이 본질상 매우 복잡한 사물이라는 현대의 과학 모형이 허무주의나 절망으로 이어지지 않도록 보장한다. 궁극적으로 불가피한 신체화를 인정하는 것은 '논증에 의해 진리인' 것의 뛰어난 장점을 가질 뿐만 아니라, 의존적이고 비극적인 인간 조건에 대한 우리의 경외감을 풍부하게 하지 않을 수 없도록 하고, 이것으로 느낀 아름다움과 그것이 지닌 고귀성 그 어느 것도 손상되지 않는다.

결론

나는 이제 여러분에게 복제자와 다루기 힘든 로봇, 연산 과정과 무정한 우주에 대해서는 말끔히 잊으라고 요구할 것이다. 인간 층위의 실재가 우리 우주에 대한 전체적 설명인 가장 완고한 물리주의의 버전에서 어떻게 살아남을 수 있는지를 보기 위해서는 이런 논제를 논의하는 것이 중요했다. 그러나 물리주의가 흔히 우리의 일에 즉각적인 역할을 하지 않는 이유가 최소한 몇 가지 있다.

첫째, 앞으로 다가올 미래의 어떤 시점에서 우리 스스로는 강한 물리주의를 수정하거나 단념해야 한다고 깨닫는 것은 전적으로 가능하다. 저명한 사회심리학자인 내 동료 중 한 사람은 자신의 실험실 자료의 상당히 많은 부분을 인간의 의식이 완전히 성숙한 실재의 다섯 번째 차원으로 간주된다는 것을 증명하는 데 바치고 있다. 이것은 자신이 부분적으로 예지precognition(초감각적 지각Extra-Sensoty Perception)의 실재를 증명함으로써 구체화하려는 주장이다. 아직 출판되거나 폭넓게 검증되지는 않았지만, 그는 아직 발생하지 않은 사건이 실험 대상자들에게 점화 효과를 발휘하고 있다는 중복된 결과를 얻었다고 주장한다. 즉 실험 대상자들이 분명히 미래에 보게 **될** 자극에 의해 점화된다는 신호를 보여주고 있다는 것이다. 그는 자신의 이론에 상당히 많은 저항이 있으리라 예상하고 있다. 그래서 우연히 안정적인 생업을 가질 때까지는 그 이론을 추구하지 않았던 것이다. 여기엔 충분한 이유가 있다. 그것은 우주의 작동 방식에 대해 우리가 알고 있는 모든 다른 것에 반하기 때문이다. 하지만 양자론도 그러했으므로 그와 동료들이 반복 가능한 충분히 많은 데이터를 축적할 수 있다면, 우리는 어떤 형태의 이원론을 깊이 깃든 직관 그 이상의 것으로 인식해야 할 수 있을 것이다.

더 중요하게는 그런 다섯 번째 차원이 전개되지 못한다 하더라도, 우리의 마음 모듈 이론의 강인함과 자동성은 책 모서리가 헤진 『이기적 유전자』라는 책을 내려놓고 우리의 평범한 일을 다시 시작하는 순간, 확실히 부조리한 인간이 보는 세계가 추상적인 지적 신념으로 희미해져가면서, 순간적인 희미한 감지의 형태로 이따금씩만 우리에게 보일 것임을 확신시킬 것이다. 우리 모두는 발현적인 인간 의미의 풍부한 세계에서 일상을 살아가며, 우리들 중 인문학자들은 또한 그런 세계를 연구하면서 먹고 산다. 자연과학자들과는 달리 우리는 생업을 위해 우리의 계획을 반드시 철회해야 하는 것은 아니다.

하지만 이것은 한 가지 중요한 질문으로 이어진다. 자연과학자들이 연구하는 설명의 층위가 종종 인문학 연구와 직접적인 관련이 없다면, 우리는 이런 설명의 층위에 대해 왜 그토록 신경을 써야 하는 것인가? 구체적으로 말해 수직적 통합 접근법을 채택함으로써 우리는 무엇을 얻는가? 나는 수직적 통합에 대한 현재의 장벽을 개관하면서 이 책을 마무리하려 한다. 이때 인문학자들이 이러한 장벽을 극복하는 데는 많은 부담을 떠맡아야 한다고 주장하고, 마지막으로는 왜 이런 노력이 가치 있는 것인지도 제안할 것이다.

이중적 대학에서 진정한 대학으로의 이동

앞에서 장황하게 주장했듯이 서구의 고등교육 기관은 현재 '이중적 대학'으로 인류학, 예술사, 비교문학과 민족문학, 철학, 종교학 같은 인문학 분야에 종사하는 학자들은 캠퍼스 건너편의 좋은 신축 건물에 있는 동료들이 무슨 일을 하고 있는지 전혀 모른 채 자신들의 일만 하며 산다. 이것은 완전한 무지일 뿐만 아니라 원칙적 무지이기도 하다. 인문학자들은 자연과학에 대해 거의 모르거나 아무것도 모른다. 뿐만 아니라 자신들의 암시적인 형이상학적 이원론 때문에 그것에 대해서도 지적으로 정당화된다고 느낀다. 새로운 관점에 진정으로 참여하지 못하게 막는 이데올로기의 위력은 모든 서구 대학에서 인류학과의 곤경을 보면 분명해진다. 인류학과에서는 전통적인 문화인류학자와 좀 더 자연주의적 경향을 가진 인류학자들이 서로 의견 일치를 보지 못함으로써 제도적 분열과 끝없는 악감정을 품기에까지 이르렀다. 악감정의 수준은 인류학에서 가장 높은데, 모든 인문학 분야들 중 인류학이 가장 명확히 **정신** 대 **자연**의 경계선에서 애매한 입장을 취하기 때문이다. 체질인류학자들이 연구하는 대상은 문화적 의미로 가득 차 있지만, 호전적인 사회구성주의자들에게는 불편하게도 튼튼한 인공물과 다양한 종류의 물리적 증거가 계속 제시되고 있다. 다른 핵심 인문학과들에서는 이와 비슷한 유혈을 보지 않았는데, 이런 인문학과들은 객관주의나 포스트모더니즘에 편안하고 지속적으로 전념하고 있으며, 이런 체제에 대한 도전이 지금까지 진압되거나 무시된 탓이다.

이것은 많은 이유들로 인해 수치스러운 일이다. 특히 인문학과 자연과학 사이의 비무장지대에 가장 직접적으로 접하고 있는 분야에서 인문학적 전문 지식에 대한 강렬한 필요성을 채울 수 있는 기회를 놓쳤다는 점이다. 이런 분야로는 행동신경과학, 다양한 심리학 분과, 인지언어학, 인공지능 연구가 있다. 자연과학에서만 보더라도 대부분의 획기적인 약진은 인접한 설명의 층위들을 다루는 분야들이 서로의 학문을 비옥하게 함으로써 이루어진다. 인간 층위의 체제들을 설명의 연쇄로 통합하는 것은 더 많은 상호교류를 약속하며, 개념적 막다름이나 유감스러운 우회로부터 인접 분야들을 타파하는 데 정확히 이런 종류의 통합이 요구된다. 인간 층위의 실재를 탐구하는 인지과학자들은 자신들의 연구 질문을 준비하고 데이터를 분석하는 데 많은 도움을 필요로 하며, 종종은 탐구 중인 주제의 가장 기본적인 역사나 '두꺼운' 문화적 배경에 대한 무지 때문에 방해받는다. 예컨대 교차문화심리학cross-cultural psychology이라는 온전한 하위 분야는 '분석적' 서구가 아닌 '전체적' 서구라는 동아시아 사고의 모형에 바탕을 둔다.(Nisbett 2003, Nisbett *et al.* 2001) 제4장에서 이미 이야기했듯이 동서양 심리학자들이 수집 중인 실증적 데이터가 매우 흥미롭지만, 이런 데이터를 **해석하는** 일에는, 즉 그것을 설명하는 일관된 역사적 서사를 말하는 것에 관해서는 종종 무익한 본질주의적 고정관념에 의존한다. 예컨대 동양의 '전체론holism'은 『역경易經』이나 『도덕경道德經』 같은 중국 사상의 기본 텍스트로 거슬러 올라가지만, 이런 텍스트들이 언제 어떻게 집필되었고, '동양' 사상을 얼마나 대표하는지, 동아시아에서 역사적으로 어떻게 사용되고 해석되었는지에 대한 명확한 인식이 없다.

따라서 인지과학의 다양한 분야에 종사하는 연구자들은 인문학자들로부터 많은 것을 배울 수 있다. 인지과학자들이 쓸데없이 시간을 낭비하거나 터무니없는 해석적 실수를 저지르지 않으려면, 인류학자나 문학을 연구하는 학자, 역사가의 고차원적 전문 지식이 절대적으로 필요할 것이다. 하지만 인문학자들이 기여하고자 하는 전문 지식은 물리적 인과성의 세속적 세계 위에서 마법처럼 맴돌면서 설명적인 공상의 나라에서 내려온 것으로 간주되어서는 안 된다. 다양성과 '균열'에도 불구하고 자연과학의 다양한 분야들은 대략적인 설명적 위계에 정렬되어 있어서, (물리학 같은) 하위 층위는 (생물학 같은) 상위 층위에서 받아들일 수 있는 설명에 한계를 설정한다. 인문학이 인간 연구의 분야로 앞으로 나아가려면 이런 설명적 위계의 꼭대기에 위치한 적절한 자리로 들어가야 한다. 왜냐하면 하위 층위는 결국 우리의 말을 들을 필요가 있음과 동시에, 그 답례로 우리에게 전달해줄 흥미로운 것들을 대거 갖고 있는 지점까지 진보했기 때문이다.

왜 인문학자들은 더 열심히 연구해야 하는가

나의 인문학 동료들 중 일부는 오히려 **인문학자들이** 바뀌어서 자연과학으로부터 배울 필요가 있다는 것을 내가 너무 강조한다고 불평했었다. 물론 진정한 대학의 구성원이 되기 위해서는 두 진영 모두에 관해 연구를 해야 하지만, 아쉽게도 인문학자들은 보다 많은 짐을 떠맡아야 할 것이다. 여기엔 몇 가지 이유가 있다. 첫째, 자연과학자들에게는 우연찮게 **인간**이므로 인간 층위의 의미 구조에 대한 직관적 접근과 그것에 대한 자연스러운 관심 모두를 갖는 장점이 있다. 예컨대 행동신경과학자들은 문학, 고전음악, 미술에 관심이 있을 것 같다. 그런 분야에 대한 이들의 이해가 설령 비교적 조야하거나 비非반성적일 수는 있지만, 신경학자에게 작품을 설명하려는 음악학자나 미술사가는 극복해야 할 내재된 인지적 저항이 그 반대의 경우보다 훨씬 덜할 수 있다. 결과적으로 자연과학자들이 인문학자들보다 여러 학문 분야 사이의 협력 선망에 대해 훨씬 더 흥분하고, 접촉과 대화를 시작하는 데도 보다 주도적인 것처럼 보인다.[1]

하지만 더 중요한 요인은 광범위한 인간 지식의 세계에서 인문학이 처한 위치가 현재의 북한과 비슷한 처지라는 점이다. 북한은 너무 오랫동안 경계를 하며 고립 속에서 살았기 때문에, 국제화된 현대 세계가 북한 사람들을 수용하기보다는 북한 사람들이 그런 세계에 적응하고 그것에 대해 배우는 것이 훨씬 더 어려울 것이다. 물론 이러한 수용이 불가피하고 바람직한 것처럼 보일 수 있다. 인문학자들 사이에서 과학이 어떻게 작동하고, 적절한 과학 분야들에서 현재 어떤 일이 일어나고 있는지에 대한 기본적인 무지는 자원 할당과 사회적 위신 때문에 자연과학에 대한 일정 정도의 질투와 분노, 그리고 적개감과 뒤섞여 있다. 인문학계에서는 자연과학에 주어지는 많은 월급과 자금이 단순한 사물에 대한 연구가 인간 의미에 대한 연구보다 높이 평가되는 현상에 대한 질투와 멸시가 뒤섞여 표현되는 경향도 나타난다. 인간 정신의 형언할 수 없는 본질에 관한 기본적인 고귀한 인문학자의 경건한 체하는 태도 이면에는 매우 유해한 **원한**이 발견되는데, 이것은 건설적인 대화를 차단하는 고질적인 장애물로 남아 있다.

---

1 예컨대 인문학-자연과학 구분에 다리를 놓고자 하는 취지의 '세상사 지식 대화World Knowledge Dialogue'라는 스위스에서 열린 한 컨퍼런스에서 인문학과로 그 컨퍼런스를 널리 홍보했지만, 참여한 인문학자는 얼마 되지 않았다.

예컨대 서론에서 논의한 루이스 메넌드Louis Menand(2005)의 한 구절을 고려해보자. 이 구절은 현재 인문학을 괴롭히는 막연한 불안에서 벗어날 수 있는 길은 더욱 많은 인간 탐구의 분야들에 대한 인문학의 공격적인 '식민지화'에 있다고 결론내리고 있다. 이것은 인문학자들이 자신들의 입장을 고수하고 내밀한 포스트모던 분석을 입문자들이 정한 명료성의 기준에 맡기기를 거부할 것을 암시하고 있다. '공간과 시간은 환상이다'나 우주는 2차원적이다 같은 끈 이론에 대한 직관에 반하고 불가사의한 함축을 기술하는 신문기사에 대해 논평하면서 메넌드Menand(2005: 10)는 다음과 같이 말한다.

> 나의 첫 번째 생각은 만약 불어학과의 한 사람이 이 글을 적었다면 〈뉴욕타임즈*New York Times*〉에서는 바로 첫 페이지에서 그 사람을 조롱했을 것이며, 곧 〈새로운 기준*New Criterion*〉, 〈뉴리퍼블릭*New Republic*〉, 〈뉴욕 리뷰 오브 북스*New York Review of Books*〉, 〈코멘터리*Commentary*〉, 〈내셔널 리뷰*National Review*〉, 〈네이션*Nation*〉, 〈디센트*Dissent*〉도 그러했을 것이다. 이는 실재로는 이해하기 약간 힘들다. 시의 의미가 막연하다고 말한다면, 당신은 서구의 가치관에 위협을 가했다고 시를 읽어본 적이 없는 사람들로부터 비난받을 것이다. 하지만 우주는 ATM의 카드와 같다고 말한다면, 노벨상을 수상할 것이다.[2]

물론 끈 이론과 해체 간의 메넌드의 유추는 전적으로 실체가 없는 것이고, 포스터모더니스트의 딱딱한 표현이 과학적인 딱딱한 표현보다 덜 진지하게 받아들여지는 이유는 이해하기에 전혀 어렵지 않다. 제5장에서 논의했듯이 동시에 미립자인 파장이나 끈 이론 같은 직관에 반하는 무모한 구성물을 과학자들

---

2 자연과학은 인문학에 의해 포함되어야 한다는 클리포드 기어츠Clifford Geertz(1997/2000: 164)의 논평을 참조해보라. 이것은 "학문적 권위의 경계에서 멈추거나 노벨상 수상자들의 엄숙함 앞에서 위축되지 않고자 하는" 대담한 새로운 인문학자들에 의해 선두에 서서 맡아야 하는 과제이다. 노벨상에 관한 이런 불쾌감은 고귀한 인문학자의 글에서 반복되는 주제이다.

이 무사히 잘 처리하는 유일한 이유는, 언젠가 이런 이상한 생각들이 우리의 상식을 만족시키고 우리를 위해 실용주의적으로 일을 **해내는** 용어로 성과를 올리기 때문이다. 고전적인 고귀한 인문학자인 메넌드는 인문학적 연구가 어떤 것이든 해야 할 필요성이나 시를 읽어 본 적이 없는 평범한 사람들과 과학적 속물들에게 이해되어야 한다는 필요성을 모욕적으로 무시한다. 인문학의 존재 이유가 인간 층위의 실재이기 때문에, 그것은 틀림없이 사람들에게 더 잘 이해된다는 요지를 놓치는 듯하다. 인문학은 우리가 매력적인 새로운 것을 만들도록 돕는 데 관여할 것이 아니라, 우리를 교화하고 자극하며 우리가 모르고 있던 우리 스스로에 대해 무언가를 가르쳐야 한다. 물론 그렇다고 우리가 젊은 사람들에게 새로운 방식으로 사고하고, MTV 시대에는 매우 낯선 것이긴 하지만 텍스트를 오랫동안 검토하고 다른 세대나 장소에서 온 생각들을 미리 구성한 선Good의 개념 아래 포함시키는 대신, 그런 생각들과 진정으로 씨름하도록 강요하려고 하지 않는다는 것을 뜻하는 것은 아니다. 하지만 일부 지적인 상류층 사람들이 사람들을 위한 것이라고 결심했기 때문에 이론을 사람들의 목구멍으로 밀어 넣는 것을 정당화하려고 노력하는 것은 역효과를 가져올 것이며, 메넌드의 논평은 수직적 통합에 계속 방해가 되는 질투심에서 나온 엄격함일 뿐이다. 인문학자들이 최신식 대학병원에 입원하고, 비행기를 타고 여행을 한다든지, 반과학적 불평을 매끄러운 노트북에 타이핑해서 다른 대륙에 있는 동료들에게 무선인터넷을 통해 보내는 것처럼 자연과학에 의해 가능해진 발전을 지속적으로 이용하며, 그것으로부터 이익을 얻고 있다는 인식에 의해 이런 **원한**은 강화된다. 인문학자들은 종종 인간 정신을 억제하려는 파시스트 음모의 한 부분이나 세계에 대한 자본주의적 인간성 말살의 가장 최신 단계로서 인문학보다는 과학을 과도하게 높이 평가한다는 사실을 늘 무시한다. 사실상 인문학과 자연과학에 할당된 가치관의 불균형이 계속 증가하는 것은 가장 기본적인 인간적 특질에 따른 직접적인 결과이다. 그것은 세계에서 더 효과적으로 나아갈 수 있도록 상황이 작동하는 방식을 알고자 하는 바람이라는 인간적 특질이다. 우리는 사회적으로 암을 치료하거나 매력적인 새로운 것을 만들도록 돕는 업적에 대해 누군가에게 재정적으로 보상을 해주는 경향이 강하다. 왜냐하면 이런 것들은 명확히 자본주의자나 파시스트, 시를 읽지 않는 독자뿐만 아니라 삶을 살아가고자 하는 평범한 사람에게도 **유용한** 것처럼 보이기 때문이다.

나는 위험을 무릅쓰고 우리가 기호학적 문화인류학이나 엘리자베스 시대 풍의 소네트에 대한 해체주의적 해독 전용의 수백억 달러짜리 연구소는 갖지 못할 것이라 예측한다. 왜냐하면 이런 활동은 대부분의 사람들에겐 너무 뻔하게 제멋대로이며 무의미하기 때문이다. 돈은 과학으로 쏟아질 것이다. 왜냐하면 과학은 결과를 성취하며, 우리가 누구인지에 대해, 그리고 우리가 살아가고 있는 세계의 본질에 대해 흥분되는 새로운 것들을 발견하기 때문이다. 이러한 환경 속에서 최소한 대부분의 핵심 인문학과들에서 이루어지고 있는 인문학 연구는 과학적 혁신과 발전의 비옥한 바다로부터 단절되어 침체된 작은 못처럼 보인다. 장벽을 허물고 하위 층위의 학문들이 인문학에 말해주어야 할 것으로 인문학을 개방시키는 것은 몹시 필요한 지적 영양분의 주입을 나타내며, 가장 열렬한 옹호자들에게도 명백한 침체로부터 인문학을 벗어나도록 도와줄 것이다. 고귀한 인문학이 실용적 우려를 경멸적으로 무시하지만, 이들이 어떤 분야에서 일하고 있든 진보는 우리가 엘리트들에게 올바르게 요구하는 바이기 때문에 필요한 단계에 있다.

수직적 통합은 어떤 점에서 진보를 의미하는가?

유기화학이 어떻게 분자생물학자가 물어 볼 수 있는 질문의 유형을 만들어내며, 그에 따라 나올 수 있는 답변의 종류를 강력하게 제약하는지는 너무도 분명하다. 행동신경과학이 엘리자베스 시대 풍의 소네트를 분석하거나, 또는 중세 일본에서 작가 후원과 문학 형식의 상호작용을 설명하는 것에 대해 우리에게 어떠한 것을 들려줄지는 별로 분명하지 않을 것이다. 이런 적절성을 옹호할 수 있다고 하더라도, 신경과학이나 진화론을 문학 연구에 적용하는 것이 어떻게 진보를 의미하는 것으로 간주될 수 있는지에 대해 물어봐야 한다.

내 생각에 문화에 대한 수직적 통합 접근법의 가장 중요한 유일한 함축은 인간의 인지와 문화에 대한 일반 이론의 상위 층위에 있다. 인문학적 설명의 층위가 하위 층위의 설명 원리에 의해 제약될 것을 요구한다면, 인간 마음에 대한 널리 퍼져 있고 근본적인 많은 이론들은 실증적으로 옹호할 수 없는 것으로 단념해야 한다. 적어도 제1-4장에서 제시한 증거는 인간 본성에 대한 '빈 서판' 이론, 강한 사회구성주의와 언어결정주의, 비신체화된 이성의 이념 같이 깊이 고착화된 독단적 주장을 심각하게 의문시한다. 이것은 인문학 연구에 즉각적이고 명확한 전반적인 영향을 미치며, 앞으로 나아가는 중요한 발걸음을 밝히고 있다.

사회구성주의를 버릴 때 발생하는 전경-배경 전이를 고려해보라. 요즈음 대부분의 인문학 연구는 극단적인 문화적 공약불가능성incommensurability과 기묘도strangeness의 가정으로부터 시작한다. 즉 인문학자들은 문화를 일관된 단위로 간주하고, 급진적 차이를 기본적인 해석적 출발점으로 채택하는 경향이 있다. 인간이 빈 서판이고, 문화가 이런 유연한 매체에 자의적인 독특성을 압도적으로 남기는 자립적 실체라면 이는 뜻이 통하는 셈이다.

고대 중국 사상이라는 내 분야에서 급진적 차이라는 이런 기본 가정은 상식으로 확립된 터무니없는 주장으로 이어졌다. 예컨대 1972년에 허버트 핑가레트Herbert Fingarette가 출판한 한 얇은 책에서는 내면성이나 자유선택 같은 '서구적' 개념이 고대 유교 사상에는 전혀 없었으며, 자아와 마음에 대한 고대 중국의 견해는 현대 서양인들이 인식하는 것과는 완전히 달랐다는 유명한 주장을 한 바 있다. 수십 년이 지난 후에도 고대 중국에 '자아'에 대한 현대 서양의 개념에 대응하는 것이라곤 전혀 없다는 생각은 여전히 놀라울 정도로 유포된 탄력적인 견해이다.(조킴Jochim 1998, 함채봉Chaibong 2001)[3] 고대 중국 사상의 또 다른

3 핑가레트의 책은 중국 사상 연구 수업에서 대들보로 남아 있으며, 최근에 몬트리올 대학University of Montréal(2005)에서 프랑스어 번역서로 재발행되었다.

유명한 학자인 채드 한센Chad Hansen은 고대 중국어에는 개별적인 사물을 분간하는 '가산명사'가 아닌 (영어의 'water' 같은) 질량명사만 있다고 주장한다. 결과적으로 그는 고대 중국어가 실재의 연속적 '재료stuff'에서 경계를 긋는 '부분 전체론적' 존재론에 바탕을 둔다고 주장한다. 이것은 서양의 '우리'가 그리스어에서 계승한 실체에 근거한 존재론과 대립된다.(한센Hansen 1983, 1992; 로이드와 시빈Lloyd & Sivin 2003 참조) 리디아 리우Lydia Liu(2004)처럼 명확한 포스트모더니스트의 관점에서 연구하는 중국의 학자들은 서양의 문법적 범주를 고대 중국어에 적용하는 것 같은 현세적인 어떤 것이라도 식민지적 부과로 묘사했다. 즉 청결하고 무정형의 '토박이' 언어를 인도유럽식 사고의 무리한 획일화로 폭력적으로 강요하는 것이라는 것이다. 고대 중국 사상에 대한 최근의 상당히 많은 논의에서는 계속해서 그것을 급진적으로 '다른 것'으로 묘사하고(기니Geaney 2002; 폭스Fox 2005; 유앤Yuan 2006), 현대 서구 사상과 고대 중국 사상의 비교를 차이와 상보성 간, 그리고 연속성과 불연속성 간의 "리드미컬하고 변증법적인 끝없는 상호작용"이나(센Shen 2003), 다른 식으로는 공약 불가능한 문화실재culturéalité의 "풍경"의 모호한 상호침투(보츠-본스테인Botz-Bornstein 2006)로 제시한다.

다시 한 번 사회구성주의와 급진적 차이의 배경 가정에 근거해야만 이와 같은 주장이 신빙성을 얻을 수 있다. 이런 이론적 입장에서 실재하지만 사소한 차이를 포착하고 확대하지만, 전체에서의 일군의 모순적 증거는 감추거나 간단히 무시된다. 이 책의 몇 군데에서 인정했듯이, 차이에 대한 포스터모더니즘의 찬양은 소박한 계몽주의적 보편주의에 대한 중요한 개선책이었으며, 물론 인문학자로서 문화적 미묘한 차이를 탐구하는 것은 특별한 일이다. 나는 북아메리카 대학생들에게 고대 중국 사상을 가르칠 때 자아에 대한 이런 개념들이 서로 얼마나 다른지를 강조하는 데 많은 시간을 할애한다. 이때 나의 목적은 그들에게 현대 서구의 자유주의가 자아, 그리고 자아와 사회의 관계를 개념화하기 위한 유일한 체제라는 무분별하고 역사적으로 근시안적인 가정을 의문시하고, 그들 스스로가 야생적인 프로메테우스 같은 개인적 창조성의 지참자라는 공상적 자만심을 약화시키도록 촉구하는 것이다. 사실상 이것은 우리가 우선적으로 다른 문화들을 연구하는 주된 이유들 가운데 하나일지 모른다. 그런 문화들이 어떻게 다르고, 왜 다르며, 이런 차이가 우리 스스로에 대해 무엇을 가르쳐주는지를 배우기 위한 것이 그 주된 이유이다. 하지만 심오하고 만연해 있는 공통성의 배경 가정에 근거하여 수행되지 않는다면, 이런 질문들 중 어느 것도 뜻이 통하지 않을 것이다. 이러한 점에서 포스트모더니즘은 너무 멀리 갔기에, 차이의 찬양을 기괴한 맹목적 숭배의 대상으로 바꾸고, 우리가 누군가에 대해서도 무언가라도 배울 수 있다는 생각을 약화시킨다. 우리가 이 책에서 개관한 증거는 인간의 문화가 풍부하고 강건한 보편적 구조를 공유한 인간 마음에 의해 창조되고, 인간 마음들 사이에서 전수되고, 인간 마음의 여과의 지배를 지속적으로 받아야 한다는 것을 강력히 암시한다. 이것은 우리가 다른 인간 마음의 산물을 이해할 수 있는 이유이다. 고귀한 인문학적 가식에도 불구하고 수직적 통합으로부터 나오는 이론적 가정과 방법론적 기술은 현재의 상대주의적 수렁에서 인문학을 구해낼 수 있는 최상의 희망이다.

예컨대 인문학자를 위한 도구로서의 은유와 은유적 혼성 분석의 가능성을 고려해보자. 내가 보기에 기본적인 인문학 문제는 다음과 같다. 우리는 타인의 내부를 어떻게 아는가? 사실상 몸을 기반으로 하는 은유, 상황주의적 재구성, 은유적 혼성에 의해 세계, 우리 자신, 세계에서 우리의 위치, 타인과 우리의 규범적 관계 같은 추상적 주제를 개념화한다면, 이것은 이 질문에 답할 수 있는 구체적인 방법을 제공할 것이다. 사람들이 종교에 대해 어떤 생각을 하고, 이것이 다른 사고방식과 어떻게 다른지를 연구하고자 한다면, 개별 단어나 추상적인 철학 이론 외에 영상도식, 개념적 혼성, 개념적 은유의 층위를 검토해야 한다. 영상도식의 구조는 어떤 다른 개별적인 언어 기호보다 더 일반적이지만, 또한 이론보다 더 기본적이며, 대부분의 추론 패턴은 이런 개념화의 중간 층위에 기초를 둔다. 다시 말해 사람들이 개념 X에 대해 어떤 생각을 하는지를 알고 싶다면, 그들이 그 개념을 논의할 때 사용하는 은유와 혼성을 검토해야 한다. 이것이 의미하는 바는 도덕이나 자아에 대한 전통적인 유교 이론과 현대 서양의 자유주의 이론 간의 차이에도 불구하고, 이 두 이론적 개념 모두 공통된 인간의 신체화된 경험에 뿌리를 두고 있는 더 심오한 형이상학적 문법으로부터 나오고 그것을 이용한다는 것이다. B.C. 4세기에서 나온 것이든, 왜 우리가 기술과 관련된 주식에는 투자하지 말아야 하는지를 주장하는 친구에게서 나온 것이든 간에, 이런 은유와 은유적 혼성을 처리할 때 보편적인 인간의 해독화 패드 역할을 하는 신체화된 마음에 의존할 수 있는 것이다.

물론 우리는 이 접근법이 공통점과 차이점 모두를 밝혀낼 것으로 기대한다. 제1-4장에서 상세히 나타낸 전체 종의 공통성 때문에 인간 문화와 언어에서 개념적 은유와 혼성에 관해, 특히 일차적 은유에 관해 높은 수준의 유사성을 발견할 것으로 예상된다. 인간은 원하는 것을 얻기 위해 육체적으로 움직여야 하고, 시각(**아는 것은 보는 것이다**라는 공통된 일차적 은유의 경험적 기초)을 통해 세계에 대한 대부분의 정보를 얻는다. 아마 현대의 미국인이 갖고 있는 이동과 물리적 상호작용의 기본적인 전체 목록이 B.C. 5세기의 중국인이 갖고 있는 것과 매우 다르지 않을 것이다. 하지만 이런 영상 패턴은 신체화된 마음과 환경의 상호작용을 통해 발생하기 때문에, 이런 환경의 변화가 새로운 개념적 은유의 창조나 기본적 은유의 해석 방식에서 반영될 것으로 기대할 수도 있다. 이때 환경은 **호모 사피엔스 사피엔스**의 경우에 '만들어진' 사회문화적 환경을 암시한다.

우리는 새로운 기술이 창조되면서 이것이 계속 발생하는 것을 볼 수 있다. 예컨대 1970년대와 1980년대에 컴퓨터가 널리 사용되면서 1세대 인지과학에서 **마음은 컴퓨터이다**라는 마음에 대한 새로운 은유가 발생하게 되었다. 사회 구조와 생산방식도 이와 관련이 있다. 예컨대 **시간은 자원이다**(가령 당신은 내 시간을 **허비하고** 있습니다You are wasting my time, 나는 시간을 **아낄** 필요가 있습니다I need to save time)라는 지금은 꽤 일반적인 은유가 산업혁명과 시급제도 이전에 널리 퍼져 있었는지의 여부를 검토해보는 것은 흥미로울 것이다. **아는 것은 보는 것이다**와 같은 기본적인 은유도 기술과 문화에 의해 중재된다. 떠나가는 연인의 이미지가 디지털 사진, 이메일, 화상채팅을 갖추고 있는 현대 미국인과는 중세 일본 시인에게는 다소 다르게 기능할 것이다. 게다가 특정한 추상적 영역을 구조화하는 데 있어서 문화마다 서로 다른 영역에 의존한다. 예컨대 **도덕성은 회계이다**라는 은유가 현대 서구 담화뿐만 아니라 **업보***karama*의 기능에 대한 동아시아의 불교적 설명에서 두드러지게 등장하지만, 도덕성이 한정된 공간에서 적절하게 중심에 있는 것에 의해 주로 개념화되는 불교 이전의 중국에서는 그 역할이 미미하다. 이것은 다양한 문화권의 사람들이 윤리학과 개인과 사회의 관계에 대해 생각하는 방식에 미묘하지만 전반적인 영향을 미친다. 또 다른 예를 들자면 사람들은 불결함에 대한 혐오감을 공유하지만, 불결함이 특정한 사람들의 계층에게는 특징이 되는 혼성공간을 개발하는 것은 우연적인 은유적 혁신이다.(물론 사람들을 집단으로 분류하는 것은 인지적 보편소처럼 보인다) 이와 비슷하게 아이에 대한 부모의 애정은 포유류의 일반적인 특성이지만, 모든 인간이 신의 자식이 되는 혼성공간은 특정한 종교적·사회적 문화의 산물이다.

따라서 문화에 대한 신체화된 접근법은 우리에게 전체 종의 개념적·정서적 규범에 대해 책임감 있게 이야기함과 동시에 차이에 민감하고 문화적 미묘한 차이에 집중하도록 해준다. 기본적인 인간의 인지적 성향뿐만 아니라 이런 실재를 창조적으로 변형시킬 수 있는 우리의 능력을 인식하게 되면, '죽음에 이르는 병'에 대한 키에르케고르의 찬양이나 순종적인 나약함의 길에 대한 노자 『도덕경』의 편찬자의 추천을 설명함과 동시에, 이런 종교적 시각의 힘이 어떻게 병과 나약함에 대한 인간의 보편적인 혐오감으로부터 정확히 도출되는지를 알 수 있다. 따라서 이 책에서 약술한 문화에 대한 접근법은 인문학자들이 객관주의적인 지적 제국주의와 포스트모던의 '언어의 감옥'이라는 진퇴유곡에서 특정 방향으로 나아가고, 문화 연구에 대한 강력하고 구체적인 방법론과 이 방법론에 대한 일관성 있는 이론적 토대 모두에 접근할 수 있는 방법인 것이다.

제5장에서 주장했듯이 인간은 모든 종류의 주장과 의견에 기꺼이 귀를 기울이지만, 푸딩의 맛을 입증하려면 먹어보는 수밖에 없다. 공간이 제한되어 있

기 때문에 진정으로 만족할 만한 푸딩의 양을 독자에게 제공하는 것은 불가능하지만, 어쨌든 독자에게 부엌의 방향은 가리킬 수 있다. 문화에 대한 신체화된 접근법이 어떻게 윤리학과 미학에 대한 우리의 연구 방법을 바꿀 수 있는지를 암시하는 간략한 두 가지 개요로 시작해볼 것이다. 이를 통해 협소하고 실증적으로 부정확한 객관주의 가정에서 전자를 해방시키고, 포스트모던 상대주의의 해로운 효과에서 후자를 해방시킨다.

객관주의의 초월: 윤리학의 신체화

규범적 판단은 인간 층위 의미의 발현적 세계의 일부분이고, 본래 실증적 증거의 영향을 받지 않는 것처럼 보인다. 물론 데이비드 흄David Hume(1739/1978)은 '~이다is'인 것은 결코 규범적으로 '~을 해야 한다ought'는 것에 대한 결론에 이를 수 없다는 자신의 주장으로 이 정서를 유명하게 표현했다. 따라서 윤리학은 수직적 통합에 의해 논의되지 않아야 하는 연구 분야의 완벽한 예처럼 보일 것이다. 하지만 흄에게는 실례지만 앞서 개관한 인지과학, 인지언어학, 사회심리학, 영장류 동물학에서 나온 실증적 증거가 자아에 대한 객관주의 모형을 진지하게 의문시한다는 사실에 태연하게 있긴 힘들 것이다. 후기 계몽주의 서양에서 의무론과 공리주의라는 윤리학에 대한 두 가지 지배적인 접근법은 이런 객관주의 모형에 의존하고 있다.

논의를 위해 다소 단순화시키자면 의무론적 윤리학 이론은 규칙에 바탕을 둔다. 도덕적 행동은 '거짓말 하는 것은 잘못된 것이다' 같은 어떤 규칙이나 격률을 따르는 것으로 이해된다. 상항이 제시될 때 특정 상황에서 행동 X가 거짓말의 실례인지의 여부를 결정하기 위해 '거짓말'에 대한 우리의 정의를 참조해야 하며, 이것이 일단 결정되면 이 특별한 격률이 격률의 위계에서 어디에 위치하는지에 따라 그것이 옳은 것인지 또는 잘못된 것인지를 결정할 수 있다. 예컨대 우리가 생명을 보존하고자 노력해야 한다는 격률은 그 격률을 능가하는 것이다. 다른 한편 공리주의는 결과에 기초하여 행동의 옳고 그름을 판단한다. 우리가 공리주의자라면 어떤 상황에서도 아무런 문제없이 제안된 행동 방향의 비용과 이익에 대한 총계를 내고, 스스로 계산을 해보고 어떤 행동 방향이 우리의 공리주의가 중요한 것이라 여기는 선한 것(행복, 정의, 국민총생산 등)을 최대화하는지 파악할 수 있어야 한다. 어떤 경우든, 도덕적 추론의 전체 과정은 합리적이고 연산적이며, 투명하고 우리의 의식적인 통제 하에 있으며, 정서, 암시적 기술, 무의식적 습관과는 무관하다.

만약 제1장에서 탐구한 인간의 인지에 관한 연구가 정확한 것이라면, 도덕적 추론의 어떤 모형도 기술적 설명이나 규범적 이상으로 타당하진 않아 보인다. 예컨대 객관주의적 주체가 자기 집의 주인이 아니라면, 즉 데이터를 수집하고 뇌의 중앙사령부를 운영하는 아주 작은 사람이 없다면, 규칙 준수나 합리적 계산이라는 관념은 문제시된다. 누가 법의 준수자이고 집행자이며, 누가 그런 계산을 하는 것인가? 이와 비슷하게 인간 범주화의 실제 심리학에 관한 개관 문헌에서는 사람들이 후천적 원형에 의해 새로운 상황을 분류한다는 것을 암시한다. 이것은 다시 명시적 정의나 의식적 규칙 준수라기보다는 직관적인 패턴 일치를 포함하는 과정이다. 마크 존슨은 원형 의미론에 관한 연구에서 '거짓lie' 같은 영어 단어가 방사 범주 구조를 증명한다는 것을 발견했다고 밝히고 있다.[4] '거짓말'로 간주되는 좋은 실례와 나쁜 실례가 있으며, 한 특정 행동이 거짓말인지에 대한 실험 대상자의 판단은 문맥에서 가늠되는 일련의 암시적 기준뿐만 아니라 이브 스윗처가 말하는 지식과 의사소통의 '이상적 인지 모형idealized cognitive model'에 달려 있다.[5] 이러한 인지 모형을 새로운 상황에 적용하는 것은 이전의 감각운동 경험의 재활성화, 새로운 상황에서 적절한 자질의 식별, 암시적·명시적인 사회적 지식의 보충을 암시한다.

이 과정은 연산적인 격률 준수나 비용-이익 분석으로는 포착될 수 없다. 이것이 의미하는 바는 도덕 교육이 더욱 정교한 영상적 모형뿐만 아니라, 이런 모

---

4 스윗처Sweetser(1987)에서 다듬은 콜레만과 케이Coleman & Kay.(1981)

5 이 연구에 관한 논의를 위해서는 존슨Johnson(1993: 91-98) 참조.

형을 일관되게 확장할 수 있는 능력을 개인마다 명시적으로나 암시적으로 개발하도록 교육하는 것을 은연중에 뜻한다는 것이다. 존슨Johnson(1993: 100)은 적당하게 복잡한 어떤 상황에서도 "도덕적 추론은 결정적인 개념을 합리적으로 해독하는 것에 있을 수 없다. 대신 그것은 비원형적 경우로의 영상적 확장을 요구한다"고 설명한다. 이런 확장은 종종 은유나 유추의 사용을 암시하므로, 내적인 도덕적 추론과 공적인 도덕적 논쟁은 종종 전투 중인 은유의 형태를 취할 것이다. 즉 어떤 은유나 유추가 현재의 상황을 가장 잘 포착하는가? 현재 이라크에서 미국의 위치는 베트남 같은 '수렁'인가? 아니면 마셜 계획을 시행하던 초기에 마주치는 어려움 같은 것인가? 상원의원이 수단의 기근 희생자를 돕고자 하는 원조 법안을 거부할 때, 그는 배고픈 아이들의 입에서 음식을 낚아채고 있는 것인가? 아니면 수단 사람들이 스스로 자립하도록 돕고 있는 것인가? 홍수로 피해를 입은 뉴올리언스 주에서 폐허가 된 슈퍼마켓에서 나오는 사람들은 '약탈자'로 여기는가, 아니면 힘든 상황에서 나름대로 최선을 다한 투지 넘치는 '생존자'인가? 상황을 어떻게 은유적으로 형성할지는 어떻게 우리가 도덕적으로 추론하고 그 상황에 대해 도덕적으로 **느끼는지**에서 가장 결정적인 단 하나의 요소인데, 이것은 우리를 두 번째 요지로 데리고 간다.

점차 늘어나고 있는 많은 인지과학자와 철학자들은 의무론이나 공리주의가 장려하는 것과는 반대로 규범적 판단이 궁극적으로 인간의 정서적 반응으로부터 도출된다는 점에서 흄과 그리스 스토아학파에 의기투합하게 되었다. 예컨대 조너선 하이트Jonathan Haidt *et al.*(1993)의 고전적인 연구에서는 사람들에게 언어적 시나리오를 제시할 때 그것에 대한 정서적 반응이 해로운 결과에 대한 그들의 주장보다 도덕적 판단을 더 잘 예측해주고, 한 시나리오에 강한 부정적인 정서적 반응을 가진 사람들은 때때로 다소 어리석은 결과가 있긴 하지만 종종 합리적인 정당성을 제공하려고 노력해야 한다는 것을 발견했다.[6] 예컨대 이것으로

6 도덕적 판단이 정서적으로 적재되고 신체적으로 기반한 직관에 근거를 둔다는 생각을 뒷받침하기 위해 최면으로 유도된 혐오 반응을 이용하는 연구에 대해서는 휘틀리와 하이트Wheatley &

조슈아 그린Joshua Greene(2008)은 의무론적인 도덕적 격률이 근본적으로 정서적 반응에 대한 사후 합리화로 가장 잘 이해된다는 결론을 내리게 되었다.

안토니오 다마지오 같은 행동신경과학자의 연구를 생각해도 이에 놀라지 않아야 한다. 제1장에서 논의한 다마지오의 전전두엽 피질 환자는 윤리학의 합리주의 모형에 대한 완벽하게 통제된 실험을 제공한다. 이들은 칸트나 벤담이 도덕적 행위자에게 요구할 모든 인지 능력을 갖고 있지만, 사실은 일상생활에서 도덕적이고 심지어는 능숙하게 행동하지 못한다. 이것은 특별한 도덕적 추론과 일반적인 인간의 추론에는 윤리학에 대한 객관주의적인 '고등 이성high-reason' 접근법이 포착하지 못하는 무언가가 있다는 것을 강력하게 암시한다. 도덕 교육과 의사결정에 있어서 연산적 이성과 정서적 기질의 상대적 중요성에 대한 수천 번의 의견 불일치 이후에, 행동신경과학 같은 분야가 지금은 실질적이고 결정적인 방식으로 논란의 특정 양상에 대해 의견을 더할 수 있는 위치에 있다고 결론 내리는 것을 어떻게 피할 수 있는지를 나는 알지 못한다. 철학과 종교학에서 신장된 세련된 질문하기와 인지과학의 도구를 결합함으로써, 우리는 탁상공론식의 추측에 기초하여 수천 년 동안 개미 쳇바퀴 돌 듯 논의된 도덕적 추론이나 조야한 인간 본질의 윤리적 내용 같은 논제에 대해 획기적인 약진을 이뤄낼 수 있으며, 적어도 유서 깊은 입장을 배제할 수 있다.

인지과학이 어떻게 철학 연구에 핵심적인 영향을 미칠 준비를 하는지에 대해 많은 이야기를 할 수 있으며, 독자는 선정된 참고문헌을 위해 부록을 참조하면 된다. 흄의 우려에도 불구하고 심리학적 실행 가능성이 어떠한 윤리학 이론에 중요하고 필요한 것임을 부인하기 어렵다. 만약 의무론과 공리주의가 우리에게 일상적인 삶에서 단순히 가능하거나 유지할 수 없는 방식으로 생각하거나 행동하도록 요구한다면, 이것은 그것을 도덕적 이상으로 채택하고자 하는 우리의 열정을 누그러뜨려야 한다. 따라서 실재하는 인간이 실제로 어떻게 도덕적

Haidt(2005) 참조.

추론에 참여하는지에 대한 증거(기술적 주장)는 도덕적 추론과 도덕 교육에 대한 심리적으로 실재하는 모형을 형식화하기 위한 체제를 제공할 수 있다(규범적 주장)[7] 이것은 진보이다.

취향에 대한 설명: 미학에 대한 신체화된 접근법

신체화를 진지하게 받아들이는 것이 예술 연구에 무엇을 의미하는지에 대한 신속한 결론을 위해서 취향taste에 대한 피에르 부르디외의 설명을 고려해보도록 하자. 부르디외Bourdieu(1994: 6)에게 취향은 사회적으로 구성되고 사회적으로 한정된 기표이다. "흔히 구분, 즉 태도와 예의의 어떤 특성이라고 불리고 가장 자주 선천적인 것으로 간주되는 것(혹자는 '자연적 정제distinction naturelle'에 대해 이야기한다)은 **차이**, 공백, 변별적 자질, 가령 다른 특성과의 관계를 통해서만 존재하는 관계적 특성일 뿐이다." 훌륭한 어떤 포스트모던주의자처럼 그도 급진적 차이를 찬양하고, 계몽주의를 겨냥해 비판하고 있다. 여기에서 부르디외에게 특별한 혐오의 대상은 칸트와 초월적 미적 기준이라는 그의 개념이다. 부르디외는 '자연적 취향natural taste'이라는 관념이 어떻게 계급 구분을 정당화하고 강화하는 데 사용되었고, 피상적으로 무관한 '분야들'에서 미적 판단과 생활양식 결정이 어떻게 세계와 스스로에게 특별한 계급 정체성을 선언하는 데 일관성이 있는지를 보여주는 훌륭한 역할을 한다. 이케아 주차장에 주차되어 있는 매끈한 신형 볼보 자동차의 우세함은 순수하게 우연한 것이 아니며, 이 자동차의 주인들이 '바나나 리퍼블릭'에서 옷을 사고, 〈뉴요커〉를 읽고, 훌륭한 게뷔르츠트라미너와 잘 어울리는 범凡아시아의 퓨전 요리를 좋아한다고 말하는 사실도 우연한 것이 아니다.[8]

7 이런 계열에 대한 초기 주장을 위해서는 특히 플래나간Flanagan(1991)을 보고, 더욱 최근 논의를 위해서는 그린Greene(2003) 참조.

8 하지만 한 문화가 범凡아시아의 퓨전 요리와 훌륭한 게뷔르츠트라미너를 일단 획득했다면, 이 둘을 짝짓는 것은 필연적으로 발현적인 '좋은 요령'이라는 주장을 할 수 있다고 나는 생각한다.

하지만 여기에 그 용어에 대한 나의 느낌에서 포스트모던 '빠져듦slippage'의 고전적인 용례가 있다. 지나치게 소박한 객관주의 모형을 의문시하는 완벽하게 합리적인 주장으로부터 정당화되지 않은 문화적 상대주의로 빠져듦이 그것이다. 전형적으로, 그리고 이전에 자연스러운 것으로 간주되던 많은 것들은 사실상 그렇지 않다. 하지만 그렇다고 **아무것**도 자연스럽지 않다는 것은 아니다. 부르디외의 분석 스타일은 좋고 자의적인 구분을 식별하려고 가장 열심히 노력한다. 이것은 포스트모던 예술을 고려할 때 특히 중요한 것이다. 포름알데히드 속에서 떠돌아다니는 상어가 왜 동식물 연구가의 실험실에서는 단순히 표본이지만, 데미안 허스트Damien Hirst가 그것을 포스트모던 미학의 당당한 신전에 놓을 때는 '예술', 그것도 매우 값비싼 예술인지를 설명하고 싶을 때, 초월적인 칸트적 판단을 환기시킨다는 생각은 분명 불합리하다.[9]

하지만 인간의 취향이 완전히 우연적인 사회적 구조가 **아니라**, 꽤 강건한 선천적인 기질적 성향과 지각 능력에 바탕을 둔다는 증거는 많다. 부록에 수록된 연구들은 그것이 문자적이든 은유적이든 간에 인간 취향의 기초가 되는 중요한 공통점이 있다는 입장을 뒷받침하는 꽤 인상적인 일군의 증거를 열거하고 있다. 우리는 특별한 유형의 시각, 미각, 청각, 감각, 심지어 포스트모던 예술 작품의 가장 이상한 표명을 선호한 것처럼 보인다. 왜냐하면 이런 표명을 무효화하기 위한 것만으로도 이런 표명이 이런 선호의 힘과 연결되기 때문이다. 취향에 대한 '진화적 칸트의' 접근법은 취향 형성에 대한 어떤 제약이 있을 수 있고, 사람들은 애초에 왜 계급 구분을 표시하려고 하는가라고 질문하면서, 부르디외의 분석보다 더 깊이 들어가고 싶어 한다. 부르디외Bourdieu(1990b: 56)는 **아비투스**를 '신체화된 역사'로 정의한다. 즉 무의식적이지만 '능동적인 전체 과거의 존재'라는 것이다. 그의 한계, 즉 그가 연구 중인 전체 사회구성주의적 패러다임의

---

9 (『'살아 있는 자의 마음속에 있는 죽음의 육체적 불가능성*The Physical Impossibility of Death in the Mind of Someone Living*』이라는 제목의) 허스트의 작품을 한 미국 수집가가 2005년에 7백만 파운드에 구입했다. 비슷하게 보전된 양은 그에게 210만 파운드의 순이익을 올려준 것으로 생각된다.

한계를 이해하는 방법 중 하나는 그가 역사를 이해할 때 **충분히 뒤로** 가려 하지 않는다는 것이다. 지각과 동기의 도식을 형성하는 역사의 침전 층은 파리의 미술학교 에꼴 드 보자르École des Beaux나 미술전람회의 부활보다 더 깊이 들어간다. 이런 역사의 층은 **진화적** 시간, 즉 우리처럼 복잡한 세계에서 애써 살아가려고 하는 창조물들 간의 상호작용의 역사 속으로 다시 들어간다. 그래서 한 중요한 의미에서 부르디외의 포스트모더니즘의 문제는, 그것이 지나치게 역사주의적이라는 것이 아니라, 역사를 지나치게 피상적이고 근시안적으로 이해한다는 것이다. 예술과 도덕 간의 절대적 구분에 대한 부르디외의 선언은 왜 이름 없는 포유류 조상의 유전자에서 일어난 돌연변이가 아닌, **아비투스**에 기여할 수 있는 역사적 사건으로 간주되어야 하는가? 이런 돌연변이는 그 조상이 다른 것이 아닌 대칭적 얼굴을 더 높이 평가하도록 했다.

분명히 우리는 예술 생산 같은 '분야'의 기능을 완전히 이해하기 위해 부르디외가 제공할 수 있는 고차원의 미묘한 분석이 여전히 필요하다. 인지과학자와 진화심리학자들로 이루어진 팀에서 나온 어떠한 이론화**만으로는** 마네Manet의 "압생트를 마시는 사람"의 매력을 설명하는 데 충분하지 않다. 하지만 예술원 체계와 인상파 화가들의 결별로 야기된 상징적 혁명에 대한 부르디외의 설명은 인간의 선호와 동기를 배경으로 이해될 때만 뜻이 통한다. 이와 비슷하게 예술 감상에서 '참신한 눈fresh eye'의 신화에 대한 그의 공격은 "무의식적인 부호를 암시하지 않는 지각이란 없다"라는 주장에 근거를 두고 있으며(1993: 217), 이것은 분명히 진실이다. 하지만 그는 그의 역사에 있어서 너무 얕다. 그가 초점을 두는 역사적으로 구성된 부호가 단지 우리 같은 창조물에게 표준화된 장비로 나오는 심오하고 복잡한 지각적 체계의 다소 피상적인 표명일 뿐이라는 것이 인식되어야 한다. 부르디외와는 반대로 인간의 문화와 인지를 완벽하게 이해하려면 오성과 판단이라는 칸트의 선험적 범주의 자연주의적 버전 같은 것이 필요한 듯하다. 수직적 통합의 도구는 부르디외와 제자들이 미묘하게 분석하고 분류한 새롭고, 특이하고, 고차원의 문화적 구분이나 계급 특정적 구분이 어떻게 기본적이고 보편적인 인간 능력과 성향에 기초를 두는 것으로 간주될 수 있는지에 대해 타당한 이야기를 들려준다.

다른 적용

서론에서 언급했듯이 고대 중국 사상의 분야에 관한 나의 이전 연구에서는 '신체화된 실재론'의 방법론을 채택하면, 어떻게 중국 사상이나 비교종교학에 대한 우리의 접근법의 발전을 바라보는 방법이 바뀔 수 있는지를 보여주고자 했으며,[10] 이 책의 후속 단행본은 고대 중국 사상에 대한 수직적 통합 접근법에 대한 상세한 사례 연구로 계획 중이다. 인문학 분야에 대한 수직적 통합의 더욱 광범위하고 상세한 적용을 위해 독자는 부록을 참조하면 된다. 이 부록에 일반적인 문화, 미학, 문학, 철학, 종교학에 대한 신체화된 접근법의 정선된 참고문헌을 제시해두었다. 자연과학과 인문학을 진정으로 통합하는 과정이 아직은 초기 단계에 있지만, 부록에 있는 연구가 독자에게 자연과학과 인문학을 통합하는 것이 가능하고 바람직하다는 것을 확증해 주리라 믿는다.

그리고 '인문학이 과학에 제공하는 것'을 다루는 단행본을 집필할 일이 남아 있다. 자연과학의 다양한 분야들이 종교적 신앙이나 도덕적 추론 같은 전통적인 인문학 주제를 침해하기 시작하므로, 인문학 분야에서의 광범위한 교육이 있어야만 나오는 심오한 전문 지식 없이는 지적인 연구 질문이나 방법론을 형성하지조차 못한다. 나는 최근에 지난 수백 년 동안 종교에 관해 집필된 모든 것을 거의 전혀 모른 채 작업 중이던 종교심리학 전공자인 심리학 박사학위 과정 학생의 학위논문 발표에서 심사를 맡았다. 학술적 종교 연구에 대한 그의 모든 지식은 10년 전에 수강했던 학부 개론 강의에서 애써 조금씩 수집한 것이었다. 이에 대한 나의 심려는 전공자가 자신의 전문 영역을 방어하는 것의 반응이 아니었다. 종교가 전통적으로 21세기 북아메리카 대학 기숙사의 한계 바깥에서

10 고대 중국 사상에 대한 적용을 위해서는 슬링거랜드Slingerland(2003, 2004b, 2005)를 보고, 비교종교학에 관한 더 일반적인 논의를 위해서는 슬링거랜드Slingerland(2004a) 참조.

작동하는 방법의 기초에 대한 지식이 이 지원자에게 없다는 것은 그의 '연구 결과'의 타당성을 근본적으로 약화시키며, 내 경험에서 볼 때 그의 경우는 전혀 이례적인 것이 아니다. 주목할 만한 예외는 있지만 종교에 관심이 있는 심리학자와 인지과학자는 그들 주제에 대한 인문학적인 학술적 연구에 대한 교육을 거의 받지 않았으며, 그 결과 종종 충격적일 정도로 역사에 대해 근시안적이고 문화에 대한 안목이 깊지 않다.

나는 여전히 그 거꾸로가 아니라 과학자들이 인문학자들에게서 배울 것이 있다는 생각에 더 개방적이라는 사실을 알았다. 종교심리학 학생의 지도교수는 앞으로 있을 안식의 시간 중에 종교학을 맹렬히 공부하면서 보낼 계획이다. 그리고 나는 인문학자들이 그들 연구에 무엇을 기여해야 하는지, 또는 그들의 실험 데이터에 대한 대안적 가설로서 무엇을 제공할 수 있는지에 관심이 없는 심리학자나 인지과학자를 만나본 적이 없다. 만약 내가 너무 지나치게 인문학자에게 다른 기구의 '타자'들와 함께 하도록 강요하는 것은, 진정한 학제적 대화와 협력에 대한 가장 큰 장벽이 노벨상 수상자나 흰색 가운을 입은 과학적 진리의 관리자의 오만함으로 인한 것은 아니기 때문이다. 주된 장애물은 실증적 연구와 인문학을 계속 지배하는 실재론의 온건한 형태에 대한 엄격하고 구식이며, 이념에 바탕을 둔 저항이다. 이제는 진보가 필요할 때이다.

이 책의 표지 이미지인 '할머니 나무'는 나에게 강한 인상을 주었다. 왜냐하면 그것은 수직적 통합에 대한 완벽한 그래픽 표상처럼 보이기 때문이다. 교차하는 두 개의 영역은 자연과학과 인문학에 대응하고, 인간 문화의 매우 다양한 나무 가지는 진화된 인지 능력의 깊은 공통된 땅에 뿌리를 두고 있다. 나는 향후 수십 년이 지나면 인문학의 연구 주제가 이 그림의 중앙에서 묘사된 사람의 형상이 되는 방향으로 진보하기를 희망한다. 이 사람의 형상은 생물학적인 것과 문화적인 것 모두로 구성되어 있고, 과학적이고 인문학적으로 분석될 수 있으며, 분리되어 있음과 동시에 인문학과 자연과학의 경계가 접해 있는 길 사이에 교량을 놓을 수 있는 것이다.

문화의 신체화: 정선된 참고문헌과 기타 자료

여기서 제공하는 정선된 자료의 목록은 본래 이 책이 출판될 무렵에는 확실히 진부한 것이 될 것이며, 이미 중요한 생략으로 인해 훼손될 것이 분명하다. 하지만 나는 이 목록이 유익한 출발점 역할을 하고, 인터넷 기반 자료가 독자들에게 최신의 정보를 주는 데 유익할 수 있기를 희망한다.

문화에 대한 신체화된 접근법을 위한 일반 자료

프로그램과 연구소

이것은 단지 강의 시리즈와 특별한 학술대회에 전념하는 연구소에서부터 완전한 학위수여 프로그램에까지 이르는 정선물이다.

북아메리카

Brain and Creativity Institute, University of Southern California (www.usc.edu/schools/college/bci/index.html)

Center for Behavior, Evolution, and Culture (BEC), University of California, Los Angeles (www.bec.ucla.edu)

Center for Cognition and Culture, Case Western Reserve University (http://case.edu/artsci/cogs/CenterforCognitionandCulture.html)

Centre for the Study of Human Evolution, Cognition and Culture (HECC), The

University of British Columbia (www.hecc.ubc.ca)

Culture and Cognition Program, University of Michigan (www.lsa.umich.edu/psych/grad/program/affiliations/cultcog)

Department of Cognitive Science, University of California, San Diego (http://www.cogsci.ucsd.edu/)

Evolution, Mind, and Behavior Program, University of California, Santa Barbara (www.psych.ucsb.edu/research/cep/emb.htm)

Evolutionary Studies Program, Binghamton University, State University of New York (bingweb.binghamton.edu/~vos/)

IGERT Program in Evolutionary Modeling, Washington State University and University of Washington (depts.washington.edu/ipem/)

Program in Culture, Language, and Cognition, Northwestern University (www.northwestern.edu/culture)

유럽

AHRC Centre for the Evolution of Cultural Diversity, University College London (www.cecd.ucl.ac.uk/home/)

Centre for Anthropology and Mind, Oxford University (www.iceq.ox.ac.uk) Institute of Cognition and Culture, Queens University, Belfast (www.qub.ac.uk/schools/InstituteofCognitionCulture)

Institute Nicod, Ecole Normale Superieure and the Ecole des Hautes Etudes en Sciences Sociales in Paris (www.institutnicod.org)

단행본

Arbib, Michael. 1985. *In search of the person: Philosophical explorations in cognitive science.* Amherst: University of Massachusetts Press.

Barkow, Jerome, Leda Cosmides & John Tooby (eds.). 1992. *The adapted mind: Evolutionary psychology and the generation of culture.* New York: Oxford University Press.

Buss, David. 1998. *Evolutionary psychology: The new science of the mind.* Boston:

Allyn & Bacon.

Buss, David (ed.). 2005. *The handbook of evolutionary psychology.* Hoboken, NJ: John Wiley & Sons.

Carruthers, Peter & Andrew Chamberlain (eds.). 2000. *Evolution and the human mind: Modularity, language and meta-cognition.* Cambridge: Cambridge University Press.

Carruthers, Peter, Stephen Laurence & Stephen Stich (eds.). 2005. *The innate mind: Structure and content.* New York: Oxford University Press.

Carruthers, Peter, Stephen Laurence & Stephen Stich. 2006. *The innate mind: Culture and cognition.* New York: Oxford University Press.

Clark, Andy. 1997. *Being there: Putting brain, body and world together again.* Cambridge, MA: MIT Press.

Gallagher, Shaun. 2005. *How the body shapes the mind.* New York: Oxford University Press.

Gibbs, Raymond. 2006. *Embodiment and cognitive science.* Cambridge: Cambridge University Press.

Hirschfeld, Lawrence & Susan Gelman (eds.). 1994. *Mapping the mind: Domain specificity in cognition and culture.* New York: Cambridge University Press.

Hogan, Patrick. 2003. *Cognitive science literature, and the arts: A guide for humanists.* New York: Routledge.

Johnson, Mark. 1987. *The body in the mind: The bodily basis of meaning, imagination and reason.* Chicago: University of Chicago Press.

Pecher, Diane & Rolf Zwaan (eds.). 2005. *Grounding cognition: The role of perception and action in memory, language and thinking.* Cambridge: Cambridge University Press.

Pinker, Steven. 2002. *The blank slate: The modern denial of human nature.* New York: Viking.

Thompson, Evan. 2007. *Mind in life: Biology, phenomenology, and the sciences of mind.* Cambridge, MA: Harvard University Press.

Varela, Francisco, Evan Thompson & Eleanor Rosch. 1991. *The embodied mind: Cognitive science and human experience.* Cambridge, MA: MIT Press.

특정 분야에 대한 신체화된 접근법

미학

Aiken, Nancy. 1998. *The biological origins of art.* Westport, CT: Praeger.

Dissanayake, Ellen. 1992. *Homo aestheticus: Where art comes from and why.* Seattle: University of Washington Press.

Etcoff, Nancy. 1999. *The Survival of the prettiest: The science of beauty.* New York: Doubleday.

Gombrich, Ernst. 1982. *The sense of order: A study in the psychology of decorative art.* London: Phaidon Press (2nd ed., 1995).

※ *Journal of Consciousness Studies: Special Feature on Art and the Brain.* 1999. Vol. 6, no. 6/7 (June/July).

Kaplan, Stephen. 1992. Environmental preference in a knowledge-seeking, knowledge-using organism. In Barkow et al. 1992, 581-598.

Komar, Vitaly, Aleksandr Malamid & loann Wypijewski. 1997. *Painting by numbers: Komar and Melamid's scientific guide to art.* New York: Farrar, Straus & Giroux.

Langlois, Judith & Lori Roggman. 1990. Attractive faces are only average. *Psychological Science* 1: 115-121.

McDermott, Josh & Marc Hauser. 2004. Are consonant intervals music to their ears? Sponacoustic preferences in a nonhuman primate. *Cognition* 94: B11-B21.

Miller, Geoffrey. 2001. Aesthetic fitness: How sexual selection shaped artistic virtuosity as a fitness indicator and aesthetic preferences as mate choice criteria. *Bulletin of Psychology and the Arts* 2: 20-25.

Orians, Gordon & Judith Heerwagen. 1992. Evolved responses to landscapes. In Barkow et al. (1992), 555-580.

Solso, Robert. 2004. *The psychology of art and the evolution of the conscious brain.* Cambridge, MA: MIT Press.

Sugiyama, Lawrence. 2005. Physical attractiveness in adaptationist perspective. In

Buss 2005, 292-343.

Thornhill, Randy. 1998. Darwinian aesthetics. In Charles Crawford & Dennis Krebs (eds.), *Handbook of evolutionary psychology: Ideas, issues, and applications*, 542-572. Mahwah, NJ: Lawrence Erlbaum Associates.

Tooby, John & Leda Cosmides. 2001. Does beauty build adapted minds? Toward an evolutheory of aesthetics, fiction, and the arts. *SubStance* 30: 6-27.

Turner, Mark. 2002. The cognitive study of art, language, and literature. *Poetics Today* 23 : 9-20.

Turner, Mark(ed.). 2006. *The artful mind: Cognitive science and the riddle of human creativity*. New York: Oxford University Press.

문학

The Web site "Literature, Cognition and the Brain," maintained by Alan Richardson and Mary Crane, Boston College (http://www2.bc.edu/%7Ericharad/lcb/home.html), is a helpful resource.

Barash, David & Nanelle Barash. 2005. *Madame Bovary's ovaries: A Darwinian look at liter*. New York: Delacorte Press.

Boyd, Brian. 1998. Jane, meet Charles: Literature, evolution, and human nature. *Philosophy and Literature* 22: 1-30.

Boyd, Brian. 2005. Literature and evolution: A biocultural approach. *Philosophy and Literature* 29: 1-23.

Boyd, Brian. 2006. Getting it all wrong: Bioculture critiques cultural critique. *American Scholar* 75: 18-30.

Boyd, Brian. Forthcoming. *On the origin of stories*.

Carroll, Joseph. 1995. *Evolution and literary theory*. Columbia: University of Missouri Press.

Carroll, Joseph. 2004. *Literary Darwinism: Literature and the human animal*. New York: Routledge.

Crane, Mary. 2001. *Shakespeare's brain: Reading with cognitive theory*. Princeton, NJ: Prince University Press.

Freeman, Donald. 1995. "Catch[ing] the nearest way": *Macbeth* and cognitive metaphor. *Journal of Pragmatics* 24: 689-708 .

Freeman, Margaret. 1995. Metaphor making meaning: Dickinson's conceptual universe. *Journal of Pragmatics* 24: 643-666.

Gottschall, Jonathan. 2007. *The rape of Troy: Evolution, violence, and the world of Homer.* New York: Cambridge University Press.

Gottschall, lonathan & David Sloan Wilson (eds.). 2005. *The literary animal: Evolution and the nature of narrative.* Evanston, IL: Northwestern University Press.

Hogan, Patrick. 2003. *The mind and its stories: Narrative universals and human emotions.* New York: Cambridge University Press.

Nordlund, Marcus. 2007. *Shakespeare and the nature of love: Literature, culture, evolution.* Evanston, IL: Northwestern University Press.

Oatley, Keith. 1999. Why fiction may be twice as true as fact: Fiction as cognitive and emotional stimulation. *Review of General Psychology* 3.2: 101-117.

Richardson, Alan. 1999. Cognitive science and the future of literary studies. *Philosophy and Literature* 23: 157-173.

Scarry, Elaine. 1999. *Dreaming by the book.* New York: Farrar, Straus & Giroux.

Spolsky, Ellen. 1993. *Gaps in nature: Literary interpretation and the modular mind.* Albany, NY: SUNY Press.

Spolsky, Ellen.2002. Darwin and Derrida: Cognitive literary theory as a species of post-structuralism. *Poetics Today* 23: 43-62.

Storey, Robert. 1996. *Mimesis and the human animal: On the biogenetic foundations of literary representation.* Evanston, IL: Northwestern University Press.

Turner, Frederick. 1985. *Natural classicism: Essays on literature and science.* New York: Paragon.

Turner, Mark. 1991. *Reading minds: The study of English in the age of cognitive science.* Princeton, NJ: Princeton University Press.

Turner, Mark. 1996. *The literary mind.* New York: Oxford University Press.

Whitfield, John. 2006. Textual selection: Can reading the classics through Charles Darwins spectacles reawaken literary study? *Nature* 439: 388-389.

도덕성과 윤리학

유익한 인터넷 자료는 http://experimentalphilosophy.typepad.com의 experimental philosophy 블로그와 John Doris와 Stephen Stich에 의한 "Moral Psychology: Empirical Approaches"에 관한 Stanford Encyclopedia Philosophy의 표제어 (http://plato.stanford.edu/entries/moral-psych-emp/).

Alexander, Richard. 1987. *The biology of moral systems*. Hawthorne, NY: Aldine de Gruyter.

Axelrod, Robert. 1984. *The evolution of cooperation*. New York: Basic Books.

Brosnan, Sarah & Frans de Waal. 2003. Monkeys reject unequal pay. *Nature* 425: 297-299.

Casebeer, William. 2005. *Natural ethical facts: Evolution, connectionism, and moral cognition*. Cambridge, MA: MIT Press.

Churchland, Patricia. 1986. *Neurophilosophy: Toward a unified science of the mind-brain*. Cambridge, MA: Bradford Books/MIT Press.

Churchland, Paul. 1998. Toward a cognitive neurobiology of the moral virtues. *Topoi* 17: 83-96.

Cosmides, Leda & John Tooby. 2004. Knowing thyself: The evolutionary psychology of moral reasoning and moral sentiments. In Edward Freeman & Patricia Werhane (eds.), *Business, science, and ethics*, the Ruffin Series in Business Ethics no. 4, 93-128. Charlottesville, VA: Society for Business Ethics.

De Quervain, Dominique, Urs Fischbacher, Valerie Treyer, Melanie Schellhammer, Ulrich Schnyder, Alfred Buck & Ernst Fehr. 2004. The neural basis of altruistic punishment. *Science* 305: 1254-1258.

De Waal, Frans. 1996. *Good natured: The origins of right and wrong in humans and other animals*. Cambridge, MA: Harvard University Press.

De Waal, Frans. 2006. *Primates and philosophers: How morality evolved*. Princeton, NJ: Princeton University Press.

Doris, John & Stephen Stich. 2005. As a matter of fact: Empirical perspectives on ethics. In Frank Jackson & Michael Smith (eds.), *The Oxford handbook of contemporary analytic philosophy*, 114-152. Oxford: Oxford University Press.

Fehr, Ernst & Simon Gachter. 2000. Fairness and retaliation: The economics of reciprocity. *Journal of Economic Perspectives* 14: 159-181.

Fehr, Ernst & Simon Gachter.2002. Altruistic punishment in humans. *Nature* 415: 137-140.

Flanagan, Owen. 1991. *Varieties of moral personality: Ethics and psychological realism*. Cambridge, MA: Harvard University Press.

Flanagan, Owen(ed.). 1996. *Self-expressions: Mind, morals, and the meaning of life*. New York: Oxford University Press.

Flanagan, Owen & Amélie O. Rorty (eds.). 1990. *Identity, character, and morality: Essays in moral psychology*. Cambridge, MA: MIT Press.

Joyce, Richard. 2006. *The evolution of morality*. Cambridge, MA: MIT Press.

Krebs, Dennis. 2005. The evolution of morality. In Buss 2005, 747-775.

Gazzaniga, Michael. 2005. *The ethical brain*. Washington, DC: Dana Press.

Goldman, Alvin (ed.). 1993. *Readings in philosophy and cognitive science*. Cambridge, MA: MIT Press.

Greene, Joshua. 2003. From neural "is" to moral "ought": What are the moral implications of neuroscientific moral psychology? *Nature Reviews Neuroscience* 4: 847-850.

Greene, Joshua & Jonathan Haidt. 2002. How (and where) does moral judgment work? *Trends in Cognitive Science* 6: 517-523 .

Greene, Joshua, Leigh Nystrom, Andrew Engell, John Darley & Johnathan Cohen. 2004. The neural bases of cognitive conflict and control in moral judgment. *Neuron* 44: 389-400).

Greene, Joshua, Brian Sommerville, Leigh Nystrom, John Darley & Jonathan Cohen. 2001. An fMRI investigation of emotional engagement in moral judgment. *Science* 293: 2105-2108.

Haidt, Jonathan. 2001. The emotional dog and its rational tail: A social intuitionist approach to moral judgment. *Psychological Review* 108: 813-834.

Haidt, Jonathan & Joseph Craig. 2004. Intuitive ethics: How innately prepared intuitions generate culturally variable virtues. *Daedalus* 133: 55-66.

Haidt, Jonathan, Silvia Koller & Maria Dias. 1993. Affect, culture, and morality, or is it wrong to eat your dog? *Journal of Personality and Social Psychology* 65: 613-628.

Haidt, Jonathan, Paul Rozin, Clark McCauley & Sumio Imada. 1997. Body, psyche, and culture: The relationship between disgust and morality. *Psychology and Developing Societies* 9: 107-131.

Hauser, Marc. 2006. *Moral minds: How nature designed our universal sense of right and wrong.* New York: Ecco Press.

Johnson, Mark. 1993. *Moral imagination: Implications of cognitive science for ethics.* Chicago: University of Chicago Press.

Katz, Leonard (ed.). 2000. *Evolutionary origins of morality: Cross-disciplinary perspectives.* Exeter, UK: Imprint Academic.

Kitcher, Philip. 1993. The evolution of human altruism. *Journal of Philosophy* 90: 497-516.

Lakoff, George. 1996. *Moral politics: What conservatives know that liberals don't.* Chicago: University of Chicago Press.

Lakoff, George & Mark Johnson. 1999. *Philosophy in the flesh: The embodied mind and its challenge to Western thought.* New York: Basic Books.

MacIntyre, Alasdair. 1998. What can moral philosophers learn from the study of the brain? *Philosophy and Phenomenological Research* 58: 865-869.

May, Larry, Marilyn Friedman & Andy Clark (eds.). 1996. *Mind and morals: Essays on ethics and cognitive science.* Cambridge, MA: MIT Press.

Moll, Jorge, Ricardo de Oliveira-Souza, Paul Eslinger, Ivanei Bramati, Janaina Mouro- Miranda, Pedro Andreiuolo & Luiz Pessoa. 2002. The neural correlates of moral sensitivity: A functional magnetic resonance imaging investigation of basic moral emotion. *Journal of Neuroscience* 22: 2730-2737.

Munro, Donald. 2005. *A Chinese ethics for the new century: The Ch'ien Mu lectures in history and culture, and other essays on science and Confucian ethics.* Hong Kong: The Chinese University of Hong Kong.

Nesse, Randolph (ed.). 2001. *Evolution and the capacity for commitment.* New York:

Russell Sage.

Nichols, Shaun. 2004. *Sentimental rules: On the natural foundations of moral judgment*. New York: Oxford University Press.

Preston, Stephanie & Frans de Waal. 2002. Empathy: Its ultimate and proximate bases. *Behavioral and Brain Sciences* 25: 1-72.

Price, Michael. 2005. Punitive sentiment among the Shuar and in industrialized societies: Cross-cultural similarities. *Evolution and Human Behavior* 26: 279-287.

Prinz, Jesse. 2006. *The emotional construction of morals*. New York: Oxford University Press.

Rozin, Paul. 1996. Towards a psychology of food and eating: From motivation to module to model to marker, morality, meaning, and metaphor. *Current Directions in Psychological Science* 5: 18-24.

Rozin, Paul, Michael Markwith & Caryn Stoess. 1997. Moralization and becoming a vegetarian: The transformation of preferences into values and the recruitment of disgust. *Psychological Science* 8: 67-73.

Sanfrey, Alan, James Riling, Jessica Aronson, Leigh Nystrom & Jonathan Cohen. 2003. The neural basis of economic decision-making in the ultimatum game. *Science* 300: 1755-1758

Skyrms, Brian. 1996. *Evolution of the social contract*. New York: Cambridge University Press.

Sober, Elliott & Davici Sloan Wilson. 1998. *Unto others: The evolution and psychology of unselfish behavior*. Cambridge, MA: Harvard University Press.

Stich, Stephen. 2006. Is morality an elegant machine or a kludge? *Journal of Cognition and Culture* 6: 181-189.

Tancredi, Laurence. 2005. *Hardwired behavior: What neuroscience reveals about morality*. Cambridge: Cambridge University Press.

Thompson, Paul (ed.). 1995. *Issues in evolutionary ethics*. Albany, NY: SUNY Press.

Trivers, Robert. 1971, The evolution of reciprocal altruism. *Quarterly Review of Biology* 46: 35-57.

종교

The International Association for the Cognition Science of Religion (IACSR)는 유익한 웹사이트를 운영하고 있다(www.iacsr.com/). 또한 University of Groningen에서 주최하고 있는 Istvan Czachesz의 종교와 인지 웹사이트(www.religionandcognition.com/)를 보라.

Andresen, Jensine & Robert Forman (eds.). 2000. *Religion in mind: Cognitive perspectives on religious belief, ritual and experience*. Cambridge: Cambridge University Press.

Atran, Scott. 2002. *In gods we trust: The evolutionary landscape of religion*. New York: Oxford University Press.

Barrett, Justin. 2004. *Why would anyone believe in God?* Walnut Creek, CA: AltaMira Press.

Boyer, Pascal. 1994. *The naturalness of religious ideas: A cognitive theory of religion*. Berkeley and Los Angeles: University of California Press.

Boyer, Pascal. 2001. *Religion explained: The evolutionary origins of religious thought*. New York: Basic Books.

Cohen, Emma. 2007. *The mind possessed: The cognition of spirit possession in an Afro-Brazilian religious tradition*. New York: Oxford University Press.

Kelemen, Deborah. 1999. Function, goals, and intention: Children's teleological reasoning about objects. *Trends in Cognitive Sciences* 3 461-468.

Kirkpatrick, Lee. 2004. *Attachment, evolution and the psychology of religion*. New York: Guilford Press.

Lawson, E. Thomas & Robert McCauley. 1990. *Rethinking religion: Connecting cognition and culture*. Cambridge: Cambridge University Press.

Malley, Brian. 1996. The emerging cognitive psychology of religion: A review article. *Method and Theory in the Study of Religion* 8: 109-141.

McCauley, Robert & Thomas Lawson. 2002. *Bringing ritual to mind: Psychological foundations of cultural forms*. Cambridge: Cambridge University Press.

Pyysiainen, Ilkka. 2001. *How religion works: Towards a new cognitive science of religion*. Leiden: Brill.

Pyysiainen, Ilkka & Veikko Anttonen (eds.). 2002. *Current approaches in the cognitive science of religion*. New York: Continuum.

Slone, D. Jason. 2004. *Theological incorrectness: Why religious people believe what they shouldn't*. New York: Oxford University Press.

Slone, D. Jason (ed.). 2006. *Religion and cognition: A reader*. London: Equinox.

Tremlin, Todd. 2010. *Minds and gods: The cognitive foundations of religion*. New York: Oxford University Press.

Whitehouse, Harvey. 2000. *Arguments and icons: The cognitive, social, and historical implications of divergent modes of religiosity*. Oxford: Oxford University Press.

Whitehouse, Harvey. 2004. *Modes of religiosity: A cognitive theory of religious transmission*. Walnut Creek, CA: AltaMira Press.

Whitehouse, Harvey & Luther Martin (eds.). 2005. The cognitive science of religion. Special issue of *Method and Theory in the Study of Religion*. Vol. 16, no. 3.

Whitehouse, Harvey & Robert N. McCauley (eds.). 2005. *Mind and religion: Psychological and cognitive foundations of religiosity*. Walnut Creek, CA: AltaMira Press.

Wilson, David Sloan. 2003. *Darwin's cathedral: Evolution, religion, and the nature of society*. Chicago: University of Chicago Press.

참고문헌

Abdulmoneim, Mohamed Shokr. 2006. The metaphorical concept "Life is a Journey" in the Qur'an: A cognitive-semantic analysis. *Metaphorik* 10: 94-132.

Abler, William. 2005. Evidence of group learning does not add up to culture. *Nature* 438: 422.

Abutalebi, Jubin, Antonio Miozzo & Stefano Cappa. 2000. Do subcortical structures control "language selection" in polyglots? Evidence from pathological language mixing. *Neurocase* 6: 51-56.

Adams, Fred & Kenneth Campbell. 1999. Modality and abstract concepts (response to Barsalou 1999a). *Behavioral and Brain Sciences* 22: 610.

Aglioti, Salvatore, Joseph DeSouza & Melvyn Goodale. 1995. Size contrast illusions deceive the eye but not the hand. *Current Biology* 5: 679-685.

Aguiar, Andre & Renee Baillargeon. 1999. 2.5-month-old infants' reasoning about when objects should and should not be occluded. *Cognitive Psychology* 39: 116-157.

Aiello, Leslie & Robin Dunbar. 1993. Neocortex size, group size and the evolution of language. *Current Anthropology* 34: 184-193.

Aiello, Leslie & Peter Wheeler. 1995. The expensive tissue hypothesis. *Current Anthropology* 36: 199-211.

Alexander, Richard. 1979. *Darwinism and human affairs*. Seattle: University of Washington Press.

Anthony, Herbert Douglas. 1948. *Science and its background*. London: Macmillan.

Arbib, Michael. 1972. *The metaphorical brain: An introduction to cybernetics as artificial intelligence and brain theory*. New York: John Wiley & Sons.

Arbib, Michael. 1985. *In search of the person: Philosophical explorations in cognitive science*. Amherst: University of Massachusetts Press.

Arbib, Michael. 1989. *The metaphorical brain 2: Neural networks and beyond*. New York: John Wiley & Sons.

Arbib, Michael, E. Jeffrey Conklin & Jane Hill. 1987. *From schema theory to language*. New York: Oxford University Press.

Arbib, Michael & Giacomo Rizzolatti. 1996. Neural expectations: A possible evolutionary path from manual skills to language. *Communication and Cognition* 29: 393-424.

Arnheim, Rudolf. 1969. *Visual thinking*. Berkeley: University of California Press.

Atran, Scott. 1987. Ordinary constraints on the semantics of living kinds. *Mind & Language* 2: 27-63.

Atran, Scott. 1990. *Cognitive foundations of natural history: Toward an anthropology of science*. Cambridge: Cambridge University Press.

Atran, Scott. 1995. Causal constraints on categories and categorical constraints on biological reasoning across cultures. In Sperber et al. 1995, 205-233.

Atran, Scott. 1998. Folk biology and the anthropology of science: Cognitive universals and cultural particulars. *Behavioral and Brain Sciences* 21: 547-609.

Aunger, Robert (ed.). 2000. *Darwinizing culture: The status of memetics as a science*. New York: Oxford University Press.

Aunger, Robert. 2006. What's the matter with memes? In Grafen & Ridley 2006, 176-190.

Avis, Jeremy & Paul Harris. 1991. Belief-desire reasoning among Baka children: Evidence for a universal conception of mind. *Child Development* 62: 460-467.

Axelrod, Robert. 1984. *The evolution of cooperation*. New York: Basic Books.

Bacon, Francis. 1620/1999. *Selected philosophical works* (ed. Rose-Mary Sargent). Cambridge, MA: Hackett Publishing Company.

Baier, Annette. 1994. *Moral prejudices: Essays on ethics*. Cambridge, MA: Harvard

University Press.

Bailenson, Jeremy, Michael Shum, Scott Atran, Douglas Medin & John Coley. 2002. A bird's-eye view: Biological categorization and reasoning within and across cultures. *Cognition* 84: 1-53.

Baillargeon, Renée. 1986. Representing the existence and the location of hidden objects: Object permanence in 6-and 8-month-old infants. *Cognition* 23: 21-41.

Baillargeon, Renée. 1991. The object concept revisited: New directions in the investigation of infants' physical knowledge. In Carl Granrud (ed.), *Visual perception and cognition in infancy*, 265-315. Hillsdale, NJ: Lawrence Erlbaum Associates.

Baillargeon, Renee, Laura Kotovsky & Amy Needham. 1995. The acquisition of physical knowledge in infancy. In Sperber et al. 1995, 79-116.

Baillargeon, Renee, Elizabeth Spelke & Stanley Wasserman. 1985. Object permanence in five-month-old infants. *Cognition* 20: 191-208.

Baillargeon, Renee, & Su-hua Wang. 2002. Event categorization in infancy. *Trends in Cognitive Sciences* 6: 85-93.

Baker, Catherine (ed. by James Miller). 2006. *The evolution dialogues: Science, Christianity, and the quest for understanding*. Washington, DC: The American Association for the Advancement of Science.

Balaban, Victor. 1999. Self and agency in religious discourse: Perceptual metaphors for knowledge at a Marian apparition site. In Gibbs & Steen 1999, 125-144.

Ballard, Dana. 1991. Animate vision. *Artificial Intelligence* 48: 57-86.

Ballard, Dana. 2002. On the function of visual representation. In Noë & Thompson 2002, 459-479.

Baiter, Michael. 2006. First jewelry? Old shell beads suggest early use of symbols. *Science* 23 : 1731.

Bargh, John & Tanya Chartrand. 1999. The unbearable automaticity of being. *American Psychologist* 54: 462-479.

Barkow, Jerome. 1989. *Darwin, sex, and status: Biological approaches to mind and culture*. Toronto: University of Toronto Press.

Barkow, Jerome, Leda Cosmides & John Tooby (eds.). 1992. *The adapted mind: Evolutionary psychology and the generation of culture*. New York: Oxford University Press.

Barnes, Barry & David Bloor. 1982. Relativism, rationalism and the sociology of knowledge. In Martin Hollis & Steven Lukes (eds.), *Rationality and relativism*, 21-47. Cambridge, MA: MIT Press.

Baron-Cohen, Simon. 1995. *Mindblindness: An essay on autism and theory of mind*. Cambridge, MA: MIT Press.

Baron-Cohen, Simon & John Harrison (eds.). 1997. *Synaesthesia: Classic and contemporary readings*. Oxford: Blackwell.

Baron-Cohen, Simon, Alan Leslie & Christopher Frith. 1985. Does the autistic child nave a "theory of mind"? *Cognition* 21: 37-46.

Barres, Ben. 2006. Does gender matter? *Nature* 442: 133-136.

Barrett, H. Clark, Peter Todd, Geoffrey Miller & Philip Blythe. 2005. Accurate judgments of intention from motion cues alone: A cross-cultural study. *Evolution and Human Behavior* 26: 313-331.

Barrett, Justin. 1999. Theological correctness: Cognitive constraint and the study of religion. *Method and Theory in the Study of Religion* 11: 325-339.

Barrett, Justin. 2000. Exploring the natural foundations of religion. *Trends in Cognitive Sciences* 4: 29-34.

Barrett, Justin & Melanie Nyhof. 2001. Spreading non-natural concepts: The role of intuitive conceptual structures in memory and transmission of cultural materials. *Journal of Cognition and Culture* 1: 69-100.

Barsalou, Lawrence. 1999a. Perceptual symbol systems. *Behavioral and Brain Sciences* 22: 577-609.

Barsalou, Lawrence. 1999b. Perceptions of perceptual symbols (authors response to commentary). *Behavioral and Brain Sciences* 22: 633-660.

Barsalou, Lawrence, Kyle Simmons, Aron Barbey & Christine Wilson. 2003, Grounding conceptual knowledge in modality-specific systems. *Trends in Cognitive Sciences* 7: 84-91.

Barsalou, Lawrence & Katja Wiemer-Hastings. 2005. Situating abstract concepts.

In Pecher & Zwaan 2005, 129-163.

Barth, Hilary, Kristen La Mont, Jennifer Lipton, Stanislas Deheane, Nancy Kanwisher & Elizabeth Spelke. 2006. Non-symbolic arithmetic in adults and young children. *Cognition* 98: 199-222.

Barthes, Roland. 1967. *Writing degree zero* (trans. Annette Lavers & Colin Smith). New York: Hill & Wang.

Barthes, Roland. 1968. *Elements of semiology* (trans. Annette Lavers & Colin Smith). New York: Hill & Wang.

Barthes, Roland. 1972. To write: An intransitive verb? In Richard Macksey & Eugenio Donato (eds.), *The languages of criticism and the science of man: The structuralist controversy*, 134-144. Baltimore: Johns Hopkins University Press.

Barthes, Roland. 1982. *The empire of signs* (trans. Richard Howard). New York: Hill & Wang.

Bar-Yosef, Ofer. 2006. Human migrations in prehistory: The cultural record. Presentation at World Knowledge Dialogue, Crans-Montana, Switzerland, September 15.

Baudrillard, Jean. 1994. *Simulacra and simulation* (trans. Sheila Faria Glaser). Ann Arbor: University of Michigan Press.

Baudrillard, Jean. 1995. *The Gulf War did not take place* (trans. Paul Patton). Bloomington and Indianapolis: Indiana University Press.

Baumeister, Roy. 1984. Choking under pressure: Self-consciousness and paradoxical effects of incentives on skillful performance. *Journal of Personality and Social Psychology* 46: 610-620.

Baumeister, Roy, Ellen Bratslavsky, Mark Muraven & Dianne Tice. 1998. Ego depletion: Is the active self a limited resource? *Journal of Personality and Social Psychology* 74: 1252-1265.

Bechara, Antoine, Antonio Damasio, Hannah Damasio & Steven Anderson. 1994. Insensitivity to future consequences following damage to human prefrontal cortex. *Cognition* 50: 7-15.

Bechara, Antoine, Hannah Damasio & Antonio Damasio. 2000. Emotion, decision making, and the orbitofrontal cortex. *Cerebral Cortex* 10: 295-307.

Bechara, Antoine, Hannah Damasio, Daniel Tranel & Antonio Damasio. 1997. Deciding advantageously before knowing the advantageous strategy. *Science* 275: 1293-1295.

Beer, Francis & Christ'l de Landtsheer (eds.). 2004. *Metaphorical world politics*. East Lansing: Michigan State University Press.

Behl-Chadha, Gundeep. 1996. Basic-level and superordinate-like categorical representations in early infancy. *Cognition* 60: 105-141.

Bekoff, Marc & John Alexander Byers (eds.). 1998. *Animal play: Evolutionary, comparative, and ecological perspectives*. Cambridge: Cambridge University Press.

Berger, Peter & Thomas Luckmann. 1966. *The social construction of reality: A treatise in the sociology of knowledge*. New York: Anchor Books.

Bering, Jesse. 2002. The existential theory of mind. *Review of General Psychology* 6: 3-24.

Bering, Jesse & Becky Parker. 2006. Children s attributions of intentions to an invisible agent. *Developmental Psychology* 42: 253-262.

Berkson, Mark. 1996. Language: The guest of reality — Zhuangzi and Derrida on language, reality, and skillfulness. In Paul Kjellberg & Philip J. Ivanhoe (eds.), *Essays on skepticism, relativism and ethics in the* Zhuangzi, 97-126. Albany, NY: SUNY Press.

Berlin, Brent, Dennis Breedlove & Peter Raven. 1973. General principles of classification and nomenclature in folk biology. *American Anthropologist* 75: 214-242.

Berlin, Brent & Paul Kay. 1969. *Basic color terms: Their universality and growth*. Berkeley: University of California Press.

Bernstein, Richard. 1983. *Beyond objectivism and relativism: Science, hermeneutics, and praxis*. Philadelphia: University of Pennsylvania Press.

Black, Max. 1954-1955. Metaphor. *Proceedings of the Aristotelian Society* 55: 273-294.

Blackmore, Susan, Gavin Brelstaff, Kay Nelson & Tom Troscianko. 1995. Is the richness of our visual world an illusion? Transsaccadic memory for complex scenes. *Perception* 24: 1075-1081.

Blair, R. lames. 1995. A cognitive developmental approach to morality: Investigating the psychopath. *Cognition* 57: 1-29.

Blair, R. lames. 2001. Neurocognitive models of aggression, the antisocial personality disorders, and psychopathy. *Journal of Neurology, Neurosurgery, and Psychiatry* 71: 727-731.

Blaisdell, Aaron, Kosuke Sawa, Kenneth Leising & Michael Waldmann. 2006. Causal reasoning rats. *Science* 1020-1022.

Blakemore, Sarah-Jayne & Jean Decety. 2001. From the perception of action to the understanding of intention. *Nature Neuroscience* 2: 561-567.

Block, Ned. 1983. Mental pictures and cognitive science. *Philosophical Review* 93: 499-542.

Bloom, Paul. 2004. *Descartes' baby: How the science of child development explains what makes us human*. New York: Basic Books.

Boas, Franz. 1962. *Anthropology and modern life*. New York: Norton.

Boden, Margaret. 1990. *The creative mind: Myths and mechanisms*. London: Weidenfeld & Nicholson.

Boden, Margaret. 1994. Precis of The creative mind: Myths and mechanisms. *Behavioral and Brain Sciences* 17: 519-570.

Boghossian, Paul. 2000. What the Sokal hoax ought to teach us, and selected responses. In The Editors of *Lingua Franca* 2000, 172-186.

Borges, Bernhard, Daniel Goldstein, Andreas Ortmann & Gerd Gigerenzer. 1999. Can ranee beat the stock market? In Gigerenzer et al. 1999, 59-74.

Borghi, Anna. 2004. Objects, concepts, and actions: Extracting affordances from objects' parts. *Acta Psychologia* 115: 69-96.

Borghi, Anna. 2005. Objects, concepts, and actions. In Pecher & Zwaan 2005, 8-34.

Bornstein, Marc. 1985. Habituation as a measure of visual information processing in human infants: Summary, systemization, and synthesis. In Gilbert Gottlieb & Norman Krasnegor (eds.), *Measurement of audition and vision in the first year of postnatal life*, 253-295. Norwood, NJ: Ablex.

Boroditsky, Lera. 2001. Does language shape thought? English and Mandarin speakers' conceptions of time. *Cognitive Psychology* 43: 1-22.

Botz-Bornstein, Thorsten. 2006. Ethnophilosophy, comparative philosophy, and pragmatism: Toward a philosophy of ethnoscapes. *Philosophy East and West* 56: 153-171.

Bouchard, Thomas. 1994. Genes, environment, and personality. *Science* 264: 1700-1701.

Bouchard, Thomas. 1998. Genetic and environmental influences of intelligence and special mental abilities. *Human Biology* 70: 257-259.

Bourdieu, Pierre. 1977. *Outline of a theory of practice* (trans. Richard Nice). Cambridge: Cambridge University Press.

Bourdieu, Pierre. 1984. *Distinction: A social critique of the judgment of taste* (trans. Richard Nice). Cambridge, MA: Harvard University Press.

Bourdieu, Pierre. 1990a. *In other words: Essays toward a reflexive sociology* (trans. Matthew Adamson). Stanford: Stanford University Press.

Bourdieu, Pierre. 1990b. *The logic of practice* (trans. Richard Nice). Stanford: Stanford University Press.

Bourdieu, Pierre. 1993. *The field of cultural production*. New York: Columbia University Press.

Boyd, Brian. 2006. Getting it all wrong: Bioculture critiques cultural critique. *American Scholar* 75: 18-30.

Boyd, Robert & Peter Richerson. 1992. Punishment allows the evolution of cooperation (or anything else) in sizable groups. *Ethology and Sociobiology* 13: 171-195.

Boyd, Robert & Peter Richerson. 2005. *Not by genes alone: How culture transformed human evolution*. Chicago: University of Chicago Press.

Boyer, Pascal. 1994. Cognitive constraints on cultural representations: Natural ontologies and religious ideas. In Hirschfeld & Gelman 1994a, 391-411.

Boyer, Pascal. 2001. *Religion explained: The evolutionary origins of religious thought*. New York: Basic Books.

Boyer, Pascal. 2005. Domain specificity and intuitive ontology. In Buss 2005, 96-

118.

Boyer, Pascal & H. Clark Barrett. 2005. Domain specificity and intuitive ontology. In Buss 2005, 96-118.

Bregman, Albert & Steven Pinker. 1978. Auditory streaming and the building of timbre. *Canadian Journal of Psychology* 32 : 19-31.

Brooks, E. Bruce & Taeko Brooks. 1998. *The original Analects*. New York: Columbia University Press.

Brooks, Rodney. 1991. Intelligence without representation. *Artificial Intelligence* 47: 139-159.

Brosnan, Sarah & Frans de Waal. 2003. Monkeys reject unequal pay. *Nature* 425: 297-299.

Brown, Donald. 1991. *Human universals*. New York: McGraw-Hill.

Brown, Donald. 2000. Human universals and their implications. In Neil Roughley (ed.), *Being humans: Anthropological universality and particularity in transdisciplinary perspectives*, 156-174. New York: Walter de Gruyter.

Brown, Theodore. 2003. *Making truth: Metaphor in science*. Urbana: University of Illinois Press.

Bruner, J. S. & Leo Postman. 1949. On the perception of incongruity: A paradigm. *Journal of Personality* 18: 206-223.

Buonomano, Dean & Michael Merzenich. 1998. Cortical plasticity: From synapses to maps. *Annual Review of Neuroscience* 21: 149-186.

Burgess, Curt & Christine Chiarello. 1996. Neurocognitive mechanisms underlying metaphor comprehension and other figurative language. *Metaphor and Symbolic Activity* 11: 67-84.

Burnyeat, Myles. 1980. Aristotle on learning to be good. In Amelie O. Rorty (ed.), *Essays on Aristotle's ethics*, 69-92. Berkeley: University of California Press.

Buss, David (ed.). 2005. *The handbook of evolutionary psychology*. Hoboken, NJ: John Wiley & Sons.

Butler, Judith. 1997. Further reflections on the conversations of our time. *Diacritics* 27: 13-15.

Butler, Judith. 2004. *Undoing gender*. New York: Routledge.

Butterworth, George. 1991. The ontogeny and phylogeny of joint visual attention. In Andrew Whiten (ed.), *Natural theories of mind: Evolution, development, and simulation of everymind reading*, 223-232. Oxford: Basil Blackwell.

Byrne, Richard & Andrew Whiten (eds.). 1988. *Machiavellian intelligence: Social expertise and the evolution of intellect in monkeys, apes, and humans*. Oxford: Oxford University Press.

Camus, Albert. 1942. *Le mythe de sisyphe*. Paris: Gallimard.

Camus, Albert. 1947. *La peste*. Paris: Gallimard.

Caramazza, Alfonso, Argye Hillis, Elwyn Lee & Michele Miozzo. 1994. The organization of lexical knowledge in the brain: Evidence from category- and modality-specific deficits. In Hirschfeld & Gelman 1994a, 68-84.

Carey, Susan. 1985. *Conceptual change in childhood*. Cambridge, MA: MIT Press.

Carey, Susan. 1991. Knowledge acquisition: Enrichment or conceptual change? In Carey & Spelke, 1994 257-291.

Carey, Susan. 1995. On the origin of causal understanding. In Sperber et al. 1995, 268-302.

Carey, Susan & Rochel Gelman (eds.). 1991. *The epigenesis of mind: Essays on biology and cognition*. Hillsdale, NJ: Lawrence Erlbaum Associates.

Carey, Susan & Elizabeth Spelke. 1994. Domain-specific knowledge and conceptual change. In Hirschfeld & Gelman 1994a, 169-200.

Carruthers, Peter. 2005. The case for massively modular models of mind. In Robert Stainton (ed.), *Contemporary debates in cognitive science*, 205-225. Oxford Basil: Blackwell.

Carruthers, Peter & Jill Boucher (eds.). 1998. *Language and thought: Interdisciplinary themes*. Cambridge: Cambridge University Press.

Carruthers, Peter & Andrew Chamberlain (eds.). 2000. *Evolution and the human mind: Modularity, language and meta-cognition*. Cambridge: Cambridge University Press.

Carruthers, Peter, Stephen Laurence & Stephen Stich (eds.). 2005. *The innate mind: Structure and content*. New York: Oxford University Press.

Carruthers, Peter, Stephen Laurence & Stephen Stich. 2006. *The innate mind:*

Culture and cognition. New York: Oxford University Press.

Carruthers, Peter & Peter Smith (eds.). 1996. *Theories of theories of mind*. Cambridge: Cambridge University Press.

Cartwright, Nancy. 1983. *How the laws of physics lie*. New York: Oxford University Press.

Cartwright, Nancy. 1999. *The dappled world: A study of the boundaries of science*. Cambridge: Cambridge University Press.

Casasola, Marianella, Leslie Cohen & Elizabeth Chiarello. 2003. Six-month-old infants' categorization of containment spatial relations. *Child Development* 74: 679-693.

Cavell, Stanley. 1979. *The claim of reason*. New York: Oxford University Press.

Chaibong, Hahm. 2001. Confucian rituals and the technology of the self: A Foucaultian interpretation. *Philosophy East and West* 51: 315-324.

Chalmers, Alan. 1985. Galileos telescopic observations of Venus and Mars. *British Journal for the Philosophy of Science* 36: 175-191.

Chalmers, Alan. 1999. *What is this thing called science?* 3rd ed. Indianapolis: Hackett Publishing Company.

Chalmers, David. 1995. Facing up to the problem of consciousness. *Journal of Consciousness Studies* 2: 200-219.

Chalmers, David. 1996. *The conscious mind: In search of a fundamental theory*. New York: Oxford University Press.

Cheney, Dorothy & Robert Seyfarth. 1990. *How monkeys see the world: Inside the mind of another species*. Chicago: University of Chicago Press.

Cheng Shude. 1990. *Lunyu Jijie*. Beijing: Zhonghua Shuju.

Chilton, Paul. 1996. *Security metaphors: Cold War discourse from containment to common house*. New York: Peter Lang.

Choi, Hoon & Brian Scholl. 2006. Perceiving causality after the fact: Postdiction in the temporal dynamics of causal perception. *Perception* 35: 385-399.

Chomsky, Noam. 1965. *Aspects of the theory of syntax*. Cambridge, MA: MIT Press.

Christoff, Kalina & Adrian Owen. 2006. Improving reverse neuroimaging inference: Cognitive domain versus cognitive complexity. *Trends in Cognitive*

Science 10: 352- 353.

Churchland, Patricia. 1986. *Neurophilosophy: Towarda unified science of the mind-brain*. Cambridge, MA: Bradford Books/MIT Press.

Churchland, Patricia, V. S. Ramachandran & Terrence Sejnowski. 1994. A critique of pure vision. In Christof Koch & loel Davis (eds.), *Large-scale neuronal theories of the brain*, 23-60. Cambridge, MA: MIT Press.

Churchland, Paul. 1979. *Scientific realism and the plasticity of the mind*. Cambridge: Cambridge University Press.

Churchland, Paul. 1985. The ontological status of observables: In praise of the superempirical virtues. In Paul Churchland & Clifford Hooker (eds.), *Images of science: Essays on realism and empiricism*, 35-47. Chicago: University of Chicago Press.

Churchland, Paul & Terrence Sejnowski. 1992. *The computational brain*. Cambridge, MA: MIT Press.

Cienki, Alan. 2005. Image schemas and gesture. In Hampe 2005, 421-442.

Clark, Andy. 1997. *Being there: Putting brain, body and world together again*. Cambridge, MA: MIT Press.

Clark, Andy. 1999. Visual awareness and visuomotor action. In Núñez & Freeman 1999, 1-18.

Clements, Wendy & Josef Perner. 1994. Implicit understanding of belief. *Cognitive Development* 9: 377-397.

Coleman, Linda & Paul Kay. 1981. Prototype semantics: The English word lie. *Language* 57: 26-44.

Connor, Steven (ed.). 2004. *The Cambridge companion to postmodernism*. Cambridge: Cambridge University Press.

Coppola, Marie & Elissa Newport. 2005. Grammatical subjects in home sign: Abstract linstructure in adult primary gesture systems without linguistic input. *Proceedings of the National Academy of Sciences* 102: 19249-19253.

Corbey, Raymond. 2005. *The metaphysics of apes: Negotiating the animal-human boundary*. New York: Cambridge University Press.

Cosmides, Leda. 1989. The logic of social exchange: Has natural selection shaped how humans reason? Studies with the Wason selection task. *Cognition* 31: 187-276.

Cosmides, Leda & John Tooby. 1992. Cognitive adaptations for social exchange. In Barkow et al. 1992, 163-228.

Cosmides, Leda & John Tooby. 1994. Origins of domain specificity: The evolution of functional organization. In Hirschfeld & Gelman 1994a, 85-116.

Cosmides, Leda & John Tooby. 2000. The cognitive neuroscience of social reasoning. In Michael Gazzaniga (ed.), *The new cognitive neurosciences*, 2nd ed., 1259-1270. Cambridge, MA: MIT Press.

Cosmides, Leda & John Tooby. 2005. Neurocognitive adaptations designed for social exchange. In Buss 2005, 584-627.

Coulson, Seana. 2001. *Semantic leaps: Frame-shifting and conceptual blending in meaning construction*. Cambridge: Cambridge University Press.

Creem-Regehr, Sarah & James Lee. 2005. Neural representations of graspable objects: Are tools special? *Cognitive Brain Research* 22: 457-469.

Crick, Francis. 1994. *The astonishing hypothesis: The scientific search for the soul*. New York: Simon & Schuster.

Crinion, Jenny, R. Turner, A. Grogan, T. Hanakawa, U. Noppeney, J. T. Devlin, T. Aso, S. Urayama, H. Fukuyama, K. Stockton, K. Usui, D. W. Green & C. J. Price. 2006. Language control in the bilingual brain. *Science* 312: 1537-1540.

Crutch, Sebastian & Elizabeth Warrington. 2005. Abstract and concrete concepts have strucdifferent representational frameworks. *Brain* 128: 615-627.

Dally, Joanna, Nathan Emery & Nicola Clayton. 2006. Food-caching Western scrub-jays keep track of who was watching when. *Science* 312: 1662-1665.

Damasio, Antonio. 1985. Disorders of Complex visual processing: Agnosias, achromatopsia, Balints syndrome, and related difficulties of orientation and construction. In M. M. Mesulam (ed.), *Principles of behavioural neurology*, 259-288. Philadelphia: Davis.

Damasio, Antonio. 1989. The brain binds entities and events by multiregional activation from convergence zones. *Neural Computation* 1: 123-132.

Damasio, Antonio. 1994. *Descartes' error: Emotion, reason, and the human brain.* New York: G. P. Putnams Sons.

Damasio, Antonio. 2000. *The feeling of things: Body and emotion in the making of consciousness.* New York: Harvest.

Damasio, Antonio. 2003. *In search of Spinoza: Joy, sorrow, and the feeling brain.* New York: Harvest.

Damasio, Antonio & Hannah Damasio. 1994. Cortical systems for retrieval of concrete knowledge: The convergence zone framework. In Christof Koch & Joel Davis (eds.), *Large-scale neuronal theories of the brain*, 61-74. Cambridge, MA: MIT Press.

Dancygier, Barbara. 2006. What can blending do for you? *Language and Literature* 15: 5-15.

Dancygier, Barbara & Eve Sweetser. 2005. *Mental spaces in grammar: Conditional structures.* New York: Cambridge University Press.

Darden, Lindley & Nancy Maull. 1977. Interfield theories. *Philosophy of Science* 44: 43-64.

Darwin, Charles. 1872. *The expression of emotions in man and animals.* New York: New York Philosophical Library.

Darwin, Charles & Paul Ekman. 1998. *The expression of emotions in man and animals* (collated and edited, with introduction and afterword, by Paul Ekman). New York: Oxford University Press.

Davidson, Donald. 1974. On the very idea of a conceptual scheme. *Proceedings and Addresses of the American Philosophical Association* 47: 5-20.

Davidson, Donald. 1978/1981. What metaphors mean. *Critical Inquiry* 5: 31-47. [Reprinted in Johnson 1981a, 200-220].

Dawkins, Richard. 1976/2006. *The selfish gene.* New York: Oxford University Press.

De Gelder, Beatrice. 2006. Towards the neurobiology of emotional body language. *Nature Reviews Neuroscience* 7: 242-249.

Dehaene, Stanislas. 1997. *The number sense: How the mind creates mathematics.* New York: Oxford University Press.

Dehaene, Stanislas, Veronique Izard, Pierre Pica & Elizabeth Spelke. 2006. Core knowledge of geometry in an Amazonian indigene group. *Science* 311: 381-384.

Dehaene, Stanislas, Elizabeth Spelke, Philippe Pinel, Ruxandra Stanescu & Sanna Tsivkin. 1999. Sources of mathematical thinking: behavioral and brain-imaging evidence. *Science* 284: 970-974.

De Man, Paul. 1978. The epistemology of metaphor. *Critical Inquiry* 5: 31-47.

Dennett, Daniel. 1978. Beliefs about beliefs. *Behavior and Brain Science* 4: 568-570.

Dennett, Daniel. 1984a. Cognitive wheels: The frame problem of artificial intelligence. In Christopher Hookway (ed.), *Minds, machines, and evolution*, 129-151. Cambridge: Cambridge University Press.

Dennett, Daniel. 1984b. *Elbow room: The varieties of free will worth wanting.* Cambridge, MA: MIT Press.

Dennett, Daniel. 1987. *The intentional stance.* Cambridge, MA: MIT Press.

Dennett, Daniel. 1988. Quining qualia. In Anthony Marcel & Edoardo Bisiach (eds.), *Consciousness in contemporary science.* 42-77. New York: Oxford University Press.

Dennett, Daniel. 1991. *Consciousness explained.* Boston: Little Brown.

Dennett, Daniel. 1995. *Darwin's dangerous idea: Evolution and the meaning of life.* New York: Simon & Schuster.

Dennett, Daniel. 2003. *Freedom evolves.* New York: Viking.

Dennett, Daniel. 2005. *Sweet dreams: Philosophical obstacles to a science of consciousness.* Cambridge, MA: MIT Press.

De Quervain, Dominique, Urs Fischbacher, Valerie Treyer, Melanie Schellhammer, Ulrich Schnyder, Alfred Buck & Ernst Fehr. 2004. The neural basis of altruistic punishment. *Science* 305: 1254-1258.

Derrida, Jacques. 1978. *Of grammatology* (trans. Gayatri Spivak). Baltimore: Johns Hopkins University Press.

Derrida, Jacques. 1979. Living on: Borderlines. In Harold Bloom et al. (eds.), *Deconstruction and criticism*, 75-176. New York: Seabury Press.

Derrida, Jacques. 1981. *Positions* (trans. Alan Bass). Chicago: University of Chicago Press.

Derrida, Jacques. 1984. Interview with Richard Kearney in Kearney (ed.), *Dialogues with contemporary thinkers*, 83-105. Manchester, UK: Manchester University Press.

De Sousa, Ronald. 1987. *The rationality of emotion*. Cambridge, MA: Cambridge University Press.

Devlin, Joseph, Richard Russell, Matthew Davis, Cathy Price, Helen Moss, M. Jalal Fadili & Lorraine Tyler. 2002. Is there an anatomical basis for category-specificity? Semantic memory studies in PET and fMRI. *Neuropsychologia* 40: 54-75.

De Waal, Frans. 1983/1998. *Chimpanzee politics: Power and sex among apes*. 2nd ed. Baltimore: Johns Hopkins University Press.

De Waal, Frans. 1996. *Good natured: The origins of right and wrong in humans and other animals*. Cambridge, MA: Harvard University Press.

De Waal, Frans. 2001. *The ape and the sushi master: Cultural reflections of a primatologist*. New York: Basic Books.

Dewan, Edmond. 1976. Consciousness as an emergent causal agent in the context of control system theory. In Gordon Globus, Grover Maxwell, Irwin Savodnik & Edmond Dewan (eds.), *Consciousness and the brainy*, 181-198. New York: Plenum.

Dewey, John. 1938/1991. *John Dewey, The later works, 1925-1953*. Vol. 12: *Logic: The theory of inquiry*. Carbondale: Southern Illinois University Press.

Dewey, John. 1981. Experience and nature. In Jo Ann Boydston (ed.), *John Dewey: The later works, 1925-1953*. Vol. 1. Carbondale: Southern Illinois University Press.

Diamond, Jared. 1997. *Guns, germs, and steel: The fates of human societies*. New York: Norton.

Dickinson, Anthony & David Shanks. 1995. Instrumental action and causal representation. In Sperber et al. 1995, 5-25.

Dijksterhuis, Ap, Maarten Bos, Loran Nordgren & Rick van Baaren. 2006. On makthe right choice: The deliberation-without-attention effect. *Science* 311: 1005-1008.

Donald, Merlin. 1991. *Origins of the modern mind: Three stages in the evolution of culture and cognition*. Cambridge, MA: Harvard University Press.

Duhem, Pierre. 1906/1954. *The aim and structure of physical theory*. Princeton, NJ: Princeton University Press.

Dunbar, Kevin. 1999. The scientist in vivo: How scientists think and reason in the laboratory. In Lorenzo Magnani, Nancy Nersessian & Paul Thagard (eds.), *Model-based reasoning in scientific discovery*, 89-98. New York: Plenum.

Dunbar, Kevin. 2001. The analogical paradox: Why analogy is so easy in naturalistic settings yet so difficult in the psychological laboratory. In Gentner et al. 2001, 313-334.

Dunbar, Robin. 1992. Neocortex size as a constraint on group size in primates. *Journal of Human Evolution* 20: 469-493.

Dunbar, Robin. 1993. Co-evolution of neocortical size, group size and language in humans. *Behavioral and Brain Sciences* 16: 681-735.

Dunbar, Robin. 1995. *The trouble with science*. Cambridge, MA: Harvard University Press.

Dunbar, Robin. 1996. *Gossip, grooming, and the evolution of language*. Cambridge, MA: Harvard University Press.

Dunbar, Robin. 2004. Gossip in evolutionary perspective. *Review of General Psychology* 8: 100-110.

Dunbar, Robin, Chris Knight & Camilla Power (eds.). 1999. *The evolution of culture: An interdisciplinary view*. New Brunswick, NJ: Rutgers University Press.

Dupré, John. 1993. *The disorder of things: Metaphysical foundations of the disunity of science*. Cambridge, MA: Harvard University Press.

Durkheim, Emile. 1895/1962. *The rules of the sociological method*. Glencoe, IL: Free Press.

Durkheim, Emile. 1915/1966. *The elementary forms of the religious life* (trans. Joseph Swain). New York: Free Press.

Eagleton, Terry. 1983. *Literary theory: An introduction*. Minneapolis: University of Minnesota Press.

Eagleton, Terry. 2003. *After theory*. New York: Penguin.

Edelman, Gerald. 1992. *Bright air, brilliant fire: On the matter of the mind*. New York: Basic Books.

Egge, James. 2004. Comparative analysis of religious metaphor: Appreciating similarity as well as difference. Presented at the American Academy of Religion Annual Meeting, San Antonio, TX, November 22.

Ekman, Paul. 1972/1982. *Emotion in the human face*. 2nd ed. Cambridge: Cambridge University Press.

Ekman, Paul. 1980. Biological and cultural contributions to body and facial movement in the expression of emotions. In A. Rorty 1980b, 73-102.

Ekman, Paul. 1999. Basic emotions. In Tim Dalgleish and Mick Power (eds.), *Handbook of cognition and emotion*, 45-60. Sussex, UK: John Wiley & Sons.

Ekman, Paul. 2003. *Emotions revealed: Recognizing faces and feelings to improve communication and emotional life*. New York: Owl Books.

Ekman, Paul & Richard Davidson. 1994. *The nature of emotion*. New York: Oxford University Press.

Elbert, Thomas et al. 1995. Increased cortical representation of the fingers of the left hand in string players. *Science* 270: 305-307.

Elvee, Richard (ed.). 1992. *The end of science? Attack and defense/ Nobel Conference XXV*. Lanham, MD: University Press of America.

Embry, Ainslie (ed.). 1988. *Sources of Indian tradition*. 2nd ed. Vol. 1. New York: Columbia University Press.

Emery, Nathan & Nicola Clayton. 2001. Effects of experience and social context on prospective caching strategies by scrub jays. *Nature* 414: 443.

Emery, Nathan & Nicola Clayton. 2004. The mentality of crows: Convergent evolution of intelligence in corvids and apes. *Science* 306: 1903-1907.

Fadiga, Luciano, Laila Craighero & Etienne Olivier. 2005. Human motor cortex excitability during the perception of others' actions. *Current Opinion in Neurobiology* 15: 213-218.

Fauconnier, Gilles. 1996. Analogical counterfactuals. In Fauconnier & Sweetser 1996, 57-90.

Fauconnier, Gilles. 1997. *Mappings in thought and language*. Cambridge: Cambridge

University Press.

Fauconnier, Gilles. 1999. Creativity, simulation, and conceptualization (response to Barsalou 1999a). *Behavioral and Brain Sciences* 22: 615.

Fauconnier, Gilles & Eve Sweetser (eds.). 1996. *Spaces, worlds and grammar.* Chicago: University of Chicago Press.

Fauconnier, Gilles & Mark Turner. 2002. *The way we think: Conceptual blending and the mind's hidden complexities.* New York: Basic Books.

Fehr, Ernst, Urs Fischbacher & Simon Gachter. 2002. Strong reciprocity, human cooperation and the enforcement of social norms. *Human Nature* 13: 1-25.

Fehr, Ernst & Simon Gachter. 2002. Altruistic punishment in humans. *Nature* 415: 137- 140.

Feigenson, Lisa & Susan Carey. 2003. Tracking individuals via object-files: Evidence from infants' manual search. *Developmental Science* 6: 568-584.

Feigenson, Lisa & Susan Carey. 2005. On the limits of infants' quantification of small object arrays. *Cognition* 97: 292-313.

Fernandez, James (ed.). 1991. *Beyond metaphor: The theory of tropes in anthropology.* Stanford: Stanford University Press.

Fesmire, Steven. 1994. What is "cognitive" about cognitive linguistics? *Metaphor and Symbolic Activity* 9: 149-154.

Feyerabend, Paul. 1993. *Against method.* 3rd ed. New York: Verso.

Figueredo, Aurelio, Jon Sefcek, Geneva Vasquez, Barbara Brumbach, James King & W. Jake Jacobs. 2005. Evolutionary personality psychology. In Buss 2005, 851-877.

Fingarette, Herbert. 1972. *Confucius: Secular as sacred.* New York: Harper Torchbooks.

Fingarette, Herbert. 2004. *Confucius: Du profane au sacri* (trans. Charles Le Blanc). Montréal: Les Presses de l'Université de Montréal.

Finocchiaro, Maurice (ed.). 1989. *The Galileo affair: A documentary history.* Berkeley: University of California Press.

Flanagan, Owen. 1991. *Varieties of moral personality: Ethics and psychological realism.* Cambridge, MA: Harvard University Press.

Flanagan, Owen. 1992. *Consciousness reconsidered*. Cambridge, MA: MIT Press.

Flanagan, Owen. 2002. *The problem of the soul: Two visions of mind and how to reconcile them*. New York: Basic Books.

Flanagan, Owen & Amelie O. Rorty (eds.). 1990. *Identity, character and morality: Essays in moral psychology*. Cambridge, MA: MIT Press.

Flinn, Mark, David Geary & Carol Ward. 2005. Ecological dominance, social competition, and coalitionary arms races: Why humans evolved extraordinary intelligence. *Evolution and Human Behavior* 26: 10-46.

Flombaum, Jonathan, Justin Junge & Mark Hauser. 2005. Rhesus monkeys (macaca mulatto) spontaneously compute addition operations over large numbers. *Cognition* 97: 315-325.

Fodor, Jerry. 1983. *The modularity of the mind*. Cambridge, MA: MIT Press.

Fodor, Jerry. 1987. Modules, frames, fridgeons, sleeping dogs, and the music of the spheres. In Jay Garfield (ed.), *Modularity in knowledge representation and natural-language understanding*, 26-36. Cambridge, MA: MIT Press.

Foucault, Michel. 1971. *The order of things: An archaeology of the human sciences*. New York: Pantheon.

Foucault, Michel. 1972. *The archaeology of knowledge* (trans. A. M. Sheridan Smith). New York: Pantheon.

Foucault, Michel. 1977. Nietzsche, genealogy, and history. In Donald Bouchard (ed.), *Language, counter-memory, practice: Selected essays and interviews* (trans. Donald Bouchard & Sherry Simon), 139-164. Ithaca, NY: Cornell University Press.

Foucault, Michel. 1978. *The history of sexuality*. Vol. 1: *An introduction* (trans. Robert Hurley). New York: Random House.

Fox, Alan. 2005. Process ecology and the "ideal" Dao. *Journal of Chinese Philosophy* 32.1: 47-57.

Fraser, Mariam & Monica Greco (eds.). 2005. *The body: A reader*. New York: Routledge.

Frazer, Sir James George. 1922/1963. *The golden bough*. New York: Macmillan Publishing Company.

Fredrickson, Barbara & Daniel Kahneman. 1993. Duration neglect in retrospective evaluations of affective episodes. *Journal of Personality and Social Psychology* 65: 45-55.

Freeman, Derek. 1983. *Margaret Mead and Samoa: The making and unmaking of an anthropological myth.* Cambridge, MA: Harvard University Press.

Friedman, Thomas. 1999. *The lexus and the olive tree.* New York: Farrar, Straus & Giroux.

Frisina, Warren. 2002. *The unity of knowledge and action: Toward a nonrepresentational theory of knowledge.* Albany, NY: SUNY Press.

Gadamer, Hans-Georg. 1975. *Truth and method.* New York: Continuum.

Gadamer, Hans-Georg. 1976a. Man and language. In David Linge (trans, and ed.), *Philosophical Hermeneutics,* 59-68. Berkeley: University of California Press.

Gadamer, Hans-Georg. 1976b. On the problem of self-understanding. In Linge 1976a, 44-58.

Gadamer, Hans-Georg. 1976c. The universality of the hermeneutical problem. In Linge 1976a, 3-17.

Galef, Bennett. 1987. Social influences on the identification of toxic foods by Norway rats. *Animal Learning and Behavior* 15: 327-332.

Gallagher, Helen & Christopher Frith. 2003. Functional imaging of "theory of mind." *Trends in Cognitive Sciences* 7: 77-83.

Gallagher, Shaun. 2005. *How the body shapes the mind.* New York: Oxford University Press.

Gallese, Vittorio, Luciano Fadiga, Leonardo Fogassi & Giacomo Rizzolatti. 1996. Action recognition in the premotor cortex. *Brain* 119: 593-609.

Gallese, Vittorio & Alvin Goldman. 1998. Mirror neurons and the simulation theory of mind-reading. *Trends in Cognitive Sciences* 2: 493-501.

Gallese, Vittorio & George Lakoff. 2005. The brain s concepts: The role of the sensory-motor system in conceptual knowledge. *Cognitive Neuropsychology* 22: 455-479.

Galton, Francis. 1880. Statistics of mental imagery. *Mind* 5: 301-318.

Garcia, John & Robert Koelling. 1966. Relation of cue to consequence in avoidance learning. Psychonomics *Science* 4: 123-124.

Gardner, Martin. 1970. Mathematical games. *Scientific American* 223: 120-123.

Gardner, Martin. 1971. Mathematical games. *Scientific American* 224: 112-117.

Gazzaniga, Michael. 1998. *The mind's past.* Berkeley: University of California Press.

Gazzaniga, Michael. 2001. *The cognitive neurosciences.* 2nd ed. Cambridge, MA: MIT Press

Gazzaniga, Michael & Joseph LeDoux. 1978. *The integrated mind.* New York: Plenum.

Geaney, Jane. 2002. *On the epistemology of the senses in early Chinese thought.* Honolulu: University of Hawaii Press.

Geertz, Clifford. 1973. *The interpretation of cultures: Selected essays.* New York: Basic Books.

Geertz, Clifford. 1984/2000. Anti anti-relativism. *The American Anthropologist* 86: 263-278. (Reprinted in Geertz 2000.)

Geertz, Clifford. 1997/2000. The legacy of Thomas Kuhn: The right text at the right time. *Common Knowledge* 6: 1-5. (Reprinted in Geertz 2000, 160-166.)

Geertz, Clifford. 2000. *Available light: Anthropological reflections on philosophical topics.* Princeton, NJ: Princeton University Press.

Gelman, Rochel. 1990. First principles organize attention to and learning about relevant data: Number and the animate-inanimate distinction as examples. *Cognitive Science* 14: 79-106.

Gelman, Rochel. 1991. Epigenetic foundation of knowledge structures: Initial and transcendent constructions. In Carey & Gelman 1991, 293-322.

Gelman, Rochel & Gallistel, Randy. 2004. Language and the origin of numerical concepts. *Science* 306: 441-443.

Gelman, Susan. 2003. *The essential child.* New York: Oxford University Press.

Gelman, Susan. 2004. Psychological essentialism in children. *Trends in Cognitive Science* 8: 404-409.

Gelman, Susan, John Coley & Gail Gottfried. 1994. Essentialist beliefs in children: The acquisition of concepts and theories. In Hirschfeld & Gelman 1994a, 341-365.

Gelman, Susan & Gail Gottfried. 1996. Children's causal explanations of animate and inanmotion. *Child Development* 67: 1970-1987.

Gelman, Susan & Henry Wellman. 1991. Insides and essences: Early understandings of the nonobvious. *Cognition* 38: 213-244.

Gentner, Dedre & Donald Gentner. 1983. Flowing water or teeming crowds: Mental models of electricity. In Dedre Gentner & Albert Stevens (eds.), *Mental models*, 99-129. Hillsdale, NJ: Lawrence Erlbaum Associates.

Gentner, Dedre, Keith Holyoak & Boicho Kokinov (eds.). 2001. *The analogical mind: Perspectives from cognitive science*. Cambridge, MA: MIT Press.

Gentner, Dedre, Mutsumi Imai & Lera Boroditsky. 2002. As time goes by: Evidence for two systems in processing space-time metaphors. *Language and Cognitive Processes* 17: 537-565.

Gentner, Timothy, Kimberly Fenn, Daniel Margoliash & Howard Nusbaum. 2006. Recursive syntactic pattern learning by songbirds. *Nature* 440: 1204-1207.

Gergely, György, Zoltán Nádasdy, Gergely Csibra & Szilvia Bíró. 1995. Taking the intentional stance at 12 months of age. *Cognition* 56: 165-193.

Gerstmann, Josef. 1940. Syndrome of finger agnosia, disorientation for right and left, agraphia, acalculia. *Archives of Neurology and Psychology* 44: 398-408.

Geurts, Kathryn. 2003. *Culture and the senses: Bodily ways of knowing in an African community*. Berkeley: University of California Press.

Gibbons, Euell. 1962. *Stalking the wild asparagus*. New York: David McKay Company.

Gibbs, Raymond. 1994. *The poetics of mind: Figurative thought, language, and understanding*. Cambridge: Cambridge University Press.

Gibbs, Raymond. 1999. Taking metaphor out of our heads and putting it into the cultural world. In Gibbs & Steen 1999, 145-166.

Gibbs, Raymond. 2003. Embodied experience and linguistic meaning. *Brain and Language* 84: 1-15.

Gibbs, Raymond. 2005. Embodiment in metaphorical imagination. In Pecher & Zwaan 2005, 65-92.

Gibbs, Raymond. 2006. *Embodiment and cognitive science*. Cambridge: Cambridge

University Press.

Gibbs, Raymond & Eric Berg. 1999. Embodied metaphor in perceptual symbols (response to Barsalou 1999a). *Behavioral and Brain Sciences* 22: 617-618.

Gibbs, Raymond & Herbert Colston. 1995. The cognitive psychological reality of image schemas and their transformations. *Cognitive Linguistics* 6: 347-378.

Gibbs, Raymond & Gerard Steen (eds.). 1999. *Metaphor in cognitive linguistics*. Philadelphia: John Benjamins.

Gibson, James. 1979. *The ecological approach to visual perception*. Boston: Houghton Mifflin.

Gifford, Julie. 2004. The art of seeing the invisible: An interpretation of the terraces atop Barabudur. Presented at the American Academy of Religion Annual Meeting, San Antonio, TX, November 22.

Gigerenzer, Gerd. 2000. *Adaptive thinking: Rationality in the real world*. Oxford: Oxford University Press.

Gigerenzer, Gerd & Daniel Goldstein. 1996. Reasoning the fast and frugal way: Models of bounded rationality. *Psychological Review* 103: 650-669.

Gigerenzer, Gerd, & Reinhard Selten (eds.). 2001. *Bounded rationality: The adaptive toolbox*. Cambridge, MA: MIT Press.

Gigerenzer, Gerd, Peter Todd & the ABC Research Group (eds.). 1999. *Simple heuristics that make us smart*. New York: Oxford University Press.

Gintis, Herbert. 2000. Strong reciprocity and human sociality. *Journal of Theoretical Biology* 206: 169-179.

Giorello, Giulio. 1997. Si, abbiamo un anima. Ma é fatta di tanti piccoli robot (interview with Daniel Dennett). *Corriere della Sera* (Milan), April 28.

Glenberg, Arthur, David Havas, Raymond Becker & Mike Rinck. 2005. Grounding language in bodily states. In Pecher & Zwaan 2005, 115-28.

Glenberg, Arthur & Michael Kaschak. 2002. Grounding language in action. *Psychonomic Bulletin and Review* 9: 558-565.

Goldstein, Daniel & Gerd Gigerenzer. 2002. Models of ecological rationality: The recognition heuristic. *Psychological Review* 109: 75-90.

Gonzalez-Marquez, Monica & Michael Spivey. 2004. Mapping from real to abstract locations: Experimental evidence from the Spanish verb ESTAR. Unpublished manuscript.

Goodale Melvyn, A. David Milner, Lorna Jakobson & David Carey. 1991. A neurological dissociation between perceiving objects and grasping them. *Nature* 349: 154-156.

Goodall, Jane. 1979. Life and death at Gombe. *National Geographic* 155: 592-621.

Goodman, Nelson. 1954/1983. *Fact, fiction and forecast.* 4th ed. Cambridge, MA: Harvard University Press.

Gopnik, Alison & Henry Wellman. 1994. The theory theory. In Hirschfeld & Gelman 1994a, 257-293.

Gordon, Peter. 2004. Numerical cognition without words: Evidence from Amazonia. *Science* 306: 496-499.

Gordon, Robert. 1986. Folk psychology as simulation. *Mind and Language* 1: 158-171.

Gore, Jeff, Zev Bryant, Michael Stone, Marcelo Nollman, Nicholas Cozzarelli & Carlos Bustamante. 2006. Mechanochemical analysis of DNA gyrase using rotor bead tracking. *Nature Reviews* 439: 100-104.

Gore, Rick. 2000. The dawn of humans: People like us. *National Geographic* 198: 90-117.

Gould, Stephen Jay. 1997. Nonoverlapping magisteria. *Natural History* 106: 16-22.

Gould, Stephen Jay. 2000. More things in heaven and earth. In Rose & Rose 2000, 101-125.

Grady, Joseph. 1997. Foundations of meaning: Primary metaphors and primary scenes. Ph.D. diss. University of California, Berkeley.

Grady, Joseph, Todd Oakley & Seana Coulson. 1999. Blending and metaphor. In Gibbs & Steen 1999, 101-124.

Grafen, Alan & Mark Ridley (eds.). 2006. *Richard Dawkins: How a scientist changed the way we think.* New York: Oxford University Press.

Greene, Joshua. 2003. From neural "is" to moral "ought": What are the moral implications of neuroscientific moral psychology? *Nature Reviews Neuroscience* 4: 847-850.

Greene, Joshua. 2008. The secret joke of Kants soul. In W. Sinnott-Armstrong (ed.), *Moral psychology*. Vol. 3: *The neuroscience of morality: Emotion, disease, and development*. Cambridge, MA: MIT Press.

Greene, Joshua & Jonathan Haidt. 2002. How (and where) does moral judgment work? *Trends in Cognitive Science* 6: 517-523.

Grewel, F. 1952. Acalculia. *Brain* 75: 397-427.

Griffin, Donald. 1984. *Animal thinking*. Cambridge, MA: Harvard University Press.

Gross, Paul & Norman Levitt. 1994. *Higher superstition: The academic left and its quarrels with science*. Baltimore: Johns Hopkins University Press.

Gross, Paul, Norman Levitt & Martin Lewis. 1996. *The flight from science and reason*. Baltimore: Johns Hopkins University Press.

Gumperz, John & Stephen Levinson (eds). 1996. *Rethinking linguistic relativity*. Cambridge: Cambridge University Press.

Guthrie, Stewart. 1993. *Faces in the clouds: A new theory of religion*. Oxford: Oxford University Press.

Haack, Susan. 2003. *Defending science within reason: Between scientism and cynicism*. Amherst, NY: Prometheus Books.

Hacking, Ian (ed.). 1981. *Scientific revolutions*. New York: Oxford University Press.

Hacking, Ian. 1983a. Experimentation and scientific realism. *Philosophical Topics* 13: 71-87.

Hacking, Ian. 1983b. *Representing and intervening: Introductory topics in the philosophy of natural science*. Cambridge: Cambridge University Press.

Hacking, Ian. 1999. *The social construction of what*. Cambridge, MA: Harvard University Press.

Haidt, Jonathan. 2001. The emotional dog and its rational tail: A social intuitionist approach to moral judgment. *Psychological Review* 108: 813-834.

Haidt, Jonathan, Silvia Koller & Maria Dias. 1993. Affect, culture, and morality, or is it wrong to eat your dog? *Journal of Personality and Social Psychology* 65: 613-628.

Hamilton, William. 1964. The genetical evolution of social behaviour (I and II). *Journal of Theoretical Biology* 7: 1-16, 17-52.

Hampe, Beate (ed.). 2005. *From perception to meaning: Image schemas in cognitive linguistics*. Berlin: Mouton de Gruyter.

Hansen, Chad. 1983. *Language and logic in early China*. Ann Arbor: University of Michigan Press.

Hansen, Chad. 1992. *A Daoist theory of Chinese thought*. New York: Oxford University Press.

Haraway, Donna. 1991. *Simians, cyborgs, and women: The reinvention of nature*. New York: Routledge.

Harding, Sandra. 1992. Why physics is a bad model of physics. In Richard Elvee (ed.), *The end of science? Attack and defense*, 1-21. Lanham, MD: University Press of America.

Harding, Sandra. 1996. Science is "good to think with." *Social Text* 46/47: 15-26.

Hare, Brian, Josep Call, Brian Agnetta & Michael Tomasello. 2000. Chimpanzees know what conspecifics do and do not see. *Animal Behavior* 59: 771-785.

Hare, Brian, Josep Call, Brian Agnetta & Michael Tomasello. 2001. Do chimpanzees know what conspecifics know? *Animal Behavior* 61: 139-151.

Hare, Brian, Josep Call & Michael Tomasello. 2006. Chimpanzees deceive a human competitor by hiding. *Cognition* 101: 495-514.

Harris, Judith. 1998. *The nurture assumption: Why children turn out the way they do*. New York: Free Press.

Hauser, Marc. 2005. Our chimpanzee mind. *Nature* 437: 60-63.

Heidegger, Martin. 1962. *Being and Time* (trans. John Macquarrie & Edward Robinson). New York: Harper & Row.

Heidegger, Martin. 1971. *Poetry, language, thought* (trans. Albert Hofstadter). New York: Harper & Row.

Heidegger, Martin. 1993a. Building, dwelling, thinking. In David Krell, *Martin Heidegger: Basic writings*, 2nd ed., 344-363. New York: Harper & Row.

Heidegger, Martin. 1993b. Letter on humanism. In Krell 1993, 217-265.

Heidegger, Martin. 1993c. On the essence of truth. In Krell 1993, 115-138.

Heidegger, Martin. 1993d. The origin of the work of art. In Krell 1993, 143-212.

Heidegger, Martin. 1993e. The way to language. In Krell 1993, 397-426.

Heider, Fritz & Mary-Ann Simmel. 1944. An experimental study of apparent behavior. *American Journal of Psychology* 57: 243-259.

Heise, Ursula. 2004. Science, technology, and postmodernism. In Connor 2004, 136-167.

Hempel, Carl. 1966. *Philosophy of natural science.* Englewood Cliffs, NJ: Prentice-Hall.

Henrich, Joseph & Robert Boyd. 2001. Why people punish defectors: Weak conformist transmission can stabilize costly enforcement of norms in cooperative dilemmas. *Journal of Theoretical Biology* 208: 79-89.

Henrich, Joseph, Richard McElreath, Abigail Barr, Jean Ensminger, Clark Barrett, Alexander Bolyanatz, Juan Camilo Cardenas, Michael Gurven, Edwins Gwako, Natalie Henrich, Carolyn Lesorogol, Frank Marlowe, David Tracer & John Ziker. 2006. Costly punishment across human societies. *Nature* 312: 1767-1770.

Hespos, Susan & Renee Baillargeon. 2006. Decalage in infants' knowledge about occlusion and containment events: Converging evidence from action tasks. *Cognition* 99: B31-B41.

Hesse, Mary. 1966. *Models and analogies in science.* Notre Dame, IN: University of Notre Dame Press.

Hiraga, Masako. 1995. *Literary pragmatics: Cognitive metaphor and the structure of the poetic text.* New York: Elsevier.

Hiraga, Masako. 1999. Deference as Distance: Metaphorical base of honorific verb construction in Japanese. In Masako Hiraga, Chris Sinha & Sherman Wilcox (eds.), *Cultural, psychological and typological issues in cognitive linguistics: Selected papers of the biannual ICLA meeting in Albuquerque, July 1993*, 47-68. Amsterdam/Philadelphia: John Benjamins.

Hirschfeld, Lawrence & Susan Gelman (eds.). 1994a. *Mapping the mind: Domain specificity in cognition and culture.* New York: Cambridge University Press.

Hirschfeld, Lawrence & Susan Gelman. 1994b. Toward a topography of mind: An introduction to domain specificity. In Hirschfeld & Gelman 1994a, 3-35.

Hirschkop, Ken. 2000. Cultural studies and its discontents: A comment on the Sokal affair. *In The Editors of Lingua Franca* 2000, 230-233.

Hogan, Patrick. 2003. *Cognitive science, literature, and the arts: A guide for humanists.* New York: Routledge.

Holton, Gerald. 1993. *Science and anti-science.* Cambridge, MA: Harvard University Press.

Holyoak, Keith & Paul Thagard. 1995. *Mental leaps: Analogy in creative thought.* Cambridge, MA: MIT Press.

Hooker, Clifford. 1981. Towards a general theory of reduction. Part I: Historical and scientific setting. Part II: Identity in reduction. Part III: Cross-categorical reduction. Dialogue 20: 38-59, 201-236, and 496-529.

Horton, Robin. 1993. *Patterns of thought in Africa and the West: Essays on magic, religion and science.* Cambridge: Cambridge University Press.

Hubbard, Edward, A. Cyrus Arman, V. S. Ramachandran & Geoffrey Boynton. 2005. Individual differences among grapheme-color synesthetes: Brain-behavior correlations. *Neuron* 45: 975-985.

Hubbard, Edward & V. S. Ramachandran. 2001. Cross wiring and the neural basis of synasthesia. *Investigative Opthamology and Visual Science* 42: S712.

Hubbard, Edward & V. S. Ramachandran. 2005. Neurocognitive mechanisms of synesthesia. *Neuron* 48: 509-520.

Hubbard, Timothy. 1996. Synesthesia-like mappings of lightness, pitch and melodic interval. *American Journal of Psychology* 109: 219-238.

Hume, David. 1739/1978. *A treatise of human nature.* 2nd ed. (ed. L. A. Selby-Bigge). Oxford: Clarendon Press.

Hume, David. 1777/1975. *Enquiries concerning human understanding and concerning the principles of morals.* 3rd ed. (ed. L. A. Selby-Bigge). Oxford: Clarendon Press.

Humphrey, Nicholas. 1976. The social function of intellect. In Bateson, P. P. G. & R. A. Hinde (eds.), *Growing points in ethology*, 303-318. Cambridge: Cambridge University Press.

Humphrey, Nicholas. 1984. *Consciousness regained.* Oxford: Oxford University

Press.

Humphrey, Nicholas. 1986. *The inner eye*. London: Faber and Faber.

Humphrey, Nicholas. 1992. *A history of the mind: Evolution and the birth of consciousness*. London: Chatto & Windus.

Ibarretxe-Antuñano, Iraide. 1999. Metaphorical mappings in the sense of smell. In Gibbs & Steen 1999, 29-46.

Inagaki, Kayako & Giyoo Hatano. 1993. Young children's understanding of the mind-body distinction. *Child Development* 64: 1534-1549.

Inagaki, Kayako & Giyoo Hatano. 2004. Vitalistic causality in young children's naive biology. *Trends in Cognitive Science* 8: 356-362.

Irwin, Terence (trans.). 1985. *Aristotle: Nichomachean ethics*. Indianapolis: Hackett Publishing Company.

Jackendoff, Ray. 1996. How language helps us think. Pragmatics and Cognition 4: 1-34.

Jackson, Frank. 1982. Epiphenomenal qualia. *Philosophical Quarterly* 32: 127-136.

Jäkel, Olaf. 2003. Hypotheses revisited: The cognitive theory of metaphor applied to religious texts. *Metaphorik* 2: 20-41.

James, William. 1907/1995. *Pragmatism*. New York: Dover.

Jammer, Max. 1961. Concepts of mass. Cambridge, MA: Harvard University Press.

Jefferys, William & James Berger. 1992. Ockham's razor and Bayesian analysis. *American Scientist* 89: 64-72.

Jinmenshi bowuguan. 1998. *Guodian Chutnu Zhujian*. Beijing: Wenwu.

Jochim, Chris. 1998. Just say "no" to no-self in Zhuangzi. In Roger Ames (ed.), *Wandering at ease in the Zhuangzi*, 35-74. Albany, NY: SUNY Press.

Johnson, Mark. 1981a (ed.). *Philosophical perspectives on metaphor*. Minneapolis: University of Minnesota Press.

Johnson, Mark. 1981b. Metaphor in the philosophical tradition. In Johnson 1981 a, 3-47.

Johnson, Mark. 1987. *The body in the mind: The bodily basis of meaning, imagination and reason*. Chicago: University of Chicago Press.

Johnson, Mark. 1993. *Moral imagination: Implications of cognitive science for ethics.* Chicago: University of Chicago Press.

Johnson, Mark. 2005. The philosophical significance of image schemas. In Hampe 2005, 15-34.

Johnson-Laird, Phillip. 1989. Analogy and the exercise of creativity. In Stella Vosniadou & Andrew Ortony (eds.), *Similarity and analogical reasoning*, 313-331. New York: Cambridge University Press.

Joseph, George Gheverghese. 1991. *The crest of the peacock.* London: Penguin.

Kahneman, Daniel, Paul Slovic & Amos Tversky (eds.). 1982. *Judgement under uncertainty: Heuristics and biases.* Cambridge: Cambridge University Press.

Kahneman, Daniel & Amos Tversky. 2000. *Choices, values, and frames.* Cambridge: Cambridge University Press.

Kahneman, Daniel, Barbara Fredrickson, Charles Schreiber & Donald Redelmeier. 1993. When more pain is preferred to less: Adding a better end. *Psychological Science* 4: 401-405.

Kahneman, Daniel, David Schkade & Cass Sunstein. 1998. Shared outrage and erratic rewards: The psychology of punitive damages. *Journal of Risk and Uncertainty* 16: 49-86.

Kant, Immanuel. 1785/1964. *Groundwork of the metaphysic of morals* (trans. H. J. Paton). New York: Harper Torchbooks.

Kanwisher, Nancy. 2006. What's in a face? *Science* 311: 617-618.

Kaschak, Michael & Arthur Glenberg. 2000. Constructing meaning: The role of affordances and grammatical constructions in sentence comprehension. *Journal of Memory and Language* 43: 508-529.

Kaschak, Michael, Carol Madden, David Therriault, Richard Yaxley, Mark Aveyard, Adrienne Blanchard & Rolf Zwaan. 2005. Perception of motion affects language processing. *Cognition* 94: B79-B89.

Katz, Albert, Cristina Cacciari, Raymond Gibbs & Mark Turner. 1998. *Figurative Language and Thought.* New York: Oxford University Press.

Katz, Steven. 1978. Language, epistemology, and mysticism. In Steven Katz (ed.), Mysticism and Philosophical Analysis, 22-74. New York: Oxford University

Press.

Kay, Paul & Willett Kempton. 1984. What is the Sapir-Whorf hypothesis? *American Anthropologist* 86: 65-79.

Kay, Paul & Terry Regier. 2006. Language, thought and color: Recent developments. *Trends in Cognitive Sciences* 10: 51-54.

Kay, Paul & Terry Regier. 2007. Color naming universals: The case of Berinmo. *Cognition* 102: 289-298.

Keil, Frank. 1989. Concepts, kinds, and cognitive development. Cambridge, MA: MIT Press.

Keil, Frank. 1994. The birth and nurturance of concepts by domains: The origins of concepts of living things. In Hirschfeld & Gelman 1994a, 234-254.

Kelemen, Deborah. 1999a. Function, goals, and intention: Children's teleological reasoning about objects. *Trends in Cognitive Sciences* 3: 461-468.

Kelemen, Deborah. 1999b. Why are rocks pointy? Children's preference for teleological explanations of the natural world. *Developmental Psychology* 35: 1440-1452.

Kelemen, Deborah. 2003. British and American children's preferences for teleo-functional explanations. *Cognition* 88: 201-221.

Kelemen, Deborah. 2004. Are children "intuitive theists"? Reasoning and purpose and design in nature. *Psychological Science* 15: 295-301.

Kenshur, Oscar. 1996. The allure of the hybrid: Bruno Latour and the search for a new grand theory. *Annals of the New York Academy of Sciences* 775: 288-297.

Kenward, Ben, Alex Weir, Christian Rutz & Alex Kacelnik. 2005. Tool manufacture by naive juvenile crows. *Nature* 433: 121.

Kimmel, Michael. 2005. Culture regained: Situated and compound image schemas. In Hampe 2005, 285-311.

Kitayama}Shinobu, Sean Duffy, Tadashi Kawamura & Jeff Larsen. 2003. Perceiving an object and its context in different cultures: A cultural look at new look. *Psychological Science* 14: 201-206.

Kitcher, Philip. 1985. *Vaulting ambition: Sociobiology and the quest for human nature.* Cambridge, MA: MIT Press.

Kitcher, Philip. 1993. *The advancement of science: Science without legend, objectivity without illusions*. New York: Oxford University Press.

Kitcher, Philip. 1998. A plea for science studies. In Koertge 1998, 32-56.

Knight, Chris, Robin Dunbar, Robin Power & Camilla Power. 1999. An evolutionary approach to human culture. In Dunbar et al. 1999, 1-11.

Knight, Nicola, Paulo Sousa, Justin Barrett & Scott Atran. 2004. Childrens attributions of beliefs to humans and God: Cross-cultural evidence. *Cognitive Science* 28: 117-126.

Knoblock, John (trans.). 1994. *Xunzi: A translation and study of the complete works*. Vol. 3. Stanford: Stanford University Press.

Kobayashi, Tessei, Kazuo Hiraki, Ryoko Mugitani & Toshikazu Hasegawa. 2004. Baby arithmetic: One object plus one tone. *Cognition* 91: B23-B34.

Koch, Christof. 2004. *The quest for consciousness: A neurobiological approach*. Englewood, CO: Roberts & Company.

Koertge, Noretta (ed.). 1998. *A house built on sand: Exposing postmodernist myths about science*. New York: Oxford University Press.

Koestler, Arthur. 1975. *The act of creation*. London: Picador.

Kohler, Wolfgang. 1929. *Gestalt psychology*. New York: Liveright.

Kokinov, Boicho & Alexander Petrov. 2001. Integrating memory and reasoning in analogy-making: The AMBR model. In Gentner et al. 2001, 59-124.

Kosslyn, Stephen. 1994. *Image and brain: The resolution of the imagery debate*. Cambrbidge, MA: MIT Press.

Kosslyn, Stephen. 2005. Mental images and the brain. *Cognitive Neuropsychology* 22: 333-347.

Kosslyn, Stephen, Carolyn Backer Cave, David Provost & Susanne von Gierke. 1998. Sequential processing in image generation. *Cognitive Psychology* 20: 319-343.

Kövecses, Zoltán. 1986. *Metaphors of anger, pride and love: A lexical approach to the structure of concepts*. Philadelphia: John Benjamins.

Kövecses, Zoltán. 1990. *Emotional concepts*. New York: Springer-Verlag.

Kövecses, Zoltán. 2002. *Metaphor: A practical introduction*. Oxford: Oxford University Press.

Kuhlmeier, Valerie, Karen Wynn & Paul Bloom. 2003. Attribution of dispositional states by 12-month-old infants. *Psychological Science* 14: 402-408.

Kuhn, Thomas. 1962/1970. *The structure of scientific revolutions*. Chicago: University of Chicago Press (2nd ed., 1970).

Kuhn, Thomas. 1970. Reflections on my critics. In Imre Lakatos and Alan Musgrave (eds.), *Criticism and the growth of knowledge*, 231-278. Cambridge: Cambridge University Press.

Kummer, Hans. 1995. Causal knowledge in animals. In Sperber et al. 1995, 26-36.

Kunst-Wilson, William & Robert Zajonc. 1980. Affective discrimination of stimuli that cannot be recognized. *Science* 207: 557-558.

Lagalla, Julius Caesar. 1612. *De phaenomenis in orbe lunae novi telescopii use a D. Galileo Galilei nunc iterum suscitatis physica disputatio*. Venice.

Lakoff, George. 1987. *Women, fire and dangerous things: What categories reveal about the mind*. Chicago: University of Chicago Press.

Lakoff, George. 1990. The invariance hypothesis: Is abstract reasoning based upon image schemas? *Cognitive Linguistics* 1: 39-74.

Lakoff, George. 1993. The contemporary theory of metaphor. In Ortony 1993a, 202-251.

Lakoff, George. 1996. Moral politics: *What conservatives know that liberals don't*. Chicago: University of Chicago Press.

Lakoff, George. 2004. *Don't think of an elephant! Know your values and frame the debate*. White River Junction, VT: Chelsea Green.

Lakoff, George & Mark Johnson. 1980. *Metaphors we live by*. Chicago: University of Chicago Press.

Lakoff, George & Mark Johnson. 1999. *Philosophy in the flesh: The embodied mind and its challenge to Western thought*. New York: Basic Books.

Lakoff, George & Raphael Nunez. 2000. *Where mathematics comes from: How the embodied mind brings mathematics into being*. New York: Basic Books.

Lakoff, George & Mark Turner. 1989. *More than cool reason: A field guide to poetic metaphor*. Chicago: University of Chicago Press.

Langacker, Ronald. 1987. *Foundations of cognitive grammar.* Vol. 1: Theoretical prerequisites. Stanford: Stanford University Press.

Langacker, Ronald. 1991. *Foundations of cognitive grammar.* Vol. 2: *Descriptive application.* Stanford: Stanford University Press.

Langacker, Ronald. 1999. A view from cognitive linguistics (response to Barsalou 1999a). *Behavioral and Brain Sciences* 22: 625.

Langacker, Ronald. 2005. Dynamicity, ficticity, and scanning: The imaginative basis of logic and linguistic meaning. In Pecher & Zwaan 2005, 164-197.

Latour, Bruno. 1993. *We have never been modern* (trans. Catherine Porter). Cambridge, MA: Harvard University Press.

Latour, Bruno. 2004. Why has critique run out of steam? From matters of fact to matters of concern. *Critical Inquiry* 30: 225-248.

Latour, Bruno & Steven Woolgar. 1979/1986. *Laboratory life: The construction of scientific facts.* Princeton, NJ: Princeton University Press (2nd ed., 1986).

Lau, D. C. (trans.). 1970. *Mencius.* London: Penguin.

Laudan, Larry. 1990. Demystifying underdetermination. In C. Wage Savage (ed.), *Minnesota studies in the philosophy of science.* Vol. 14, 267-297. Minneapolis: University of Minnesota Press.

Laudan, Larry. 1996. *Beyond positivism and relativism: Theory, method, and evidence.* Boulder, CO: Westview Press.

LeDoux, Joseph. 1996. *The emotional brain: The mysterious underpinnings of emotional life.* New York: Simon & Schuster.

Leibniz, Gottfried Wilhelm. 1768/1996. *New essays on human understanding* (trans, and ed. Peter Remnant & Jonathan Bennett). New York: Cambridge University Press.

Leslie, Alan. 1982. The perception of causality in infants. *Perception* 11: 173-186.

Leslie, Alan. 1987. Pretence and representation in infancy: The origins of "theory of mind." *Psychological Review* 94: 412-426.

Leslie, Alan. 1988. The necessity of illusion: Perception and thought in infancy. In Lawrence Weiskrantz (ed.), *Thought without language*, 85-210. Oxford: Oxford Science Publications.

Leslie, Alan. 1994. ToMM, ToBy, and agency: Core architecture and domain specificity. In Hirschfeld & Gelman 1994a, 119-148.

Leslie, Alan. 1995. Pretending and believing: Issues in the theory of ToMM. *Cognition* 50: 193-220.

Leslie, Alan & Stephanie Keeble. 1987. Do six-month-old infants perceive causality? *Cognition* 25: 265-288.

Lewis, Michael & Jeanette Haviland-Jones (eds.). 2000. *Handbook of emotions*. 2nd ed. New York: Guilford Press.

Lewontin, Richard. 1991. *Biology as ideology: The doctrine of DNA*. Concord, Ontario: Anansi Press.

Lewontin, Richard, Steven Rose & Leon Kamin. 1984. *Not in our genes*. New York: Pantheon.

Lipton, Jennifer & Elizabeth Spelke. 2003. Origins of number sense: Large-number discrimination in human infants. *Psychological Science* 14: 396-401.

Liu, Lydia. 2004. *The clash of empires: The invention of China in modern world making*. Cambridge, MA: Harvard University Press.

Lloyd. Elisabeth. 1996. Science and anti-science: Objectivity and its real enemies. In Lynn Hankinson Nelson & Jack Nelson (eds.), *Feminism, science, and the philosophy of science*, 217-259. New York: Kluwer.

Lloyd, G. E. R. & Nathan Sivin. 2003. *The Way and the word: Science and medicine in early China and Greece*. New Haven, CT: Yale University Press.

Locke, John. 1690/1975. *An essay concerning human understanding*. Oxford: Clarendon Press.

Lodge, David. 1975. *Changing places*. London: Penguin Books.

Lodge, David. 1984. *Small world: An academic romance*. New York: Warner Books.

Lodge, David. 1988. *Nice work*. New York: Penguin Books.

Lodge, David. 2001. *Thinks ... A novel*. London: Seeker & Warburg.

Loehlin, John & Robert Nichols. 1976. *Heredity, environment and personality: A study of 850 sets of twins*. Austin: University of Texas Press.

Loewenstein, George, Elke Weber, Christopher Hsee & Ned Welch. 2001. Risk as feelings. *Psychological Bulletin* 127: 267-286.

Loy, David. 1987. The cloture of deconstruction: A Mahayana critique of Derrida. *International Philosophical Quarterly* 27: 59-80.

Lupfer, Michael, Donna Tolliver & Mark Jackson. 1996. Explaining life-altering occurrences: A test of the "god-of-the-gaps" hypothesis. *Journal for the Scientific Study of Religion* 35: 379-391.

Lyotard, Jean-Francois. 1984. *The postmodern condition: A report on knowledge* (trans. Geoff Bennington & Brian Massumi). Minneapolis: University of Minnesota Press.

MacCormac, Earl. 1976. *Metaphor and myth in science and religion.* Durham, NC: Duke University Press.

Mandler, Jean. 1992. How to build a baby, II: Conceptual primitives. *Psychological Review* 99: 587-604.

Mandler, Jean. 2004a. *The foundations of mind: Origins of conceptual thought.* New York: Oxford University Press.

Mandler, Jean. 2004b. Thought before language. *Trends in Cognitive Sciences* 8: 508-513.

Mann, Charles. 2005. 1491: *New revelations of the Americans before Columbus.* New York: Knopf.

Marcus, Gary. 2006. Language: Startling starlings. *Nature* 440: 1117-1118.

Marglin, Frederique. 1990. Smallpox in two systems of knowledge. In Marglin & Marglin 1990, 102-144.

Marglin, Frederique & Stephen Marglin (eds.). 1990. *Dominating knowledge: Development, culture and resistance.* Oxford: Clarendon Press.

Markman, Ellen. 1989. *Categorization and naming in children: Problems of induction.* Cambridge, MA: MIT Press.

Marks, Lawrence. 1975. On colored hearing synesthesia: Cross-modal translations of sensory dimensions. *Psychological Bulletin* 82: 303-331.

Marr, David. 1982. *Vision.* San Francisco: W. H. Freeman.

Martin, Alex & Linda Chao. 2001. *Semantic memory and the brain: Structure and processes.* Current Opinion in Neurobiology 11: 194-201.

Martin, Alex, Leslie Ungerleider & James Haxby. 1996. Neural correlates of category-specific knowledge. *Nature* 379: 649-652.

Martin, Alex, Leslie Ungerleider & James Haxby. 2001. Category specificity and the brain: The sensory-motor model of semantic representations of objects. In Gazzaniga 2001, 1023-1036.

Masuda, Takahiko & Richard Nisbett. 2001. Attending holistically vs. analytically: Comparing the context sensitivity of Japanese and Americans. *Journal of Personality and Social Psychology* 81: 922-934.

Matsuzawa, Tetsuro. 1985. Colour naming and classification in a chimpanzee (pan troglodytes). *Journal of Human Evolution* 14: 283-291.

Maynard Smith, John. 1964. Group selection and kin selection. *Nature* 201: 1145-1147.

Maynard Smith, John. 1974. The theory of games and the evolution of animal conflicts. *Journal of Theoretical Biology* 47: 209-221.

McCarthy, Rosaleen & Elizabeth Warrington. 1988. Evidence for modality specific meaning systems in the brain. *Nature* 88: 428-429.

McCrink, Koleen & Karen Wynn. 2004. Large-number addition and substraction by 9-month-old infants. *Psychological Science* 15: 776-791.

McCutcheon, Russell. 2006a. "It's a lie. There's no truth to it! Its a sin!": On the limits of the humanistic study of religion and the costs of saving others from themselves. *Journal of the American Academy of Religion* 74: 7 20-7 50.

McCutcheon, Russell. 2006b. A response to Courtright. *Journal of the American Academy of Religion* 74: 755-756.

McEwan, Ian. 2005. *Saturday*. Toronto: Alfred A. Knopf.

McFarling, Usha. 2003. Stalwart Galileo is vaporized near Jupiter. *Los Angeles Times*, September 22.

McNeill, David. 1992. *Hand and mind: What gestures reveal about thought*. Chicago: University of Chicago Press.

Mead, Margaret. 1928. *Coming of age in Samoa: A psychological study of primitive youth for Western civilisation*. New York: Blue Ribbon Books.

Medin, Douglas. 1989. Concept and conceptual structure. *American Psychologist* 44: 1469-1481

Medin, Douglas & Scott At ran (eds.). 1999. *Folkbiology*. Cambridge, MA: MIT Press.

Medin, Douglas, Norbert Ross, Scott Atran, Douglas Cox, Hilary J. Waukau, John Coley, lulia Proffitt & Sergey Blok. 2006. Folkbiology of freshwater fish. *Cognition* 99: 237-273.

Megill, Allan. 198 5. *Prophets of extremity: Nietzsche, Heidegger, Foucault, Derrida*. Berkeley: University of California Press.

Meltzoff, Andrew & Keith Moore. 1977. Imitation of facial and manual gestures by human neonates. *Science* 198: 74-78.

Meltzoff, Andrew & Keith Moore. 1994. Imitation, memory, and the representation of persons. *Infant behavior and development* 17: 83-99.

Melville, Stephen. 2004. Postmodernism and art. In Connor 2004, 82-96.

Menand, Louis. 2005. Dangers within and without. *Modern Language Association, Profession 2005*: 10-17.

Mercader, Julio, Huw Barton, Jason Gillespie, Jack Harris, Steven Kuhn, Robert Tyler & Christophe Boesch. 2007. 4,300-year-old chimpanzee sites and the origins of percussive stone technology. *Proceedings of the National Academy of Sciences* 104: 3043-3048.

Merquoir, J. G. 1985. *Foucault*. Berkeley: University of California Press.

Michotte, Albert & Georges Thines. 1963. La causalite perceptive. *Journal de Psychologie Nortnale et Pathologique* 60: 9-36.

Miller, George. 1979/1993. Images and models, similes and metaphors. In Orton 1979/ 1993a, 357-400.

Milner, A. David & Melvyn Goodale. 1995. *The visual brain in action*. Oxford: Oxford University Press.

Mithen, Stephen. 1996. *The prehistory of the mind: The cognitive origins of art and science*. London: Thames & Hudson.

Mithen, Stephen. 1999. Symbolism and the supernatural. In Dunbar et al. 1999, 147-169.

Miyamoto Yuri, Richard Nisbett & Takahiko Masuda. 2006. Culture and the physical environment: Holistic versus analytic perceptual affordances.

Psychological Science 17: 113-119.

Moura, Antonio & Phyllis Lee. 2004. Capuchin stone tool use in Caatinga dry forest. *Science* 306: 1909.

Mulvenna, Catherine, Edward Hubbard, V. S. Ramachandran & Frank Pollick. 2004. The relationship between synaesthesia and creativity. *Journal of Cognitive Neuroscience Suppl.* 16: 188.

Muraven, Mark, Dianne Tice & Roy Baumeister. 1998. Self-control as a limited resource: Regulatory depletion patterns. *Journal of Personality and Social Psychology* 74: 774-789.

Nagel, Thomas. 1974. What is it like to be a bat? *Philosophical Review* 83: 435-450.

Nanda, Meera. 1998. The epistemic charity of the social constructivist critics of science and why the Third World should refuse the offer. In Koertge 1998, 286-311.

Nanda, Meera. 2000. The science wars in India. *In The Editors of Lingua Franca*, 205-213.

Neisser, Ulric. 1976. *Cognition and reality: Principles and implications of cognitive psychology*. San Francisco: W. H. Freeman.

Nersessian, Nancy. 1992. In the theoreticians laboratory: Thought experimenting as mental modeling. *Proceedings of the Philosophical Association of America* 2: 291-301.

Nichols, Shaun & Stephen Stich. 2003. *Mindreading: An integrated account of pretence, self-awareness, and understanding other minds*. New York: Oxford University Press.

Nieder, Andreas, Ilka Diester & Oana Tudusciuc. 2006. Temporal and spatial enumeration processes in the primate parietal cortex. *Science* 313: 1431-1436.

Nietzsche, Friedrich. 1886/1966. *Beyond good and evil* (trans. Walter Kaufmann). New York: Vintage.

Niffenegger, Audrey. 2003. *The time traveler's wife*. New York: Harvest Books.

Nisbett, Richard. 2003. *The geography of thought: How Asians and Westerners think differently – and why*. London: Nicholas Brealey.

Nisbett, Richard, Kaiping Peng, Incheol Choi & Ara Norenzayan. 2001. Culture and systems of thought: Holistic versus analytic cognition. *Psychological Review* 108: 291-310.

Nisbett, Richard & Timithy Wilson. 1977. Telling more than we can know: Verbal reports on mental processes. *Psychological Review* 84: 231-259.

Nishida, Tomomi. 1987. Local traditions and cultural transmission. In Barbara Smuts, Dorothy Cheney, Robert Seyfarth & Richard Wrangham (eds.), *Primate Societies*, 462-474. Chicago: University of Chicago Press.

Noë, Alva. 2004. *Action in perception*. Cambridge, MA: MIT Press.

Noë, Alva & Evan Thompson (eds.). 2002. *Vision and mind: Selected readings in the philosophy of perception*. Cambridge, MA: MIT Press.

Norenzayan, Ara & Scott Atran. 2004. Cognitive and emotional processes in the cultural transmission of natural and nonnatural beliefs. In Mark Schaller & Christian Crandall (eds.), *The psychological foundations of culture*, 149-169. Mahwah, NJ: Lawrence Erlbaum Associates.

Norenzayan, Ara, Scott Atran, Jason Faulkner & Mark Schaller. 2006. Memory and mystery: The cultural selection of minimally counterintuitive narratives. *Cognitive Science* 30: 531-553.

Norris, Christopher. 1992. *Uncritical theory: Postmodernism, intellectuals and the Gulf War*. Amherst: University of Massachusetts Press.

Núñez, Rafael & Walter J. Freeman (eds.). 1999. *Reclaiming cognition: The primacy of action, intention and emotion*. Bowling Green, OH: Imprint Academic.

Nussbaum, Martha. 1988. Non-relative virtues: An Aristotelian account. In Peter French (ed.), *Midwest studies in philosophy. Vol. 13: Ethical theory: Character and virtue*, 32-53. Notre Dame, IN: University of Notre Dame Press.

Nussbaum, Martha. 2001. *Upheavals of thought: The intelligence of the emotions*. Cambridge: Cambridge University Press.

Oakley, Todd. 2005. Force-dynamical dimensions of rhetorical effect. In Hampe 2005, 443-473.

Oden, David, Roger Thompson & David Premack. 2001. Can an ape reason analogically? Comprehension and production of analogical problems by

Sarah, a chimpanzee (*Pan troglodytes*). In Gentner et al. 2001, 471—497.

O'Gorman, Rick, David Wilson & Ralph Miller. 2005. Altruistic punishment and helping differ in sensitivity to relatedness, friendship, and future interactions. *Evolution and Human Behavior* 26: 375-387.

Olds, Linda. 1991. Chinese metaphors of interrelatedness: Re-imagining body, nature, and the feminine. *Contemporary Philosophy* 13: 16-22.

Onishi, Kristine & Renée Baillargeon. 2005. Do 15-month-old infants understand false belief? *Science* 308: 255-258.

Orlov, Tanya, Daniel Amit, Volodya Yakovlev, Ehud Zohary & Shaul Hochstein. 2006. Memory of ordinal number categories in macaque monkeys. *Journal of Cognitive Neuroscience* 18: 399-417.

Ortman, Scott. 2000. Conceptual metaphor in the archaeological record: Methods and an example from the American Southwest. *American Antiquity* 65: 613-645.

Ortony, Andrew (ed.). 1979/19938. *Metaphor and thought*. 2nd ed. Cambridge: Cambridge University Press.

Ortony, Andrew. 1979/1993b. The role of similarity in similes and metaphors. In Ortony 1979/19933, 342-356.

Ortony, Andrew, Gerlad Clore & Allan Collins. 1990. *The cognitive structure of emotion*. Cambridge: Cambridge University Press.

Pascual-Leone, Alvaro & Fernando Torres. 1993. Plasticity in the sensorimotor cortex representation of the reading finger in Braille readers. *Brain* 116: 39-52.

Paul, Elizabeth, Emma Harding & Michael Mendl. 2005. Measuring emotional processes in animals: The utility of a cognitive approach. *Neuroscience and Behavioral Reviews* 29: 469-491.

Pecher, Diane, Rene Zeelenberg & Lawrence Barsalou. 2003. Verifying different-modality properties for concepts produces switching costs. *Psychological Science* 14: 119-124.

Pecher, Diane & Rolf Zwaan (eds.). 2005. *Grounding cognition: The role of perception and action in memory, language and thinking*. Cambridge: Cambridge

University Press.

Peirce, Charles Sanders. 1868/1992. Some consequences of four incapacities. In Nathan Houser & Christian Kloesel (eds.), *The essential Peirce: Selected philosophical writings*. Vol. 1, 28-55. Bloomington: Indiana University Press. (Originally published in *Journal of Speculative Philosophy* 2: 140-157.)

Peirce, Charles Sanders. 1905/1992. What pragmatism is. In Nathan Houser & Christian Kloesel (eds.), *The essential Peirce: Selected philosophical writings*. Vol. 2, 331-345. Bloomington: Indiana University Press. (Originally published in *The Mottist* 15: 161-181.)

Pennisi, Elizabeth. 2006. Social animals prove their smarts. *Science* 312: 1734-1738.

Penrose, Roger. 1989. *The emperor's new mind: Concerning computers, minds, and the laws of physics*. New York: Oxford University Press.

Perani, Daniela & Jubin Abutalebi. 2005. The neural basis of first and second language processing. *Current Opinion in Neurobiology* 15: 202-206.

Perner, Josef & Ted Ruffman. 2005. Infants' insight into the mind: How deep? *Science* 308: 214-216.

Pessoa, Luiz. 2005. To what extent are emotional visual stimuli processed without attention and awareness? *Current Opinion in Neurobiology* 15: 188-196.

Phillips, Ann & Henry Wellman. 2005. Infants' understanding of object-directed action. *Cognition* 98: 137-155.

Piaget, Jean. 1954. *The construction of reality in the child* (trans. Margaret Cook). New York: Basic Books.

Pica, Pierre, Cathy Lemer, Veronique Izard & Stanislas Dehaene. 2004. Exact and approximate arithmetic in an Amazonian Indigene group. *Science* 306: 499-503.

Pinker, Steven. 1994. *The language instinct*. New York: HarperCollins.

Pinker, Steven. 1997. *How the mind works*. New York: Norton.

Pinker, Steven. 2002. *The blank slate: The modern denial of human nature*. New York: Viking.

Pinker, Steven & Paul Bloom. 1992. Natural language and natural selection. In Barkow et al. 1992, 451-494.

Polanyi, Michael. 1967. *The tacit dimension*. Garden City, NY: Doubleday.

Poldrack, Russell. 2006. Can cognitive processes be inferred from neuroimaging data? *Trends in Cognitive Sciences* 10: 59-63.

Pollitt, Katha. 2000. Pomolotov cocktail and selected responses. In The Editors of *Lingua Franca* 2000, 96-100.

Popper, Karl. 1934/1959. *The logic of scientific discovery*. London: Hutchinson.

Poundstone, William. 1985. *The recursive universe: Cosmic complexity and the limits of scientific knowledge*. New York: Morrow.

Povinelli, Daniel. 2000. *Folk physics for apes*. New York: Oxford University Press.

Povinelli, Daniel & Jennifer Vonk. 2003. Chimpanzee minds: Suspiciously human? *Trends in Cognitive Science* 7: 157-160.

Pratt, Chris & Paula Bryant. 1990. Young children understand that looking leads to knowing. *Child Development* 61: 973-983.

Premack, David & Ann Premack. 1983. *The mind of an ape*. New York: Norton.

Premack, David & Ann Premack. 1995. Origins of human social competence. In Michael Gazzaniga (ed.), *The Cognitive neuroscience*, 205-218. Cambridge, MA: MIT Press.

Premack, David & Ann Premack. 2003. *Original intelligence: Unlocking the mysteries of who we are*. New York: McGraw Hill.

Preston, Jesse & Nicholas Epley. 2005. Explanations versus applications: The explanatory power of valuable beliefs. *Psychological Science* 16: 826-832.

Preston, Stephanie & Frans de Waal. 2002. Empathy: Its ultimate and proximate bases. *Behavioral and Brain Sciences* 25: 1-72.

Price, Michael. 2005. Punitive sentiment among the Shuar and in industrialized societies: Cross-cultural similarities. *Evolution and Human Behavior* 26: 279-287.

Prinz, Jesse. 2005. Passionate thoughts: The emotional embodiment of moral concepts. In Pecher & Zwaan 2005, 93-114.

Prinz, Jesse. 2006. *Gut reactions: A perceptual theory of emotion*. New York: Oxford University Press.

Pulvermiiller, Friedemann. 1999. Words in the brain's language. *Behavioral and*

Brain Sciences 22: 253-336.

Putnam, Hilary. 1973. Reductionism and the nature of psychology. *Cognition* 2: 131-146.

Putnam, Hilary. 1981. The "corroboration" of theories. In Hacking 1981, 60-79.

Putnam, Hilary. 1990. *Realism with a human face* (ed. James Conant). Cambridge, MA: Harvard University Press.

Putnam, Hilary. 1999. *The threefold cord: Mind, body, and world.* New York: Columbia University Press.

Pylyshyn, Zenon. 1980. Computation and cognition: Issues in the foundation of cognitive science. *Behavioral and Brain Sciences* 3: 111-134.

Pylyshyn, Zenon. 1981. The imagery debate: Analogue media vs. tacit knowledge. *Psychological Review* 88: 16-45.

Pylyshyn, Zenon. 2003. Mental imagery: In search of a theory. *Behavioral and Brain Sciences* 25: 157-237.

Quine, Willard Van Orman. 1951. Two dogmas of empiricism. *The Philosophical Review* 60: 20-43.

Quine, Willard Van Orman. 1960. *Word and object.* Cambridge, MA: MIT Press.

Quine, Willard Van Orman. 1969. Epistemology naturalized. In W. V. O. Quine (ed.), *Ontological relativity and other essays,* 69-90. New York: Columbia University Press.

Quinn, Naomi. 1991. The cultural basis of metaphor. In Fernandez 1991, 56-93.

Rakison, David & Diane Poulin-Dubois. 2001. Developmental origin of the animate-inanimate distinction. *Psychological Bulletin* 127: 209-228.

Ramachandran, V. S. 2004. *A brief tour of human consciousness: From imposter poodles to purple numbers.* New York: PI Press.

Ramachandran, V. S. & Sandra Blakeslee. 1998. *Phantoms in the brain.* New York: Quill.

Ramachandran, V. S. & Edward Hubbard. 2001a. Psychophysical investigations into the neural basis of synaesthesia. *Proceedings of the Royal Society of London B: Biological Sciences* 268: 979-983.

Ramachandran, V. S. & Edward Hubbard. 2001b. Synaesthesia: A window into perception, thought and language. *Journal of Consciousness Studies* 8: 3-34.

Ramachandran, V. S. & Edward Hubbard. 2003. Hearing colors, tasting shapes. *Scientific American* (May): 53-59.

Rauschecker, Josef. 1995. Compensatory plasticity and sensory substitution in a cerebral cortex. *Trends in Neurosciences* 18: 36-43.

Redelmeier, Donald & Daniel Kahneman. 1996. Patients' memories of painful medical treatments: Real-time and retrospective evaluations of two minimally invasive procedures. *Pain* 66: 3-8.

Redelmeier, Donald, Joel Katz & Daniel Kahneman. 2003. Memories of colonoscopy: A randomized trial. *Pain* 104: 187-194.

Regier, Terry. 1996. *The human semantic potential: Spatial language and constrained connectionism*. Cambridge, MA: MIT Press.

Rensink, Ron, J. O'Regan & J. Clark. 1997. To see or not to see: The need for attention to perceive changes in scenes. *Psychological Science* 8: 368-373.

Richards, I. A. 1936. *The philosophy of rhetoric*. New York: Oxford University Press.

Richards, Janet Radcliffe. 1996. Why feminist epistemology isn't. In Paul Gross et al. 1996, 385-412.

Richardson, Daniel, Michael Spivey, Lawrence Barsalou & Ken McRae. 2003. Spatial representations activated during real-time comprehension of verbs. *Cognitive Science* 27: 767-780.

Richardson, Daniel, Michael Spivey, Shimon Edelman & Adam Naples. 2001. Language is spatial: Experimental evidence for image schemas of concrete and abstract verbs. *Proceedings of the Twenty-third Annual Meeting of the Cognitive Science Society*, 873-878. Mahwah, NJ: Lawrence Erlbaum Associates.

Richerson, Peter & Robert Boyd. 2004. *Not by genes alone: How culture transformed human evolution*. Chicago: University of Chicago Press.

Ricoeur, Paul. 1977. *The rule of metaphor* (trans. Robert Czerny). Toronto: University of Toronto Press.

Ricoeur, Paul. 1981. Creativity in language: Word, polysemy, and metaphor. In Charles Reagan & David Stewart (eds.), *The philosophy of Paul Ricoeur: An anthology of his work*, 120-133. Boston: Beacon Press.

Rizzolatti, Giacomo & Michael Arbib. 1998. Language within our grasp. *Trends in Neuroscience* 21; 188-194.

Rizzolatti, Giacomo & Laila Craighero. 2004. The mirror neuron system. *Annual Review of Neuroscience* 27: 169-192.

Rizzolatti, Giacomo, Luciano Fadiga, Vittorio Gallese & Leonardo Fogassi. 1996. Premotor cortex and the recognition of motor actions. *Cognitive Brain Research* 3: 131-141.

Rizzolatti, Giacomo, Leonardo Fogassi & Vittorio Gallese. 2001. Neurophysiologies mechanisms underlying the understanding and imitation of action. *Nature Reviews Neuroscience* 2: 661-670.

Robbins, Bruce & Andrew Ross. 2000. Response: Mystery Science Theater. In The Editors of *Lingua Franca* 2000, 54-58.

Robertson, Lynn & Noam Sagiv (eds.). 2005. *Synaesthesia: Perspectives from cognitive neuroscience.* New York: Oxford University Press.

Röder, Brigitte, Wolfgang Teder-Salejarvi, Anette Sterr, Frank Rosier, Steven Hillyard & Helen J. Neville. 1999. Improved auditory special tuning in blind humans. *Nature* 400: 162-166.

Rohrer, Tim. 1995. The metaphorical logic of (political) rape: George Bush and the new world order. *Metaphor and Symbolic Activity* 10: 113-131.

Rohrer, Tim. 2001. Pragmatism, ideology and embodiment: William James and the philosophical foundations of cognitive linguistics. In Rene Dirven (ed.), *Language and ideology: Cognitive theoretical approaches.* Vol. 1, 49-81. Amsterdam: John Benjamins.

Rohrer, Tim. 2005. Image schemata in the brain. In Hampe 2005, 165-196.

Rorty, Amélie Oksenberg (ed.). 1980a. *Essays on Aristotle's ethics.* Berkeley: University of California Press.

Rorty, Amélie Oksenberg. 1980b. *Explaining emotions.* Berkeley: University of California Press.

Rorty, Richard. 1970. In defense of eliminative materialism. *Review of Metaphysics* 24: 112-121.

Rorty, Richard. 1979. *Philosophy and the mirror of nature*. Princeton: Princeton University Press.

Rorty, Richard. 1980. Pragmatism, relativism, and irrationalism. *Proceedings and Addresses of the American Philosophical Association* 53: 717, 719-738.

Rorty, Richard. 1991. *Objectivity, relativism, and truth*. Cambridge: Cambridge University Press.

Rosch, Eleanor. 1973. Natural categories. *Cognitive Psychology* 4: 328-350.

Rosch, Eleanor. 1975. Cognitive representations of semantic categories. *Journal of Experimental Psychology* 104: 192-233.

Rosch, Eleanor, Carolyn Mervis, Wayne Gray, David Johnson & Penny Boyes-Bracm. 1976. Basic objects in natural categories. *Cognitive Psychology* 8: 382-439.

Rose, Hilary & Steven Rose, (eds.) 2000. *Alas, poor Darwitt! Arguments against evolutionary psychology*. New York: Harmony Books.

Rosen, Edward. 1947. *The naming of the telescope*. New York: Henry Schuman.

Rosenzweig, Mark, S. Marc Breed love & Neil Watson. 2005. *Biological psychology: An introduction to behavioral and cognitive neuroscience*. 4th ed. Sunderland, MA: Sinauer Associates.

Rozin, Paul & Carol Nemeroff. 1990. The laws of sympathetic magic. In lames Stigler, Richard Schweder & Gilbert Herdt (eds.), *Cultural Psychology: The Chicago symposia on human development*, 205-232. Cambridge: Cambridge University Press.

Ruffman, Ted, Wendy Garnham, Arlina Import & Dan Connolly. 2001. Does eye gaze indicate knowledge of false belief? Charting transitions in knowledge. *Journal of Experimental Child Psychology* 80: 201-224.

Ruffman, Ted, Lance Slade & Jessica Redman. 2005. Young infants' expectations about hidden objects. *Cognition* 97: 35-43.

Rumbaugh, Duane & David Washburn. 2003. *Intelligence of apes and other rational beings*. New Haven, CT: Yale University Press.

Ruse, Michael. 1998. *Taking Darwin seriously: A naturalistic approach to philosophy*. 2nd ed. Oxford: Basil Blackwell.

Ruse, Michael. 2001. *Can a Darwinian be a Christian? The relationship between science and religion*. New York: Cambridge University Press.

Ryle, Gilbert. 1949. *The concept of mind*. London: Hutchinson.

Ryle, Gilbert. 1971. "The thinking of thoughts: What is 'le penseur' doing?" In *Collected papers*. Vol. 2, 480-496. London: Hutchinson.

Sacks, Oliver. 1995. *An anthropologist on Mars: Seven paradoxical tales*. New York: Alfred Knopf.

Sandler, Wendy, Irit Meir, Carol Padden & Mark Aronoff. 2005. The emergence of grammar: Systematic structure in a new language. *Proceedings of the National Academy of Sciences* 102: 2661-2665.

Sanz, Crickette, Dave Morgan & Steve Gulick. 2004. New insights into chimpanzees, tools, and termites from the Congo basin. *The American Naturalist* 164: 567-581.

Schick, Theodore (ed.). 2000. *Readings in the philosophy of science: From positivism to postmodernism*. London: Mayfield.

Schmid, D. Neil. 2002. Yuanqi: Medieval Buddhist narratives from Dunhuang. Ph.D. diss., University of Pennsylvania.

Schooler, Jonathan & Tanya Engstler-Schooler. 1990. Verbal overshadowing of visual memories: Some things are better left unsaid. *Cognitive Psychology* 22: 36-71.

Schooler, Jonathan & Charles Schreiber. 2004. Experience, meta-consciousness, and the paradox of introspection. *Journal of Consciousness Studies* 11: 17-39.

Schreiber, Charles & Daniel Kahneman. 2000. Determinants of the remembered utility of aversive sounds. *Journal of Experimental Psychology: General* 129: 27-42.

Searle, John. 1980. Minds, brains, and programs. *Behavioral and Brain Sciences* 3: 417-457.

Searle, John. 1983. *Intentionality*. Cambridge: Cambridge University Press.

Searle, John. 1992. *The rediscovery of the mind*. Cambridge, MA: MIT Press.

Searle, John. 1995. *The construction of social reality*. New York: Free Press.

Searle, John. 1997. *The mystery of consciousness*. New York: New York Review of

Books.

Searle, John. 2004. *Mind: A brief introduction*. New York: Oxford University Press.

Sebanz, Natalie, Harold Bekkering & Gunther Knoblich. 2006. Joint action: Bodies and minds moving together. *Trends in Cognitive Sciences* 10: 70-76.

Segerstråle, Ullica. 2000. *Defenders of the truth: The battle for sociobiology and beyond*. New York: Oxford University Press.

Sellars, Wilfrid. 1963. *Science, perception, and reality*. London: Routledge & Kegan Paul.

Senghas, Ann, Sotaro Kita & Asli Ozyiirek. 2004. Children creating core properties of language: Evidence from an emerging sign language in Nicaragua. *Science* 305: 1779-1782.

Shapere, Dudley. 1981. Meaning and scientific change. In Hacking 1981, 28-59.

Shen, Vincent. 2003. Some thoughts on intercultural philosophy and Chinese philosophy. *Journal of Chinese Philosophy* 30: 357-372 .

Shepard, Roger & Lynn Cooper. 1982. *Mental images and their transformations*. Cambridge, MA: MIT Press.

Silverman, Irwin & Jean Choi. 2005. Locating places. In Buss 2005, 177-199.

Simmons, Kyle & Lawrence Barsalou. 2003. The similarity-in-topography principle: Reconciling theories of conceptual deficits. *Cognitive Neuropsychology* 20: 451-486.

Simmons, W. Kyle, Diane Pecher, Stephan Hamann, Rene Zeelenberg & Lawrence Barsalou. 2003. fMRI evidence for modality-specificprocessing of conceptual knowledge on six modalities. *Meeting for the Society of Cognitive Neuroscience*. New York.

Simon, Herbert. 1956. Rational choice and the structure of the environment. *Psychological Review* 63: 129-138.

Simons, Daniel & Christopher Chabris. 1999. Gorillas in our midst: Sustained inattentional blindness for dynamic events. *Perception* 28: 1059-1074.

Simons, Daniel & Daniel Levin. 1997. Change blindness. *Trends in Cognitive Science* 1: 261-267.

Sinha, Chris & Kristine Jensen de Lopez. 2000. Language, culture and the embodiment of spatial cognition. *Cognitive Linguistics* 11: 17-41.

Slingerland, Edward. 2000. Why philosophy is not 'extra' in understanding the Analects, a review of Brooks and Brooks, *The original Analects. Philosophy East and West* 50.1: 137-141, 146-147.

Slingerland, Edward. 2003. *Effortless action: Wu-wei as conceptual metaphor and spiritual ideal in early China*. New York: Oxford University Press.

Slingerland, Edward. 2004a. Conceptions of the self in the *Zhuangzi*: Conceptual metaphor analysis and comparative thought. *Philosophy East and West* 54: 322-342.

Slingerland, Edward. 2004b. Conceptual metaphor theory as methodology for comparative religion. *Journal of the American Academy of Religion* 72: 1-31.

Slingerland, Edward. 2005. Conceptual blending, somatic marking, and normativity: A case example from ancient Chinese. *Cognitive Linguistics* 16: 557-584.

Slingerland, Edward, Eric Blanchard & Lyn Boyd-Judson. 2007. Collision with China: Conceptual metaphor analysis, somatic marking, and the EP-3 incident. *International Studies Quarterly* 51: 53-77.

Slone, D. Jason. 2004. *Theological incorrectness: Why religious people believe what they shouldn't*. New York: Oxford University Press.

Smilek, Daniel, Mike Dixon, Cera Cudahy & Philip Merikle. 2001. Synaesthetic photisms influence visual perception. *Journal of Cognitive Neuroscience* 13: 930-936.

Smith, Carol, Joseph Snir & Lorraine Grosslight. 1992. Using conceptual models to facilitate conceptual change: The case of weight/density differentiation. *Cognition and Instruction* 9: 221-283.

Smith, William Cantwell. 1959. The comparative study of religion- Whither and why? In Mircea Eliade & Joseph Kitagawa (eds.), *The history of religions: Essays in methodology*, 31-58. Chicago: University of Chicago Press.

Sokal, Alan. 1996. Transgressing the boundaries: Toward a transformative hermeneutics of quantum gravity. *Social Text* 46/47: 217-252.

Sokal, Alan. 2000a. Revelation: A physicist experiments with cultural studies. In

The Editors of *Lingua Franca*, 49-53.

Sokal, Alan. 2000b. Why I wrote my parody. In The Editors of *Lingua Franca*, 127-129.

Sokal, Alan & Bricmont, Jean. 1998. *Fashionable nonsense: Postmodern intellectuals' abuse of science*. New York: Picador.

Solomon, Robert (ed.). 2003. *What is an emotion? Classic and contemporary readings*. New York: Oxford University Press.

Solomon, Robert. 2004. *Thinking about feeling: Contemporary philosophers on emotion*. New York: Oxford University Press.

Song, Hyun-joo, Renee Baillargeon & Cynthia Fisher. 2005. Can infants attribute to an agent a disposition to perform a particular action? *Cognition* 98: B45-B55.

Spelke, Elizabeth. 1985. Preferential looking methods as tools for the study of cognition in infancy. In Gilbert Gottlieb & Norman Krasnegor (eds.), *Measurement of audition and vision in the first year of postnatal life*, 323-363. Norwood, NJ: Ablex.

Spelke, Elizabeth. 1991. Physical knowledge in infancy: Reflections on Piagets theory. In Carey & Gelman 1991, 133-169.

Spelke, Elizabeth. 1994. Initial knowledge: Six suggestions. *Cognition* 50: 433-447.

Spelke, Elizabeth, Ann Phillips & Amanda Woodward. 1995. Infants' knowledge of object motion and human action. In Sperber et al. 1995, 44-78.

Sperber, Daniel. 1985. Anthropology and psychology: Towards an epidemiology of representations. *Man* 20: 73-89.

Sperber, Daniel. 1994. The modularity of thought and the epidemiology of representations. In Hirschfeld & Gelman 1994a, 39-67.

Sperber, Daniel. 1996. *Explaining culture: A naturalistic approach*. Oxford: Basil Blackwell.

Sperber, Daniel & Lawrence Hirschfeld. 2004. The cognitive foundations of cultural stability and diversity. *Trends in Cognitive Sciences* 8: 40-46.

Sperber, Daniel, David Premack & Ann Premack (eds.). 1995. *Causal cognition: A multidisciplinary debate*. New York: Oxford University Press.

Spivey, Michael & Joy Geng. 2001. Oculomotor mechanisms activated by imagery and memory: Eye movements to absent images. *Psychological Research* 65: 235-241.

Spivey, Michael, Daniel Richardson & Monica Gozalez-Marquez. 2005. On the perceptual-motor and image-schematic infrastructure of language. In Pecher & Zwaan 2005, 246-281.

Stanfield, Robert & Rolf Zwaan. 2001. The effect of implied orientation derived from verbal context on picture recognition. *Psychological Science* 121: 153-156.

Steen, Francis & Stephanie Owens. 2001. Evolutions pedagogy: An adaptationist model of pretense and entertainment. *Journal of Cognition and Culture* 1: 289-321.

Sternberg, Robert (ed.). 1988. *The nature of creativity: Contemporary psychological perspectives.* Cambridge: Cambridge University Press

Sternberg, Robert. 1999. *Handbook of creativity.* Cambridge: Cambridge University Press.

Stich, Stephen. 1990. *The fragmentation of reason.* Cambridge, MA: MIT Press.

Styron, William. 1992. *Darkness visible.* New York: Random House.

Sugiyama, Lawrence, John Tooby & Leda Cosmides. 2002. Cross-cultural evidence of cognitive adaptations for social exchange among the Shiwiar of Ecuadorian Amazonia. *Proceedings of the National Academy of Sciences* 99: 11537-11542.

Sweetser, Eve. 1987. The definition of "lie." In Dorothy Holland & Naomi Quinn (eds.), *Cultural models in language and thought*, 43-66. Cambridge: Cambridge University Press.

Sweetser, Eve. 1990. *From etymology to pragmatics: Metaphorical and cultural aspects of semantic structure.* Cambridge: Cambridge University Press.

Sweetser, Eve & Barbara Dancygier. 2005. *Mental spaces in grammar: Conditional constructions.* New York: Cambridge University Press.

Swindale, Nicholas. 2001. Cortical cartography: What's in a map? *Current Biology* 11: R764-767.

Talmy, Leonard. 1988. Force dynamics in language and cognition. *Cognitive Science* 12: 49-100.

Talmy, Leonard. 2000. *Towards a cognitive semantics*. (2 vols.) Cambridge, MA: MIT Press.

Tanel, Daniel, Hannah Damasio & Antonio Damasio. 1997. A neural basis for the retrieval of conceptual knowledge. *Neuropsychologia* 35: 1319-1327.

Taub, Sarah. 2001. *Language from the body: Iconicity and metaphor in American Sign Language*. Cambridge: Cambridge University Press.

Taylor, Charles. 1989. *Sources of the self: The makings of modern identity*. Cambridge, MA: Harvard University Press.

Taylor, Charles. 1992. *The ethics of authenticity*. Cambridge, MA: Harvard University Press.

Terranova, Tiziana. 2004. Communication beyond meaning: On the cultural politics of information. *Social Text* 22: 51-73.

Thach, W. Thomas, Howard Goodkin & James Keating. 1992. The cerebellum and the adaptive coordination of movement. *Annual Review of Neuroscience* 15: 403-442.

The Editors of Lingua Franca (eds.). 2000. *The Sokal hoax: The sham that shook the Academy*. Lincoln: University of Nebraksha Press.

Thompson, Evan. 2007. *Mind in life: Biology, phenomenology, and the sciences of mind*. Cambridge, MA: Harvard University Press.

Thornhill, Randy & Craig Palmer. 2000. *A natural history of rape: Biological bases of sexual coercion*. Cambridge, MA: MIT Press.

Tillich, Paul. 1957. *The dynamics of faith*. New York: Harper.

Tomasello, Michael, Josep Call & Brian Hare. 2003. Chimpanzees understand psychological states-The question is which ones and to what extent. *Trends in Cognitive Science* 7: 153-156.

Tooby, John & Leda Cosmides. 1990. The past explains the present: Emotional adaptations and the structure of ancestral environments. *Ethology and Sociobiology* 11: 375- 424.

Tooby, John & Leda Cosmides. 1992. Psychological foundations of culture. In

Barkow et al. 1992,19-136.

Tooby, John & Leda Cosmides. 2005. Conceptual foundations of evolutionary psychology. In Buss 2005, 5-67.

Tranel, Daniel & Antonio Damasio. 1993. The covert learning of affective valence does not require structures in hippocampal system or amygdala. *Journal of Cognitive Neuroscience* 5: 79-88.

Tranel, Daniel, Hannah Damasio & Antonio Damasio. 1997. A neural basis for the retrieval of conceptual knowledge. *Neuropsychologia* 35: 1319-1327.

Trivers, Robert. 1971. The evolution of reciprocal altruism. *Quarterly Review of Biology* 46: 35-57.

Trivers, Robert. 1972. Parental investment and sexual selection. In Bernard Campbell (ed.), *Sexual selection and the descent of man*, 136-179. Chicago: Aldine Atherton.

Trivers, Robert. 1974. Parent-offspring conflict. *American Zoologist* 14: 249-264.

Tsao, Doris, Winrich Freiwald, Roger Tootell & Margaret Livingstone. 2006. A cortical region consisting entirely of face-selective cells. *Science* 311: 670-674.

Turnbull, Oliver, Cathryn Evans, Alys Bunce, Barbara Carzolio & Jane 0'Connor. 2005. Emotion-based learning and central executive resources: An investigation of intuition and the Iowa Gambling Task. *Brain and Cognition* 57: 244-247.

Turnbull, Oliver & Cathryn Evans. 2006. Preserved complex emotion-based learning in amnesia. *Neuropsychologia* 44: 300-306.

Tversky, Amos. 1977. Features of similarity. *Psychological Review* 84: 327-352.

Tversky, Amos & Daniel Kahneman. 1974. Judgment under uncertainty: Heuristics and biases. *Science* 185: 1124-1131.

Umiltà, Alessandra, Evelyne Kohler, Vittorio Gallese, Leonardo Fogassi, Luciano Fadiga, Christian Keysers & Giacomo Rizzolatti. 2001. I know what you are doing: A neurophysiological study. *Neuron* 31: 155-165.

Ungerleider, Leslie & Mortimer Mishkin. 1982. Two cortical visual systems. In D. J. Ingle, M. A. Goodale & R. J. W. Mansfield (eds.), *Analysis of visual behavior*, 549-586. Cambridge, MA: MIT Press.

Van Fraassen, Bas. 1980. *The scientific image.* Oxford: Oxford University Press.

Vanhaeren, Marian, Francesco d'Errico, Chris Stringer, Sarah James, Jonathan Todd & Henk Mienis. 2006. Middle Paleolithic shell beads in Israel and Algeria. *Science* 23: 1785-1788.

Varela, Francisco, Evan Thompson & Eleanor Rosch. 1991. *The embodied mind: Cognitive science and human experience.* Cambridge, MA: MIT Press.

Vonnegut, Kurt, Jr. 1982. *Palm Sunday.* New York: Dell.

Vosniadou, Stella. 1994. Universal and culture-specific properties of children's mental models of the earth. In Hirshfeld & Gelman 1994, 412-430.

Wang, Su-Hua, Renee Baillargeon & Sarah Paterson. 2005. Detecting continuity violations in infancy: A new account and new evidence from covering and tube events. *Cognition* 95: 129-173.

Ward, Jamie, Brett Huckstep & Elias Tsakanikos. 2006. Sound-colour synaesthesia: To what extent does it use cross-modal mechanisms common to us all? *Cortex* 42: 264-280.

Warrington, Elizabeth & Rosaleen McCarthy. 1983. Category-specific access dysphasia. *Brain* 106: 859-878.

Warrington, Elizabeth & Tim Shallice. 1984. Category-specific semantic impairments. *Brain* 107: 829-854.

Watson, Burton (trans.). 2003. *Zhuangzi: Basic writings.* New York: Columbia University Press.

Wegner, Daniel. 2002. *The illusion of conscious will.* Cambridge, MA: MIT Press.

Weiskrantz, Lawrence (ed.). 1988. *Thought without language.* New York: Oxford University Press.

Weiss, Gail & Honi Fern Haber (eds.). 1999. *Perspectives on embodiment: The intersections of nature and culture.* New York: Rout ledge.

Weld, Susan. 1999. Chu law in action: Legal documents from tomb 2 at Baoshan. In Constance Cook & John Major (eds.), *Defining Chu: Image and reality in early China*, 77-97. Honolulu: University of Hawaii Press.

Wellman, Henry. 1990. *The child's theory of mind.* Cambridge, MA: MIT Press.

Wellman, Henry, David Cross & Julanne Watson. 2001. Meta-analysis of theory-of-mind development: The truth about false belief. *Child Development* 72: 655-684.

Wexler, Mark, Stephen Kosslyn & Alain Berthoz. 1998. Motor processes in mental rotation. *Cognition* 68: 77-94.

Wheatley, Thalia & Jonathan Haidt. 2005. Hypnoptic disgust makes moral judgments more severe. *Psychological Science* 16: 780-784.

Whiten, Andrew. 2005a. The second inheritance system of chimpanzees and humans. *Nature* 437: 52-55.

Whiten, Andrew. 2005b. Animal culture is real but needs to be clearly defined. *Nature* 438: 1078.

Whiten, Andrew, Victoria Horner & Frans de Waal. 2005. Conformity to cultural norms of tool use in chimpanzees. *Nature* 439: 1-4.

Whorf, Benjamin Lee. 1956. *Language, thought, and reality: Selected writings of Benjamin Lee Whorf.* Cambridge, MA: MIT Press.

Wiemer-Hastings, Katja & Xu Xu. 2005. Content differences for abstract and concrete concepts. *Cognitive Science* 29: 719-736.

Wiggins, David. 1980. Deliberation and practical reason. In A. Rorty 1989a, 221-240.

Wilcoxf Phyllis. 2001. *Metaphor in American Sign Language.* Washington, DC: Gallaudet University Press.

Williams, Bernard. 1985. *Ethics and the limits of philosophy.* Cambridge MA: Harvard University Press.

Willingham, Daniel & Elizabeth Dunn. 2003. What neuroimaging and brain localization can do, cannot do, and should not do for social psychology. *Journal of Personality and Social Psychology* 85: 662-671.

Wilson, Edward O. 1975/2000. *Sociobiology: The new synthesis* (25thanniversary ed., 2000). Cambridge, MA: Harvard University Press.

Wilson, Edward O. 1978. *On human nature.* Cambridge, MA: Harvard University Press.

Wilson, Edward O. 1998. *Consilience: The unity of knowledge.* New York: Alfred Knopf.

Wilson, Margaret. 2002. Six views of embodied cognition. *Psychonomic Bulletin and Review* 9: 625-636.

Wilson, Timothy. 2002. *Strangers to ourselves: Discovering the adaptive unconscious.* Cambridge, MA: Harvard University Press.

Wilson, Timothy, Dolores Kraft & Dana Dunn. 1989. The disruptive effects of explaining attitudes: The moderating effect of knowledge about the attitude object. *Journal of Experimental Social Psychology* 25: 379-400.

Wilson, Timothy & Richard Nisbett. 1978. The accuracy of verbal reports about the effects of stimuli on evaluations and behavior. *Social Psychology* 41: 118-131.

Wilson, Timothy & Jonathan Schooler. 1991. Thinking too much: Introspection can reduce the quality of preferences and decisions. *Journal of Personality and Social Psychology* 60: 181-192.

Wilson, William, Graeme Halford, Brett Gray & Steven Phillips. 2001. The STAR-2model for mapping hierarchically structured analogs. In Gentner et al. 2001, 125-159.

Winawer, Jonthan, Nathan Witthoft, Alex Huk & Lera Boroditsky. 2005. Common mechanisms for processing of perceived, inferred, and imagined visual motion. *Journal of Vision* 5: 491.

Winter, Steven. 2001. *A clearing in the forest: Law, life, and mind.* Chicago: University of Chicago Press.

Wolf, Hans-Georg. 1994. *Folk model of the "internal self" in light of the contemporary view of metaphor: The self as subject and object.* Frankfurt: Peter Lang Publishing.

Wynn, Karen. 1992. Addition and subtraction by human infants. *Nature* 358: 768.

Xu, Fei & Elizabeth Spelke. 2000. Large number discrimination in 6-month-old infants. *Cognition* 74: Bi-B11.

Yazdi, Amir, Tim German, Margaret Anne Defeyter & Michael Siegal. 2006. Competence and performance in belief-desire reasoning across two cultures: The truth, the whole truth and nothing but the truth about false belief? *Cognition* 100: 343-368.

Yuan, Jinmei. 2006. The role of time in the structure of Chinese logic. *Philosophy*

East and West 56.1: 136-152.

Yu Ning. 1998. *The contemporary theory of metaphor: A perspective from Chinese.* Amsterdam: John Benjamins.

Yu Ning. 2003. Chinese metaphors of thinking. *Cognitive Linguistics* 14: 141-165.

Zajonc, Robert. 1980. Feeling and thinking: Preferences need no inferences. *American Psychologist* 35: 151-175.

Zajonc, Robert. 1984. On the primacy of affect. *American Psychologist* 39: 117-123.

Zimbardo, Philip, Stephen Laberge & Lisa Butler. 1993. Psychophysiological consequences of unexplained arousal: A posthypnotic suggestion paradigm. *Journal of Abnormal Psychology* 102: 466-473.

Zwaan, Rolf. 2004. The immersed experiencer: Toward an embodied theory of language comprehension. In Brian Ross (ed.), *The psychology of learning and motivation.* Vol. 44, 35-62. New York: Academic Press.

Zwaan, Rolf & Carol Madden. 2005. Embodied sentence comprehension. In Pecher & Zwaan 2005, 224-245.

Zwaan, Rolf, Robert Stanfield & Richard Yaxley. 2002. Language comprehenders mentally represent the shapes of objects. *Psychological Science* 13: 168-171.

찾아보기

인명

ㄴ

ㄷ

ㄹ

ㅁ

ㅂ

ㅅ

ㅇ

ㅌ

ㅍ

ㅎ

주제

전문용어 해설

문화접변(acculturation): 서로 다른 두 문화체계의 접촉으로 문화요소가 전파되어 새로운 양식의 문화로 변화되는 과정이나 그 결과를 말한다. 문화는 진공 상태에서 형성된 것이 아니라 일정한 역사적 상황에 의해서 사회적 소산으로 나타난다. 그러므로 두 문화가 접촉하여 서로의 유사성이 증가해가는 변화과정이다. 다른 문화권간의 접촉은 식민통치, 전쟁, 군사지배와 점령, 이주, 선교활동, 외교, 학술 및 문화교류, 방문, 초청, 비즈니스, 여행, 매스미디어 등 다원적 채널을 통해 이루어진다.

대니얼 데닛의 의도적 입장(Intentional Stance): 의도적 입장이란 우리가 물건이나 짐승이나 사람의 움직임을 바라볼 때 세 가지 수준 중 하나로 인식하고 이해하려는 경향이 있다는 이론에서 나온 개념이다. 당구공의 움직임 같은 단순한 물리적 움직임을 해석할 때에는 물리적 입장(physical stance)을 취한다. 새의 날개나 자동차의 바퀴 등의 움직임을 해석할 때에는 설계적 입장(design stance)을 취한다. 이때에는 기능이나 설계 등의 관점에서 움직임을 해석하고 예측한다. 마지막으로 의도적 입장(intentional stance)이라는 것은 사람이나 짐승의 믿음, 의지 등의 관점에서 움직임을 해석하고 예측하려는 경향이다.

각회(angular gyrus): 측두엽과의 경계에 위치한 두정엽의 한 부위이다. 상변연회(supramarginal gyrus, 모서리 위 이랑)의 후측 부위로서 대략 브로드만(Brodmann) 39번 영역에 해당한다. 좌반구의 이 부위가 손상되면 전도성 실어증이 발생한다.

과학과 인문학
— 몸과 문화의 통합

초판 1쇄 인쇄일 2015년 3월 9일
초판 1쇄 발행일 2015년 3월 16일

지은이 에드워드 슬링거랜드
옮긴이 김동환 · 최영호

발행처 지호출판사
발행인 장인용
출판등록 1995년 1월 4일
등록번호 제10-1097호
주소 경기도 고양시 일산동구 호수로 662 삼성라끄빌 912호
전화 031-903-9350
팩시밀리 031-903-9969
이메일 chihobook@naver.com

ISBN 978-89-5909-074-7